计 算 机 科 学 丛 书

计算机系统

嵌入式方法

[英] 伊恩·文斯·麦克洛克林（Ian Vince McLoughlin）著

刘雯 译

Computer Systems

An Embedded Approach

机械工业出版社
China Machine Press

图书在版编目（CIP）数据

计算机系统：嵌入式方法 /（英）伊恩·文斯·麦克洛克林（Ian Vince McLoughlin）著；刘雯译．—北京：机械工业出版社，2020.6
（计算机科学丛书）
书名原文：Computer Systems: An Embedded Approach

ISBN 978-7-111-65722-4

I. 计… II. ①伊… ②刘… III. 计算机系统 IV. TP303

中国版本图书馆 CIP 数据核字（2020）第 090219 号

本书版权登记号：图字 01-2019-0935

Ian Vince McLoughlin
Computer Systems: An Embedded Approach
978-1-260-11760-8

这是一本从嵌入式角度探索计算机硬件和软件原理的综合教科书。本书逐步揭示了如何在现实世界中运用这些计算原理构建计算机系统，包括从小型嵌入式设备到仓库大小的计算机集群的各种计算机系统，并揭示了这些概念是如何通过互联网在全球范围内相互关联的。本书首先完整地讲述了主要的硬件组件，包括处理器、内存、存储设备与性能加速器，接着充分探讨了操作系统、连接以及网络。通过本书，你将了解计算机硬件和软件是如何协同工作来支持无处不在的计算、物联网、移动计算技术以及大小不一的应用的。

出版发行：机械工业出版社（北京市西城区百万庄大街 22 号 邮政编码：100037）
责任编辑：赵亮宇　　责任校对：李秋荣
印　　刷：北京瑞德印刷有限公司　　版　　次：2020 年 6 月第 1 版第 1 次印刷
开　　本：185mm×260mm　1/16　　印　　张：25.25
书　　号：ISBN 978-7-111-65722-4　　定　　价：139.00 元

客服电话：（010）88361066　88379833　68326294　　投稿热线：（010）88379604
华章网站：www.hzbook.com　　读者信箱：hzjsj@hzbook.com

出版者的话

文艺复兴以来，源远流长的科学精神和逐步形成的学术规范，使西方国家在自然科学的各个领域取得了垄断性的优势；也正是这样的优势，使美国在信息技术发展的六十多年间名家辈出、独领风骚。在商业化的进程中，美国的产业界与教育界越来越紧密地结合，计算机学科中的许多泰山北斗同时身处科研和教学的最前线，由此而产生的经典科学著作，不仅擘划了研究的范畴，还揭示了学术的源变，既遵循学术规范，又自有学者个性，其价值并不会因年月的流逝而减退。

近年，在全球信息化大潮的推动下，我国的计算机产业发展迅猛，对专业人才的需求日益迫切。这对计算机教育界和出版界都既是机遇，也是挑战；而专业教材的建设在教育战略上显得举足轻重。在我国信息技术发展时间较短的现状下，美国等发达国家在其计算机科学发展的几十年间积淀和发展的经典教材仍有许多值得借鉴之处。因此，引进一批国外优秀计算机教材将对我国计算机教育事业的发展起到积极的推动作用，也是与世界接轨、建设真正的世界一流大学的必由之路。

机械工业出版社华章公司较早意识到"出版要为教育服务"。自1998年开始，我们就将工作重点放在了遴选、移译国外优秀教材上。经过多年的不懈努力，我们与Pearson、McGraw-Hill、Elsevier、MIT、John Wiley & Sons、Cengage等世界著名出版公司建立了良好的合作关系，从它们现有的数百种教材中甄选出Andrew S. Tanenbaum、Bjarne Stroustrup、Brian W. Kernighan、Dennis Ritchie、Jim Gray、Afred V. Aho、John E. Hopcroft、Jeffrey D. Ullman、Abraham Silberschatz、William Stallings、Donald E. Knuth、John L. Hennessy、Larry L. Peterson等大师名家的一批经典作品，以"计算机科学丛书"为总称出版，供读者学习、研究及珍藏。大理石纹理的封面，也正体现了这套丛书的品位和格调。

"计算机科学丛书"的出版工作得到了国内外学者的鼎力相助，国内的专家不仅提供了中肯的选题指导，还不辞劳苦地担任了翻译和审校的工作；而原书的作者也相当关注其作品在中国的传播，有的还专门为其书的中译本作序。迄今，"计算机科学丛书"已经出版了近500个品种，这些书籍在读者中树立了良好的口碑，并被许多高校采用为正式教材和参考书籍。其影印版"经典原版书库"作为姊妹篇也被越来越多实施双语教学的学校所采用。

权威的作者、经典的教材、一流的译者、严格的审校、精细的编辑，这些因素使我们的图书有了质量的保证。随着计算机科学与技术专业学科建设的不断完善和教材改革的逐渐深化，教育界对国外计算机教材的需求和应用都将步入一个新的阶段，我们的目标是尽善尽美，而反馈的意见正是我们达到这一终极目标的重要帮助。华章公司欢迎老师和读者对我们的工作提出建议或给予指正，我们的联系方法如下：

华章网站：www.hzbook.com
电子邮件：hzjsj@hzbook.com
联系电话：(010) 88379604
联系地址：北京市西城区百万庄南街1号
邮政编码：100037

华章科技图书出版中心

译者序

人工智能与智能硬件离我们的生活越来越近了，我们在日常生活的方方面面都能感受到这些技术带来的便利，然而这些对我们的生活产生潜移默化影响的科技还是需要以计算机为载体。目前国内很多学生受就业热潮的影响选择计算机专业，但大多偏向于应用算法的研究，对计算机系统的基础理论重视不够，这在一定程度上阻碍了计算机事业的发展。本书是一本对计算机系统解读、梳理得比较透彻的书籍。伊恩·文斯·麦克洛克林教授是英国查塔姆肯特大学梅德韦校区现任计算机学院院长、计算机教授，还是 IET 的成员、IEEE 高级会员、英国的特许工程师和欧洲（欧盟）工程师，在计算机系统，尤其是嵌入式技术应用方面颇有建树，同时还有丰富的工程经验。本书内容由浅入深，既有对计算机系统软硬件基础详细的入门介绍，又有结合实际应用，对嵌入式系统技术存在的瓶颈的深入探讨，适合作为计算机及相关专业本科生的教材或教学参考书，同时适合其他热爱计算机科学技术，希望进一步提升自己的计算机基础和能力的读者阅读参考，甚至对于工作在嵌入式系统产业的工程师来说，本书也是一本不错的参考书。

本书将计算机技术的发展背景与基础知识作为切入点，以嵌入式系统的方向为特色，涉及计算机系统内部包含的硬件、软件编程与操作系统、连接性与网络系统。硬件部分结合嵌入式系统与实际应用对 CPU 的功能、内部组成单元以及计算机接口进行详细介绍。软件部分包括程序设计、工作原理以及操作系统。连接性与网络系统部分介绍计算机网络发展至今的拓扑与连接方法（网络协议等）。最终以对计算机系统的未来展望作为结尾。纵观全书，作者用通俗易懂的语言将嵌入式开发设计流程与核心技术进行了详细介绍。与其他高等教育专业教科书不同，作者的叙述风格诙谐幽默，并且结合了实际应用案例，十分便于读者理解，字里行间可以感受到作者极高的写作热情、深厚的学术背景与丰富的嵌入式系统开发经验。

当朱捷编辑将这本教材推荐给我，并邀请我作为中文版的译者时，我还是心怀敬畏的，日常科研教学工作任务繁重，自己是否能再接下这本书的翻译工作？通过对原著的阅读以及与编辑的沟通，我认为本书是基于嵌入式系统架构讨论计算机体系的一本好书，值得推荐给我们的学生和嵌入式系统的从业工程师。在翻译过程中力争既要忠实于原著，又要尊重中文的表达方式，尤其要将英文中的幽默语气用中文表达方式传达给读者，实践起来也颇为不易。在这里要感谢我的同事徐国鑫老师，他对“嵌入式原理”这门课程教学的一些需求及对原著的肯定促使我下决心开始翻译本书。我的学生程倩倩、莫耀凯、隋钰童、王博斐、贾铭杰分担了许多协助翻译、查找资料及校对工作。他们的付出与努力是整个翻译工作能够顺利完成的强有力的保障！同时也感谢朱捷编辑在整个过程中的耐心指导和悉心审阅。

本书的翻译工作历时近 7 个月，每章译稿都经过至少两个人的多遍校阅。作为译者，我们努力保证译本的准确、易读，但由于时间紧、任务急，译作之中难免存在疏漏之处，恳请各位同行及广大读者批评指正。希望我们努力的结果能够使读者满意，同时也希望本书中文版的出版能为嵌入式系统技术在中国的发展贡献力量。

前　言

智能手机、便携式游戏设备等都是广义上的计算机，它们在人们的日常生活中正变得越来越重要。本书致力于从多个层面理解这些系统，让读者明白是什么使其成为计算机，并强调它们背后的内核——嵌入式系统，以及嵌入式系统真正令人着迷的技术。审视嵌入式系统的内部，对于一个有技术头脑的人来说，就像打开了一个充满知识的圣诞礼物。

书店（特别是大学城里的书店）里关于这个主题的教科书似乎随处可见，比如计算机体系结构、计算机系统设计、网络、操作系统，甚至是嵌入式系统。许多著名的技术作者也都尝试过在这个领域写作，但计算机是一个不断发展的技术领域，很难用会很快过时的静态教科书充分地描述。特别是在过去十年，嵌入式计算系统的兴起让一些思维保守的作者感到惊讶：在20世纪五六十年代的一些教科书中，人们坚持将计算机视为房间大小的机器，20世纪八九十年代的教科书将计算机视为台式和服务器计算机，只有少数作者真正认为未来使用的绝大多数计算机都是嵌入在日常物品中的，认为计算机在未来是嵌入式的、互通的和无处不在的。在未来，台式机甚至笔记本电脑将会像50年前的打孔机一样不合时宜。

本书中的讨论尽可能直接面向嵌入式，并使用来自嵌入式世界的例子，这些例子适用于计算机体系结构、操作系统和连接这三个子领域。有些主题与嵌入式处理器有更紧密的联系，其他的可能是更传统的主题。这里将尽可能给出嵌入式领域的一些例子，以及可以描述章节主题与读者的联系的相关资料。

全书结构

本书由12章构成，除了第1、2章的介绍与第12章的总结部分之外，其他章节可以粗略分为三个部分，依次解决以下三个问题：

- 现代计算机系统（嵌入式或其他系统）所用的内部硬件，其工作原理以及协同方法。
- 在使用计算机编程实现功能时需要怎么做？软件如何被写入、加载并执行？如何系统化并呈现给用户？现代计算机内部的系统如何管理？
- 计算机之间如何通过连接来交换信息并为用户提供分布式服务？

总的来说，在“引言”和“基础知识”章节之后，第3～7章会讨论硬件，相关的软件编程和操作系统知识将在第8章和第9章介绍，连接性和网络系统的内容在第10章和11章介绍。本书各部分之间紧密联系，但是读者不必按顺序学习本书——这三部分都包含对其他部分的介绍，非常通俗易懂。

适用读者

本书适用于计算机、计算机科学、计算机工程、计算机系统工程、电子与计算机工程、电子与电气工程等专业的本科生。对于工作在其他技术领域的人来说，如果对学习计算机基础有兴趣，本书也是不错的选择。引言与基础知识部分适合本科生前两年学习，本书还有足够的深度与拓展部分，适合学习计算机架构或计算机系统设计的大四学生阅读。

对于从事嵌入式系统相关工作的程序员与工程师来说，本书是十分有用的参考。本书对各个行业都十分适用的ARM处理器的重点介绍一定会受到业内人士的欢迎。

本书设计

本书的内容是自下而上编写的，除了本书的硬件和计算机体系结构章节的某些部分以我以前的作品《计算机体系结构：嵌入式方法》（*Computer Architecture：An Embedded Approach*）为基础以外，其他部分并没有借鉴现有的任何教科书。我采用了一种新的方法，并在不受传统结构约束的情况下规划本书，避开了计算机进化过程中出现的“死胡同”以及一些不相关的问题。这让读者的思路更加清晰，可以将注意力集中在嵌入式系统上（本书没有完全略去大型机器，因为它们包含了多年来已普及的更重要且更好的技术演变的优秀例子）。

在创作本书的过程中，我的目的是通过编写简单易懂的文字来培养读者的兴趣，并努力保持本书与影响日常生活的流行前沿技术的相关性。然而，在任何研究领域都存在一些棘手的概念，遇到这些概念时，我会写出明确的解释性文字，同时在许多地方提供了充分而直观的说明来帮助读者理解。此外，本书还提供了许多解释框，这些解释框包含了额外的示例、有趣的信息和其他解释之类的材料，目的是扩充正文内容并帮助读者吸收知识。

本书使用 SI（国际单位制），包括新的计算机存储度量单位 kibibyte 和 mebibyte（附录 A 中对此进行了解释）。本书的主要章节附有思考题。[一]

本书的编写

书中的示例代码和大多数嵌入式系统描述源自作者的硬件和软件设计经验。非常感谢 GNU 项目中出色的 GCC ARM 编译器，以及 Busybox（嵌入式系统编码的“瑞士军刀”）和 ARM / Linux 项目。

本书中的一些图像由 Wikimedia Commons 等在线资源提供，均在图题中有所标注。这些图像均有知识共享（CC）归属（BY）许可或共享（SA）许可。特别要感谢 Wikimedia Commons 提供了优秀资源以及 Creative Commons [二]提供了保护许可证。

开始之前

我们应该铭记数十年来辛勤工作的计算机工程师们，他们为现代社会的移动电话、智能机、计算机和嵌入式技术的蓬勃发展注入了重要的力量。我们赞扬过去那些伟大的贡献，并希望读者能够畅游在嵌入式计算机系统知识的海洋里，努力建设更美好的科技未来。

Ian Vince McLoughlin

㊀ 关于本书教辅资源，只有使用本书作为教材的教师才可以申请，需要的教师可向麦格劳-希尔教育出版公司北京代表处申请，电话 010-57997618/7600，传真 010-59575582，电子邮件 instructorchina@mheducation.com。——编辑注

㊁ 可以在 https://creativecommons.org/licenses 上查看本书中所使用的 CC 图像的完整许可文件。

致　谢

在此特别感谢我耐心的妻子 Kwai Yoke、可爱的孩子 Wesley 和 Vanessa，他们给了我充足的时间撰写此书。而纽约的 McGraw-Hill 教育的所有编辑和制作人员，则在我需要的时候给了我很多鼓励，他们的专业精神促成了本书的出版。同时，也感谢 Gerald Bok 和其他在新加坡 McGraw-Hill 亚洲团队工作的人，特别是 Gerald 在 2006 ~ 2013 年对我写作生涯的支持。

我还要在此感谢很多朋友的支持和鼓励，但我更想把这份成果献给我的母亲，不仅仅是在写这本书时，更是在我的整个生命历程中，是她始终鼓励着我，不离不弃，风雨相随。正是她对我的殷切期望，使我最终走上科学研究的道路，而她也始终以最饱满的热情来关注我对于写作的尝试。

关于作者

伊恩·文斯·麦克洛克林是英国查塔姆的肯特大学梅德韦校区现任计算机学院院长、计算机教授。在其30多年的职业生涯中，他一直致力于在三大洲的工业、政府和学术领域工作并强调研究和创新。他是一名计算机工程师，曾经参与设计对流层和太空中的计算系统，以及在水下的电信网络，在民用方面，曾将嵌入式设备应用到喉咙手术上来帮助病人说话。他还是IET成员、IEEE高级会员、英国注册工程师和全欧工程师。

关于译者

刘雯，任教于北京邮电大学电子工程学院，博士生导师，主要研究方向为室内外高精度定位技术及位置服务。主持国家重点研发计划课题1项、国家自然科学基金项目1项，主持或参与完成国家863课题多项；获得国家科技发明二等奖1项、国家科技进步二等奖1项，省部级一、二等奖8项；出版多本嵌入式方向教材。

第1章 引言

1.1 计算机的进化

计算机进化经历了一个漫长的历程：从1834年Charles Babbage的差分机（见图1-1，它与后来的数学计算处理机具有类似设计）到今天的超级计算机，是一段为提高处理能力、复杂性和微型化而不懈努力的佳话。

令人吃惊的是，Babbage当年的很多技术（以及20世纪40年代的早期电子计算机）非常具有前瞻性，在当今计算机系统中依然随处可见。这显示了早期的开拓者惊人的远见，同时也证明了一些基本的运作和结构几乎在所有类型的计算机中都是通用的，不分年代。今天我们有机会在事后通过计算发展的历史进行反思，从而可以发现许多生命周期不长的进化分支，这些分支最初看上去很有前途，但很快失去了生命力。它们当中有些可能会在后来的一些专门化机器中重新出现，但更多的仅仅成了一段历史。

图1-1 Babbage的差分机的一部分，来源于Harper的月刊杂志第30卷，第175期，p34，1864年。在伦敦科学博物馆可以见到其原始文档和一台可工作的重建机器

未来的计算机很有可能会建立在当前所用的技术之上。当前技术的快照（正如所有计算机教科书所必须做的）要如实反映这个事实，而不能脱离历史地介绍技术。

本书将按照技术进化过程展开。前面几章重点描述计算机基础。掌握这些基础能使学生们在纸面上构造出可工作但效率低的计算机。之后的章节将描述当今体系结构在提高性能方面的先进技术。我们将这些先进技术与计算机基础分开讲述，原因在于它们当中有些可能是进化过程中的“死胡同”，仅在当今推动Moore定律[1]快速向前。

在计算机体系结构方面最终会出现革命性的变化——它将打破进化趋势，使得许多曾经有助于提高性能的技术被遗忘。本书中不能确定这些技术是什么，但可以做一些非正式的猜测。在本书的最后一章，我们将讨论在未来几十年可能带来革命性变化的先进技术。虽然我们不能确定未来会出现哪些颠覆性的技术，但是可以明确过去和现在的计算机在性能方面的提升。最重要的是，可以理解驱动架构师、计算机系统设计者、软件开发人员、网络工程师在从事的工作。

1~2

1.2 进化过程

计算机的发展遵循着不断提升的进化路线。其中颠覆性的突破虽然很罕见，但一直备受欢

[1] 英特尔的工程师戈登·摩尔（Gordon Moore）在1965年指出，晶体管密度（以及因此导致的计算机复杂度）正以指数级的速度增长。他预测，这种增速将在未来持续下去，而这一想法随后被称为摩尔定律。

迎。近些年来，计算机领域都在小幅提升。

当然，像计算机这样复杂的设备需要由有才华的工程师来设计。我们能够记得一些工程师的名字，尤其是那些做出重大改进的人（其中有些人还在世）。另外，那些开创性机器的设计和历史往往付出了巨大代价，应当被很好地记录下来。

因此，人们往往希望计算机的发展历史是清晰定义的，对半个世纪以来出现的那些开创性计算机的认识没有困惑和争议。但遗憾的是实际情况并不是这样：存在着非常不同的意见，关于准确的时间、贡献、“第一”等几乎没有一致意见。任意比较两本关于计算体系结构或计算机历史的书就会发现这一点。出于本书目的，我们将从巨人 Colossus 开始展现计算机历史。

Colossus（如图 1-2 所示）由工程师 Tommy Flower 于 1943 年制造，由 Alan Turing 及其在 Bletchley Park 的同事完成程序设计，目前普遍认为这是世界上第一台可编程电子计算机。这台计算机作为针对德国 Enigma 编码的密码破译工程（最终成功）的一部分，于第二次世界大战中构建于英国。遗憾的是，Colossus 因属于英国官方保密法之列而被隐藏了整整 50 年。战后，首相 Winston Churchill（以典型的保密文件的形式）命令将这台机器拆分成不大于人手的碎片，同时命令销毁所有与 Colossus 相关的文章。规划和图纸由设计者焚烧，解密操作员宣誓保守秘密。

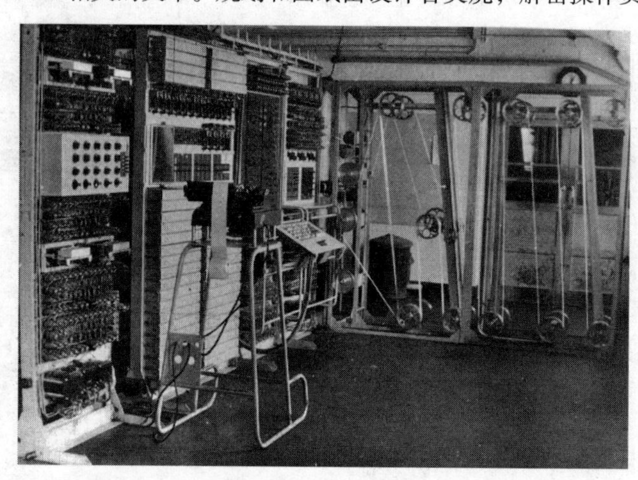

图 1-2　照片 1945 年拍摄于 Bletchley Park 的 H 区，是当时使用的十台 Colossus 计算机之一。国家计算机博物馆的洛仑兹密码机现在存放在这里（图片由英国档案馆提供）

这台机器被隐藏得很成功。尽管偶尔有一些关于这台机器的传闻，但公众最终是在 2000 年所剩无几的几份相关文件被解密时才得知 Colossus 的存在。因此，在很多计算机历史的相关描述中都没有提到 Colossus，整整一代计算机设计师从来没有听说过它。

然而，另有一些著名的与 Colossus 同期的机器在之后几年开始使用。其中最著名的 ENIAC（Electronic Numerical Integrator And Computer）在美国制造。当 Colossus 还在被完全隐藏时，1944 年开始投入使用的 ENIAC 显然成为世界上第一台数字计算设备。许多不知道 Colossus 的教科书作者将 ENIAC 作为第一台现代计算机。事实上，Colossus 不仅投入使用的时间更早，而且与现代计算机相似，是一台二进制计算机，而 ENIAC 是一台十进制计算机。但 Colossus 和 ENIAC 一样都很难编程，需要通过调整开关和变换连线位置实现重新编程。

3

令人惊叹的是，出现在一个世纪之前的 Charles Babbage 的差分机是数字的而不是模拟的，且完全可编程，比起那些被称为第一的电子计算机在某些方面更为先进。Babbage 还设计了一台打印机外设，可以输出数字计算结果。Babbage 的机器还具有完整的程序设计语言，能够处理循环和条件分支，这使得 Babbage 的朋友 Lovelace 伯爵夫人 Ada Byron（著名诗人拜伦的女儿）在这台计算机上工作并写出了世界上第一个计算机程序。这可能是历史上诗歌创作和编程第一次也是最后一次走到一起。

在差分机和 Colossus 之间，计算领域并不完全是荒漠：德国人 Konrad Zuse 在 1940 ~ 1941 年间构建了一台电力计算机，归类为电力而不是电子计算机的原因是它基于继电器建造而成。另一个电子计算机的早期尝试是 1941 年在美国爱荷华州立大学（Iwoa State College）构建的 Atanasoff-Berry 机器。虽然这台机器不可编程且不可靠，但它还是展示出一些现代计算机的概念，并且毫无疑问地推动了当时计算领域的发展。

晶体管计算机的起源同样是一个令人困惑的领域。美国贝尔实验室于 1948 年发明了晶体管，因为功耗低、尺寸小，它很适合构建计算机（虽然早期晶体管的可靠性低于电子管[⊖]）。有一些文字记载误将美国麻省理工学院于 1956 年制造的 TX-0 作为第一台晶体管计算机，实际上曼彻斯特大学于 1953 年投入运行的晶体管计算机才应该享有“第一”的荣誉。

4

到目前为止，提到的大多数机器都是通过拨动开关或手动插拔电线来“编程”的。从这种意义上说，它们是可编程的，但是速度很慢。相反，现代计算机将程序存储在内存中，这可能更易于编程和调试。第一台存储程序的计算机是曼彻斯特大学构建的小型试验机器（SSEM，或爱称“Baby”）。它于 1948 年首次成功地运行了所存储的程序。另一个早期的存储程序计算机是 Maurice Wilkes 的 EDSAC（Electronic Delay Storage Automatic Calculator），于 1949 年 5 月在剑桥大学开始运行。同样著名的还有美国陆军的 EDVAC（Electronic Discrete Variable Automatic Computer），它也是二进制存储程序计算机，始建于 1944 年，但直到 1951 ~ 1952 年才开始运行。

显然，早期的计算机要么是大学制造的，要么在某种程度上与军事计算有关（例如洛仑兹密码机和 EDVAC）。曼彻斯特大学是一个非常重要但是很低调的角色，被很多计算机历史学家忽视了。在前者中，曼彻斯特大学于 1951 年还设计出世界上第一台商用计算机 Ferranti Mark 1，紧随其后的是由 EDSAC 衍生的 LEO。这台计算机从 1951 年春天开始为 Lyons Tea Houses 运行财务程序。尽管早期计算机业务是以英国为中心，但在接下来的半个世纪里，最大和最重要的商业计算机企业坐落在美国。这种情况一直持续到嵌入式系统出现。随着剑桥开发的 ARM 处理器的广泛使用，至少在一段时间内，这种发展把钟摆摆回了英国。而在 2016 年 9 月，ARM 被卖给了日本 SoftBank 公司。

表 1-1 列出了计算机领域的世界第一，同时给出了它们实际开始运行的年代。

表 1-1　计算机发展史上重要的计算机

年份	研发地点	名称	首次产品
1834	剑桥大学	差分机	可编程计算机
1943	Bletchley	Colossus	电子计算机
1948	曼彻斯特大学	SSEM（Baby）	存储程序计算机
1951	麻省理工学院	Whirlwind 1	实时 I/O 计算机
1953	曼彻斯特大学	晶体管计算机	晶体管计算机
1971	加利福尼亚	Intel 4004 CPU	大众市场 CPU & IC
1979	剑桥大学	Sinclair ZX-79	大众市场家用计算机
1981	纽约	IBM PC	个人计算机
1987	剑桥大学	基于 ARM 的 Acorn A400 系列	拥有 RISC CPU 的家用计算机
1990	纽约	IBM RS6000 CPU	超标量 RISC 处理器
1998	加利福尼亚	Sun picoJAVA CPU	基于一种语言的计算机

⊖ 在局部真空中包含微小灯丝电极的玻璃热离子阀门是大部分早期计算机的基本逻辑开关。在北美称这种阀门为“真空管”或简单称为“管”。有趣的是，虽然它们现在已不再参与计算，但在很高端的音频放大设备中却是抢手货。

该表展示了计算机技术的发展过程。尽管从表中我们无法知道20世纪60年代在这一领域发生了什么，但可以看出这是一个进化过程，而不是一个革命性过程。

1.3 计算机发展阶段划分

有些时候计算机像人一样按照“代”进行描述。这是一种按照时间建立的划分，通常取决于建造方法、计算逻辑器件，以及计算机用途等要素。

5

任何看过20世纪80年代计算机杂志上的广告的人都会记得制造商如何投资不同代的计算机，并且反复为计算机新产品做广告，好像它们就是第五代计算机一样（尽管显然不是）。几乎每台计算机都配备了不同的操作系统——实际上硬件和操作软件都存在巨大差异，而现在只有少数操作系统（主要是Linux、Microsoft Windows、Mac OS、Android）和计算设备商家倾向于销售其硬件功能。虽然现在很少使用“计算机时代划分”这个术语，但我们将简要回顾五代计算机以及它们的特点，并给出一些例子。

1.3.1 第一代计算机

- 基于真空管，通常会占据整个房间。
- MTBF（平均故障间隔时间）很短，两个故障之间间隔只有几分钟。
- 基于十进制的算术运算。
- 通过开关、电缆或硬连线实现编程。有少量可编程机器。
- 除基本的机器码之外没有程序设计语言。
- 引入了冯·诺依曼体系结构。

最典型的例子是ENIAC，耗电100kW才能达到每秒500个加法运算。这台巨大的机器使用了1800个真空管，重30吨，占地面积为1300平方米。用户界面（这代计算机的典型界面）如图1-3所示。ENIAC由美国陆军设计，用于求解弹道方程以计算火炮射程表。

6

图1-3　两名女士正在操作ENIAC的主控制盘（图片由美国陆军提供）

Colossus计算机同样巨大，早期用于解码：破解强大而秘密的Enigma编码，为第二次世界大战中盟军胜利做出了贡献。然而，令人伤心的是，解码出的第一条德军信息是“我们正准备轰炸Coventry”。为了不让敌人知道信息已经被破解，政府决定不通知居民，致使很多居民在这次轰炸中死亡或受伤。

1.3.2 第二代计算机

- 基于晶体管，但还是很重、很大。
- 较好的可靠性。
- 采用二进制逻辑。
- 用穿孔卡片或纸带进行程序输入。
- 支持早期的高级程序设计语言。
- 基于总线的系统架构。

当时的CDC6000被誉为智能外围设备。另一个更加为人所知的是有4KB RAM、运行速率为0.2MHz的PDP-1。这台机器使得现今已经倒闭的数字设备公司（DEC）在当时胜出。PDP-1标价10万美元左右，且有令人印象深刻的一组外设，包括光笔、EYEBALL数字照相机、四声道音频输出、电话接口、几个磁盘存储设备、打印机、键盘接口和控制台显示设备。图1-4展示了PDP-1和它的几个外围设备。

7

图1-4　Oslo PDP-7（由Tore Sinding Bekkedal拍摄）

1.3.3 第三代计算机

- 采用集成电路。
- 很好的可靠性。
- 可以进行仿真（微程序）。
- 多道程序设计，多任务，分时。
- 普遍使用高级程序设计语言，在用户界面设计方面进行了一些尝试。
- 使用虚拟存储和操作系统。

最为人所知且功能强大的IBM System/360包括512KB的8位存储器，运行主频为4MHz。这是一个基于寄存器的计算机，具有流水线中央处理单元（CPU）体系结构和存储器读写机制，该设计方案为当今程序员所熟知。IBM在基本机器架构基础上针对不同的用户要求进行了相应设计，且通过微码仿真方法实现其他指令集合，从而保证为第二代计算机用户（那些已经在他们的机器上投入巨额资金的用户）提供向后兼容性（因此能够在新的System/360上运行老版本的程序，而这具有很大的商业意义。20世纪90年代以后，IBM一直在沿用这种方法）。经过修改和小型化的五台计算机在NASA空间站中完成数值计算。

8

虽然没有占据一个房间，基础版System/360仍然是一台很大的设备，如图1-5所示。

图 1-5　IBM System/360（由 Ben Franske 拍摄，来源于 Wikipedia IBM System/360 页面）

1.3.4 第四代计算机

- 采用超大规模（VLSI）集成电路。
- 高可靠性和高性能。
- 可以将整个 CPU 集成到一块芯片上。
- DOS、CP/M 及更先进的操作系统。
- 这就是今天的计算机。

例子非常多，包括所有台式计算机和笔记本计算机。图 1-6 显示了一个定制的 RiscPC 示例。Acorn 的 RiscPC（1994—2003）是该公司最后生产的计算机系列之一，其中大多数是基于他们自己的 RISC 处理器（称为 ARM，在后文中仍要提到这个概念）设计的。尽管创建了当时最先进的窗口操作系统以及新的处理器体系结构，Acorn 还是在发布 RiscPC-2 之前就停止了交易。相反，Apple 公司在市场营销上表现得更聪明，初始投放市场的 333MHz 的 iMac 有 5 种可选颜色，尽管最近变成了全白、全黑和铝合金色。图 1-7 展示了 iMac 的产品。

9

图 1-6　Acorn RiscPC（由 OmniBus Systems Ltd 定制，并运行他们的 OUI 软件）

图 1-7　搭载 Intel CPU 的 Apple iMac 运行可靠的基于 UNIX 的操作系统，是一款时尚且用户友好的机器。这台机器配有 27 英寸⊖的屏幕，其历史可追溯到 2007 年（照片由维基共享资源的 Matthieu Riegler 提供）

⊖ 1 英寸 = 0.0254 米。——编辑注

1.3.5 第五代计算机

第五代计算机可能具有以下特点：

- 自然的人机交互。
- 非常高级的程序设计语言——甚至可以用英语编程。
- 对用户表现出智能。

在撰写本书时还没有合适的示例。一旦有了这样的例子，也很有可能没什么值得拍照的，它可能是位于数百米外的数据中心里的云服务，或是分布在人们周围的微型嵌入式计算机集群——虽然不太可能是一个米色盒子，但极有可能被嵌入扬声器和麦克风中。

事实上，第五代计算机也许像 Amazon Echo 设备（如图 1-8 所示），又或者像包含 8 个独立的 ARM 处理器核的小型化产品 iPhone。

10~11

图 1-8　Amazon Echo 设备，为新生的虚拟数字助理 Alexa 提供基于语音的接口（照片由维基共享资源的 Frmorrison 提供）

1.4 云、普适、网格和超并行计算机

回顾一下计算机的发展历史。最开始计算机是占据整个房间的机器，无论是机械部分还是电子部分都需要专门的人来维护。技术的不断进步使得较小的晶体管取代了基于真空管的硬件。像房间大小的计算机开始逐步缩小。后来人们发明了集成电路，最初集成电路可以承载几百个晶体管，之后是几千个，后来更多。Rockwell 6502 处理器产生于 1975 年，在一个 40 引脚的双列直插式封装（DIP）芯片上集成了大约 4000 个晶体管。到 2008 年，Intel 可以在单个芯片上集成 20 亿个晶体管。

计算机从房间大小缩小到几台冰箱大小，然后缩小到一台冰箱大小，进而缩小到桌面上的盒子大小，即进入个人计算机（PC）时代。PC 又变得更小。20 世纪 80 年代早期出现了可以随身携带的计算机，然后是便携式计算机、膝上计算机、笔记本计算机和掌上计算机。今天，你可以买到一个用于医疗诊断的药片，其中不仅包括完整的嵌入式计算机，还包括传感器和 CMOS 照相机。

那么计算机发展史是一个单向小型化的故事吗？回答是否定的，因为计算机在某种意义上又变得越来越大。像因特网所表现的网络化趋势使得计算机更容易相互链接，同时还将支持计算机之间的资源共享。过去单机完成的工作今天可以由多个并行计算单元或计算机集群并行完成，甚至可以由地理位置各异的计算机共同完成。本书后续会讨论所有这些类型的并行和互联，着重看它们的实现方法——我们认识到系统变得更加分散但更加相互关联，事实上无论是在计算机领域、手机技术还是工业计算法上，这种想法都是正确的。

因此，假设我们需要完成的任务可以在单个小盒子上执行，也可以由分布在我们周围的几台计算机（包括嵌入式的）共同完成，那么问题就变成我们应如何定义“计算机”——是这个盒子自身，还是某个可以执行该任务的“东西”？

50 年前很容易定义什么是“计算机”，因为计算机是在计算机机房中。今天，在我们桌上的单个盒子中就有可能包含两个或更多 CPU，而每个 CPU 又可能包含几个计算核，而我还是称这个盒子是一台“计算机”。当我进行一个 Web 搜索时，搜索请求会被送到某搜索门户，在那里包括 10 000 多个计算单元（每一个类似于一台 PC）的“服务器场”（server farm）将处理该搜索请求。当一个服务器场协同完成处理时，称之为一台超级计算机，即还是一台计算机。

因此，计算机又变大了，由许多较小的单个计算单元组成。一个由许多计算机组合起来协同工作的突出例子是巴塞罗那的超级计算机，即 MareNostrum 4，安装在巴塞罗那 Torre Girona 教堂，于 2017 年 6 月开始运行，如图 1-9 所示。

12

图 1-9　由巴塞罗那超级计算机中心开发的位于 Torre Girona 教堂中的 MareNostrum 设施（图片由维基共享资源提供，网址为 www. bsc. es）

1.5　未来

小型化过程还将继续。越来越多的产品、器件和系统包含嵌入式计算机，而且没有任何征兆显示这种趋势会消亡。计算机速度会继续增加。最终，存在一个很美妙的历史轨迹，请看图 1-10 中的数字，它显示出计算机如何从最早期开始在计算速度上不断进步——纵轴显示了计算机在每秒浮点运算（FLOP/s）中的性能峰值，参数形式上为一个对数，因为如果不使用对数刻度，这些数字无法有意义地绘制。

13

在撰写本文时，最大的超级计算机即将达到 exaFLOP（EFLOP）每秒的性能。如果按照图 1-10 所示，计算机性能在不断提高，那么 EFLOP/s 级的计算机将很快与我们见面。从这些数据中，可以发现“计算机”的定义在简短历史中已经被多次改变。

在这一点上，值得暂停一下来思考已经取得的巨大进步。很难有其他的生活领域可以实现如此惊人的持续性能改善。大部分推动力依然尚存，例如 ARM、英特尔和 AMD 等主要行业参与者的小型化技术和独创性，以及通信行业和全球互联网的成功。并行计算已经成为建造世界上最快的计算机时采用的主流技术，这些并行计算机都比较大。大型机时代也许又会回来，所不同的是大型机可以坐落在其他国家，用户可以通过因特网和无线网络访问这台大型机。这些大型机非常耗能，据说某些服务器集群消耗的能量甚至与整个城镇一样多。考虑到这一点，也许明智的方法是将这些大型机放在寒冷的区域，或许它们产生的多余的热量还可以用来温暖附近的房屋。

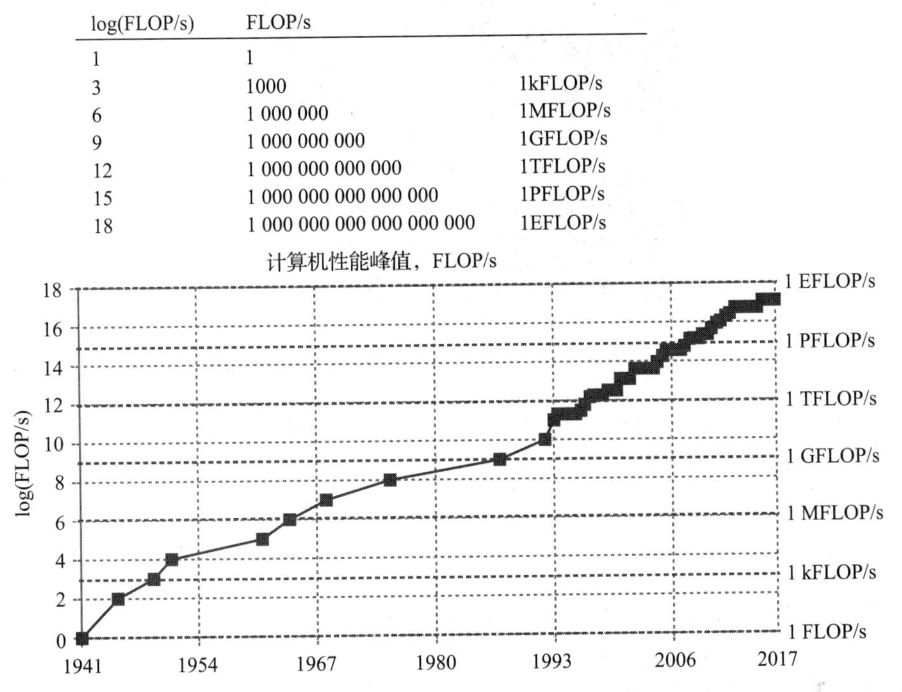

log(FLOP/s)	FLOP/s	
1	1	
3	1000	1kFLOP/s
6	1 000 000	1MFLOP/s
9	1 000 000 000	1GFLOP/s
12	1 000 000 000 000	1TFLOP/s
15	1 000 000 000 000 000	1PFLOP/s
18	1 000 000 000 000 000 000	1EFLOP/s

图 1-10　从始至终，计算机在计算速度上令人惊叹的进步（1941～1993 年的数据由美国田纳西大学的 Jack Dongarra 教授提供，1993～2017 年的数据从 http://www. top500. org 获得）

如今，从计算机功能的角度出发，将大容量计算资源分离开的技术（即有线或无线连接）已经实现，但是能够利用这种计算模型的服务和软件出现得较慢。

然而，这并不意味着现在要放弃对现有计算机及其体系结构的改进（那意味着你可以不继续往下读了），但这确实意味着重点可能发生变化，即从大的、高功耗的转向小的、低功耗的，从大规模的数值计算转向嵌入式和专用计算，从固定位置的孤立设备转向随处可见的网络计算。

回到本书的教育目的，在计算机系统上工作的工程师一直被问到这样的问题："在我的系统中应该使用什么处理器？""在我的系统中如何才能使处理器正确工作？"本书将提供回答这两类问题所需的背景知识。另外，这些知识还可以用来回答新的问题，例如，"我是应该使用轻量级 CPU 且连到远程服务器进行处理，还是全部在更强大的 CPU 内部进行处理？""在我的应用程序中应该使用单个快速 CPU 还是多个较慢的 CPU？"

尽管存在许多像 MareNostrum 4 这样的超级计算机，但当今计算基本上可归入嵌入式工程领域，即嵌入式器件和消费电子器件中的普适计算技术。以图 1-11 所示的三星手机为例，智能手机中包含大约 9 个独立的微处理器，而这些微处理器几乎都是基于 ARM 的。因此，对于未来是怎样的这一问题的答案是，我们可以预测两种趋势：一种是更少但更大的大型计算机集群（特殊的计算机，比如远程服务器集群中大型的高性能计算机）；另一种是更多但更小的个人化计算器件（普适计算，意味着在任何地方都可以获取和处理信息）。

14～15

图1-11 从左到右分别为三星Galaxy S8+、Galaxy S7 Edge和Galaxy S8（照片来自马来西亚吉隆坡的弗农·陈（Vernon Chan），由Wikimedia Commons提供）

最后，需要指出两种极端计算的操作软件主要并且越来越多地基于Linux。同时，嵌入式系统的首选处理器是ARM（可能适用于未来的服务器群）。这两种技术将在本书的其余部分中得到很好的探索。

1.6 小结

你可能不会去建造世界上最快的超级计算机（也许你会，谁知道呢?），但你很有可能会去设计嵌入式系统或进行嵌入式程序设计。

本章介绍了计算技术的发展历史：不断向前进步，在技术和理解上有许多大的飞跃，但也存在成百万的小步伐改进。Isaac Newton在给他的竞争对手Robert Hooke的一封信中写道："如果我能够看得更远，是因为我站在了巨人的肩膀上。"

对于大多数计算机设计者来说这是完全正确的。你站在巨人肩膀上的最好办法是利用现有的计算机设计下一代计算机。

基于这样的历史观察和在这个领域继续前行的信心，现在应当做的是从过去几十年的计算机系统设计者那里学习技术。下面的章节将进行这个过程，首先不考虑计算机性能提升问题，而是学习无论是大型机、台式机还是嵌入式系统都需要的基本的基础技术。然后，我们花一些时间进一步了解嵌入式系统。最后，我们将进一步探索计算机世界中未来极富潜力的技术。

16

第2章

Computer Systems: An Embedded Approach

基础知识

本章介绍一些背景知识，用来解读现代中央处理单元（CPU）的设计。我们将关注计算机组成与分类的形式化方法；定义大量的描述计算机系统的术语；讨论计算机算法以及数据表示；了解几个组成结构的模块，这些模块在后面分析计算机系统时会再次遇到。

2.1 计算机组成

计算机是什么？虽然在第1章中提到了这个问题，但那时是通过外部观察来实现的：将计算机定义为能够执行计算任务的设备——无论大型或小型，单CPU或多CPU，分布式或本地化。

在本章中，我们将检查内部构造，探索这些内部元素是什么，以及它们是如何联系在一起的。为了回答这些问题，我们首先应认识到计算机的结构内部存在各种各样的可能性。比如今天的台式计算机，许多原来连接在CPU周围的外设模块现在都封装在一个集成电路芯片之内，这并不是先驱者们所认定的计算机。然而，一直以来计算机中的大部分模块都仍然存在，即使它们不是立即就能被识别出来。在嵌入式系统中这个趋势更为明显：将几乎所有必需的功能都集成在一个芯片上的片上系统（SoC）现在已占据主导地位。

其次，并非所有的计算机都以同样的方式构成，或有同样的需求。它们的尺寸也多种多样，从一个房间大小的超级计算机到类似于手表大小的个人数字助理（PDA），甚至小到能够集成到可以被吞下或注入皮下的小药片中。这些不同尺寸的计算机显然不太可能都具有相同的设计或相同的软件。

尽管可能性各种各样，但大多数系统都包含功能相似的模块。这些模块在布局上是放在CPU芯片的内部还是外部，取决于设计和成本方面的考虑，模块虽然在尺寸、复杂性和性能上会有很大差异，但它们基本上是在做相同类型的工作（尽管速度不同）。内部互连（总线）通常是并行的，“宽度”和时钟速度也是设计时要考虑的因素。然而现在串行总线正变得越来越流行。较低的成本和复杂性使得串行总线现在也主导着外部连接。它们使用类似的原则，不过速度有很大差异。

计算机内部除了要有大小功能块、快速功能块和慢速功能块之外，另一个要考虑的设计因素是使每个功能模块都有多个副本，或者在模块之间有多个互连总线。

因为有这些差异，所以需要按照某种方式定义不同的体系结构。最早是在1966年，Michael Flynn首先提出了一种描述计算机系统的分类方法——Flynn分类法。

2.1.1 Flynn分类法

现在广泛使用的Flynn分类法最初是由Micheal Flynn于1966年设计的，是用于描述计算机系统及其多功能单元的综合分类方案。它根据指令流的数量和存在的数据流的数量对计算机进行分类。

一系列修改那些流经数据处理单元的数据（数据流）的命令，可以被认为是一个指令流。图2-1显示了4种不同情况，包括：

- **单指令流单数据流**（SISD）——传统的计算机包含单个CPU，它从存储在内存中的程序那里获得指令，并作用于单一的数据流（本例中就是一个指令处理一条数据）。

- **单指令流多数据流**（SIMD）——单个的指令流作用于多于一个的数据流上。例如有数字4、5和3、2，一个单指令执行两个独立的加法运算：4+5和3+2，就被称为单指令流多数据流。SIMD的一个例子就是一个数组或向量处理系统，它可以对不同的数据并行执行相同的操作。
- **多指令流单数据流**（MISD）——用多个指令作用于单个数据流的情况实际上很少见。这种冗余多用于容错系统。
- **多指令流多数据流**（MIMD）——这种系统类似于多个SISD系统。实际上，MIMD系统的一个常见的例子是多处理器计算机。

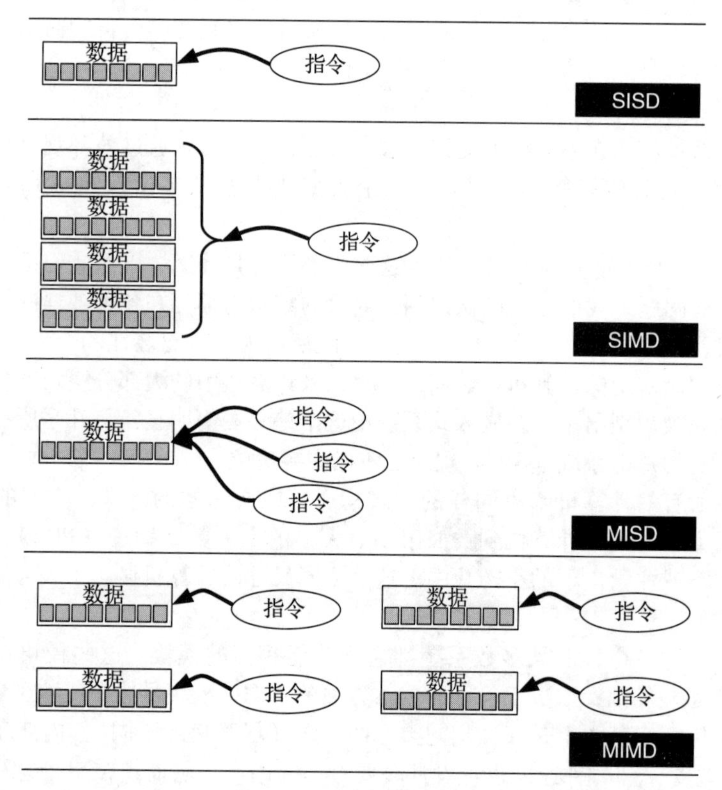

图2-1　Flynn分类法中SISD、SIMD、MISD和MIMD处理示例。这4个分类显示了在某个时间点上执行的指令和数据之间的关系（因为这个分类是按照指令流和数据流的共同特征进行划分的）

虽然Flynn设计此分类法的初衷是描述处理器级的布局，但它也同样可以适用于处理器内部的单元模块。例如，Intel Pentium处理器上的多媒体扩展（MMX）和以后的单指令多数据流扩展（SSE）都是SIMD的例子。它允许发出一个单一的指令去操作多个数据项（如8对数据同时执行不同的加法）。我们将在4.7节一起介绍MMX与SSE。

2.1.2　连接方式

另一种对处理器体系结构的常见描述是基于对程序指令和数据是共同处理还是单独处理。

- **冯·诺依曼体系结构**的系统共享数据和指令的存储以及传输资源。许多现代计算机都属于这一类，它们在RAM中存储程序和数据，并使用单一的总线将程序和数据从内存传输到CPU。但是，总线具有最大带宽（意味着每秒只能传输一定数量的数据，通常以Mbit/s或Gbit/s为单位），CPU内部的指令通常对数据项进行操作。因此，在正常操作期间，指令和数据项都必须传送到CPU。如果两者都位于共享内存中，并且共享总线，那么它们也共享带宽，这意味着会对性能产生限制。

- **哈佛体系结构**的系统将数据和指令分开进行存储与传输，这使指令和数据项都可以占用各自存储总线的全部带宽，并能实现同时传输。这样的系统可以实现高性能，但是是有代价的，因为实现高速存储和高速总线所需要用到的硅材料是非常昂贵的。
- 其他的体系结构包括带有多个专用总线的系统（如 ADSP2181 内部总线），地址总线共享数据/指令，而数据总线是独立的或类似的结构。第 4 章还将进一步介绍并详细阐述内部总线结构。

18 ~ 19

一些 CPU 虽然通过一个单一的总线共享内存接口，却宣称是哈佛体系结构处理器，如 Intel 的 StrongARM 处理器。StrongARM 处理器内部是哈佛体系结构，因为它包含了独立的内部数据和指令高速缓存模块，但它的外部是冯·诺依曼连接方式。

2.1.3 计算机结构层次视图

有时可以把计算机系统看成相互联系的多个层次。图 2-2 描述了层与层之间的连接操作，也可以看作层次化的操作。

从下往上，任何计算机或 CPU 都可以被看成执行逻辑运算的门集合。这些逻辑运算是通过微程序或状态机的控制来完成所需功能的，微操作序列由指令集中的一条或多条指令指定。基本输入输出流（BIOS）可以认为是在计算机首次启动时运行的小型内置程序，同时也是向硬件发出的指令。用户程序是硬件的指令序列，但是可以另外要求 BIOS 或操作系统（OS）执行功能。与 BIOS 一样，OS 功能是可以执行预先指定任务的小程序。作为程序，这些功能也实现为一系列向硬件发出的指令。

20

有趣的是，这个层次模型很像用于计算机软硬件的开放系统互连（OSI）模型（OSI 模型将在 10.4 节详细介绍）。

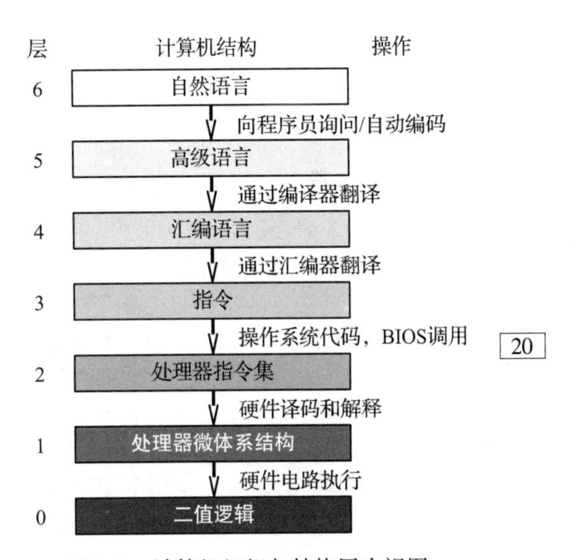

图 2-2 计算机组织与结构层次视图

2.2 计算机基本原理

本书所描述的计算机系统，如 2.1.1 节中讨论的 SISD 计算机，通常包括一些由总线连接起来的功能单元。本章将简要介绍这些单元，在后续的章节中再详细论述。

- 中央处理单元（CPU）——通过对指令的解释以及内置的行为来控制计算机的部件。它可以处理输入/输出功能，完成算术和逻辑运算（也可以说包含一个 ALU）。CPU 不再仅仅指 CPU 的物理 IC，它可能包含内存、网络硬件、许多外围设备，甚至包含电源调节电路（特别是对于单片机）。[⊖]
- 算术逻辑单元（ALU）——CPU 中的这个部件完成加、减、与、或等简单的算术逻辑运算。它是一个异步单元，从并行连接的寄存器或总线输入两个数据，输出直接连接到寄存器或者是通过三态缓冲器连接到总线。此外，它有一个控制输入用来选择执行哪个运算，以及一个状态寄存器接口。在现代处理器的芯片内部，它仅被用来处理定点二进制（偶尔是 BCD 码）数值。

⊖ CPU 一词的定义宽泛，因此，如果是指中央处理单元或单芯片计算机，将在文中单独说明。

- 浮点运算单元（FPU）——或者在片上，或者作为外部协处理器，负责浮点数的算术运算。大多数现代 FPU 支持的浮点格式是 IEEE754 标准（将在 2.8.2 节介绍）。它相对较慢（可能需要数十或数百个指令周期来完成一个计算），通常通过专用浮点寄存器连接到主 CPU。
- 内存管理单元（MMU）——该单元在处理器寻址空间和真正的物理存储之间提供了一个抽象层，这种抽象被称为*虚拟内存*。MMU 把处理器需要访问的*虚拟地址*转换为一个真正的内存中的*物理地址*。处理器通常看到的是大片连续的内存地址空间，这是因为 MMU 屏蔽了物理存储的组织，真正的物理存储空间可能是由不同尺寸（更大或更小）、不连续的部分 RAM 和部分硬盘构成。

21

另外，我们还需要讨论一些概念，在详细介绍这些概念之前先在这里进行定义：

- 寄存器——直接连接到 CPU 内部总线的片上[⊖]存储单元，访问速度非常快（通常是一个指令周期）。它容易和某些 CPU 的片上内存或 picoJava Ⅱ 处理器中的堆栈混淆。
- 三态缓冲器——用于控制是否驱动总线的设备，通常位于寄存器和总线之间，由寄存器控制何时驱动总线。三态中的前两种状态是驱动总线电压为逻辑高或逻辑低；第三种状态为高阻态，这意味着该设备不驱动总线。
- 复杂指令集计算机（CISC）——将能想到的所有有用的操作都放到 CPU 硬件中，不必担心有多大、多耗电或使 CPU 变慢，那么最终得到的就是一个 CISC 机器。早期的 VAX 机器就是一个例子，据说它包含执行超过 2000 个时钟周期的指令。
- 精简指令集计算机（RISC）——CPU 的性能受其内部最慢组件以及芯片面积的限制。基于 80% 的指令只使用了 20% 的执行时间，而剩下的 20% 的指令却占用了 80% 的芯片面积这样一个前提，CPU 被精简到只包含这 80% 最有用的指令。这使它们紧凑而快速，并且能够非常高效地执行这些通用指令。有时，对 RISC 的有效定义意味着“支持一个少于 100 条指令的指令集”。
- 指令周期——指一条指令被取指、译码、执行到返回结果的时间，可能是一个或多个主时钟周期（由外部晶振产生的）。对 RISC 处理器，指令通常都是在单个时钟周期内执行完；对 CISC 处理器，有些指令会需要很长时间。
- 大小尾端——大尾端（big endian）指高字节放在前面，常用在 68000 或 SPARC 这些处理器中。小尾端（little endian）指低字节放在前面，用于 Intel x86 系列中。某些处理器（如 ARM7）允许进行大、小尾端的切换。

不幸的是，在现代计算机中，内存的各种宽度使尾端问题变得很复杂。如果所有的内存都是字节宽度那就简单了，但现在增加了难度。给定一个未知的系统，可能会比较容易先判断是否是小尾端，如果不是，再归类为大尾端。在框 2.1、框 2.2、框 2.3 和框 2.4 中详细讨论了这个问题。

22

框 2.1　尾端实例 1

问：将一个 32 位宽的字存储在一个 16 位体系结构的存储系统中，下图所示为存储字最低有效字节（LSB）、第二字节（B1）、第三字节（B2）和最高有效字节（MSB），这是小尾端还是大尾端？

地址	15 … 8	7 … 0
2		
1	MSB	B2
0	B1	LSB

⊖ 原本这些都是独立的硬件，但现在出于访问的便利性和速度的考虑都集成到了一个芯片上。

图中，内存的行号（16位字）在左边，位的位置（0～15）标在下面。

答：首先检查是不是小尾端，我们确定最低字节的内存地址，然后向上计数。本例中，最低字节的地址行号为0，最低位也是从第0位开始。内存中的下一个字节开始于第8位，仍然是在第0行。其次是1行0位，最后是第1行的第8位。从最低字节的地址的内容开始向上数，可以得到｛LSB、B1、B2、MSB｝。由于这个顺序遵循从最低字节到最高字节的格式，因此它一定是小尾端。

框2.2 尾端实例2

问：一个32位的字存储如下。这表示的是小尾端还是大尾端？

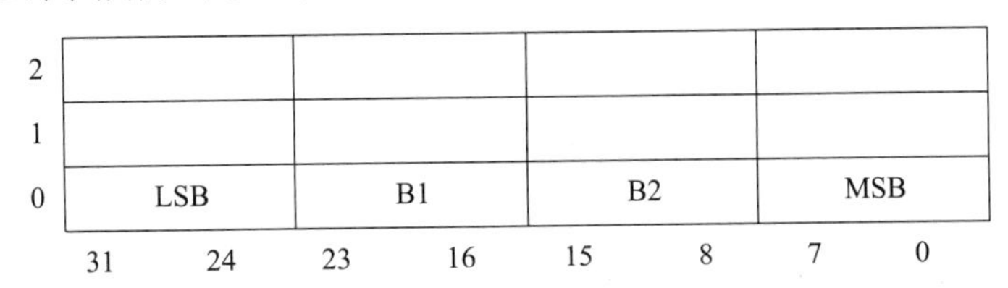

答：首先，确定最低字节的内存地址。这显然是从地址第0行第0位开始，其次是第0行第8位，以此类推。从最低字节到最高字节依次写出内容，我们得到序列｛MSB，B2，B1，LSB｝。这个顺序不遵循由最低字节到最高字节的格式，它不是小尾端。因此，它一定是大尾端。

23

框2.3 尾端实例3

问：给定内存映射如下图所示，在图中填入以小尾端格式表示的一个32位数字的MSB、B1、B2和LSB字节。

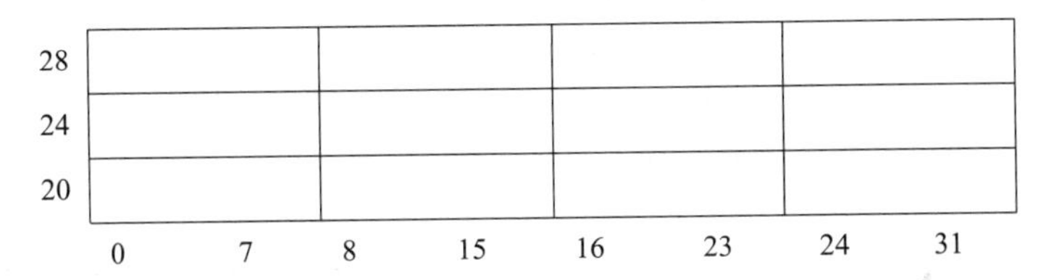

答：小尾端通常都比较容易：LSB是在最低字节地址，然后顺着内存向上数到MSB。首先，需要确定内存中最低字节地址的位置。本例中，位号标注在表格的下方——它们从左边开始向右递增，因此最低字节的地址是指第20行第0位，下一字节是第20行第8位，依次向上。最终的结果应该是：

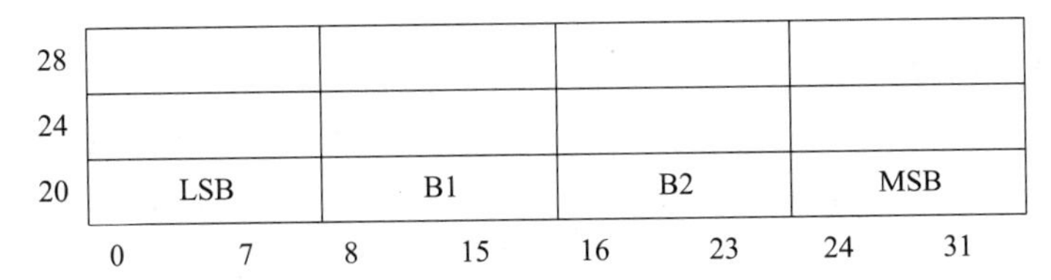

注意：再关注一下这个地址。它的位置是不连续的，行号不是一个一个增加的（像其他的例子那样），这些地址是4字节递增的。这表明内存是按字节编址，而不是按字编址的。这是典型的ARM处理器，内存按字节独立编址，尽管拥有32位宽的存储器。

框2.4 尾端实例4

问：给定内存映射如下图所示，写出用大尾端格式表示的16位数字的MSB和LSB字节。

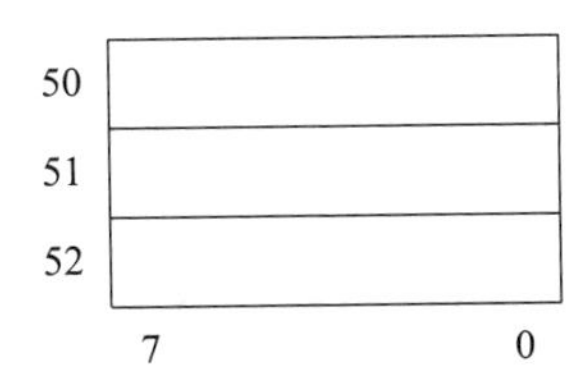

答：同样，需要确定在图示的内存中哪个是最低字节的地址，然后将MSB字节放进去，因为是大尾端模式。本例中，内存是从上向下编址的——某些处理器制造商所用的共同的格式，上面是低地址，依

24

次向下计数。由于内存是字节宽度，因此很容易写出答案如下：

50	MSB
51	LSB
52	
	7　　　0

2.3　数字格式

现代各种计算机在算术和逻辑数据处理上的方法都是相同的：利用相同的数字格式（可分为8、16、32、64位架构），可以按照同时处理的数据位数（数据宽度）对计算机进行分类。这意味着二进制数据的位数由典型的指令来控制，或者保存在数据寄存器中，它们甚至往往采用类似的技术来处理数字。早期的计算机并非如此，很多非标准的数据宽度和格式丛生，其中大部分已成为历史。

可以说，大约有7种（或更少的）二进制数字格式今天仍然在使用。框2.5讨论了什么是数字格式，但为了让我们在后面的章节中更好理解硬件的处理，需要在这里回顾一下本书中会遇到的各主要格式。

框2.5　什么是数字格式

我们都知道十进制格式，无论是整数123还是小数1.23，都是以10为基数的例子。这是我们计算金钱、计算GPA等数学问题时使用的自然数字格式。

事实上，有无限多种方式来表示一个数字（即有无限多种基数），但其中只有少数是常见的。除了十进制格式以外，十六进制格式（基数为16）经常会用在软件中，而二进制格式（基数为2）常用在硬件中。

我们将在所有示例中使用二进制、十六进制或十进制。用前缀0x来表示可能被误解的十六进制数，例如0x00FF0010（可写为0x00FF，0010或0x00FF 0010，来打破整个长串数字）。

对于二进制，我们有时会使用尾随b来表示可能被误解的二进制数，例如00001101b（为了清楚起见，我们将经常将长串数字分成四个一组，例如0000 1101b）。

25

2.3.1　无符号二进制

在无符号二进制格式中，一个数据字中每一位的权值是和其位置相关的2的相应次幂。这听起来很复杂，但用起来很容易。例如，8位二进制字00110101b相当于十进制的53。末尾的b表明它是一个二进制数字；从右向左读，数值计算过程为：

$$1(2^0)+0(2^1)+1(2^2)+0(2^3)+1(2^4)+1(2^5)+0(2^6)+0(2^7)$$

在一般情况下，一个n位二进制数x的值v可表示如下，其中$x[i]$是从右向左读的第i位（从第0位开始）：

$$v=\sum_{i=0}^{n}x[i]\cdot 2^i$$

人们对于无符号二进制格式只需稍加练习就很容易阅读，并能有效地通过计算机处理。练习转换最好的方法就是绘制如下网格。

2^7	2^6	2^5	2^4	2^3	2^2	2^1	2^0
128	64	32	16	8	4	2	1

若从二进制转换为十进制，写入需要转换的二进制数并读取总和即可。为了说明这一点，

使用上面的 00110101b 示例，得到下面的表：

128	64	32	16	8	4	2	1
0	0	1	1	0	1	0	1

由此，可以读取 1 +4 +16 +32 的总和，从而计算出十进制数 53。

若换个方式转换（从十进制到二进制），最快的方法是按从左到右的顺序。从 128 开始，确定要转换的数字是否大于 128。如果是，在第一列中写入 1 并从数字中减去 128。如果不是，则写一个 0 并继续。移至第二列，确定转换的数字是否大于 64。如果是，在这一列中写入 1 并从数字中减去 64。如果不是，写一个 0 然后继续，直到到达最后一列。有趣的是，位权重为 1 的最后一列将显示该数字是奇数（1）还是偶数（0）。

框 2.7 给出了其他一些用于转换不同格式数字的工作示例。

2.3.2 原码

原码格式保留最高有效位（MSB）来表示正负（称为“符号位”），然后利用其剩余的低有效位的无符号二进制数值来表示绝对值的大小。按照惯例，MSB 为 0 表示正数，为 1 表示负数。

例如，4 位带符号数 1001 表示 -1，8 位数值 10001111b 相当于十进制的 -15。除符号位之外，十进制 +15 的值同样是 00001111b。

26

2.3.3 反码

反码格式在很大程度上已经被补码表示法取代，但偶尔还是可以看到，尤其是在某些硬件实现中。这种格式同样是用 MSB 表示符号，其余位表示绝对值。但是，与带符号数的不同之处是，如果该数字为负（即符号位为 1），则绝对值位的值是反的（也就是当符号位为 1 时，其余位都变了，0 变成了 1，1 变成了 0）。

例如，8 位的反码 11110111b 等于十进制的 -8，而 +8 的写法和原码写法一样，为 00001000b。

2.3.4 补码

补码（two’s complement）无疑是现代计算机中最常见的数字表示格式。由于它的高效性，补码已经取得了相当的优势：无符号数算术运算的硬件电路同样可以用于补码运算。补码表示同样用 MSB 表示符号，正数的表示类似于无符号数的二进制形式。然而，负数的补码的数值位是在反码的基础上加 1（框 2.6 提供了用此方法求“一个数字的补码”的二进制例子）。

例如，由二进制数字 1011 表示的 4 位补码相当于十进制的 -8 +2 +1 = -5，8 位的补码 10001010 相当于十进制的 -128 +8 +2 = -118。

框 2.6 负数的补码

负数的补码很容易从绝对值的反码加 1 得到，例如，求 -44 的 8 位二进制的补码：

先写出 +44 的 7 位二进制数： 010 1100

然后，各位取反（得到反码）： 101 0011

最低位加 1： 101 0100

最后，加上符号位（1 表示负数）：

1101 0100

如果你不习惯写二进制数，可以试着把它分成 4 个一组来写。这样就很容易按列划分，并有助于转换成十六进制（因为二进制的每 4 位对应十六进制的 1 位）。

无疑补码比上面提到的一些其他格式的表示法更难读懂，但是相对于降低硬件复杂度来说，这是一个很小的代价。框2.7给出了补码的一些例子，包括正数和负数的补码。

框2.7 数的转换示例

27

问1：写出十进制值23的8位二进制补码。

答1：我们先写出8位补码每一位的权值，从左开始连同符号位一起。

-128	64	32	16	8	4	2	1

只有为负数时才设符号位，本例中是正数，所以填0；接下来，看权值为64的位，如果我们的数字大于64则会在这位写1，但23不大于64，所以这位写0；同样，看权值为32的位，现在写下了：

0	0	0	16	8	4	2	1

到权值为16的位，数字23比16大，因此我们在23中减掉16得到余数23-16=7，并在权值16这栏写下1。

接下来我们再比较余数和权值8，余数比8小，所以在权值8这栏写0；再比较权值4，余数大于4，因此计算新的余数为7-4=3并在权值4这栏写下1；按此规律，接着在权值2和1这栏都写下1。得到的最终结果是：

0	0	0	1	0	1	1	1

问2：写出十进制数-100的8位二进制补码。

答2：同样看上面的这行数字，我们知道负数需要在权值为-128的栏中填写1。计算减法-100-(-128)或-100+128得到余数28。后续的计算正常进行——在权值64这栏写0、32这栏写0、16这栏写1，得到新余数28-16=12。继续在权值8这栏写1，余数为4，在权值4这栏写1，其余的位写0。得到：

1	0	0	1	1	1	0	0

注意：对于补码表示，能够一目了然地观察到该数是否为负数（最高位是1），以及是否为奇数（最低位是1)。

2.3.5 移码

我们后面讨论浮点数的时候会看到移码（excess-n）表示法。该格式采用无符号值$v+n$来表示数v。例如8位二进制数，偏移量为127的移码表示法，可以表示-127~+128的数字（以二进制位的方式存储，看起来就像无符号数0~255）。

对这种格式可能需要进行一些思考才能正确理解，查看极值（分别为最大和最小值）的方法有助于我们理解。考虑最小值，127偏移量的移码为8位二进制数00000000b，对应着十进制的-127。通过计算数字的无符号二进制值（在这种情况下为零），然后减去127，可以得到-127。相比之下，如果采用无符号格式，则最大值11111111b将等于+255。但是由于我们知道它是偏移量为127的移码，因此我们从255中减去127进行转换，得到的结果为255-127=128。看另一个例子11000010，此二进制码的值应该是128+64+2=194，但由于是用偏移量为127的移码表示，因此需要从194中减去127得到十进制的67。

28

要将十进制转换为偏移量为127的移码，将遵循相反的过程。首先将127添加到十进制数，然后写入无符号二进制。例如，将十进制101转换为偏移量为127的移码，首先得到101+127=228，然后将结果写为无符号二进制11100100（4+32+64+128）。

在不同的专业计算领域中使用了其他移码格式，并且这些格式遵循相同的一般原则，但如上所述，本书中只会遇到偏移量为127的移码格式。

2.3.6 BCD码

BCD（Binary-Coded Decimal）码曾广泛用于早期的计算机中。由于每个十进制数字（0～9）都对应到BCD中由一组4位二进制编码表示，使得人们使用时很容易阅读。如十进制73表示成BCD码就是0111 0011。由于4位二进制可以表示0～15的值，但是每四个一组的BCD码仅存储十进制值0到9，因此还有一些二进制模式在BCD中从未使用过。最终，BCD已被主流所取代，因为它的存储效率不高，也不容易为其设计硬件。但是，在一个领域，BCD是通用的，就是在七段显示器（即数字译码管）上输出LED和LCD数字。这种显示器的驱动器IC通常要求以BCD格式输出数据。

2.3.7 定点数表示法

二进制和十进制格式都可以用于存储小数（请参见框2.8），但是我们将仅考虑无符号数和两个补码，因为它们是计算机体系结构领域中最常见的数字。定点数有严格的概念。书面数字看起来与其他二进制数字相同，但对位加权的解释有所变化，最低位是权值2^0，下一位是2^1，第三位是2^2，依次类推。在一些数字信号处理（DSP）电路中，定点数表示法也被称为Q格式。定点数表示法通常用（$m.n$）的格式描述，其中m是假定的基之前的位数（十进制的基称为小数点，但在处理其他进制的数时，我们不能称它为一个“十进制”小数点，所以我们称它为基（radix）），n是基（小数点）后面的位数。因此，这种情况下定点数的位宽为$m+n$。

框2.8　二进制是一种定点数格式吗

二进制并没有什么特殊的，它只是基数为2的一种表示数的方式，而不是我们熟悉的基数为10的方式（十进制）。

我们用十进制可以像写整数（如19）那样写小数（如9.54），同样我们可以用任何其他基数表示方式像写整数格式那样写定点数格式。到目前为止我们只看到了整数的二进制格式，然而二进制定点数格式也非常重要，它被广泛用于如数字信号处理领域。

29

两个8位的二进制数按照无符号格式和（6.2）格式分别表示如下：

无符号	2^7	2^6	2^5	2^4	2^3	2^2	2^1	2^0
（6.2）格式	2^5	2^4	2^3	2^2	2^1	2^0	2^{-1}	2^{-2}

更多二进制定点数格式的例子可参考框2.9。

无符号数或补码的定点数表示的好处是在硬件实现上对其值的处理和对非定点数表示的处理方式一样，小数点只是在程序上的假设而已。这意味着任何二进制加法器、乘法器或移位器都可以添加小数点，乘法或移位小数与无符号数一样（实际上硬件永远不会“知道”数字是不是小数，一般只有程序员需要跟踪哪些数字是小数，哪些不是）。

框2.9　定点数格式实例

问： 把十进制数12.625改写成一个（7.9）定点数格式的二进制补码。

答： 首先确定（7.9）格式的每一位位权：

-64	32	16	8	4	2	1	1/2	1/4	1/8						

这里由于空间原因位权低于1/8的已经被删除了。接下来，因为是正数，所以权值为-64的这一位写0。然后，按照标准补码表示（或无符号数）的方式从左向右依次扫描每一位，使用上面给出的权值。

得到12.625=8+4+0.5+0.125，因此结果为：

0	0	0	1	1	0	0	1	0	1	0	0	0	0	0	0

2.3.8 符号扩展

符号扩展是指将一个指定宽度的有符号补码数的位宽扩大。例如，把一个8位的数字转换为16位。虽然由程序员显式指定该操作只是偶尔发生，但在加法或乘法运算中却是很常见的一个操作。

可以通过把一个4位补码转换为8位的例子来解释什么是符号扩展。首先，写下4位二进制补码数1010。

如果考虑是有符号数，我们知道4位数的位权分别是 [-8, 4, 2, 1]，而8位数的位权分别是 [-128, 64, 32, 16, 8, 4, 2, 1]。对于4位数来讲，1010的值显然是

30

$$-8+2=-6$$

如果变成8位数时只是简单地在4位数前面补0，即00001010，那么对照这8位数的权值来看，这个值就是

$$8+2=10$$

结果显然是错的。如果注意到负数需要设置符号位，进而简单地把符号位变为1，即10001010，那么这个值又变为

$$-128+8+2=-118$$

结果还是错的。实际上，为了能够正确地从4位扩展到8位，不仅需要将最高的符号位设置正确，而且每一个增加的位（原始数据MSB位左边的每一位）都必须设置成和原始数据的MSB位相同。因此符号位被扩展得到**1111**1010，其值为

$$-128+64+32+16+8+2=-6$$

得到了正确的结果。符号扩展的另一个例子在框2.10中给出。

框2.10 符号扩展实例

问：写出-4的4位补码表示，把MSB位向左复制4次，然后读出该8位补码的结果。

答：1100(-8+4+0+0)

MSB位是1，向左复制4次得到**1111**1100。

读出这个8位有符号数：(-128+64+32+16+8+4)=-4。

进一步思考：对一个正数（如3）重复上述练习。该方法是否同样适用于正数？

对于正数补码来说，符号扩展显然没有难度，但此规则仍然适用（它没有任何影响，却使硬件设计变得简单，因为该规则适用于所有的数而不是部分的数）。

2.4 算术运算

本节讨论能够执行两个二进制数加法和减法运算的硬件。几乎所有的处理器，此功能都是由算术逻辑单元（ALU）完成的，它同时也处理与（AND）、或（OR）、非（NOT）等基本的逻辑运算。ALU作为CPU的功能单元将在后面的4.2节讲述。

31

2.4.1 加法

二进制运算是按位完成的，相邻的低位计算可能会产生进位。在硬件上，一个全加器完成两个加数位和一个进位输入的加法，产生一个带进位输出的结果。

图2-3是一个全加器的符号示意图，其中每个箭头代表一个逻辑位。半加器与其类似，但没有进位输入。

2.4.2 并行进位传递加法器

要构建一个8位并行加法器，通常使用8个全加器，每一个输入位对应一个，尽管至少有

一个最低位可以使用稍微简单的半加器，并行加法器如图 2-4 所示。

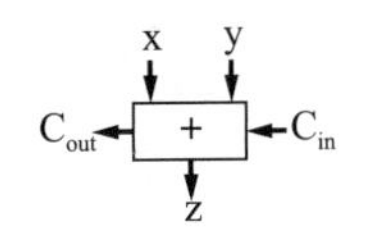

图 2-3 一个全加器，两个输入位和一个进位输入相加，得到一位输出和进位输出

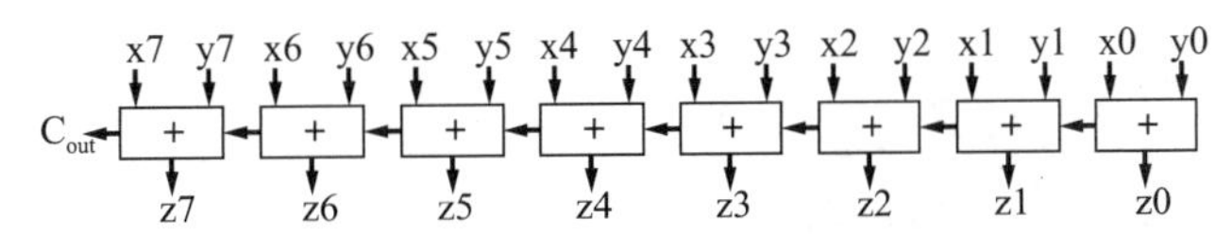

图 2-4 进位传递加法器或行波进位加法器，由一串全加器和一个半加器构成

在图 2-4 中，x[7:0] 和 y[7:0] 表示两个字节的输入，z[7:0] 表示一个字节的输出，C_{out}是最终的进位。对于无符号数的加法，当 C_{out}为 1 时表示计算的结果超出了 8 位的表示。例如，我们知道 8 位能表示的最大无符号数是 $2^8-1=255$，如果两个较大的数，如 200 和 100 相加，结果（300）就无法用 8 位来表示。这种情况下，进位就会被置 1，并且结果的值（z）为余数 $300-256=44$。

因此，最前面的 C_{out}同时用作无符号数溢出标志：如果计算完成后它被设置为 1，表明当前的加法器位数不够表示其结果。进一步的考虑见框 2.11。

32

框 2.11 读者练习

当进行有符号数的补码加法时，最高位的 C_{out}信号将会怎样变化？

1）试着手算一个 4 位的加法器，4 位补码表示数的范围为 $-8\sim+7$。

2）试着计算一些加法：$2+8=?$；$2+(-8)=?$；$7+7=?$；$(-8)+(-8)=?$。

3）你对 C_{out}信号有何结论：对有符号数加法，其意义和无符号数加法一样吗？

这种加法机制在几乎所有的二进制加法器中都较常见。虽然并行加法器似乎是一个相对高效的结构，甚至和人们手工（或者使用算盘）计算二进制加法的方式很相似，但它面临的问题就是进位传递的速度非常受限，这阻碍了它在大多数微处理器 ALU 中的使用。

鉴于加法器的两个输入数据是同时给出的，那么加法器的速度可以通过计算其输出所用的时间长短来衡量。加法链中的每个全加器或半加器相对是较快的：（现在的硬件系统中）给出输入数据和进位输入后几个纳秒即可得到进位输出和结果。问题是，最低位的半加器（adder 0）必须在下一位的计算（adder 1）开始之前就完成计算，因为 adder 1 需要 adder 0 提供进位才可以完成其计算，而该进位只有当 adder 0 计算结束时才有效。然后 adder 1 再把它计算得到的进位提供给 adder 2，依次类推。进一步沿着加法链向前传递，在输入进入加法器相当长一段时间后，adder 6 才能将其产生的进位提供给 adder 7。

一个完整的行波进位加法器的传输延迟计算实例见框 2.12。这一点很重要，因为如果加法器是在一个同步系统中，那么传输延迟将成为系统的一部分而限制系统的最大时钟频率。

框 2.12 实例

问：一个 4 位并行进位传递加法器的全加器和半加器如下：

从前一个数据输入（x 或 y）或进位输入到结果 z 的时间：15ns

从前一个数据输入（x 或 y）或进位输入到进位输出的时间：12ns

如果输入的加数 x[3:0] 和 y[3:0] 在时刻 0 给出并稳定住，经过多长时间加法器可以产生稳定而正确的 4 位输出？

答：从加法链尾部的最低位开始，adder 0 在时刻 0 接收到稳定的输入，其结果 z 在 15ns 后准备好，进位在 12ns 后得到。adder 1 需要低位的进位才能开始计算，所以在 12ns 时刻才能开始，需要 24ns 后才能产生给 adder 2 的正确进位，这样给 adder 3 的进位输入需要在 36ns 时刻得到。然后 adder 3 开始加法计算，它的输出 z 将在 51ns(36ns + 15ns) 时刻完成，而进位输出在 48ns(36ns + 12ns) 时刻完成。因此尽管这些一位加法器本身很快，但当连成链后，需要 51ns 才能计算出结果。

33

注意：读者对前面提到的全加器或半加器“开始计算”可能会产生一点误解。实际上它们都是组合逻辑模块，输入状态的任何一个变化都会在某个延迟时间（本例中最多15ns）后改变输出。因为是组合逻辑，所以电路一直保持对输入数据进行处理，并且输出也一直是激活的。然而，根据规则，我们知道只有在给出正确的输入15ns和12ns后（分别对应结果z和进位输出），输出数据才能保证正确。

2.4.3 超前进位

为了加速前面提到的并行加法器，一种方法是对加法链上的每个加法器都尽早给出进位输入。

可以进行进位预测，这是一块能够直接计算输出进位值的组合逻辑。实际上，它可以同时为加法链上的每一个加法器提供进位值，其传输延迟和一个单独的半加器差不多。图2-5是一个3位加法器的进位预测逻辑。注意描述这些超前进位单元的逻辑方程的形成是很有意义的（见框2.13）。

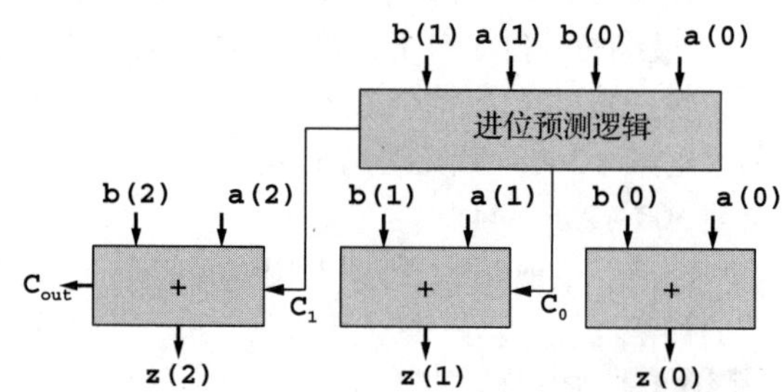

图2-5　超前进位加法器由几个全加器和进位预测逻辑构成

框2.13　读者练习

1）写出一位全加器的逻辑方程。

2）扩展到上面提到的3位加法器。

3）重新写出C_0和C_1的方程，只根据输入产生（而不含任何一个进位输入）。注意产生C_1所需的基本运算数量较少，因此完成此计算所需的门器件传输延迟也较小。

4）扩展到推导C_2的方程，需要多少计算步骤？是不是比C_1的多？对于更长的加法链，你能不能推断出这种方法的规律（从传输延迟和逻辑复杂性方面考虑）？

34

2.4.4 减法

和加法类似，减法也是按位计算的。当执行减法运算时，我们是否需要通过相邻位来考虑结果？答案是需要，但这里都是从高位的借位，而不是从低位的进位。这种借位存在和加法类似的问题。

考虑到硬件的可计算性，如果不是加法和减法可以互相转换（在多种数字格式中），就会需要一个专门的减法器。例如，一个十进制的计算99 − 23 = 76，可以重新写成99 + (− 23)，得到相同的结果。

虽然结果是相同的，但它是通过计算加法而不是减法来得到结果，而且第二个操作数的符号改变了（在硬件电路中更容易实现）。许多商业ALU的工作方式都比较类似：只包含一个加法电路和一个操作数的符号转换机制。在2.3.4节我们看到，改变一个数的补码表示的符号非常简单：先各位取反在末位（LSB）加1，末位加1相当于把那个加法器的进位输入置1。

减法很容易在硬件电路中实现，如图2-6所示。在这个电路中，输入操作数y经过异或门用来完成按位取反（异或就像一个取反开关，如果一个输入端为高电平，那么另一个输入端的每一位将被取反，否则维持不变，见附录B）。如果电路执行减法，则$\overline{\text{add}}$/subtract线保持高电平，减数被取负，且高电平有效，从而实现末位加1的效果。

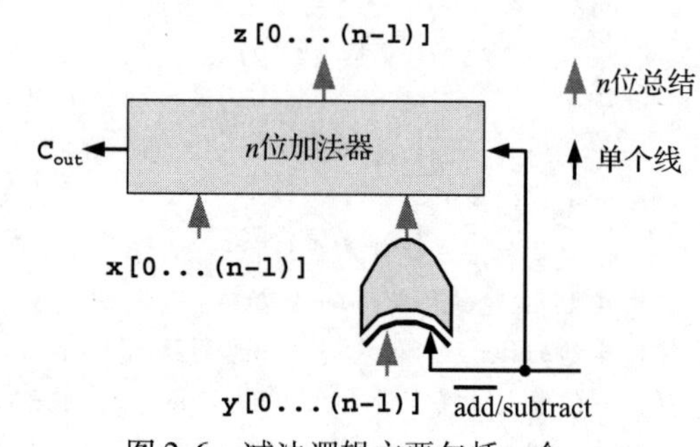

图2-6　减法逻辑主要包括一个带异或门的加法器

执行减法时还有一块逻辑需要介绍一下，就是溢出：进行加法运算时，可以使用最高位的进位C_{out}作为溢出标志。但这在减法运算中却不可行，我们通过下面的4位补码的例子来具体阐明：

0010 + 1110 = ?　　　　**2 + (−2) = ?**

0010 + 1110 = 0000 + C_{out}

显然结果应该是零没有溢出，但是最高位进位 C_{out} 也被置位。再看一个本应有溢出的例子：

0111 + 0110 = ?　　　　**7 + 6 = ?**

0111 + 0110 = 1101　　　　结果 = **−3**?

35

结果是 −3 还是不对，应该是 13。由此可见，只用 C_{out} 来判断的电路显然不够，还应考虑到处理过程中值的变化。应该在加之前检测符号位，在此基础上再对结果进行检测。这个计算量并不大，进行一个简单的查找表操作即可：

正数 + 正数 = 正数
正数 + 负数 = 符号未知
负数 + 正数 = 符号未知
负数 + 负数 = 负数

对于两个异号数（一个正数和一个负数）的计算，结果的符号位是未知的，但却不会产生溢出的问题（可以这样考虑：相加后负数会使正数的值变小，唯一不会变小的情况就是正加数是零，那结果就是输入的负加数，其输入数据本身不包含进位标志）。

让我们考虑一些 4 位二进制补码有符号数计算的例子，并检查进位（C）和溢出（V）标志的作用。

例 1

0111 + 1000

这是一个标志位不会溢出的例子，其中对一个正数和一个负数执行二进制加法，得到

0111 + 1000 = 1111

从符号位看，得到的是正 + 负 = 负。转换为十进制，得到的结果为 7 − 8 = −1，这显然是正确的。

例 2

0111 + 0100

这次使用的是两个正数，所以需要仔细检查结果的符号位。结果如下：

0111 + 0100 = 1011

但结果是负的（设置了 MSB 或“符号位”）。这似乎不正确——将一个正值添加到另一个正值上应该得到一个为正的答案（即应该给一个 0 的符号位），但在这种情况下，得到一个负数的结果，没有进位。转换为十进制，结果是 7 + 4 = −5，这肯定不是所期望的结果。

事实证明，CPU 设计人员可以在溢出（V）标志中找到解决方案。该标志正是上面确定的，并指示输出结果的符号位何时是意外的。对于两个正数相加的情况，结果的符号位应为 0。如果不是，则发生溢出并且将设置 V 标志。

36

对于两个负数的情况，结果的符号位应为 1，如果不是，则发生了溢出，因此也将设置 V 标志。下表提供了 4 位计算的更多示例，并且显示了 V 和 C 标志：

操作数 A	操作数 B	结果 A + B	C 标志	V 标志
0000	0000	0000	0	0
0010	0010	0100	0	0
0100	0011	0111	0	0
1111	1111	1110	1	0
0111	0111	1110	0	1
0100	1000	1100	0	0
1111	0001	0000	1	0

编程视角

上表中，二进制的计算都是正确的，这些都是纯二进制文件，可以由任何计算机的 ALU 直接简单地计算出来。ALU 不知道操作数是无符号的还是有符号的，只有程序员才知道。因此，程序员有责任编写一个程序，在计算后检查 V 或 C 标志。如果操作数是二进制补码，则应检查 V 标志，而如果它们是无符号二进制，则应检查 C 标志。

为了进一步说明这一点，请考虑表中显示的第 4 个操作，1111 + 1111 = C + 1110。如果操作数是无符号的，程序员需要在计算后查看 C 标志。在这种情况下，如果 C 标志位被改变，表示加法的结果太大而不能用 4 位表示。但是，如果操作数是带符号的二进制补码，则程序员需要在加法后查看 V 标志。在这种情况下，V 标志位并未置 1，表示结果可以用四位表示。它是否正确？下面一起来看一看。

使用无符号表示，十进制值下 1111b = 15，然后 15 + 15 = 30，因数值太大而不能用 4 位显示，所以将进位标识符置 1。但是如果使用二进制补码表示，十进制 1111b = −1，然后 (−1) + (−1) = −2，这很容易用 4 位表示。带符号的二进制结果 1110b = −2，这是正确的。在各种情况下，ALU、二进制输入和二进制输出都保持不变。这完全取决于这些二进制数字代表什么，以及程序员是否检查 V（使用有符号的操作数的时候）或 C（使用无符号操作数时）标志。

2.5　乘法

在早期的微处理器时代，在 CPU 内部用逻辑实现乘法太复杂，都是采用外部单元实现。即使当它终于挤进同一块硅片中时，也非常拥挤：在早期的 ARM 处理器上，乘法硬件占用的硅片面积超过整个 ARM CPU 核。

后来，厂家调整了乘法的目标应用。对快速实时嵌入式处理器（可能是一个处理 GSM 手机语音编码的 ARM7），需要尽可能快地执行乘法，从而有了高速乘法器。相比于非实时处理器上低速、多周期的乘法器来说，这显然会占用相当大的硅片面积。

37

有很多种方法可以实现 $m \times n$ 的乘法运算，各有不同的效率和不同的复杂度。典型的方法有以下几种：

- 加法迭代（将 m 累加 n 次）。
- 部分积移位加。
- 将 n 拆分成一系列数的加法，再对 m 左移。
- Booth 和 Robertson 方法。

每一种方法都会在下面的小节中讨论。当然还有更深奥的方法，因为这是一个活跃的研究领域。有趣的是还有一些方法是通过估值而不是计算来实现乘法，或者是以损失精度为代价。比如，将操作数转换到对数域再通过加来实现，或者使用替代数字格式或余数格式。

替代数字格式会在 12.4 节简要介绍，但当使用这样的硬件执行二进制计算时，有太多种替代以致无法把它们全部描述出来。

2.5.1　加法迭代法

实现乘法最简单的方法也是实现复杂度和芯片面积最小的方法，但这是以慢为代价的。整数相乘（$m \times n$）的伪代码看起来就像：

```
set register A ← m
set register B ← 0
loop while (A ← A − 1) ≥ 0
        B ← B + n
```

由于包含一个 n 次的循环，执行时间就会和 n 相关。如果 n 比较小，那么结果 B 就会早点计算出来。

如果我们考虑一个 32 位整数，它可以表示超过 40 亿的值，那就会需要很多次的循环迭代，这意味着一个相当长的执行时间。

2.5.2 部分积方法

与基于 n 的大小进行交互（如上面介绍的加法迭代方法）不同，部分乘积方法基于 n 的位数进行迭代。

对数字 n 的每一位依次进行检查，从最低位到最高位，如果这一位是 1，将 m 左移到检测为 1 的这一位对齐，将得到的部分积进行累加。在乘法术语中，这两个数称为乘数和被乘数，尽管我们知道对于十进制数，无论谁做乘数结果都是一样的，即 $m \times n \equiv n \times m$。 38

下面是一个部分积的例子：

```
    1001    被乘数 9
    1011    乘数 11
--------
    1001    （由于乘数的第 0 位 =1，将 9 左移到与第 0 位对齐）
   1001     （由于乘数的第 1 位 =1，将 9 左移到与第 1 位对齐）
  0000      （由于乘数的第 2 位 =0，将 0 左移到与第 2 位对齐）
 1001       （由于乘数的第 3 位 =1，将 9 左移到与第 3 位对齐）
--------
01100011    乘积结果 =99（部分积的累加和）
```

如果要进行带符号整数的补码运算，情况会稍微复杂一些，首先乘数的最高位是符号位，其次会用到符号扩展（见 2.3.4 节）。

对于有符号的情况，所有的部分积都需要符号扩展，将其扩展到乘积的位宽（由于符号位占 1 位，所以默认是两个输入数据的长度相加再减 1，例如，一个 6 位的有符号数加上 7 位的有符号数将需要 12 位来表示结果）。

如果每个部分积对应乘数的一位，且根据乘数的位权进行移位，那么最高有效位（MSB）对应的部分积是一个特殊的情况：位的权值为负，因此，这个部分积必须从累加和中减去而不是加上。图 2-7 显示了这个流程图，其中假设灰色的补码累加模块能够完成符号扩展。

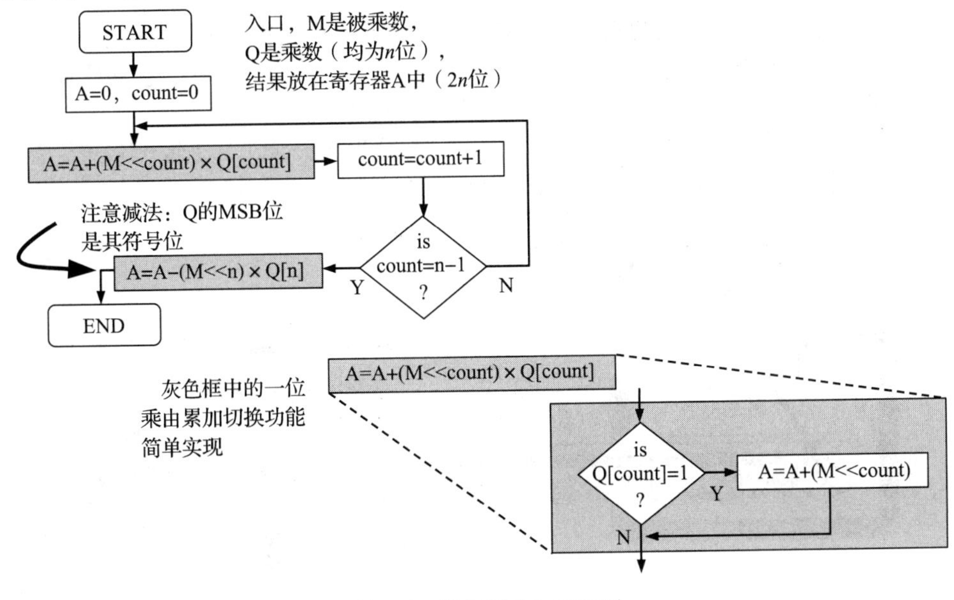

图 2-7 部分积乘法流程图

39

为了更好地理解这一过程，最好是用这种方法动手计算几个简单的二进制乘法的例子，读者可以仿照框2.14中的例子完成。

框2.14　补码乘法实例

例如，-5×4（有符号数）：

```
    1011      被乘数 -5
    0100      乘数 4
-----------
  00000000    （由于乘数第0位=0，将0左移0位，且符号扩展）
 +0000000     （由于乘数第1位=1，将0左移1位，且符号扩展）
 +111011      （由于乘数第2位=0，将-5左移1位，且符号扩展）
 +00000       （由于乘数第3位=0，将0左移1位，且符号扩展）
-----------
 =11101100    结果 = -128+64+32+8+4 = -20
```

类似地，我们再看4×（-5）（有符号数）：

```
    0100      被乘数 4
    1011      乘数 -5
-----------
  00000100    （由于乘数第0位=1，将4左移0位，且符号扩展）
 +0000100     （由于乘数第1位=1，将4左移1位，且符号扩展）
 +000000      （由于乘数第2位=0，将0左移2位，且符号扩展）
 -00100       （由于乘数第3位=1，将0左移3位，且符号扩展）
-----------
 =11101100    结果 = -128+64+32+8+4 = -20
```

但是此例中最后一行运算是减法，我们可以对要减的数连同符号位一起各位取反再加1（**00100**000→取反→1**1011**111→+**1**→1**1100**000），然后再把它和其他的部分积相加即可，如下：

```
  00000100
 +0000100
 +000000
 +11100
-----------
 =11101100    结果 = -20
```

我们看到结果都是一样的。至此我们讨论了需要符号扩展的情况，以及当乘数为负时所引起的最后一行部分积变加为减的情况。

实际上，反方向进行部分积的累加（即向下循环而不是向上循环）可能会更有效。最好的情况是不需要以不同方式处理乘数符号位的部分积（因为这并不是累加，它只是加法运算之前累加器中的值，从而使得其符号标志在数据加载时就被处理掉）。

图2-8中的框图描述了仅用于无符号数的另一种部分积乘法器方法（此方法较容易扩展为补码格式），图中给出了设置（加载操作数）完成后各操作的执行顺序。

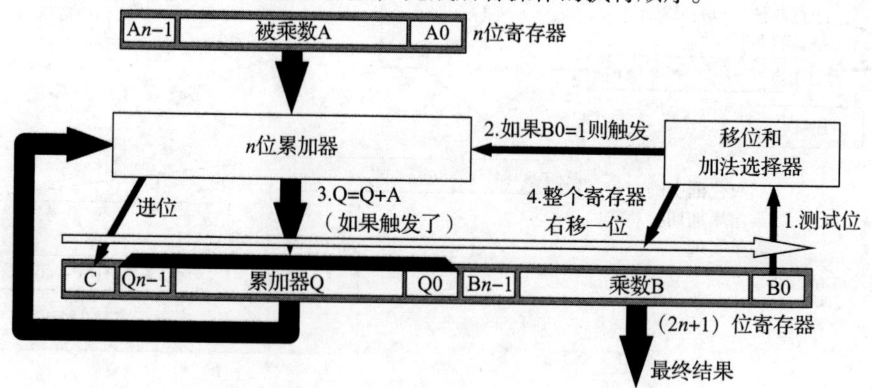

图2-8　用累加器实现的有符号数部分积乘法器位级框图

在设置阶段，将累加器的输出端 Q 复位为零，把乘数和被乘数加载到正确位置；测试乘数的最低位（步骤 1）；如果是 1（步骤 2），则将被加数加到累加器（步骤 3）；不管前面两个步骤是否满足条件，都将整个累加器右移一位（步骤 4）。系统循环 n 次（该控制逻辑没有画出）结束，将结果保存在一个长寄存器中。 40

比较此方法和图 2-7 中流程图的不同，涉及寄存器个数、总线宽度、连接、开关、加法器大小以及控制逻辑各方面。

有趣的是，这种乘法运算方法也包括右移方法（表示一个数除以 2），据说已经使用了几百年，有人用此方法轻松地计算相当复杂的十进制乘法。该算法首先是将待乘的两个数 A 和 B 分别写在两列的标题栏上。我们以 31 乘以 17 作为例子：

$$B = 17, \quad A = 31$$

从上向下写，每一行都将 B 的值除以 2，丢弃小数部分，直到值为 1；与此类似再填 A 栏，但改成每一行的值为上面的两倍：

B = 17	A = 31
8	62
4	124
2	248
1	496

接下来，把所有 B 列为奇数的行的 A 列的值加起来即可。本例中，B 列只有 17 和 1 是奇数，因此最后乘积结果是 $31 + 496 = 527$，显然是正确的。

注意本节给出的这种方法并不是唯一的硬件能够实现的部分积方法，也不是唯一可用的乘法方法。 41

2.5.3 移位加方法

移位加方法基于这样一个事实：对二进制数来讲，左移一位相当于乘以 2，左移两位相当于乘以 4，依次类推。

应用这个属性执行乘法操作时将不可避免地遇到问题，当在此基础上进行迭代加法时，操作的次数将取决于乘数的具体值，而不是乘数本身的位宽。鉴于此，该方法在商业处理器的通用乘法器中很少见到。但当乘数是固定值并且近似于 2 的幂时，该方法显得非常有效。因此，该方法多用于数字滤波器（包含一系列乘法运算的器件），其乘数的值是预先确定的。

此方法也易于实现基于 FPGA[㊀] 的定点滤波器设计，因为在这类设计中，从一个加法器传到下一个就是简单地把两个逻辑单元用线连起来，可以通过把一个单元的输出位 0，1，2，…连接到下一个单元的输入位 1，2，3，…而轻松地完成右移。

2.5.4 Booth 和 Robertson 方法

Booth 方法类似于部分积方法，从右向左扫描乘数的每一位，然后根据乘数位的值，对被乘数经过移位后的值进行加或减。不同的是在 Booth 方法中，乘数的位是两位两位地进行检测，而不是一位一位进行。对该方法的一种扩展是 4 位并行检测，而 Robertson 方法是整个字节并行检测。

这些方法的优点是速度极快，但其逻辑会随着并行检测的位宽增加而变得复杂。

㊀ FPGA：现场可编程门阵列（Field Programmable Gate Array），一个灵活的、可编程的逻辑设备。

Booth 方法的关键是定义一个规则，就是如何按照乘数的某两位的值对被乘数进行加或减。定义乘数中相邻的两位为 X_i 和 X_{i-1}，从 $i=0$ 开始扫描乘数，表2-1列出了相邻两位的所有组合及相应的规则。

表2-1　Booth 方法中的规则定义

X_i	X_{i-1}	规则
0	0	无操作
0	1	加移位后的被乘数
1	0	减移位后的被乘数
1	1	无操作

当从累加器中加或减一个被乘数时，和部分积方法类似，先要将其左移到第 i 位的位置。框2.15和框2.16给出了这一过程的详细实例。

42

框2.15　读者练习

考虑9×10（无符号乘）：

```
    1001    被乘数为9
00001010    乘数为10
--------
    0000    (i=0时，无操作，因为位对为末位0和一个隐藏的0)
   -1001    (i=1时，减去被乘数，因为位对=10)
  +1001     (i=2时，加被乘数左移2位的值，因为位对=01)
 -1001      (i=3时，减去被乘数左移3位的值，因为位对=10)
+1001       (i=4时，加被乘数左移4位的值，因为位对=01)
--------    (i=5及以后，无操作，因为所有位对=00)
```

因此，下面的累加就可得到结果：

```
 10010000
-1001000
 +100100
  -10010
--------
```

或者把减法转换成加法（方法见2.4.4节）：

```
 10010000
+10111000
  +100100
+11101110
---------
=01011010
```

得到乘积：

1011010 = 64 + 16 + 8 + 2 = 90（正确）

需要注意的是，当 $i=0$ 时，检测的两位分别是乘数位的最低位和一个假想位0。因此当乘数的最低位是“1”时，被乘数一定要被减掉（即按照“10”对待的）。在第二个例子（框2.16）中就是这样。

框2.16　Booth 方法实例

考虑 -9×11（有符号乘）：

```
 11110111    被乘数为-9
 00001011    乘数为11
---------
-11110111    (i=0时，减去被乘数，因为位对=10)
 0000000     (i=1时，无操作，因为位对=11)
+110111      (i=2时，加上被乘数左移2位的值，因为位对=01)
-10111       (i=3时，减去被乘数左移3位的值，因为位对=10)
+0111        (i=4时，加上被乘数左移4位的值，因为位对=01)
 000         (i=5及以后，无操作，因为所有位对=00)
---------
```

因此，下面的累加就可得到结果：

 -11110111
 +11011100
 -10111000
 +01110000

43

或者把减法转换成加法（方法见2.4.4节）：

 00001001
 +11011100
 +01001000
 +01110000
 =10011101 +进位

得到乘积：

10011101 = -128 +16 +8 +4 +1 = -99（正确）

还有两点值得注意。首先，处理有符号补码格式操作数时，部分积必须进行符号扩展，这和完全的部分积乘法器是一样的。其次，从右向左扫描时，由于最右侧有一个假想位0存在，这意味着遇到的第一个非等值对（两位）一定是“10”，对应着一个减法。这条规律可能有助于进行硬件实现。

尽管有人已经从事二进制运算很多年，这里还是要提醒一下：在二进制加法中太容易犯许多非常细小的错误了。如果你在考试中遇到这个题目，请仔细检查你的运算，第一次就答对并不像看上去的那么容易。

前面提到，用查找表方法可以把Booth方法扩展为同时检测4位，Robertson方法又向前迈出了一步，建立了一个8位的查找表。这些方法其实常见于各种现代处理器，尽管它们会占用相当大的硅面积。

2.6 除法

许多年来，作为商品的CPU甚至是DSP都没有用硬件实现除法，因为其复杂性和占用的硅面积都太大。Analog Devices公司的DSP及其他几种芯片中包括DIV除法指令，但通常这只是一个辅助硬件，通过采用非常基本的减法进行迭代而实现。

减法迭代

除法的过程就是判断被除数Q中包含多少个除数M（结果是商Q/M），因此可以简单地数一下Q减M可以减多少次，直到余数小于M为止。例如，计算13/4，讨论下面的循环：

迭代次数 $i=1$，余数 $r=13-4=9$；

迭代次数 $i=2$，余数 $r=9-4=5$；

迭代次数 $i=3$，余数 $r=5-4=1$；

余数1小于除数4，因此商为3，余数是1。

对二进制的计算过程与此是一样的，框2.17中给出的实例是很好的长除法例子。

44

框2.17 长除法实例

考虑23÷5（无符号除）。

首先以长除法的格式写下其二进制值：

101 | 010111

除数 被除数

然后，从最高位（左）开始向最低位（右）扫描被除数的每一位，看在被除数中是否能“找到”除数。如果找不到，则在被除数上面相应的位置写“0”，再看下一位。经过3次迭代，得到：

```
     000（商）
101 | 010111
```

但是现在，在被除数的当前位置能找到101，因此把101写在被除数的下面，并在被除数上面的相应位置写“1”。然后从被除数中减掉除数（在找到那一位的位置），形成一个新的被除数：

```
     0001
101 | 010111
 -     101
     ------
     000011
```

接下来，继续从左向右扫描，但是这次从新的被除数中寻找除数。本例中这次没找到，扫描所有位后，得到：

```
     000100
101 | 010111
 -     101
     ------
     000011
```

结果：商是000100，余数是000011。我们做的是23除以5，期望的商是4（正确），余数是3（也正确）。

所以现在的问题是，如何进行有符号整数的除法？大概一个有效的方法是记下两个操作数的符号，把它们都转换为无符号数，执行完除法后再把正确的符号位加回去。除法的符号规则和乘法一样，只有在两个操作数异号的时候结果为负。

主流微处理器的除法过程如图2-9所示。仔细检查后会提出一些问题，如“为什么A和Q每次迭代都左移？”“为什么在循环中执行一个加法Q = Q + M?”要回答这些问题，可以考虑这些操作是如何通过CPU里的寄存器执行的。这可以作为一个纸上练习，遵循算法的操作完成一个除法例子，可能是两个6位的数字。这样的练习有助于阐明系统是如何工作的。

45

注意在算法结束时，寄存器A中保存了结果的商，余数保存在寄存器Q中。算法将迭代n次，n是输入字的位宽。一如既往，完全有可能推导出其他不同的流程图，例如，有些方法甚至会从相反的方向扫描每一位并迭代。

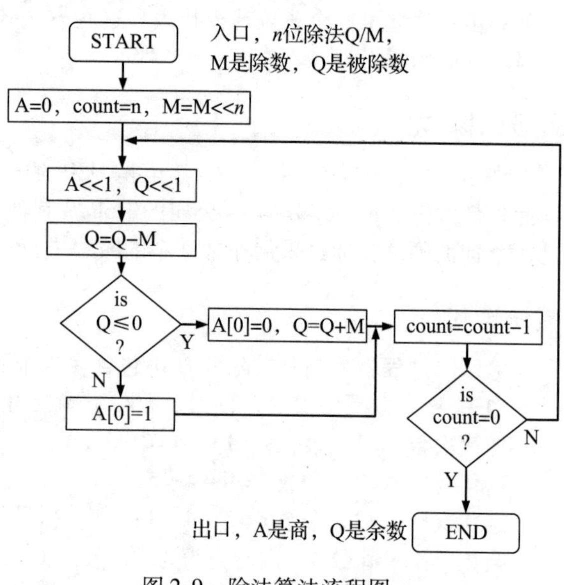

图2-9　除法算法流程图

2.7　定点数格式的运算

2.3.7节介绍了使用Q格式表示的定点数表示法。尽管需要使用定点数表示的原因有很多，但其中一个主要原因是在数字信号处理中，有很长的数字滤波器[㊀]，需要成百甚至上千的

㊀ 数字滤波器一般使用一系列连接的乘－加操作来改变信号的特性（以数据流的形式呈现）。例如，音频信号可能被过滤以屏蔽背景噪声。

乘累加运算来确定结果。

试想一下，如果滤波器的一些权值（滤波器中固定的值，用来乘以输入数据）非常小，那么被这些小的值乘了很多次之后，结果会更小，在所使用的数字格式下会被舍入到零。相反，如果一些权值很大，被乘过多次之后的结果就会非常大，导致溢出。要设计一个过滤器来避免这两种极端情况难度很大。

46

幸运的是，有一个合理、高效的解决方案：确保操作数是定点数格式，小于但尽可能接近1.0。其理由是，任何一个数字乘以小于或等于1.0的结果不会大于它本身。因此，我们确保这样的两个数字相乘之后，绝不会导致溢出。同样，任何数乘以一个值略小于1.0的数之后，其结果不会太小，因此结果不太可能快速地被舍入到零。

这种做法是可行的，因为在滤波器中只是进行乘和加，这些是线性过程：（$a+b$）和（$10a+10b$）/10的结果是一样的。

再次提醒，实际使用的定点数格式和用于执行计算的硬件是不相关的。它只是一个抽象的概念，软件工程师必须牢记。这将在本章后面的讲述中通过不同的例子来说明。

2.7.1 定点数的运算

两个小数做加法时，硬件加法器将对任何二进制数据进行盲目的相加。但是，只有当每个操作数的格式都相同时，答案才是正确的，答案的格式才会与操作数的格式相同。如果对不同格式的操作数进行加法，那么答案就没有意义了。假设结果格式与操作数格式一样：

$$(m.n)+(m.n)=(m.n)$$

$$(m.n)-(m.n)=(m.n)$$

框2.18中的两个例子说明了这种定点数格式数字的运算。

框2.18　定点数表示实例

问1：用（2.2）格式的定点数表示法表示1.75和1.25，把两个数相加并给出结果。

答：首先计算（2.2）格式的位权：小数点右边有两位，小数点左边有两位。向左的数字是整数权值，是2的幂，从1开始。往右边的数字是定点数权值，是2的幂的倒数，从1/2开始。

2^1	2^0	2^{-1}	2^{-2}
2	1	1/2	1/4
2	1	0.5	0.25

我们可以把1.75分解为1+0.5+0.25，把1.25分解为1+0.25，写出（2.2）二进制格式为0111和0101。

47

这两个操作数的二进制加法结果为1100，它正确吗？

1100在（2.2）格式时等于2+1=3，当然1.75+1.25=3，所以结果是正确的。

下面，我们讨论当某些过程出错时会发生什么。

问2：用（2.2）格式定点数表示法表示1.75，用（1.3）格式定点数表示法表示0.625，把两个数相加并给出结果。

答：在问题1中1.75已经被表示为0111。(1.3）格式定点数表示法的权值是1，0.5，0.25，0.125，因此把0.625分解为0.5+0.125，得到二进制数0101。

接下来执行加法0111+0101，结果为1100。

但是我们并不知道结果用什么定点数格式。我们猜测是否是（2.2）格式或（1.3）格式，对每种都转换为十进制值看一下。

用（2.2）格式时结果是2+1=3，用（1.3）格式时结果是1+0.5=1.5，而真正的结果是1.75+0.625=2.375。显然，这不匹配任何一种猜测的答案。

我们应该做的就是改变其中的一个，让它们有相同的格式，然后再执行加法。

注意：你注意到这两个例子中的二进制模式是相同的了吗？这只是我们对各例子中不同位模式的解释。按这种方式使用不同的解释，可能会导致相同的位模式有多重意义，但用于执行计算的硬件并不需要改变。

2.7.2　定点数的乘除

在乘法的情况下有更多的灵活性，操作数可以有不同的定点数格式，而结果的定点数格式又是从操作数的格式推导出来的，因此具有更大的灵活性。例如，如果将（$m.n$）格式数乘以（$p.q$）格式数：

$$(m.n) \times (p.q) = (m + (p \times n) + q)$$

显然乘法结果的位数是两个乘数的位数之和，这一结论从2.5节中我们已经了解的乘法器硬件结构上就能推断出来。

除法会较为复杂。事实上，执行除法的最好方式是：先去掉两个操作数的小数点，一步一步地将小数点逐位向右移，直到它们在最大操作数的最低有效位后面适当扩大了较小的操作数。然后就可以按照标准的二进制方式相除了。在十进制中，这就像计算5.4÷0.9时先将每个操作数乘以10，把计算变为54÷9。大多数人会觉得第二个除法比第一个更容易，即使它们的答案完全相同。在二进制中，它是base-2而不是base-10，我们需要在每次移动小数点时将数字加倍，而不是乘以10。

48

框2.19中的实例阐明了定点数除法是如何完成的。

框2.19　定点数除法实例

考虑11.000÷01.00（无符号数）。

它和3÷1一样没有太大的实际意义。完成此运算的第一步是将小数点向右移一个位置：

110.00÷010.0

这样不够，因为数字中仍然包含小数点，所以重复一次：

1100.0÷0100.

这还不够，所以再来一次，将1100.0移除小数点后，0100同时被扩大，如下：

11000.÷01000.

然后按照标准二进制除法去除：

```
01000 ⟌11000
```

继续二进制长除法：

```
                 00011
01000          ⟌ 11000
-                1000
                 01000
              -  01000
                 -----
                 00000
```

结果是11，就像3÷1的值为3一样，结果正确。

观察上述实例，显然实际的除法并不比标准二进制算法复杂，但是考虑小数点的位置时可能会有问题。事实上，它需要程序员小心编码（在实践中，大多数除法计算可能是使用编译语言完成的，数学库完成了所有困难的工作，程序员不必再做这些）。

2.8　浮点数

浮点数和二进制定点数格式很相似，但它们更灵活，因为小数点位置是可变的（作为数字本身的一部分存储）。正是这种灵活性使得浮点数只用较少的位数编码就能够表示相当大范围的值。

2.8.1 广义浮点数

49

一个浮点数包含尾数 S（或称定点数部分）和指数 E（或称幂），也可能有一个符号位（σ），这样，基数为 B 的数可以表示为：

$$n = \sigma \times S \times B^E$$

如果考虑符号，在二进制中，1 代表负数，0 代表正数，因此：

$$n = (-1)^\sigma \times S \times B^E$$

看一个基数为 10 的例子——23×10^8，我们知道它就是 2 300 000 000 的一种科学计数法表示。其实这正说明了浮点数的一个主要优点：相比较于这个数实际的十进制（或者二进制）值，浮点数表示形式通常会更短（在二进制中就是更少的位数）。

在二进制中，基数就是 2 而不是 10，典型的例子如 01001111×2^6，如果尾数（01001111）是无符号数，则：

$$01001111 \times 2^6 = 79_{10} \times 64_{10} = 5056_{10} = 1001111000000$$

其中下标 10 表示这是一个十进制值。

当然，最终的值和把尾数进行指数次移位后的值是一样的（基于同样的原理，我们对上面基数为 10 的例子中加了 8 个 0）。

通常情况下，构成一个浮点数（σ，S 和 E）的所有位都存储在相同的位置，具有方便的位宽，如 16、32、64 或 128 位。因此在处理的时候，需要有位级的操作将它们从一个整体存储分离为 3 个不同部分。

2.8.2 IEEE754 浮点标准

虽然有多种可能的浮点格式，而且在计算史上也出现过各种实现例子，但产生于 20 世纪 70 年代的 IEEE754 已经成为到目前为止最流行的标准，被所有主要的 CPU 制造商采用。行业内普遍认为，IEEE754 是一个设计得很好的、高效的浮点格式，从而得到高度重视。

这里不打算描述 IEEE754 整个标准，但我们将介绍一些较为常见的功能。特别是，我们将讨论 32 位和 64 位格式（过去分别简称为单精度和双精度），分别存储于 32 位和 64 位存储空间，并且标准配置为 16 位半精度，128 位四倍精度和 256 位八倍精度。在 C 编程语言中，32 位和 64 位通常对应于 float 和 double 数据类型（尽管精确映射到硬件是依赖于编译器的）：

名称	位宽	符号位 σ 宽	指数 E 位宽	尾数 S 位宽
单精度	32	1	8	23
双精度	64	1	11	52

此外，在中间计算阶段会在表示中加入其他位（在硬件浮点单元中），以确保整体精度保持不变，这将在 2.9.3 节介绍。

50

除了所有使用 32 位或 64 位的有符号尾数和指数表示外，IEEE754 格式还巧妙地表示了另外 4 种模式，采用的是常规数字中不会出现的特殊位模式。如下表所示，第一行是默认模式，也称为“规格化”。最后一行是非规格化数，它是 0 到最小规格数之间的数字：

名称	σ	E	S
规格化数	1 或 0	不是全零也不是全 1	任意数
零	1 或 0	全零	全零
无穷大	1 或 0	全 1	全零
不是一个数（NaN）	1 或 0	全 1	非零
非规格化数	1 或 0	全零	非零

当写一个符合IEEE754标准的数时，我们通常从左向右按顺序写每一位（σ，E，S），如下：

σ	E	S

其中，整个框表示一个32位或64位的二进制数，包含一个IEEE754标准的值。本书中给出的所有例子都只使用32位单精度以节省纸张。

2.8.3　IEEE754标准模式

在随后的讨论中，我们将用S来表示无符号定点数（0.23）格式的尾数位模式，用E来表示无符号二进制补码格式的指数位模式，用σ表示符号。请注意，它们在IEEE754标准的5个模式中含义不同（即E可能不是指数，S在某些模式中可能不是尾数——由它们来表示特殊的位模式）。

这是一个IEEE754标准下32位数字的例子，虽然它以单个数字块的形式存储在计算机中，如01011001011100000000000000000000，但为了方便，我们把它分为3个部分，如下所示：

0	10110010	11100000000000000000000

其中$\sigma=0$，因此是正号，有

$$E=128+32+16+2=178$$
$$S=0.5+0.25+0.125=0.875$$

我们将始终保持这个E和S的命名约定。因此，在后文中当提到“尾数”和“指数”时是用来表示所写位模式的含义的，而S和E表示所写的二进制值。

例如，S的值为11100...0 =0.875，可能意味着尾数是0.875、1.875或其他不相关（不是一个数，NaN）的值。后面将会看到，实际所写的位模式的含义会随着IEEE754模式的变化而改变。

51

2.8.3.1　规格化模式

大部分非零数字都采用这种数字格式。遵循这种模式的数字格式可以真正称为“浮点数”。在此模式下，数字由下面的位模式（σ，E，S）表示：

$$n=(-1)^{\sigma}\times(1+S)\times 2^{E-127}$$

这里，首先我们看到指数是用一个移127的移码表示法（在2.3.5节中已介绍）；其次，尾数需要加上一个“1”，也就是说，尾数等于$S+1$，其中S如我们所知，是以（0.23）格式书写的，所以尾数必须介于1和2之间。

这可能会非常混乱，所以我们回到IEEE754标准数的例子，见框2.20，然后在框2.21中给出第二个例子。

框2.20　IEEE754规格化模式实例1

下面给出了一个用IEEE754标准表示的二进制值，请判断其十进制值。

0	10110010	11100000000000000000000

首先，注意到$\sigma=0$，因此其值为正。其次，可以发现这个数是按照规格化模式写的，因此：

$$E=128+32+16+2=178$$
$$S=0.5+0.25+0.125=0.875$$

使用规格化模式数的公式，我们可以计算其值，过程如下：

$$\begin{aligned} n &= (-1)^{0}\times(1+0.875)\times 2^{178-127} \\ &= 1.875\times 2^{51} \\ &= 4.222\times 10^{15} \end{aligned}$$

如我们所看到的，例子的结果是一个很大的数，说明浮点格式能够表示一些相当大的值。

框2.21 IEEE754 规格化模式实例2

下面给出了一个用IEEE754标准表示的二进制值，请判断其十进制值。

1	00001100	01010000000000000000000

此例中$\sigma=1$，因此是负数，从剩余的位模式得到：

$$E=8+4=12$$
$$S=1/4+1/16=0.3125$$

52

使用规格化模式数的公式，我们可以计算其值，过程如下：

$$\begin{aligned} n &= (-1)^1 \times (1+0.3125) \times 2^{12-127} \\ &= -1.3125 \times 2^{-115} \\ &= -3.1597 \times 10^{-35} \end{aligned}$$

这次结果是一个非常小的数，这说明浮点数可以表示一个足够大的数的范围，而且通过所表示的数的范围（2.8.4节将进一步阐述），保证了精度。

我们的例子中很多数的尾部都有一长串零。通过考察将其中一个尾部的最低有效位从“0”变为“1”会导致其结果有什么不同，来获得关于IEEE754基本精度的一个想法。框2.22提供了一个指导，告诉我们如何去测试这个效果。

框2.22 读者练习

请注意，在上述两个实例（框2.20和框2.21）中，23位长的尾数都是以几个“1”开始，却以一长串“0”结束。这样做是为了减少计算尾数值的难度，因为在（0.23）定点数格式中，左边的权值比较容易处理，都是如0.5、0.25、0.125等的值。而实际上，当我们向右移动时，位的权值迅速变得很难记录。

本例的练习就是重复框2.20和框2.21中的一个实例，但是将尾数的最低有效位设为1。如果尾数最高有效位（即第23位）的权值是$2^{-1}(0.5)$，下一位（即第22位）的权值是$2^{-2}(0.25)$，那么第0位的权值是多少？

当把这个加到结果中时，和我们记录的结果有什么不同呢？

现在真正的问题是，这是否意味着IEEE754中浮点数的精度呢？

2.8.3.2 非规格化模式

有些数的绝对值非常小，以至于IEEE754无法表示它们。广义的浮点数会把这样的值舍入为零，但IEEE754有一个特殊的非规格化模式，它允许所表示数的绝对值逐渐变小直到零——优雅地降低精度直到达到零。

非规格化模式实际上并不是浮点数，因为指数（数的一部分，用来指明小数点位置）全部设置为零，所以不再“浮动”。然而，这种模式下，允许扩展范围是IEEE754标准数的重要优势，它允许有用的范围扩展（在该模式下降低了精度）。

53

该模式下，位模式（σ，E，S）表示的数字如下：

$$n=(-1)^{\sigma} \times S \times 2^{-126}$$

首先，可以看到指数是固定值，上面已经提到过。其次，我们不再需要给尾数加“1”。当我们在2.8.4节研究数的范围时，会发现这样做的原因很明显。

由于指数固定，位模式中指数总是全零，而尾数不是零。框2.23中的实例将有助于澄清任何混淆。

框2.23 IEEE754 非规格化模式实例

下面给出了一个用IEEE754标准表示的二进制值，请判断其十进制值。

0	00000000	11010000000000000000000

首先，我们注意到$\sigma=0$，此位模式表示的数是正数。

$E=0$，因此我们查2.8.2节中的模式表，看我们处理的是一个零还是一个非规格化数。我们实际上需要测试尾数来决定（若为零，那么尾数必须也为零，否则是一个非规格化数）。

查看尾数，我们看到是非零值，因此非规格化模式数如下：

$$S = 0.5 + 0.25 + 0.0625 = 0.8125$$

使用非规格化模式数的公式，我们可以计算其值，过程如下：

$$n = (-1)^0 \times 0.8125 \times 2^{-126} = 9.5509 \times 10^{-39}$$

由于非规格化数向下扩展了IEEE754的范围，因此，其绝对值总是很小。

2.8.3.3 其他模式数

零、无穷大和NaN由其特殊的位模式确定。这些都可以是正数或负数，在硬件上需要特殊的处理（见框2.24）。

框2.24 IEEE754无穷大以及其他“数”

无穷大是最常产生的数，通过除以零或一个规格化模式的溢出产生。无穷大可以为正也可以为负，用来指明溢出发生在哪一边。

54

NaN，表示不是一个数，由一个未定义的数学运算产生，如无穷大乘以零，或者零除以零。

零本身可能表示一个运算确实结果为零，例如(2-2)，或者由一个下溢导致，当结果太小甚至非规格化模式也无法表示时，正负零的意义是说明这个不能表示的数是略高于零还是略低于零。

2.8.4 IEEE754数的范围

理解IEEE754的一个很好的方式就是构建一个数轴，它表示了这种格式下数的可能范围。下面这个数轴描述了无符号8位数字的表示范围，其具体包括：

最小绝对值=0		最大绝对值=$2^8-1=255$
← →		
精度（相邻两数之间的距离）=1.0		

有三个参数来描述此格式。第一个是绝对值最小的数（0000 0000），第二个是绝对值最大的数（1111 1111），最后是精度。精度定义为在此格式下相邻两个数之间的距离。在此处，数是按照整数向上数的：1，2，3，4，5，…，255，所以步长就是1。

现在，我们用同样的方式为IEEE754格式定义一个数轴。为了简化问题，我们只考虑正数并且只考虑单精度（32位）的情况，但我们对规格化和非规格化两种模式都会顾及。

2.8.4.1 规格化模式

规格化模式要求E不能为全零或全1，但S可以是任何值，其表示的实际值如下：

$$n = (-1)^\sigma \times (1+S) \times 2^{E-127}$$

如果我们寻找绝对值最小的规格化模式数，需要找到最小S和最小E的可能值。显然最小的S是0，但最小的E不能是0（因为0意味着非规格化模式或是零），因此只能是00000001。因此绝对值最小的规格化模式数为：

0	00000001	00000000000000000000000000

把这两个值放到公式中，假设是正数，那么：

$$\text{min. norm} = (1+0) \times 2^{1-127} = 1 \times 2^{-126} = 1.175 \times 10^{-38}$$

下面寻找绝对值最大的数，我们知道S可以是任何值，但E不能是11111111（因为那意味着无穷大或NaN模式），因此最大的E为11111110，最大的S是全1。

55

先看E的值等于254。S的值稍微难算一些：

111 1111 1111 1111 1111 1111

但是记住这是(0.23)格式，且该值略小于1.0，我们看到如果在最低位加一个二进制1，那么这个字中所有的二进制 1 都通过进位变成 0，因为进位传递经过了整个加法链，得到的值如下：

$$\begin{array}{r} 111\ 1111\ 1111\ 1111\ 1111\ 1111 \\ +000\ 0000\ 0000\ 0000\ 0000\ 0001 \\ \hline =1000\ 0000\ 0000\ 0000\ 0000\ 0000 \end{array}$$

基于这个事实，且此处有 23 位，最高位的位权是 2^{-1}，第二高位的位权是 2^{-2}，依次类推，第 23 位最高位（实际也是最低位）的位权一定是 2^{-23}。

所以，S 的值一定是（$1.0-2^{-23}$），因为把 2^{-23} 加到 S 上将使其等于 1.0：

0	11111110	11111111111111111111111

把它们放到公式中，得到：

$$\text{max. norm} = (1+1-2^{-23}) \times 2^{254-127} = (2-2^{-23}) \times 2^{127} = 3.403 \times 10^{38}$$

数字的精度如何呢？如果我们看一下得到的这个数字，就会发现精度并不是常数。最小位始终是指数所表示范围的 2^{-23} 倍。

最终，规格化数的表示范围如下：

最小值1.175×10^{-38}		最大值3.403×10^{38}
←——————————————→		
精度（相邻两数之间的距离）=指数所表示范围的2^{-23}倍		

由于符号位只改变符号，并不影响绝对值，因此负数的表示范围一定是一样的。

2.8.4.2　非规格化模式

非规格化模式可以用类似的方法处理，尽管其指数定义为全零，其表示的值如下：

$$n = (-1)^{\sigma} \times S \times 2^{-126}$$

注意尾数不允许是零，所以最小的非规格化数就是把尾数的最低位置 1：

56

0	00000000	00000000000000000000001

因此根据介绍规格化模式时对最大值的讨论可知 2^{-23} 的值，公式变成：

$$\text{min. denorm} = 2^{-23} \times 2^{-126} = 2^{-149} = 1.401 \times 10^{-45}$$

至于非规格化数的最大值，就是 S 为最大值时所表示的数。查看 2.8.2 节中的模式表可知其为全 1：

0	00000000	11111111111111111111111

再次使用规格化最大值情况下的结论，最大值有（$1-2^{-23}$）的意义，其值为：

$$\text{max. denorm} = (1-2^{-23}) \times 2^{-126} = 2^{-149} = 1.175 \times 10^{-38}$$

现在推断一下数的精度。本例中，由于指数是固定的，精度仅由尾数最低位值乘以指数决定：

$$2^{-23} \times 2^{-126} = 1.401 \times 10^{-45}\text{（即与可表示的最小值相同）}$$

最小值1.401×10^{-45}		最大值1.175×10^{-38}
←——————————————→		
精度（相邻两数之间的距离）=$2^{-23}\times2^{-126}$		

把之前所有的精度范围放在一起，可以看到 IEEE754 单精度数的巨大表示范围。请注意这只是实数轴中正数的那一半，负数部分也是如此。

零	非规格化数		规格化数	
0	1.401×10^{-45}	1.175×10^{-38}	1.175×10^{-38}	3.403×10^{38}
0	←→		←→	
0	精度为$2^{-23}\times2^{-126}$		精度为$2^{-23}\times2^{E-127}$	

当我们想把一个十进制数转换成IEEE754的浮点数时，精度表很有帮助，它告诉我们该使用哪一种模式，是零、非规格化数、规格化数还是无穷大。为了阐明这个问题，下面在框2.25中给出一个十进制转换为浮点数的实例。

在2.9.1节和2.9.2节还会有更多这种转换的例子。

框2.25　实例：十进制数到浮点数的转换

问：写出在IEEE754单精度格式下的十进制数11的值。

57

答：在2.8.4节中查找精度表，可以看到此值正好位于规格化数的范围内，因此查找规格化数形式：

$$n = (-1)^{\sigma} \times (1+S) \times 2^{E-127}$$

知道了这个，首先需要将十进制数 $N=11$ 写成 $A\times2^{B}$ 的格式，其中 A 的值等于 $(1+S)$。已知 $1\leqslant A\leqslant2$，$0\leqslant S\leqslant1$，可能最简单的方法就是反复对 N 除以2，直到得到一个介于1和2之间的 A 值：得到一个序列，11除以2后是5.5，之后是2.75，最后是1.375。

故 $A=1.375$，因此 $N=1.375\times2^{B}$，无须太多的运算，B 由原始数除以2的次数得到，在此例中是3。因此数为：$n=(-1)^{0}\times(1.375)\times2^{3}$。

考察规格化数公式，需要：

$$\sigma = 0$$
$$E = 130(因为 E-127=3)$$
$$S = 0.375(因为 1+S=1.375)$$

寻求 E 的二进制位模式，为 $128+2$，即10000010，由于0.375很容易表示为 $0.25+0.125$，故整个数为：

0	10000010	01100000000000000000000

2.9　浮点数处理

到目前为止我们只考察了浮点数的表示，特别是IEEE754标准的表示。只有在能够通过对这种数据的处理来完成任务时，这种表示方法才是有用的，因此这里对此进一步进行讨论。

在许多计算机系统中，浮点数处理是通过使用专门硬件来完成的，称为浮点协处理器或浮点运算单元（FPU）。事实上，尽管这个部件往往存在于商业CPU的芯片内部，但其通常还是作为协处理器访问的，而不是主处理器的一部分。

对于那些没有浮点运算硬件支持的计算机来说，广泛使用软件仿真，除了执行时间较长（参见4.6节）外，用户可能并不知道浮点计算是在哪里进行的，不管是硬件还是软件。大多数浮点支持（硬件或软件）都是基于IEEE754标准的，虽然偶尔有软件选项允许以牺牲IEEE754标准的准确性为代价来提高计算速度。

IEEE754数的处理过程包括以下步骤：

1）接收操作数。

2）检查数字格式模式，如果是固定值，则立即从查找表中产生结果。

3）如果需要，变换指数和尾数。

58

4）执行运算操作。

5）结果被转换回合法的IEEE754数字格式。保持尾数最左侧的最高位为1，因为这样可以获得最大精度。

2.9.1 IEEE754 数的加减运算

在广义浮点数中，执行加减运算之前指数的值必须是相同的。这类似于在定点数格式加法 $(n.m)+(r.s)$ 中，进行加运算之前应确保 $n=r$ 且 $m=s$，正如我们在 2.7.1 节看到的那样。

例如，考察十进制数 $0.824\times10^2+0.992\times10^4$。为了使运算简单，必须让两个指数相同，然后就可以简单地进行尾数相加了。但是我们是把它们都转换为 10^2、10^4，还是中间的某个值，如 10^3？

为了回答这个问题，让我们首先看一下如何将指数的阶向下转换。我们知道 10^3 的值等于 10×10^2，10^4 的值等于 100×10^2，由于我们在谈论十进制，所以每次降低指数的阶时都是给尾数乘以基数值 10。在我们的计算中执行后得到的和如下：

$$0.824\times10^2+99.2\times10^2$$

相反，向上转换为 10^2 的值等于 0.01×10^4，因此和为：

$$0.00824\times10^4+0.992\times10^4$$

因此问题仍然是：我们采取哪个操作？是转换较小的指数以匹配较大的，还是把较大的指数转换为较小的，还是转换为中间的某个？

首先，我们并不愿意把两个数都进行转换，因为那样会带来额外的工作；其次，考虑二进制位，我们知道把一个指数变小就需要相应地把尾数变大，显然尾数变得太大时会有溢出的风险。因此我们选择从不增大尾数，这意味着我们不得不增加较小的那个指数，并把其相应的尾数变小：

$$0.00824\times10^4+0.992\times10^4$$

这就是所谓的指数等值或归一化操作。稍后，我们将看到有一些方法有助于防止尾数在此变换过程中向下舍入为零。

一旦指数相等，我们就可以执行尾数相加：

$$0.00824\times10^4+0.992\times10^4=(0.00824+0.992)\times10^4$$

IEEE754 的加减运算类似于十进制情况，只是因为基数是 2，将其中一个指数增加到和另一个指数相同的操作会导致这个数的尾数以 2 为因子递减。在二进制中除以 2 可以通过右移一位完成。

还有一个因素我们必须考虑到，就是结果的格式。注意，规格化模式中尾数不能大于 1，因此，如果尾数的计算结果太大，我们必须右移尾数并相应地增加指数。类似地，如果尾数变小，则必须左移尾数并相应地减小其指数。这些因素我们将通过框 2.26 中的实例阐明。

59

框 2.26 浮点运算实例

问：将十进制值 20 和 120 转换为 IEEE754 格式，将它们相加并将结果转换为十进制。

答：在 2.8.4 节中查找精度表，发现两个值都位于 IEEE754 的规格化数范围内，但最初我们只考虑通用的 $A\times2^B$ 格式，这里并不关注确切的 IEEE754 位模式。只是简单记住 $A=(1+S)$ 和 $B=(E-127)$。

先从 20 开始，反复除以 2 直到结果在 1 和 2 之间：10，5，2.5，1.25，因此 $A=1.25$。共除了 4 次，故 $B=4$。

120 同样，除以 2 后依次为 60，30，15，7.5，3.75，1.875，故 $A=1.875$。除了 6 次，所以 $B=6$。

将结果放到下表中，在这一阶段我们并不需要得出 E 和 S 的位模式，我们更关注它们的表示：

σ	B	A	二进制值	十进制值
0	4	1.25	1.25×2^4	20
0	6	1.875	1.875×2^6	120

下一步是指数归一化。如正文中描述的，让它们都等于较大的指数值，把较小的数对应的尾数适当减小。

因此，1.25×2^4 变成 0.625×2^5，再变成 0.3125×2^6，重新形成下表中的操作数：

σ	B	A	二进制值	十进制值
0	6	0.3125	0.3125×2^6	20
0	6	1.875	1.875×2^6	120

由于两个指数相等，现在可以进行尾数相加，进而得到结果如下：

σ	B	A	二进制值	十进制值
0	6	2.1875	2.1875×2^6	?

但是，这不是IEEE754的合法表示，因为尾数值太大了。还记得公式中的 $(1+S)$ 吗？是的，$A=(1+S)\leqslant2$ 是我们的约束。如果两个操作数都是IEEE754兼容的，那么我们应该能够保证不需要移位超过一位以上就能正确表示这个数，因此我们将 A 的值右移一个二进制位，并增加 B 的值：

60

σ	B	A	二进制值	十进制值
0	7	1.093 75	1.09375×2^7	?

用计算器检查可知，1.09375×2^7 的确是正确答案，其十进制为140。数字转换为IEEE754格式的过程将在框2.27中介绍。

现在我们进一步看这个过程。知道了如何在执行运算之前把指数归一化，可以结合我们掌握的IEEE754格式知识，直接在IEEE754格式上执行这些运算。

参考框2.26中的实例，我们现在可以写下数的IEEE754位模式，并在框2.27中进行转换。

框2.27　IEEE754运算实例

首先，看规格化模式公式：

$$n=(-1)^{\sigma}\times(1+S)\times2^{E-127}$$

以十进制的20为例，在前面的实例中，它被表示为 1.25×2^4。代入公式中得到 $(1+S)=1.25$，则 $S=0.25$；$(E-127)=4$，则 $E=131$。表示如下：

0	10000011	01000000000000000000000

十进制的120是 1.875×2^6，因此 $S=0.875$ 且 $E=133$。

0	10000101	11100000000000000000000

加法的结果是 1.09375×2^7，因此 $S=0.09375$ 且 $E=134$。

由于0.093 75不是一个明显的2的幂的定点数，我们可以使用普通的方法来确定位模式。在此，我们不断地乘以值2，当结果等于或大于1时减去1，当余下数为零时结束：

0：0.093 75

1：0.0187

2：0.375

3：0.75

4：1.5 − 1 = 0.5

5：1 − 1 = 0

我们在第4和5次迭代时减掉了1，据此将左起第4、5位设置为1。事实上，我们也可以用这种方法计算最前面的两个数，但它们太简单了：

61

0	10000110	00011000000000000000000

减法同加法相似，所有的步骤都相同，除了尾数是对应相减外。当然，我们还要考虑结

果尾数的溢出问题，因为可能会进行两个负数相减，那么结果会大于任何一个原来的操作数。

2.9.2　IEEE754 数的乘除运算

对于乘法和除法运算，我们不需要先规格化操作数，但需要对这两个数进行两个计算：一个是对尾数的；一个是对指数的。下面是基为 B 的数的运算关系：

$$(A \times B^{C}) \times (D \times B^{E}) = (A \times D) \times B^{(C+E)}$$

$$(A \times B^{C})/(D \times B^{E}) = (A/D) \times B^{(C-E)}$$

以一个十进制数为例说明此点：

$$(0.824 \times 10^{2}) \times (0.992 \times 10^{4}) = (0.824 \times 0.992) \times 10^{(2+4)} = 0.817\,408 \times 10^{6}$$

这里还是有一个因素需要考虑，在 IEEE754 格式下，结果必须转换为正确的表示格式，且应检查是否为特殊结果值（零、无穷大、NaN）。

2.9.3　IEEE754 中间格式

虽然在一个特定的 IEEE754 标准计算中，其输入输出是 IEEE754 标准格式的操作数，但还是会出现输出结果数字不正确的情况，除非在计算中有非常高的精度。一个 9 位减法的小例子将说明这点：

1.0000 0000	$\times 2^{1}$	A
−1.1111 1111	$\times 2^{0}$	B

在我们进行减法之前，仍然有必要把这两个数规格化为相同的指数，我们通过增加较小的指数来完成，正如在 2.9.1 节所做的那样：

1.0000 0000	$\times 2^{1}$	A
−0.1111 1111	$\times 2^{1}$	B

现在我们可以进行计算，结果如下：

0.0000 0001	$\times 2^{1}$	C

然后把尾数尽量左移：

1.0000 0000　　$\times 2^{-7}$

让我们看一下实际使用的几个数字。操作数 A 的值为 2.0，操作数 B 的值为 $(2.0-2^{-8})$，即十进制的 1.996 093 75。因此结果应该是：

$$2.0-1.996\,093\,75=0.003\,906\,25$$

62

然而，我们计算的结果是 1×2^{-7} 或 0.007 812 5，一定是哪里出了问题。

现在我们重新计算，但这次在中间阶段加上一个所谓的看守位（guard bit）。通过在最低位这边增加一位，有效地扩展了尾数的长度。我们从规格化数字这点重新开始，注意额外的这一位：

1.0000 0000 **0**	$\times 2^{1}$	A
−1.1111 1111 **0**	$\times 2^{0}$	B

接下来规格化指数，将 B 的尾数右移一位时，其最低位移到看守位：

1.0000 0000 **0**	$\times 2^{1}$	A
−0.1111 1111 **1**	$\times 2^{1}$	B

进行减法后的结果如下：

0.0000 0000 **1**	$\times 2^{1}$	C

再把尾数尽量左移：

1.0000 0000 **0**　　　$\times 2^{-8}$

注意C这一行，这次其为1的最高位是看守位，而之前是在前一位。规格化值为1×2^{-8}或0.000 390 65，这次结果正确。

尽管这个例子示意了一般的8位浮点数，但对IEEE754数来说规则是相同的。

上面的例子显示了减法中由于精度丢失错误导致的结果错误。当然同样的错误也可能会发生在加法中，因为A-B和A+(-B)是一样的。但在乘法和除法中也会发生吗？这留给读者作为练习，请试着找出一个简单例子来说明这个问题。

在IEEE754术语中，用到不止一个看守位，这个方法称为扩展中间格式，由下面的位宽进行标准化：

名称	位宽	符号位（G）位宽	指数（E）位宽	尾数（S）位宽
扩展单精度	43	1	11	31
扩展双精度	79	1	15	63

显然用计算机去处理43位或79位的数字比较尴尬，因为计算机是基于8位一组的二进制数字尺寸的，但这通常并不是问题，因为扩展中间格式是用于硬件浮点运算单元的。输入操作数和输出操作数仍然是32位或64位的。

2.9.4 舍入

有时，为了把一个扩展中间值表示成想要的输出格式，需要对其进行舍入。其他情况，如从双精度格式变为单精度格式时也可能需要舍入。有时舍入是定点数和浮点数计算所必需的。

63

有不止一种方法可以完成数字的舍入，在操作系统控制下，许多计算机系统都支持其中的一种或多种：

- 舍入到最接近（最常用）的——舍入到最接近的表示值，如果两个值都一样近，默认舍入为LSB=0的那个值。例如，1.1舍入到1，1.9舍入到2，1.5舍入到2。
- 向上舍入——舍入到更大的一个数，例如-1.2舍入到-1，2.2舍入到3。
- 向下舍入——舍入到更小的一个数，例如-1.2舍入到-2，2.2舍入到2。
- 向零舍入——相当于始终截断要舍入的部分，例如-1.2舍入到-1，2.2舍入到2。

对于非常高精度的计算，可以对每个计算执行两次，一次向上舍入，一次向下舍入。两次结果的平均值可能是答案（至少在线性系统中是）。尽管用这种方法得不到一个高精度的答案，但得到的两个结果的差异可以为确定计算中数值的精度提供好的建议。

2.10 小结

本章标题是“基础知识”，我们的计算机之旅从这里真正开始——无论面向的是一个房间大小的大型机还是一个台式机或嵌入式系统。本章也是基础，因为几乎所有的计算机，无论其大小，都是基于类似的规则。它们使用相同的数字格式，执行同样类型的计算，如加、减、乘、除。我们看到的主要区别就是存在一些更快的方法来完成这些运算，但以增加复杂性、面积、功耗为代价。

我们以对计算机的定义及其组成的考虑开始本章。我们介绍了Flynn提出的计算机类型（或CPU）的分类，学习了连接关系及所包含的功能层次。然后我们更新了数字格式和基本运算的知识，之后介绍了一些更详细的关于如何计算的知识。

本章已经涵盖了基础知识，下一章将侧重于讲解如何获得连接和计算，即如何在一个CPU中将这些功能单元放在一起，编写和存储程序，控制所需的内部操作。

思考题

2.1 一个程序员撰写一个 C 语言程序，将 4 个字节（b0、b1、b2、b3）存储到连续的内存空间，在有 32 位宽内存的小尾端计算机中运行。如果他在程序运行后检查内存，他能够看到像下表中 A 或 B 这样的数吗？ 64

	bit 31			bit 0
A:	b3	b2	b1	b0
B:	b0	b1	b2	b3

2.2 完成下表（8 位二进制数），不能进行转换的请标出。

值	无符号数	补码	原码	移 127 码
123				
−15				
193				
−127				

2.3 采用补码（2.30）格式，我们如何表示值 0.783 203 125？能够用 32 位、16 位或 8 位位宽精确表示吗？

2.4 一个 BCD 码数字包含 4 位。使用 4 位行波进位加法器，用额外的一位加法器和逻辑门进行改进，搭建出一个新加法器，使其能够完成两个一位 BCD 数字加法并产生 BCD 格式的和。扩展本设计，使之能够完成两个 4 位 BCD 数的加法。

2.5 使用部分积（长乘法）方法，手动完成两个 4 位二进制数 X = 1011 和 Y = 1101 的乘法，假设它们都是无符号数。

2.6 使用 Booth 算法重做 2.5 题。

2.7 如果加、移位和比较操作，每个需要一个 CPU 周期完成，那么执行 2.5 题中的计算需要多少个 CPU 周期？将其和 2.6 题中的 Booth 算法相比较，在大字宽运算时 Booth 算法更有效吗？

2.8 在 RISC CPU 中有一条指令称为“MUL”，它能将两个寄存器中的内容相乘并把结果存储到第三个寄存器。寄存器是 32 位宽，存储的结果是 64 位逻辑结果的前 32 位（请注意 32 位 ×32 位应该得到 64 位）。但是程序员想得到全部 64 位结果，他怎样才能得到呢？验证你的方法，确定需要多少指令。
提示：你需要做不止一次的乘法，以及一些与和加运算来得到结果。

2.9 如果我们进行两个（2.6）格式无符号数 X = 11010000 和 Y = 01110000 的乘法，那么我们将得到一个（4.12）格式的结果。将结果左移 2 位，变成（2.14）格式（即有效地去除前两位），然后再截取到（2.6）格式（丢弃低 8 位）。这样会导致溢出吗？截断会丢失某些位吗？ 65

2.10 按照 IEEE754 单精度浮点数标准：

(a) 给出在下面的情况中，以（σ, E, S）格式存储的数 N 的值：

i. $E = 255$, $S \neq 0$

ii. $E = 255$, $S = 0$

iii. $0 < E < 255$

iv. $E = 0$, $S \neq 0$

v. $E = 0$, $S = 0$

(b) 以 IEEE754 单精度规格化格式表示下列值：

i. −1.25

ii. 1/32

2.11 采用标准指数/尾数的浮点数格式能够以多于一种的方式表示零吗？IEEE754 能够以多于一种的方式表示零吗？如果是，给出并解释不同的表示方式。

2.12 根据图2-9所示的除法流程图，给出下面运算的商和余数值：无符号5位二进制除法Q/M，其中Q=10101b且M=00011b。

2.13 根据图2-7给出的乘法流程图，部分积乘法执行两个无符号5位二进制数00110和00101的相乘。请给出两种方法用到的寄存器数量、大小以及每一次迭代时寄存器的值。

2.14 根据图2-8给出的乘法框图重做上面的问题，比较这两种方法在效率、步骤数、寄存器的数量等方面的情况。

2.15 考察在C编程语言中下面的运算：

$$0.25 + (\text{float})(9 \times 43)$$

假设整数采用16位二进制数表示，浮点数采用32位IEEE754单精度格式表示，请按照执行计算所需要的步骤产生符合IEEE754格式的结果。

2.16 说明下面描述的处理器属于Michael Flynn分类的哪一种：有一条指令可以同时将一组5个内部寄存器的每个字节右移一位。

2.17 判断自修改代码（是一种软件，通过重写它的部分代码可以修改它自己的指令）更适合冯·诺依曼体系结构系统还是哈佛体系结构系统。

2.18 使用一个16位处理器且只有一个结果寄存器，按照过程将（2.14）格式无符号数X=01.11000000000000和（1.15）格式无符号数Y=0.110000000000000相加。为避免结果溢出应该采用什么格式？本例中的计算有任何精度损失吗？

66

2.19 识别下列数字是IEEE754模式的哪一种：

1	10100010	10100000000000000000000000
0	00000000	10100000000000000000000000
0	11111111	00000000000000000000000000

2.20 按照基数为7进行下列计算和表示，结果的尾数和指数会怎样？

$$(3 \times 7^8)/(6 \times 7^4)$$

提示：你不需要使用计算器来得到结果。

2.21 使用部分积（长乘法）方法，手动计算两个6位二进制数X=100100和Y=101010的相乘结果，假设二者都为有符号数。

2.22 交换前面题目中的乘数和被乘数（即两个6位有符号二进制数X=101010和Y=100100），重新完成乘法。比较执行部分积累加所需的加法数量。是否有可能通过交换乘数和被乘数来简化这个过程？如果有，为什么？

2.23 使用Booth算法重做上面两个乘法，当交换乘数和被乘数后，部分积累加的数量是否有所不同？

2.24 参考2.9节，执行一个单精度IEEE754浮点规格化数的乘法时，确定所需的整数加法、移位和乘法操作的数量，将其和运行一个（2.30）×（2.30）格式乘法时所需的基本操作数量进行比较。本题忽略扩展中间模式、溢出和饱和效应，并假设两个浮点数是不同的指数值。

67～68

2.25 使用减法迭代来执行一个8位除法，需要多少计算操作？

CPU 基础

在第1章中，我们主要根据计算机的外部特征（大小、规模、处理能力、通用性），按照其发展轨迹探索计算机，从大规模计算机到小规模计算机，最后再回到大规模计算机。第2章是从内部探索，研究是什么可以使一个设备称为计算机，其中研究了数字格式、二进制算术，简要提及了计算类型和CPU控制，然后介绍了算术逻辑单元（ALU）和乘法器等功能单元的概念。在本章中，将更详细地介绍计算机的大脑——中央处理单元（CPU）以及它是如何完成执行计算、处理指令的任务的，更重要的是研究它如何控制计算机中的所有内容。本章将侧重介绍计算机体系结构的传统观点，既不会考虑现在最先进的扩展和加速（这些将在第5章中介绍），也不会对计算机中的单个功能单元进行深入的讲解（这会在第4章中具体讲述）。相反，本章将关注计算机是由什么构成的，各部分是如何组织和被控制的以及它是如何编程的。

3.1 什么是计算机

当普通人想到CPU时，经常会想到一个带有显示器、键盘和鼠标的米色盒子。虽然他们想象的盒子确实包含一个CPU，但除此之外还有很多其他的部件。许多人可能还没有意识到他们的智能手机以及数字手表内部都有类似的CPU，甚至在现代的冰箱或真空吸尘器内也有（尽管这些CPU可能远没有那么复杂）！

系统中的“计算机”部分包括CPU、存储子系统和连接它们的总线——实际上正是这几部分构成了以存储程序来执行功能的数字计算机。它并不需要显卡、无线接口卡、硬盘和音响系统来计算或执行所存储的程序。存储程序的数字计算机可以说是一个非常灵活但又相当基本的数据计算和传输的机器，通过编程来实现需要的功能。

如今，在科技发达的地区，人们常被十几台或上百台计算机包围。它们可能在微波炉中、烤炉中、手机中、MP3播放器中，甚至是电子门锁中。据估计，一辆豪华汽车含有超过100个处理器，甚至一个入门机型都可能包括不止40个单独的设备。然而，即使是今天，最基本的车辆也可能有超过100个处理器——现代汽车中的各个灯泡都包含内置CPU，当灯泡发生故障时，能够通过控制器区域网络（CAN总线）向车辆控制单元发送信号。安全气囊，转向、气体和温度传感器，压力监控器，气流监控器和雨刮器都是包含微处理器的设备。

这种使用规模不仅限于汽车——在智能家居、工业系统、现代医疗保健、金融、教育、发电、配电，甚至农业等领域也同样采用嵌入式系统。可能很容易预见计算机的未来是嵌入式的。本章的内容适用于各种计算机，无论是房间大小的，还是蚂蚁大小的，并通过展示案例来进行补充。本书中的很多案例使用的是ARM处理器。正如将在本章中看到的那样，ARM一开始并没有像嵌入式CPU一样普及（事实上，“嵌入式系统”这个术语在当时也没有被普遍使用），但在过去的几年里，它凭借规律性和架构、功耗方面的优势使得每个领域都将其作为新嵌入式系统处理器的首选。

3.2 让计算机为你服务

正如我们所看到的，在最基本的层面，计算机只是一个能够传输数据和执行逻辑操作的单元。所有更高级别的计算功能都是由这些基本数据传输和逻辑运算构成的一个序列或组合。计算机内各种各样的单元模块用于执行不同的任务，而这些是非常标准的组成模块，被大多数计算机所采用。例如，一个算术逻辑单元（ALU）执行算术运算，而一个总线用来从一点到另一点传输数据。类似地，存储器存储将数据项提供给特定位置，需要时对其进行再次检索。图形显示获取数据项（例如表示单个像素的整数），将其映射到屏幕上的特定位置，并且显示器对这个数值进行解释以改变该像素的颜色和强度。所有这些例子都表明，计算机的本质只是一个移动或转换数据的设备。

显然，需要一些方法来指导计算机，比如决定何时移动数据、移动数据的位置以及要对其执行的逻辑操作。计算机（包括其内部单元和总线）必须通过编程以执行我们希望它能够承担的工作。

作为第一步，需要将要完成的工作拆分为一系列可行的操作。这样的一个序列称为*程序*，并且每个操作是通过*指令*加操作数来发布命令。计算机中能够支持的操作列表称为*指令集*。

第 8 章将讨论编程计算机的各种方法，但是现在则专注于允许程序运行的计算机内部。

3.2.1　程序存储

程序中的所有指令需要以一种可被计算机访问的方式存储。最初的电子计算机是通过将导线插入不同的插孔来编程的。后来，使用手动转换，随后又使用自动的打孔式读卡器，穿孔之后磁带被发明出来，但是不管是哪种存储格式，每一次上电之后的新编程都需要手动输入。

70

现代计算机将程序存储在磁盘、ROM、EEPROM、闪存或类似的媒体上。程序总是在执行前从存储设备读取到 RAM 中，这是因为 RAM 比大多数的大容量存储设备速度更快。

在内存中存储的条目需要有一个能够访问的位置。这个存储的位置也需要被标识，这样才能进行访问。早期的计算机设计者称存储的位置为*地址*，因为这让 CPU 可以选择和访问任何存放在独立地址中的指定的信息或程序代码。实现这件事最有效的方式就是由 CPU 通知存储设备它要访问的地址，然后等待该地址的内容，在一段时间后从设备接口读取这个内容值。当 CPU 希望从存储器中读取数据时，它会告诉内存查找哪个地址，然后等待内存检索内容并将其提供给 CPU ㊀。

大家知道，CPU 的编程用最低级的机器代码指令完成，这些指令或者是定长的（在大多数 RISC 机器中，如 ARM、PIC 或 MIPS），或者是指令字长度可变的（在一些 CISC 机器中，如 Motorola 68000）。程序是按特定序列排列的指令簇，用来指示计算机执行所要求的任务。

执行这些指令序列完成正确的工作，可能需要访问一些需要处理的数据。历史上曾经主张将程序存储空间和数据存储空间分离，特别是因为这两种类型的信息有不同的特点：程序通常是顺序且只读的，而数据可能需要读/写双向访问，而且对数据的访问可能是按顺序的也可能是随机方式。

3.2.2　存储架构

一个计算机中的所有存储位置都可以被定义成“存储器”，因为一旦写入它们就记得写入的值。然而，通常情况下，我们提到这个术语时指的是固态的 RAM 和 ROM，而不是寄存器、光盘等。无论是哪一种命名约定，对存储器的定义都由不同的权衡和技术选择来决定，包括以

㊀ 读者可能会想知道，为什么 CPU 首先需要使用外部存储器来存储和检索项目。答案是，尽管计算机具有很多内置寄存器，访问速度也非常快，但这些相对昂贵的 CPU 部件在实际运行程序时，几乎永远无法提供足够的存储容量（ARM 只有 16 个寄存器，每个寄存器可以容纳一个整数）。实际上，即使单个程序也可能需要更多的存储空间。甚至，现代 CPU 可能同时在成百上千个单独的程序之间进行多任务处理，所以额外的存储器是必不可少的。

下几个特点：

- 成本。
- 密度（每立方厘米的字节数）。
- 电源效率。
- 访问速度（包括寻道时间和平均访问时间）。
- 访问大小（字节、字、页等）。
- 易失性（即数据在设备断电后丢失）。
- 可靠性（它有移动部分吗？有使用年限吗？）。
- CPU 管理代价。

71

这些因素导致存储系统有一个层次结构，就像图 3-1 所示的金字塔，无论一个大的台式机/服务器或一个典型的嵌入式系统都是采用这种架构。两个主题——内存管理单元（MMU）和高速缓存将在随后的第 4 章讨论。而对于目前本节的讨论，请注意寄存器——距 CPU 功能单元非常近的临时存储位置——是最快的，但也是最昂贵的资源（因此一般数量很少，范围从简单微控制器的 1、2 或 3 个到 128 个，在一些大型 UNIX 服务器中会更多）。

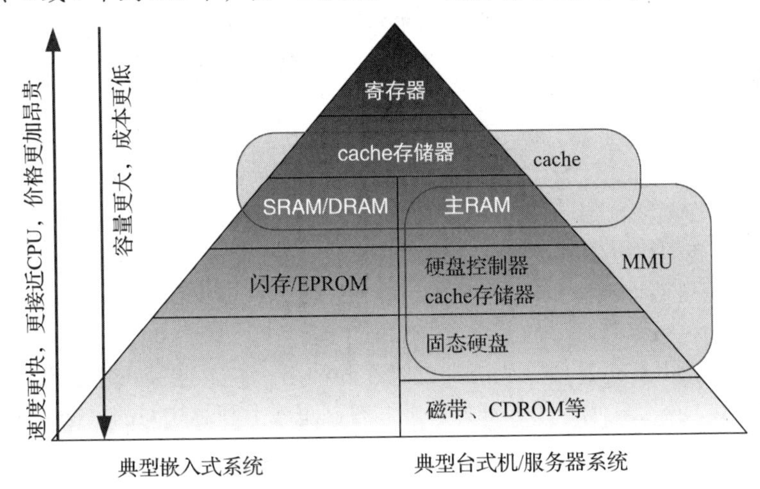

图 3-1 用金字塔形的框图在速度、尺寸和开销等方面说明嵌入式系统（左边）和传统台式机（右边）的存储架构

金字塔从顶向下，每字节的成本逐渐降低（从而提供的数量逐步增加），但代价是访问速度也随之降低。无论是嵌入式系统、台式机或超级计算机，几乎都是包含以下几个层次的一个架构：

- **寄存器**：存储程序的临时变量、计数器、状态信息、返回地址、堆栈指针等。
- **RAM**：存放堆栈、变量、待处理的数据，往往是程序代码的临时存储位置。
- **非易失性存储器**：如闪存、EPROM 或硬盘——存储要执行的程序——在初始上电启动之后显得特别重要，那时易失性 RAM 的存储空间都是空的。

其他的存储层次是为了方便或有速度方面的原因，正因为存储架构中有这么多层次，有几个地方都能够存储所需的信息条目，因此，需要一个方便的手段能够在需要的时候在各存储位置之间传输信息。

72

3.2.3 程序传输

为了把一个程序从外部存储器读取到 RAM，需要用到 I/O 接口，如 IDE（Integrated Drive Electronics——一个非常流行的硬盘接口）、SATA 总线（Serial Advanced Technology Attachment，

应用于硬盘和外围设备中)、其他的并行总线或串行总线（如USB），这些接口将在后面的6.3.2节和6.3.4节介绍。RAM和CPU之间的连接是通过一个总线实现的，这也是CPU和I/O设备之间的连接方式。在传送一个程序时，可同时传一个字节或一个字。RAM可能在CPU所在的集成电路（IC）的内部，也可能在其外部，但都通过某种总线连接到CPU。

当程序的一条指令从RAM读入CPU后，它需要解码然后被执行。由于CPU内部的不同单元执行不同的任务，因此待处理的数据需要被定向到一个能够执行相应功能的单元。如果希望在CPU内部模块间传输信息，则需要在取指/译码单元和其他不同的处理单元间有一个内部总线，也许是一个能够从每一个处理单元收集结果并把其送到某处的总线。

将要被指令处理的数据通常已经在内部寄存器中，这些数据一般是前一指令的输出或是已经从外部存储器传送到寄存器中的。许多现代RISC CPU具有load-store体系结构，其体系结构的约束，使得每个指令要处理的数据必须来自寄存器。如果数据不在寄存器中而是在存储器中，则在操作发生之前需要单独的指令将数据从存储器提取到寄存器。这与其他CPU（包括大多数CISC设备）形成对比，在这些CPU中，数据处理指令可以对驻留在寄存器或存储器中的数据进行操作。load-store在操作中似乎不太灵活，但这种降低的灵活性是为了保证load-store架构的机器能对数据快速、有效地进行处理。如果引入额外的灵活性来实现对存储器中数据的操作，那么增加的复杂性将导致指令无法快速执行，即使对于寄存器[⊖]中的操作数也是如此。

load-store机器处理数据时，数据从选定的寄存器传输到并行总线上的相应处理单元。然后，计算结果将再次通过并行总线发送回寄存器。往往将所有内部寄存器组合在一起以方便使用，此外，在常规架构的机器中，每个处理单元都会通过总线连接到该寄存器组。

在第4章中，我们将以不同的方式来研究计算机总线，就像研究现代CPU中许多功能模块一样，并考虑不同的总线安排对性能的影响。这里，我们假设这样的内部总线确实存在，且满足我们的要求。

73

给定一个（可能相当复杂）CPU内部总线互连网络，以及连接在这个网络上的多个内部功能单元和寄存器，问题就出来了：如何仲裁和控制总线上和总线间的数据传输？

3.2.4　控制单元

多个总线、寄存器、各种功能单元、内存、I/O端口等都需要进行控制，这就是*控制单元*的工作职责。大多数操作都需要一个定义在CPU内部的处理流程，如：

- 取指。
- 指令译码。
- 执行指令。
- 指令执行结果的写回（如果需要）。

控制单元需要确保这些步骤按照正确的顺序执行，并且确保将所有的顺序操作数或结果的数据移入/移出到适当的功能单元（例如，实现ADD功能，需要在通知ALU执行之前，确保已经将两项数据提供给了ALU的输入）。每个功能单元和总线都有控制端口，因此需要在设备内部，从某些控制单元到需要被控制的片上单元之间，有一组控制线和信号。

在早期的处理器中，控制单元是一个简单的有限状态机（FSM），在预先定义的几个状态之间无休止地转换。控制线从该控制单元以各种线和连接构成的蜘蛛网连接到需要控制的每一

⊖ 在寄存器和CPU之间传输数据是最快的——寄存器是位于CPU附近的，传输数据非常快的存储器。但直接从存储器中传输数据总是较慢的。然而，当从存储器访问数据时，指令解码、控制和定时的过程会变得更加复杂。

个端点。当 CPU 集成到单芯片中时，控制线的蜘蛛网也被集成在了芯片上。

控制不仅在读取和分发指令时需要，单个指令的执行也同样需要。考虑执行一个数据传输的简单情况，通过一个 32 位单总线从寄存器 A 传到寄存器 B（`LDR B,A`），如图 3-2 所示。

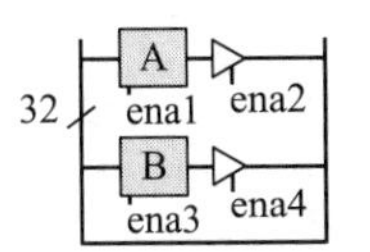

图 3-2　一个非常简单的计算机控制单元框图，显示了两个寄存器，每一个都配有三态缓冲器，一个 32 位总线连接到所有端口

74

图中的两个三角形是三态缓冲器——类似于一个开关设备，当控制信号有效时数据信号能够通过缓冲器，但当控制信号无效时，数据信号不能通过。为了在任何时候[⊖]都能够控制哪个寄存器来驱动总线寄存器，需要在寄存器及其所连接的总线之间使用这种设备。不只寄存器，对于所有可以将值输出到共享总线的功能单元，都需要在其输出和总线之间加入三态缓冲器。

铭记这一点，数据传输所需要的动作总结如下：

1）关闭驱动总线的任何三态缓冲器（本例中将 ena1 到 ena4 设为无效）。

2）允许 ena2 以打开 32 位三态门，将寄存器 A 中的内容驱动到共享总线上。

3）允许 ena3 从而将总线数据反馈给寄存器 B。

4）禁止 ena3 从而将总线数据锁存在寄存器 B 中。

5）禁止 ena2 从而释放总线以进行其他操作。

处理的详细过程可能会因设备而异（尤其是在我们没有考虑确切的时序的情况下，因为启动信号通常是在不同的时钟边沿触发的），但是这样的处理部件是需要的——按顺序给出——更重要的是在不同阶段之间需要足够的时间：

- 1 到 2：等待“关”信号沿着控制线传播，直到三态缓冲器并进行控制。
- 2 到 3：等待总线电压稳定（即寄存器 A 的内容由总线电压正确反映出来）。
- 3 到 4：给寄存器足够的时间去捕获总线上的值。
- 4 到 5：等待控制信号传递到寄存器，在总线因用为其他用途被释放之前，寄存器停止“监视总线”。

有时等待时间非常重要。在现代处理器中，它以系统的时钟周期计数，进程的每个阶段至少分配一个周期。

75

图 3-3 描述了在动作之间至少一个时钟周期的时序，显示了在处理的每个阶段事件的顺序。显然需要一个同步的控制系统来执行这个动作序列，即使只是最简单的 CPU 指令序列。

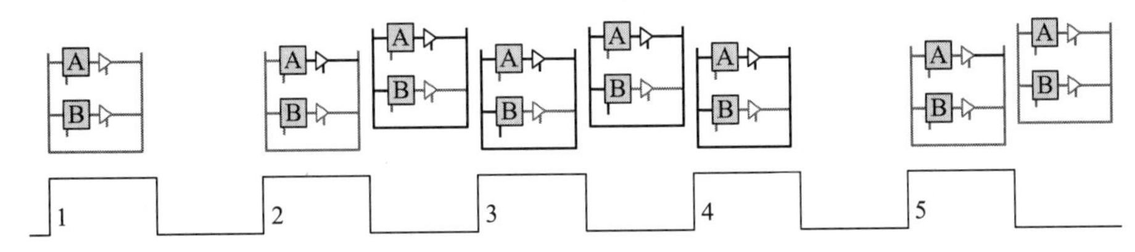

图 3-3　一个简单控制单元（如图 3-2 所示）从寄存器 A 传输数据到寄存器 B 时的周期级时序，深色的线表示在那个时刻特定的总线或信号是激活的

不是所有的指令都需要按步骤经过相同的状态。有些指令，如没有返回结果的，就能够早些终止。这些指令或者通过一个状态机完成，任凭其执行完所有状态（对那些没用的状态定义

⊖ 无论信号是否有效，都只有一个三态缓冲器可以驱动总线，而所有其他连接寄存器的三态都被关闭（或者说它们不会“驱动”总线）。如果允许两个寄存器同时驱动总线，则总线值将被破坏，甚至整个设备可能发生故障并短路。

虚拟的动作），或者通过提早终止或自定义状态转换来完成。在给出的示例中，该指令可能会更早完成，因为在某些（有效的）状态下什么也没有发生。

有些指令可能需要专门的处理，进一步扩展状态机（例如，不符合同一序列的指令）。CPU 设计者为了应付这种问题，通常会增加状态机的复杂度以解决这样的例外，或者使用第二个状态机。

多年来，越来越多怪异的或完美的指令相继被提出。没有谁能指出它们会在哪里结束——状态机真是越来越复杂！有些情况下，CPU 的控制单元是 CPU 设计中最复杂的部分，最多会占用芯片一半的面积。而另一些情况下，状态机变得非常复杂以至于它自己就是另一个 CPU 实现——导致一个简单的处理器要应对一个更大、更复杂的处理器的控制需求。在 IC 设计领域（和其他许多领域一样），众所周知复杂性会导致错误，正因为如此，一些更简单的替代方法正处于研究之中。

到目前为止，我们只考虑在一个处理器中处理不同指令以及控制器如何从一个状态转到另一个状态的情况。现在，我们考虑一个实际任务，就是根据不断增长的内部总线连接、更大的寄存器组、更多的功能单元和更高的时钟复杂度与灵活性，让控制信号分布在更大的甚至还在增长的 IC 面积上。我们可以想象，很大一部分内部处理器的路由逻辑（即走线从设备的一边到另一边）将需要为控制器预留出来。这种难度已经超越了指令控制的复杂度。事实证明在一个 IC 硅片上，能够达到整个芯片的互连是一种稀缺资源：这通常都留给快速数据总线。把越来越多的这种资源用于专业控制目的的需求从另一方面促进了替代控制策略的研究。

因此产生了三种通用的方法学，称为分布式控制、自定时控制和简化（增加规律性）。3.2.5 节中将给出一个分布式控制的主要例子，简化的例子可以在 3.2.6 节讨论 RISC 处理器时见到。让我们简要分析一下每个控制方法。

76

图 3-4 所示是一个非常简单的 CPU 内部的一部分，每个寄存器组有 4 个寄存器，2 个 ALU，都通过 2 组共享数据总线连接。总线进出的每个点有一个三态缓冲器。每个总线、三态门、寄存器和 ALU 端口都是多位宽的，也就是说，如果它是一个 16 位器件，它们都将是 16 位宽。为清楚起见，我们只绘制单个但略粗的线条来表示总线。

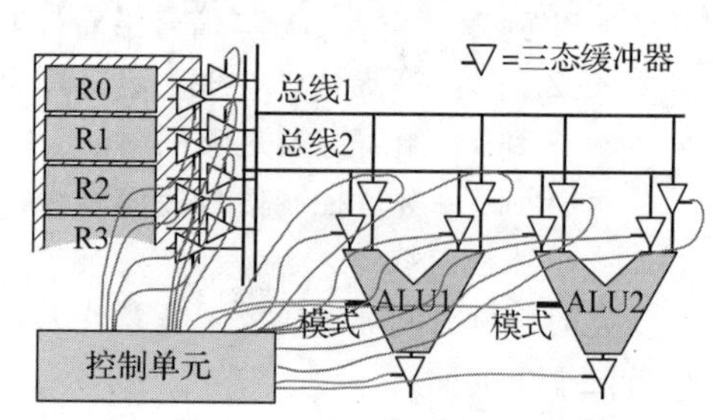

图 3-4　一个简单 CPU 所需的集中控制线布线框图

显然，即便是这么简单的系统，从图 3-4 中的控制单元发出的单控制线也有很多，连接也显得凌乱。这些线用来控制每一个三态缓冲器和 ALU 的模式（ALU 可以执行几种可选的功能，例如 ADD、AND、SUB 等）。图中有些线没有显示，如寄存器选择逻辑。在第 4 章及后续章节中，将讨论不同的总线安排，但像这样的控制信号线将不再画出，因为这些线使图变得过于复杂。因此必须理解的是，当绘制寄存器、ALU、乘法器、总线输出、总线输入等时，总是需要一些控制逻辑“在幕后”管理它们。

一个可行的简化办法是使用一根控制总线或几组控制总线，而不是像图 3-4 所示的那样每个寄存器需要两根控制总线，事实上，若要控制每根数据总线在某个时刻只能获取一个值，只需要给每根数据总线一根 2 位的选择总线（即对于系统总共 4 位的控制总线）去驱动即可，这称为寄存器选择（register-select）总线。这种方法在一个有 4 个寄存器的系统中可能还显不出什么优势，但在 32 个寄存器的系统中会将寄存器选择控制线的数量从 64 个减少到 6 个。一个小例子如图 3-5 所示。

在图 3-5 中，从控制单元发出的到寄存器组的线的数量是 4 根，在寄存器组那里译码并选择合适的寄存器。这不一定是最小的逻辑，但它将 CPU 和控制单元之间的连线数量减小到了原来的一半。

总而言之，控制无处不在，如内部总线的仲裁、取指、译码和指令执行步骤的发起、与外界的交互（如 I/O 接口）以及将 CPU 内的每个事件都排好序。控制甚至会扩展到对外部存储的处理，下一章在讨论内存管理单元时将介绍一个相关的重要例子。

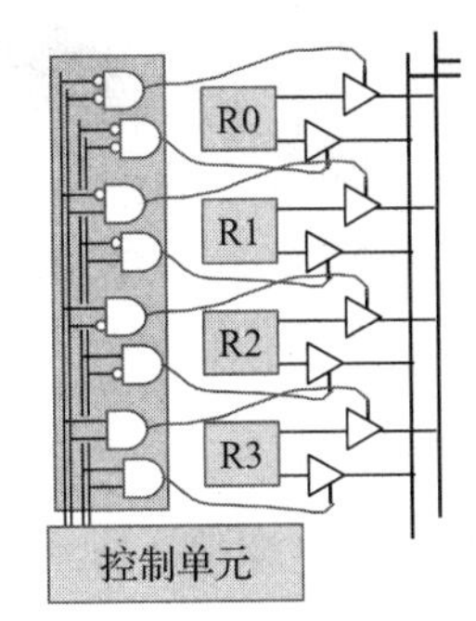

图 3-5　一个小型控制单元连接到寄存器组的输入选择逻辑，该寄存器组包含 4 个寄存器

自定时控制（self- timed control）是一个替代的策略，它将控制分布到整个 CPU，这是基于大部分指令在处理器中都是遵循一个常用的“控制路径”——取指、译码、执行和存储。在执行阶段，以下过程也相当普遍——驱动某些寄存器的值到总线上，驱动总线上的值到一个或多个功能单元，一段时间后再把结果收集起来（还是通过一组或多组总线）并锁存回寄存器。

此例中使用自定时控制并不意味着这是一个异步系统，因为每个模块都是同步的，尽管是以更快的时钟工作（注意我们将在第 9 章介绍在某些深奥的异步系统中使用自定时系统，但在这里我们只处理同步逻辑）。

一个集中式控制单元能够指出这个顺序，“正在取指”，然后“正在译码”，然后“正在执行”，最后是“正在存储”。这需要控制从负责每一个任务的 IC 区域回到中央处理单元的这些连接。然而，自定时控制策略要求控制单元只能是从指令读取开始执行过程，“正在译码”信号是由取指单元触发的，而不是从中央位置来的。类似地，“正在执行”信号是由译码单元产生并传递给执行单元的。按照这种方式，需要有从每个单元到下一个单元的控制互连，而不是所有的都向中央位置集中。实际上，控制信号是跟随数据通路的，在一个流水线机器（将在第 5 章介绍）上某些东西将变得更加有效。

集中式控制和自定时控制这两个替代方法的流程图如图 3-6 所示。此图中，数据总线没有画出，它可能来自外部存储器并依次进行取指、译码、执行和存储（FDES）过程。左图显示了一个包含 4 根控制总线的控制单元，每一根控制总线连接到 4 个独立单元的启动输入。在内部状态机指定的相关时间内，控制单元将启动 FDES 单元的操作。

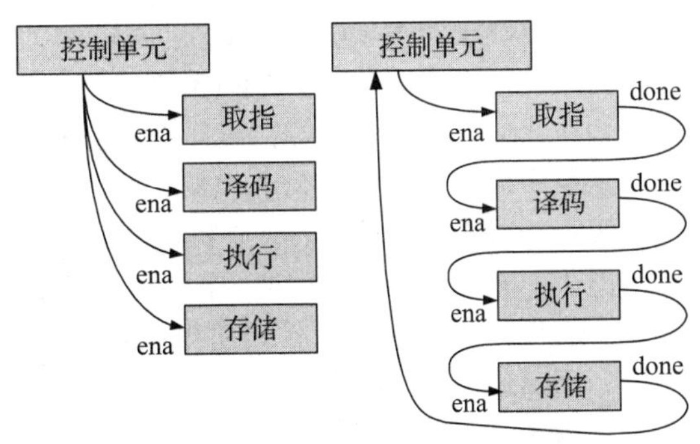

图 3-6　集中式控制（左）和自定时控制（右）两种替代策略的控制流程图

根据正在处理的指令，控制单元状态机可能需要对 FDES 单元分别进行不同的控制（可能是较长的执行阶段或跳过存储）。这个知识必须被编码到控制单元中，那就是必须记住每一个与其相连的单元的操作组合。状态机首先必须包含详细的时序信息和每个单元的要求信息，但必须跟踪可能同时通过这个单元执行的多个指令。

右图是一个自定时系统：控制单元仍然会控制处理过程，但在这种情况下，每个后续单元都由前一个单元在需要的时候进行启动。因为这些单元本身要启动下一步，所以假设数据总线

（没有显示）能够在正确的时间得到正确的信息。

根据被处理的指令，这些单元可能会决定跳过它们自己，把请求直接传给下一个单元，因此每个单元必须把这个职责和时序编码到自己的功能中。

78

也许更麻烦的是需要把不同的信息传送给不同的单元，例如，执行单元需要知道要运行什么功能——是与、或、减法还是其他，它不需要知道执行的结果应存到哪里——而这个信息对存储单元来说是需要的，相反它不需要知道执行的是什么运算。在自定时情况下，或者将所需信息的全部字段送到一个个单元，每个单元只读取与自己相关的，或者把这些信息集中存储。实现策略的选择取决于对复杂度和性能的要求。

3.2.5 微指令

随着 CPU 变得越来越复杂，它们最终成为一个基本功能需求的组合体，带有越来越多的设计师认为重要的用户定制的专用指令。应用程序的快速变化和计算的使用，再加上设计新 CPU 的周期十分缓慢，意味着当基于这些 CPU 的计算机被广泛使用时，其中一些指令已经过时了（忽略那些在计算机历史中没有任何技术会过期的说法）。一个例子就是 20 世纪 80 年代的 Intel 8086、80386、80486 处理器上的 BCD 码处理指令，就是为了反向兼容那些已经存在几十年的旧版商业软件。商业的需求驱动了 CPU 不断提高其处理速度，这种改进一方面是通过提高时钟频率来实现，另一方面是通过用一条指令执行更多的功能实现。

复杂指令的提出更多是因为外存和内存之间的速度差异。快速的内部存储器（片上或 CPU 核心旁边）通常非常昂贵，但运行速度可能比廉价的外部存储器（片外，远离 CPU 内核）快 1000 倍。一个大的瓶颈就是把指令从外存取到处理器中。程序通常很大，因此驻留在外部存储器中速度（慢），但程序中的指令在 CPU 内部执行速度（快）。因此有一个很好的想法就是创造单个复杂指令以替代原来的 100 条小指令序列。这意味着只需要从慢速存储器等待一条指令而不是 100 条指令。

实际上，我们可能会想到用助记符，外部程序是以助记符（指令）写的，它被缓慢地送入 CPU，每一个程序都会带来更长序列的内部操作。每个助记符可能会产生一个内部操作序列，这些内部序列才是用微指令（microcode）写的真正的程序。微指令是这些处理器的基本指令集，但往往与外部指令不特别相似。所有的外部指令在进入 CPU 时，可能都要被翻译为微指令程序或微程序。在内部，CPU 将支持微程序所依赖的一组操作，这就是微指令指全集。

79

微程序设计作为一门技术，实际上是 20 世纪 50 年代初由 Maurice Wilkes 在剑桥大学发明的，IBM System/360 家族的计算机可能是第一款使用该技术实现的商业机器。

图 3-7 中阐述了一些微指令的概念，其中外部程序存储在慢速存储器中，并通过 CPU 执行。当前程序计数器（PC）指向指令 DEC A，可能是递减寄存器 A 中的值。这条指令被 CPU 取出，译码为一个微指令序列，包括将 A 的值加载到寄存器 X 中，然后把 1 加载到寄存器 Y 中，再用 X 减去 Y，最后把结果保存回 A 中。

由 DEC 指令产生的一个小型的 4 条指令微程序是存储在 CPU 内部的，位于快速的片上只读存储器（ROM）中，并需要一个内部的微程序计数器。它们在外部程序中是不可见的，这些外部程序甚至不知道寄存器 X、Y 和 Z 存在于 CPU 中。

进一步扩展该方法，会得到一个使用纳指令（nanocode）的处理器：外部程序转换成微指令的微程序，每个微程序再进一步翻译成由纳指令构成的纳程序。尽管这项技术实际上只是简单的扩展，但会比使用微指令方式进一步减少返回值。这个好处主要是依赖于外部存储器已成为瓶颈这个事实。在外部随机存储器（RAM）又慢又贵而内部 ROM 却非常快的时代，这样做无疑是正确的。但是随着 RAM 技术的改进，包括静态 RAM（SRAM）、动态 RAM（DRAM）以及随后的同步动态 RAM（SDRAM）都削弱了 ROM 的速度优势，在 20 世纪 90 年代这些技术之间的差别已经不大了。

80

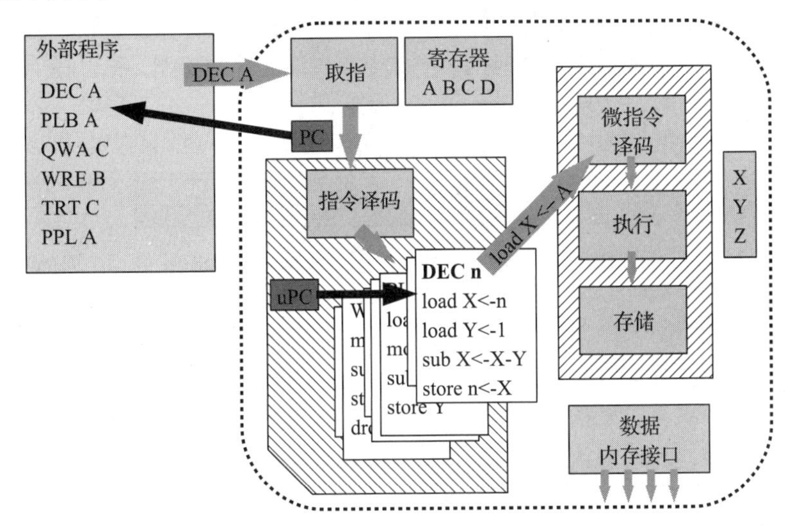

图 3-7　指令执行框图：指令从外部慢速存储器取出，在 CPU 中译码，以非常简单的微指令序列执行

由于速度优势已不明显，因此微指令的普及性开始消退。一个例外是这种指令翻译的好处还是有用的，微指令方法所固有的这个特点允许一种类型的 CPU 可以执行另一种机器的指令集。

在 20 世纪 90 年代末期，处理器继续改进，内部为 RISC 的机器却可以执行 CISC 指令集（见下一节）。没有哪个处理器能像 x86 系列处理器这样更清楚地表现出这一优势。为了解决 1971 年以来出现的问题，这些 CPU 不仅要保证代码的向上兼容性，使得能够执行古老的、并不优化的 CISC 指令集，还要比竞争对手的处理器运行更快。包含到这些处理器中的老式 CISC 指令将被翻译成更快的 RISC 风格的优化汇编序列，因此 RISC 指令取代了现代的微指令。

微指令翻译的另一个好处是一个处理器可以模仿其他设备。这样的处理器可执行一个 ARM 程序，就像一个本地的 ARM 处理器一样，它还可以转而执行德州仪器（TI）公司的 DSP 代码，就像是一个 TI 的 DSP——是能够以各种 CPU 的身份运行各种程序的终极方法。

尽管有这么有利的市场，但微指令背后的驱动因素还是消失了，它在 20 世纪 80 年代已经不再流行。市场更倾向于能做得更多、更快的处理器：摩尔定律如火如荼。

3.2.6　RISC 和 CISC 的对比

RISC（精简指令集计算机）和 CISC（复杂指令集计算机）背后的思想已经在 2.2 节简单提到过。CISC 体系结构包括许多复杂且功能强大的指令，而 RISC 体系结构则集中在只包含常用指令却处理快速的小型子集上。即使用多条 RISC 指令合成复杂操作，它们的执行速度和直接用一条 CISC 指令一样快，甚至更快。

图 3-8 解释了这一概念，图中有两个程序：一个运行在 RISC 机器上，拥有快速的每周期一条指令的能力，在 12 个时钟周期内可以完成一个 12 条指令（A ~ L）的程序。它下面是一个 CISC 计算机，它的时钟周期更长些（因为硬件会更复杂，因此变慢），以相近的时钟周期数完成同样的处理，但在这时只用 5 条复杂指令取代了 RISC 机器的 12 条指令。由于时钟周期更长，它完成任务要比 RISC 机器更慢。这是通常的情况，当然也存在其他条件，CISC 处理器能够计算得更快。

81

然而这样一个说法并没有描述清楚这两种方法的前后关系，因此我们需要给出一点解释。从历史的角度来看，早期计算机的使用者都是其设计者。设计者知道在他们的程序中需要哪些基本操作，并把这些直接匹配到硬件中。随着硬件的可用性提高，添加新指令到计算机中成为可能，这个新指令能够完成原来更耗时的一个指令串所能实现的功能。

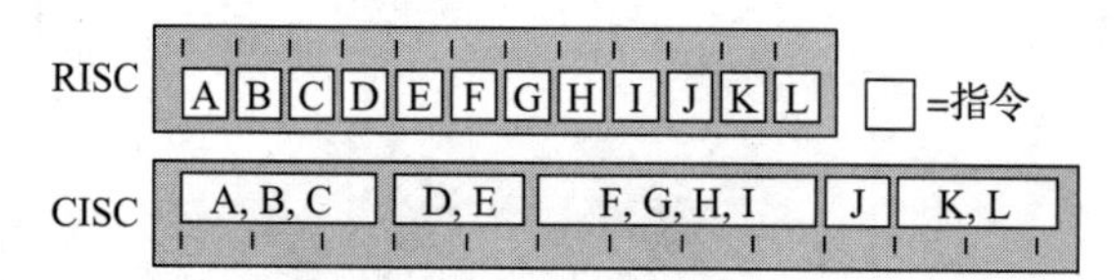

图3-8　本图阐述CISC指令和RISC指令的不同大小、速度和功能。RISC指令（上面的）都很短小，每条占用一个CPU周期，图中用竖线标出。相反，CISC指令（下面的）需要多个周期执行，通常每条指令比RISC完成更多的功能

随着时间的推移，计算机程序员专注于软件开发，而计算机架构师则只专注于硬件方面。程序员会找架构师要求自定义指令以使他们的程序运行得更快。架构师通常都遵循建议，但有时他们也自作主张地添加他们认为有用的指令，却让程序员摸不着头脑。

到20世纪80年代中期，各种设计团体开始质疑当时的设计理念，尤其是美国的伯克利大学和斯坦福大学。他们提出这个观点，可能基于在IBM悄悄进行的一些开创性工作，他们研究了较简单的机器，简单和常规的设计有助于加快这些机器的时钟速度。这些机器证明了简单的指令可以被处理得更快。尽管有时多条RISC指令才能完成一条CISC指令的功能，但一个RISC程序总体上还是明显运行得更快。

“精简指令集计算机”这个名字赞扬了原始设计的简单性，虽然没有实际的理由要减少指令集的大小，而仅仅是要降低指令的复杂性。RISC技术得以推广，随之产生了RISC Ⅰ、RISC Ⅱ以及MIPS处理器。这些又演变为能够提供强大工作站性能的商业机器，它们不再向上兼容x86代码，尤其是SPARC和MIPS CPU。

同时，在英国剑桥大学的橡子计算机有限公司（Acorn Computers Ltd，已于1999年注销），一个很小的设计小组基于早期伯克利的研究设计了他们自己的处理器，该公司非常成功地制造了基于6502的BBC微型计算机（为英国做出了贡献，使其具有世界上最高的计算机拥有率）。这台Acorn RISC Machine——ARM1，是基于运行BASIC的2MHz BBC微型计算机设计的。Acorn为这款处理器编写了他们自己的芯片设计工具，在该处理器之后很快产生了ARM2，成为世界上第一款商业RISC处理器芯片，这增加了新兴的Acorn公司的计算机种类。到2002年，ARM（现在重新命名为Advanced RISC Machine）成为世界上非常畅销的32位处理器，宣称占有76.8%的市场份额。到2005年中期，已售出超过25亿美元的ARM处理器产品，到2009年年初，其销售数量已经增长到超过地球上人手一个的程度了。ARM处理器的普及程度还在继续增加，到2018年，达到了几乎市场上所有智能手机都采用ARM处理器的程度。框3.1简要介绍了ARM处理器的开发背景。

82

框3.1　ARM是如何设计的

在20世纪80年代中期，具有开创性的英国计算机公司Acorn和英国广播公司（BBC）签订了合同，要设计并推销BBC的微型计算机，当时该公司正在寻找一种方法来超越其获得巨大成功的8位BBC微型计算机。精简、高效的Rockwell 6502处理器推动了这一设计。BBC的举措大大促进了计算机在英国的使用，据报道，英国的人均计算机拥有数量远远超过了其他国家。例如，Clive Sinclair爵士的ZX系列计算机已经卖了400万台，而那时IBM PC的销售只达到100万台。Acorn公司也总共售出了超过100万台的BBC计算机。

在“计算机革命”的早期，Acorn公司很快意识到，来自如Intel和Motorola等公司的16位处理器已经不够强大，无法满足他们预计的未来需求——在20世纪80年代晚期发布世界上第一个多任务图形桌

面操作系统。

由于没有足够好的处理器，Acorn 决定创造自己的处理器。Acorn 在两年内设计了 ARM1 以及它的支持 IC（如 MEMC 和 VIDC），尽管它之前从未进行过任何芯片开发。

Acorn 希望设计一个常规体系结构的机器——类似于 6502，但功能要更强大。Acorn 采用 RISC 方法，还通过分析操作系统代码重新审视了软件需求，确定了最常用的指令，并为 ARM 处理器做了指令优化，还用同样的方法得到一个指令集（见 3.3 节）及其编码，后来由于迫切需要又增加了乘法指令和乘累加指令。

全球知名的 ARM 处理器恰好符合英国政府基金资助的 BBC 项目的初衷，实现了多种优秀的功能：ARM 软件中断、监控模式、快速中断、无微指令、静态流水线以及 load-store 体系结构，所有这些都从 Acorn所采用的软硬件体系结构中派生出来。

当 Intel 处于台式个人计算机的热潮时，ARM 进入了更大的嵌入式处理器的热潮。现在 CPU 几乎存在于每一个电子产品中，而其中大部分都是基于 ARM 的。

3.2.7 处理器实例——ARM

多年来，自从 IBM 研究小组发表了他们的初步结果，RISC 方法已经影响了处理器设计的几乎所有领域，尤其是 ARM RISC 处理器家族，现在主宰着嵌入式系统的世界。因此，本书中为了确保示例与嵌入式计算相关，几乎所有的汇编语言代码例子都是以 ARM 的汇编格式给出。读者无须成为 ARM 汇编专家，但如果熟悉 ARM 指令格式将会非常有帮助，例如：

83

```
ADD R0, R1, R2
```

是把寄存器 R1 和 R2 的内容相加，结果保存在寄存器 R0 中。因此它的格式是：

```
INSTRUCTION DEST_REG, SOURCE_REG1, SOURCE_REG2
```

今天，虽然很容易找到“纯”RISC 处理器的例子，如 ARM 和 MIPS，但甚至铁杆的 CISC 设备（如 Motorola 68000 或 Freescale Coldfire 和一些 Intel x86 系列）现在也是由 CISC 到 RISC 硬件翻译和 RISC 内核来实现的。“纯”CISC 处理器现在看来并不受追捧，基于这个原因，当提到 CISC 处理器时我们定义了一个伪 ARM 汇编格式，换句话说，我们使用 ARM 样式的指令（即使 ARM 是 RISC CPU），而不是使用任何专门的 CISC 设备的格式：

```
ADD A, B, C
```

这一指令把寄存器 B 和 C 的值相加，并将结果放到寄存器 A 中。通常这里的例子都能被识别出是 RISC 的还是 CISC 的，它们是有区别的，因为 RISC 例子使用 ARM 型的寄存器 R0 ~ R15，而 CISC 例子使用字母寄存器 A、B、C 等。某些特殊用途的寄存器在后面的章节中也会提到，SP 是堆栈指针，LR 是连接寄存器。[⊖]

本书中关于伪 ARM 指令使用的一个例外是在讨论有关 AD（Analog Devices）公司的 ADSP21xx 处理器和单独的德州仪器（TI）的 TMS320 例子和一些专门的机器时（例如非常长的指令词和 Tomasulo 架构）时出现的，这些示例都用于强调计算机系统或体系结构的特定方面，并将在上下文中进行简要介绍。

虽然示例和代码片段主要采用 ARM 体系结构并包含 ARM 汇编语言，但重要的是要认识到其他仍在使用的大量不同的 CPU 体系结构。其中许多与 ARM 大不相同，尤其是它们的指令集中的指令类型、寻址模式，以及汇编语言的语法。需要注意的一点是，某些处理器的汇编语言指令（包括仍然在几本教科书中提及的 68000）指定目的寄存器在指令最后（例如，它会写入 `ADD A,B,C`，意味着 `A + B = C`，而在 ARM 汇编语言格式中，相同含义的指令是 `B + C = A`）。然而，本书中目的寄存器都是以 ARM 风格指定的，且任何注释都跟在分号（;）后面：

⊖ SP 和 LR 实际上分别与寄存器 R13 和 R14 相同，而 R15 是程序计数器，通常称为 PC。

```
SUB R3, R2, R1 ; R3 = R2 - R1
```

有时目的寄存器和第一个源寄存器是同一个：

84

```
ADD C, D ;C = C + D
```

或者可能只有一个源寄存器：

```
NOT E, F ;E= not F⊖
```

或者可能没有源寄存器：

```
B -4 ;向后跳4个内存位置
```

这种类型的指令在 ARM 中不常见，但在一些 CPU 中很常见。通常指令本身是能够表明其含义的（如 ADD、AND、SUB 等)。3.3 节将介绍更多例子，并详细介绍 ARM 指令格式，包括所有指令的列表。

在 ARM 中，还要注意目的寄存器在所有的指令中都是第一个指定的，只是在内存中写指令是不同的：

```
STR R1, [R3]
```

将 R1 的值存到以 R3 中内容为内存地址的位置。

3.2.8 关于 ARM 的更多内容

在继续之前，可以注意到 ARM 架构虽然稳定且被广泛采用，但仍在不断改进和增强。因此，它是一种动态的、现代的、不断发展的设计，而不是一个静态的、固定的例子。拥有它的公司（也称为 ARM）正在不断开发基于 ARM 的新的、特别是对于重要的应用市场的 CPU 设计产品。

除了用户数是数以千计而不是数十亿的早期设计，基于 ARM 的处理器和片上系统设备（将在第 7 章中讨论）由许多 IC 设计公司设计和制造。这些公司主要承诺在其设计中使用 ARM Ltd CPU 核心，然后围绕这些内核聚焦自己的独特功能。这使得它们的设计能够利用非常实质的 ARM 生态系统的开发工具、现有的代码库、操作系统支持等，同时通过片上外设、加速器和类似的功能来区分它们的产品。一些基于 ARM 的设计让 IC 设计公司参与调整 ARM 内核本身。一个值得注意的例子是 DEC/Intel Strong ARM，其中 DEC（数字设备公司）工程师与 ARM Ltd 设计团队合作，为 ARM 内核引入了几项非常重要的性能改进，包括扩展管道、哈佛结构数据和指令缓存、快速乘法器等。DEC 设计随后被 Intel 购买，并构成了 Intel XScale 系列的基础。但是，绝大多数基于 ARM 的 IC，无论它们来自哪个制造商，都将包括标准的 ARM 内核。

在本书中，讨论将仅限于常见的 ARM 内核（旧的版本，即 ARM7 和 ARM9），并使用这些设备几乎都能理解的标准 ARM 汇编程序示例。然而，读者应该理解，在过去几十年中，许多其他处理器已经创建出来了。在教科书中就可以找到很多当前可用的和曾经使用过的处理器。

85

3.3 指令处理

正如 3.2 节所述，计算机都是通过称为程序的指令序列执行的。通常称这些程序为软件。使用高级语言（HLL）可以编写出各种软件，每条高级语言命令可能由数十条 CPU 指令序列组成。低级语言的一条命令通常都只调用很少或者只有一个 CPU 操作。第 8 章中将更全面地讨

⊖ 虽然许多 ARM 汇编器能轻松处理 NOT R0,R0 指令，但我们应该注意到实际上 ARM 指令集中没有 NOT 指令。在实际操作中，它使用等效的移动和否定命令或 MVN 命令。因此汇编器会在汇编期间将 NOT 指令转换为 MVN R0,R0。程序员可能甚至都没有注意到这一点，因为只要没有报出错误或警告，代码就可以正常运行。

论这些内容，但是现在，我们将编程定义为基本上确保为 CPU 提供一系列指令，以使其能够进行所需的操作。

如果我们将一个 CPU 操作定义为由 CPU 执行的数据移动或者逻辑处理，那么一条指令是从程序到 CPU 的一个命令。一条高级语言命令是由一条到多条指令组成的，一个存储在计算机上的程序是这样的指令序列集合。

在一些计算机上，一个单一的指令可用于调用多个 CPU 操作。这可能是由性能方面的原因决定的，尤其体现在访问速度上，从外部存储器上读取程序的速度远比 CPU 执行这些操作要慢很多。事实上，正是这种思想促使了微指令的出现（已经在 3.2.5 节中探讨过）。

机器代码通常指的是与 CPU 内已知动作相对应的二进制数字标识符。这可能意味着，例如，当你检查程序内存时，十六进制字节数 0x4E 及其后的 0xA8 可能代表了两条 8 位处理器指令，也可能代表一条 16 位处理器指令 0x4EA8。对于现代处理器，程序员几乎不需要应付处理器所能理解的底层二进制数字标识符，而是通过一套称为汇编语言或者汇编码的缩写助记符来进行处理，正如之前提及的一样。

指令集是一系列可能的汇编语言助记符，是某具体 CPU 所支持的所有指令的列表。

3.3.1 指令集

指令集描述了 CPU 所能执行的操作集合，每个操作都由指令集中的一条指令来编码。某些指令需要一个或多个操作数（例如，在指令 `ADD A,B,C` 里，`A`、`B` 和 `C` 称为源操作数和目标操作数，这些操作数可能是立即数、寄存器、内存位置或者其他可用的寻址方式，详见 3.3.4 节）。对于特定指令通常有一些限制，比如可以使用哪些寄存器，可以处理的最大值或操作数可以包含的数字范围。CPU 无法识别的值将导致汇编器（或编译器）错误。 86

指令集包含所有的指令，从而能够完全描述处理器硬件的处理能力。指令集可按照命令所涉及的处理器单元的不同而进行分组，例如下面为 ADSP2181 处理器所定义的指令集：

指令分组	组内操作举例
ALU	加、减、逻辑与、逻辑或等
MAC	乘法、乘累加等
SHIFT	算术/逻辑的左移/右移、指数运算等
MOVE	寄存器/寄存器、内存/寄存器、寄存器/内存、输入/输出等
PROGRAM FLOW	分支/跳转、调用、返回、循环等
MISC	空闲模式、无操作指令、堆栈控制、配置等

许多处理器还会添加一个 FPU 组或 SSE 组到指令集定义中，但是 ADSP2181 是只支持定点而没有多媒体扩展的处理器。

ARM 处理器的指令集，确切地说是 ARM7，以表格形式在图 3-9 中列出以供参考（请注意，该表列出了 ARM 格式的指令，但不包括很多 ARM 处理器支持的 16 位 Thumb 模式）。该指令集表中使用的符号包括：

- S：第 20 位，标志着指令应该根据完成情况更新条件标志位（参见框 3.2）。
- S：第 6、22 位，标志着传输指令应该恢复状态寄存器。
- U：在乘法中表示有符号/无符号，在数据传输中表示向上/向下修改索引。
- I：立即寻址的指示位。
- A：结果累加/不累加。
- B：无符号字节/字。
- W：写回。

- L：读/存。
- P：向前和向后、递增和递减运算符。
- R：指明16个寄存器中的一个。
- CR：指示一个协处理器寄存器（可识别的8个协处理器中的一个）。

<table>
<tr><td>31 30 29 28</td><td>27</td><td>26</td><td>25</td><td>24</td><td>23</td><td>22</td><td>21</td><td>20</td><td>19</td><td>18</td><td>17</td><td>16</td><td>15</td><td>14</td><td>13</td><td>12</td><td>11</td><td>10</td><td>9</td><td>8</td><td>7</td><td>6</td><td>5</td><td>4</td><td>3</td><td>2</td><td>1</td><td>0</td><td></td></tr>
<tr><td>条件标志位</td><td>0</td><td>1</td><td>1</td><td>×</td><td>×</td><td>×</td><td>×</td><td>×</td><td>×</td><td>×</td><td>×</td><td>×</td><td>×</td><td>×</td><td>×</td><td>×</td><td>×</td><td>×</td><td>×</td><td>×</td><td>×</td><td>×</td><td>×</td><td>1</td><td>×</td><td>×</td><td>×</td><td>×</td><td>未定义</td></tr>
<tr><td>条件标志位</td><td>0</td><td>0</td><td>1</td><td colspan="4">操作码</td><td>S</td><td colspan="4">Rn</td><td colspan="4">Rd</td><td colspan="12">第二操作数</td><td>数据处理</td></tr>
<tr><td>条件标志位</td><td>1</td><td>0</td><td>1</td><td>L</td><td colspan="24">目的数偏移地址</td><td>分支</td></tr>
<tr><td>条件标志位</td><td>0</td><td>0</td><td>0</td><td>0</td><td>0</td><td>0</td><td>A</td><td>S</td><td colspan="4">Rn</td><td colspan="4">Rd</td><td colspan="4">Rs</td><td>1</td><td>0</td><td>0</td><td>1</td><td colspan="4">Rm</td><td>乘</td></tr>
<tr><td>条件标志位</td><td>0</td><td>0</td><td>0</td><td>0</td><td>1</td><td>U</td><td>A</td><td>S</td><td colspan="4">RdHi</td><td colspan="4">RdLow</td><td colspan="4">Rn</td><td>1</td><td>0</td><td>0</td><td>1</td><td colspan="4">Rm</td><td>长乘</td></tr>
<tr><td>条件标志位</td><td>0</td><td>1</td><td>1</td><td>P</td><td>U</td><td>B</td><td>W</td><td>L</td><td colspan="4">Rn</td><td colspan="4">Rd</td><td colspan="12">偏移地址</td><td>LDR/STR</td></tr>
<tr><td>条件标志位</td><td>0</td><td>0</td><td>0</td><td>P</td><td>U</td><td>1</td><td>W</td><td>L</td><td colspan="4">Rn</td><td colspan="4">Rd</td><td colspan="4">offset</td><td>1</td><td>S</td><td>H</td><td>1</td><td colspan="4">offset</td><td>半字传输</td></tr>
<tr><td>条件标志位</td><td>0</td><td>0</td><td>0</td><td>P</td><td>U</td><td>0</td><td>W</td><td>L</td><td colspan="4">Rn</td><td colspan="4">Rd</td><td>0</td><td>0</td><td>0</td><td>0</td><td>1</td><td>S</td><td>H</td><td>1</td><td colspan="4">Rm</td><td>半字传输</td></tr>
<tr><td>条件标志位</td><td>1</td><td>0</td><td>0</td><td>P</td><td>U</td><td>S</td><td>W</td><td>L</td><td colspan="4">Rn</td><td colspan="16">寄存器表</td><td>块传输</td></tr>
<tr><td>条件标志位</td><td>0</td><td>0</td><td>0</td><td>1</td><td>0</td><td>0</td><td>1</td><td>0</td><td>1</td><td>1</td><td>1</td><td>1</td><td>1</td><td>1</td><td>1</td><td>1</td><td>1</td><td>1</td><td>1</td><td>1</td><td>0</td><td>0</td><td>0</td><td>1</td><td colspan="4">Rn</td><td>BX</td></tr>
<tr><td>条件标志位</td><td>0</td><td>0</td><td>0</td><td>1</td><td>0</td><td>B</td><td>0</td><td>0</td><td colspan="4">Rn</td><td colspan="4">Rd</td><td>0</td><td>0</td><td>0</td><td>0</td><td>1</td><td>0</td><td>0</td><td>1</td><td colspan="4">Rm</td><td>单数据交换</td></tr>
<tr><td>条件标志位</td><td>1</td><td>1</td><td>0</td><td>P</td><td>U</td><td>N</td><td>W</td><td>L</td><td colspan="4">Rn</td><td colspan="4">CRd</td><td colspan="4">CP no.</td><td colspan="8">offset</td><td>LDC</td></tr>
<tr><td>条件标志位</td><td>1</td><td>1</td><td>1</td><td>0</td><td colspan="4">CP操作码</td><td colspan="4">CRn</td><td colspan="4">CRd</td><td colspan="4">CP no.</td><td colspan="3">CP</td><td>0</td><td colspan="4">CRm</td><td>CDP</td></tr>
<tr><td>条件标志位</td><td>1</td><td>1</td><td>1</td><td>0</td><td colspan="3">CP操作码</td><td>L</td><td colspan="4">CRn</td><td colspan="4">Rd</td><td colspan="4">CP no.</td><td colspan="3">CP</td><td>2</td><td colspan="4">CRm</td><td>MCR</td></tr>
</table>

图3-9 ARM指令集列表。列的上面标出了指令字的位。表中列出了某版本ARM指令集中所有的14类指令

这些修饰符多数是ARM处理器专用的，这里不再进一步讨论，但我们会详细关注位“S”以及寻址能力（见3.3.4节）。有兴趣的读者可以参考ARM公司的网站[一]，那里有更多的解释和文档资料。不同的ARM处理器之间的指令集略有不同，上面给出的版本是较常用的ARM7TDMI版本[二]。

87

经过十多年的不断发展，ARM公司已经完成了品牌的重塑，在此过程中将它们的处理器命名为Cortex。原来的仍在传统处理器中使用或在文档中提及的ARM7、ARM9和ARM11处理器被称为经典。此举很有可能是应对庞大的ARM市场分散化工作的一部分，在该市场中，一个基本体系结构（ARM）需要满足非常广泛和多样化的需求，其范围包括从微型和慢速传感器系统到更大、更快的掌上计算机。在撰写本书的时候，新的处理器被归类成3个范围，更好地细分了ARM设备的传统优势领域：

Cortex-A系列处理器是面向应用的。它们有内置的硬件支持，适合于运行全功能的现代操作系统（如Linux）以及图形丰富的用户界面（如Apple的iOS和Google的Android）。它们能够处理从高效的Cortex-A5到A8、A9直到最高性能的Cortex-A15设备。这些处理器都支持ARM、Thumb和Thumb-2指令集（在性能和紧凑性方面，Thumb-2相较Thumb有所改进，但二者的设计原理类似）。

Cortex-R系列处理器针对的是有高性能要求的实时系统，如智能手机系统、媒体播放器和照相机程序。ARM公司也在推进Cortex-R系列在汽车及医疗系统中的应用，在这种应用中可靠性和硬实时反应能力往往很重要。这些不需要复杂、丰富的操作系统，而只要小的、硬性且快速的实时系统。

Cortex-M系列处理器属于低端产品，用于比较在意成本且要求低功耗的系统中，可以说它适用于传统的微控制器型应用，不需要先进的操作系统支持（甚至可能不需要任何操作系统）。该系列适用于没有丰富图形界面要求、时钟速度不会超过几十兆赫兹的应用。

[一] http://www.arm.com。

[二] 此信息是从ARM公司公开的文件DDI 0029E中提取的。

尽管大多数 ARM7 系列可支持 16 位 Thumb 模式（见 3.3.3 节），但所有的 ARM 芯片都支持上面所述的标准 32 位定长指令。我们看到在 ADSP21xx 中有各种指令组，如数据处理、乘法或分支等。如果有 15 个指令组，则需要 4 位编码来表示指令组，其余的位用来表示每组中具体的指令。

88

注意所有的指令都有固定的条件位，无论正在使用哪个指令，条件位都位于指令字的同一位置，这种规则有助于处理器进行指令译码。重要的是要注意，条件位的意义是使每一个指令都可以有条件地操作。这是不寻常的，在常见的现代处理器中只有 ARM 是这样的：大多数其他处理器只支持条件分支指令。在 ARM 上，指令字中的 S 位控制该指令在完成时是否可以改变条件代码（见框 3.2）。结合好这两个特点，将会非常灵活、高效。

框 3.2 ARM 中的条件和 S 位说明

考虑 ARM 处理器的效率，将其与标准 RISC 处理器（其所有指令都不允许条件操作）进行比较。

使用的指令助记符类似于 ARM。首先，我们测试在标准 RISC 处理器上的程序，将寄存器 R0 和寄存器 R1 中的值相加，然后根据计算结果判断，如果计算结果小于 0，则将 0 放入寄存器 R2，否则将 1 放入寄存器 R2。

```
      ADDS R0, R0, R1
      BLT pos1  （如果小于0则执行分支）
      MOV R2, #1
      B pos2
pos1  MOV R2, #0
pos2  ...
```

该程序使用 5 条指令且无论寄存器 R0 和 R1 中为何值，总会需要一个分支。

下面的代码段在 ARM 处理器中再现了相同的行为，但使用了条件转移代替分支。在这种情况下，R0 和 R1 相加，在 ADD 助记符之后的 S 表明加法的结果会更新内部条件标志。接下来，如果前一个条件编码设置指令的结果小于 0，则把 1 写入 R2；如果结果大于等于 0，则把 0 写入 R2。

```
ADDS R0, R0, R1
MOVLT R2, #1
MOVGE R2, #0
...
```

ARM 版本的代码显然更短——只需要 3 条指令，且不需要分支结构。正是这种机制使得 ARM 的程序更高效，而 RISC 处理器却是传统低效率的代码密度。在更高级的语言中，这种代码结构则很常见：

89

```
IF condition THEN
   action 1
ELSE
   action 2
```

另外请注意，对于每条指令，目标寄存器（如果需要）将与指令字位于同一位置。

3.3.2 取指和译码

在一个现代计算机系统中，正在运行的程序通常驻留在 RAM 中（它们可能是从硬盘或闪存复制到这里的）。一个内存控制器通常是内存管理单元（将在 4.3 节讨论）的一部分，控制外部 RAM 并代表 CPU 处理内存访问。

在 CPU 内部，取指和译码单元（IFDU 或简写为 IFU）在每个指令周期读取下一条待执行的指令。下一条指令由地址指针来确定，地址指针保存在程序计数器（PC）中，现在几乎每一款处理器都是如此。图 3-10 显示了一个典型 CPU 系统中内存控制器的连接关系。

程序计数器通常在检索到指令后自动递增，因此它自然地“指向”存储器中当前指令之后的指令，即下一个指令。以这种方式，CPU 可以通过依次执行每个指令来执行由一系列指令组成的程序。分支指令覆盖了 PC，允许程序执行的操作不仅仅是从一条指令步进到下一条指令。当当前指令覆盖PC时，意味着将从其他地方获取下一条执行的指令，而不仅仅是下一条指令。由于PC是寄存器，因此覆盖它意味着将不同的二进制值写入寄存器。在一些处理器中，二进制值是要执行的下一条指令的地址，但许多RISC处理器（如ARM）通常指定当前地址的偏移量（即从当前位置向前或向后多少指令）。这将在3.3.2.3节中更全面地描述。

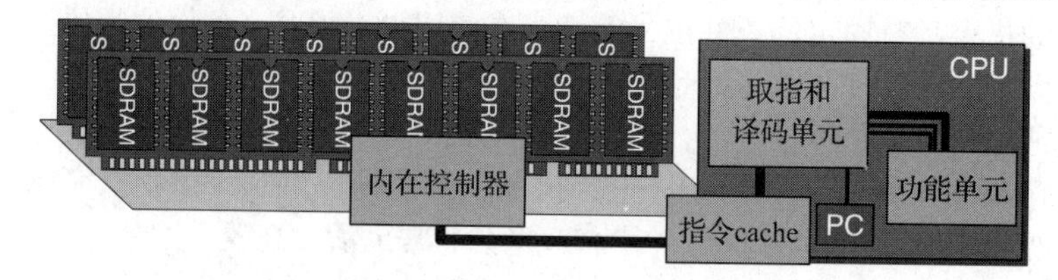

图3-10　典型CPU系统中内存控制器的连接关系

一旦取指和译码单元读取了一条指令，它便开始进行解码，随后要执行一系列如图3-11的流程图所示的步骤。

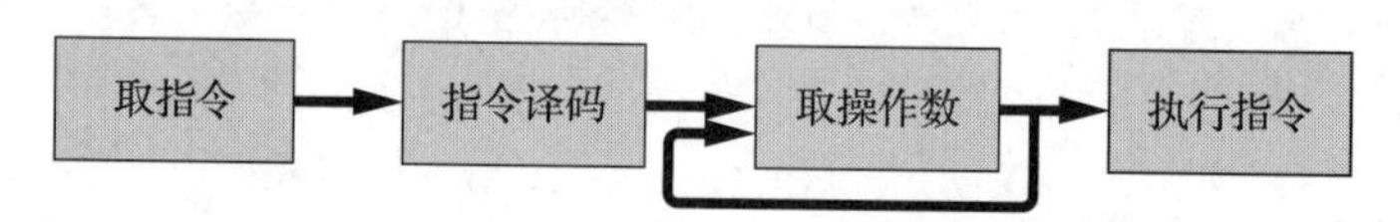

90

图3-11　典型处理器的指令处理流程图

3.3.2.1　指令译码

在ARM中，因为所有的指令都是有条件的，所以IFU首先看指令编码中的条件位，与当前处理器状态寄存器中的条件标志按位比较。如果这条指令需要的条件和当前条件标志不匹配，则丢弃该指令，读取下一条指令。

在ARM中，指令集的简化意味着每一个读取的指令字的条件位可以与状态寄存器的第28～31位进行简单与运算（这几位是当前条件标志的编码）。框3.3解释了ARM中可用的相当广泛的条件码集合。

我们再看一下ARM指令集，所有指令字中的目的寄存器（对于有目的地址的指令）都位于同样的位置。译码时，IFU简单地采用4位（用于寻址16个寄存器）作为寄存器组的目的地址。

框3.3　ARM处理器中的条件码

如图3-9所示，ARM为每条指令保留4位（第31、30、29和28位）用于条件编码。这意味着每一条机器指令都可以是有条件执行的（虽然用汇编语言编写时某些指令可能不带条件）。

通常，这些条件码是被附加到指令上的，因此ADDGT是一条ADD指令，只有当处理器的条件标志表明用于设置该条件标志的上一条指令的结果大于0时才会执行。

91

ARM中条件的全集如下表所示（严格来讲最后两个是无条件的条件）。

4位条件编码	条件助记符	含义	达成条件
0000	EQ	等于	Z=1
0001	NE	不等于	Z=0
0010	CS	进位设置	C=1
0011	CC	进位清除	C=0
0100	MI	减	N=1
0101	PL	加	N=0
0110	VS	溢出设置	V=1
0111	VC	溢出清除	V=0
1000	HI	高于	C=1，Z=0
1001	LS	低于等于	C=0，Z=1

（续）

4 位条件编码	条件助记符	含义	达成条件
1010	GE	大于等于	N = V
1011	LT	小于	N = ~V
1100	GT	大于	N = V，Z = 0
1101	LE	小于等于	(N = ~V) or Z = 1
1110	AL	总是	—
1111	NV	从不	—

在实际中，这些条件在执行计算时非常有用，例如伪代码句子“如果第一个操作 A 的结果是负的，那么执行 B，否则执行 C。”如果没有针对每条指令的 ARM 类的条件（在大多数 CPU 中），伪代码示例几乎总是用分支实现，例如“如果第一个操作 A 的结果为负，则在某处分支，执行 B 且从分支返回，否则在某处执行分支和 C。”

3.3.2.2 取操作数

显然，操作数的值并不总是在指令字本身的编码中。ARM 和多数其他的 RISC 处理器都通过使用 load-store 体系结构进行简化，内存中的操作数不能直接提供给操作——它们必须先转移到寄存器中。只有立即数是例外，立即数是作为数据传送指令的一部分编码的，如 MOV 指令（见框 3.4 中的例子）。

所以 ARM 为一个操作准备操作数通常是通过从指令字中解码一个立即数，或者从一个或多个源寄存器或目标寄存器中进行选择。一个例外是加载（LDR）和保存（STR）指令，它们实现内存和寄存器之间 32 位值的移动。

在许多其他的处理器（通常是 CISC 体系结构而不是 RISC）中，可能执行一条指令就能够完成一个内存地址中数据的某些运算，并将结果写回到另一个内存地址。显然在这种处理器中，移动操作数的行为将需要访问几个独立的内存（与 CPU 相比，这些内存的存储是更缓慢的，并且所有操作数在同一内存设备共享一个总线，必须轮流存取和储存，这成为一个重大的性能瓶颈）。相比之下，RISC 处理器的目标是尽量在一个时钟周期内完成每条指令，因此在大多数的指令架构中，对内存中操作数的缓慢访问是不允许的。

3.3.2.3 分支

在 ARM 指令集的分支指令组中，正如所料，其所有的条件指令与其他处理器的分支指令是一样的。在分支指令中，第 24 ~ 27 位是表示指令属于分支指令组的唯一标识（见图 3-9）。L 位用来区分是跳转指令还是调用指令（ARM 术语中称之为 branch-and-link，其中 link 意味着返回地址放在连接寄存器 LR 中，在分支情况下放在 R14 中）。除了指令类型需要 4 位编码以外，还需要 4 位编码条件码，所以只剩下 24 位，这 24 位称为偏移量（offset），它们标明跳转到何处——目的地指令地址将会放在程序计数器中。

由于 ARM 是 32 位处理器，所以其指令字是 32 位宽。但是内存只有一个字节宽度，这样一条指令占用 4 个连续的内存单元。ARM 的设计者要求指令不能随便在某个地址开始，而只能在 4 字节边界处开始，即地址为 0、4、8、12 等，所以偏移量是指 4 字节的块。

92

现在计算机体系结构中通常有两种方式指定跳转地址——绝对地址和相对地址。绝对地址是指完整的内存地址，而相对地址是指从当前位置向前或向后偏移一定数量。随着计算机内存空间变得越来越大，由于单个地址的大容量，指定绝对地址变得效率低下。此外，根据局部性原理（见 4.4.4 节），分支的距离（如从当前指令到分支目的地有多少条指令）通常是相当小的。小分支只需要几个位数来指定相对跳转，而绝对跳转地址总是需要指定为完整地址（实际上在 ARM 中使用了 28 位，因为指令总是在字边界上，如 0x0，0x4，0x8，0xc 等）。

再回到 ARM，跳转地址被称为偏移量，意味着它必须是一个和当前程序计数器中位置相关的跳转。图 3-9 中的分支指令包含 24 位偏移量的空间，可以指示内存中 2^{24} 个字距离（即 64MiB）的跳转范围。当然偏移量必须是有符号数，这样可以向前（如在循环中）和向后跳转，因此跳转范围应该是 ±32MiB。

有限的跳转范围是否成为一种限制？通常不是。尽管代码疯狂地膨胀，甚至在撰写本书时就如此，但单个的程序通常不会超过 64MiB 长度。因此，这可能是 ARM 的设计者们为照顾到指令的绝大多数跳转要求而设置的限制。

然而一个 32 位内存总线允许最多编址 4GiB 的内存空间，这远远大于地址跳转的能力，因此如果需要一个 70MiB 的跳转，该如何实现呢？

在这种情况下，ARM 提供一个分支交换（branch and exchange）指令。用这条指令，目的地址首先被加载到一个寄存器（32 位宽）中，然后这条指令发出命令跳转到该寄存器所保存的这个地址。当然，新的问题又来了，寄存器自己如何加载一个 32 位数呢？3.3.4 节将讨论寻址模式，其中一种是立即数——数值作为指令的一部分被编码。框 3.4 中也讨论了在 MOV 指令中如何加载立即数。

框 3.4　理解 ARM 中的 MOV 指令

和所有 ARM 指令一样，MOV 指令也是 32 位长，其格式如下：

4 位条件码	0	0	1	操作码	S	Rn	Rd	4 位循环次数	8 位立即数

或者

4 位条件码	0	0	0	操作码	S	Rn	Rd	立即数/寄存器移位和 Rm

4 位条件码在所有 ARM 指令中都有，操作码（opcode）定义数据处理类的确切指令，Rn 是第一个操作数寄存器，Rd 是第二个操作数寄存器，通过设置第 25 位为 1 来选择，Rm 是第三个操作数寄存器。我们将主要针对第一种命令格式，这里提供了一个 8 位的立即数和一个 4 位的循环次数（实际的循环次数是给定值的两倍并始终是一个右移的移动，环绕意味着字末尾向右移位的位插入到左端）。其中操作码被指定为 MOV 指令，立即数经过指定次数的循环移位后加载到目的寄存器。下面是几个例子：

```
MOV R5, #0xFF   ;Rd = 5, Rn = 0, rotation = 0, value = 0xFF
MOV R2, #0x10C  ;Rd = 2, Rn = 0, rotation = 15, value = 0x43 (加载值: 0x43>>30)
```

注意：对这些 MOV 指令，Rn 由于没有用到因而总被置 0。

问题：处理器如何将一个寄存器值设为 0xF0FFFFFF？

答案：程序员可能会写成：

```
MOV R0, #0xF0FFFFFF
```

但汇编器可能会发出警告（如提示“立即数的值太大”或类似的信息），因为无论怎样移位，指定的 32 位值也无法放进 8 位寄存器。一些汇编器或有经验的程序员知道将其转换为一个“move NOT”指令：

```
MVN R0, #0x0F000000 ;Rd = 0, Rn = 0, rotation = 4, value = 0x0F (加载值: 0xF>>8)
```

正如你所看到的，尽管指令字段内只能容纳相对较小的立即数，但结合指令的灵活性和移位，实际上可以编码相当大范围的常数。

3.3.2.4　立即数

用 32 位的指令字，不可能传送一个 32 位的常数以及专用条件位、目的寄存器、S 位等信息，因此立即数（编码在指令中的值）必须小于 32 位。

在 ARM 中，立即数通过 MOV 指令（属于数据处理指令组）加载到一个寄存器。立即数可以放到 ARM 指令集（图 3-9）中标为“第二个操作数”的位置，但不是所有的操作数位都用于存放立即数，实际上，只有 8 位用于存放立即数，剩下的 4 位用来指定循环移位次数。

因此，虽然处理器有 32 位的寄存器，但只能加载 8 位数字。但由于有循环移位机制（用 4 位表示循环，可指定向左或向右的 15 个位置），可以获得很大范围的数字，这些数字由一个 8 位立即数循环得到。框 3.4 详细展示了 ARM 处理器中 MOV 指令的位字段，我们可以看到其如何影响指令的灵活性。

许多处理器的工作方式不同。它们通常允许一次加载至少 16 位的立即数，这 16 位是作为指令字的一部分编码的。CISC 处理器常常是可变长度的指令，或者使用两个连续的指令。一个变长指令在加载 8 位常数时可能是 16 位长的，当加载 16 位或 24 位常数时可能是 32 位长的。变长指令要求取指单元非常复杂，因此得到同样结果的更简单方法是使用两条连续的指令。第一条指令可能表示“取下一条指令中的数到寄存器 R2”，因此 IFU 只需直接读取下一个值放到寄存器，而不用再进行译码。这显然意味着某些指令需要两个指令周期完成，从而产生时间代价，尤其是在流水线处理器中（见 5.2 节）。

93～94

以 ARM 处理器为例，尽管有对立即数的限制，但实际上很多常数都可以用一个 8 位值加上移位来编码，所以这并没有成为非常严重的性能瓶颈。ADSP2181 也用类似的方式处理立即数负载，并已经设计为高速单周期操作。

3.3.3 压缩指令集

霍夫曼编码（Huffman encoding）用于提高处理器效率，尤其是在变长指令的处理器中。事实上，稍后我们将看到，类似的方法即使在一个定长的处理器中也可以使用，但这里效率不是我们考虑的主要因素。

霍夫曼编码的基本原理是减少最常用指令的长度而增加最不常用指令的长度，从而使平均指令长度减少。显然，这需要了解指令发生概率的相关知识，然后让表示指令的编码长度与其概率成反比。框 3.5 给出了一个应用霍夫曼编码的指令集设计实例。

应该指出，在现实世界中，相比于平均情况，一个特定的应用可能会出现非常不同的指令概率统计。例如，执行复杂计算的程序比仅对外部事件做出反应的程序具有更多的数据处理指令，再例如将像素“绘制”到存储器中以在屏幕上显示。

框 3.5　霍夫曼编码简介

例如处理器有 5 条指令，为此做了一个 1000 条指令的软件程序的分析，得到各指令发生的次数情况如下：

```
CALL 60, ADD 300, SUB 80, AND 60, MOV 500
```

在该指令集中如果对各种指令的表示采取等长编码，则需要 3 位（因为那样最多允许 7 种可能）。忽略操作数，表示整个程序需要 1000×3 位 = 3000 位。

处理器设计者希望采用霍夫曼编码来减少程序的大小。首先，计算每条指令执行的概率（用每条指令的执行次数除以总次数）：

```
CALL 0.06, ADD 0.3, SUB 0.08, AND 0.06, MOV 0.5
```

接下来，按照概率对它们排序，将最低的两个概率（CALL 和 AND）组合在一起（现在表示为 C/A），并重新排序列表，分别如下：

MOV 0.5	MOV 0.5
ADD 0.3	ADD 0.3
SUB 0.08	**C/A** 0.12
CALL 0.06	SUB 0.08
AND 0.06	

95

重复这个过程，直到只留下两个选项：

MOV 0.5	MOV 0.5	MOV 0.5	MOV 0.5
ADD 0.3	ADD 0.3	ADD 0.3	**C/A/S/A** 0.5
SUB 0.08	**C/A** 0.12	**C/A/S** 0.2	
CALL 0.06	SUB 0.08		
AND 0.06			

接下来，从右向左遍历这棵树，对每一列最下面的两项进行编号，将上面的指定为二进制“1”，下面的指定为二进制“0”，必须在遍历过程中将这些数字记录下来，其他的列项只需简单地跟左边一样即可，不需要多写，直到到达左边的原始指令则停止。

例如最右边的列，“1”表示 MOV，“0”表示 CALL/AND/SUB/ADD 中的任何一个；向左，现在“01”表示 ADD，而“00”是 CALL/AND/SUB 的前缀；下一列，“001”表示 CALL 或 AND，“000”表示 SUB。写下这些可以得到：MOV 是“1”，ADD 是“01”，SUB 是“000”，CALL 是“0011”以及 AND 是“0010”。如果我们关注每种操作使用的位数，会发现最常用的指令（MOV）只用一位表示，而最不常用的指令（AND）需要 4 位，因此这种编码方法看起来在用较少位数表示最常用指令方面是有效的。利用原始的每种操作的发生次数和霍夫曼指令位数，我们可以计算新的程序大小：

$$(500 \times 1) + (300 \times 2) + (80 \times 3) + (60 \times 4) + (60 \times 4) = 1820$$

这显然小于固定 3 位表示法所用的 3000 位。

多数 ARM 处理器包含另一种 16 位指令集，称为 Thumb 或 Thumb-2。该设计是为了提高代码密度，特别是提高需要相对简单的处理的嵌入式应用程序的代码密度。但是请注意，即使给定内存的大小可以支持两倍的 Thumb 指令，相比于 32 位 ARM 指令，平均来讲，实现和译码后所映射的底层 ARM 指令相同的功能也需要更多的 Thumb 指令（这主要是因为供选择的不同 Thumb 指令较少，或者可能是因为 ARM 模式是先开发的）。这种 Thumb 模式的效率主要是通过减少从外部存储器获取的带宽（位/秒）而不是通过内部 CPU 的加速来获得的。

ARM 工程师设计 Thumb 指令集的过程是值得注意的，因为他们使用了类似于霍夫曼编码的方法。ARM 工程师考察了一个应用程序代码实例的数据库，并计算出每个指令的使用次数，只有最常见的指令才会出现在 Thumb 模式中。在固定的 16 位指令字里面，用于表示指令的二进制编码是基于其他操作数所需位数的长度编码。

96

Thumb 指令集的一些特点如下：

- 只有一个条件指令（偏移量跳转）。
- 没有“S”标志位，多数 Thumb 指令自动更新条件标志。
- 目的寄存器通常和源寄存器是一个（在 ARM 模式中，目的和源通常是分开指定的）。
- 所有的指令都是 16 位的（但寄存器和内部总线宽度还是 32 位）。
- 立即数的寻址方式和偏移地址非常受限。
- 多数指令只能访问（16 位寄存器中的）低 8 位寄存器。

Thumb 指令集的复杂程度远远超过 ARM 指令集，尽管其译码过程（从 Thumb 指令被从内存中取出到 ARM 指令准备好在处理器中执行）是自动完成，并且速度很快。下面是指令的一些例子：

16 位二进制指令位模式			指令名称	举例
1101	条件（4 位）	偏移量（8 位）	条件分支	BLT loop
11100	偏移量（11 位）		分支	B main
01001	目的寄存器（4 位）	偏移量（8 位）	读内存中的数据到寄存器	LDR R3,[PC,#10]
101100001	立即数（7 位）		堆栈加法	ADD SP,SP,#23

从这些例子可以看到，少数的几个最高位表示指令，实际上整个指令集的这个长度范围是

从 3 位到 9 位。在所示的 ADD 指令中，在其上操作的寄存器是固定的：只能和堆栈相加——几乎所有指令均可在任何寄存器上操作这种 ARM 指令集的灵活性和规律性丢失了——这是考虑到了软件中最常用的操作。

应该指出一点，Thumb 指令集是 16 位宽，当到外部存储器的接口是 16 位时它才真正处于最佳状态，在这种情况下，每个 ARM 指令需要两个内存周期来读取（导致处理器只能以其最高速度的一半运行），而 Thumb 代码可以全速执行。

3.3.4 寻址模式

寻址模式描述了确定指令中操作数的不同方法。有许多种操作指令，它们可能不含操作数，可能含一个操作数，或者两个、三个操作数。特殊情况下也有超过三个操作数的指令。多数现代处理器中常见的非零操作数的例子如下：

97

类型	例子	操作数
单操作数	B address	地址可能是直接给出的，可能是一个距离当前位置的偏移量，也可能是一个存储在寄存器/内存位置中的地址
双操作数	NOT destination, Source	目的或源操作数可能是寄存器、内存地址或由寄存器指定的内存地址。源操作数还可能是一个立即数
三操作数	ADD destination, source, source	目的或源操作数可能是寄存器、内存地址或由寄存器指定的内存地址。源操作数还可能是一个立即数

当然，并非所有可能的操作数类型都适用于所有的指令，在某些处理器中有些操作数还不能使用（例如 RISC 处理器的 load-store，通常限制算术运算指令的操作数是寄存器，而在 CISC 处理器中它们可以存储在内存中或其他地方）。最后一点需要注意的是上面例子中的后两个，假设其第一个操作数是目的数——对于 ARM 汇编语言即如此，但对其他一些处理器则相反（见 3.2.7 节）。这可能是对不同处理器编写汇编代码时引起混淆的真正原因（也是计算机体系结构讲师/作者的职业风险所在）。

术语寻址模式（addressing mode）指加载或存储时地址的表示方式，使用一种或几种不同的技术。下表列出了常用的寻址模式，以 ARM 风格的汇编语言为例（虽然应该指出 PUSH 不存在于 ARM 指令集中，只在 Thumb 中才有）。

名称	举例	解释含义
立即数寻址	MOV R0, **#0x1000**	传送十六进制值 0x1000 到寄存器 R0
绝对寻址	LDR R0, **#0x20**	加载内存地址为 0x20 处的内容到 R0
寄存器直接寻址	NOT R0, **R1**	将 R1 中的内容取反并存储到 R0 中
寄存器间接寻址	LDR R0, [**R1**]	如果 R1 中有值 0x123，那么取出内存中 0x123 位置的内容并放入 R0
堆栈寻址	PUSH R0	在这种情况下，R0 中的内容被入栈（假设只有一个堆栈）

如下扩展和组合的基本思路也很常见。ARM 风格的汇编程序因为易于简化说明而再次得到使用（但应该注意，ARM 不支持指令 LDR R0, [R1, R2, #3]，它可以处理寄存器间接寻址、索引和偏移寻址，但是不能同时完成这些）。

98

名称	举例	在 R1 = 1 & R2 = 2 时
寄存器相对间接寻址	LDR R0, [**R1, #5**]	第二个操作数的内存地址为 1 + 5 = 6
基址加变址寄存器间接寻址	STR R0, [**R1, R2**]	第二个操作数的内存地址为 1 + 2 = 3
相对基址加变址寄存器间接寻址	LDR R0, [**R1, R2, #3**]	第二个操作数的内存地址为 1 + 2 + 3 = 6
寄存器移位间接寻址	STR R0, [**R1, R2, LSL #2**]	第二个操作数的内存地址为 1 + (2 << 2) = 9

各种处理器，包括 ARM 和 ADSP2181，还提供一种自动方式以便在寄存器被用作偏移地址后对它们进行更新。例如，用立即数偏移的寄存器间接访问，在偏移量加完之后会更新这个寄存器。如下面的例子所示，其中 R1 = 0x22：

```
LDR R0, [R1], #5        将内存地址22处的内容加载到R0中，
                        然后设置R1=0x22+0x5=0x27
LDR R0, [R1, #5]!       设置R1=0x22+0x5=0x27，然后把内存
                        地址27处的内容加载到R0中
```

注意，我们并不想在这里教大家 ARM 指令集的细节，只是以此作为底层寻址技术的辅助教学。[⊖]

分析这些局限性使得 CPU 的设计者必须在处理器中提供某些层次的功能——除了关注指令集之外，没什么更能揭示这些限制，在这方面 CISC 处理器更有意思。下面给出了一些例子，假设有一个 CISC 处理器，主存地址 mA、mB 和 mC 用于绝对操作数存储，还有一个 RISC 处理器，其中寄存器 R0、R1 和 R2 用于寄存器直接寻址：

- **CISC 处理器**：`ADD mA, mB, mC ; mA = mB + mC`

  这里，一旦 CPU 读取了指令并进行译码，它必须进一步读取存储了操作数值 mB 和 mC 的两个内存地址的数据，这可能需要两个内存总线周期。然后这些值被内部总线传送到 ALU（由于是顺序进行的，因此只需要一组总线）。一旦 ALU 计算出结果，则结果通过总线传送到内存接口，以写回到主存中 mA 的位置。

  该指令的开销除了 ALU 的运算时间之外，还有三个外部存储周期。外部存储周期通常远远慢于内部 ALU 操作，所以这显然是一个瓶颈。只需要在处理器中配备一个内部总线即可解决这一问题。

  99

  指令字中必须包含三个绝对地址。对 32 位内存，等于 96 位，构成一个很长的指令字。这可以通过偏移量或相对地址来缩减位数，但对 32 位来说可能仍然太长了。

- **RISC 处理器**：`ADD R0, R1, R2 ; R0 = R1 + R2`

  现在用寄存器来完成同样的操作。所有操作数的值都已经在 CPU 内部，这意味着可以快速地访问它们。一旦指令被读取并译码，寄存器 R1 将驱动一个内部操作数总线，同时寄存器 R2 驱动另一个内部操作数总线。因此在一个很快的内部总线周期内，两个操作数都被送到 ALU。一旦 ALU 计算完结果，一个内部结果总线将获得该值。R0 将会监听这个总线，在适当的时候，从该总线上锁存结果值。

  指令的开销除了 ALU 的运算时间外，还有两个快速内部总线周期。在我们讲述的例子中，CPU 必须包含三条内部总线：两条用于同时传送操作数，一条用于收集结果。其他类似的安排也是有可能的。

  指令字需要包含三个寄存器值，然而，对一个有 32 个寄存器的寄存器组来说，只需要 5 位即可指定每个寄存器，因此总共需要 15 位。这很容易将操作编码在 32 位宽的指令中。

- **CISC 处理器**：`ADD mA, mB ; mA = mA + mB`

  类似于第一个例子，CPU 必须读取存储了操作数值的两个外部存储位置，需要两个内存总线周期，也需要将结果传送回内存，因此执行时间没有变。

  但是，这次指令字只需要包含两个绝对地址而不是三个。这在实际系统中是可行的，尤其是在第一个操作数用绝对地址而第二个用偏移量的情况下。

⊖ 建议那些想要了解 ARM 指令集的读者参考 *ARM System Architecture* 这本书，作者是 Steve Furber（ARM 处理器的发明者之一）。

- **CISC 处理器**：`ADD mB ; ACC = mB + ACC`

  20 世纪 80 年代及更早的 CISC 处理器通常使用的是累加器。它们是通用寄存器（寄存器组的前身），被用作存储所有算术和数据处理操作的操作数，以及保存这些操作的结果。另一个操作数几乎总是来自内存中的一个绝对值。本例中，指令需要在加法之前从内存加载一个值，因此涉及一个外部存储总线周期。

  指令字只需要包含一个内存绝对地址，这可以通过加载一个包含该地址的第二个指令字来实现（因此在指令执行前需要先读取两条指令）。

- **堆栈处理器**：`ADD`

  这是一个特殊情况（将会在下一节进一步讨论），CPU 弹出栈顶两个数，相加后再将结果入栈。这需要访问栈，如果栈是一个内部存储块，访问会很快，但栈更多的是位于片外存储上。使用堆栈方法的主要好处是指令不再需要编码任何内存地址。从理论上说，这可以得到一个非常小的指令宽度。

100

3.3.5 堆栈机和逆波兰表示法

人们通常采用中缀表示法表示一个写在纸上的运算（如 $a+b\div c$），其中公认的运算符优先级[⊖]（可以通过使用括号改变）决定了各种运算执行的顺序。波兰表示法（注意不是*逆*波兰表示法）是由波兰数学家 Jan Lukasiewicz 在 20 世纪 20 年代发明的，将运算符放在操作数的前面，因此是一个*前缀*表示法。通过这种方式指定操作数，运算符优先级则不重要了，因此不再需要括号。

相反，逆波兰表示法（RPN）是一个*后缀*表示法，等式的顺序即完全定义了优先级。这是在 20 世纪 50～60 年代，为辅助基于堆栈体系结构的工作而创造的。它后来被两代 HP 电子计算器用户引进。

RPN 的一个例子如 $bc\div a+$，其中操作数 b 和 c 先给出，且随后是相除的命令并保存结果。然后操作数 a 被加载，并跟随一个加法命令，把前面的结果加到 a 上，并将新的结果存储在某个地方。以下是更多的例子。

中缀	后缀	中缀	后缀
$a\times b$	$ab\times$	$(109-10)\div 9$	$109,\ 10-9\div$
$a+b-c$	$ab+c-$	$(0x1000\times 2)+0x20$	$0x1000,\ 2\times 0x20+$
$(a+b)\div c$	$ab+c\div$		

考虑这几个操作，显然使用堆栈是执行 RPN 运算的一个有效方式。这种情况下，一个堆栈是一个存储设备，有单一的入口/出口。数字可以被推入堆栈的“顶”部，再从“顶”部弹出去。这是一种后进先出（LIFO）结构。

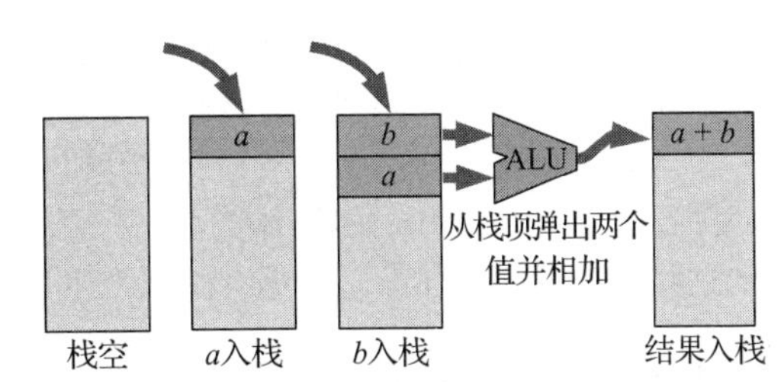

图 3-12 堆栈处理过程示意：两个操作数按顺序入栈，操作数出栈，ALU 执行运算，计算两个数的和并将结果入栈

图 3-12 显示了一个用堆栈运行 $ab+$ 的例子，从左向右读。需要注意的是，每个步骤只有一次入栈（在基于堆栈的处理器中每一步可能需要一个周期），尽管弹出的数字个数由该

⊖ 许多读者可能还记得，在小学学算术时，为了辅助记忆优先级所学的 BODMAS 缩写。BODMAS 代表：括号（Bracket）、级数（Order，即幂和平方根）、除法（Division）、乘法（Multiplication）、加法（Addition）和减法（Subtraction）。见 http://www.malton.n-yorks.sch.uk/MathsWeb/reference/bodmas.html。

操作所需的操作数个数决定。例如，ADD 需要两个操作数，因此通过两次 POP 操作将操作数加载到 ALU。每个运算操作的结果被推回栈顶。

考虑用这样一个堆栈机去执行一个复杂程序任务会很有趣。对简单操作看起来似乎有效，101 但有时，堆栈经过一系列操作后的最终状态可能是在栈顶没有得到正确的结果。这可能是由多任务或中断服务例程引起的。必须有一个堆栈重新排序的方式，如将数据项弹出栈并存储到主存，再以不同的顺序将它们推入栈。这可能是一个非常耗时的过程，会严重影响堆栈机的整体性能。这一过程也在框 3.6 中进行了讨论，重新排序以尽量缩减堆栈的使用。

框 3.6 重编码 RPN 指令以缩减堆栈空间

考虑中缀表达式 $a+(b\times c)$，由于加法顺序对最终结果并不重要，因此该表达式也可以写成 $(b\times c)+a$。

对每个表达式，写下其后缀表达式，并写出执行需要的堆栈操作顺序。考虑每个表达式的堆栈使用情况。

应当明确，表达式的一种写法使用的最大堆栈深度是 3 层位置，而另一种写法使用的堆栈深度只有 2 层位置。

看来，后缀表达式的顺序可以显著影响所需的堆栈资源（因此也是硬件资源），尽管这并不会改变整个计算所需的步骤数。

并非所有的中缀表达式都对顺序不敏感，加法和乘法可以，但除法和减法是绝对不行的。

3.4 数据处理

到目前为止，本章一直在讨论 CPU 基础——什么是计算机和计算机的组成。我们已经提到了指令和程序等。作为其中的一部分，3.3 节讲述的是指令处理，包括一些变量以及寻址方式等重要子课题。

后面的 3.5 节将从自顶向下的角度去看计算机。然而，在高层次总览和低层次细节这两个102 极端之间，有一个哲学问题，那就是计算机的目的是什么。我们可以借用“黑匣子”（black box）[⊖]来举例，从黑匣子的角度，我们把计算机看作这样一个事物：它修改一些输入数据，产生一些输出数据。

输入数据和输出数据都有很多种形式：指令、知识、传感器采集的数据、多媒体等。对于某些系统，输入数据可能是由某个单一触发事件组成，输出数据可能是由一些驱动器开关执行信号组成。在控制系统中就是这样的，它通常是因为实时处理数据（实时问题将在 6.4 节深入讨论）的需求而执行的。某些系统是数据密集型的——输入或者输出由稠密的数据流组成，比如数字音频或者视频，这些系统也需要实时处理。然而，大部分的计算机系统都是通用机器，它既能够执行控制也能够执行数据处理任务，很少涉及实时问题。

这里我们讨论的主题是数据：计算机处理数据，无论它是一个一位触发器，有非常严格的时序要求，还是 1TB 的多媒体数据，只需要几分钟的时间来完成数据处理。本节将讲述计算机的这些重要内容：什么是数据？如何产生、存储和处理数据？

3.4.1 数据的格式和表达

在 2.3 节我们已经讨论了一般的数字格式，包括和计算机最相关的（无符号二进制数、补码等）。无论使用的是哪种格式，数的宽度——由一个数占用的位数——能够由计算机体系结构设计人员进行调整，或者增加所能存储数据的最大绝对值，或者增加其精度。通常情况下，

⊖ “黑匣子”通常用于描述一个功能模块，它只根据该模块的输入和输出给出定义。它不关心模块内部是怎样的，只要给定正确的输入就能够产生正确的输出。

因为计算机是基于字节的，所以数的位宽是 8 的倍数。

大多数 CPU 有一个默认大小的数据格式，这是由内部总线的宽度决定的，例如，在老的 6502 处理器上是字节宽，在 ARM 上是 32 位宽。尽管 ARM 也可以处理字节和 16 位的半字，但它以 32 位的方式访问主存（假设以 32 位的总线连接内存，并且是在 ARM 模式下而非 Thumb 模式下进行操作），因此处理 32 位的值并不比处理字节慢。在 ARM 中，寄存器、内存单元、大多数操作数等都是 32 位宽。

程序员通常采用像 C 或者 Java 这样的高级语言来处理内存或寄存器中的数据。尽管某些编程语言严格按照该语言所提供的数据类型来定义数据格式，但在 C 语言中并非如此，只是定义一个字节时总是指 8 位宽。

通常情况下，虽然实际上是由所使用的特定 C 编译器决定，但与整型数据类型相匹配的是处理器的默认位宽，即 16 位宽或以上。因此，在 16 位机器上的整型数通常会是一个 16 位数，在 32 位机器上往往是 32 位宽，而在 64 位机器上往往是 64 位宽。

程序员应注意：如果想编写可移植代码，请确定没有对整型、短整型数等的确切大小做出任何假设。表 3-1 给出了 gcc 编译器针对不同的目标处理器时几种数据类型的宽度[㊀]。一些原始的 C 语言数据类型的性质的不断变化，导致许多开发人员采用特定长度的数据类型，这在框 3.7中给出了进一步说明。

103

表 3-1　从 8 位 CPU 到 64 位 CPU，比较其上的 C 编程语言数据类型的数据宽度。注意不同处理器之间哪些数据类型的大小发生变化，而其他保持不变。对于一个特定的实现，数据宽度通常通过在配置头文件 types. h 中定义最大和最小的具有代表性的数来实现。还要注意，其字节顺序在大小尾端处理器上也会不同（见 2. 2 节）

C 语言数据类型	8 位 CPU	16 位 CPU	32 位 CPU	64 位 CPU
char	8	8	8	8
byte	8	8	8	8
short	16	16	16	16
int	16	16	32	64
long int	32	32	32	64
long long int	64	64	64	64
float	32	32	32	32
double	64	64	64	64
long double	由具体编译器决定——可能是 128、96、80 或 64 位宽			

有经验的程序员会知道，C 编程语言中的任何整数数据类型（即表 3-1 中前 6 行）可以被指定为有符号或无符号。默认（如果没有指定）的数据类型是有符号补码。

long int 和 long long int 也可分别被定义为 long 和 long long。除了最大的机器外，在所有机器中，这两种类型都需要多个内存位置进行存储。

char 类型通常使用 7 位的有效值，遵守 ASCII 标准（美国标准信息交换代码），如表 3-2 所示。任何一个最高位被置位的字符（即一个第 8 位非零的字符）将被看作一个扩展的 ASCII 字符（未在表中列出的 ASCII 字符）。有趣的是，低于十进制数 32（space）的字符和包括十进制数 127（delete）的字符是非打印字符，具有最初为电传终端所定义的特殊值。例如，ASCII 字符 8（即“\b”）是响铃字符，输出时将导致一个“哔”声。简单在网上搜索一下，可以很容易地找到其他特殊的 ASCII 字符的含义。

㊀ 注意某些编译器的实现会有所不同，可能不符合 ISO 或 ANSI C 语言规范。

表 3-2　7 位 ASCII 表，表中列出了字符（或非打印字符的名称/标识符）以及十进制和十六进制代码表示

Char	Dec	Hex	Char	Dec	Hex	Char	Dec	Hex	Char	Dec	Hex
\0	0	0x00	(spc)	32	0x20	@	64	0x40	`	96	0x60
(soh)	1	0x01	!	33	0x21	A	65	0x41	a	97	0x61
(stx)	2	0x02	″	34	0x22	B	66	0x42	b	98	0x62
(etx)	3	0x03	#	35	0x23	C	67	0x43	c	99	0x63
(eot)	4	0x04	$	36	0x24	D	68	0x44	d	100	0x64
(enq)	5	0x05	%	37	0x25	E	69	0x45	e	101	0x65
(ack)	6	0x06	&	38	0x26	F	70	0x46	f	102	0x66
\a	7	0x07	′	39	0x27	G	71	0x47	g	103	0x67
\b	8	0x08	(	40	0x28	H	72	0x48	h	104	0x68
\t	9	0x09	)	41	0x29	I	73	0x49	i	105	0x69
\n	10	0x0a	*	42	0x2a	J	74	0x4a	j	106	0x6a
(vt)	11	0x0b	+	43	0x2b	K	75	0x4b	k	107	0x6b
\f	12	0x0c	′	44	0x2c	L	76	0x4c	l	108	0x6c
\r	13	0x0d	–	45	0x2d	M	77	0x4d	m	109	0x6d
(so)	14	0x0e	.	46	0x2e	N	78	0x4e	n	110	0x6e
(si)	15	0x0f	/	47	0x2f	O	79	0x4f	o	111	0x6f
(dle)	16	0x10	0	48	0x30	P	80	0x50	p	112	0x70
(dc1)	17	0x11	1	49	0x31	Q	81	0x51	q	113	0x71
(dc2)	18	0x12	2	50	0x32	R	82	0x52	r	114	0x72
(dc3)	19	0x13	3	51	0x33	S	83	0x53	s	115	0x73
(dc4)	20	0x14	4	52	0x34	T	84	0x54	t	116	0x74
(nak)	21	0x15	5	53	0x35	U	85	0x55	u	117	0x75
(syn)	22	0x16	6	54	0x36	V	86	0x56	v	118	0x76
(etb)	23	0x17	7	55	0x37	W	87	0x57	w	119	0x77
(can)	24	0x18	8	56	0x38	X	88	0x58	x	120	0x78
(em)	25	0x19	9	57	0x39	Y	89	0x59	y	121	0x79
(sub)	26	0x1a	:	58	0x3a	Z	90	0x5a	z	122	0x7a
(esc)	27	0x1b	;	59	0x3b	[	91	0x5b	{	123	0x7b
(fs)	28	0x1c	<	60	0x3c	\	92	0x5c	|	124	0x7c
(gs)	29	0x1d	=	61	0x3d	]	93	0x5d	}	125	0x7d
(rs)	30	0x1e	>	62	0x3e	^	94	0x5e	~	126	0x7e
(us)	31	0x1f	?	63	0x3f	–	95	0x5f	(del)	127	0x7f

当使用计算机的用户以英语为母语时，ASCII 码的作用非常明显，但对于使用其他语言的用户则不是特别有用。因此，人们多年来一直付出巨大的努力希望可以为其他语言定义不同的字符编码。也许最终极的挑战是汉语，它拥有近 13 000 个象形字（独立符号）：很明显用一个 8 位的数据类型是不可能将汉字编码的。在过去的 20 年已经出现过许多解决方案，其中大部分使用两个或两个以上的连续字节来保存单个字符，目前成为事实标准的编码称为 Unicode，这种方式采用完全不同的风格，但它可以使用最多 4 个连续字节对绝大多数的字符编码，其中包括汉语、日语、韩语等。

框 3.7 嵌入式系统的数据类型

虽然用 C 或 C++ 语言编写的程序通常使用如表 3-1 所示的标准数据类型，但当移植代码时还是可能会造成混乱。如果程序员对一个特定数据类型的大小做了一个隐含的假设，那么在另外的处理器上编译时，这种假设可能不再正确。

在 gcc 编译器被广泛采用之前，这种情况实际上更糟——许多编译器有自己的编译模式，比如“大内存模式”和“小内存模式”，这可能会导致表示变量的位宽不同（尽管 gcc 可以在某些特殊的情况下改变这一点）。在嵌入式系统中，其目标机器可能不同于主汇编机，因此交叉编译格外重要，以确保在主机上测试过的所有代码也能够在目标机器上执行。

104

为了实现这样的目标，并保持对不同数据类型的限制，也许最简单的方式是在声明变量时直接指定每个类型的大小。在 C99 编程语言（发布于 1999 年的 C 正式版）中，这些已在 <stdint. h> 头文件中为我们定义好了。

大小	有符号	无符号	大小	有符号	无符号
8	int8_t	uint8_t	32	int32_t	uint32_t
16	int16_t	uint16_t	64	int64_t	uint64_t

64 位的定义（以及其他不常见的位宽，如 24 位）可能存在于某个特定的处理器实现。当然，如果它存在，就会占用给定的位宽，但除此之外这些都是可选的，所以对于一些机器，编译器将只支持主流的 8 位、16 位和 32 位的定义。比起那些写台式机软件的编程员，嵌入式系统的编码人员往往更多地遇到这些较安全的类型声明。笔者鼓励嵌入式系统的开发人员如有可能尽量使用指定宽度的数据类型，以避免以后可能出现的移植困难。

虽然这种编码系统的细节已经超出了本书的范围，但其影响还是要提一下：早期的计算机是字节宽的，自然能够处理字节大小的 ASCII 字符。现在，它需要一个 32 位的机器，在一个单一的操作中处理 4 字节的 Unicode 字符。同样，早期的接口也是基于字节的，如 PC 的并行端口和串行端口（见第 6 章）。内存访问也常常是基于字节的。有人认为，对于简单计数和文本处理来说，字节是一个便于处理的宽度。然而，这种说法在许多情况下不再适用。对非英文字母的系统而言，一个字节宽的处理系统只是一个历史而已。

105 ~ 106

有关数据的大小，最后一点需要注意的是 float 和 double 类型的一致性。这种一致性得益于 IEEE754 标准的普及，以及事实上大多数的硬件浮点单元都符合标准（这一点将在 4.6 节解释）。

3.4.2 数据流

仍然采用黑匣子的观点，一台计算机需要输入、处理，并产生输出。显然，对这些数据的实时性、数量、质量等方面的要求非常重要。

当今的计算机，尤其是许多消费类嵌入式电子系统，大量是以用户为中心。这意味着，输入或者输出需要与人交互。某些数据也相当庞大（如视频、音频等）。总线宽度需要按照数据的流量来确定（其中总线我们会在 6.1 节更充分地讨论），并且系统也应考虑人的需求。例如，相较于连续的错误（噪声），人类的感觉器官往往对突然的中断更为敏感。通常情况下，当听者用 CD 播放机听音乐时，漏音比听有嘈杂背景的声音更加让人恼火。对于视频也一样，跳帧比看稍微有噪声的画面更恼人。

大多数重要的实时问题将在 6.4 节探讨。然而，在这一点上，我们需要强调的是，计算机体系结构的设计者应牢记，他们设计的系统将会用在什么地方。嵌入式计算机体系结构设计者可能具有的优势是，他们的系统更灵活、更通用，因而能更好地满足用户。不幸的是，他们也有许多劣势，诸如对系统规模、成本和功耗的限制更严格，因此需要更精细的权衡取舍设计。

从技术上讲，计算机中数据流途经的通路称为总线。这个数据可能来自外部设备或某种形式的数据存储，在 CPU 或协处理器上以某种方式得到处理，然后同样输出到另一个外部设备或数据存储。

3.4.3　数据存储

存储层次结构图 3-1 突出显示了在存储架构方面嵌入式系统和典型的台式机/服务器系统之间的差异：除了 NAS（网络附加存储）设备等，在嵌入式系统中的数据存储通常是基于闪存的，而在台式机系统中，它往往存储在硬盘驱动器（HDD）或固态驱动器（伪装成 HDD 的 SSD 闪存）中，用于中期存储，或存储在磁带/CDROM 或 DVD 中，用于备份存储。

107

计算机“内”的数据是存储在 RAM、高速缓存存储器、寄存器等设备内部的。从程序员的角度来看，它是存储在寄存器或者主存（因为高速缓存通常对程序员是不可见的）上。数据从外部设备或者硬盘通过总线（见 6.1 节）进入内存，这些数据传输或者按字节或字单次传送，或者按照突发模式，或者采用直接内存访问方式（有关 DMA 的内容见 6.1.2 节）。大量数据存储在内存页中，由内存管理单元（见 4.3 节）处理，少量可能存在于固定变量区或系统堆栈中。由于嵌入式系统通常使用并行总线连接闪存设备，因此这种系统中的数据已经可以被主处理器直接访问，从而将这些数据看作已经在计算机“内部”。

数据从内存调入 CPU 进行处理，同样可能按单次模式传输或整块传输。对于 load-store 机器（见 3.2.3 节），待处理的数据必须首先被加载到各个寄存器，因为所有的处理操作只从寄存器获取输入数据，且只输出到寄存器。有些专用机器（如向量处理器）可以直接处理数据块，有些机器有专门的协处理单元，可以直接访问内存，而不需要 CPU 来处理内存数据的加载和存储。

3.4.4　内部数据

编译 C 代码时，由编译器决定如何处理程序变量。有些变量（通常是最经常访问的变量），当它们正在被访问的时候是放在寄存器中的。然而，大多数处理器没有足够多的寄存器，所以只有极少的变量会存放在寄存器中。

在整个程序执行过程中，会为全局变量（在程序执行过程中仍然可以访问的量）指定一个专门的内存地址，而其他性质的变量则存储在内存堆栈中。这意味着，当一个程序包含如“`index++`”这样的声明时，其中 `index` 是一个局部变量，编译器认为其不能保留在寄存器中时，编译器会为该变量在堆栈中提供一个位置。在 load-store 机器上该语句执行的伪代码指令如下：

1）将特定堆栈偏移量中的对应于变量 `index` 的数据项加载到寄存器中。

2）将该寄存器中存储的值加 1。

3）保存寄存器的内容到刚才从中读取数据的堆栈偏移位置。

如果后续有一个对变量 `index` 的判断（例如，`if index>100 then...`），编译器就知道 `index` 已经位于某个寄存器之中，因此在随后的比较和判断中它会重新使用该寄存器。有些变量，正如我们所提到的，在整个计算过程中都可以保留在寄存器中。这取决于有多少寄存器可用、总共有多少变量以及对变量的访问频率如何。

实际上，程序员几乎无法控制哪些变量应存储在寄存器中，哪些要保存在一个堆栈中，尽管 C 编程语言中有 `register` 关键字可以要求编译器尽可能将变量保存在寄存器中。例如，如果我们想保存 `index` 在寄存器中（如果可能），我们会如下声明 `index`：

108

```
register int index=0;
```

泄漏代码（spill code）得名于少数机器代码指令，执行这些指令时编译器会在程序中增加在存储器和寄存器之间存取变量的操作。由于内存访问远远慢于寄存器访问，因此泄漏代码不仅会轻微增加程序的大小，而且对执行速度也有不利影响。长期以来，尽量减少泄漏代码一直是编译器研究人员和计算机体系结构设计者的目标。

3.4.5　数据处理

两个 8 位的整数相加，在一个 8 位处理器上通常是一件简单的事，在 32 位处理器上执行两个 8 位整数相加也相对比较简单[㊀]，因为二者的算术运算可以用一条单一的指令执行。

这种单一的指令通常很容易由硬件完成：从寄存器将两个操作数送给 ALU，然后将结果传送回另一个寄存器。

当用一个更小的处理器处理更大的数，并且是更复杂的处理时，情况会变得更有趣。让我们依次考虑三种可能性：操作数大于处理器的宽度、在一个定点 CPU 上处理浮点数以及复数的情况。

3.4.5.1　在小位宽 CPU 上处理大位宽数字

由于 C 编程语言可以定义 32 位甚至 64 位的数据类型，因此，任何服务于 8 位、16 位甚至 32 位 CPU 的 C 编译器必须能够支持比处理器的设计宽度更大的算术和逻辑运算。绝大多数计算机语言都是如此，无论是编译还是解释。

首先请注意，许多处理器具有指定的数据总线宽度，实际上却支持更高精度的算术运算。例如，大多数 ARM 处理器能够执行两个 32 位数的乘法。我们知道，这种操作的结果的最大规模可能是 64 位。ARM 中原始的乘法器可能只允许将结果的低 32 位存储到目标寄存器。然而，在新的 ARM 处理器上，一个“长乘法”指令允许将完整的 64 位结果存储到两个 32 位的目标寄存器中。由此可见，存储结果的操作将需要两倍长的时间来完成（但相较使用其他方法来确定高 32 位，这种方法仍节省了很多时间）。

我们来看一下在一个没有“长”乘法指令的 ARM 处理器上，如何执行 64 位乘法（请注意，这未必是完成这件事的最快方式）：

109

1）加载操作数 1 的低 16 位到 `R1`。

2）加载操作数 1 的高 16 位到 `R2`。

3）加载操作数 2 的低 16 位到 `R3`。

4）加载操作数 2 的高 16 位到 `R4`。

5）`R0 = R1 × R3`。

6）`R0 = R0 + (R2 × R3) << 16`。

7）`R0 = R0 + (R1 × R4) << 16`。

8）`R0 = R0 + (R2 × R4) << 32`。

在图 3-13 中进行了解释说明，其中数据载入被看作设置阶段，乘法和加法运算作为操作阶段。在操作阶段，需要进行 4 个乘法、3 个移位和 3 个加法，从而得到计算结果。

这里明确的信息是，缺乏一个单独的“长”乘法指令意味着将采用一些额外的操作来代替，并可能用到额外的寄存器。当然，也有比这更快或开销较低的方法，在某些情况下也可以实现。然而，对于通用乘法没有什么比使用一个专有指令更好。

较长数据的逻辑运算很简单：拆分操作数，对拆分后的每一部分分别进行逻辑运算，然后再把结果重新拼在一起即可。这是因为在二进制字中每一位的逻辑运算结果并不影响其相邻位的运算结果。

㊀ 注意将 8 位值放到 32 位寄存器中时需要先进行符号扩展（见 2.3.8 节），否则在 ALU 中负数的补码会产生错误。

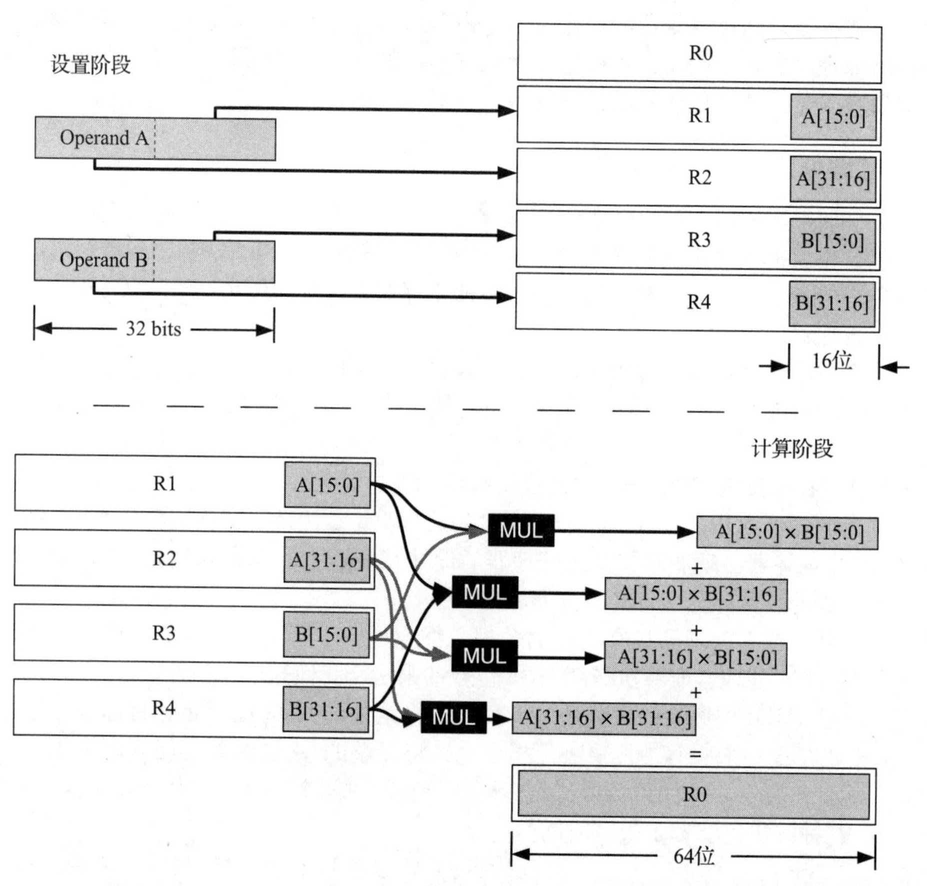

图 3-13 本框图阐明了执行一个 32 位 × 32 位 = 64 位乘法，其多步骤程序执行时所需的设置阶段和计算阶段，所使用的乘法器硬件只能够返回 32 位的结果（即 16 位 × 16 位 = 32 位的硬件）

算术运算比逻辑运算复杂（但比乘法或除法简单）。算术运算的问题是溢出：两个 16 位数字相加的结果可能是 17 位。因此，当对拆分的数字相加时必须考虑到额外的位（即进位）。通常情况下，会先计算低字节部分，然后将进位加到高字节部分的计算结果中。

3.4.5.2 定点 CPU 上的浮点数

我们已经在 2.8 节讨论了浮点数，并在 2.9 节中讨论了浮点数处理。大部分情况下，当我们在计算机体系结构中讨论“浮点”时，指的是符合 IEEE754 标准的浮点数。事实上，大多数硬件浮点单元也是按照 IEEE754 标准实现的。

没有浮点运算能力的处理器，要么依赖于编译器的支持，把每个 C 程序中的浮点运算转化为更慢的定点运算子程序，要么编译成浮点机器代码指令，然后由处理器通过捕获（trap）执行。这种捕获在效果上表现为一个中断触发，由收到一个处理器不能处理的指令而触发。然后由中断服务程序负责执行特定的浮点运算，直到返回正常执行位置，中断服务程序也是采用定点代码完成。这就是所谓的浮点仿真（FPE），我们将在 4.6.1 节进一步研究。第一种方法只适用于程序员知道在编译的时候 FPU 是否存在的情况，所以可能不适合通用的软件，如在个人计算机上。

当一个系统中不包含硬件 FPU 时，用 FPE（或编译器）替代可能不会实现完整的 IEEE754 标准，因为全部实现将使得速度相当缓慢。因此，代码最终将可能没有程序员预期的那样准确（也慢了很多）。

让我们回过头来看2.9.1节和2.9.2节，我们已经讨论了浮点数的加法/减法和乘法：加法/减法的过程中需要一个规格化的流程，而乘法过程中只需要直接计算，尽管包含几个子计算。如2.9.2节中的简单乘法：

$$(A \times B^{C}) \times (D \times B^{E}) = (A \times D) \times B^{(C+E)}$$

对于配有FPU的机器，$(A \times B^{C})$ 和 $(D \times B^{E})$ 将是单独的32位（单精度）或64位（双精度）值。这些值将由CPU加载到FPU寄存器中，然后由CPU发出以触发FPU单元执行乘法命令的单个指令，从目的FPU寄存器中将得到运算结果。相比之下，对于没有FPU的机器，将需要几个定点运算：

110～111

1）拆分尾数 A 和指数 C，分别存储在R1和R2中。

2）拆分尾数 D 和指数 E，分别存储在R3和R4中。

3）计算新的尾数：R1×R3。

4）计算新的指数：R2+R4。

5）规格化指数。

6）以IEEE754格式重组并存储。

显然，独立的FPU指令（在具有FPU的计算机中）优于在没有FPU的计算机中替换它所需的几个定点操作。

3.4.5.3　复数

复数，经常用于科学系统和无线通信系统，其形式为 $(a+j\cdot b)$，其中 $j=\sqrt{-1}$。几乎所有CPU都不支持复数，而且也很少有编程语言对复数有所考虑[⊖]。

一个硬件系统中的复数计算实际上只是处理实数，就像浮点数计算是使用定点运算来完成一样，会需要几个步骤。考虑两个复数的乘法和加法运算：

$$(a+j\cdot b)\cdot(c+j\cdot d)=(a\cdot c-d\cdot b)+j(a\cdot d+b\cdot c)$$

$$(a+j\cdot b)+(c+j\cdot d)=(a+c)+j(b+d)$$

复数乘法需要4个实数乘法和2个加法。复数的加法稍微简单一些，只需要2个实数相加。这要求程序员（或编译器）能够将操作拆分成几个简单的指令步骤。

硬件上支持复数运算的处理器，应具备单独的指令才能够执行这些操作。而底层的硬件体系结构实际上需要执行所有的拆分、子操作及分别进行乘法，但是这些在CPU内部处理会非常迅速，无须分别载入数据、存储和移动数据。

112

3.5　自顶向下方法

3.5.1　计算机的能力

纵观今天各种不同的处理器，它们都有各自不同的功能、时钟频率、位宽以及指令集等。我们的问题是究竟需要怎样的一台计算机？以下将对计算机的能力进行探讨。

3.5.1.1　功能

假如所有的计算功能都可以通过一串逻辑操作完成，那么为什么不是所有的功能都采用这种方式（即可能的一长串逻辑操作）来实现呢？主要原因是其与效率有关——该功能需要多长时间完成和需要什么样的硬件来完成？将计算机变得简单从而可以使用更快的时钟是需要一

⊖ 注意有一个例外是FORTRAN语言（FORmula TRANslation），它是IBM在20世纪50年代中期推出的通用编译语言。FORTRAN语言已经更新了几次（最新一次是在2003年），从50多年以前开始，该语言本身就支持复数数据类型。在现代编程语言中，Java和Python作为科学语言已经在复数扩展上有一些推广，但不幸的是，现在它们两个明显都比FORTRAN的执行速度慢很多。

些折中的，这导致了 RISC 的出现，它相对简单且时钟更快，但代价是必须用多个步骤来执行某些功能，而 CISC 则是将多个功能通过一条指令来实现。

在确定如何实现一个特定功能之前考虑一下该功能在软件中的使用频率是有实际意义的。简单来说，如果一个功能在日常使用时经常被用到，则设置一个专有硬件来快速地处理它也许是很有用的。因此，在所有现代的处理器中都含有 ALU，而且几乎所有处理器也都含有乘法单元。

不仅是 CPU 的功能，CPU 指令集的灵活性也是 CPU 的一个重要特征。例如，尽管省时指令（time-saving instruction）使用简单的硬件就可以实现，但并不是所有的设计都支持。同样的例子还有 ARM 指令集中普遍存在的条件指令（见 3.3.1 节）和一些数字信号处理器中的零开销循环指令（zero-overhead loop instruction，将在 5.6.1 节介绍）。

CPU 的内部结构，如总线数量、寄存器数量以及它们的组织，也是衡量 CPU 性能的一个重要因素。总体而言，更多的总线意味着有更多的数据可以同时传输，由此可以获得更好的性能。类似地，更多的寄存器可以存储更多的软件变量，从而不需要频繁访问较慢的内存，由此又可以改善 CPU 的性能。

3.5.1.2 时钟频率

更高的时钟频率并不总是意味着更快的操作。例如，设计一个快速 ALU 相对简单，而设计一个快速的乘法单元则难得多。当比较两款处理器时，单考虑时钟频率是不能断定哪款处理器更快的，还需要考虑如功能、总线带宽、内存速度等因素，实际上，应该问在一个时钟周期内可以完成什么，这个问题将在下面讨论。

3.5.1.3 位宽

直到最近，用于手表、计算器等中的绝大部分 CPU 都采用了 4 位处理器，而各式用于手机和网络应用的 32 位处理器（一般都是基于 ARM 的）则开始将重心移向更高位宽的处理器。

113

虽然看上去更高位宽的处理器会获得更快的执行速度，但这仅是对于所要处理的数据能够使用这么多位的情况而言的。高端的服务器使用了 64 位甚至 128 位的体系结构，但是如果用于处理文本（如 7 位或 8 位 ASCII 或 16 位 Unicode），那么更多的位宽将会被浪费。

3.5.1.4 内存

与处理器相连的内存也是决定处理速度的关键因素。除了内存的访问速度，位宽（也指带宽，单位为 Mbit/s 或 Gbit/s）和技术也同样重要。其他因素还包括突发访问模式、分页或分包以及单沿或双沿时钟。

片上存储并不都是单周期访问的，而是比片外存储稍快一些。给定某一软件任务，则需要考虑需要提供多少片上存储和多少片外存储。高速缓存存储器（cache）（见 4.4 节）就用于最大化高速存储，而内存单元的硬件复杂度通常也影响着内存使用的优化。就内存而言，软件的写法和编译方法通常也影响着硬件资源的利用效率。

3.5.2 性能衡量和统计

为了确定计算机的执行速度，最简单、通用的方法是测试其在每秒能处理多少条指令。

MIPS（每秒百万条指令）用于衡量指令和操作处理的速度。这是一个有用的低层次衡量，但它并不真正反映计算机能力：有些操作本身很简单，因此多个操作可以用来实现一个有用的任务。换句话说，一个简单的拥有高 MIPS 的计算机（如 RISC 处理器）在处理实际任务时，也许会比一个拥有低 MIPS 但其每条指令可以完成多个工作的计算机（如 CISC 处理器）要慢。bogomips 是在 Linux PC 启动时计算出来的，它是一个著名的衡量软件 MIPS 评分的尝试，但并不是太精确。

MIPS 由时钟频率 f（单位 Hz）和 CPI（每条指令周期数）决定：

$$\mathrm{MIPS} = f/\mathrm{CPI}$$

一般地，对于某一个包含 P 条指令的程序，其完成时间为：

$$T_{\mathrm{complete}} = (P \times \mathrm{CPI})/f$$

所以 CPI 越低、f 越高或 P 越少（即指令越少的程序执行时间可能会越短），则完成时间 T_{complete} 越短。在现代 CPU 的时钟频率都已经提高时，计算机体系结构里的 P 和 CPI 之间的折中又让话题重新回到 RISC 和 CSIC 之间的竞争上。

降低 CPI 是当代计算系统设计中所要考虑的一个方面。20 世纪 80 年代，CPI 大于 2，在一些 CISC 处理器中可以达到几百。而 RISC 方法则降低了 CPI，它的目标是使 CPI 接近于 1。ARM 系列处理器典型的 CPI 大约为 1.1，而其他一些处理器的 CPI 会比这个值更低一些。 114

之后，超标量体系结构的出现使得 CPI 低于 1，这是通过允许多条指令同时执行而实现的。5.5.1 节中将探讨 CPI 和其倒数（IPC）。

有些时候浮点性能也是一个重要的因素，其单位为 MFLOPS（每秒百万次浮点运算）。最近，GFLOPS 也经常被使用，它指千 MFLOPS，甚至还有 petaFLOPS（PFLOPS）。这些值比 MIPS 更能真实地反映计算机的实际性能，这是因为我们需要统计更有用的计算操作数而不是低层次的指令数。

标准检测程序（benchmark）是很重要的，多家公司都已经提供这种产品（框 3.8 探讨了标准检测程序的背景及其必要性）。BDTi 是标准检测程序的一个例子，用于比较几个数字信号处理器（DSP）的速度。其测量侧重于整体的计算性能，而计算性能是 DSP 市场的支柱。

而 SPECint 和 SPECfp 标准检测程序直接计算整数和浮点性能，可以通过向标准性能评定组织（Standard Performance Evaluation Corporation，SPEC）付费获得其源代码格式，并可以在某一个体系结构上编译从而获得其性能评估。每个测量都是通过计算一系列算法并将结果混合而获得的。一般而言，年份代表了 SPEC 的版本，因此 SPECint92 就是 SPEC 整数标准的 1992 年版本。

SPEC 本身包含了两个测试：Dhrystone 和 Whetstone，它们都起源于 20 世纪 70 年代，分别用于衡量整数性能和浮点性能。还有其他一些影响性能的因素分别用于衡量不同任务的性能（如图形渲染、实时性能、字节处理等）。

框 3.8 基准性能

在 20 世纪 80 年代中期，全世界计算机供应商之间的竞争十分激烈。这并不是简单的 AMD 与 Intel 之间的赛跑，而是涉及上千个厂家所销售的各种各样的计算机——不同的体系结构、不同的内存、几十种 CPU 类型、定制的操作系统、8 位、16 位甚至一些非常规选择。

在英国，如 Sinclair、Acorn、Oric、Amstrad、Research Machines、Apricot、Dragon、ICL、Ferranti、Tandy、Triumph-Adler 等公司在市场上开始与 IBM、Apple、Compaq、DEC、Atari、Commdore 等公司对抗。各种与性能相关的争论在广告和宣传小册上随处可见。然而，由于没有标准和基准，这些争论通常都毫无意义。

为此，英国标准协会（British Standards Institute，BSI）为计算机出台了一个性能标准，它测试一些有用的任务，如整数计算、浮点计算、跳转性能和图形性能以及磁盘读写等。然而，由于当时可选的编程语言为 BASIC，所以这个测试软件是用 BASIC 写的。从今天的观点来看，图形和磁盘读写测试已经过时：“图形”测试是测试将文本输出到屏幕上或虚拟显示单元（VDU）所用的时间。这对许多只对字处理感兴趣的用户来说很重要。而磁盘读写主要针对软盘（比磁带快得多，当时在一般家用机器上都有配备），硬盘（当时称为温切斯特驱动器）十分昂贵，当时一些主流的计算机都没有配备。而那时程序更多的是存储在磁带上。

今天，计算机杂志和网站用于新硬件和软件的测试都带有电池测试，它与 BSI 区别很大，但初衷都是一样的。因此，“玩大型游戏时的刷新率”和“对100万行随机数进行排序”等测试都相继出现。也有其他一些标准（一般都不是免费获得的），但极少采用。相较于多快能计算到π小数点后100位，部分用户对玩游戏的测试更感兴趣。

然而，众所周知，为了测试某一项性能，计算机设计人员会通过牺牲其他方面的性能来让其设计在这一项性能上获得较高的分值。而这种测试并不能真正反映任务的整体完成时间，而只是某个最简单的任务单独执行的时间。所以像中断任务，操作系统调用，不同的内存速度、磁盘速度，多任务执行以及cache都会影响测试结果。

在计算机里，cache是提供给系统的一块高速存储区域，而系统上有一块更慢的主存（cache通常在芯片上，主存储器通常位于CPU的单独芯片上，或者位于通过总线连接的IC的远端部分）。任何程序在cache上执行都比在主存上执行快得多。在过去，有的处理器制造商通过增加cache的大小以装下整个性能测试算法（如整个SPECint或Dhrystone程序），如此获得了比其他竞争者的机器更快的执行速度。

在这个例子中，如果主存的速度是cache的1/10，性能的测试结果并不会因此而改变，因为整个测试程序都是在cache上执行而不是在主存上。显然，这样的一个性能测试并不能反映真实情况。事实上，这样的机器会比那些拥有更小cache和更大主存的机器获得更快的执行速度，在执行实际任务时会更快。

在给定一些如我们之前所提到的重要可变性能因素的情况下，显然当前的性能测试将面临一些困难，系统设计人员会由此变得小心翼翼。在实际中，这可能意味着需要理解设备运行的细节，构建大量的安全机制，或在交付设备之前现场测试最终代码。虽然在实际的工业生产里极少会出现软件设计完成而硬件并没有完成的情况（通常软件是整个生产流程的最后一个部分），但如果这种情况出现，那么现场测试还是很值得推荐的。

3.5.3　性能评估

6.4.4节将对实时系统和多任务系统的完成时间与执行性能进行讨论，而这里我们将讨论如何进行性能评估。为了强调精确性能评估的重要性，这里举一个工业上的例子：

115～116

几年以前，一个嵌入式设计小组需要一块处理能力为12MIPS的硬件运行一个算法。他们选中了一个以40MHz频率工作、提供40MIPS处理能力的32位处理器。为了降低设计风险，设计人员在把该处理器确定为最终选择前，拿到了一块开发板，在其上装载了Dhrystone测试程序并试图测试其真实性能。

在设计的过程中，他们发现片上存储不能满足软件的需要并由此增加了额外的DRAM。由于CPU本身体积很小并且引脚数很少，因此将外部存储总线限制为16位宽。外部存储的访问由此从32位宽变为16位宽。

在完成硬件设计并搭建好系统后，他们装上了程序，却发现在执行时间上并不满足需求，哪一个环节出现了错误呢？

首先，Dhrystone测试程序能完全存放在快速的片上存储里，并由此可以全速执行，而他们的程序太大不能完全装在片上存储里，因此需要存放在DRAM上。片外DRAM不仅访问速度比片上存储慢，而且还需要间歇性“超时”来更新自己。在“超时”期间，来自CPU的所有访问都要停顿。

其次，16位的接口使得对每条32位的指令需要进行两次访存来取指，而每个32位的数据也同样需要两次访存。这就意味着，每当程序从DRAM上执行时，CPU有一半时间是空闲的。在每个奇数周期取出指令的前半部分，在每个偶数周期取出指令的后半部分，然后才能处理它。

16位接口导致执行速度从40MIPS降为20MIPS，而DRAM的慢速访问和更新时间将20MIPS性能进一步降低至9MIPS左右。

解决这个问题的方案也并不令人满意：更换为具有更快速度但费用为原来20倍的片外存储（SRAM），或是将CPU升级为具有更快的处理速度或拥有更宽的外存访问接口，或两者皆具。但设计人员并没有采用任何一种方法，而是在其旁边增加了一块CPU来处理部分任务。

这个例子强调了性能需求与硬件相匹配的必要性。总体而言，目前有两种方法来实现性能测试。第一种是通过对体系结构清晰地理解，第二种是通过细致地评估体系结构。对于这两种方法，体系结构不仅仅指处理器，还包括其他重要的外设。

清晰地理解软件需求意味着需要确定系统上运行的软件，分析软件的具体要求（特别是瓶颈），然后根据分析的结果找到匹配的硬件。在最基本的层次上，这意味着当大部分计算为浮点计算时，需要避免使用仅支持整数的 CPU。

这种方法通常为 DSP 系统设计所采用，其评估内容包括内存传输、使得对变量能够同时进行访问的不同的内存区域布局（4.1.4 节）、输入和输出瓶颈，以及对于这类处理器最重要的算术运算等。除了整体程序存储容量需求之外，慢速机构、用户接口以及控制代码在这种计算中都会被忽略。 117

在此有必要指出，大部分的软件开发完之后所需的初始程序内存空间比估计的要大。良好的编码能够降低数据内存的使用，减少处理时对内存的需求，但无法节省太多程序占用内存的空间。与台式计算机设计人员不同，嵌入式设计人员不能提供 RAM 扩展：这往往是在设计时就已经定好的。由此，给内存足够的冗余是明智之举。

上面提到的第二种使所需性能与硬件匹配的方法是细致地评估。使用这种方法时不需要了解体系结构的细节，但是需要了解每个层次测试的细节。理想情况下，最终运行的软件需要在候选硬件上执行以便对它需要消耗多少 CPU 时间进行评估。对其他的任务也需要进行测试，以确定这些任务在硬件上执行是否有处理时间冗余。软件分析工具（如 GNU gprof）将指出运行代码的瓶颈，找出软件的哪些部分需要耗费大量 CPU 时间。

多次运行每一个测试很有必要（但如果对时序要求严格时不能取结果的平均值，则应采用最坏的结果），测试时可以大幅度增加软件大小以使其超出 cache 或片上存储的承载能力，如果可以，还应允许最终系统上的任何中断和辅助任务。

如果目标软件在其他机器上已经运行过，可以将其在不同机器上的执行进行比较——但必须同时考虑在前面两章里所讨论的所有重要的体系结构因素。在这种情况下，在两台机器上编译和比较标准检测程序会有所帮助（假设所选的标准检测程序与目标软件相关）。

当前全世界范围有很多设计人员错误地评估处理器性能和内存需求的例子（其中包括 1999 年作者给亚洲某制造商所做的设计：设计一个便携式 MP3 播放器，由于没有预料到它的内存总线带宽很低，因此它每次只能重放 7s 的 MP3 音频。还好它后来采用了更快速的处理器）。

请注意，要时刻警惕性能测试评估的陷阱。尤其重要的是，要记得阅读手册中性能声明下的附属条件。

3.6 小结

本章的讨论覆盖了微处理器基础内容，从 CPU 的功能到 CPU 对程序的控制，最后到程序的传输和存储。

控制单元需要保证处理器按规则执行，管理操作和异常，并能在计算机程序的引导下接受一系列指令。控制单元可以是集中式的，或根据状态机的时序为分布式、微指令引擎，或采用自定时逻辑。

程序中每条指令都是所允许指令集中的一部分（取决于你的观点），它描述了处理器能执行的操作，或指定处理器的行为，这些行为包括通过内部总线将数据传输到不同的功能单元。通过上一章和本章对 CPU 设计基础的铺垫，我们将在第 4 章对目前主流 CPU 的内部布局和功能单元进行深入探讨，并尝试把编程人员的经历融入其中。 118

思考题

3.1 如果汇编指令 LSL 表示“逻辑左移”，LSR 表示“逻辑右移”，ASL 表示“算术左移”，ASR 表示“算术右移”，那么对以下的有符号 16 位数字操作后的结果是什么？

a. `0x00CA  ASR 1`

b. `0x0101  LSR 12`

c. `0xFF0F  LSL 2`

d. `0xFF0F  LSR 2`

e. `0xFF0F  ASR 3`

f. `0xFF0F  ASL 3`

3.2 对一个 RISC 处理器的典型代码（只包含 8 种指令）进行分析后得到以下这些指令的出现次数统计：

指令	出现次数	指令	出现次数
ADD	30	NOT	15
AND	22	ORR	10
LDR	68	STR	60
MOV	100	SUB	6

a. 如果每条指令（不包括操作数）为 6 位长，那么这个程序将占据多少位内存空间？

b. 使用以上信息对这些指令设计霍夫曼编码。

119

计算对指令集采用霍夫曼编码后的程序需要占据多少内存空间。

3.3 给出执行以下逆波兰表示法（RPN）操作时堆栈的 PUSH 和 POP 队列，并将每条 RPN 转换成中缀表达式：

a. $ab+$

b. $ab+c\times$

c. $ab\times cd\sin+-$

考虑执行以上操作所需的最大堆栈容量。

3.4 ROT（rotate）指令与移位指令相似，只是它要回绕——当向右移位时，从字的 LSB 端出来的每一位成为新的 MSB；当向左移位时，从该字的 MSB 出来的每一位成为新的 LSB。

ROT 的参数为正时进行左移，为负时进行右移。

假如一台计算机只有 ROT 指令而没有移位指令，如何进行算术运算和逻辑位移操作？

3.5 将以下中缀表达式转换为 RPN：

a. （A and B） or C

b. （A and B） or （C and D）

c. （（A or B） and C）+D

d. C+{pow（A，B）×D}

e. 能否使用 3 种方法对下式进行转换：{C+pow（A，B）}×D

3.6 分别计算上题 e 中 3 种方法所需的堆栈深度。

3.7 将下列 RPN 转换为中缀表达式：

a. AB+C+D×

b. ABCDE+××−

c. DC not and BA++

3.8 使用条件指令 ADDS 重写下列 ARM 汇编代码，移除所有跳转指令。

```
       ADDS R0, R1, R3
       BGE step2
       ADD R2, R1, R6
       BLT step3
step2  ADD R2, R3, R6
step3  NOP
```

120

3.9 使用 ARM 汇编语言时，确定进行以下立即数加载时所需的最少指令数（提示：使用 MOV 和 MVN 指令）：

a. 加载 0x12340001 至寄存器 R0

b. 加载 0x00000700 至寄存器 R1

c. 加载 0xFFFF0FF0 至寄存器 R2

3.10 写出在一个 RISC 处理器上将两个内存地址 m1 和 m2 上的内容进行相加后再将结果保存到地址 m3 上的操作序列。

3.11 科学家发现了新的内存单元硅片，半导体工程师将这种硅片设计成新的存储芯片。指出计算机体系结构设计人员需要考虑的 6 个因素，以决定是否将这种新技术应用在嵌入式视频播放器的主存储器上。

3.12 指出下列指令是来自 RISC 还是 CISC 处理器。

a. `MPX`：将内存两个地址上的内容相乘，然后将结果加到累加器上。

b. `BCDD`：将两个寄存器里的内容进行 BCD 码的相除，结果使用科学计数法表示，并以 ASCII 的形式存放在内存块中，为在显示器上显示做好准备。

c. `SUB`：对两个操作数进行相减，结果作为第三个操作数。操作数和结果都为寄存器的内容。

d. `LDIV Rc,Ra,Rb`：执行 100 个时钟周期的长除法：Ra/Rb，将结果放在寄存器 Rc 中。

3.13 写一个微指令程序来实现上题中任意的两个指令，假设是在一个 RISC 体系结构上执行。

3.14 什么是加载存储（load-store）体系结构？为什么计算机设计者会采用这种方法？

3.15 在一个简单的流水线上，指令取指阶段之后跟着什么处理？

3.16 假设有一个 32 位处理器，其指令以十六进制机器码的形式存储。在内存位置 0x9876 上存储字 0x1234，其指令如下：

```
0x0F00 1234 088D 9876
```

观察该指令机器码，确定这个处理器是否支持绝对寻址。解释你的答案。

3.17 假设另外有一个 8 位处理器，拥有 8 个寄存器。问这个处理器的指令是否能够支持两个寄存器操作数和一个结果寄存器操作数？

121

3.18 假设以下指令为 ARM 汇编语言（对 ARM 处理器不是必需的），指出以下指令的寻址方式：

a. `MOV R8, #0x128`

b. `AND`

c. `STR R12, [R1]`

d. `AND R4, R5, R4`

e. `LDR R6, [R3, R0, LSL #2]`

f. `LDR R2, [R1, R0, #8]`

g. `STR R6, [R3, R0]`

3.19 哪种处理器处理 32 位浮点数据会更快：900MHz 的 32 位浮点 CPU 或 2GHz 的 16 位整数 CPU？

3.20 对不同处理器写 C 程序时，byte 是否总是表示为 8 位？short 和 int 类型呢？它们的大小为多少？是否总是相同？

122

第4章

Computer Systems: An Embedded Approach

处理器内部组成

在第2章中，我们已经讲述了由计算机提供的大部分数值计算，也对计算机的功能单元给出了定义并对计算机一些内部连接结构进行了分类。在第3章中，前面提及的这些结构又组合成一个有着不同功能的完整结构，用来执行由程序员编写的指令序列。因此，我们知道计算机，特别是CPU，可以在逻辑上分为多个用来执行不同任务的功能单元。

这一章，我们进一步给出CPU内部组成的高级描述，并且集中讨论当今处理器中常见的最大、最显著、最重要的内部单元。我们将更细致地探讨这些单元执行什么样的任务以及它们如何执行这些任务。这些讨论主要覆盖算术逻辑运算单元（ALU）、浮点运算单元（FPU）、内存管理单元（MMU）以及高速缓冲存储系统单元。在开始讨论上述问题之前，我们将首先考虑这些单元是如何通过总线连接起来的。

是时候去接触真正的体系结构，特别是CPU内各个单元的内部互联总线结构了。

4.1 内部总线结构

4.1.1 程序员的角度

从程序员的角度出发，一个处理器的内部总线结构可以从两个相互联系的方面来看。第一，使用寄存器时的灵活性。显然在可用的寄存器集合中，这些寄存器可以在一条特殊指令中直接作为操作数。以ARM为例，寄存器操作数是允许的，任何寄存器组中的寄存器可以进行如下操作：

```
ADD R0, R1, R2  ;R0 = R1 + R2
```

可以使用任何寄存器，甚至可以使用相同的寄存器：

```
ADD R0, R0, R0  ;R0 = R0 + R0
```

很多处理器没有这样的灵活性或者灵活性稍差。第二，在一条指令周期中能够做多少工作也是程序员所关注的，这个问题一般都隐含在指令集自身当中。再以ARM为例，对于其任何算术或者逻辑指令，必然有最多两个输入操作数寄存器和一个结果操作数寄存器：


```
ADD R0, R1, R2  ;R0 = R1 + R2
```

关于寄存器和ALU之间的数据传输方法：如果传入和传出都在一个周期内完成，则意味着输入和输出都有着各自的总线（因为在任何时刻只能有一个操作数在一条总线上传输）。一条总线传输R1的内容，另一条则传输R2的内容，还有一条用来将结果从ALU写回寄存器R0。

从以上内容可以发现，每个寄存器都与一条属于自己的总线相连，因此这至少需要3条内部总线。

关于寄存器和ALU的排列我们可以从对图4-1所示的指令集的简单分析中归纳出来。这实际上是对ARM处

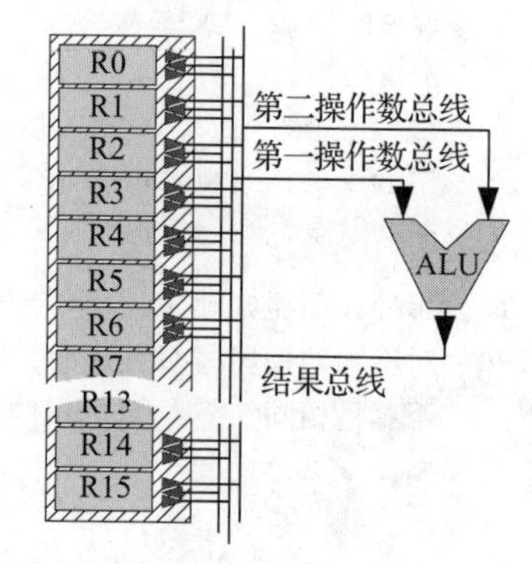

图4-1 一个ALU与一个寄存器组通过一个三路总线相连

理器内部互联结构的简单原理阐述。其中箭头指示着可控的三态缓冲器，三态缓冲器作为门来控制寄存器和总线之间的读写操作。此处没有给出控制逻辑（在3.2.4节中已经讲过）。

4.1.2 分解互联排列

ARM之所以如此著名，是因为它的规整性和简洁性。其他的一些处理器对底层程序员来说不是特别友好，而ARM由于是由16个完全相同的寄存器以完全相同的方式连接而成的寄存器组，[一]因此往往可以赋予寄存器集合以特殊的用途。对这些寄存器集合最常见的排列就是分派几个寄存器成为专用的存储和处理地址的*地址寄存器*，而其他的为*数据寄存器*。设计一个只用来连接这些地址寄存器的内部地址总线，是一种容易想到的分解方法。在ARM中，每个寄存器都可以存放地址（因为可以直接寻址，详见3.3.4节），每个寄存器也必须和内部地址总线相连。

在一些处理器中，比如ADSP21xx，并没有寄存器组，取而代之的是每一个处理单元都有附带的输入输出专用寄存器。这意味着当在这些处理器上运行一条特殊指令时，底层程序员必须记住（或者查询程序手册）哪个寄存器是允许使用的。有时候为了执行某个功能，不得不浪费一条指令来将一个寄存器中的值传到另外一个寄存器，尽管好的指令集设计可以尽量减少这些无效率的操作。目前，通用处理器已经很少使用这类体系结构，但是依旧可以在数字信号处理器中找到类似的结构，比如ADSP21xx[二]系列处理器。 124

为什么设计者要自找麻烦设计如此复杂的指令集呢？要知道这个问题的答案，需要我们对处理器所要完成的一些功能做个快速扫视。在这个例子中，我们可以观察到ARM是使用如图4-2所示的硬件来完成以下功能的：

```
MUL R0, R1, R2  ;R0=R1+R2
ADD R4, R5, R6  ;R4=R5+R6
```

图4-2显示了数据从R1和R2同时输出到两条操作数总线上（用深色线标出），然后进入乘累加单元（MAC），再将结果通过结果总线送回R0。

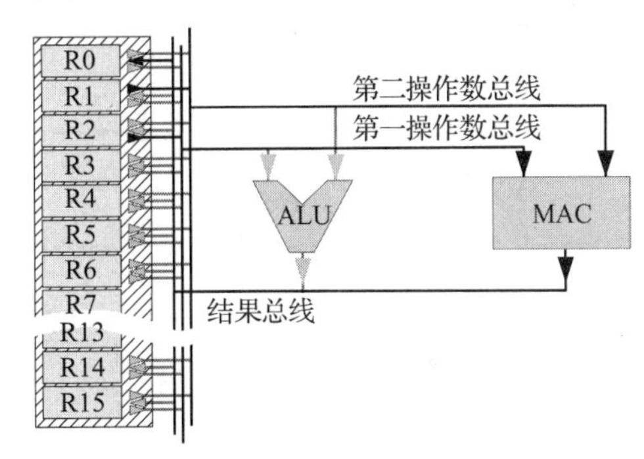

图4-2 一个ALU、一个MAC以及一组寄存器以三路总线相互连接的排列原理示意图。本图着重展示该结构能同时传送两个操作数到一个功能单元的能力

在这张图里值得注意的是，R3以前的寄存器以及ALU都处于闲置状态。当CPU设计者看到有资源闲置时，他们会尝试着尽可能将这些闲置资源利用起来，比如，可否有一种方法能够将ALU和MAC同时利用起来。这个问题的答案是如图4-3所示的划分设计。

如图4-3中的排列所示，MAC和ALU都有各自的输入和结果总线，通过扩展，它们也有各自优先使用的寄存器集合。这样，只要程序员记住了在调用MAC时使用R0～R3，以及在调用ALU时使用R4～R7就可以了，这样示例指令：

```
MUL R0, R1, R2  ;R0=R1+R2
ADD R4, R5, R6  ;R4=R5+R6
```

就可以在一个周期内完成。 125

[一] 实际上，寄存器R14和R15分别是链接寄存器和程序指针寄存器（程序计数器）。单从指令集分析很难看到这个特征。另外，寄存器功能还会因它们的影子（shadowing）安排的不同而有所变化。

[二] “xx”是指在ADSP21系列产品中有不同的产品系列号，这一系列产品具有同样的特点，如ADSP2181、ADSP2191等。

这个过程也许是受ADSP21xx设计的影响，使得设计者尽可能地去追逐处理器的性能提升。

4.1.3 ADSP21xx总线排列

在ADSP21xx的硬件中，每个处理单元都是有限制的，它们只能从一小部分寄存器中读入数据，也只能将结果写回一小部分寄存器中。这意味着在这个处理器中有很多内部总线和操作可以以并行的方式快速执行。

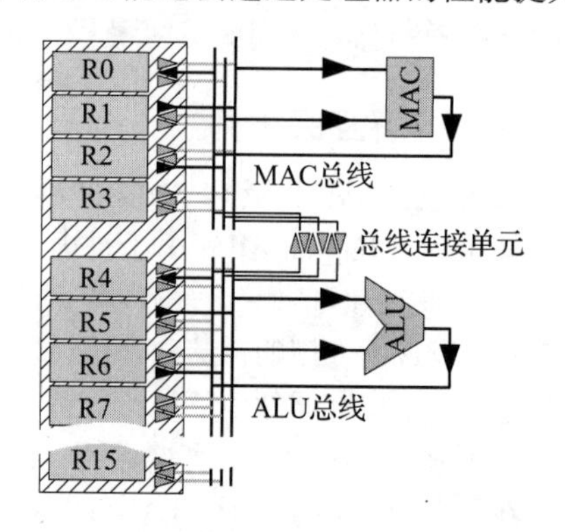

图4-3 一个ALU、一个MAC以及一组寄存器以三路总线相互连接的排列原理示意图。这与图4-2中的资源使用方式类似，不过这里由于使用了总线划分，从而允许两个功能单元同时向（从）总线传送数据

图4-4简单地描述了ADSP21xx众多内部总线的一部分。在该图中，PMA代表了程序存储器的地址，DMA是数据存储器的地址。这两个地址总线都与程序存储器和数据存储器相连，126 这也说明该处理器采取了哈佛体系结构（见2.1.2节）。然而，从其对地址空间的划分来讲，它比基本的哈佛体系结构又更深入了一步。PMD和DMD分别代表了程序和数据内存总线。注意总线的大小，ADSP不仅在内部总线互联上比较复杂，而且其总线宽度也各不相同。

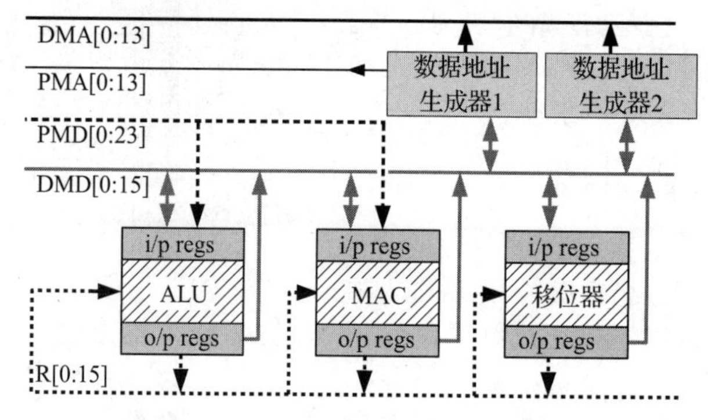

图4-4 ADSP内部总线排列示意图

图4-4显示了ALU和MAC（不包括移位器）可以从PMD总线上接受24位的输入，还可以从16位的DMD总线上接受输入，同时也可以对其进行输出。

4.1.4 数据与程序同时访存

在诸如数字信号处理（DSP）领域中，有一个重要问题就是外部数据可以以多快的速度进入处理器，然后得到处理并最终输出。数字信号处理器一般都是对一些流数据进行操作，比如高保真的音频信号或者无线宽带信号。

数字信号处理操作往往是某些形式的数字滤波。可以考虑一段时间内的信号采样，如$x[0]$，$x[1]$，$x[2]$ 等，分别表示时刻0（当前时刻）的采样、前一个时刻的采样、前两个时刻的采样，依次类推。$y[0]$，$y[1]$，$y[2]$ 是根据这些时刻采样而输出的结果值。如果这些信号为音频数据，那么x和y应该是音频信号采样，可以是16位，如果我们以48kHz的频率进行采样，则上面所说的时间间隔为$1/48\,000=21\mu s$。

我们不去深究数字信号处理的原理，在这里仅简单介绍两个通用的滤波公式：有限冲激响应（FIR）滤波和无限冲激响应（IIR）滤波。FIR的输出是将前n个采样与一些预设好的值相乘后全部累加到一起所得到的，可以写成如下数学形式：

$$y[0] = \sum_{i=0}^{n-1} a[i] \times x[i]$$

所以，当前的输出 $y[0]$ 是由前 n 个输入数据分别乘以滤波系数 $a[]$，然后全部累加在一起所得到的。输入数据的个数决定了滤波器的阶数。一个 10 阶的滤波器应该预先定义 $n=10$ 并且提前设定好 10 个滤波系数 $a[]$。一个自适应的 FIR 滤波器可以让滤波系数随着时间的变化而变化。

相反，IIR 滤波器的输出结果依赖于之前所有的输入和输出，其数学形式可以写成：

$$y[0] = \sum_{i=0}^{n-1} a[i] \times x[i] + \sum_{i=1}^{n-1} b[i] \times y[i]$$

这个公式包含了一个更加高级的滤波系数 $b[]$。IIR 滤波器同样是自适应的，并且一般可以完成和 FIR 滤波器一样的工作，但是在阶数较低的情况下（n 值较小），这种强大的滤波计算需要付出一定的代价，IIR 滤波器也有可能变得不稳定。

设计一个高性能数字信号处理器的关键在于尽快地完成这些公式，也就是在尽可能少的时钟周期内计算 $y[0]$的值。回过头来查看 FIR 滤波器公式，我们可以看出这种类型的计算基本上都是在重复以下的底层操作： 127

```
ACC:= ACC + (a[i] × x[i])
```

将两个值相乘并加上某个已存在的值称为乘累加（multiply-accumulate），它需要使用一个累加器，通常简写为 ACC。

现在我们需要将这个功能与数字信号处理器的硬件联系起来，这里有很多巧妙的设计可以讨论，但最重要的一点是安排好存储器访问。

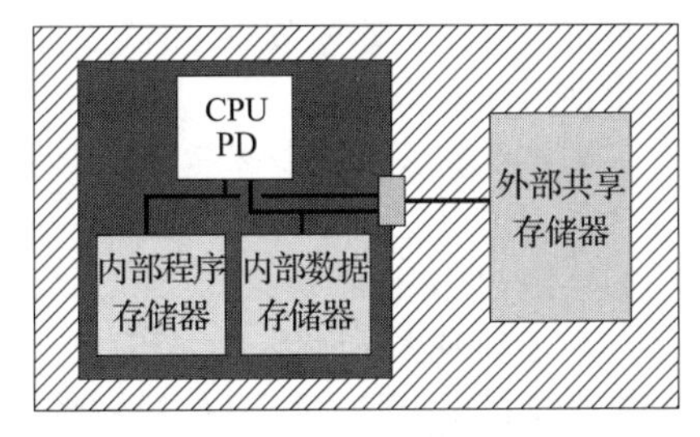

图 4-5　以 DSP 为例的哈佛体系结构框图，其中拥有内部程序存储器和内部数据存储器，也支持外部共享存储器

从图 4-5 中我们可以看到一个数字信号处理器包含了一个 CPU、两个存储模块和一个外部共享存储器。这个设备看上去也是采用了哈佛体系结构（程序与数据分开存储，独立总线），但同时又与一个外部共享存储器相连。这种类型的存储器是很常见的，一般内部存储都是 SRAM，而外部存储器都选用更廉价的 SDRAM（参见 7.6 节对存储技术及其特点的详细介绍）。

片上存储器一般都采用较短的总线并且速度非常快，有时可以在一个时钟周期内取到指令。有些情况下，也采用两周期的存储模块，而之所以该存储需要使用两个周期，是因为其请求数据占用一个周期，将数据有效化占用一个周期。

我们现在暂时忽略存储器的速度，再看一下乘累加这个例子。我们需要给乘法器输入两个值：一个预先设定好的滤波系数 $a[]$和输入数据 $x[]$。在一个共享总线下，不可能同时获取或者传送这两个数据。然而，以图中的内部分离式总线设计，如果这两个数据分别来自两个独立的片上存储器，则它们可以同时获取并可以在一个周期内完成乘法操作。总体来看，这将是一个多周期操作：一个周期载入指令并进行译码，接下来的周期载入操作数，之后的一个或多个周期对这些操作数完成相应的操作。然而，考虑到快速单周期片上存储器的存在，取操作数有可能成为内部指令周期的一部分。

通常，任何在片外总线上的传送速度要比片上的慢，这也是使用 cache 存储的一个主要原因（详见 4.4 节）。往往在有 SDRAM 外存的地方通常都会有片上 cache 来缓解 SDRAM 带来的问题，这个问题就是不论 SDRAM 有多快，总会在对存储器进行数据访问和数据准备时有 2 或 3 个周期的延迟。 128

4.1.5 双总线体系结构

退一步说，大量硬件的节省是压缩总线数量的结果——在集成电路中，总线是由一束并行的硬连线组成，不同的缓存、寄存器或者互联结构配置，有着不同的总线成本。对于珍贵的硅面积来讲，这些实际占用芯片面积的总线无疑会影响其总成本。因此，通过采用双总线结构来降低芯片面积（以及成本）是完全有可能的，采用单总线结构效果会更好（见4.1.6节）。

在这里我们采用的实例并没有与计算机体系结构的发展做出对比。之所以这样做是因为一个三总线的结构比一个单总线的结构更容易让人接受，也更易于解释。设计单总线结构是需要技巧的，这种应用于硅片上的技巧曾在20世纪80年代前出现过，但是这却无法复杂化一个简单的观点——总线就是一条位于源操作数和目的结果值之间的路径。本章中所有的例子都是虚构的，它们呈现出一些类似于ARM体系结构的东西，但在总线安排上却又不一样。原始的简化总线的设计，例如值得尊敬的6502处理器，只有很少的寄存器组和一个乘法器。这里隐含着一个问题，那就是硅片面积过小的限制带来一个很好的体系结构设计，有时候甚至是具有较高时效性体系结构的设计。在仅仅有三个通用寄存器的限制下，6502的设计者从来没想过去设计另外一条并行的总线，而是在有限的硬件资源下增加了一些寄存器。

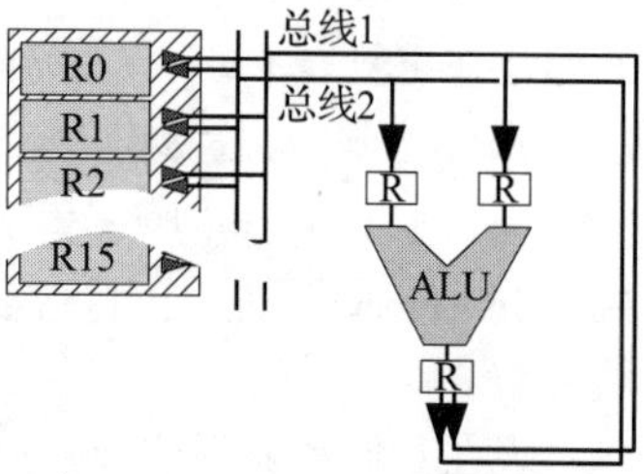

图4-6显示了一个寄存器组与ALU相连的双总线排列，在ALU周围有三个寄存器或锁存器（不考虑较大的寄存器组，这跟6502非常相似）。

图4-6 连接ALU和寄存器组的双路总线

为了实现这一设计，并且让接下来的例子更有意义，我们有必要回顾一下关于ALU的一些知识，这就是传输延迟时间。当我们给ALU的两个输入端送入稳定的电信号时，需要等待一定的时间来获取最终有效的计算结果。一些控制逻辑（图4-6中未给出）用来控制ALU应该执行哪些具体的算术或逻辑操作。但是具体的等待时间是由具体的操作所决定的，最大时间（也就是最坏情况）决定了在这块ALU电路上的时钟能运行的频率。在当今系统中，这种延迟一般为1纳秒或2纳秒。

这种延迟不能忽略，但这里的问题是没有有效的最小延迟，这意味着只要输入信号被取消或发生改变，输出结果就会混乱。这个问题所带来的结果就是输入操作数必须保存在一个地方来驱动ALU完成计算结果输出和存储，只有做完这些，输入才可以改变。

129

因此，ALU的输入端必须配置寄存器。对于一个用双总线来驱动ALU的结构来说，要想同时输入数据和得到结果，必须至少配备一个寄存器。如果有两个寄存器，那么就会有更多的可稍微节省硬件的方案供选择，不过影响更多的是下面的操作：

```
ADD R0, R1, R2  ;R0 = R1 + R2
```

下面每个序号标注的步骤按时间顺序执行：

1）建立系统，清空总线并且将ALU的功能调制成加法模式。

2）让寄存器R1驱动总线1（打开寄存器的输出缓冲器）。

3）让寄存器R2驱动总线2（打开寄存器的输出缓冲器）。

4）将总线1上的数据锁存进ALU的第一个操作数寄存器，同时让总线2上的数据锁存进ALU的第二个操作数寄存器。

5）关闭R1的寄存器输出缓冲器（总线1空闲），关闭R2的寄存器输出缓冲器（总线2空闲），等待最长的传输延迟时间。

6）将 ALU 的结果锁存进 ALU 的输出缓冲器中。

7）允许 ALU 的输出缓冲器驱动一个总线。

8）将刚刚计算出的结果锁存进寄存器 R0 中。

9）关闭 ALU 的输出缓冲器（两个总线空闲，系统准备好下次操作）。

可以看到，非常简单的加法指令实际上包含了很多必须在硬件上执行的步骤。除了 ALU 的传输延迟外，这个过程共有 8 个步骤。在三路总线的设计中（见 4.1.1 节），执行这样一个加法也许只需要 3 个时间周期。

一个简单加法指令的复杂执行步骤说明了在 CPU 中控制单元的重要性（见 3.2.4 节）。你能想象得到对一个多周期的 CISC 指令进行控制的复杂性吗？

130

4.1.6 单总线体系结构

单总线体系结构可以从上一节的内容中推测出来。我们仍然使用一个 ARM 风格的处理器作为例子，这个结构也许和图 4-7 看上去很相似。

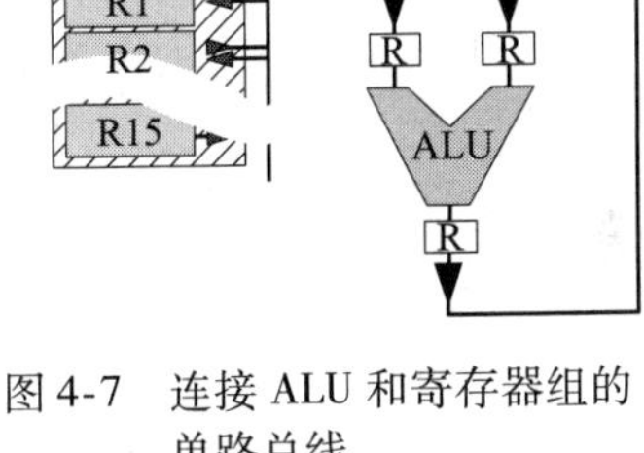

图 4-7 连接 ALU 和寄存器组的单路总线

注意体系结构简洁性的设计，其实就是掩盖掉这个例子中的多步骤操作的复杂性。我们考虑上一节中的计算功能，其在单总线体系结构下的表现为：

1）建立系统，并且将 ALU 的功能调制成加法模式。

2）让寄存器 R1 驱动总线（打开寄存器的输出缓冲器）。

3）将总线上的数据锁存进 ALU 的第一个操作数寄存器。

4）关闭 R1 的寄存器输出缓冲器，让寄存器 R2 驱动总线（打开寄存器的缓冲输出）。

5）将总线上的数据锁存进 ALU 的第二个操作数寄存器。

6）关闭 R1 的寄存器输出缓冲器，等待 ALU 的最大传输延迟。

7）将 ALU 的结果锁存进 ALU 的输出缓冲器中。

8）允许 ALU 的输出缓冲器驱动总线。

9）将计算结果锁存进寄存器 R0 中。

10）关闭 ALU 的输出缓冲器（总线空闲，系统准备好下次操作）。

与上一节中的双总线体系结构相比，多出来的两步和效率的降低值得注意。历史上对单总线体系结构的改进就是增加了一个非常短且低成本的结果反馈总线，如图 4-8 所示。

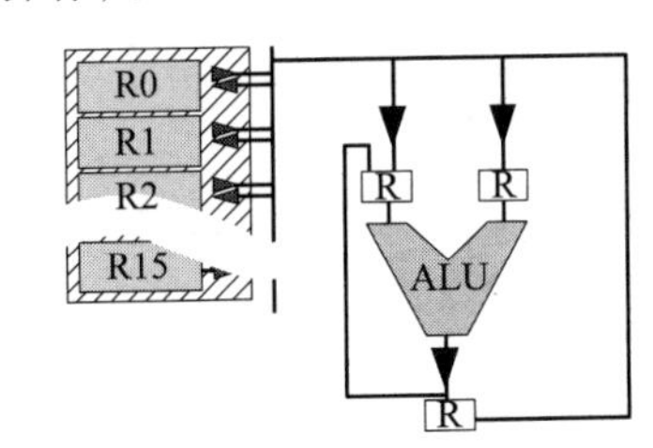

图 4-8 以图 4-7 中连接 ALU 和寄存器组的单总线结构为基础，增加了一个从 ALU 的输出到 ALU 输入锁存的反馈连接

虽然在这里有几个备选方案也可以执行以上操作，但是所有方案都是将 ALU 的运算结果反馈到 ALU 输入的一支。这也许对于累加操作或者随后的算术/逻辑操作有用。这样，图中 ALU 左边的寄存器就成了著名的累加器，它几乎是所有操作的基础，在整个系统中是使用频率最高的，也是程序员的朋友。老牌底层程序员熟悉并喜爱累加器，其中很多人为它被 RISC 和 CISC 所“扼杀”而感到伤心。新西兰的著名工程管理专家 Adrian Busch 总结道：“如果 CPU 没有一个累加器，那就算不得一个真正的 CPU。”

131

4.2 算术逻辑单元

4.2.1 ALU功能

显然，算术逻辑单元（ALU）作为计算机的一部分用来执行算术和逻辑操作。但是这些操作具体是指什么？下面两个处理器的ALU操作也许会对我们有所提示：

- ADSP2181——加、减、自增、自减、与、或、异或、传递/清空、取反、非、绝对值、置位、位测试、位翻转。有一些限制是某些寄存器只能用作输入并且只有两个寄存器可以用作输出。
- ARM7——加、减、自增、自减、与、或、异或、传递/清空、非。所有的寄存器既可以用作输入寄存器，也可以用作输出寄存器。

一般情况下，ALU执行按位逻辑操作、测试、加或减。同时，通过对以上多个ALU操作进行组合，可以派生出许多其他的功能操作。

一个基本的ALU，能够执行加法和减法，可以分割为单个位的操作链，与2.4.2节中的进位传递加法器类似，如图4-9所示。图中没有给出控制和功能选择逻辑，8个独立的单个位ALU按位完成2字节输入和1字节输出的加法。这个操作可以写为：

```
R = ALU_op(A, B)
```

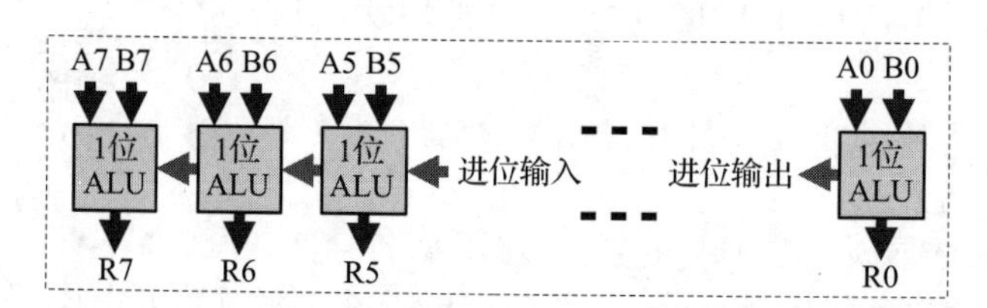

132

图4-9　并行按位功能链示意图，其中并行的单个位单元并行地组成了1字节位宽的ALU

一些4位的ALU操作例子在下表中给出（附录B给出了每种类型门的按位真值表以及它们广泛使用的逻辑符号）。请注意，EOR（异或）通常也写为XOR：

1001	AND	1110	=	1000	按位与
0011	AND	1010	=	0010	按位与
1100	OR	0001	=	1101	按位或
0001	OR	1001	=	1001	按位或
0001	ADD	0001	=	0010	加法
0100	ADD	1000	=	1100	加法
0111	ADD	0001	=	1000	加法
	NOT	1001	=	0110	取反
0101	SUB	0001	=	0100	减法
0110	EOR	1100	=	1010	异或

从第2章的内容我们知道，加法和减法都不是并行的按位操作，也就是说一个加法的第n位结果不仅仅依赖于每一个输入数据的第n位，还和前面的第$n-1$位，第$n-2$位，……，第0位有关系。事实上，两个值之间的算术操作一般都不是由单个位并行的方式完成的，但是逻辑操作是可以的。

知道了 ALU 可以完成哪些类型的功能并学习完这些例子，现在让我们去完成一个 ALU 底层设计来探究具体如何操作。

4.2.2　ALU 设计

图 4-10 是 ALU 模块通用符号示意图，可以看到该 ALU 有 n 位的输入操作数 A 和 B，还有 n 位的输出操作数。

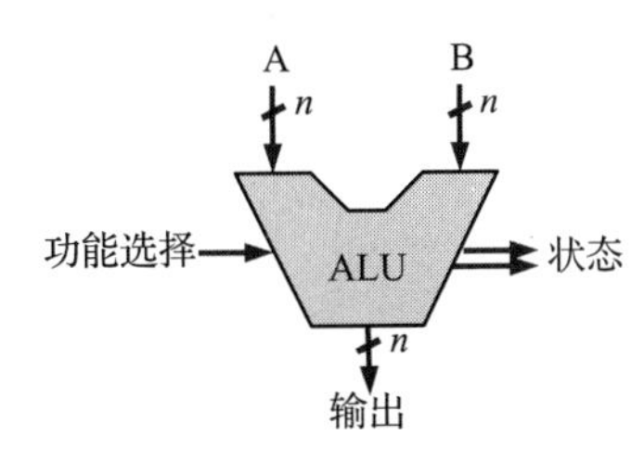

图 4-10　常使用模块符号来表示一个 ALU，该 ALU 拥有 n 位的输入操作数 A 和 B、功能选择逻辑，以及最终 n 位的结果输出和状态标志输出

函数选择通常是一个并行控制接口，它向 ALU 标识正在执行的操作。状态信息包含了结果是正、负、等于零，以及一个进位或者一个溢出。在一些处理器中，这些值都简写成 N、Z、O[㊀]和 C。 133

之前		操作	之后	
R1	R2		R0	标志
5	5	SUB R0,R1,R2	0	Z
8	10	SUB R0,R1,R2	-2	N
假设寄存器是 8 位的，这样一个 8 位的寄存器就可以存储 0 ~ 255 的无符号数和 -128 ~ 127 的有符号数				
255	1	ADD R0,R1,R2	0	C
127	1	ADD R0,R1,R2	128（无符号数），-128（有符号数）	O，N
-1	1	ADD R0,R1,R2	0	Z，C

注意：对于二进制的 8 位数，其加法，比如 01111111 + 0000001 总是等于 10000000。问题是如何去解释这些。输入的数据是十进制的 127 和 1，如果将它们解释为补码（有符号二进制数），那么输出是 -128，如果解释为无符号二进制数，那么输出是 +128。没有更进一步的信息，只有程序员才会知道这些算术运算究竟是哪种类型的运算。

溢出标志 O 是用来辅助两个补码计算的。对于 ALU 来说，有符号数和无符号数是没有区别的。然而，当一个涉及补码的计算有可能溢出时，ALU 会通过写入溢出标志位来提示程序员该运算溢出。如果程序员在处理无符号数，那么可以忽略这个标志位。可是当运算涉及两个补码时，就需要注意这个溢出标志了，它表示计算结果太大而无法在规定范围内表示。

对于我们设计的 ALU，将考虑一个简单的进位标志，而其他的状态标志暂时不考虑。我们仅涉及与、或和加这 3 种功能。该 ALU 是个多位并行 ALU，我们只设计一位加法器（因为所有位都相同）。

最终的设计结果，其逻辑图如图 4-11 所示。框 4.1 以该设计为基础演示了如何计算该 ALU 的最大传输延迟。

㊀　往往采用"V"来表示溢出标志，而不是"O"，这可能是担心与 0（零）混淆。

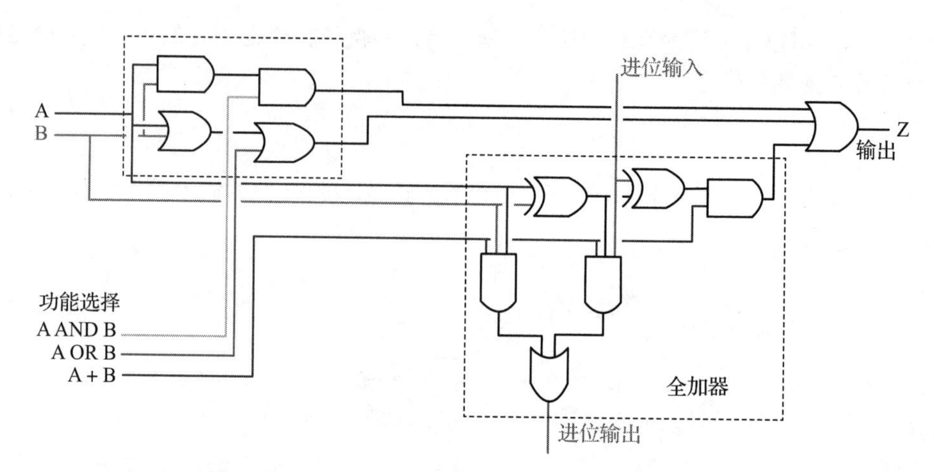

图4-11 典型单个位ALU的内部逻辑连接示意图

框4.1 探讨ALU的传输延迟

让我们探讨一下为什么每个逻辑门会产生4ns传输延迟：这段时间是指从一个新的数据输入到产生一个新的稳定输出数据的时间。

查看图4-11中的ALU图示来寻找最坏情况下的最长路径（忽略功能选择信号）。输入A和B都要经过两个区域的门，在左上部的区域中只有两级门，而经过右下方的全加器时，在到达输出前其输入要经过4个门，到达C_{out}要经过3个门。

134

也就是说，进位信号在进位输出之前要经过两个门，在结果Z输出之前要经过3个门。这个过程可以总结如下：

A/B到Z：$4 \times 4ns = 16ns$

A/B到C_{out}：$3 \times 4ns = 12ns$

C_{in}到Z：$3 \times 4ns = 12ns$

C_{in}到C_{out}：$2 \times 4ns = 8ns$

让我们根据这些数字来寻找一个4位ALU在执行加法时在最坏情况下的传输延迟：

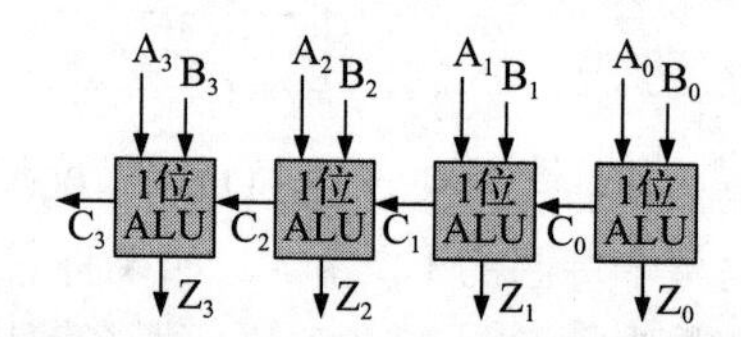

这是$A + B = Z$，因为这是一个加法，所以我们需要计算进位传送。

我们现在可以追踪最坏情况传输路径，其输入在ALU的右边，通过进位链依次传送，到达ALU最高有效位。因为从任何输入到Z输出的延迟都不过是进位输出的延迟，因此最坏情况可以总结如下：

Bit 0：A/B到C_{out}用时12ns

Bit 1：C_{in}到C_{out}用时8ns

Bit 2：C_{in}到C_{out}用时8ns

Bit 3：C_{in}到Z用时12ns

135

总共：40ns

如果按此在最快时钟频率下执行，则时钟周期不能超过40ns，以确保对于每个输入得到正确的最终结果。当然，有些时候正确输出出现的速度要比上面快，但是没有一个简单的方法能事先决定结果输出的快慢，因此我们必须考虑最长传输延迟等待时间，而此时时钟频率为$1/40ns = 25MHz$。

这并不是现代处理器最快的时钟速度。其实可以采用更快的逻辑门，允许加法器在两个时钟周期内完成，或者使用一些其他技巧来加快加法器。一个技巧就是使用进位预测或者超前单元（见2.4.3节）。这两种方法很快，但是当加法器的操作数位数很大时要占用大量的逻辑。

4.3 内存管理单元

就 CPU 而言，一个内存管理单元（MMU）允许物理存储器以另外一种逻辑组合方式组织。它是存在于 CPU 和主存储器之间的硬件，该硬件连接在存储器读写总线和逻辑存储组织之上，即所谓的*虚拟存储*。它是 1962 年在曼彻斯特大学发明的，有时也称之为分页存储。

4.3.1 对虚拟存储的需求

虚拟存储给 CPU 提供了一个很大的存储空间，而且是用户程序可见的。现实中，物理存储往往很小，而 CPU 所需要的虚拟存储内容必须载入物理存储中。许多现在的操作系统，例如 Linux 就是建立在虚拟存储之上的。

虚拟存储允许在计算机上运行的程序（或程序序列）规模超过可用的 RAM。当然，这个功能的实现要依靠巧妙的编程，并且要外接一个更大的存储器，比如硬盘。然而，一个 MMU 可以确保程序在执行时存储器看上去是连续的并且足够大。确切地说，MMU 所负责的是计算机中存放程序的虚拟存储空间以及所对应的物理 RAM。

提出虚拟存储的初衷是为了解决快速而又昂贵的 RAM 和缓慢而又廉价的硬盘之间的不平衡。使用虚拟存储可以让一台计算机的成本更加低廉，这台拥有较小 RAM 的计算机可以表现得和拥有更多存储空间的高成本计算机一样好，唯一的不同就是有时候存储器的访问会比较慢。

当 MMU 工作时，与纯 RAM 相比，平均存储器访问速度将降低，这是因为硬盘的速度实在是太慢了，这也可以看成是对这种设计的折中。

注意，二级存储不一定非得是硬盘，它可以是任何存储介质，只要可以提供更大的廉价空间以及速度比主 RAM 慢即可，包括较慢的闪存等。

4.3.2 MMU 操作

在现代的 MMU 系统中，未使用的页面通常存储在低速而又廉价的硬盘中。　136

图 4-12 是一个 MMU 连接的简单例子，在这里，就 CPU 而言，该系统有一个 32 位的地址空间（因此它可以寻址 2^{32} 个内存单元，或者说 4GiB 的内存）。然而该例子中存储器的位宽只有 20 位（即 2^{20} 个内存单元，也就是 1MiB）。而通过 MMU，CPU 可以看见 4GiB 的空间，而不是 1MiB。

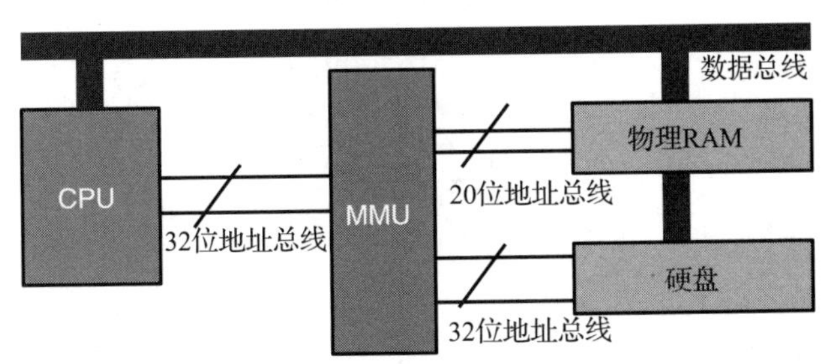

图 4-12　一个 MMU 用来连接 CPU 和物理 RAM 及硬盘，数据总线将这些部件直接相连，MMU 用来调整地址总线信号以控制存储器上的数据读写

存储器划分为页（page）。如果我们假设每个页面为 256KiB 大小（这是个典型值），那么主存可以存放 4 个页面，但是 CPU 可以访问多达 16 384 个页面。

MMU 将新的页面载入 RAM，并且将暂不使用的页面写回硬盘（硬盘足够大）。如果 CPU 要请求的页面没有加载到 RAM 上，这个时候 MMU 首先需要将一个未使用的页面从 RAM 退回到硬盘上（将其存储回硬盘），然后再将 CPU 请求的页面加载到 RAM 上。

要知道应该退回哪个页面，MMU 需要追踪哪个页面正在使用，并且选择一个理想的未使用的页面进行退回。这种设计思想与 cache 类似（见 4.4 节）。两个查找表用来记录当前 RAM 和硬盘的存储信息，这两个表分别叫作物理 RAM 占用表和磁盘存储占用表。

在 MMU 的管理下，如果 CPU 的请求页面已经在 RAM 中，那么我们称之为命中，如果没有在 RAM 中，我们称之为页面缺失或未命中。这个操作如图 4-13 所示，框 4.2 给出了一个实例。

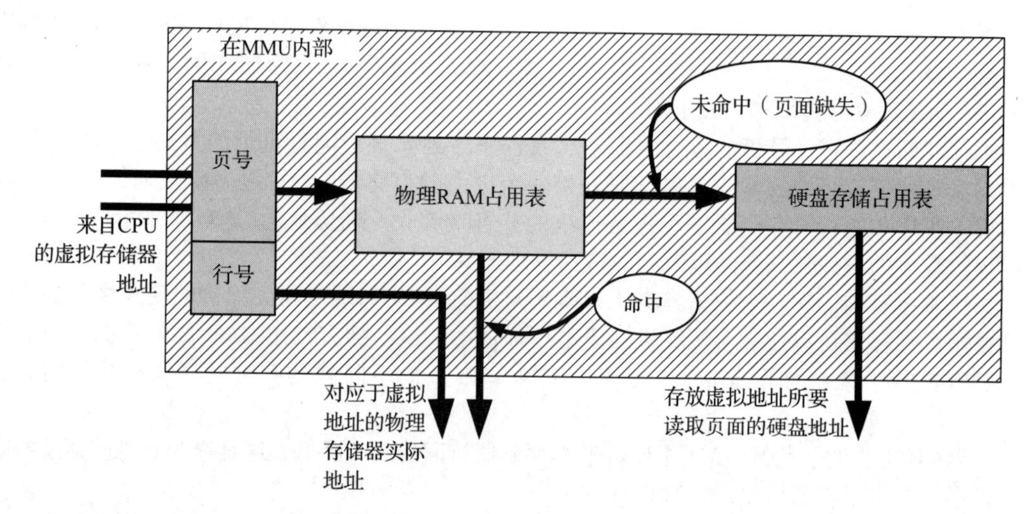

图 4-13　MMU 的简单示意图，给出了内部连接的关系，以及缺失和命中所带来的结果

框 4.2　MMU 实例

在一个简单的 CPU 中，物理 RAM 占用表如下图所示。在这里，表中的每一行都对应着计算机内的一个逻辑页地址。前面的参数表示当前哪一个页面载入了 RAM、如何载入，以及载入了 RAM 中的哪个位置。

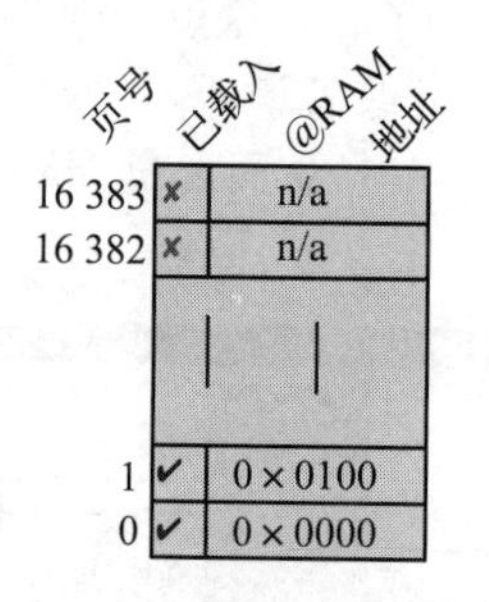

注意表中的页 0 在 RAM 中的 0 号地址，而页 1 在 0x0100 地址。现在，我们知道页可以放置在 RAM 的任何位置，但是在这里我们能看到页的大小只有 0x0100（256）个单元。这对应于 8 位的地址总线，并允许用 0 ~ 255 之间的数表示 8 位行号。

我们也可以看到总共有 16 384 个页面：需要 14 位才能够完全表示。这给我们的启示是 CPU 上可以支持的存储器宽度为 14 + 8 = 22 位。8 位的地址用来表示行号，其余的 14 位用来表示页号。以这 22 位来表示，我们将拥有 2^{22} = 4MiB 的存储空间（假设每个位置可以存放一个字节），也就是 16 384 × 256 = 4 194 304。

注意：从这个例子中我们可以知道在计算机中从 CPU 的逻辑地址转换为行号和页号的规则——底部 8 位是行号，前 14 位是页号。

当一个 CPU 从存储器的 X 位置读入时需要经过以下步骤：

1）CPU 将地址 X 写入地址总线中，然后发出一个读信号。

2）MMU 发出一个信号让 CPU 等待一段时间。

3）MMU 将地址 X 分成页号与该页中的行号。

4）MMU 询问物理 RAM 占用表。

137 ~ 138

- 如果请求的页面已经命中，则 MMU 输出要读取的物理 RAM 地址。物理 RAM 地址加上页面内的行号成为最终的物理 RAM 地址。
- 如果请求的页面缺失，则将页号传递给磁盘存储占用表。在该表中查找到需要读取的页，然后将整个页面加载进 RAM。因为此时该页面才进入 RAM，因此不以像页面命中时的方式将地址 X 的内容送回给 CPU。
- 注意，物理 RAM 在大小上是不受限制的，那么必然有一个将页面退回给硬盘的过程，这个过程根据追踪页面的使用情况来决定返回哪些页面。

5）MMU 输出地址 X 的内容到数据总线上，然后发出信号通知 CPU，数据已经准备好。

很明显，在页面缺失的时候 CPU 必须等待一段较长的时间来从存储器中得到一个值。硬盘可能比 RAM 要慢好几百倍，不管厂商如何努力地去创建快速系统，查找的过程相对来说还是比较慢。我们将这个等待时间称为停滞时间（stall time）。

应该注意的是，一些关键程序（例如响应中断的程序）不能等待页面缺失中涉及的检索时间。在这种情况下，一些对速度要求极为严格的变量或者程序一般都存放在一个特殊的页面中，该页面被固定在物理 RAM 上。事实上，页面属性允许高级 MMU 用几种不同的方式来处理页面。现代操作系统将中断服务例程和底层调度代码以这种形式固定在物理 RAM 上。

将存储页面放在硬盘上并在使用时将其载入 RAM 的方法，看上去比较符合逻辑，使用户体验到的存储空间比实际更大。然而，实施这种方法也存在很多困难，当要载入一个新页面时，哪个页面应该退回？或者每个页面究竟为多大最好？这些都是下面两节中所要考虑的问题。

4.3.3 退回算法

如果一个新的页面要从硬盘加载进物理 RAM，除非 RAM 中刚好有空间，否则必须有一个已经载入内容的页退回给硬盘，来给新页面腾出空间，并同时更新 RAM 的占用表。

有多种算法用来解决此类问题，以决定应该将哪个页面退回给硬盘。

- LRU：最近最少使用算法，也就是最近一段时间内最少使用的页面应该退回。
- FIFO：先进先出算法，最早进入的页面应该退回。

这两个算法各有优缺点。微软的 Windows 操作系统用户在配置较低的机器上使用该操作系统时对磁盘抖动（disc thrashing）问题较为熟悉，此问题表现为磁盘看上去一直在运行。产生这个问题的原因就是采用了一个很坏的退回算法。考虑一个很大的循环程序，它的代码分别存储在好几个页面上，在这种情况下，仅仅是从循环底部返回到循环的顶部就可能会引起这类问题，而这一现象是存放循环顶部的页面已经被退回所引起的。

139

最坏的情况是有一个很大的程序，其变量分布在多个页面上。如果一个小程序要将单个数据分别赋给这些变量，则包含这些变量的页面也许会仅仅为一个变量的写入而全部被调入 RAM。在这种情况下，编译器和操作系统很难通过聚集存储位置来优化程序。

这个退回问题和 cache 一样，面临着相同的问题，将在 4.4 节中讨论。

4.3.4 内部存储碎片和片段

如果用一个完整的页面来存放一点点的内容，对于存储器来说就会非常低效。或者如果一个程序比一个页面稍大一点儿，以至于仅仅几行的程序不得不存放在另一个空的页面中，这样这个程序就占用了两个页面，但其实这个程序更近似于一个页面的大小。

这两种情况下，计算机快速而又珍贵的 RAM 必须得保存这些没有用到的空间。而且，为了载入这些零头数据，每次都得执行冗长而又慢速的页面退回和载入新页面的过程。我们称这种情况为内部存储碎片。

解决此类问题的一种方法就是减小页面的规模。然而，这样做的后果是 MMU 的查找表变得很大，而且会使查找过程本身成为 MMU 操作的一个瓶颈。

最新的解决方法是引入一个存储器片段——一种可变长度的页面，而且这种页面可随着程序执行的需要增大或减小。一段 C 语言程序可能会使用一个存储片段来存放本地函数变量，用另一个片段存放全局变量，再用一个片段存放程序堆栈。尽管 C 程序员不需要关心底层细节，但潜在的程序操作可能会通过片段编号和片段（行）中的地址来读取变量。这种设计叫作二维存储。

存储片段的一个优点就是片段之间不会彼此扰乱。程序存储器片段可能是可执行的，而数据存储器片段是不可执行的，因此错误地分支到数据存储器将导致错误（而不是较旧的操作系统和计算机所普遍发生的整体机器崩溃）。同样，如果一个程序将变量存储到错误的位置，将不会被允许覆盖另一个应用程序的内存。

4.3.5　外部碎片

片段存储方式会更加复杂，其原因是这种方式需要对每个片段的大小和内容进行追踪，也就使得各种占用表更加复杂。然而，由于避免了内部存储碎片的麻烦，这种方式比起原始的页管理方法更加高效。

遗憾的是，当将这种方式用于解决外部存储碎片时会比较麻烦，如图 4-14 所示。从左到右看此图，一个原始的程序载入进来，如①中所示，占用了 4 个存储片段。在②中，操作系统想要从片段 5 中读取一些数据，所以要退回一个片段（本例中选择了片段 3）。然后在③中，片段 5 被加载进来。在④中，片段 1 被退回到硬盘，而在⑤中操作系统想要读取片段 3 并将其重新加载进来。

140

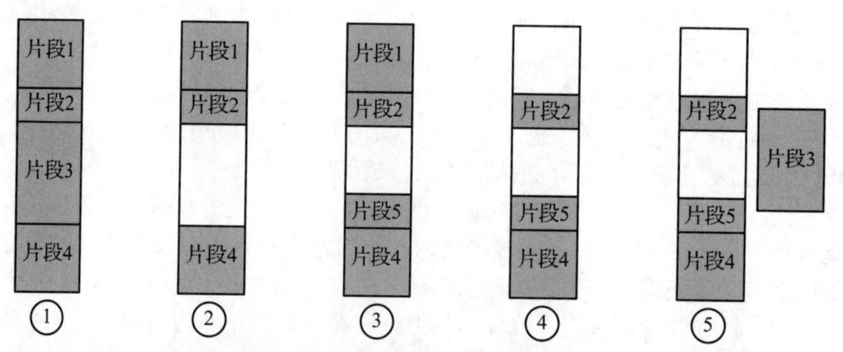

图 4-14　图解外部碎片：在内存片段加载和移除过程中，经过以上 5 个步骤之后，在外部存储中有足够的总存储空间，但没有足够的连续存储空间用于加载片段 3

此时，对于片段 3 来讲很明显有足够的空闲 RAM 空间，但是没有足够的连续空闲空间。有两个备选解决方案。第一个就是将片段 3 分割为两部分，然后将其加载到合适的位置。第二个就是先整理存储空间，然后再载入片段 3。在这个例子里第一个解决方法也许是可行的，但是会在复杂性和时间上变得很差，因为这个片段会被越分越小。基于这个原因，通常采用第二个方法。这种整理的过程称为压缩，并且在载入片段 3 之前执行，如图 4-15 所示。

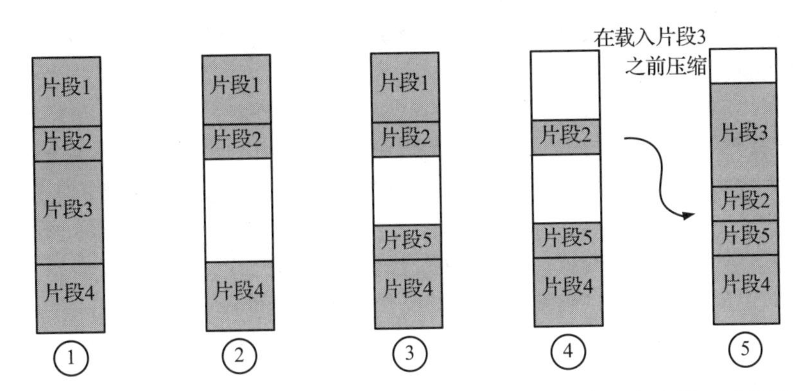

图 4-15 完成图 4-14 中的存储操作，并且在重新载入片段 3 之前压缩空白片段，对存储内容进行重组

很明显压缩会花费一些时间，所以只能在必要时使用该方法。 141

片段管理算法多年来一直是一个研究热点。一般做法都是追踪存储器的使用和未使用的状况，然后以某种方式高效地压缩空白片段。有一些简单的算法，默认会在出现空隙时执行压缩。

4.3.6 改进的 MMU

4.3.2 节中所讲述的 MMU 硬件可以很好地处理定长页面，但是对于可变长度的片段会怎样呢？要知道所有被请求的位置必须在物理 RAM 占用表中查找，因此其速度对于全局的存储器读写来说显得至关重要。简单地将地址总线一分为二，将后面的一些位看作行号，前面的一些位看作页号，这种做法无法满足片段存储的需求，因为在这里每个页面的大小都不一致。这也意味着占用表成为一个复杂的地址内容查找表（LUT）。

这些复杂的 LUT 的查找时间与其规模成正比，也就是说表的规模越大，查找起来越慢。问题是，为了减小外部存储碎片，系统需要对相对较小的片段/页面进行处理。考虑 UltraSPARC Ⅱ这个例子，它支持 2200GB 的 RAM，但是其页面规模为 8KB，也就是最坏情况下有 20 万个页面。存储这些页面信息的 LUT 会变得非常慢，意味着所有的存储读写，在或者不在 RAM 上，都将会被查找过程极大地延误。

解决这个问题的方法是对经常使用的页面引入一种较小而又快速的查找表，而把不经常使用的页面存放在慢速的查找表（或者 RAM）中。这可以有效地缓存查找表的内容，也叫作转换后援缓冲器（Translation Look-aside Buffer，TLB）。它也有其他名字，比如转换缓冲器（Translation Buffer，TB）、目录后援表（Directory Look-aside Table，DLT）或者地址转换高速缓存（Address Translation Cache，ATC），如图 4-16 所示。

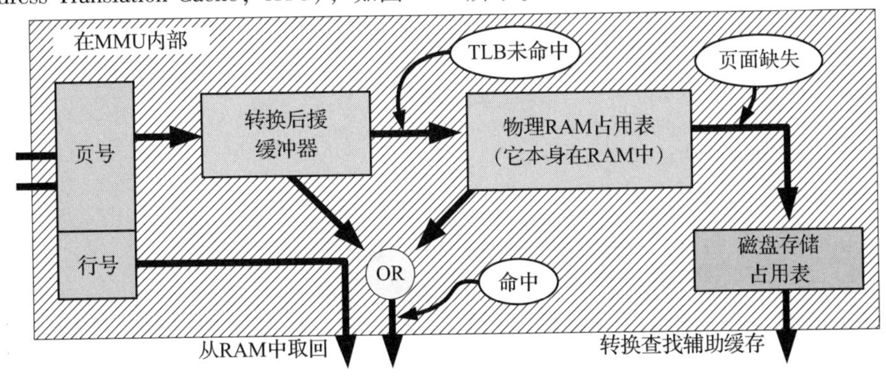

图 4-16 MMU 使用转换查找辅助缓存 TLB 进行操作，可以与图 4-13 中没有使用 TLB 的情况进行对比 142

通常，与可实现的性能改进相比，TLB 技术需要昂贵的额外硬件和存储器，因此更倾向于保留用于速度关键应用的处理器。

4.3.7 内存保护

除了能够对进出 RAM 和硬盘上的数据进行交换控制外，对系统设计者而言，MMU 还有一些其他的好处。事实上，RAM 越来越廉价，很多软件已经不把节省 RAM 空间看作一个设计目标了。对于嵌入式处理器来讲同样如此，尽管没有外部存储器（比如硬盘），MMU 依旧存在。问题是，为什么当最初的目标已经渐渐消失的时候，系统设计者还依旧坚持使用 MMU 呢？

最主要的原因就是存储保护。因为 MMU 是位于主存储器和处理器之间的，无须处理器的干预就可以很快地对地址进行扫描和更改。遇到任何问题时（比如请求了一个不存在的地址），MMU 可以向处理器发出预警信号。在 ARM 中，这可以通过称为*数据异常*（data abort）的中断信号来实现。或者当取一条不存在的指令时，通过称为*预取异常*（prefetch abort）的中断信号来实现。设计人员应该编写底层异常处理程序，并将其作为操作系统的一部分以应对这些问题的发生。

从软件的角度来看待此问题，系统程序员可以让 MMU 去限制对存储器各个位置的访问，或者标记存储器区域哪些已分配哪些未分配。编译后的代码一般都有一些程序区域和数据区域，通常不会对程序区域再进行写入操作，但是会对数据区域进行该操作。当应用了 MMU 后，如果一段程序区域的指令正在执行，那么存储器上的其他区域可以读写，而不会向正在执行的存储区域进行写入。

在大多数现代操作系统中，用户代码分不清哪些存储器位置是可写的，哪些是不可写的，它只能写入自己分配到的内存区域。这也就防止了用户代码写入错误的地方，进而导致系统崩溃。

非操作系统的代码是不允许对操作系统控制的寄存器进行写入的，也不允许对其他程序的数据区域进行覆盖写入。这对操作系统的安全性和可靠性至关重要。一个很重要的例子就是保护0 地址。一些经常犯的编程错误（见框4.3），都是由于从0 地址读或者写入了0 地址而造成的。在 Linux 中，如果一个编译好的 C 程序试图尝试此类操作，将会被自动退出并给予一个“segmentation fault”的错误提示。

框4.3 追踪 C 程序中的软件错误

一般 C 编译器都会将新定义的变量初始化为0，这有助于追踪在0 地址发生的错误：

```
int *p;
int x;
x=*p; //由于p被设置为NULL(0)，因此从此处读取将触发数据中止
```

143

如果没有足够的存储空间，用 malloc() 库函数来定义一块存储空间时就会失败，并且返回 NULL：

```
void *ptr=malloc(16384);
//我们忘了检查返回地址以查看malloc是否失败
*ptr=20; //如果ptr保持为NULL(0)，则将触发数据中止
```

类似地，还有一个函数在运行时则分配内存空间：

```
boot_now()
{
    void (*theKernel)(int zero, int arch);
    ...
    ...
    printf("Launching␣kernel\n");
    theKernel(0, 9);
}
```

在这段代码里（取自嵌入式系统引导程序，详见9.5节），函数 theKernel() 在第一行中被定义并且指定了一个存储器地址，而该地址已经被操作系统内核所使用。然而，程序员忘记了这个问题。在默认情况下，该函数将被分配到0地址，从而在执行函数 theKernel() 时会跳到0地址上，最后导致一个预取异常（prefetch abort）。

注意传递给函数的值0和9在分支发生前是存放在寄存器 R0 和 R1 内的（对于 ARM 来说）。如果内核确实驻留在指定的地址且是在嵌入式 Linux 系统中，该函数依旧执行，那么系统在运行时就会使用当前 R0 和 R1 内的数据，不会抛出异常错误。

4.4 cache

高速缓存存储器（cache）有着非常快的存取速度，但其成本也非常高，通常其物理位置更靠近 CPU。如果成本不是问题，计算机设计者在其系统中就只采用快速存储，但这样一来对大众消费者来说，这种设计就会变得非常不经济，当然超级计算机除外。

cache 在存储架构中的层次在3.2.2节中有相关介绍。我们知道，在存储架构中越接近顶部的存储器速度也就越快，但成本也越高，反之则速度越慢，成本越低。

cache 用于提高存储器的平均存取速度，而 MMU 则用来允许计算机拥有更大的存储空间，但这样一来，势必会降低平均存取速度。与 MMU 不同，cache 是不受任何操作系统干涉的。然而，它对于应用程序员来说是透明的，这一点与 MMU 一样。 144

在实际系统中，不只有一个 cache，事实上有很多不同等级的 cache 以不同的速度在运行。最高等级的 cache（最靠近 CPU）通常以片上存储的形式实现，这些 cache 通常都很小（例如 ARM 和80486仅有8KB），随着 cache 的等级降低，其容量逐渐增加。框4.4以 Intel Pentium Pro 处理器（已过时）系统作为实例很好地阐述了 cache 的概念。

框4.4 Intel Pentium Pro 的 cache 实例

Intel Pentium Pro 的 cache 设计方法在当年极具创新性，在 CPU 的芯片内拥有256KB 的 cache，不过其与 CPU 独立开来。遗憾的是，这个设计（见下图）后来被发现不是很稳定，并且最终成为一个失败的产品系列。

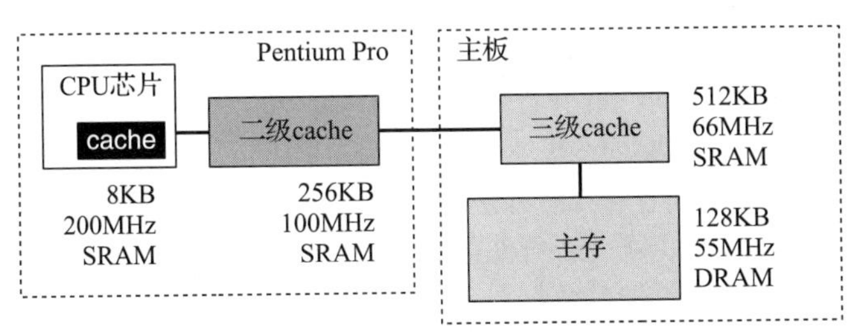

在该图中，可以看到 CPU 内置了一个相对快而小的一级 8KB cache。而二级 cache 与 CPU 在同一个芯片内，但是速度为一级 cache 的一半，容量却是其32倍。三级 cache 是快速 SRAM，位于主板上，比二级 cache 要慢，但容量为二级 cache 的两倍。最后，相比前面3种 cache，主存容量足够大，但也很慢，它是一种低成本高密度的存储体 DRAM（dynamic RAM），但速度要慢于 SRAM。

注意：当今的 cache 系统与此仍然十分类似，但是在规模上大了许多，每一个 RAM 的大小都可能多了几个零，甚至出现了更高级别。主存已经从 SDRAM 转变为 RDRAM，或者 DDR RAM 等（见7.6节）。

将 cache 划分开来，可以分别用于数据和指令存储，这在采用哈佛体系结构（具有用于数据和程序存储的单独处理器，见2.1.2节）的处理器中是必要的，但对于冯·诺依曼体系结构来说也是很有益处的。例如，具有创新性的 DEC StrongARM 处理器是基于 ARM 的，因此其内部是冯·诺依曼体系结构，不过该处理器却采用了一个哈佛体系结构的 cache。这样可以让两个 cache 部分对不同的存储行为进行优化：比如说程序存储存取偏向于顺序操作，而数据存储操作更偏向于跳跃式读写，因此需要不同的 cache 策略和结构来适应这两种不同类型的操作。 145

与虚拟存储类似，当CPU请求的数据不在cache中时会产生cache缺失，并且不得不从速度较慢的存储器中调入数据。就像虚拟存储那样，cache中的某些数据必须首先退回，然后进行一些压缩。

请求的位置可以在cache中找到的比率称为命中率，因此这也是考察cache性能最重要的指标。通过良好的cache组织和一个高效的cache算法可以提高命中率。

有很多不同形式的cache组织方式，这些方式对cache的成本和性能表现有极大的影响。其中有3个是最常见的：直接相联cache、组相联cache和全相联cache，接下来将对这3种方式进行介绍。

注意在现代CPU中，cache实际上是整块地读取内存，可能是一次读取32字节或者64字节，而不是只读取一个存储单元。为了简单起见，本节给出的例子中的每个cache块只包含一个内存地址。在更加现实的存储块情况下，cache中的标记位地址是块地址的起始，cache控制器知道连续m个存储器位置必须以一个缓存行（cache line）读入。这种方式的好处是在像SDRAM或者RDRAM这样的现代存储器中，对连续位置的读写比对多个单个地址的读写要高效很多。

4.4.1 直接相联cache

这个设计方案中，每个cache位置可以保存一行来自主存储器的数据。每个主存储器的地址对应一个固定的cache位置，由于cache的容量远小于存储器，因此每个cache位置要对应很多存储器位置。

当要求直接相联cache返回一个特定存储器地址上的内容时，只需要查看cache位置上的标签的正确性。cache位置取自存储器地址的低n位（假设cache和存储器的位宽相等），比如32位的例子，如下图所示：

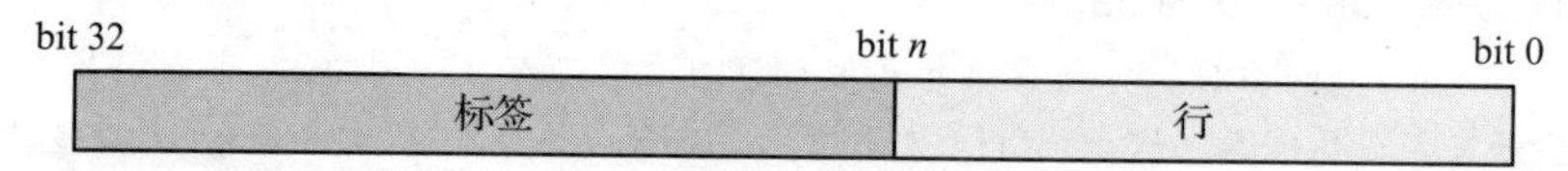

将cache位置分为标签和行的做法类似于在MMU中的页与行的划分法（见4.3节）。直接相联cache的位置数等于行数。存储器上的每个页均有相同的行数，所以如果从一个页中读取一个数据，它将按照自己所属的行载入具体的cache中。

每个cache位置实际上包含了一些域：一个已用/清空（dirty/clean）标志位，用来标识cache位置上的数据是否更新或者有没有存进主存里；一个有效位，用来标识该cache位置是否被占用；一个标签位，用来标识哪一个可能的存储器页已经实际载入cache中；在这些标志位之后，cache存放了从RAM中读取的数据。

所以直接相联cache算法应该是：

- **CPU从存储器中读取**——将读取地址分为TAG和LINE两部分。检查cache的LINE位置，并查看标签位是否与CPU要求的一致。如果一致，则从cache中读取数据。如果标签位不匹配，则查看已用标志位。如果这个已用标志位设定为有效，则首先回退当前cache位置内的数据到主存上，然后读取相应地址的数据到当前位置cache上。清空已用标志位，设置有效标识，并且更新TAG位。

146

- **CPU向存储器写入**——有以下几种情形：
  - 直写（write through）：将数据写入cache行中并且也写入主存中。
  - 写回（write back）：不写回主存（这种情况仅发生在下一个时间另外一个存储器位置要使用该cache位置的时候），只存储在cache上。
  - 延迟写（write deferred）：允许写到cache上，然后经过一定时间后写回主存（假设有这样一个时间，并且CPU没有在等待）。

cache 数据一旦写回到主存，就要清空已用标签，以标识现在的主存数据和 cache 数据是一致的，这叫作 cache-memory 一致性。

在直写方式中，如果将要向其中写数据的存储位置不在 cache 中，则可以直接向存储器写入数据，从而跳过 cache，这种方式叫作无写分配的直写（write-through with no write-allocate，WTNA）。而数据总是存储在 cache 中，不管这个数据是否写到了存储器中，这种方式叫作有写分配的直写（write-through with write-allocate，WTWA）。

直接相联 cache 的主要优点就是查找速度快。对于每一个主存储器的位置来说，只有一个 cache 位置与之对应。然而，这个优势也是个问题，每个 cache 行要对应很多真实的物理存储位置。框 4.5给出了一个直接相联 cache 存取的例子。

框4.5　直接相联 cache 实例

下图给出了在一个简单微型计算机系统中，直接相联 cache 当前正在使用的情况。

行	有效位	已用	标签	数据
1023	✔	☹	0000	0000 2001
1022	✔	☺	0001	FFFF FFF1
2	✔	☺	0100	0000 0051
1	✗	☺	XXXX	XXXX XXXX
0	✔	☹	0000	1A23 2351

这个 cache 有 1024 行（对应于 10 位的地址总线），每行有两个标志位、一个标签位和实际缓存的数据。笑脸符号表示未写（clean），悲伤符号表示已写（dirty）。

在系统的开始阶段，所有的 cache 条目都被清空而且是无效的，像第 1 行。这可能意味着第 1 行在系统重置后就没有使用过。

147

第 0 行是有效的，所以它肯定缓存了实际数据。但该行是已用状态，说明该数据最近肯定改变过，并且新数据还没有写入 RAM 中。其标签位为 0，则第 0 行必然存放的是 CPU 的 0 地址数据，而且最后的数据为 32 位的 0x1A23 2351。

由于 cache 中总共有 1024 行，因此第 0 行还可以存放 0x400（1024）、0x800、0xC00 这些地址的数据。

第 2 行也有效却是清空的，意味着其存储的数据与 RAM 中所存放的一致。它所对应的页（标签）位置为 0x100。因为行数表示了低 10 位的地址总线，因而所缓存的数据在 RAM 中的地址为（0x100 << 10）+2 =0x40002，且该数据为 0x51。

最后，第 1023 行有效但已用，意味着该位置的数据已经改变。其标签位为 0，所以读取的数据在 RAM 中的地址为（0x0 << 10）+1023 =0x003FF。

4.4.2　组相联 cache

直接相联 cache 的问题在于物理地址为 0、1024、2048、3072 等的内存单元都链接在同一个 cache 行上。如果我们的软件要使用 0、1024、2048 这些地址存放数据，那么在同一时刻只有一个数据能够进入 cache。

为了解决类似的问题，一种 n 路的组相联 cache（set-associative cache）允许 n 个 cache 行和存储器行相关联。其本质就是 n 个直接相联 cache 以并行的方式操作。

在一个 2 路的组相联 cache 中，可以有两个 cache 位置与某个存储器地址相联（详见框 4.6）。从这种方式的 cache 中读取数据，其过程仍非常快，等同于连接了两个查找表。这项技术已经被广泛采用，例如最早的 Digital Equipment Corporation Strong ARM 处理器，包含了一个 32 路的组相联 cache。

就像所有的 cache 一样，一个新的位置在载入数据之前必须要退回之前的数据。问题是，n 路的 cache 如何退回？这与 MMU 的例子中的问题相似，在 4.4.4 节中也将介绍相关的退回算法。

框 4.6　组相联 cache 实例

下图显示了在一个微型计算机系统中 2 路组相联 cache 正在使用的情况。

行	有效位	已用	标签	数据	有效位	已用	标签	数据
1023	✔	☹	0000	0000 2001	✔	☺	0015	0110 2409
1022	✔	☺	0001	FFFF FFF1	✔	☺	0002	0000 0003
2	✔	☺	0100	0000 0051	✗	☺	XXXX	XXXX XXXX
1	✗	☺	XXXX	XXXX XXXX	✔	☹	0006	FFF1 3060
0	✔	☹	0000	1A23 2351	✔	☺	0004	4A93 B35F

148

这个 cache 有着与框 4.5 中的直接 cache 极其类似的结构，但是每一行有两个条目（因为是 2 路组相联）。它有 1024 行（对应于地址总线的 10 位）。笑脸符号表示清空，悲伤符号表示已用。

在系统的开始阶段，所有的 cache 条目都是未写而且是无效的，像第 1 行的左半边和第 2 行的右半边。这可能意味着这些条目在系统重置后就没有使用过。

直接相联 cache 和组相联 cache 方式的不同之处可以从第 0 行看出。在第 0 行的左边其内容与 4.4.1 节中的例子完全一样。但是在这个例子中，相同的行还可以同时从存储器的第 4 页（标签 4）读取数据，也就是右半边这个条目，其标志位显示为已用且有效，这意味着这个数据已经改变并且没有写回到 RAM 中。它存放的 32 位数据为 0x4A93 B35F，即存储地址（0x004 << 10）+0 =0x1000 的最近有效内容。

4.4.3　全相联 cache

如果我们的软件经常使用 0、1024 和 2048 这 3 个地址，而不用 1、1025 和 2049，那么直接相联 cache 与组相联 cache 的第 0 行将会一直进行输入输出交换，满负荷运转。相反，cache 的第 1 行将会空置。

全相联 cache（full-associative cache）解决了该问题，因为这种方法可以允许任意存储器位置映射到任意的 cache 位置上。在这种情况下，标签位就包含了全部的存储器地址信息（而不仅是页内信息）。

问题是，当 cache 从存储器中读取数据时，都必须检查 cache 中的每个标签。换句话说，对 cache 中的每一行都要进行检查。在直接相联 cache 中，只需要检查一个标签，而在 n 路组相联 cache 中也只需要检查 n 个标签。

所以，尽管全相联 cache 方法可以获得很好的命中/缺失比率，但是这种方法会由于其自身有很多检查操作而比较慢，这类似于 MMU 中的物理 RAM 占用表问题。

4.4.4　局部性原则

被加载或卸载的变量存储模式极其依赖于高速缓存的使用情况。但在一般情况下，在运行一些通用程序的计算机中，有两个良定义的特征：数据存储器和程序存储器。这就引出了计算机体系结构中一个众所周知的术语——*局部性原理*（principle of locality）。实际上局部性原则有两个：第一个是*空间局部性*（spatial locality），它涉及地址的聚集性；第二个是*时间局部性*

149

(temporal locality)，它涉及时间的聚集性。

通过一种可视化方法就可以发现这个原则，查看计算机内存并给过去几千个时钟周期里使用过的数据变量着色。如果在操作过程中冻结计算机，你可能发现一些已着色的内存地址集群以及大面积目前未使用的内存。几秒钟后再次冻结，你会发现另一些活跃着的不同的内存集群。一个好的 cache 操作应该尝试把尽可能多的着色集群放到快速缓存中，从而加快程序的平均执行时间。

如果把可视化方法应用到程序存储器，你会发现一些连续的着色内存块像丝带一样通过内存传送。

空间局部性原则是指在任何一个时刻，活跃的项目可能在内存地址上是彼此相邻的。对程序存储器来说这是由于程序指令的连续性，而对数据存储器来说这是由于编译器会把定义的变量集群到相同的内存段中。

时间局部性原则是指一个近期被访问过的项目相比于其他位置的项目更可能被再次访问。对程序存储器来说可以通过循环结构来解释，而对数据存储器则可以通过整个程序中重复使用一些变量来解释。

图 4-17 举例说明了两个局部性原则，图中演示了 3 个内存页，给出了它们在程序运行过程中的几个瞬间快照。内存使用的密度通过页中不同深浅的矩形块显示出来。内存地址通过在矩形页中的位置表示出来。可以看出随着时间的推移，时间局部性原则导致不同内存集群之间的逐渐移动。空间局部性意味着内存的访问往往集中在一起。请注意，跨多个页存储的变量（或者堆栈项目）在任何时刻都可能变得有效。这是因为不同类型的项目可以停驻在不同的页面（特别是，数据项和程序项不可能共享一个内存页）。

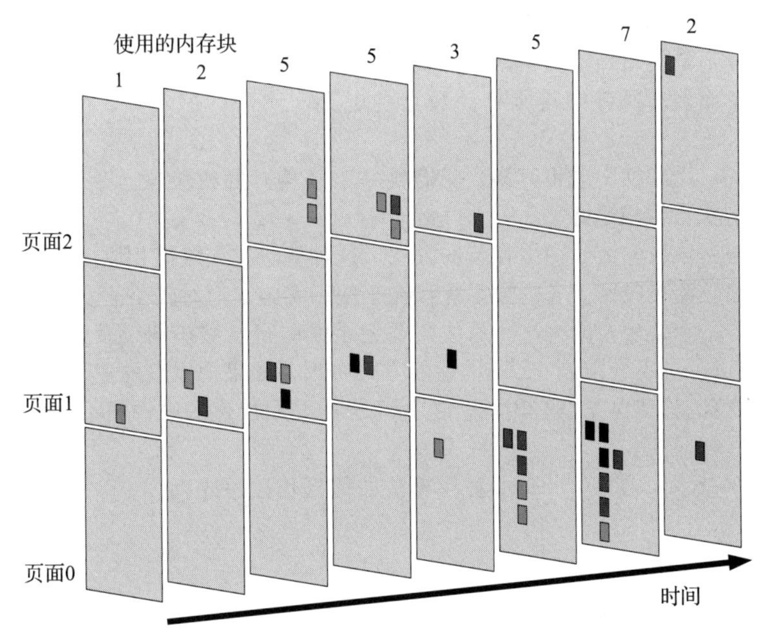

图 4-17　空间局部性和时间局部性原则的一个实例，显示了内存使用（用在几个内存页上涂黑的内存块来表示）是如何随时间变化的。时间局部性：前一个时刻有效的内存集群往往在下一个时刻还要使用，但与更晚些时间里用到的集群却不同。空间局部性：有效内存集群驻留在每一页的特定区域中，而不是均匀分散的。页中任何时刻使用的块的数目标记在图的上方

局部性的含义是，在一般情况下大致预测将来可能访问的内存位置是有可能的。一个好的高速缓存的功能就是利用这个信息来缓存这些位置，从而增加平均访问速度。

4.4.5 cache 替换算法

替换算法用于在运行的 cache 中记录位置。当请求一个新位置而高速缓存中适当的部分已经满了时，替换算法便会发挥作用，这意味着 cache 中一些位置要被新的位置替换。如果 cache 中适当的位置被标记为“dirty”（换句话说，它已经被重写但还没有被保存回 RAM），那么必须先将数据保存到 RAM。相比之下，“clean”的缓存条目可以马上更换，因为只需让它们存放与 RAM 中的缓存位置相同的值即可。当然，设置谁成为适当的位置是缓存组织的功能之一：全相联 cache 将不限制位置，但直接相联 cache 或组相联 cache 会限制一个内存地址可以被缓存在哪一行（或哪几行）。

然而，仍然存在一个问题，如果刚被送回 RAM 的某一行在很短的时间后又需要被访问，就不得不把它再装载回去。而这可能需要更多的数据退回操作，是一个耗时的过程。

一个好的 cache 能最大限度地减少加载和卸载的次数，或者以另一种方式，最大限度地提高命中率。要做到这一点，一种方式是确保正确的数据（定义为最不常用数据）被收回，而这正是 cache 替换算法的工作。有几个值得一提的常用算法：

- **LRU**（最近最少使用）：其规模复杂性与 cache 大小相关，因为它需要维持每个条目的使用顺序的清单。下一个要收回的条目就是清单底部的那一项。LRU 在大多数情况下可以合理地执行。
- **FIFO**（先进先出）：替换 cache 中最先进来的位置。这在硬件上很容易实现，因为每个加载行标识符只进入一个 FIFO，当需要收回某一项时，FIFO 输出的标识符就是下一个被替换项。在某些内存位置重复使用很长时间而另外一些内存位置仅仅使用很短时间的情况下，FIFO 不如 LRU 有效。
- **LFU**（最不常使用）：替换最不常用的位置。这很难实现，因为每个 cache 条目需要有计数器，而且需要有比较所有计数器的电路。然而，在大多数情况下，LFU 性能非常好。

150~151

- **随机算法**：用硬件实现很容易，只需挑一个（伪）随机位置。令人惊讶的是，这种技术实际上执行得相当好。
- **循环算法**：采取轮流收回缓存行的方法。这种算法在 n 路组相联 cache 中很常见，n 路的每一路轮流被收回。它的主要优点在于便于实施，但对较小的 cache 性能很差。

记住，cache 一定要快，因为这些算法需要记录哪些行已被访问以及当需要替换时替换哪一行，它们需要以一种不会限制 cache 性能的方式实现，如果把缓存的速度减慢得和主存储器一样，那么再完美的算法也是没有用的。这些算法需要用快速的硬件而不是软件实现。因此，实现的复杂性是一个问题。

框 4.7 和框 4.8 列举了一些 cache 替换算法如何操作读写序列的例子。

框 4.7 cache 替换算法示例 1

问：计算机系统 cache 和主存储器状态如下图所示。复位时，cache 完全是空的，但主存储器位置填满了 aa、bb、cc 直到 ii，每个缓存行可以缓存一个内存地址。

如果采用写回系统的 LRU 替换算法，而且 cache 是全相联的（从底往上填），追踪需要采取的行为，画出经过下面的操作序列后 cache 的最终状态：

(1) 从地址 0 读。

(2) 从地址 1 读。

(3) 从地址 0 读。

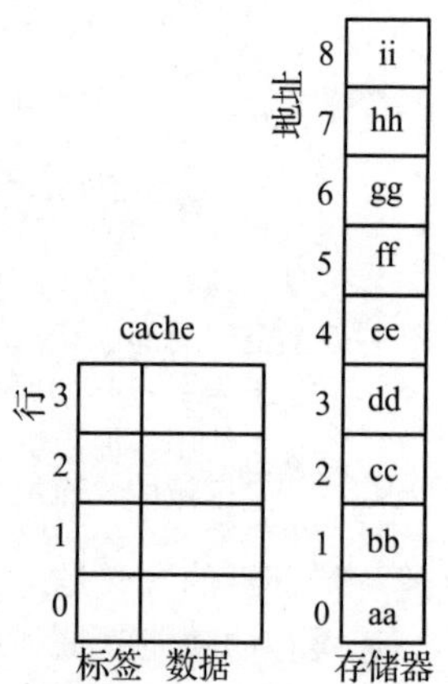

（4）从地址2读。

（5）从地址3读。

（6）从地址4读。

（7）把99写入地址5。

答：我们将研究每一步操作，并画出在步骤5、6、7后cache填满后的状态图，如下图所示：

步骤（5）后的cache

行	标签	数据
3	3	dd
2	2	cc
1	1	bb
0	0	aa

步骤（6）后的cache

行	标签	数据
3	3	dd
2	2	cc
1	4	ee
0	0	aa

步骤（7）后的cache

行	标签	数据
3	3	dd
2	2	cc
1	4	ee
0	5	99

152

首先，因为cache是空的，所以步骤1缺失。因此从内存中检索到值aa并放置在cache第0行上，标签为0（因为全相联cache标签是完整的内存地址）。步骤2同样缺失，这将导致bb被放置在第1行。步骤3命中——地址0已经在第0行中了，所以不需要采取进一步行动。步骤4缺失，导致cc被写入第2行。步骤5同样缺失，这将导致在cache第3行填入dd。

此时cache已满，所以增加任何新的条目都会要求收回某一条目。由于我们使用LRU（最近最少使用），因此需要记录最后一次访问每个条目的时间。步骤6缺失，所以内存中位置6的值需要加载到cache中。往回看，最近最少使用的是步骤2中的第1行而不是步骤1中的第0行，因为加载了第1行后我们在步骤3又访问了第0行，所以，步骤6把内存地址4中的数据ee存到第1行。

最后，步骤7涉及从CPU写入内存。由于我们有一个写回系统，这个值必须同时放到cache和主存储器中。再次应用LRU算法，我们可以看到第0行是这次最近最不常用的位置，因此，它要被新的数据取代（它没有被退回，因为从它被载入起我们还没有对它进行写入操作）。

框4.8 cache替换算法示例2

问：计算机系统的cache和主存储器如下图所示。

复位时，cache是空的，但主存储器位置已填满了aa、bb、cc直到ii。每个cache行可以容纳两个内存地址（换句话说，它是一个2路组相联cache）。如果采用写回系统的FIFO算法，追踪需要采取的行动，画出经过下面操作的序列后cache的最终状态：

（1）从地址0读。

（2）从地址1读。

（3）从地址0读。

（4）从地址2读。

（5）从地址3读。

（6）从地址4读。

（7）把99写到地址5。

（8）把88写到地址8。

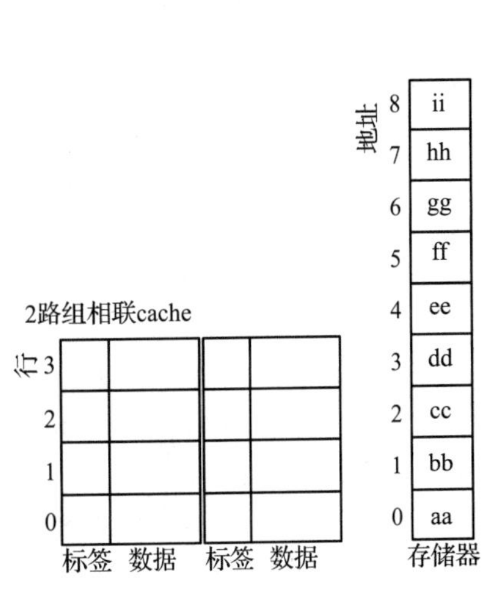

答：首先，确定标签范围是很重要的。由于cache有4行，内存地址{0~3}停驻在标签区域0，{4~7}在标签区域1，{8~11}在标签区域2，以此类推。内存地址0、4和8映射到第0行，地址1、5、9映射到第1行，以此类推。

153

现在研究每一步操作。步骤1引起缺失并导致aa被加载到cache第0行。为了增加可读性，我们将先填左半边。步骤2同样缺失，填入第1行。步骤3命中，导致cache第0行左边的值被读出。步骤4和步骤5也缺失，将cc和dd分别填入第2行和第3行。此时，cache左边的每一行都填满了。所以步骤6从地址4读缺失将导致ee被放到cache中。地址4映射到cache第0行并且由于第0行左半边已经满了，所以它被写到了右半边。注意地址4在标签区域1中。

步骤7是对地址5写入，地址5映射到cache第1行，标签为1。我们还没有访问过地址5，所以是缺失的，并将导致数据99被放到cache第1行余下的部分，即右半边。此时的cache状态图如下图左图所示。

最后的步骤8是把88写到地址8。地址8映射到cache第0行并在标签区域2中。它必定被放到cache中，因为有一个写回正在使用。然而，cache第0行已满，所以有一项需要收回。采用FIFO方案，先进先出。对于第0行的情况，先进来的是左半边的位置，所以它被88替换，如下图右图所示。

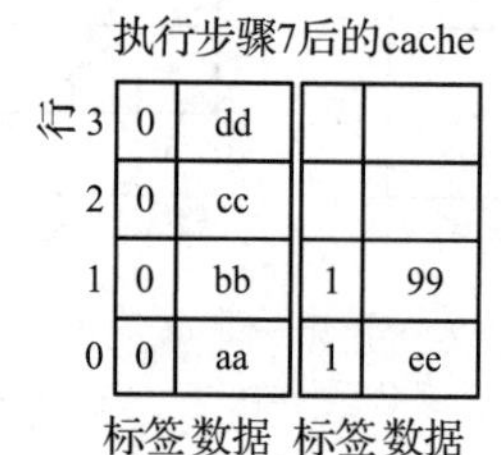

4.4.6　cache性能

命中所花费的时间相当于检查是否命中（访问cache查找表）加上从cache中检索数据以及返回到请求数据的CPU所需的时间。这是以假设更新替换算法的运行时间部分并不会增加总花费时间为前提的。由于cache顾名思义就是要快，所以检查是否命中花费的时间应尽可能少。

缺失所花费的时间稍微有些复杂。首先需要时间来测试是否命中（访问cache查找表），然后运行替换算法，再查询选定的cache行的dirty标志位。如果该标志位有效，则必须将把不想要的数据退回主RAM的时间也添加进来，再加上把需要的数据从主RAM加载到cache上所需的时间，从cache中检索数据到CPU所需的时间也要列入考虑因素。

如果cache位置M_1命中的访问时间是T_1，但是在cache缺失的时候我们需要把字M_2从主存储器传送到cache M_1，传输时间为T_2，那么命中率H = cache命中数/总请求数，平均访问时间T_S可以表示为：

154

$$T_S = H \times T_1 + (1 - H)(T_1 + T_2) = T_1 + (1 - H)T_2$$

由于T_1比T_2小得多（当然命中比缺失快很多），因此要想使平均访问时间接近T_1，则需要高命中率（换句话说，尽量达到$H \approx 1$）。

如果C_1是大小为S_1的cache每位的成本，C_2是大小为S_2的主存储器每位的成本，则每位的平均成本可以表示为：

$$C_S = (C_1S_1 + C_2S_2)/(S_1 + S_2) = C_1S_1/(S_1 + S_2) + C_2S_2/(S_1 + S_2)$$

考虑到C_1远大于C_2，则cache不得不非常小，否则就会过于昂贵。cache设计就是成本、速度和大小之间的权衡（考虑大小是因为低级别的cache通常不得不安装到CPU所在的同一个硅芯片上，占用了宝贵的空间）。

定义访问效率为：$T_1/T_S = 1/\{1 + (1 - H)(T_2/T_1)\}$，可以认为是命中率为1时的理论最大速度除以前面推导的实际平均访问速度。T_1/T_S访问效率的一些典型值期望的命中率在框4.9中给出。

框4.9　访问效率示例

T_1/T_S访问效率的一些典型值对应的命中率如下所示：

		T_2/T_1		
		5	**10**	**20**
H	**0.6**	0.33	0.20	0.11
	0.8	0.50	0.33	0.20
	0.9	0.67	0.50	0.33

这些都是一些真正CPU中的典型数字：在内存为16MHz的75MHz ARM7中，其T_2/T_1的值逼近5，可以达到0.75的命中率（有一个很好的cache贯穿于整个良性的或可预见的程序执行）。其他拥有更快cache的系统会有更高的命中率。在多级cache的情况下，可以反复分析达到T_3和T_4等的比率。当然，如果将正在执行的程序全部放入cache中，命中率将达到1.0。

请注意，拥有一个大缓存的系统并不少见。这是一些数字信号处理器采用的有效方法：大容量、非常快的单周期内部RAM使得CPU可以全速运行其操作而不用等待访问内存。一个流行的例子就是ADI公司的ADSP2181芯片有80KB的高速片上存储器。在这种情况下，用户都愿意花大价钱拥有与CPU紧挨在一起的大RAM块，以满足性能需要（所有操作——包括内存访问——在一个周期内完成）。

155

有各种改善cache性能的技术，例如预测性预读和自适应替换算法。好的全相联cache可以提供高达0.9的命中率，尽管这可能是在一个专门的系统中并且只对小规模的程序才能实现。

4.4.7 cache一致性

cache一致性是确保cache中一个内存位置的所有副本都保持相同的值。在迄今为止给出的例子中我们通过简单地指定clean/dirty以及有效/无效标志来解决这个问题。cache一致性在共享存储的多处理器系统中是很重要的。然而，确保cache一致性特别困难。

想象一下一个共享变量被两个CPU（A和B）使用的情况。如果它被两个CPU读取，它将最终在两个CPU上都进行缓存。现在，如果两个CPU之一，比如A，改变了变量（通过写入），存储在CPU A的cache中的变量将被更新。在直写系统中，变量的新值会立即写回到内存，所以内存中的值也是最新的。然而，CPU B的cache中仍然是变量的旧值。如果CPU B读取这个变量，将cache命中且会使用cache中的旧值，而不是RAM中最新的正确值。CPU B现在读取不正确变量的问题称为一致性（coherency）问题：CPU B中cache的变量与该变量存储在其他地方的值不一致。

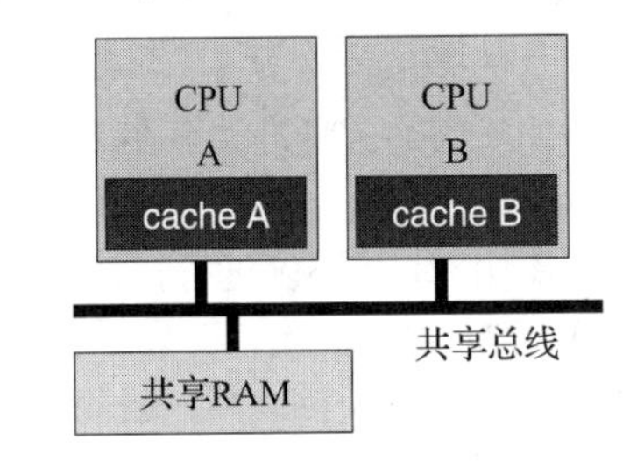

图4-18 此图给出了两个CPU，每个CPU有一个独立cache，通过共享总线结构与共享主RAM相连

一个并行计算机系统的例子如图4-18所示，它可以被扩展成更多的处理器。由于CPU间共享总线带宽，它将很快成为性能瓶颈，因此将独立cache做得很大以尽量减少访问共享RAM（因此也减少了总线的使用）。然而，这只能加剧一致性问题。

现代计算机系统中使用了很多技术来解决这个问题。有一个常用的解决方法叫作侦听（snooping）。侦听就是cache“听”共享总线上其他cache访问的过程。这可以提供两个有用的信息：第一个是何时另一个cache读取的位置也在本地cache中；第二个是何时另一个cache写回到内存的位置也在本地cache中。

使用侦听收集来的信息，智能cache控制器可以采取某种形式的行动来防止一致性问题的发生。例如，当其他的cache写回到共享RAM的某个位置时，会使相应的本地cache条目无效。事实上，有许多处理这个问题的方法，而MESI协议是其中最受欢迎的方法之一。

MESI 协议以它的几个状态——modified（修改）、exclusive（独占）、shared（共享）和 invalid（无效）的首字母命名，它基于如图 4-19 所示的几个状态机。在图中，读缺失后，(S) 或者（E）表明当值从主存储器取出时，另一个 cache 侦听单元表示它也保持着一个副本（因而用 S 表示共享），或者没有其他侦听单元表示正在使用它（因而用 E 表示独占）。因此可以看出，侦听单元不仅负责侦听其他 cache 的访问，而且当它们自己缓存着其他 cache 请求的值时也要通知其他处理器的 cache。

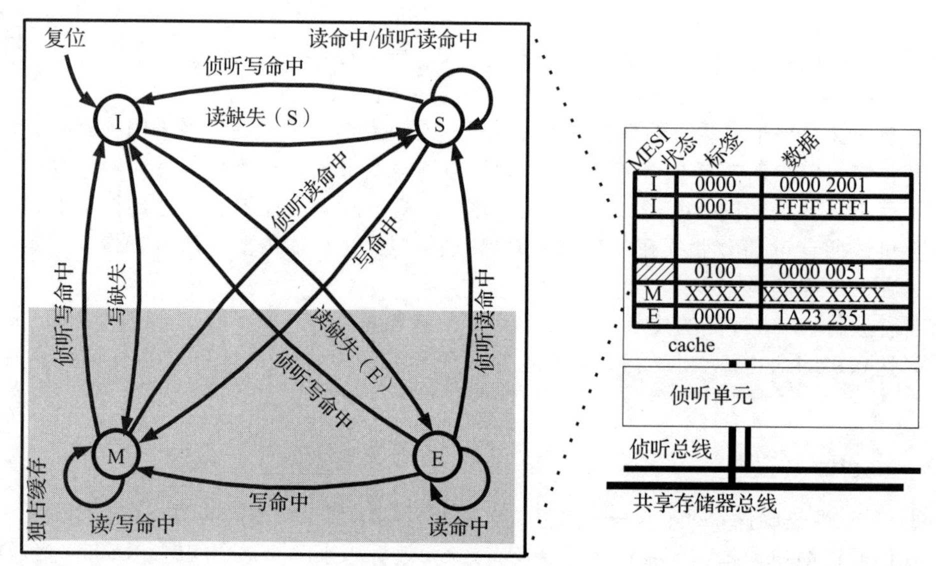

图 4-19 MESI 协议状态转换图（左）以及缓存一部分来显示 MESI 状态标识符位于哪个特定的缓存行（右）

每个缓存行可以有与之相关的 4 个状态之一（而不是有效/无效和已用/清空两个状态）：

- I 是无效状态，表明那一行的数据不正确或者没有缓存任何信息。
- S 是共享状态，意味着其他 CPU 可能也缓存着这个值。cache 可以通过侦听共享存储总线来做出决定。cache 中的值与主存储器中的值相同。
- M 是修改状态，发生在值已被更新时。意味着其他保持着这个值的 cache 实际上保持的是旧值。
- E 是独占状态，表明目前没有其他 cache 保持这个值，它与主存储器中的值相同。

如果这个方案应用于共享存储的多处理器系统，那么每个 CPU 有它自己的 cache 并且每个 cache 使用 MESI 协议进行控制。cache 中的每一行仍需要通常的行号和标签，但是有效/清空标志由两个标志位取代，即表示无效、修改、独占或共享 4 个状态。

156~157

复位时，所有缓存行被设置为无效，这意味着缓存行中任何数据都是不正确的。

读者可以参考框 4.10 中给出的 MESI 协议在双处理器共享存储系统中运行的例子。

框 4.10 MESI 协议示例

为了说明 MESI 协议在双处理器共享存储系统中的运作，我们将通过典型事件序列来跟踪系统状态。CPU 被命名为 A 和 B，它们的 cache 从复位开始（所以所有条目从状态 I 开始）。

CPU A 从共享内存中位置 X 读取。由于 cache 全部无效，因此这将是一个读缺失并导致值从主存储器中检索。cache B 将侦听总线，发现有数据传送并从内部看到自己没有缓存位置 X，因此它将保持安静。观察状态图并应用于 cache A，I 状态没有侦听信息的读缺失将会导致进入 E 状态。

想象一下，CPU B 随后也读取位置 X，而 cache B 中没有内容，因此读缺失。cache B 从共享 RAM 中读取值，而 cache A 侦听总线。cache A 从内部看到自己也缓存了位置 X，于是 cache A 在侦听总线上告知 cache B 它保持着位置 X。cache B 将继续读取值，但由于它是共享读取，状态图告诉我们沿着从状态 I 到状态 S 的读缺失（S）线走。同样，cache A 内部侦听读命中，所以缓存行保持位置 X 的状态从 E 移动到 S。这时，两个 cache 都保持有位置 X 并且两个都处于共享状态。

接下来，想象 CPU A 向位置 X 进行写入。根据直写策略（任何写操作都直接到主存储器），cache A 意识到写命中，行状态从 S 移动至 E。cache B 侦听单元正在监视总线并确定一个侦听写命中。由于它也在状态 S，这会使它转换到状态 I，也就意味着无效。这是正确的，因为它缓存的值已经不是最新的值，最新的值在其他 cache 中并且现在返回到了主存储器。

4.5 协处理器

某些计算任务用硬件可以更好地执行，这种硬件不属于标准 CPU 的范畴。一个常见的例子就是浮点数的处理，使用专用的浮点运算单元通常比用 CPU 更快（早期的个人计算机硬件中不提供浮点运算：一些读者可能还记得 Intel 80386PC 母板上的插座——用于接插 Intel 80387 浮点协处理器和其他替代品）。事实上，从最早的计算机开始，就有专用硬件用来执行某些特定的功能，它与 CPU 是分开的，而 CPU 负责执行通用计算。

除浮点数处理之外，也许最突出的例子是 Intel 的 MMX 扩展到奔腾处理器的范畴，后来继续扩展并命名为 SIMD 流指令扩展（Streaming SIMD Extension，SSE）。然而，还有其他的——许多现代嵌入式处理器包含专用协处理器单元来执行特定的功能，例如加密、音频或视频处理，甚至专用的输入输出处理。 158

我们将在 4.7 节研究 MMX 和 SSE，但就目前而言，我们将考虑最突出的例子——浮点运算单元。这是每一个现代台式计算机都会包含的部分，内置在它们的 CPU 中，但在为嵌入式系统设计的处理器中会较少看到它们。

4.6 浮点运算单元

我们已在第 2 章讲过，浮点数通过使用尾数和指数来为特定的基本系统传输数字信息。正如前面介绍的，IEEE754 标准浮点数是目前最常用的表示方法，在计算机行业内广泛应用。

由于这种标准化，实现这个标准的设备并不像使用标准的计算机系统的其他部分那样变化频繁。例如，Intel 80486 [㊀] 和奔腾处理器包含一个片上 FPU，它与 80387 一样，从 20 世纪 80 年代中期其原始版本出现开始，基本上保持不变。它是 80386 的独立的协处理器芯片。那时，买台式 PC 可以选择带或不带板上 FPU，对于大多数没有 FPU 的计算机，用户可以通过购买芯片并把它插到主板的空槽上来对计算机进行升级，正如前面介绍过的那样。

不支持浮点运算是有原因的（现在仍然是），这要归因于 FPU 的性质：硅片面积大并且耗电多。特别是对嵌入式和电池供电系统，使用没有浮点运算的处理器往往是首选，所有算法用定点运算实现，或者使用更高级的语言以及借用软件浮点模拟器实现。

使用 FPU 时，CPU 把操作数加载到主 CPU 和 FPU 共享的特殊寄存器里（它或者是一个单独的芯片，或者在同一硅片上），通过发送一条特别的指令激活 FPU。然后 FPU 从共享寄存器读取并开始处理所需指令。一段时间后，FPU 返回结果到特殊寄存器并通过中断通知 CPU 进程已经完成。许多现代处理器在执行流水线中都包含 FPU，因此不需要额外的中断（流水线将在 5.2 节介绍）。

FPU 通常不能直接访问内存中或者共享总线上的数据，它只能作为一个从处理器，去操作那些由主 CPU 加载到通用共享寄存器中的数据。这些寄存器足够长，可以容纳多个 IEEE754 双精度数，虽然在 FPU 内部使用了扩展的中间格式（见 2.9.3 节）。

在更近的 586 及以上级别的处理器中，这些寄存器与 MMX 单元或其派生的 SSE 家族（见

㊀ 某些 486 系列处理器没有浮点运算能力，尤其是那些面向低功耗应用的处理器。

159

4.7节）共享，这意味着主CPU加载数据到寄存器，然后激活MMX或者FPU。所以在许多586级别的处理器中，MMX和浮点运算单元不能一起使用，程序员在任何特定的情况下不得不选择两个模式中的一种。

FFU或MMX的局限性推动了AMD 3DNow！的发展。这一包含21条新指令的扩展能有效地让AMD处理器在同一代码块中交错使用浮点指令和MMX指令，而这促使Intel公司开发出了SSE，我们将在4.7节把它作为协处理器的另一个例子做进一步的讨论。ARM FPU是一种替代方法，框4.11中介绍了它的发展。

框4.11 一个替代方法：ARM处理器上的FPU

注意ARM工程师采用的另一种浮点运算单元设计方法，Steve Furber在*ARM System Architecture*一书中这样描述：

工程师们首先调查大量的常用软件以找到什么类型的浮点运算最常使用。采用RISC设计方法，他们在硅片上用这些最常见的指令设计了FPA10这一经典ARM3设备的浮点协处理器。

FPA10有4个阶段的流水线，使它在每个周期处理操作数并同时执行4个计算。硅片上没有应用不太常见的指令——这些指令要么完全用于ARM上的定点软件的计算，要么是部分用于软件的计算，部分包含在FPA10指令中。

浮点仿真

正如我们看到的那样，FPU是一个可以操作浮点数的设备。通常情况下，它提供标准的算术、逻辑、比较以及乘法功能，通常也支持除法及其他更专门的操作（如四舍五入）。大多数FPU符合IEEE754标准，它定义了它们的操作、精度等。

每当高级语言程序员在程序中使用浮点数据类型时，就会访问FPU。例如，在C程序语言中，这些类型几乎全是那些我们已经在3.4.1节定义过的。

- float（单精度）——一个32位单精度浮点数包括符号位、8位指数以及23位尾数。
- double（双精度）——一个64位双精度浮点数包括符号位、11位指数以及52位尾数。

在C语言中有一个进一步的浮点数据类型，拥有比双精度类型更高的精度，那就是long double。然而，long double精度似乎不太标准（正如3.4.1节提到的那样），它的范围分布从与double相同，到IEEE754扩展中间格式（见2.9.3节），最多能达到真正的四精度数。

然而，尽管“浮点”通常意味着要遵守IEEE754标准，但这也不是必需的。如3.4.5.2节所述，这只有当底层提供的硬件与IEEE754兼容时才支持。在一些功耗和尺寸成本更高的嵌入式系统中，设计师做出了务实的选择，用略低于IEEE754的精度来提供浮点运算。从程序员的角度来看，float和double数据类型仍然存在，但使用它们进行计算的准确性可能有所不同。

160

在没有支持浮点运算的硬件的情况下，或者说在没有FPU时，指定浮点操作的指令将被CPU挑拣出来，引起中断（或捕获，见3.4.5节）并由专门的代码来处理。代替FPU的代码称为浮点仿真器（FPE）。

很多时候，FPE代码在精度方面是IEEE754的替代品。使用多个定点指令计算IEEE754操作会花费非常多的时间，这是一个速度和精确度之间的权衡。通常设计者更热衷于速度。

这种权衡的另一个方面在图4-20中进行了说明，其中显示了有硬件FPU的处理器和一个定点处理器。在两者上执行相同的代码。在所有其他因素都一样（即在第一种情况下两者之间的唯一区别是FPU协处理器存在与否）的理想情况下，有FPU的处理器可以把浮点操作送给FPU，它进行操作时耗能显著，而主CPU执行其他无关的功能。一旦完成浮点运算，结果将被传回CPU，操作继续进行。

在定点处理器的情况下，FPE代码仿真浮点运算运行在主CPU上。由于这种情况下没有协处理器，浮点代码就不可能与其他代码并行执行。显然，程序将执行得更慢，即使FPE代码可以像

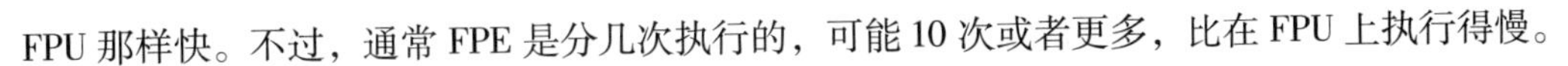

FPU 那样快。不过，通常 FPE 是分几次执行的，可能 10 次或者更多，比在 FPU 上执行得慢。

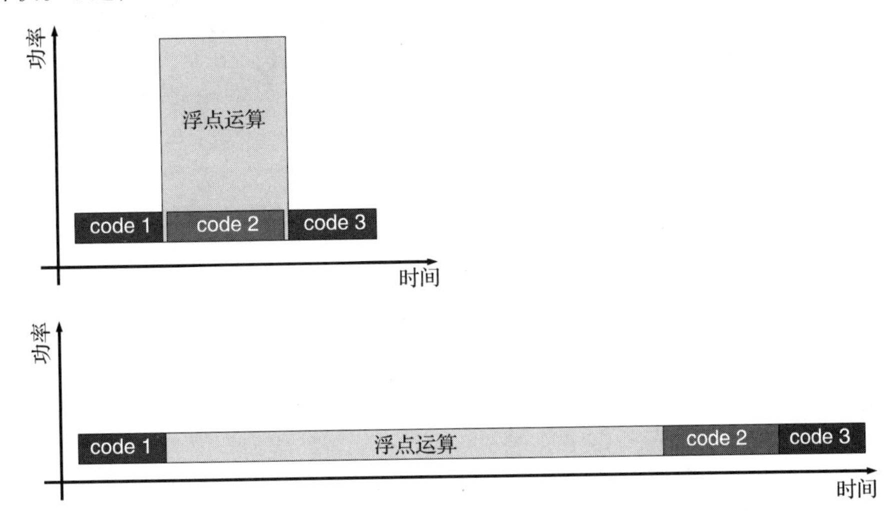

图 4-20　两种设计的权衡示意图：在专用硬件 FPU 上执行浮点运算，而定点代码继续在主 CPU 上执行（上方的图）；使用 FPE 代码执行浮点运算，它耗时更长，但耗能更低（下方的图）

161

在能量消耗方面（需要考虑电池寿命的便携式电子产品中的一个重要度量），能量（功率 × 时间）在图中阴影部分显示。虽然 FPU 比定点 CPU 耗能明显要多，但它可以在更短的时间内完成[⊖]，因此它很可能比浮点仿真的能量效率更高。当然，正如我们前面所介绍的，在这种情况下系统工程师可以决定采用低精度浮点程序以加速计算。对程序员来说更可取的是避免使用浮点运算，这往往是一个嵌入式系统开发者的目标。程序员可以考虑使用长整数或者小数（Q 格式）表示法编程（见 2.3.7 节）。

4.7　SIMD 流指令扩展和多媒体扩展

多媒体扩展（multimedia extensions，MMX）是 Intel 给奔腾处理器的硬件多媒体协处理器设置的名称。MMX 单元实际上是一个 SIMD（单指令多数据）机，正如 2.1.1 节定义过的那样。在使用时，一组数据被加载到 MMX 寄存器组，然后一个 MMX 指令可以并行地在每个寄存器上操作数据。这种处理的一个例子是两个地方的 8 个整数同时右移，或者 4 个寄存器的值与另外 4 个寄存器值相加，并且前 4 个寄存器保存计算结果。这一主题有许多变化，但重点在于多个独立的操作由单一的指令引发，并同时发生。

Intel 发布了 MMX 后，竞争对手 Cyrix 和 AMD 很快为它们的设备提供了类似的加速器，而其他厂家，如 ARM 和 Sun 也为自己的 RISC CPU 建造了定制设计的同等设备。这些硬件设备是片上提供的，而不是作为外部协处理器，这源于对多媒体数据的处理往往涉及在大量数据上重复应用相对简单的算术操作这一考虑。

4.7.1　MMX

关于 MMX 的一个例子是 MMX 技术用来适应显示屏上一个区域的色彩调整。如果屏幕上显示数据的每个像素是一个字节或者字，那么调整颜色也许仅仅是给每个字添加一个固定值，或者可能是一个逻辑掩码操作。无论确切的操作是什么，大量的像素必须重复同样的操作，可能是 1280 × 1024 像素或者更多。如果在标准 CPU 上执行，将有 1280 × 1024 = 1 310 720 个重复累加。

⊖　这是假设当 FPU 不再计算时保持关闭，因而不产生功耗。遗憾的是，实际中这个假设往往不能实现。

加入了MMX单元，CPU就可以把数据块加载到MMX单元，然后同时对数据块里的所有数据项执行算术运算。同时，CPU本身是空闲的，可以执行其他操作。很容易看到如果MMX单元有16个数据项，那么处理所有像素所需的时间可以减少到1/16左右。

162

4.7.2 MMX实现

对MMX扩展的论证是有说服力的，尤其鉴于在MMX发展的几年里个人计算机对多媒体处理需求的增长。然而，相关的问题也被提了出来，那就是如何找到最好的实现这种处理的方式以及支持什么类型的处理。

在Intel奔腾处理器中，问题的实现主要在于Intel需要新的奔腾处理器向后兼容，与早期的8088以及更早的DOS上使用的16位软件，甚至是与一些微软Windows的现代版本兼容。因此，通过改变x86 CPU的指令集来扩大它的功能的可能性非常小，否则新的软件不能在旧机器上运行，这会令消费者不高兴（这种兼容性改变需要逐步完成，获得消费者的理解需要时间）。此外，从奔腾版本到下一个版本，寄存器数目不能突然增加，因为这会使旧软件中使用的上下文保存和恢复过程无效。

不过，Intel的工程师发现了两个聪明的方法来实现他们的目标。第一个方法是给奔腾一个额外的指令，可将处理器设在MMX模式（他们发布了简单的代码，让程序员首先检查MMX的性能，然后在有MMX的机器上运行一个代码版本，而在没有MMX的机器上运行另一个）。在MMX模式下，额外的57条新指令对MMX处理可用。旧软件不能使用这种模式，因此不会遇到额外的指令。第二个方法是重复使用浮点运算单元寄存器来保存MMX数据。在正常模式下，这些寄存器由FPU使用，但在MMX模式下，它们被用于MMX处理。

遗憾的是，程序员并不采用MMX全集。也有一些针对选择MMX模式完全去除浮点运算功能的批评（在4.6节曾提到）。最终，源于SSE的灵感，促进了AMD 3DNow! 的产生。然而，在讨论SSE（见4.7.4节）之前，让我们来看看这些系统一般情况下是如何工作的，先从MMX开始。

如图4-21所示为MMX单元的逻辑结构，包括它的8个寄存器（不过需要指出这个图是高度形式化的——真实的MMX比画在这里的要复杂得多）。注意总线从8个ALU块的输出反馈回寄存器。这是MMX单元内部结构的简单表示，但足以说明每个寄存器路径的并行性。每一行都是一个单独的总线。

163

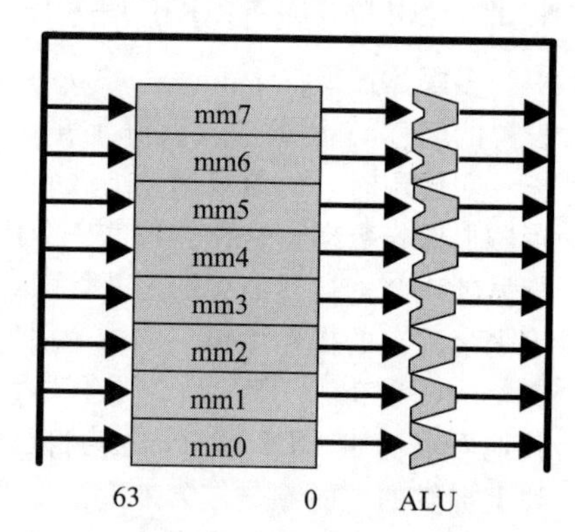

图4-21　具有MMX功能的Intel CPU的MMX寄存器、并行功能单元（看起来像小ALU）以及总线连接示意图

在MMX模式下，有8个64位宽的寄存器（为什么是64位？还记得表示双精度浮点数需要64位吗？双精度浮点数在FPU模式下通常保存在这些寄存器中）。指令是并行执行的，并且除了加载和存储指令外，指令都是在寄存器间进行的。

每个寄存器都是64位大小，它可以容纳8字节或4个16位字或2个32位双字或1个64位四字。这些都是在程序员的控制下进行的，为创建MMX代码带来了极大的灵活性。

它支持算术、逻辑、比较和转换操作，这些操作可以应用到传输寄存器内的任何已知位宽的数据。当然，加载正确大小的数据以及选择合适的操作应用于该数据是程序员的责任。

4.7.3 MMX 的使用

为了在配置合适的奔腾处理器上使用 MMX 的功能，首先要检查 CPU 是否可以进入 MMX 模式（有一个简单的向后兼容机制可以做到这一点）。如果可以，MMX 模式处理就可以继续；否则，必须借助 CPU 的能力提供执行相同功能的代码。显然，这会慢很多，但在每一个可移植的程序中，向后兼容性都是需要的。

然而，对于特殊的程序使用这种技术所获得的速度提升是很显著的，现实生活中图像处理对 MMX 能力的测试表明：在 Linux 环境下，MMX 优化代码比测试软件中没有 MMX 代码要快至少 14 倍。

4.7.4 SIMD 流指令扩展

SSE[㊀]实际上是 Intel 对 x86 指令集上单指令流多数据流（SIMD）扩展的专有命名，最初于 1997 年推出。AMD 推出了它们的硬件扩展，并命名为 3DNow!，在 Intel 只支持整数的硬件上增加了浮点运算的功能。互不示弱，Intel 各种 SIMD 流指令扩展与 AMD 的 3DNow! 之间的斗争愈演愈烈。

SSE 为 SIMD 的数据处理提供了 70 条新指令以及 8 个新的 128 位寄存器[㊁]。这些寄存器可以存放一般的整数值，现在也允许使用浮点数：

- 4 个 32 位整数。
- 8 个 16 位短整数。
- 16 字节或字符。
- 2 个 64 位双精度浮点数。
- 4 个 32 位单精度浮点数。

164

SSE 实际上已经有了相当大的变化，从最初的版本到 SSE2、SSE3、SSE4 以及最近的 SSE5，每次更迭都带来需要程序员学习的新功能、新指令。有趣的是，从 SSE4 之后，Intel 就不再继续支持使用旧的 MMX 寄存器了。

SSE4 指令集引入了一些快速的字符串处理操作，也有许多浮点操作，例如并行乘法、内积、四舍五入等。现在 Intel 和 AMD 的版本之间也有一定程度的兼容性（可能比之前 x86 处理器时代兼容更多），但是功能的不断革新，加上一些积极的营销策略，使得对这两个 x86 式处理器功能的直接比较变得十分困难。

4.7.5 使用 SSE 和 MMX

有这么多的版本，在不同的 CPU 之间、制造商之间有不同的兼容性，致使软件工具的发展往往落后于硬件。许多编译器默认不支持这些协处理器，或充其量在可能的硬件功能范围内提供少量的支持（宁愿限定只支持最常用的选项）。虽然近些年情况有显著的改善，尤其 Intel 自己提供了可以大概支持这些扩展的编译器，但编程工具并不倾向于充分利用这个专用硬件。

此外，要为不同的处理器写几个专用的代码版本这一需求，意味着 SIMD 扩展指令的使用往往只限于专业软件实例，而不是商业操作系统和应用的一般发行。然而，它们的存在和使用，尤其是在台式机和服务器中，拥有最高的处理性能。

㊀ 英文版中 MMX 有误，应为 SSE。——译者注

㊁ 在 64 位模式下会增加到 16 个 128 位寄存器。

4.8 嵌入式系统中的协处理

现在很少有嵌入式系统使用 x86 式处理器，尽管也有低功耗的变形，例如 Atom 处理器。到目前为止，占比例最大的是基于 ARM 的处理器或者使用类似的低功耗 RISC CPU。即使是 x86 处理器，也很少有完整的 SSE 功能（因为这些协处理器以其高耗能而著称）。然而，它们确实在台式机和服务器系统应用上有优势，原因在于与台式机系统可以运行任何软件相比，许多嵌入式系统只运行控制或专用软件。台式机系统需要软件向后兼容（如在根本没有扩展的情况下，对 SSE 的代码、MMX 的代码、SSE4 的代码以及裸 x86 代码的要求），而在嵌入式系统中，程序员事先确切地知道哪些硬件可用并能适当地开发自己的软件。

反过来也是如此——了解要运行什么软件也给修改或创建自定义硬件提供了机会。作为这个过程的一个例证，在 4.6 节我们介绍过 FPA10，它是主要的 ARM 浮点协处理器，它的设计基于对最常见软件需求的分析。

165

除了已经提到的 FPU 和 MMX/SSE 外，在嵌入式系统中还可以看到许多其他的协处理器。考虑下面的 ARM 特定的协处理器：

- **Jazelle**——这个名字似乎是将 Java 语言中的“J”加到 Gazelle（羚羊）上，让人联想到迅速而敏捷地执行 Java 代码的情景，而这正是目的所在。设计 Jazelle 的 ARM 工程师们创建了一个硬件单元，能够不需要中断而直接处理许多 Java 指令（字节码），这带来了速度和效率方面的改进。Java 的分支（BXJ）指令进入 Jazelle 处理，使得 CPU 能自然地执行大多数常见的字节码（并捕获其余部分以在优化的软件程序中执行）。
- **NEON，先进的 SIMD**——与 Intel 的 SSE 类似，这是一个拥有非常完备指令集的 64 位或 128 位 SIMD 扩展，它能够并行执行成批的整数和浮点数操作。
- **VFP（Vector Floating Point，向量浮点）**——ARM 处理器的向量协处理器，增强了浮点运算的功能。它用于矩阵和向量计算，即对数据数组的重复序列操作。

还记得在 3.2.6 节我们讨论过的 RISC 和 CISC 处理器的不同原理吗？CISC 处理器在进化的过程中被描述为臃肿而笨重，它把越来越多的功能包含到单个 CPU 指令中。相比之下，RISC 精简而快捷。

RISC 指令往往很简单，但很快速，即使实现一些功能需要用到更多指令，这些指令也可以执行得更快，从而使整体性能与 CISC 方法相比有所提升。然而，协处理器的使用使得 RISC 处理器（小、精简、快速）把特定的计算任务交给单独的处理单元。因此，CISC 处理器提供的一些特定于应用的指令也可以交给 RISC 协处理器单元来处理。

回想起 Intel 为早期 MMX 使用的双模式，一个进一步的改进涉及可重构协处理器。它允许调整协处理器使用的硅资源以适应任何特定时间的计算需要。显而易见，可重构是有代价的——它将耗费时间和能耗。然而，一些复杂运算对快速处理的需求很容易使这些代价物有所值。

对嵌入式系统设计者来说，可能最好的例子是现场可编程门阵列（FPGA）。FPGA 中的“软核”处理器是用像 Verilog 这样的高级硬件描述语言编写的。现在我们需要考虑的 FPGA 的首要特征之一是它们的可重构性。已有的许多免费的和商业的软核实现了协处理器接口，一些研究人员已经尝试把可重构处理单元附加到它们之上。人们很可能会继续探索这些方法对于嵌入式系统的重要性，并且会越来越多地采用它们。7.14 节中将进一步介绍这些设备。

166

4.9 小结

本章研究了现在的通用微处理器的一般内部元素，包括通过内部总线与 ALU、FPU 或其他协处理器和加速单元等不同的功能单元之间传输数据的方式。

系统内有内存管理单元和 cache，可以把它们看作在处理器内核和外部存储系统之间的地址与数据总线上的过渡区。通过预测未来的内存召回模式以及存储过去的一些与所预测的未来访问相匹配的内存访问，cache 可以提升平均内存访问时的速度。同时，内存管理单元扮演两个重要的角色：第一个是允许使用虚拟内存，这扩展了处理器能使用的地址范围和存储空间；第二个是允许定义和使用内存段和页——一个很重要的优势就是运行中进程间的内存保护（阻止某些进程覆盖其他进程或内核的私有存储，从而防止或者至少是减少崩溃的可能性）。但是使用虚拟内存需要付出代价：它往往会减少平均内存访问时间。

本章内容是现代 CPU 中通常会实现的标准功能单元和通用处理器的功能。在第 5 章中，我们将把注意力转向性能改善——一些常见的加速技术。我们将会看到，在 CPU 制造商一味追求速度越来越快或功耗越来越低（这两个特点很少同时具备）的过程中，出现了一些有趣的方法，并且必将得到应用。

思考题

4.1 4.2.2 节谈到了 ALU 设计，如果每个逻辑门的输入和输出之间有 10ns 的传输延迟，那么 ALU 的工作频率最大能达到多少?

4.2 参照问题 4.1 考虑 1 位的 ALU：

a. 4 个这样的 ALU 如何结合成一个 4 位的 ALU（针对无符号数）?

b. 要处理有符号补码，你将如何修改设计?

4.3 下面的伪代码段在一个 RISC 处理器上执行：

```
loop i=0,1
read X from memory address 0
read Y from memory address i
Z=X+Y
write Z to memory address i+1
```

167

该处理器需要一个周期来完成所有内部操作（包括 cache 访问）。从 cache 把数据保存到 RAM 需要 4 个周期，从 RAM 加载数据到 cache 需要 4 个周期（加上 1 个周期继续从 cache 到 CPU）。

假设该系统采用直接相联 cache，初始化为空。如果 cache 使用下面的策略，此段代码需要多少个周期?

a. 写回。

b. 无写分配的直写（WTNWA）。

c. 有写分配的直写（WTWA）。

4.4 你有一台小型的冯·诺依曼计算机，它的数据 cache 可以在 2 路组关联和直接映射之间切换。它有 512 个缓存行，每行可以容纳一个数据字，所有的数据传输以字为单位。在处理器上运行如下算法：

```
define data area A from address 0 to 1023
define data area B from address 1024 to 2047
set R0=512, R1=address 0, R2=address 1024
{
lp [R1]=R0+R0     ;save to address stored in R1
   [R2]=[R1-1]+[R1]
   R1=R1+1
   R2=R2+1
   R0=R0-1
   if R0>0 then goto lp
}
```

a. 如果系统采用写回协议，哪一种 cache 结构最好?

b. 写出 3 种 cache 替换算法并评价它们的硬件复杂性。

c. 给出的算法在清空 cache 复位后运行并且迭代两次。如果系统采用使用直写（和写分配）的直接相联 cache，CPU 到 cache 之间的传输需要 10ns，cache 到 RAM 之间的传输需要 50ns，回答下面的问题：

ⅰ. 命中率是多少？

ⅱ. 两次迭代的平均访问时间是多少？

4.5 重写前一个问题的算法以提高命中率（提示：调整数据区定义，而不是循环代码）。

4.6 一个音乐/照片设备使用虚拟内存，从而能使 CPU 访问 1GiB 的逻辑存储空间，尽管系统只有 1MiB 的 RAM。操作系统设置 MMU 的页大小固定为 4KiB。字节宽度的 RAM 有 20ns 的访问时间，而硬盘受 IDE 接口限制以 2.2MiB/s 的速度传输数据。RISC CPU 使用 32 位指令。

168

a. 同时能有多少页停驻在 RAM 中？

b. MMU 到 RAM 之间的地址总线包含多少连线？

c. 从 RAM 中读每条指令需要多长时间？

4.7 使用问题 4.6 中的信息，计算从光盘到 RAM（或从 RAM 到光盘）加载一个页需要多少时间。使用该答案来确定 CPU 从被收回的内存页中检索一个指令的两个可能的时间。

4.8 前面问题中的 MMU 到 RAM 之间的地址总线不够宽，不足以容纳更多的存储器。写出 3 种克服地址总线大小限制以及在物理接口上连接更多存储器的方法（硬件或软件）。

4.9 一个双处理器的机器有一个共享的存储块和一条侦听总线。每个处理器模块中的写回 cache 实现 MESI 协议，所有缓存行从无效（I）状态开始。

通过以下序列跟踪 cache 状态（X、Y 和 Z 不相等）：

1）CPU1 读取 RAM 地址 X。

2）CPU1 写入地址 X。

3）CPU2 读取地址 Y。

4）CPU1 读取地址 Y。

5）CPU1 写入地址 Y。

6）CPU2 读取地址 X。

7）CPU2 读取地址 Z。

8）CPU1 写入地址 Z。

4.10 考虑如下框图，在一个三总线 CPU 中连接了一个 ALU 单元和 3 个寄存器。假设除了一个与每个总线相连的接口以外，这个框图是完善的，并且存储器中数据传输比寄存器中数据的转移慢很多。X、Y、Z 是三个存储位置。

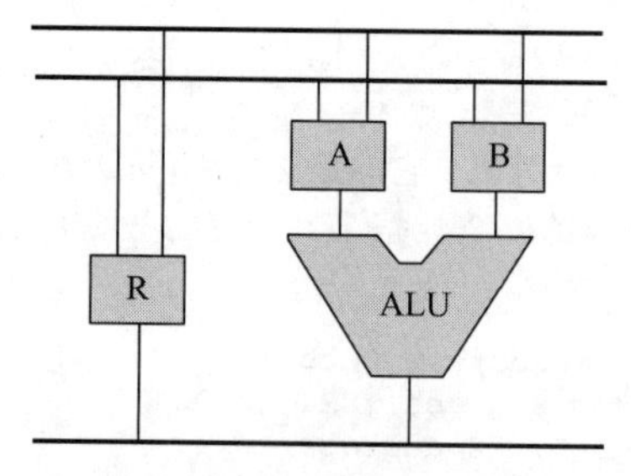

a. 在图中画箭头指示每个总线连接中允许的数据流向。

b. X + Y 这个操作的效率如何？

169

c. X + X 这个操作的效率如何？

d. (X + Y) + Z 这个操作的效率如何？

e. 给出另外一个可以提高效率的连接图。

4.11 给出每个 ALU 单元都能实现的两个主要的算术操作和 4 个基本的逻辑操作（移位操作除外）。

4.12 除了循环（rotate）指令以外，给出在最简单的 CPU 中都能实现的 3 种不同类型的或者说位移方向不同的操作。你能解释为什么只要求 3 种类型而不是 4 种吗？

4.13 根据框4.1中的传输延迟的例子，确定8位ADD操作和8位AND操作的传输延迟。在各种情况中，假设功能选择信号都是正确的且不变（这样它们就不会影响时序）。如果这个ALU单元是单周期的，那么这个设备的最大时钟速度是多少？

4.14 如果说cache可以提高处理速度，那么你能想出制造商不直接卖集成了大量片上缓存块的集成电路的原因吗？

4.15 一个包含直接相联cache的计算机系统，它命中的访问时间为10ns，未命中的访问时间为120ns。当命中率为0.3时，计算其平均访问时间。

4.16 假设问题4.15中那台计算机的设计者想要提高性能，但只能改变系统中的3个部件（考虑到每个改变都要花钱，他们只想改变其中的某一个部件，选择其中最好的一个）。确定下面哪项可以最好地改善这个系统的平均访问时间：

a. 装一个更快的主存储器，其访问时间为100ns。

b. 装一个更快的cache，其访问时间为8ns。

c. 在一个更大的cache中采用更好的排列方法和更聪明的替换算法将命中率提高到0.4。

4.17 假设一个小型的16位嵌入式系统主要用来处理整数代码，但是有时需要快速地处理一块浮点数据的代码，这可以用专门的在FPE中执行的FPU来处理，也可以将代码转换成大型整数来处理。讨论对于解决方案中是否应该包含FPU，应该考虑的主要因素都有哪些。

4.18 第3章中已经介绍了相对寻址的概念，简单讨论相对寻址与空间和时间局部性原理（见4.4.4节）的关联。

4.19 在有关cache的部分，“有写分配的直写”（WTWA）是什么意思？它与“无写分配的直写”（WTNWA）有什么不同？在一个输出大量临时的图像数据给内存映射显示的系统中，哪个更合适？

4.20 在一个配有经过全面开发和调试的软件套件的嵌入式系统中，一个有经验的程序员在调试一段时不时出问题的代码段时在RAM的0x0000位置设置了一个观察点[1]。但是你的代码、数据和变量都在存储器中的另外某个位置，你当然没有固定哪个变量或者代码在内存0x0000的位置。你能理解为什么别人应该关注这个内存位置，即便这个位置可能永远也不会用到吗？

170 ~ 172

[1] 观察点（watchpoint）是内存中的一个位置，调试软件将不断地监测，当这个位置的内容变化时停止程序的执行。

第5章

提高 CPU 性能

对本书这类书籍，在对感兴趣的部分或章节做深入研究之前，读者很少会通读之前章节的所有内容。这是可以理解的，事实上，本书的作者总是鼓励读者在不同的教科书上“浏览”相关的部分，以获得对某一主题的多种看法。因此如果你是这样的一员，或许你感兴趣的是使计算机变得更快的话题，那么欢迎来到描述计算机架构师和程序员自计算时代开始以来一直关注的加速部分。本章可以单独阅读，但它确实涉及前几章中的许多原理（也可能是简单的总结），例如对计算机各代划分的理解，新兴的并行形式，RISC 与 CISC 之争，计算机组织的层次视图以及 Flynn 的分类。

而对于喜欢按顺序学习不同章节的读者，恭喜你们读到了这里。希望在这读者能够在脑海中呈现出计算机设计进化的过程，包括计算机性能逐步提升的历史。在设计新 CPU 时，所有需要的模块都会按功能集合成一个可以工作的 CPU 并进行评估（参见 3.2.5 节）。限制模块性能的部分将被调整或加速。小幅度的加速很普遍，这贯穿整个设计。相反，真正的革命性改变却很少。大多数情况下，设计的改进源于性能的需要，而从根本上是源于市场的需求。然而在嵌入式系统中，功耗影响着电池的寿命，是一个显著的因素，因此通常总能找到很多理由采用解决功耗问题的革新技术而不是采用性能提高技术。其他的驱动因素还包括可靠性、正确性、可编程性（编程的简易性）和安全性，这些都带来了一些有趣的并富有创新性的 CPU 设计。

每个人都希望获得更高速的计算机。有人曾说，在信息的高速路上是没有速度限制的。在大多数情况下，用户的直觉是高速意味着节约更多时间，交通运输方面也是如此。然而我比较质疑这种观点：现在实验室中的学生在使用的高速的计算机，却比上一代使用相对较慢的计算机的学生浪费了更多的时间。对于嵌入式系统，特别是那些需要实时处理的嵌入式系统，更快的计算速度无疑能够带来更高的性能。然而对于台式机却有这样的质疑，大部分计算机速度的提高，内存、外存容量的增长都被软件开发人员给消耗掉了，他们开发的软件需要大量的存储空间，特别是操作系统。尽管如此，性能目标依旧是计算机工业中最主要的驱动因素，并且已经催生出了许多很好的解决方案。在本章将对一些主流的 CPU 性能提高方案以及一些聪明但不常见的想法进行探索。

173

5.1 加速

在计算机历史的大部分时间里，调整时钟速度使其更快是提高计算机性能的主要方法。但有两个因素——逻辑门传播延迟（逻辑门完成处理需要多长时间）和功耗制约了这种方法的运用。要使栅极更快，通常需要使硅特征尺寸更小（例如 IC 内的半导体中更薄、更小的硅带）。较小的特征尺寸设计成本更高，制造更加困难，并且一旦制造就更难以操作（例如，电源稳定性要求增加）。将更多的门装在一起会增加 IC 中产生的废热量，而增加时钟速度会导致每个门产生的热量非常显著地增加。这些因素意味着现有 CPU 设计的改进越发困难，目前 CPU 设计已经接近当前可实现技术的边缘。

部分处理器设计人员已经把目光转向其他方法，比如 RISC 处理器的出现和逐渐壮大。一些公司主要致力于增加处理器字长，从 4 位到 8 位、16 位、一直到 32 位。近期的一些设计已经达到了 64 位和 128 位，甚至出现了 1024 位的系统（更多内容详见第 12 章）。

现在的技术不仅单纯提高时钟速度，而且更侧重于在每个时钟周期做更多的事情，这促使了并行和流水线的出现（或是两种技术同时使用）。

已被收购的SUN公司则在其Java处理器上采用了一种不同的技术，这种技术重新运用了CISC处理器的思想，但这是从软件的角度进行的（这种方法极好地将堆栈和RISC处理器整合到一起）。目前，PicoJava及类似的处理器都是为Java语言量身定制的，而不像其他大多数处理器那样通过对语言进行翻译来解释并在处理器上执行。这种以软件为本的设计方法在商业上取得了一定成功，或许可以预示这种设计方法的时代将要到来。

本章主要涉及目前处理器设计领域所采用的主流设计思想和方法，这些思想和方法更多是出于商业利益而不是学术上的考虑，总的目的就是让消费者尽可能快速地获得速度更快、价格更便宜的产品。我们从最重要、最常见的流水线技术开始。

5.2 流水线

虽然流水线的出现有时候更应该归功于现代工业制造技术而不是计算机的发展，但它能够提高处理器的指令吞吐率（throughput）而不是缩短每条指令的执行时间（事实上缩短每条指令的执行时间能够带来更多的性能提高）。这种技术是将每条指令的处理划分为多个阶段，从而能够同时处理多条指令，进而获得整体吞吐率的提高。

174

吞吐率是指每秒执行操作的数目，在3.5.2节中是指每条指令所需的时钟周期数。吞吐率度量方法比每条指令需要多长时间完成更重要。为了证明这一点，我们来考虑一条典型处理器指令处理流程，如图5-1所示。

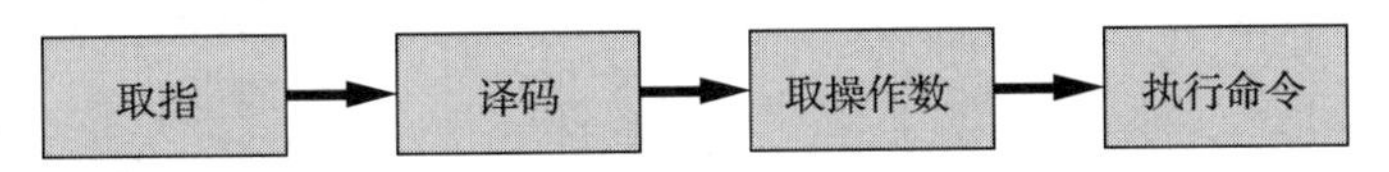

图5-1　一个简单CPU的四级指令处理流程图

在这个例子中，每条指令分4个阶段完成处理，其中需要假设的是，每个阶段的持续时间均为1个时钟周期。每条指令需要一次通过所有4个阶段来完成处理，因此需要4个时钟周期。

对于一个非流水线的机器，取到并处理一条指令需要在前一个指令处理完成之后才能开始。我们通过以下预约表（reservation table）来展示：

取指	指令1				指令2				指令3
译码		指令1				指令2			
取操作数			指令1				指令2		
执行指令				指令1				指令2	
时钟周期	1	2	3	4	5	6	7	8	9

表的左边是处理指令所需的不同功能单元，底部是时钟周期。表中给出了连续9个时钟周期中每个时钟周期处理器所进行的工作。

在第一个时钟周期处理器取到指令1，然后依次进行译码，取操作数，最后执行指令所表示的功能。完成以上步骤，指令2才开始它的处理流程。

然而从另一个角度考虑这个预约表：假如我们把列当作存在的资源，把行当作时隙（time slot），可以清楚地发现每个资源在大部分的时隙上什么也没做。如果能够将多条指令重叠执行，让每个资源在更多的时间里有事情做，执行效率将会提高很多。接下来试试我们的想法：

取指	指令1	指令2	指令3	指令4	指令5	指令6	指令7	指令8	指令9
译码		指令1	指令2	指令3	指令4	指令5	指令6	指令7	指令8
取操作数			指令1	指令2	指令3	指令4	指令5	指令6	指令7
执行指令				指令1	指令2	指令3	指令4	指令5	指令6
时钟周期	1	2	3	4	5	6	7	8	9

175

这种方法最显著的效果是原本在第9个时钟周期才开始指令3，现在通过重叠执行，包含了9条指令，这样指令执行速度为原来的3倍。这种方法并没有提高时钟频率或者改变处理顺序，只是让指令重叠执行。

这种重叠执行叫作流水线，已经被几乎所有现代处理器所采用以提高执行速度。这种技术的控制单元变得越来越复杂，但与在速度上获得的提高相比不值一提，请参考框5.1中的分析。

框5.1　流水线加速比

流水线度量有两个指标：加速比和效率。首先我们考虑一个含有 s 条指令的程序，每条指令需要 n 个时钟周期完成处理。

在非流水线处理器上，这个程序的执行时间为 $s\times n$ 个时钟周期。

然后我们把这个处理器划分为 n 个流水阶段，完成每个阶段需要1个时钟周期。这样，需要多长时间来执行这个程序呢？

第1条指令需要 n 个时钟周期来完成，但往后每个时钟周期都会完成1条指令，所以总的执行时间为 $n+(s-1)$ 个时钟周期。

加速比 S_n 为非流水线所需的时钟周期除以流水线所需的时钟周期：

$$S_n = \frac{sn}{n+s-1}$$

可以观察到，当 $s\to\infty$ 时，则有 $S_n\to n$，这意味着程序越大，它的执行效率就会越高（因为不管流水线有多快，其内部都是从没有任何指令开始，并以1条指令——程序的最后一条指令结束）。换句话说，流水线的开始状态和结束状态相对来说并不那么高效。

所以另一个度量指标——效率，需要考虑流水线的开始状态和结束状态。效率是指所有执行的指令数除以流水线执行的时间：

$$E_n = \frac{s}{n+s-1}$$

这个公式看起来与加速比公式有点类似，因而 $E_n=S_n/n$，并且与吞吐率相等。吞吐率是指单位时间完成的指令数目。

下面将讨论更多流水线带来的难题，但首先我们先来了解一下不同类型的流水线。

5.2.1　多功能流水线

流水线并不一定是单一功能的，它可以处理不同类型的指令，即多功能流水线。事实上这很平常，只是会增加控制的复杂度。考虑如图5-2所示的一个例子。

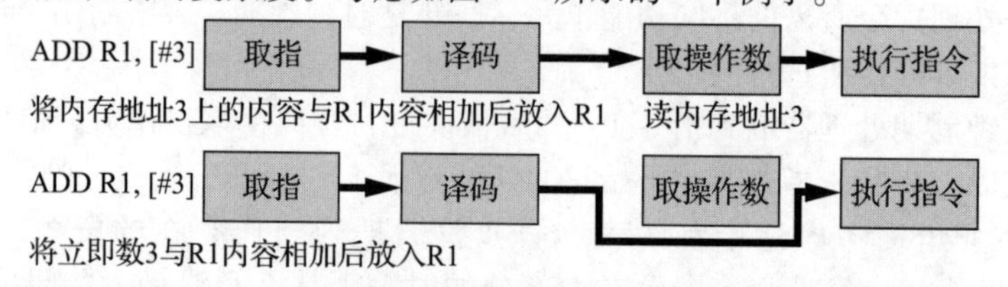

图5-2　在一个简单四级流水线CPU上处理两条汇编指令的流程图。第1条指令使用了流水线上的每一级，而第2条流水线因为不需要从内存里取操作数，因此跳过了第3级。这说明了多功能流水线的概念，即根据指令的不同需要按不同的方式处理指令

在图 5-2 上部所示的流水线中，第 1 条指令需要从内存中取出内容，所以它需要“取操作数”这个单元。在下部所示的相同流水线中显示稍后执行了一条不同指令。这条指令不需要取操作数（因为立即数 3 作为指令的一部分已经存在于处理器中），所以在这个条件下不需要“取操作数”这个单元。然而，这并不意味着流水线会跳过这一级因而使得第 2 条指令能够更快地完成。考虑以下预约表，表中两条指令顺序执行。 176

取指	ADD R1，[#3]	ADD R1，#3	指令 3	指令 4	指令 5	指令 6
译码		ADD R1，[#3]	ADD R1，#3	指令 3	指令 4	指令 5
取操作数			ADD R1，[#3]	NOP	指令 3	指令 4
执行指令				ADD R1，[#3]	ADD R1，#3	指令 3
时钟周期	1	2	3	4	5	6

在第 4 个时钟周期，第 2 条指令被标为 NOP（无操作），但处理器却不能立即从译码跳到执行阶段，因为在第 4 个时钟周期，处在执行阶段的硬件仍在处理前一条指令（ADD R1，[#3]）。

这还阐明了一个有趣的观点：流水线需要满足不同类型指令的需求，而且受限于最慢的指令。对于非流水线处理器，简单指令可以快速地处理，复杂指令会慢一些。但对于流水线处理器，所有的指令都需要相同的时间来处理，除非是采用了更先进的技术。

设计人员需要小心对待流水线，至关重要的一点是要让流水线的所有单元在大多数时间内保持工作，然而我们却在预约表中加入了 NOP。NOP 意味着这个时钟周期无操作或资源浪费。为了最小化这种浪费时隙，需要调查所有指令的需求和指令的出现频率。

5.2.2 动态流水线

在多功能流水线概念的基础上，动态流水线并不是简单地绕过没用的功能，而是根据正在处理的指令和处理器状态，允许选择不同的流水线执行路径。

图 5-3 展示了一个虚构的例子，它拥有 4 个未命名的流水线单元（T_1 到 T_4），处理着 3 条不同的指令，每条指令经过了流水线不同的路径。然而这种流水线中复杂的选择控制部件和用来为跳跃单元的指令（例如指令 3 绕过了流水线的 T_2 单元）进行降速的延迟部件在图中并没有展现出来。

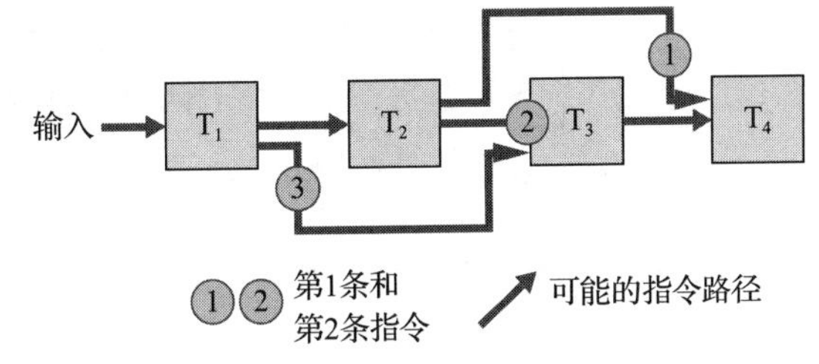

图 5-3　动态流水线示意图，它允许不同指令根据其执行的需要通过流水线不同的路径

177

延迟部件也必须是动态的，它们只在需要保证指令按顺序到达流水线各单元的时候被激活。例如，指令 3 为了跟在指令 2 后，需要延迟一个时钟周期以避免在 T_3 单元与指令 2 发生冲突。反之，指令 1 需要绕过流水线的 T_3 单元，但是并不需要保持跟在任何指令后边，因此不需要延迟。

感兴趣的读者可能会注意到，很多处理器会足够智能地为自己决定哪些指令需要通过流水线上的各单元并按顺序执行，哪些指令可以乱序执行从而避免过度的延迟。

5.2.3 改变流水线模式

到目前为止，所有的讨论都假设每条经过流水线的指令是不相关的，并且每一条指令都能在之前的指令结束后进入流水线。

显然，这种假设并不总是正确的。我们将考虑 3 种情况，它们将在本节和接下来的两节中对流水线的操作产生影响。

首先，现在很多处理器都会发生模式改变，这是通过接收一条模式改变指令来触发的，将会改变对随后到来的指令的处理方式。例如：

1）在ARM处理器中，指令集替换（16位Thumb指令集替换原有的32位ARM指令集）。

2）在大多数处理中（包括ARM处理器），大小尾端模式转换。先前的指令存储为小尾端模式，在改变大小尾端模式后，后来的指令存储为大尾端模式。

3）对于一些定点DSP处理器（如TMS320系列），改变算数模式来开启或关闭符号扩展，从而影响后续指令的执行。

虽然这些模式指令会被使用，但是并不频繁。例如对于前两种指令，只会在程序开始时有178可能执行，而第三种指令只在每个算术运算块执行一次。

对于这种极少执行的指令，大多数处理器会在接收到这种指令后清空流水线，这意味着所有已经进入流水线的指令都将被丢弃而流水线会重新开始执行。这种方法虽然看起来十分极端，但是对于电路逻辑来说却十分简单的解决方案。同时，这种方法虽然对流水线效率影响很大，但是由于在大多数程序里极少出现，所以对处理器的性能几乎没有影响。

下面的预约表展示了接收到这种模式改变指令（ChM）时流水线的情况。从表中可以看到，指令3、4、5都已经进入流水线，在接收到模式改变指令后，这些指令被丢弃，处理器在第6个时钟周期改变执行模式，然后这些指令被重新取指。

取指	指令1	ChM	指令3	指令4	指令5	X	指令3	指令4	指令5
译码		指令1	ChM	指令3	指令4	X		指令3	指令4
取操作数			指令1	ChM	指令3	X			指令3
执行				指令1	ChM	X			
时钟周期	1	2	3	4	5	6	7	8	9

这个预约表可以是以下指令序列的执行结果：

```
指令1：ADD  R0, R0, R1
指令2：MODE big_endian
指令3：SUB  R4, R1, R0
指令4：NOP
指令5：NOP
指令6：NOP
```

其中，指令3、4、5以大尾端模式译码（虽然在编译器的助记符中并没有体现出来，但是通过查看存储这一块程序的内存是可以看到的）。

一旦流水线的模式改变，则需要清空流水线，后续的指令将被重新取指。

在比较新的处理器中，这种操作由CPU自动执行，但对于比较旧的流水线处理器，这种操作不会自动执行，而需要由编译器来完成（甚至是由编程人员手动修改汇编代码来完成）。在上面的例子中，只需对程序进行简单修改就可以完成模式改变时流水线清空的工作，这是通过改变指令的顺序来完成的：

```
指令1：ADD  R0, R0, R1
指令2：MODE big_endian
指令3：NOP
指令4：NOP
指令5：NOP
指令6：SUB  R4, R1, R0
```

换句话说，只需在模式改变指令后插入一系列的NOP指令即可，这是因为NOP指令不管使用大尾端模式读取还是小尾端模式读取，对于译码的结果都是一样的。例如，指令0x0000和指令0xFFFF反过来读也是0x0000和0xFFFF，这使得当发生模式改变时，指令译码不管从哪个方向读指令，译码的结果都是一样的。 179

5.2.4 数据相关冒险

与改变处理器模式会引发处理器运行的一系列问题一样，处理器内部寄存器和内存存储位置的变化也会对程序的运行造成影响。考虑以下指令序列，它们就会引发一些问题：

```
ADD  R0, R2, R1     ; R0 = R2 + R1
AND  R1, R0, #2     ; R1 = R0 AND 2
```

从以上的指令序列可以看到，第二条指令依赖第一条指令的结果，R0需要先被写回才能够被第二条指令正确读取。但在流水线中，这会引发问题，来看看如图5-4所示的这条虚构的流水线。

图5-4　五级流水线示意图

这条流水线的主要特点是，在流水线末尾增加了一级写回（store result）用于存储运算结果，而不管运算是否发生。增加这一级首先是为了阐明数据相关这个问题，其次在大部分处理器中确实也包含着这一级。

下面的这个预约表是上述两条指令在这个流水线中执行的情况，需要注意的是，在每个时隙中都有寄存器R0内容的指示：

取指	ADD R0	AND R1				
译码		ADD R0	AND R1			
取操作数			ADD R0	AND R1		
执行指令				ADD R0	AND R1	
写回					ADD R0	AND R1
时钟周期	1	2	3	4	5	6
R0	X	X	X	X	R2 + R1	R2 + R1

这里需要注意的是AND这条指令，需要R0作为它的一个操作数（R1 = R0 AND 2），而这个“取操作数”是流水线的第三级（如表中黑体字所示）。在这个例子中，第二条指令的取操作数发生在第4个时钟周期，但是第一条指令在第5个时钟周期才将结果写回寄存器R0。如此，第二条指令将会从R0取回一个不正确的值。 180

这种现象称为RAW（Read After Write，先写后读）冒险（hazard），按照程序意图，寄存器R0应该是在被写之后才被读，但在上述情况中则是在被写回前被第二条指令读取了。

如果仔细观察上述例子，还存在另一个冒险。在这个例子中，寄存器R1存在WAR（Write After Read，先读后写）反相关性。第一条指令需要读R1，第二条指令则需要写R1，这个冒险就是要确定第二条指令在写R1前第一条指令必须已经对R1读取完毕。在上述流水线中，这种冒险不会发生，但是对于现在一些比较先进的带有乱序执行（out-of-order）的动态流水线中，这种冒险是存在的。

还有一种冒险是WAW（Write After Write，写后写），例子在框5.2中给出。

框5.2 WAW冒险

这种冒险解释起来比较简单。WAW冒险是指当有两条指令对同一地址写时，第三条指令则需要从这个地址读的时候发生。它需要保证读操作既不能发生得太早也不能发生得太晚。以下给出一个例子：

```
ADD  R0, R2, R1    ; R0 = R2 + R1
AND  R1, R0, #2    ; R1 = R0 AND 2
SUB  R0, R3, #1    ; R0 = R3 - 1
```

在这个例子中R0存在WAW冒险。不需要给出预约表就可以很容易地看到第二条指令的取操作数必须在第一条指令写回完成后和第三条指令写回没有完成前发生。

需要注意的是，在这一段指令过后，R0存放的是最后的结果，所以第一条指令对R0的写只是一个暂存。这种现象可以通过将数据存放到其他的寄存器或通过数据转发（在5.2.10节中详述）来消除。WAW冒险有时在内存系统中发生，因为RAM的写回速度比读取速度慢。通常这种冒险由cache硬件来解决，因此不需要考虑。

5.2.5 条件冒险

给定一些在一定条件下才能够执行的指令，问题是在什么时候检查这些条件以确定指令是否应该执行。以下给出一个程序段：

```
ADDS   R0, R2, R1    ; R0 = R2 + R1，并设置条件标志位
ANDEQ  R1, R0, #2    ; 如果零标志位被置1，R1 = R0 AND 2
```

之前提到过的ARM处理器中，如果在指令的末尾带“S”则表示指令的执行结果需要更新条件标志位（如零标志位（zero flag）、负数标志位（negative flag）、进位标志位（carry flag）以及溢出标志位（overflow flag），这些标志都存放在ARM处理器的CPSR寄存器中，框5.3对几种常见的条件标志位进行了讨论）。第2条指令的执行是带有条件的，“EQ”指出了这条指令当且仅当先前指令的执行结果为0（在这个例子中是当且仅当R0为0）时才执行。

181

框5.3 条件标志位

虽然不同的处理器对寄存器的命名有所区别，但是在目前市场上大部分处理器中，通常还是可以看到如下条件标志位：

N（负数标志位）：最后一条条件设置指令的结果为负数。

Z（零标志位）：最后一条条件设置指令的结果为0。

C（进位标志位）：最后一条条件设置指令的结果产生了进位。

V（溢出标志位）：最后一条条件设置指令的结果产生溢出。

在下表中我们将给出一些影响这些标志位发生变化的指令例子。根据指令末尾是否带有“S”来决定指令的结果是否影响条件标志位。

指令	操作	N	Z	C	V
MOV R0, #0	R0 = 0	0	0	0	0
MOV R1, #2	R1 = 2	0	0	0	0
SUBS R2, R1, R1	R2 = R1 - R1，结果为0	0	1	0	0
SUBS R3, R0, R1	R3 = R0 - R1，结果为负，0xFFFFFFFD	1	0	0	0
SUB R2, R1, R1	R2 = R1 - R1，结果为0，但不带“S”	1	0	0	0
ADDS R4, R1, R1	R4 = R1 + R1，结果为正，0x4	0	0	0	0
ADDS R5, R4, R3	R5 = R4 + R3，0x4 + 0xFFFFFFFD	0	0	1	0
MOV R8, #0x7FFFFFF	最大的正32位有符号数	0	0	0	0
ADDS R9, R8, R1	R9 = R8 + R1，结果为0x80000001	0	0	0	1

值得注意的是，0一般被当成正数而不是负数来处理。而进位标志位和溢出标志位的使用对于将操作数当作有符号数或无符号数也是有区别的，如果处理的是有符号数，则溢出标志位十分重要，而如果处理的是无符号数，则需要考虑进位标志位。更多讨论可以参考2.4节的内容。

182

接下来，我们根据以上例子的指令填写预约表：

取指	ADDS R0	ANDEQ R1	指令3	指令4		
译码		ADDS R0	ANDEQ R1	指令3		
取操作数			ADDS R0	ANDEQ R1		
执行指令				ADDS R0		
写回						
时钟周期	1	2	3	4	5	6
NZCV	0000	0000	0000	0000		

在第4个时钟周期末尾，第1条指令已经执行并且条件标志位被更新。注意到第2条指令此时已经进入流水线，虽然此时并不知道这条指令是否应该执行，但是还是允许它进入流水线并阻塞流水线直到第1条指令执行完毕。在一些处理器中，会使用预测执行（speculative execution）来加载和处理第2条指令。一旦条件标志位确定，就会决定是否中断第2条指令或让它继续执行。

我们继续填写预约表，同时假设第1条指令结果不为0，则第2条指令不需要执行（或者即使执行但是结果也将被丢弃）。

取指	ADDS R0	ANDEQ R1	指令3	指令4	指令5	指令6
译码		ADDS R0	ANDEQ R1	指令3	指令4	指令5
取操作数			ADDS R0	ANDEQ R1	指令3	指令4
执行指令				ADDS R0	X	指令3
写回					ADDS R0	X
时钟周期	1	2	3	4	5	6
NZCV	0000	0000	0000	0000	0000	0000

由于零标志位在第5个时钟周期没有被置1，因此移除第2条指令并以NOP指令代替。这导致了预约表中一整条对角线资源的浪费。相较而言，如果流水线在等待至第5个时钟周期第1条指令完成后再取下一条指令，则将会浪费3条对角线的资源。

至此，读者应该会有疑问：流水线还需要什么样的额外部件才能够支持预测执行？对于预测执行，在框5.5中会有简要的说明，深入讨论将在5.7节进行。

5.2.6　条件分支

ARM处理器有一个指令集，里边的大部分指令都是带有条件操作的。然而，对于大多数处理器来说，它们的条件操作只有条件分支，用来改变程序的指令流。以下是一个条件分支的例子：

```
loop:  MOV R1, #5          ;R1=5
       AND R4, R3, R1      ;R4=R3 AND R1
       SUBS R2, R0, R1     ;R2=R0-R1
       BGT loop            ;如果结果为正则分支
       NOT R3, R4
```

其中重要的一行为BGT（如果条件标志位大于0则分支）和它之前设置这个条件标志位的行。很明显，在SUBS指令结束并且更新条件标志位以前，无法知道分支是否应该发生。

183

假设上述程序在一个只有三级的流水线上执行，如图5-5所示。

图5-5　一条简单的三级流水线流程图。该流水线将取指和译码放在同一阶段并且没有专用于取操作数的阶段

我们使用这条流水线在以下预约表中“执行”操作序列（到分支处为止）。

取指和译码	MOV	AND	SUBS	BGT					
执行指令		MOV	AND	SUBS	BGT				
写回			MOV	AND	SUBS	BGT			
时钟周期	1	2	3	4	5	6	7	8	9

在第5个时钟周期，SUBS的结果确定了，条件标志位被更新，因而执行分支指令。如此，下一条指令在第6个时钟周期才能被正确取指，但造成了流水线一条对角线资源的浪费，它在第5个时钟周期就已经接收了下一条指令：

取指和译码	MOV	AND	SUBS	BGT	X	NOT			
执行指令		MOV	AND	SUBS	BGT	X	NOT		
写回			MOV	AND	SUBS	BGT	X	NOT	
时钟周期	1	2	3	4	5	6	7	8	9

为了减少这种浪费，如在5.2.5节中所提到的，一些处理器会采用预测执行。这意味着将直接对NOT这条指令进行取指。如果分支发生，则将NOT指令从流水线中清除；如果未发生，指令将继续执行。以下是分支预测且预测错误的预约表：

184

取指和译码	MOV	AND	SUBS	BGT	NOT	MOV			
执行指令		MOV	AND	SUBS	BGT	NOT	MOV		
写回			MOV	AND	SUBS	BGT	X	MOV	
时钟周期	1	2	3	4	5	6	7	8	9

分支预测当然不会总是预测正确：当预测正确时，流水线满效率工作，但是当预测错误时，效率会降低，但这并不会比不带分支预测时差。在现代处理器中，都带有一些奇怪但是十分先进的技术来提高分支预测硬件的正确性（详见框5.4）。

框5.4　分支预测

对于支持分支预测的处理器，它们总是去预测该执行分支或者不该执行分支。正确的预测将不会降低处理器的效率，而错误的预测则会浪费处理器一些时钟周期。

对于一些处理器，它们的预测总是不变的，比如不分支。这样编译器将代码优化为不分支比分支多，从而提高处理器的性能。

而更智能的处理器则会记录之前条件分支执行的结果。如果之前执行结果中分支比不分支多，则预测后续的条件分支执行为分支，反之为不分支。这就是所谓的**全局预测器**（global predictor）。更先进的硬件则会对不同的分支分别记录，或者是使用类似于cache的32位或64位记录器对低5位或低6位地址相同的分支统一记录，这就是**局部预测器**（local predictor）。

而最复杂的预测器包含了一个全局预测器和多个局部预测器，它具有极高的预测率。这是以性能为目标的研究领域，到目前为止，最优的预测率还是由编译器和硬件来协同获得。

我们将在5.7节对此进行更深入的讨论，在框5.5中将给出一个简单预测器硬件的例子。

框5.5　预测执行

近几年来，各种预测执行被开发出来，尤其是基于IBM的分割流水（split-pipeline），它对条件分支的两个分支分别在两条独立的流水路径上同时执行。一旦分支条件确定，则会丢弃错误的路径。显然，由于将不同分支独立开来，这种机制并不会损失处理器的效率，但是会增加硬件的开销。

框5.4中所提到的分支预测中所描述的“可能性跳转”模型的能力稍弱，它记录过去条件分支指令的执行、结果，并将在5.7节中进行更深入的讨论。

尽管一些非常先进的硬件预测机制被提出，但大多数分支预测系统都是使用固定的分支路径，即“总是执行分支”或“总是不执行分支”。编译器需要注意这种特点，它们可以通过改变代码的顺序来最大化发挥处理器预测的正确性。目前已经有很多这方面的研究在继续进行。

5.2.7　编译时流水线补偿

在我们讨论分支补偿之前，还存在一个问题，即由流水线阻塞引起的效率下降。这个问题与流水线的构造和长度有关，先来看看这两者之间的关系。

在现代处理器中，三级流水的流水线相当少，更多的是七级、八级，甚至更多级的流水线，并且流水线往往十分复杂。在前面的三级流水线例子中对角线资源的浪费，成为七级流水线的一大难题，严重影响了处理器的性能和效率。也许这就是近些年来人们仍旧会花费大量时间和精力来研究流水线的原因。

用于提高流水线性能的编译时策略涉及的范围很广——从最微小的细节到高度复杂的整体。为了展示其中一种普通但却十分有效的方法，考虑5.2.6节提到的那个例子的代码：

```
loop:  MOV R1, #5          ;R1=5
       AND R4, R3, R1      ;R4=R3 AND R1
       SUBS R2, R0, R1     ;R2=R0-R1
       BGT loop            ;如果结果为正则分支
       NOT R3, R4
```

这段代码的问题在于取指后续指令之前，不能确定条件分支指令是否应该执行分支，所以必须等待分支结果出来后再取指或者是预测取指。

185

但对于这种情况，我们可以调整一下代码的顺序，使得条件设置指令（SUBS）和条件指令（BGT）之间稍微有些空隙，如下所示：

```
loop:  MOV R1, #5          ;R1=5
       SUBS R2, R0, R1     ;R2=R0-R1
       AND R4, R3, R1      ;R4=R3 AND R1
       BGT loop            ;如果结果为正则分支
       NOT R3, R4
```

在这个例子中，打乱代码的顺序并不影响程序的最后结果（因为SUBS的结果对于AND的执行并不造成任何影响，同样，AND的结果对于SUBS的执行也不造成任何影响）。我们来看看预约表：

取指和译码	MOV	SUBS	AND	BGT	NOT				
执行指令		MOV	SUBS	AND	BGT	NOT			
写回			MOV	SUBS	AND	BGT	NOT		
时钟周期	1	2	3	4	5	6	7	8	9

无论是否执行分支，SUBS指令都会在第3个时钟周期的末尾更新条件标志位，而条件分支语句只需要在第5个时钟周期前得到条件标志即可。由此，在条件标志位改变和条件分支之

间有充足的时间，不需要等待条件标志位发生改变，使得流水线的执行能保持高效和连贯。

这种改变代码来适应流水线的方法对于其他冒险，如数据改变冒险、模式改变冒险也有效。当编译器无法打乱代码顺序时（例如有两个连续的分支或存在大量的相关性），编译器会插入一些 NOP 指令，或假设流水线会足够智能地自动阻塞一些时钟周期来保证流水线执行的正确性。虽然一些早期的流水线要依赖于编译器或编程人员加入 NOP 指令来保证流水线执行的正确性，但对于现代处理器来说这种假设是可行的。

186

5.2.8　相对地址分支

观察之前讨论过的预约表，可以看到不同的流水线级是由不同的功能单元组成的。预约表可以指出这些功能单元什么时候在工作。

执行级包含了 ALU（与 FPU 的最大区别在于 ALU 中都是单周期数值计算器，而 FPU 通常都需要多周期执行），给人的第一感觉是在分支指令中并没有使用 ALU。然而，当分支指令需要计算目标地址时，就需要用 ALU 来做这些运算，这就是**相对地址分支**的一种情况。相对地址分支指通过向前或向后移动一些地址完成分支（详见框 5.6 和第 3 章）。这种分支与程序计数器（PC）有关。它需要将一个指定的偏移量加上 PC 值，然后将结果设置为 PC 的新值。

框 5.6　相对地址分支

在 ARM 处理器中，指令都是 32 位的（地址线和数据线也是 32 位的，而早期 ARM 处理器的地址线是 26 位的）。假设 32 位的地址线可以指定任意一条指令（如分支指令）的地址，并且为了指定所有的地址，地址线的 32 位全部需要使用。

由此，对于分支指令来说，不可能 32 位全部用来存放地址信息，因为每条指令都需要一些位来指出其他的信息（如指出分支指令类型、分支条件等）。因此，ARM 处理器不使用全地址编码，而使用相对地址。

因此，存放在分支指令中的值是一个偏移量，需要与当前程序计数器（PC）的内容相加才能得到**分支的目标**（branch target）地址。

事实上，ARM 处理器把分支指令的偏移量当成 24 位有符号数。还记得地址都是按字节计算的吧，但对于指令，都是按 4 字节计算的。如果所有的指令都是按 4 字节地址（如 0、4、8、12、1004 等）对齐的，则任何分支目标地址的最低两位都将为 0，所以这两位不需要存放在指令中。

换句话说，这 24 位数字指定的是目标地址与当前 PC 值前后相距多少条指令，而不是相距多少字节。这是一个 ±32MiB 的范围——已经大大超出了 ARM 早期处理器设计时台式计算机 512KiB 内存容量的范围，但对比今天的计算机则小很多。

187

事实上，这种分支指令需要像加法指令一样执行加法操作：

```
ADD PC, PC, #24
```

将向前移动 24 字节地址。与之类似：

```
ADD PC, PC, #-18
```

将向后移动 18 字节地址。再来看看之前的预约表，很明显，当一个相对地址分支指令出现时，不管条件执行与否，处理器都需要等待分支指令完成执行级的操作并得到下一条指令的地址后，才能对下一条指令进行取指。例如：

```
ADD R2, R0, R1  ;R2=R0+R1
B +24           ;向前跳24字节地址
NOT R3, R4      ;R3=NOT R4
 ..              ..
 ..              ..
(分支指令后24字节)
SUB R1, R0, R1  ;R2=R0-R1
```

使用三级流水线来执行以上代码的预约表如下：

取指和译码	ADD	B	X	SUB					
执行指令		ADD	B	X	SUB				
写回			ADD	B	X	SUB			
时钟周期	1	2	3	4	5	6	7	8	9

这个冒险涉及流水线的效率问题。即使一个分支不是条件性执行，而是相对地址分支，流水线也必须阻塞。对此有两种解决方法，一种方法是为相对地址分支额外增加一个单独的ALU，另一种方法将在下一节讨论。

5.2.9　流水线的指令集补偿

由于编译器可以通过改变代码顺序（如5.2.7节中所讨论的）来分开条件设置指令和条件分支指令，因此也可以向指令集加入这种机制。如在一些早期的MIPS处理器和比较老的TI的DSP处理中的*延迟分支*（delayed branch）指令。

延迟分支操作是将分支延迟一定的周期后再执行，所延迟的周期足够解决由相对地址分支或由于条件设置指令和条件分支距离太近而引起的问题。在我看来，延迟分支操作需要由汇编程序员来实现，通过对所提到的两种处理器编写代码，我已经意识到有时需要忽视延迟分支机制所带来的性能提升，在延迟分支指令后加入两条NOP指令来确保安全。正如我们所看到的，由于观察不到延迟从而产生的非正常代码将对优秀程序员产生极大的挑战。以下是延迟分支的代码例子：

188

```
loop:  MOV R1, #5          ;R1=5
       SUBS R2, R0, R1     ;R2=R0-R1
       BGTD loop           ;条件分支，需要延迟执行
       AND R4, R3, R1      ;R4=R3 AND R1
       NOT R3, R4          ;R2=NOT R4
       NOP
```

与之前的一些例子一样，这里存在一个条件分支，同时也是一个相对地址分支。汇编器会把“BGTD loop”翻译成“BGTD - 2”，因为循环标志是在分支指令的前两条指令上，在运行时，如果分支执行，则处理器将执行PC = PC - 2。

由于分支需要延迟执行，所以需要知道被延迟多少条指令，这些信息在指令集的细节中可以找到。假设分支被延迟两条指令后执行，这意味着分支不会发生在包含BGTD这条指令的这一行，而是发生在这条指令后的第2行，即NOT和NOP之间。让我们观察如表5-1所示的预约表。

表5-1　预约表截取了延迟分支例子的12个时钟周期

取指和译码	**MOV**	**SUBS**	**BGTD**	**AND**	**NOT**	MOV	SUBS	BGTD	AND	NOT	NOP	
执行指令		**MOV**	**SUBS**	**BGTD**	**AND**	**NOT**	MOV	SUBS	BGTD	AND	NOT	NOP
写回			**MOV**	**SUBS**	**BGTD**	**AND**	**NOT**	MOV	SUBS	BGTD	AND	NOT
时钟周期	1	2	3	4	5	6	7	8	9	10	11	12

在这12个时钟周期里，循环执行了两次。在第一次循环中（加粗表示），分支执行，而在第二次循环中，分支没有执行。在第3个时钟周期首次遇到分支指令时，处理器将它取入流水线中，并由于是条件分支，需要等待前一条条件设置指令（SUBS）结束。虽然执行了分支，但是分支之后的两条指令（AND和NOT）也被取入流水线中，而直到第6个时钟周期分支才

执行，此时 PC 被设置为“loop”循环标志所在的指令 MOV 的地址。

第二次循环执行了与第一次相同的指令序列，但由于此时不执行分支，因此在 NOT 后的指令由 NOP 取代了 MOV。

由于这个分支是相对地址分支，所以第一次循环的 BGTD 在第 4 个周期进入执行阶段（使用 ALU 计算分支的目标地址），使得能够及时向 PC 提供分支的目标地址，从而让分支后的指令在第 6 个周期能被正确取指。

预约表中没有足够的空间用于全效率地指定不同分支类型（条件分支或非条件分支，相对地址分支或绝对地址分支）。

对于汇编程序员而言，必须记住的是分支指令后的 AND 和 NOT 两条指令，不管分支是否执行，这两条指令都会被执行。一般情况下为了避免混淆，会用 NOP 指令来替代：

```
BD 目标地址
NOP
NOP
```

这种方式会帮助初级编程人员记住分支是延迟执行的，但是这种代码在效率上会带来损失，而编译器会自动注意到延迟分支这种特性。

5.2.10　运行时流水线补偿

回顾一下 5.2.4 节中讨论的写后写（WAW）、先写后读（RAW）以及先读后写（WAR）冒险，虽然大部分流水线处理器能够在运行时自动处理这些冒险而不需要编译器干预，但这些冒险其实是可以被编译器处理掉的。而那些使用运行时方法来处理这些冒险的处理器是非常复杂的。

189 ~ 190

如果 $O(i)$ 是受指令 i 影响的输出地址集合（包括寄存器、内存地址以及条件标志），$I(j)$ 是影响指令 j 的输入地址集合，那么指令 i 和指令 j 之间的冒险存在这样的关系：

对于 RAW 冒险有：$O(i) \cap I(j) ! \neq \varnothing$

对于 WAR 冒险有：$I(i) \cap O(j) ! \neq \varnothing$

对于 WAW 冒险有：$O(i) \cap O(j) ! \neq \varnothing$

一般而言，这些冒险都可以通过转发（取指－取指，写回－写回，写回－取指）来解决。我们来看一下 RAW 冒险的例子：

```
ADD R2, R0, R3     ;R2=R0+R3
AND R1, R2, #2     ;R1=R2 AND 2
```

在 R2 上存在冒险，在第 2 条指令读之前它必须被第 1 条指令写入（在一条足够长的流水线上是存在的）。然而，我们可以想象在硬件中有一条额外的路径，将第 1 条指令的输出直接送到第 2 条指令的输入，如图 5-6 所示，只需在将结果写回给 R2 的同时，在执行单元（EX）增加一条路径，将输出送回给其中一个输入。这种方式高效地传递了写回级的数据，在数学上与下面的转换等效：

```
R2 = R0+R3; R1=R2 & 2 → R1=(R0+R3) & 2; R2=R0+R3
```

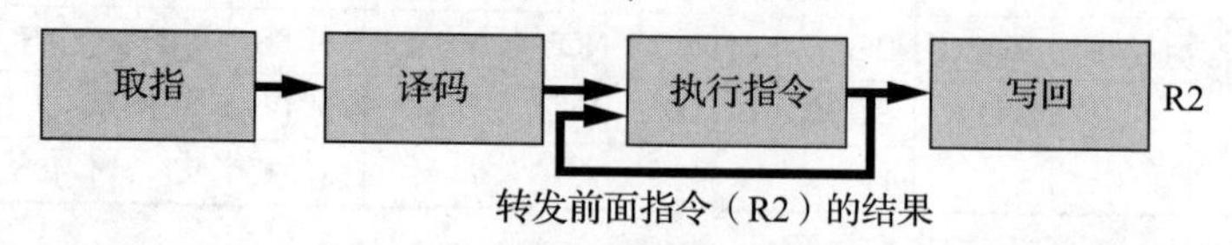

图 5-6　一条四级流水线示意图。它将指令执行的结果直接转发至执行单元的输入以作为下一条指令的输入，而不需要首先将结果存回目标寄存器 R2

转发还可以提高执行的速度，例如通过提高使用片上寄存器的比例，减少读写片外存储的次数。来看以下给出的例子：

```
LDR R0, [#0x1000]   ;从内存地址0x1000读数据到R0
ADD R2, R0, R3      ;R2=R0+R3
LDR R1, [#0x1000]   ;从内存地址0x1000读数据到R1
ADD R3, R2, R1      ;R3=R2+R1
```

可以改写成：

```
LDR R1, [#0x1000]   ;从内存地址0x1000读数据到R1
ADD R2, R1, R3      ;R2=R1+R3
ADD R3, R2, R1      ;R3=R2+R1
```

191

这个取指 - 取指转发（fetch-fetch forwarding）例子将执行速度提高了25%，而不需要在编译时或运行时进行任何优化。写回 - 写回转发（store-store forwarding）也会在读内存时产生类似的效果。

需要注意的是，一般情况下多次读写还包含了与内存映射外设（memory-mapped peripheral）的通信，如UART[⊖]，它会出现对一个相同的地址（如串行字节输出寄存器）进行多次写的情况，如果是RAM，这种写操作就会造成浪费。在C语言中，这种地址指针需要用关键字volatile声明以避免编译器将其优化掉（原因可以参考7.8.2节）。对于运行时代码组织，一个智能的处理器会检测到这种特殊的地址不在正常内存地址范围内，从而不进行这种优化。

以下人工编制的代码段给出了一个最终的数据转发例子：

```
指令1  LDR R0, [m1]        ;从内存地址m1取数据放入R0
指令2  ADD R0, R0, [m2]    ;R0=R0+内存地址m2的内容
指令3  MUL R0, R0, [m3]    ;R0=R0×内存地址m3的内容
指令4  STR R0, [m4]        ;将R0的内容存到内存地址m4上
```

图5-7的上半部表示了这段代码，代码中的操作涉及了8个数据的传输，图的下半部对这段代码进行了优化，只涉及5个数据的传输。在两种情况下，传输所归属的指令都已经标出。对于两个图示的操作，所得到的结果是一致的，并且原始代码也相同，但是执行的速度和资源的利用差别很大。在运行时，转发的原则是最小化时间消耗以及数据传输资源的使用，以此来提高执行的速度。

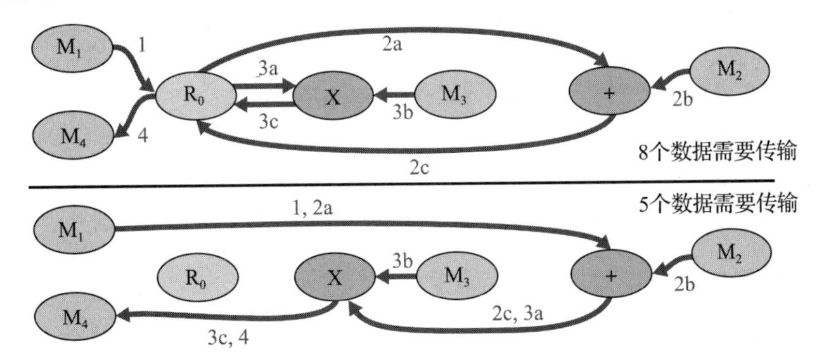

图5-7　一个执行简单算术运算的例子。上部没有采用数据转发，而下部采用数据转发减少了内存读取的操作

运行时补偿的缺点是：需要额外的硬件支持，导致功耗、面积增加，由此提高了每个处理器的价格。然而，单纯从性能上考虑，或者当需要考虑向后兼容性时，除去编译时加速的方法外，运行时方法是合适的。

192

⊖ UART：通用异步收发器（Universal Asynchronous Receiver/Transmitter），通常称为串口（serial port）。

5.3 复杂指令集和精简指令集

3.2.6节介绍了RISC（精简指令集）和CISC（复杂指令集）体系结构的对比，并将RISC处理器作为处理方式发展的巅峰。RISC处理器起源于一个简单的控制单元，然后逐渐转向微指令，最终将微指令（精简指令）运用到整个CPU上，从而形成了RISC体系结构。

由此，RISC处理器广义上指的是那些比普通处理器指令少且指令简单的处理器。一般公认100条指令是RISC处理器的上限。然而，从RISC处理器问世至今，经过了这么多年的发展，RISC处理器更多的特征显现出来，需要注意的是，抛开硬件实现和速度的条条框框，这些特征大多来源于设计公司的市场部门：

- **单周期执行**——所有的指令都在一个时钟周期内完成。这不仅可以降低处理器设计的难度，提高指令集的规整度，还减少了中断的响应时间（将在6.5节讨论）。实际中，许多RISC处理器都对这一点有所放宽，例如在ARM体系结构上，存/取指令（STM/LDM）需要多个周期来完成。
- **指令不需要解释**——这是指指令执行不需要片上解释器，因为每一条指令都与处理器上一个特定的物理硬件直接关联。
- **指令集规整**——观察一个普通CISC处理器的指令集可以发现，指令间极少存在共性。不同指令的相同位域往往意味着完全不同的内容。有些指令可以访问一个寄存器，而有些则不行。这些都会加大汇编人员编程的难度，同时也增加了片上译码单元的面积。相反，RISC处理器拥有一套十分规整的指令集，指令译码简单得多。
- **规整的寄存器和总线**——有助于指令集规整的一个方法是保持一个（最好大一些）独立的寄存器组，这些寄存器需要有相同的数据范围和操作方法。在CISC处理器中，为了弄清楚如何使用最少的指令在不同的功能单元之间传送数据，需要能观测到内部总线结构。而这对于RISC处理器来说则非常简单：只要一个寄存器可以“看到”一个数据，那么其他所有的寄存器都能“看到”这个数据。
- **存/取体系结构**——由于内存比寄存器慢得多，因此通常很难做到在一个很快的时钟周期内从一个内存单元取数，对这个数做运算，然后再将结果存回内存中。事实上，避免内存访问成为瓶颈的最好方法是，保证在发生一个外部存/取操作时，没有其他导致指令执行变慢的动作发生。因此，就应该分别有一条指令进行读操作以及一条指令进行写操作，而所有的数据操作都只发生在寄存器上或是只有立即数。

正如前文所述，没有统一定义什么是RISC，什么是CISC，并且许多现代处理器的设计都同时采用了二者的设计思想。

193

5.4 超标量体系结构

随着以性能为主导的流水线技术的发展，除了RISC所带来的简洁性外，流水线的复杂度在不断提高。现在的研究大部分涉及多功能动态流水线，并且包含了更多用户自定义的特殊指令，伴随而来的是控制复杂度的提高。

伴随流水线复杂度提高的还有冒险的增加，由此冒险的检测和运行时冒险的解决变得越来越重要。这些都显著地提高了流水线管理对硬件资源的要求。

5.4.1 简单超标量

解决不断增加的流水线复杂度有这样一种方案，流水线仍旧按照简单线性布局，但在执行级含有多个功能单元。如此，指令仍旧以串行顺序执行，但在执行级会经过不同的路径。

通常情况下，执行级是流水线上最耗时的部分，而最耗时的部分则称为流水线的瓶颈。由此，在一个超标量流水线系统上，取指单元会以比执行级上任何单个执行单元吞吐率都高的速率将指令发送到流水线中，执行单元的多个副本将会轮流处理指令。图5-8展示了这样一个五级流水线。

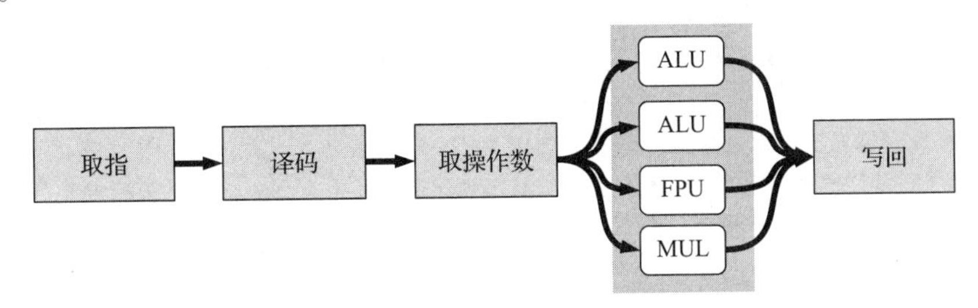

图5-8 一个五级超标量流水线的示意图，其执行级带有多个功能单元

这种方法最先在DSP上采用，其含有多个乘累加单元（MAC），但这种方法只有在通用CPU上采用时才被正式地称为超标量。

如图5-8所示，这条超标量流水线加入了浮点运算单元（FPU）。FPU的缺点是，将它放在一条线性流水线上（有固定的指令时钟频率）会严重影响处理器的速度。但对于超标量处理器，发送至FPU的指令可以与其他如ALU的指令、乘法单元的指令等并行执行。目前新研制的超标量处理器通常包含8个ALU和16个MAC，或者是多个ALU和4个FPU。

如表5-2所示的预约表是超标量流水线的一个例子。该流水线包含1个取指和译码单元，每个时钟周期发出一条指令。指令被发送至4个功能单元（2个ALU、1个FPU和1个MUL）。流水线末端由1个写回单元结束。观察表5-2，可以注意到取指单元发送指令的速度比流水线执行级上任何单元处理指令的速度都快，并且相比指令输入顺序，写回单元可以乱序执行。并不是所有的处理器都支持乱序执行，它需要处理器支持复杂的运行时冒险规避硬件（runtime hazard-avoidance hardware）。我们将在5.9节对一种支持乱序执行的处理器进行讨论，即Tomasulo方法，而框5.7则简要介绍了另一种方法——记分牌。

表5-2 预约表截取了一个超标量流水线工作的12个时钟周期。需要注意第2个MUL指令在第6个周期停止了取指单元，直至第10个时钟周期，而在这期间MUL单元是空闲的

取指和译码	ADD	SUB	AND_1	FADD	NOT	MUL_1	MUL_2	–	–	–	NOR	AND_2	NOT
ALU		ADD		AND_1		NOT						NOR	
ALU			SUB										AND_2
FPU					FADD								
MUL							MUL_1				MUL_2		
写回				ADD	SUB	AND_1		FADD	NOT		MUL_1		
时钟周期	0	1	2	3	4	5	6	7	8	9	10	11	12

注：该流水线所用的CPU资源如下。
1个取指和译码单元，每个时钟周期发出1条指令。
2个ALU单元，每个单元需要2个周期才能完成1条指令。
1个FPU单元，需要3个周期才能完成FADD指令。
1个MUL单元，需要4个周期才能完成1条指令。
1个存储结果单元，采用单周期存储每条指令的结果。

框5.7 记分牌

记分牌（scoreboard）用来记录所有被处理指令的相关性，并且允许此刻没有相关性的指令能够进入流水线执行，这需要打乱原有代码的顺序。下面我们对此进行详细讨论。

发送指令时，处理器根据指令确定其所用的源和目标操作数寄存器，然后阻塞，直至遇到两种情况：

1）其他对相同寄存器进行写操作的指令执行完毕；2）所需的功能单元可用。这两个条件正好分别消除了WAW冒险和结构冒险。

一旦一条指令被发送至一个功能单元，操作数就会从指令源寄存器取出，但取出过程被阻塞至当前任一条写源寄存器的指令执行完毕，如此可以避免RAW冒险。

收集完所有的操作数后，指令开始执行（此时记分牌会一直记录该条指令直至该指令处理完毕）。

最后，指令执行完毕并准备好将结果写回目标寄存器。然而此时，如果先前已发送的指令还没有将操作数从当前将要写回的寄存器取出，将会阻塞写回。换句话说，如果先前的指令仍旧被阻塞以等待执行，并且需要从Rx寄存器取操作数，而当前的指令需要对Rx寄存器进行写回，那么当前的指令将会被延迟，直到先前的指令不再被阻塞并已经从Rx寄存器中取出操作数后才能写回。这种机制避免了WAR冒险。

虽然表5-2的程序例子很短，但可以看到流水线的指令输出率比输入率低，这是因为流水线需要暂停以保证有空闲处理单元去执行指令。因此在处理现实程序代码时，这种处理器需要有比平均指令吞吐率高的峰值指令吞吐率。在标准测试中，厂商可能会人为生成使处理器运行在峰值吞吐率而不是实际平均吞吐率的指令序列（我们已经在3.5.2节有过简单的讨论）。

194
~
196

然而，对超标量的讨论并未结束，事实上这也不是超标量系统的常态，我们将在5.4.2节中继续讨论在每个时钟周期同时处理多条指令的超标量流水线。

5.4.2　多发送超标量

在5.4.1节，我们已经将多个功能单元加入标量流水线中，虽然比一般标量流水线好一些，但是这并没有真正成为一个超标量流水线。

简单超标量流水线的好处就是它能够在每个时钟周期同时发送多条指令。也就是说，相比每个时钟周期向多个功能单元发送一条指令，超标量流水线能够每个时钟周期向多个功能单元发送多条指令。

对比图5-8并没有什么显著变化，然而在每个时钟周期发送多条指令却会产生不同的预约表。虽然与之前的预约表很相似，但是在每个时钟周期有两个用于取指和译码以及写回的空间，并且与我们以后将遇到的预约表也完全不同。

下边的执行表展示了在每个周期进行两次取指。这个取指单元向3个不同的执行单元发送指令，这些执行单元轮流使用两个写回单元。有趣的是，在第3个时钟周期和第5个时钟周期，流水线上分别有两个明显的空隙。在这两个时钟周期上，第二个取指和译码单元不能够取新指令。这是因为，在这两种情况下，先前取到的指令因为在等待被占用的功能单元（两种情况下都是执行单元1）而没有发送。相反，它会停止取指单元，直到所需的功能单元可用。

取指和译码	I_1	I_3	I_5	I_6	I_8	I_9	I_{11}
取指和译码	I_2	I_4	—	I_7	—	I_{10}	I_{12}
执行单元1		I_1	I_3	I_4	I_6	I_7	I_{10}
执行单元2		I_2				I_8	
执行单元3				I_5			I_9
写回			I_1	I_3	I_4	I_6	I_7
写回			I_2		I_5		I_8
时钟周期	1	2	3	4	5	6	7

至此我们已经为不同的流水线操作制作了很多与上表类似的预约表，然而还有其他制作预约表的方法，在图5-9中就给出了其中一种。图中按顺序从上到下显示发送的指令，横坐标轴表示时间。在这个例子中，流水线上并没有出现阻塞，所以所有的指令都按顺序执行并且按顺序完成。然而现实中不需要都这样执行。

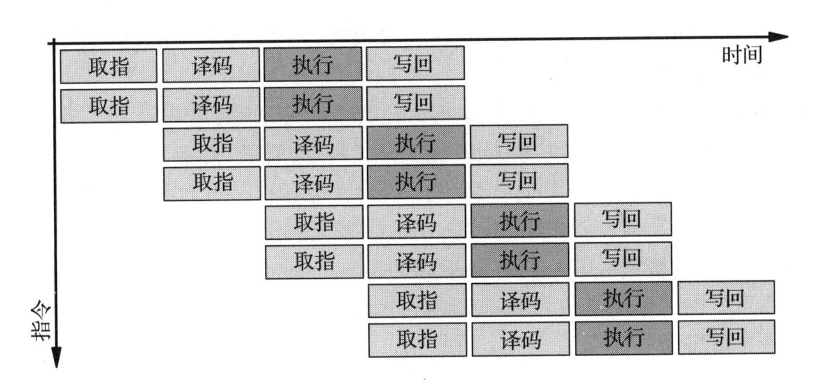

图5-9 预约表的另外一种格式，显示了指令按顺序从上往下执行，在时间上是从左往右。垂直方向的直线与我们之前看到的预约表一样表示了在某一时刻流水线的操作

5.4.3 超标量的性能

超标量体系结构的一个特征是它发送指令的速度与处理指令的速度相当。理论上，超标量处理器并不需要支持流水线，但是在现实中，几乎所有的超标量处理器都是流水线的。

任何事物都取决于用什么性能指标去衡量它（在3.5.2节有讨论）。我们已经提到过，超标量处理器需要能够高速发送指令，虽然现实中平均指令发送率比峰值要低，但这主要取决于执行单元的占用率。从这种局限性出发，可以通过改变编译器设置将使用不同类型功能单元的指令进行交错来提高指令发送率。指令发送率主要取决于所处理任务的性质。 197

最好的情况可以在图5-9中看到，超标量处理器可以并行处理指令。这也是一种并行计算机的形式（在5.8节我们将会有更细致的探讨）。

5.5 每周期的指令数

每周期的指令数（IPC）至少在理论上是一个非常重要的衡量处理器执行程序快慢的指标，但IPC并不能衡量每周期做多少工作，因为这还取决于每条指令能做多少工作以及编程人员和编译器的能力。因此，在不同的机器上比较代码的执行速度也是没有意义的。

然而IPC是一个有用的指标，它是通过典型代码得到的平均数据，可以指出某一种体系结构原始的处理能力。事实上，平均值与CPI峰值的比率可以作为一个直观的衡量单位，一个非常接近峰值的平均值表明某体系结构对所执行的代码是非常优化的。

5.5.1 不同体系结构的IPC

不同类型的处理器的IPC值不一样，并且因为结构不同而导致的工作方式也不一样：

- **CISC处理器** IPC值远低于1，这是因为它们的指令相对来说都很耗时，而且在发展史上也极少去对这种体系结构的指令进行简化。
- **RISC处理器** 相比之下，IPC值可以达到1，虽然在不同情况下可能达不到这个值。达不到1的原因包含：偶尔出现的冗长指令（如乘法、除法等）以及取/存指令需要等待慢速的外部存储器——RISC处理器几乎都是取数-存数机器（参见3.2.3节）。后一种因素在DSP处理器使用外部存储器时常会涉及。流水线可以帮助RISC处理器的IPC更接近1。 198
- **超标量处理器** 我们已经知道，超标量处理器能够并行发送多条指令。对于一个拥有n个指令发送单元的机器（即每个时钟周期最多能够发送n条指令），它的IPC能够达到n。然而在5.4.2节中我们已经看到，如果一段指令都需要相同的功能单元（硬件相关）或者存在数据相关问题，都将导致流水线停顿。显然，流水线的停顿越多，超标量处理器的 IPC 值就会越低。

- **VLIW**[一]**/EPIC**[二]**处理器**　5.10 节中将讨论 VLIW 和 EPIC 处理器，二者的 IPC 都远远大于 1.0。它们适用于专用领域，如多媒体处理和信号处理。
- **并行机器**　在一台计算机上包含两个或多个处理器核，虽然每个处理器核的 IPC 不高，但在并行执行时会有很高的吞吐率。由此，整台机器的 IPC 就等于每个处理器核的 IPC 乘以处理器核的数量。我们将在下面做更深入的讨论。

提高 IPC 是当前许多处理器设计人员的主要关注点，并且也是计算机体系结构设计师用于提高机器性能的主要方法。

在写本书的时候，并行机器非常有吸引力，这源于主要的处理器制造商（如 Intel）的推动，他们开发出了更高层次的并行。在 5.8 节中将对并行计算方法进行更全面的讨论。简而言之，目前制造商们在通过提高处理器体系结构复杂度来提高处理器时钟频率的方法上遇到了一个转折点：不论使用什么方法，都不能使得性能的提高和体系结构复杂度的提高等价。换句话说，使用更改硅栅结构或在 CPU 内设计更精妙的结构的方法来提高处理器的性能已经变得越发困难。

如果对以上我们所描述的那些方法进行更深入的讨论，将会看到现代的计算机体系结构设计师不断将日益增长的性能需求转嫁到编译器和软件上。让我们归纳一下：CISC 处理器在硬件上实现了很多操作。相反，RISC 处理器通过使用简单的指令简化了（也加速了）硬件。RISC 意味着更多的软件指令，但会执行得更快。所以 RISC 程序一般会比 CISC 程序长，同时其编译器也比 CISC 的复杂一些。超标量系统在流水线上实现了一些有限的并行，而为了避免流水线停顿，其处理数据相关性的问题也变得十分重要。因此，为了获得好的性能，超标量的编译器必须要考虑相关性问题，并且要熟知超标量流水线的能力。接下来将会讨论的 VLIW 和 EPIC，比目前任何我们所讨论的体系结构都要复杂，并且完全要依赖于编译器的调度。

199

对于并行机器也是这样。虽然处理器本身可能十分简单，但是它们之间的互联关系变得十分复杂。而且现在存在这样的问题——当前的软件工程师能否将软件都写成并行的。除去编程人员的因素，还存在当前最流行的编程语言并没有针对并行处理器进行任何优化这样的问题。这样看来，在并行机器被完全开发出来之前，要先满足两个条件：1）有新一代的能够写并行代码的软件工程师；2）有新一代支持并行计算机的编程语言及相关工具。

关于并行处理还有一点要注意的是，虽然“转向并行”成为当前处理器制造商持续满足不断增长的性能需求的有效手段，但获得所需的加速还需要编程人员的支持。对于一个独立的程序，这种加速是难以获得的。然而，特别是对于服务器或台式机，它们运行的是多任务操作系统，如 Linux，通常会有多个线程（任务）同时执行。并行机器会将不同的线程划分到不同的处理器上执行，对于单个线程，虽然从 CPU 时间上讲并不会运行得更快，但由于不用与其他任务分享时隙和优先权，所以它会完成得更快。在嵌入式系统中，在一段时间内通常只有少数几个任务在执行或只有一个任务在执行，因此使用并行技术很难获得性能提升。在这种系统中，只有当关键任务本身是能够并行化[三]的，才能够得到加速。这又重新回到那个话题，需要好的并行工具和语言给好的并行编程人员使用。

5.5.2　IPC 度量

正如我们在 5.4.3 节和其他部分（包括 3.5.2 节）所提到的，处理器运行所获得的性能是

[一] VLIW（Very Long Instruction Word）：超长指令字。

[二] EPIC（Explicitly Parallel Instruction Computing）：显式并行指令计算。

[三] 并行化（parallelised）：使程序可并行执行。

不能和所预测的性能相提并论的。如果工程师想执行一个已知的算法，可以将该算法分别运行在不同的体系结构上，看看哪个执行得更快。然而，对于非特定代码的性能预测依赖于很多因素，但可以这样估计：将IPC除以指令周期频率，再乘以所需执行的指令数。

随着程序大小和普遍性的提高，这种定义变得更准确。需要记住的是，嵌入式系统的计算任务通常小而且固定；相反，运行在台式机或服务器上的代码通常在设计时很难预测。

问题随之产生：IPC数据是否精确？对于任意体系结构，都有特定的规定来提高IPC准确性，下面是其中的一些：

200

- 使用峰值IPC而不是平均IPC来得到最佳情况下的数据。
- 使用特定测试代码而不是具有全局代表性的代码来获得平均IPC。
- 用于获得IPC的执行指令全部来自内部存储器。
- 需要使用外部存储器时，仅考虑在时钟频率低时获得的IPC（由于处理器时钟频率很慢，因此访问外存的速度不足以影响IPC的值）。
- 在选择代码时，不使用或极少使用慢速指令来评估IPC。
- 移除已知的慢速代码段。

通过本书的讨论，读者应该能意识到不同的体系结构都有自己的优缺点。然而为特定的计算任务选择合适的处理器不仅是一门科学，更是一门艺术：这需要一定的直觉。在作者看来，需要忽略与性能相关的市场和销售因素。性能极少成为关键性准则，其重要性往往比不过易编程性、可扩展性、可获得的支持和开发工具、产品寿命，以及其他技术因素。

5.6 硬件加速器

在现代CPU中，大部分的硅片面积都是专门用来加速基本的处理操作的。加速方法包括：使用高速缓存，为体系结构添加额外的总线、流水线，以及混合专门的数值处理单元。

起初，处理器只包含了一个基本ALU来对数值进行处理（可以看到，所有的操作都可以通过ALU来完成，只要执行速度不是太重要）。然后，加入了乘累加单元以加快乘法操作，其通过反复相加来实现乘法。

浮点计算模块曾经作为额外的可选配置，需要插入一个单独的芯片，但现在却被当作台式机的标准配置。与浮点模块相同的是，台式处理器现在按常规都包含SIMD硬件（参见2.1.1节），并且已经开始为支持无线网络而整合了不同的硬件加速器。

其他的硬件加速器还包含了图形控制、加密、通信以及数据压缩。目前看来，硬件加速器的种类还在不断扩大，并且还可以为特定应用提供加速——尤其是在专门的嵌入式片上系统处理器中。

另外，硬件加速还对体系结构做了改进，从而提高了处理的速度，而这种提高是与数据无关的。在之前的讨论中已经提到了一些，如流水线（5.2节）、高速缓存（4.4节）、多总线体系结构（4.1节）以及自定义指令（3.3节）。本节将对更多此类的硬件加速机制进行讨论。

5.6.1 零开销循环

许多算法都包含了循环，如for()、while()以及do()。总体来说，循环控制都需要有开销。考虑以下给定循环次数的循环例子：

201

```
i=20;
while (i-- > 0)
{
        <循环体>
}
```

这串代码需要以下操作步骤：

1）设置 i = 20。

2）比较 i 是否为 0。

3）如果等于 0，则分支至循环体后的指令。

4）i = i − 1。

5）执行循环体。

6）跳回循环开始处（第 2 步）。

根据循环类型，需要在循环体之前或之后检测循环条件，以判断是否要继续执行循环，但如果循环体本身很简单，检测循环条件的开销就相对变得很大。来看看以下一段来自 DSP 的代码，它实现了一个数字滤波器：

```
for(i=20;i>0;i--)
  y=y+x[i]*coeff[i];
```

循环体的计算虽然看上去比较复杂，但是在现在的 DSP 处理器中只需要一条简单指令就可以实现。不过，如果采用刚才提到的 6 步循环操作，那么这段代码将由 1 条设置指令以及随后的 20 次第 2 ~ 6 步重复执行组成，加起来总共有 101 条指令。

由于很多 DSP 代码的循环都是类似于这种循环体很小的循环，DSP 设计人员已经意识到使用大量额外的指令来支持这种循环效率非常低，因此开发了零开销循环（Zero-Overhead Loop，ZOL）。

以下是一个德州仪器（TI）TMS320C50 处理器的汇编代码例子：

```
        set BRCR to #20
        RPTB loop -- 1
        ...<循环体>
loop    ...<跳出循环体>
```

在这个例子中，使用一条指令设置 BRCR 循环计数器，然后使用另一条指令进入循环。DSP 处理器会检查 PC 指针，当它到达（loop − 1）时，自动将 PC 指针复位回循环起始位置。在这个例子中总共进行 20 次这样的操作，总共执行了 22 条指令，而不是像不支持 ZOL 时需要执行 101 条指令。

Analog Devices 在其 ADSP2181 处理器上也有类似方法：

```
        set  CNTR to #20
         DO loop UNTIL LE
        ...<循环体>
loop    ...<跳出循环体>
```

202

可以看到这两种方法的基本原理是一样的，但后一种方法可以支持不同的循环终止条件（LE 指小于或等于，除此以外还有其他 15 种条件）。5.6.2 节将会在此基础上对 ADSP2181 的寻址能力进行探讨。

支持 ZOL 的硬件相对比较简单，图 5-10 是其模块图。

图中硬件的功能需求如其名字一样，有用来存放循环起始地址的，有用来存放循环结束地址的，有一条 PC 指针达到循环结束的路径（地址比较

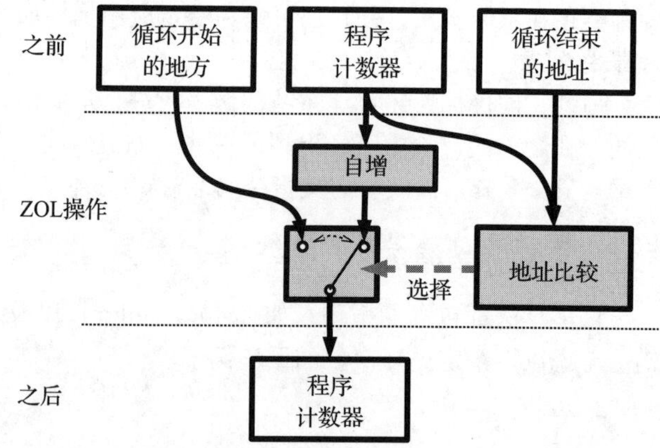

图 5-10　在一个处理器上实现零开销循环所需的硬件及包括程序计数器和循环设置寄存器在内的各种寄存器间的通信示意图

器），以及一条通过重置 PC 指针为循环起始地址分支回到循环起始处的路径。除此之外，还需要有循环计数器保持和自减的方法以及判断循环停止条件的机制（例如，循环计数器为0）。

一种可能发生的比较复杂的情况是，循环指令不是一个简单指令，而是一个调用其他函数的指令，而其所调用的函数又包含了循环。由此，这就需要嵌套循环。在 ADSP 中，ZOL 寄存器是包含在堆栈里的，因此只要循环结束地址不同就可以以最小开销自动嵌套循环。相反，TMS 缺少这样的硬件支持，因此循环嵌套就需要手动保存/重置循环寄存器。

另一种复杂的情况是，虽然以上两种 ZOL 例子都是用汇编语言写的，但现在大部分代码都是用 C 语言写的，因此 C 编译器需要能够意识到可以使用 ZOL 硬件。简单的 C 结构，如之前的 while 和 for 循环，以及如下的循环都可以很容易地用 ZOL 实现：

```
k=20;
do{
    <循环体>
} while (k-- >0)
```

203

注意，以上例子的循环计数器都是向下计数的。在 TMS 中，循环计数器是不能向上计数的，所以如下代码：

```
 for(i=0;i<20;i++)
{
    <循环体>
}
```

在汇编代码中需要转换成向下计数（如计数器从 20 递减到 0），通常假设所用到的编译器都足够智能，可以完成这种转换。

同时，软件编程人员负有让 C 代码结构能够使用 ZOL 硬件的责任。对于这样的硬件，最好避免代码中的循环计数器不是以 1 为计数递增或递减，也要避免在循环体的算法里将循环索引用于计算。

给定一些支持零开销的循环，那条老的嵌入式代码原则——将所有能够合并的独立循环都合并——并非总是正确的。事实上，如果在循环时强迫将变量存放到外存上（可能因为缺少临时寄存器），那么这也许是有害的。

在 ADSP2181 中支持硬件无限循环，但可以将循环体中的某部分作为终止循环条件。这对于 C 程序是十分有利的，因为 C 语言包含所有可能的循环结构。

此类循环硬件加速器称为 PC 陷阱（PC trap）。目前还有更多复杂的硬件用来完成类似任务，将在下一节讨论。

5.6.2 地址处理硬件

ARM 处理器只有一个通用寄存器组，而许多处理器却将数据和地址分别存放在不同的寄存器上。事实上，在这些处理器中之所以这么做是因为它们的数据总线和地址总线宽度不一样。

Motorola 68000 系列处理器的寄存器都是32 位的，却把寄存器分为8 个数据寄存器 D0 ~ D7 和 7 个地址寄存器 A0 ~ A6。虽然任何值都可以保存在这些寄存器中，但是只有将地址存放在地址寄存器中时才会被当成地址使用。类似地，正在处理的指令不能将结果直接存放到地址寄存器中。程序员也可以利用地址寄存器所附带的硬件在访问前或访问后增加或减少地址值，以及将地址值用于索引。然而，如果需要更复杂的地址运算，就需要将地址从地址寄存器转移至数据寄存器中进行算术运算，然后再将结果放回地址寄存器中。

ADSP21xx 系列 DSP 处理器通过数据地址生成器（Data Address Generator，DAG）扩展了这种方法。在 ADSP2181 中包含两组这种寄存器，每组分别包含 4 个 I 寄存器、4 个 L 寄存器和 4 个 M 寄存器：

I0	L0	M0
I1	L1	M1
I2	L2	M2
I3	L3	M3

DAG1

I4	L4	M4
I5	L5	M5
I6	L6	M6
I7	L7	M7

DAG2

204

每一个索引（I）寄存器存放用于访问存储器的真实地址，L寄存器存放了与这些地址一致的存储区域长度，M寄存器存放更改的值。

在汇编代码中，读存储器通过下述语法实现：

```
AX0 = DM(I3, M1);
```

这意味着从数据存储地址为I3寄存器所指的地方读取一个数据，读出的数存放到AX0寄存器中，然后通过加上M1寄存器的内容完成对I3寄存器的修改。如果I3的新值超过了长度寄存器L3+起始I3，那么将I3中的值对起始I3值取模后保存（起始I3值是指缓冲区的首地址）。如果L3寄存器的值为0，则意味着I3的内容没有发生改变。这种安排将会通过一些例子给出更详细的说明（见框5.8），但需要注意到，指令中的任何地方都没有提及L3。这是因为，I寄存器和L寄存器操作都是同时进行的，而M寄存器则是独立的：在每个DAG中，任何M寄存器都可以用于修改I寄存器，但这个DAG中的M寄存器不能对其他DAG中的I寄存器进行修改。框5.8给出了ADSP21xx ZOL硬件操作的3个例子。

框5.8 ZOL示例

例1：考虑一个访存部分使用ADSP汇编器汇编、其余部分使用ARM汇编器汇编的混合例子。对本例及其他例子所指的地址都会有明确的说明。通常情况下，由于有一些特定的约束（在此不予讨论，但在ADSP21xx的手册中有说明），这些地址都是通过链接器（linker）来分配的。

```
       MOV I0, #0x1000     ; 设置 I0=0x1000
       MOV L0, #0x2        ; 设置 L0=2
       MOV M0, #0          ; 设置 M0=0
       MOV M1, #1          ; 设置 M1=1
loop:  AX0 = DM(I0, M0)    ; AX0取数
       ADD AX0, AX0, #8    ; AX0=AX0+8
       DM(I0, M1) = AX0    ; AX0存数
       B loop
```

接下来，我们将对循环执行过程中I0的值的变化构建一个表：

	指令	I0变化		指令	I0变化
1	MOV M1, #1	0x1000	6	AX0 = DM(I0, M0)	0x1001
2	AX0 = DM(I0, M0)	0x1000	7	ADD AX0, AX0, #8	0x1001
3	ADD AX0, AX0, #8	0x1000	8	DM(I0, M1) = AX0	0x1000
4	DM(I0, M1) = AX0	0x1001	9	B loop	0x1000
5	B loop	0x1001			

注意到在第2行中I0被M0更改了，但是由于M0为0，所以I0的值不会改变。在第4行，I0被M1更改，由于M1=1，所以I0加1。同理，第6行以及第8行的更改也类似。虽然I0的值应为0x1002，但由于L0=2，即缓冲区的长度为2，所以地址又跳回了0x1000。

205

例2：L1设置为0，I1为0x1000，M0为0x10。

通过AX0 = DM(I0,M0)连续地从I0读值将会看到地址寄存器I0中出现以下值：0x1000、0x1010、0x1020、0x1030、0x1040、0x1050等。这是因为L1为0，所以地址不会出现循环。

例3：在这个例子中，L4被设置为50，I0为0，M4为2，M5为10。这构建了一个拥有50个存储空

间的循环缓冲区，起始地址为0。执行以下循环：

```
loop:  AX0 = DM(I4, M5)
       AY0 = DM(I4, M4)
       B loop
```

随着循环的执行，I4的值将会如此变化：0、10、12、22、24、34、36、46、**48**、**8**、10、20、22等。注意使用黑体标注的数字。先看48，I4索引应加上10变为58，但由于L4为50，所以这超过了缓冲区的长度，因而I4被循环回起始处，由此48之后为8。

毋庸置疑，ADSP拥有强大的地址处理能力，但考虑3.3.4节所提到的基于ARM处理器的寻址模式，事实上，ADSP除了其先进的寻址硬件外，并没任何超越那些寻址模式的性能。

由此，DAG和与其相关的硬件对于维护环形缓冲区和执行同步地址变化（例如预定义向前或向后）是十分有用的。然而，在所获得的这些效率之外，这种硬件并没有从本质上提高处理器的性能。这种效率的获得带来的开销是，需要为硬件——如图5-11所示的ADSP2181中的一个DAG单元提供芯片面积。

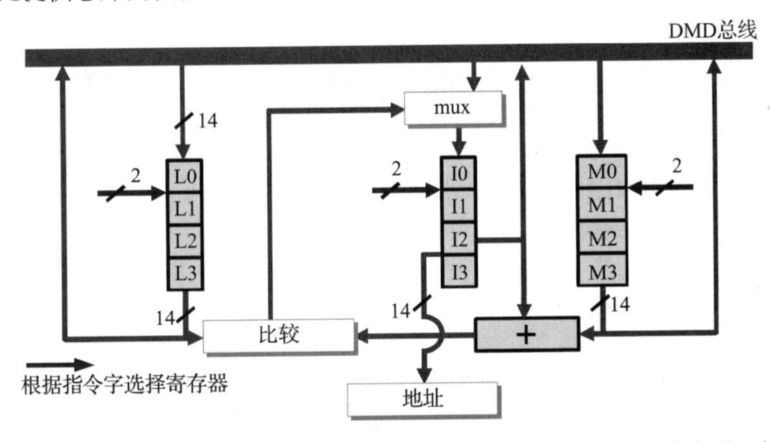

图5-11　数字信号处理器ADSP2181内的第二条数据地址生成器（DAG）硬件模块图。它显示了内部长度寄存器L0～L3、索引寄存器I0～I3及修改寄存器M0～M3是如何与地址专用加法器和内部DMD（数据-存储-数据）总线相连的

从图中可以看到，由于在每个指令周期最多访问DAG中的一个寄存器，因此每一个L、I及M寄存器都通过共享总线访问。DMD（Data-Memory-Data，数据-存储-数据）总线用于传输数据操作数并和数据存储器链接（4.1.3节中更详细地说明了ADSP这种非常规的内部总线结构）。另外，DAG1（没有画出来）可以按位反序输出地址，这在快速傅里叶变换和其他数字信号处理中能带来显著的性能提高。

由于在ADSP21xx中片上数据和代码是分开存储的并分别由独立的总线支持，同时有两个DAG，因此ADSP21xx可以通过后改（post modification）和循环地址（wraparound）直接访问内存中的两个DAG地址操作数。一经访问，这两个操作数可以在一个指令周期内被处理并存储。相反，对于ARM处理器，在功能上也能完成这样的操作，但是并不能在一个指令周期内完成。我们也曾提到过，ARM不需要在一条指令内访问两个不同地址的操作数（因为取数-存数（load-store）结构最多只有一个地址操作数）在框5.9中有详细讨论。

206

框5.9　ARM中的地址编址

作为一款RISC设计，ARM只为地址提供了最少的专用处理硬件，但只要简单尝试调整指令流，ARM处理这些指令的速度也会提升。

正如3.2.3节所讨论的，ARM通过一条数据load指令和一条数据store指令实现load-store结构（事实上在多处理器系统中，还有一条swap指令）。读取和存储的地址可以为向前偏移或向后偏移（增加或减少），也可以为直接寻址或间接寻址。

ARM利用ALU和移位器进行地址计算，因为这些硬件在流水线执行读取和存储指令的时隙是可用的（详见5.2.8节）。与ADSP的DAG相比，ARM的ALU和移位器比DAG的ALU和移位器适用性更高。以下是这种适用性的例子：

```
LDR  R0,  [R1, R2, LSL#2]
```

这条指令要将内存地址（R1+(R2*4)）的内容取入寄存器R0。LSL是逻辑左移指令，这种地址计算对于ADSP21xx的DAG是无法实现的。

最后，需要注意在ADSP21xx中没有选择（alternate）或影子（shadow）DAG寄存器（将在5.6.3节中介绍）。这意味着DAG的使用是依赖于程序上下文以及中断支持的：需要通过直接写汇编代码才能完全利用这种地址处理加速器。

5.6.3　影子寄存器

CPU寄存器是处理器上下文的一部分，程序运行时可见。其他上下文则包括状态标志和可见存储（viewable memory）。

207

当一个正在运行的线程被一个外部中断信号中断时（将在6.5.1节中讨论），中断服务例程（ISR）就会运行以响应这个中断信号。一旦ISR运行完毕，控制又转回到原先的程序。“控制”一词在这里是指程序计数器的指向。程序正常情况下应该是按照汇编代码一条接一条顺序往下运行的，而中断会将程序切换到ISR上运行，在ISR执行完毕后，再转回到原先的程序上继续执行，就好像什么事情都没发生过一样。

来考虑这样一个过程，当中断启用时，就有可能在任意两条指令之间触发一个ISR。因此对于ISR来说，它必须能够在返回时将所有的东西都恢复，使得程序的上下文跟它被调用前一模一样。

在几年前，程序员必须在ISR开始的时候对当前程序进行所谓的上下文保存，并在ISR退出前恢复上下文。保存上下文的过程是将每个寄存器按顺序进行压栈，而恢复就是将其按相反顺序进行出栈。这个过程会花费20~30条指令的开销，并且必须在ISR执行正式的中断操作前完成。

为了避免这种开销，影子寄存器被开发出来。影子寄存器是第二个寄存器组，在各方面与主寄存器组相一致。然而，它可以在ISR需要的时候被利用（包括修改），而不需要修改主程序可见的原始寄存器。以TMS320C50为例，一旦有中断发生，处理器会跳到对应的ISR并自动转换至影子寄存器。当ISR执行完毕时，一条专用的跳回指令使程序跳回中断前的PC，并转换回原始寄存器。

有了这种影子寄存器，就不需要手动地在ISR开始时保存上下文、结束时恢复上下文。在代码的任何地方都可以进行中断而不需要任何额外开销。然而，如果只有一个影子寄存器组，中断就不能嵌套，这意味着在一个中断发生时，不能响应另外一个中断。

5.7　分支预测

在5.2.6节，我们研究了由于分支导致的流水线性能下降的现象。我们看到分支本身引发了很多问题，而条件分支冒险和相对地址分支会加剧这些问题。在前面的框5.4中我们简单介绍了分支预测并认为预测执行（见框5.5）是降低分支开销（branch penalty）的一种办法。

在本节中，我们首先对由于分支引发的性能下降问题做一个总结，然后讨论用于减少此性能下降并与预测执行能力相关联的分支预测方法。回想我们之前介绍的方法中所特有的问题

(以及涉及的硬件成本)，这些问题使得分支引发的性能降低成为计算机体系结构设计师心中的痛。

在理想情况下，我们可以训练程序员避免使用分支指令，但当这些指令出现时，本节所介绍的专用硬件仍将发挥作用，并且也是 CPU 性能研究的热点。 208

5.7.1 分支预测的必要性

首先，我们概括一下分支带来的问题。考虑以下代码在一个四级流水线（取指、译码、执行、写回）上执行：

```
i1        ADD R1, R2, R3
i2        B loop1
i3        ADD R0, R2, R3
i4        AND R4, R2, B3
loop1:    STR R1, locationA
```

不建立预约表，我们执行开始的几个周期：

- i1 被取指。
- i2 被取指，同时 i1 被译码。
- i3 被取指，同时 i2 被译码并且 i1 被执行。在这个周期的末尾，CPU“知道”i2 是一条分支指令。

此时，i3 已经被取入流水线。然而，由于 i2 是一条分支指令，因此正确的操作应该是将 loop1 所标记的指令作为下一个周期执行的指令。由此 i3 应该被清除出流水线并取入正确的指令。清除的工作将会在流水线中形成一个“气泡”，从而降低了流水线的效率。

在 5.2.8 节中我们也讨论过相对地址分支的问题：分支的目标地址（分支指令后应该执行的指令的地址）通常是一个以当前程序计数器为基准的偏移量，保存在分支指令中。所以 CPU 需要使用 ALU 将偏移量与 PC 相加计算出下一条指令的地址。

在上面给出的例子中，如果分支的地址（在这个例子中是 loop1 所指指令的位置）需要通过计算得出，那么在分支指令被译码后还需要另一个周期。通常情况下，使用这种技术的处理器会立即将流水线清空并执行分支。操作序列如下所示：

- i1 被取指。
- i2 被取指，同时 i1 被译码。
- i3 被取指，i2 被译码，并且 i1 被执行。
- i4 被取指，i3 被译码，i2 被执行（这意味着分支的目标地址将通过 ALU 计算出来），并且 i1 的结果被写回。
- i2 的结果即分支的目标地址被写回，但写回的地址是程序计数器而不是其他寄存器，同时流水线被复位（丢弃 i3 和 i4）。
- 分支地址处的指令被取指。[⊖] 209

至此，我们还没有提到条件分支冒险的情况，这种情况下流水线需要等待分支指令之前的条件设置指令计算完成来决定是否执行分支。

然而，我们已经对用于缓解分支问题的预测进行了讨论。总体而言，预测执行是在等待分支条件得出结果前或分支地址计算完成前执行某一个分支路径。在预测执行的路径执行完前，处理器确定该预测是正确的（此时所预测执行的指令可以完成）或不正确的（此时所预测执行的指令及其结果将被抛弃）。

⊖ 需要注意的是，许多处理器将会在更早一个周期对该指令取指，这是通过将从 ALU 计算所得到的分支地址直接输出到地址总线上（数据转发的一种形式）实现的，并同时将结果写入程序计数器。

在某些处理器上，预测路径是不确定的，例如总是预测会执行分支，或总是预测不执行分支。当然，在不考虑其他因素的情况下，这种预测的正确性总是很难超过50%。对于这种CPU，编译器也应尽可能让生成的代码走预测的路径。

实际上，预测是在赌博：猜测某一条路径被执行。正确的猜测开销小，因为在此情况下，处理器通常不会有流水线停顿。而错误的猜测将会引发流水线停顿，因为错误的执行需要从流水线上清除。

一种更精细的预测是*分支预测*，它通过如下的信息进行更智能的猜测：

- 过去的行为
- 代码域/地址
- 编译器在代码中给出的暗示（例如执行/不执行指示位——TDTB[⊖]）

动态分支预测通常依赖一些过去的行为来预测未来的分支，这在框5.4中有总结。当CPU看到一个分支时，它通过预测器快速地决定执行哪条路径。然后，当实际的分支结果出来后，它会更新预测器，这是为了让未来的预测更准确一些。

我们将对7种不同的预测方法分别进行探讨，研究它们的操作和性能：

- 单T位预测器
- 双位预测器
- 计数器和移位器预测器
- 局部分支预测器
- 全局分支预测器
- G选择预测器
- G共享预测器

210

在这些小节之后，将会讨论混合使用以上技术（5.7.9节），然后讨论使用分支目标缓冲（5.7.10节）。

5.7.2 单T位预测器

在一个比较简单的单T位预测器机制中，当T标志被设置为1时表示需要执行分支，而当被设为0时表示不执行分支。在执行完每条分支指令后（即所有的条件及其他相关因素都被解决后）会更新T标志。全局的T位预测器硬件开销很小，因为整个CPU只有一个T位执行预测。

无论何时遇到分支指令，流水线都会根据T位的状态进行预测。换句话说，如果上一个分支指令执行了分支（T=1），则下一个分支指令也被预测为需要执行分支。相反，如果上一个分支指令没有执行（T=0），则下一个分支指令被预测为不执行分支。这种预测器机制并不是智能的，却有令人意想不到的好效果，特别是在编译器支持的情况下。从根本上说，当需要执行的代码存在大量的简单循环时，这是一种好方法。

例如，以下是一段ARM风格的汇编代码，初始时，R1=1，R2=4：

```
i1  loop:  SUBS R2, R2, R1   ;R2=R2-R1
i2         BGT loop          ;当结果大于0时，执行分支
```

现在在一个具有全局T位预测器的CPU上执行这段代码，来验证这种预测器在应对这种简单循环时表现得有多优秀。

⊖ 执行/不执行指示位（take/don't take bit，TDTB）通过智能编译器插入代码中，用于告诉预测单元在当前位置上最有可能的分支结果。注意到编译器比分支单元更清楚分支的情况——编译器可以"看到"未来，知道循环、函数、程序的整体内容，也知道在每条路径上下一条指令是什么。

记录	i1	i2	i1	i2	i1	i2	i1	i2
R1	1	1	1	1	1	1	1	1
R2	3	3	2	2	1	1	0	0
T位	—	1	1	1	1	1	1	0
分支	—	执行	—	执行	—	执行	—	不执行
正确	—	—	—	是	—	是	—	不

从这个跟踪表（trace table）[㊀]最左列开始，当i1执行完（减法）后，R2的内容由4变为3。在下一个周期，当i2（分支指令）执行完后，因为SUBS指令的结果大于0，所以执行分支。在第一次循环中，由于预测器初始条件不定，所以不能进行预测。

正如跟踪过程所示，循环在重复执行两次后退出（在最后一次循环后没有跳回循环的起始处）。在第二次循环中，预测器学习到上一个分支被执行，所以正确地预测出下一个分支需要执行。同样，在第三次循环中也预测正确，而在最后一次预测中错了。

211

总体而言，该循环中第一次碰到分支时有可能是不正确的，这取决于之前执行代码的T位预测器状态。最后一次分支也没有预测正确，但在循环体中，不管重复多少次循环，预测都正确。对于任意大小的简单循环，这种结论都是正确的：不管i1和i2之间存在多少代码，只要不包含分支指令，预测的结果都会如此。

遗憾的是，循环极少会如此简单，通常情况下在循环体的代码中都会包含其他分支指令。让我们通过另一段简单例子来说明这个问题：

```
i1  loop:  SUBS R2, R2, R1   ;R2=R2-R1
i2         BLT error         ;如果结果小于0，则执行分支
i3         BGT loop          ;如果结果大于0，则执行分支
```

我们再次通过一个带有一个全局T位预测器的CPU执行这段代码，以检测这种预测器遇到这种代码时的预测情况。这一回，我们假设初始条件为R2=3，这是为了减少跟踪表中列的数量：

记录	i1	i2	i3	i1	i2	i3	i1	i2	i3
R1	1	1	1	1	1	1	1	1	1
R2	2	2	2	1	1	1	0	0	0
T位	—	0	0	1	0	1	1	0	0
分支	—	不执行	执行	—	不执行	执行	—	不执行	不执行
正确	—	—	否	—	否	否	—	否	否

在这种情况下，预测器的性能很差：预测器的每一个预测都失败了。遗憾的是，这种结果对于简单T位预测器来说太平常了。正如我们在下一节将要看到的那样，对这种预测器加以改进：对每一次预测增加一些复杂度，为每一个分支采用单独的预测器。首先，介绍一下双位预测器。

5.7.3 双位预测器

虽然双位预测器从概念上讲与T位预测器有点类似，但却是用前两次分支的结果来对下一个分支进行预测，而不是像T位预测器那样只用前一次分支的结果。这种方法使用了如图5-12所示的状态机。该方法也称为双模（bimodal）预测器。

㊀ 这种跟踪表并不能完全取代预约表，因为它既不能给出在某一个确定时间流水线发生的情况，也不能指出每条指令需要多少个周期去执行。它只能给出每条指令在顺序执行后系统的状态。

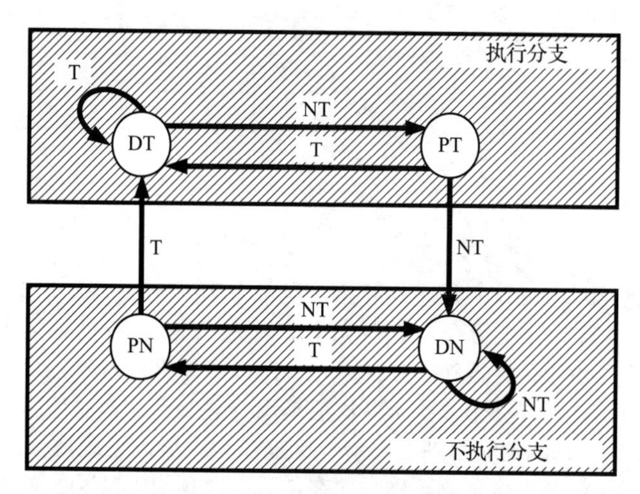

图5-12　双位预测器状态转移图，其中有DT（确定执行）、PT（可能执行）、PN（可能不执行）以及DN（确定不执行）四种状态。前两种状态表示转移可能会执行，后两种状态表示转移可能不执行。在分支条件确定后，预测器的状态根据实际执行（T）或不执行（NT）分支来更新状态

由于有4种状态（使用两位来描述状态），这种预测器将会比单T位预测器精确。这么说太笼统，但在一个嵌套循环的例子中（此时单T位预测器的性能非常差），双位预测器获得了更好的性能。

为了说明这种情况，我们使用与前一节相同的代码：

```
i1  loop:  SUBS R2, R2, R1  ;R2=R2-R1
i2         BLT error        ;如果结果小于0，则执行分支
i3         BGT loop         ;如果结果大于0，则执行分支
```

这一次我们将使用一个带有全局双位预测器的CPU来执行这段代码。再次假设初始条件为R2=3，R1=1，并且预测器初始状态为“DT”：

记录	i1	i2	i3	i1	i2	i3	i1	i2	i3
R1	1	1	1	1	1	1	1	1	1
R2	2	2	2	1	1	1	0	0	0
预测器	DT	**PT**	**DT**	DT	PT	DT	DT	PT	DN
分支	—	不执行	**执行**	—	不执行	执行	—	不执行	不执行
正确	—	否	**是**	—	否	是	—	否	否

这个跟踪表与5.7.2节的很相似，但需要仔细地阅读这个表。记住每一列显示的是这一列所指示的指令执行完毕后处理器的状态，并且在表中没有时序上的信息，只给出了简单的操作序列。例如，先找到i2执行的位置，在这列中我们看到左边的R1和R2没有发生变化，但由于分支没有被执行，它将预测器的状态从“DT”改变为“PT”（以黑体字显示）。当i3执行完毕时，由于分支被执行（以黑体字显示），预测器的状态又转回“DT”。在i3开始执行时，预测器的状态还是“PT”，因此预测器预测分支需要执行，而事实上这是一个正确的预测，因此在底部以黑体字显示的“是”表示预测正确。所以，在确定预测正确性时，需要将预测的结果与前一列的预测进行比较。

212
~
213

虽然这种预测器对于所有的分支不会都预测正确，但它对循环体内不在循环末端的其中一个分支的预测都是正确的。这样的结果介于单T位预测器和理想预测器之间。

接下来更严密地解释这种预测器的原理：单T位预测器存在一些问题，而双位预测器在一

定程度上可以解决这些问题。但如果双位预测器也有问题，可以增加更多的位来解决问题吗？答案是肯定的，因为总体而言使用更多资源会获得更好的性能。然而，从需求上来说，需要使用尽量小的硬件资源来尽量提高性能。

由此，我们需要意识到，通过分支指令 i2 的结果来预测 i3 的结果是非常困难的。用过去 i2 的结果来预测 i2，用过去 i3 的结果来预测 i3，才会得到更好的结果。换句话说，需要为不同的指令分配单独的预测器。事实上，这种机制将会在 5.7.5 节介绍双模预测器时出现。接下来我们先对使用更多位的预测器进行探讨。

5.7.4 计数器和移位器预测器

简单的饱和计数器（saturating counter）在执行分支时加 1，在不执行分支时减 1。这种计数器可以保持在饱和状态而不会循环计数，因此经过一长串连续的执行分支后，可以使得这种计数器达到最大值并一直保持这个最大值。

对于基于这种计数器的分支预测器，就可以只通过最高有效位（MSB）的值来判断。因为当 MSB 为 1 时，计数器的值为其最大值的一半或一半以上，当 MSB 为 0 时，计数器的值小于其最大值的一半。

虽然计数器是一种相当简单的硬件，但是它需要花很长一段时间去“学习”在什么时候执行“通常执行分支”（normally-taken）循环与“通常不执行分支”（normally-not-taken）循环间的转换。另外，它在嵌套循环中带有分支时性能不好。

与计数器在硬件尺寸上相似的是移位器。一个 n 位移位器存放着过去 n 个分支的结果。无论什么时候处理器执行了一条分支指令，其结果都会进入移位器，同时此前的结果都会向左或向右移动一位，而最先进入移位器的结果就会被丢弃。例如，以 1 表示执行分支，0 表示不执行分支，而移位器中存放着过去 8 个分支的结果（NT，NT，NT，T，T，NT，T，NT），其值为 00011010。如果下一个分支执行，移位器的内容将都向左移动 1 位，丢弃最左边的 0，而 1 会进入移位器最右端，更新为 00110101。虽然可以通过移位器的内容进行分支预测，但是极少单独使用以上我们提到的技术进行预测，而是将这些技术混合使用。至此，我们已经按顺序介绍了 4 种分支预测器。

5.7.5 局部分支预测器

简单观察低级语言会发现，有些分支总是会执行的，而有些却总是不执行。全局单 T 位预测器和全局双位预测器对 CPU 内所有分支的处理看起来都是一样的。更明智的方法是局部处理每个分支，而不是采用全局的方法。这与 4.4.4 节所提到的局部性原则有关，例如，假设库代码中的分支行为与用户代码中的分支行为是不一样的，所以应该对它们采用不同的预测方法。甚至在用户代码中，不同区域的程序所包含的分支也是不同的。 214

正如之前所提到的，可以为每一个单独的分支分配一个单 T 位预测器（或者双位预测器）。然而，在一些代码中，可能会有几千条甚至几百万条分支指令，假如为每条分支指令都分配一个预测器，硬件开销就实在太大了。

所以在全局预测器和为每个分支分配一个预测器之间有一个折中。这也引出了预测器块（a bank of predictor）的概念。在一定程度上，这与 cache（见 4.4 节）的硬件组织相类似，同时也会引发类似的问题：查找时间（look-up time）。使用这种机制时，每当遇到一条分支指令，预测器就会为这条分支指令进行查找，然后确定预测结果。随着需要进行搜索的预测器越来越多，查找的时间就会变长，甚至会超过 1 个流水线周期。因此，计算机体系结构设计师的关注重点是使用更少的预测器获得更智能的预测。

图5-13是分支历史记录饱和计数器（见5.7.4节）的示意图。它没有为所有的分支指令都分配一个计数器预测器，而是只有2^{k-1}个计数器预测器，正在预测的分支指令分配在不同的地址上。

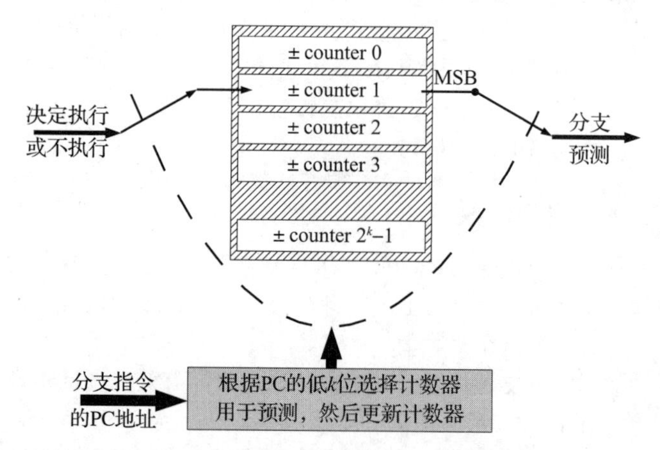

图5-13　局部分支预测器示意图。它带有一系列分支历史记录饱和计数器，它们使用每条分支指令所在地址的低位地址进行索引（由此不同的计数器映射到了不同组的分支指令）。正如在5.7.4节里解释的，计数器的最高有效位用于进行分支预测

这种预测器使用地址线[⊖]的低k位来选择使用哪个计数器为该分支指令做预测（该计数器也理所当然被该指令的分支结果更新），例如地址0上的分支指令使用0号计数器，地址1上的分支指令使用1号计数器，以此类推。如果只有8个计数器，0号计数器就会由地址0、8、16、32、64等上的分支指令共同使用。

注意预测器块中的饱和计数器可以使用单T位预测器或双位预测器来替代。最重要的是引入了局部性原则：至少有一部分预测都是基于地址的。接下来我们使用之前在全局单T位预测器和双位预测器使用过的代码来说明这种局部性预测：

```
i1  loop:  SUBS R2, R2, R1   ;R2=R2-R1
i2         BLT error         ;如果结果小于0，则执行分支
i3         BGT loop          ;如果结果大于0，则执行分支
```

这一次我们使用带有如图5-13所示的局部预测器的CPU来运行这段代码。我们仍旧假设初始条件R2=3，而预测器的计数器为4位并且在执行前被初始化为0111。指令i1的位置为地址0。

记录	i1	i2	i3	i1	i2	i3	i1	i2	i3
R1	1	1	1	1	1	1	1	1	1
R2	2	2	2	1	1	1	0	0	0
c0	**0111**	0111	0111	**0111**	0111	0111	**0111**	0111	0111
c1	0111	**0110**	0110	0110	**0101**	0101	0101	**0100**	0100
c2	0111	0111	**1000**	1000	1000	**1001**	1001	1001	**1010**
分支	—	不执行	执行	—	不执行	执行	—	不执行	不执行
正确	—	是	否	—	是	是	—	是	否

这个跟踪表中给出了预测器3个计数器（c0、c1和c2）的情况，由于代码从地址0开始，

⊖ 对于一些处理器，如ARM，地址采用字节计数，但其指令超过一个字节。在这种情况下，由于指令地址都是0、4、8、16等，因此所有ARM指令地址线的A0和A1都永远为0。所以这些地址线将被局部预测器忽略，而使用从A2开始的地址线。

所以这3个计数器分别映射了指令i1、i2和i3的地址。在这个例子中，预测器的0号计数器c0并不会发生改变，因为在这个地址上没有分支指令去更新这个计数器。而其他两个计数器则被其映射地址上的分支指令的执行结果所更新。表中每次预测所用的计数器都用黑体字标出。

每一次分支预测都是通过检查与相关预测计数器的MSB来进行，该预测器来自当前指令的前一列（一如既往，每一列所包含的状态都是前边指令执行的结果，并且预测都是发生在指令执行之前）。

这种预测器的性能与之前所遇到的预测器有很大不同。第1条分支指令在每次循环中都被正确预测。第2条分支指令在第1次循环和最后一次循环中被错误预测，而在循环内部，无论重复几次循环或中间包含多少条非分支指令，都被正确预测。这相对于5.7.3节中的那个例子有不少改进。

215~216

遗憾的是，故事到此并没有结束，因为当预测器变得强大后，就会受如框5.10所示的混叠效果（aliasing effect）影响。

框5.10　局部预测的混叠

在一个拥有4组局部3位饱和计数器预测器的处理器上执行以下汇编代码：

```
0x0000  loop0  DADD R1, R2, R3
0x1001         BGT loop1
0x1002         B loop2
...     ...    ...
0x1020  loop1  DSUB R3, R3, R5
0x1021         B loop0
```

假设R2 =0，R3 =2，R5 =1，c0、c1、c2和c3都被初始化为011，且loop2所指的代码也存在。

地址	结果	分支	预测器	正确
0x0000	R1←2			
0x1001		执行	c1←100	不
0x1020	R3←1			
0x1021		执行	c1←101	是
0x0000	R1←1			
0x1001		执行	c1←110	是
0x1020	R3←0			
0x1021		执行	c1←111	是
0x0000	R1←0			
0x1001		不执行	c1←110	不
0x1002		执行	c2←100	是

在这个表中，所执行指令的地址显示在最左列，其次是执令执行的输出结果（即寄存器发生的改变），第三列指出分支指令的分支是否执行，第四列为本次预测所更新计数器的值，预测正确与否在最后一列给出。

总体而言，这种预测很成功。然而，需要注意的最重要的一点是，这里只使用了两个预测器。计数器c1被两条分支指令共同使用（即混叠）——在地址0x0001和地址0x0021上的分支指令。因此，虽然提高了局部预测的硬件能力，但是我们并没有高效利用它。为了更好地在不同分支中使用这些计数器，我们需要引入其他一些机制，其中两种我们将在5.7.7节和5.7.8节中描述。

5.7.6 全局分支预测器

基本全局分支预测器是尝试使用一种特殊的方法在基本局部分支预测器的基础上进行改进。它将上下文引入分支预测器中。我们已经知道了分支预测的局部性，但是局部分支预测中的混叠问题使得在相同的预测器中不同类型的软件都有分支地域性。

217

在这个全局分支预测器中，使用了全局移位寄存器而不是低位地址位（这两种部件在5.7.4节中都有简单介绍）对计数器预测器阵列进行索引。其整体结构如图5-14所示，除了我们将要讨论的计数器选择机制之外，该结构看起来与局部预测器很相似。

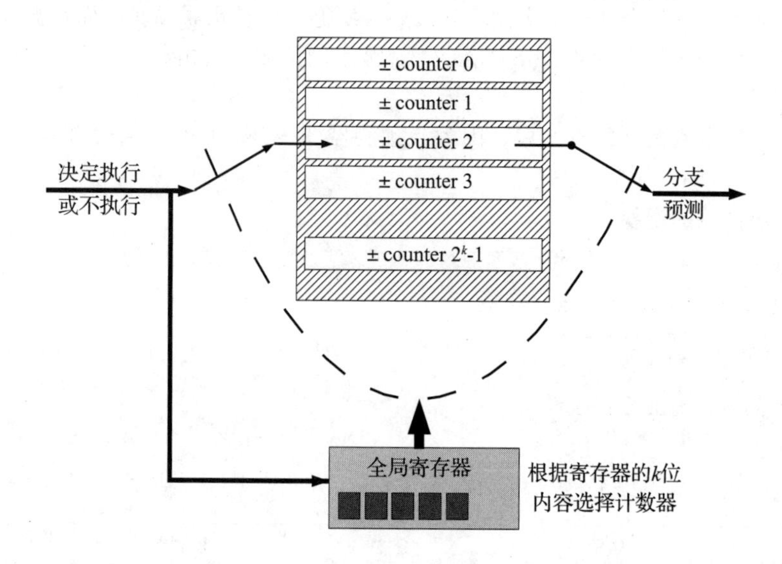

图5-14 全局预测器示意图。它带有一组计数器，它们通过存储了前 k 个分支指令结果的移位寄存器的内容进行索引。与以往一样，当分支执行时，与之相关的计数器增加；当分支不执行时，计数器减少。计数器会饱和而不是循环，由此它们的最高有效位可用于预测分支。全局移位寄存器在每条分支结果确定后进行更新

由于对特定分支进行预测的计数器的选择是基于过去 k 条分支指令的结果进行的，因此这种预测在一定程度上依赖的是这个分支指令是*如何到达的*，而不是这个分支指令位在内存的什么位置。换句话说，它更像一个基于跟踪的选择器。

在一些条件下，这种预测选择机制是很明智的：例如，一个简单的常规库函数会被一段代码中不同的地方多次调用，它被调用时的行为（相当于分支行为）取决于要求它做什么，即如何被调用（以及在哪里被调用）。通过观察许多常规软件的执行轨迹可以看到，许多复杂的分支序列都被重复执行。通过使用这种预测器，可以让分支序列来选择预测器，使得不同的计数器与不同的分支映射得更紧密。

218

我们通过另一个简单的例子来检查一下这种全局预测器的操作：

```
i1  loop1  ADD R1, R1, R2
i2         BEZ lpend
i3         SUB R8, R8, R1
i4         B loop1
i5  lpend  NOP
```

我们假设初始时R1 =3，R2 = -1，R8 =10，并且这是一个4位全局寄存器（GR，初始为0000），即有15个计数器预测器，每个为3位，被初始化为011。

地址	结果	分支	GR	预测器	正确
i1	R1←2		0000		
i2		不执行	0000	c0←010	是
i3	R8←8		0000		
i4		执行	0001	c1←100	否
i1	R1←1		0001		
i2		不执行	0010	c2←010	是
i3	R8←7		0010		
i4		执行	0101	c5←100	否
i1	R1←0		0101		
i2		执行	1011	c11←100	否
i5			1011		

以上表的结构与前面几节遇到的很相似，GR 的值在每一行都显示——只有一个 GR，并且在每个分支指令之后都被更新。虽然这个代码循环了 3 次，但最显著的特点是每一个分支都被分配到了不同的计数器预测器上。即使是在同一个分支中的每次执行使用的也是不同的计数器。

总体而言，这种预测器算法避免了混叠问题，而分支指令在不同的计数器预测器中“混合”在一起，但遗憾的是，其分支历史被丢弃，而我们是可以用历史记录来很好地对 i2 特别是 i4 分支进行很好的预测的。

已经证实，在比这个小代码大很多的例子中，这种预测器的性能十分好：它执行基于循环的测试代码获得了超过 90% 的精确度。然而，其基本缺点还是存在的：许多局部性信息丢失。因此我们开始转向将基于行为跟踪选择的全局寄存器与基于地址的局部选择进行混合。

5.7.7 G 选择预测器

如图 5-15 所示，G 选择预测器（gselect predictor）通过考虑将要被预测分支的地址对预测器进行更新。事实上，用于为确定分支而选择特定计数器预测器（或 T 位或双位预测器）的 k 位索引是由一个 n 位全局寄存器与 PC 的最低 m 位联合组成的。

219

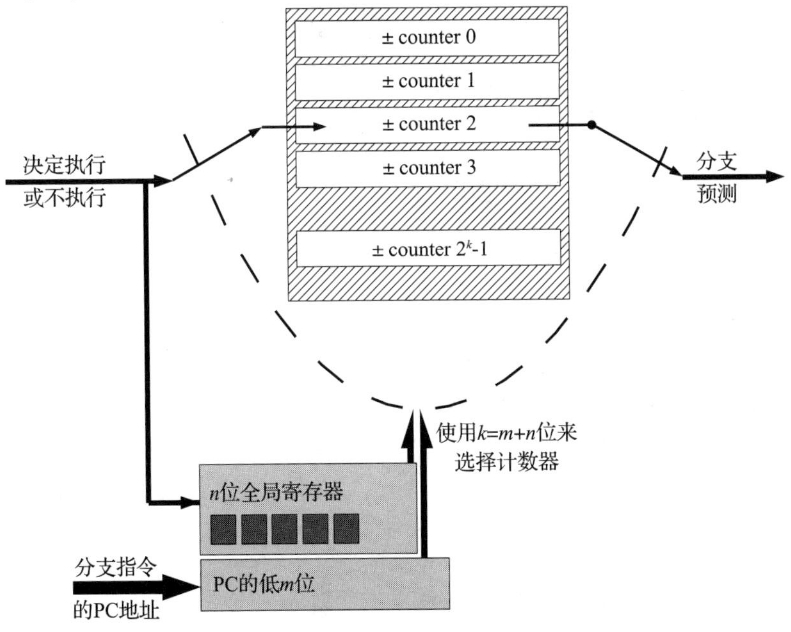

图 5-15　G 选择预测器示意图。它有一组计数器，通过存储了前 n 条分支指令结果的移位寄存器的内容与地址线低 m 位共同进行索引。同样，每个计数器在分支执行时增加，在分支不执行时减少。计数器会饱和而不是循环，因此计数器的最高有效位可以用于分支预测。全局移位寄存器在每条分支指令确定是否分支后被更新

例如，如果 $k=10$，则由一个 4 位全局寄存器 G 及地址线 A 的 6 位组成，其 10 位索引如下：

G_3	G_2	G_1	G_0	A_5	A_4	A_3	A_2	A_1	A_0

G 选择预测器非常适合那些小的独立预测器块，这可能是指它非常适合于那些资源受限的嵌入式系统。而当块变大，也许为 $k>8$ 时类似于下一节将会讨论的 G 共享机制，G 选择预测器的性能可能会更好。[⊖]

220

5.7.8　G 共享预测器

G 共享预测器是 5.7.7 节中 G 选择预测器的精炼。将如图 5-16 所示的 G 共享预测器与如图 5-15所示的 G 选择预测器进行比较，唯一的区别是 G 共享预测器将 k 位全局寄存器与 PC 的低 k 位进行了异或，用于对预测器阵列进行索引。

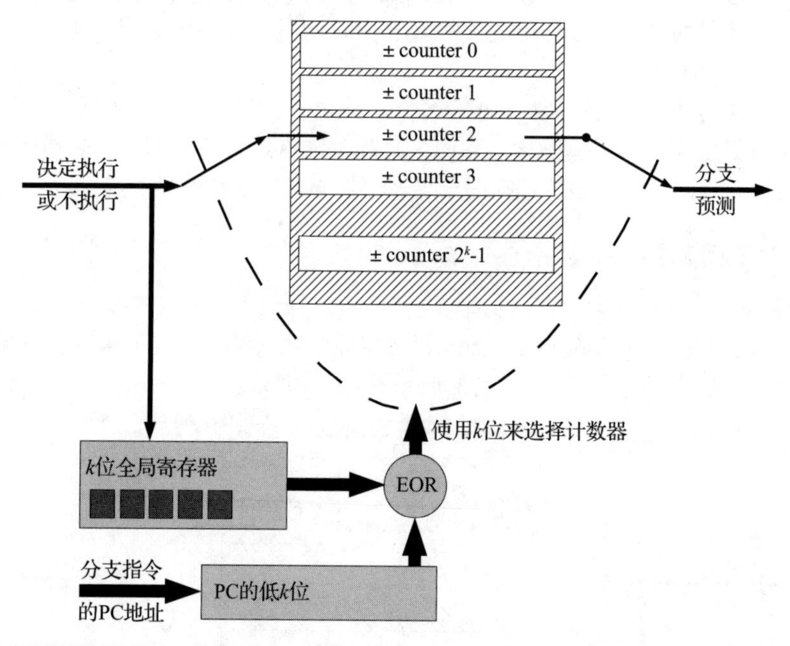

图 5-16　G 共享预测器示意图。它也拥有一组计数器，通过存储了前 k 条指令执行结果的移位寄存器的内容与地址线低 k 位共同进行索引（根据两个 k 位数字异或的结果选择计数器）。同样，每个计数器在分支执行时增加，在分支不执行时减少。计数器会饱和而不是循环，因此计数器的最高有效位可以用于分支预测。全局移位寄存器在每条分支指令确定是否分支后被更新

G 共享预测器与 G 选择预测器和全局分支预测器一样，只要进行适当的设置和调节，都可以获得超过 90% 的预测准确度。然而，G 共享预测器和 G 选择预测器都是在块相对较小的情况下才能获得好性能。小尺寸块（即更少的预测计数器）意味着查找过程可以变得很快。除了特别小的块以外，G 共享预测器比 G 选择预测器性能更佳，因为它能更好地将不相关的分支指令分布到不同的预测器上。换句话说，G 共享预测器可以看到分支在计数器上的分布，而 G 选择预测器只能看到少数计数器在许多分支指令上的划分。

221

⊖　回忆一下前面的讨论，高性能取决于很多因素，而不是某一段特定的代码。当我们从整体上预测性能时，是没有真正的代码及条件能够测试出某种机制的优劣的。

5.7.9 混合预测器

我们应该可以强烈地感觉到，不同程序中的分支特性应该会千差万别。直到现在，我们已经提出了许多预测机制并且也讨论了它们各自的优缺点。

现在我们的重点是要找出一种性能最好的分支预测机制。但是，通过学术界对这些机制独立进行的测试发现，它们都是分别对某一类代码会获得良好的性能。因此，我们应该将这些预测机制进行组合。

这正是所谓的混合预测器。它是将多种预测机制集合在一起，预测时通过一个逻辑选择最合适的预测机制。图5-17展示了在A和B两种预测机制中进行选择的方案（与5.7.5节的双模预测器看起来有些类似）。在这个方案中，A/B选择器用于记录A、B两个预测器预测的准确性。哪一种预测器预测的结果最准确，就选择其作为整个系统的预测器。

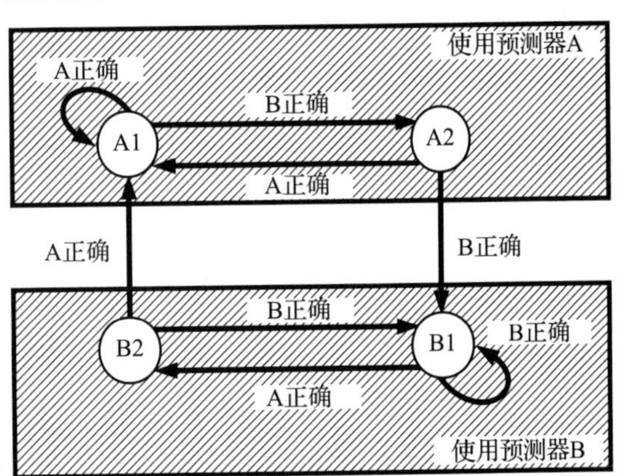

图5-17 两种不同的预测器，它们各自的特点符合某种特定代码类型的需求，可以将这两种预测器结合起来。结合的方法之一是采用一个与双位预测器十分相似的双位状态机，来选择最佳的预测方式。在这个状态机中，如果两个预测器在任何状态都预测正确，我们就认为不发生状态转移

我们可以预期，不同的程序，或程序中不同的区域，会趋向于不同的预测器，而这在实际测试中也得到了验证。

一个最著名的混合预测器的例子是建立在Alpha 21264处理器上的。图5-18是其示意图。在该图中，所示的A/B预测器用于选择全局预测器或两层局部预测器。

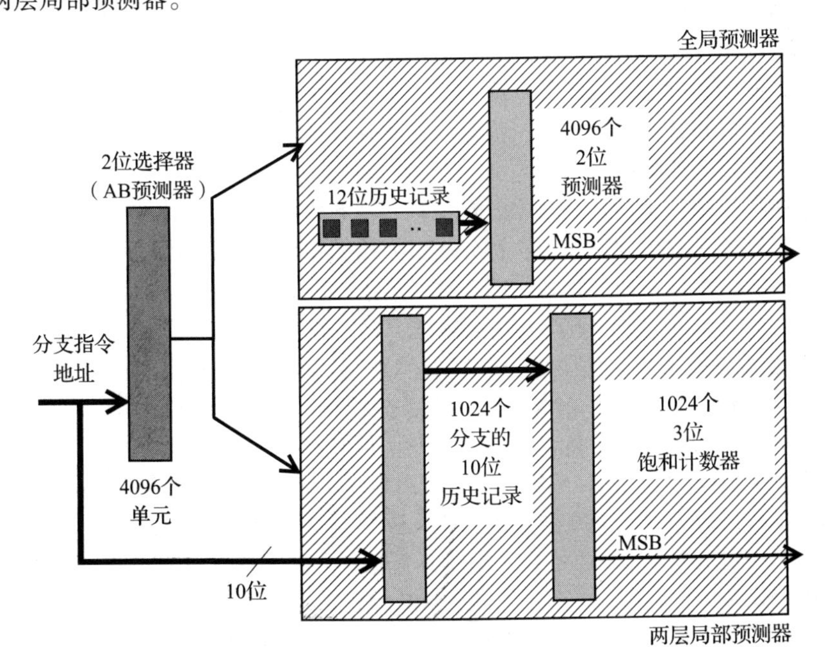

图5-18 Alpha 21264处理器混合预测器示意图。它使用一个与图5-17所示的AB预测器很相似的状态机（最左边的模块）来选择是使用全局预测器还是两层局部预测器，从而获得优秀的预测性能

全局预测器使用12位分支历史记录器在4096个2位预测器中进行选择。这个预测器精确地预测了分支行为。换句话说，它真实地反映了是如何到达一个特定分支语句的（参见5.7.6节）。

局部预测器使用地址线的低10位在1024个10位移位寄存器预测器中进行选择。这个移位寄存器预测器是一个局部版的全局预测器，它记录了发生在当前低10位地址上的所有分支历史。注意，不要误以为地址线和移位寄存器都必须为10位，它们可以有不同的位宽。

移位寄存器的值将用于在1024个3位饱和计数器（分别预测不同的分支）中进行选择。预测的结果是这些计数器的最高有效位（MSB）。

Alpha 21264中的预测器使用了多层结构（针对局部预测），并在两个不同的预测器中进行动态选择。它像是结合了我们至今所讨论过的所有预测机制。

然而，我们还要检测它的性能。在CPU中给定一个有限的空间来支持分支预测，我们应该考虑这个空间适合使用哪种预测机制或者是用来改进流水线的某个方面。

这个问题在1993年得以解答，在这一年中数字仪器公司（DEC）的Alpha 21264处理器的分支预测单元被设计出来。对它的测试表明，混合方法的性能超越了相等规模的全局预测器和相等规模的局部预测器。事实上，这种处理器的分支预测器在实际代码中正确率达到了98%——这是一个即使在最先进的处理器上也很难被超越的成绩。

222~223

5.7.10　分支目标缓冲

正如我们在前几节所看到的，分支预测器可以清楚地知道是否执行某个特定的分支。回到我们需要预测分支的原因上，这是为了提高所预测的执行代码是正确代码的概率，降低清空流水线的可能性。

我们需要预测执行代码的主要原因之一是，当一个分支执行时，其目标地址是按相对偏移存储的，需要通过ALU将偏移量与当前PC值相加来得出，这个过程需要使用ALU，而在处理器上并没有为地址计算设计独立的ALU，地址计算需要在分支指令进行到“执行”阶段时共享流水线上的ALU，这在5.2.8节中已经讨论过。

然而，即使我们正确地预测了某一个分支是否会执行，我们还是需要进行这个地址计算。换句话说，我们可以很快地进行预测，但是我们需要等待计算完成（或至少两者同时进行——这样就是等待两者之间的最慢者）。

所以计算机体系结构设计师会得出这样一个巧妙的想法：为什么不将目标地址存储在预测器上？与其简单地预测执行分支或不执行分支，为什么不预测整个目标地址？毕竟，分支指令只会分支到唯一一个地址，而如果我们能够记录分支行为，那么我们也能够轻松地记录下分支的地址。这就是分支目标缓冲（BTB）所要做的。

使用BTB意味着如果我们预测正确并且当前分支已经至少被执行过一次，则不需要等待ALU计算出分支目标地址。图5-19给出了BTB的流程图。当进行分支预测时，我们首先查看BTB。如果BTB命中（当前分支指令在BTB中有一个记录，即之前已经遇到过该条指令），则将BTB中的目标地址装载进PC，预测从该地址执行。

224

一旦确定是否执行分支（对于非条件分支为立即获得，而对于条件分支则要等到条件设置指令执行完毕），我们就知道是否要继续执行这个预测，或是要清空流水线，然后更新BTB并取出正确的指令。

而如果BTB不命中，则预测分支不执行。当分支结果确定时，如果应当执行，则将目标地址更新至BTB，如果已经预测执行，则还应清空流水线，然后分支至正确的地址继续执行。

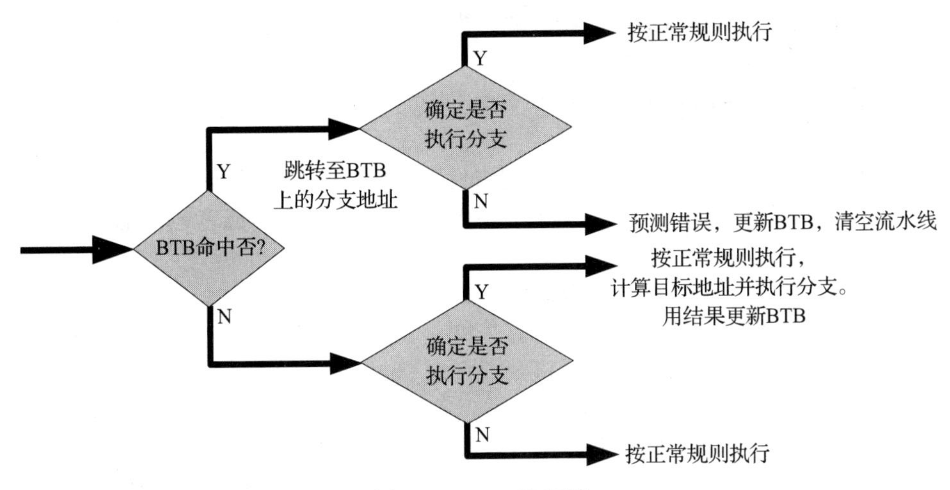

图 5-19　BTB 流程图

实际上，如图 5-20 所示的 BTB 中的内容看起来与内存的 cache（见 4.4 节）很像，以分支指令所在的地址作为标志，一个记录存储了分支预测（可以使用我们之前讨论过的任何预测器算法）和目标地址。像 cache 一样，BTB 也可以为全关联、组关联，或者更为奇特的关联方法。

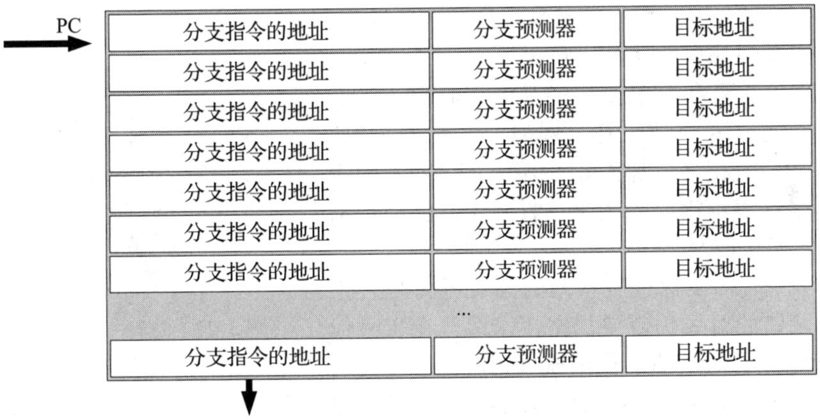

PC

分支指令的地址	分支预测器	目标地址
分支指令的地址	分支预测器	目标地址
分支指令的地址	分支预测器	目标地址
分支指令的地址	分支预测器	目标地址
分支指令的地址	分支预测器	目标地址
分支指令的地址	分支预测器	目标地址
分支指令的地址	分支预测器	目标地址
	...	
分支指令的地址	分支预测器	目标地址

图 5-20　BTB 结构图。它的组织与 cache 相似，而实际上它所完成的功能也与 cache 相似，是为了减少访问它所存储的指令的时间

然而，BTB 的讨论并没有到此为止，还有一个重要的改进：想一想在 CPU 分支到目标地址时发生了什么——它将目标地址处的指令装载进流水线。在流水线中对它进行译码和执行时，之前的分支指令已经执行完毕，所以此时可知这条指令应该被继续执行还是被清出流水线。

但是我们可以通过将这条指令（而不是这条指令的地址）存储在 BTB 中来提早完成这个过程。这样在 BTB 命中时，就可以直接把所保存的指令送入流水线而不需要再经过取指阶段。

5.7.11　基本代码段

对于 5.7.10 节介绍的 BTB 技术还有一些改进值得注意，这些改进是针对一段代码而不是独立的指令而进行的。实际上，对单独指令的移动也会涉及一整段代码的修改。在计算机体系结构领域和软件体系结构领域中常使用以下 3 种类型的代码段：

225

- **基本代码段**（basic block）：是指按顺序执行没有分支进入或分支出去的指令序列（即只有一个入口和一个出口）。
- **超级代码段**（super block）：是指基本代码段的一个执行轨迹，但其只有一个入口，可能有多个出口。
- **特级代码段**（hyper block）：是指与超级代码段相似的多个基本代码段集合，其只包含一个入口，可能有多个出口。与超级代码段不一样的是特级代码段有多条执行轨迹（即多个控制路径）。

在本节中，我们将讨论范围限制为最简单的基本代码段，为基于代码段的 BTB 方法所采用。想象一下 BTB，或者内存的 cache，可以存储一段指令并将它们送入流水线。对于支持指令重排（reorder）或乱序执行的流水线，这种方法可以获得最大的灵活性及最佳性能提升。

基本代码段可以由分支指令及其目标地址之间的一串指令组成，而程序的执行轨迹可以由一系列基本代码段的连接图来标识。图 5-21 展示了一个由多个基本代码段组成的路径图。

首先我们预测了分支是否会执行，其次我们也预测了分支的目标地址，最后我们预测了目标地址指令。现在我们可以预测基本代码段。

226

通过标定出重复和频繁使用的基本代码段，我们可以将其缓存起来并快速发送。例如，参考图 5-21，一个 BTB 块可以直接将包含了 B1、B2、B5 和 B6 的指令发送至流水线而不需要分支——假设我们已经正确地预测了这些块的路径。

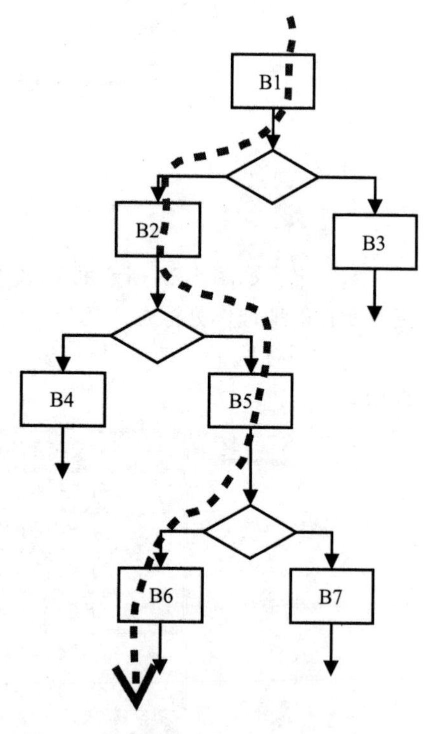

图 5-21 执行一个程序时将一组基本模块互联起来的路径图

当然，我们仍需要检查所预测的分支行为是否正确，且在预测错的时候仍需要清空流水线。在实际代码中，可能包含了多个基本代码段（BB），每个代码段可能包含数十条指令（平均每个 BB 的大小约为 7 条指令，但是对于不同的计算、不同的处理器及编译器是不同的）。

跟踪 cache 随着时间的推移不断更新，并且每当 CPU 命中根 BB（B1），分支预测算法就要对未来路径进行预测。如果此预测与跟踪 cache 的第二个入口（B2）相符，即为命中，CPU 开始执行来自跟踪预测的基本代码段内容（这些指令也被存储在 cache 中）。

这种系统在奔腾 4 处理器上得到了应用，但不同的是，在奔腾 4 处理器上的系统不缓存 BB 内的指令，而是存储器译码后的指令内容，即我们不仅可以绕过流水线中的“取指”阶段，而且可以绕过“译码”阶段。

5.7.12 分支预测总结

在前面几节里，我们花了很大精力对如何保持流水线不间断地执行指令进行了讨论。所有在分支预测、加速等方面付出的努力都是为了尽可能快地发送指令。流水线以及指令级并行都是保证指令能够快速且高效执行的方法。

我们需要注意的是，没有一种独立的技术是最佳的，只有合理地选择多种技术并让它们相互融洽地配合才能获得最理想的性能。

还有一点需要注意，硬件的加速少不了优秀的编译器支持[㊀]，将一部分努力花在搭建一个好的编译器上比把所有努力都花在硬件提速上可以获利更多。

5.8 并行机器

2.1.1 节介绍了 Flynn 的处理器分类方法，其根据处理指令和数据的方法将处理器分为了 4 组，分别称为：

- SISD——单指令流单数据流。
- SIMD——单指令流多数据流。
- MISD——多指令流单数据流。
- MIMD——多指令流多数据流。

227

总的来说，我们讨论至此一直都只考虑 SISD 机器——在嵌入式系统及台式机中常见的微处理器。我们也讨论了一些在 MMX 和 SSE 单元中（见 4.5 节）以及在一些 ARM 专用协处理器（见 4.8 节）上遇到的 SIMD 要素。我们将跳过 MISD，其大部分都应用在容错系统（fault-tolerant system）上，例如对数据进行多次计算然后比较每次计算的结果——这些将会在 7.10 节中进行更深入的讨论。接下来我们将讨论 SIMD 和 MIMD。

在写此书的时候，处理器产业已经由 SISD 扩展至 SIMD 和 MIMD。MIMD 机器因此变得越来越流行。我们在 4.5 节中已经讨论了一些常用的协处理器，它在主 CPU 上扩展一些功能单元用于执行各种特殊功能。这里，我们将更进一步讨论在 MIMD 结构下多个相同的处理器一起并行工作。

准确地说，在计算机里有不同层次的并行，而“并行机器”是一种比较广泛的定义。让我们先来简单了解一下不同层次的并行：

- **位级并行**：与计算机的字长相关。一个 8 位计算机并行处理 8 位数据，而 32 位机器通过将字长乘以 4，可以同时处理 4 倍于它的数据。
- **指令级并行**：是一系列技术的集合，它们允许同时执行多条指令。正如我们已经看到的许多例子那样，不同的指令可以同时重叠执行，只要它们之间没有数据相关。流水线就是这样一个例子，而超标量机器、协处理器以及 Tomasulo 算法（见 5.9 节）也是指令级并行的例子。
- **向量并行**：与 SIMD 机器相关，它们处理的是整个向量中的数据而不是单一字长的数据。SSE 和 MMX 都是这种类型并行的例子。
- **任务并行**：是指整个任务或程序子程序和函数可以同时被不同的硬件执行。我们将在本节对其进行讨论。
- **机器并行**：是指大型公司，如 Google、Amazon 所采用的服务器堆（server farm）。它们包含了上百甚至上千台单独的计算机，每台计算机都为某一个特定任务而并行运行。我们将在 12.2 节对这种系统进行讨论。

图 5-22 展示了这些不同层次的并行，概括地表示了从通过指令按位操作向更高层次并行的发展。

在讨论并行处理的同时，指出什么需要“联合”（coupling）并行执行是很必要的。广义的联合（loosely coupled）并行处理指不同的并行执行线程没有相关性，可以独立地执行。这种任务可以很容易地被独立的并行处理器核分别执行。例如，有两个来自不相关用户的 Google 搜索请求，

㊀ 推荐使用 GCC（GNU Complier Collection）。

在 Google 服务器堆里分别由两台机器响应。另一方面，紧密的联合（tightly coupled）任务之间的相关性则很强。它们可能需要共享数据，经常进行通信，并且出现一个任务与另一个任务相关的状况。如果将两个任务都放在同一台机器上执行，这样两台机器之间的通信就不会成为性能的瓶颈。自然，根据任务的不同，机器的体系结构可以是广义的联合，也可以是紧密的联合。

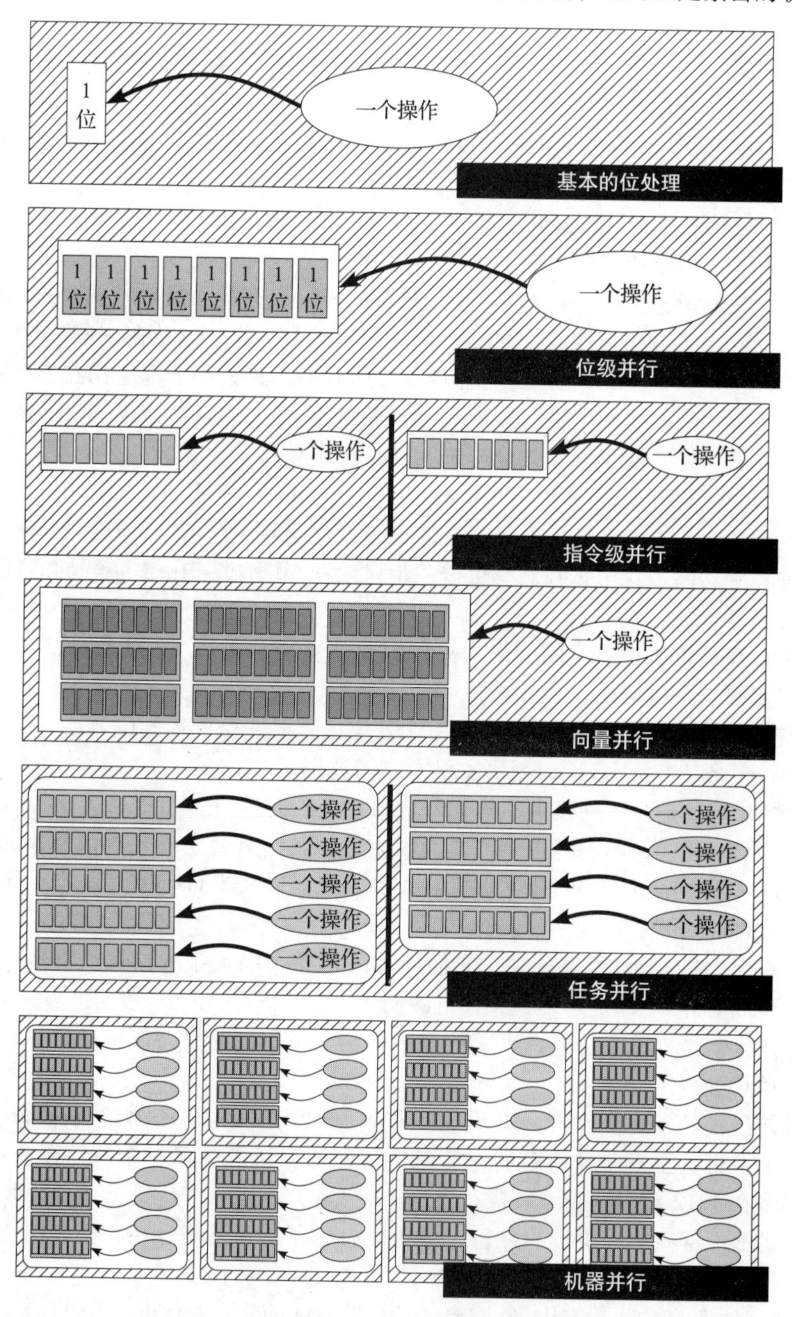

图 5-22　不同层次并行示意图。展示了从最原始的按位操作不断向高层次并行的发展，这种发展建立在不断重复最基本的并行操作之上

228
~
229

对于计算机体系结构，并行中常用的大多是那些我们之前所讨论的顶尖结构。我们已经涉及了大部分计算机种类，稍后将再次讨论大规模并行机器，但现在，我们将讨论的是任务并行

这一层次。这种并行比超标量和向量计算机的层次要高，比机器并行要低。任务并行在台式机领域里变得越来越重要，并且逐渐影响着嵌入式领域。

在并行中有两个重要的演变，我们将依次进行讨论。第一个是由带有附加功能单元的SISD向MIMD的演变。第二个是为了提高性能而采用并行。我们将在接下来的几个小节里对这两个演变进行讨论。

5.8.1 SISD向MIMD的演变

写一个SISD的程序是比较简单的——从程序员的角度，在任何时刻通常只需考虑一件事情，并且程序在分支之后都是按顺序执行。在早期的程序存储计算机上，设计人员所愿意看到的是：装载今天的程序然后执行它，明天再装载不同的程序然后执行。改变任务只需更换不同的打孔卡即可。

几十年间，计算机被广泛接受，软件已经开始由以计算为主导（如会计计算、模拟计算、方程求解等）经由控制领域（如传感器监控、自动化控制等）转向解决复杂的多任务，通常包括智能感知（multisensory）、沉浸式人机界面（immersive human-computer interfacing）等。

以往的计算机只需要在一段时间内完成一个任务，而现在的计算机（包括台式机和嵌入式系统）几乎都需要同时处理多个并发任务。这些不同的任务都包含了不同的时间和操作需求。6.4节将对实时任务进行讨论，这里只需认为软件通常需要在不同的时间执行不同的代码段。程序的每一段代码都可以看作一个独立的任务，因此程序可以划分为不同的任务，完成不同的功能，它们可以在同一计算机上的不同时间内完成。

通常，这些任务都带有独立性，因此通常不同任务间会产生需求冲突。一般而言，当面对两个（或多个）冲突需求时，系统体系结构设计师通常会将系统划分为多个部分，让硬件和软件的不同部分分别满足多个需求。划分通常是针对软件的：让软件的两个部分分别处理两个不同的方面，但共享CPU资源。然而，硬件也可以被划分，如让两个处理器分别处理一个任务。

可以用一个简单的例子来说明需求冲突，即台式机运行一个使用鼠标控制的视窗桌面显示，同时运行一个MP3后台播放系统。在这个例子中，MP3后台播放系统需要进行数学计算来处理音频流，而音频的各个采样需要及时地输出，任何一个采样被延时都会产生“咔嚓”声甚至是噪声。系统的设计人员已经意识到这一点，提高了MP3后台播放的优先级，这种提高使MP3后台播放系统能够在任何时候运行而不需要等待别的任务运行完毕。遗憾的是，用户由此通过鼠标去控制播放器时会发现鼠标指针移动不流畅。解决的办法就是将鼠标指针的优先级设为比MP3播放器高，更好的方法是采用动态优先级系统。 230

然而还可以有第三种选择：使用MIMD系统，它允许一台机器包含两个（或多个）指令流和数据流，并同时处理它们。由此，MIMD就不需要分时共享单一的处理器资源，但由于两个（或多个）处理器在同一个芯片上，因此需要共享内存和外设，可以高效地处理多个任务。

图5-23a展示了几种可供选择的硬件，给出了一个基本的SISD处理器、一个共享内存的MIMD处理器和一个SIMD处理器。这个SISD处理器拥有一个ALU、一个乘法器、一个I/O模块、一个内存模块、一个控制单元和一个取指/译码单元（IU）。4个寄存器与内部三总线相连。给定两个软件任务在这个SISD处理器上运行，需要各自的时间片。在图5-23b中，加入几个额外的功能单元进而转变成了SIMD处理器，它可以对多个数据同时进行计算——由此允许将两个任务混合在软件里同时运行。由于这种处理器并不是SISD处理器的完全升级，因此内部总线布局成了它的瓶颈。在图5-23c中展示的是一个共享内存的MIMD处理器，每个独立的CPU都有独立的总线系统，是真正意义上的并行。它在一个芯片上包含了两个完整的处理器核，但是共享外部存储也成了它的瓶颈。

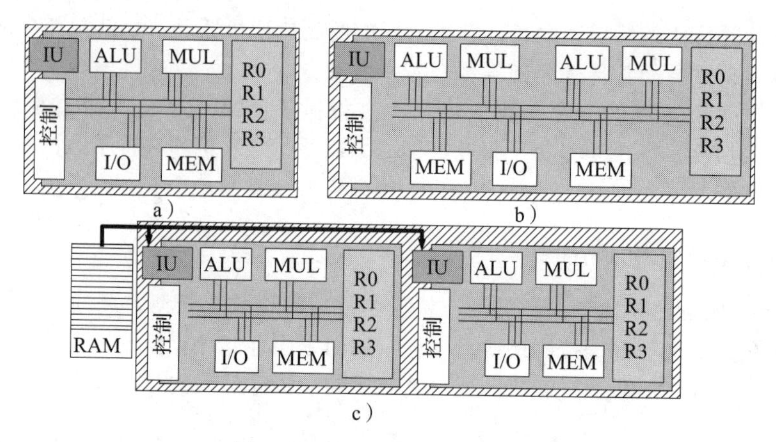

图 5-23　几种处理器的示意图

a）一个基本的 SISD 处理器，包含 4 个功能单元（ALU、乘法器、I/O 模块和内存模块）、一个控制单元和一个取指/译码单元（IU），它们都与一组寄存器相连；b）一个 SIMD 处理器，它增加了如图所示的额外功能单元；c）一个完全共享存储的 MIMD 处理器，它在一个芯片上包含了两个完整的处理器核

与将软件划分为独立的线程时一样，处理器设计人员也遇到了时钟频率、数据位宽等限制，下一个性能的提高方向转向了提高并行度——这正是由 SISD 到 SIMD 最后到 MIMD 的历程。

在嵌入式计算领域，ARM946 双核平台（Dual Core Platform，DCP）是一个重要的双核解决方案。它将两个 ARM9 核集成在一个芯片上，共享存储接口和片上通信接口。图 5-24 给出了这个处理器的结构图。

231

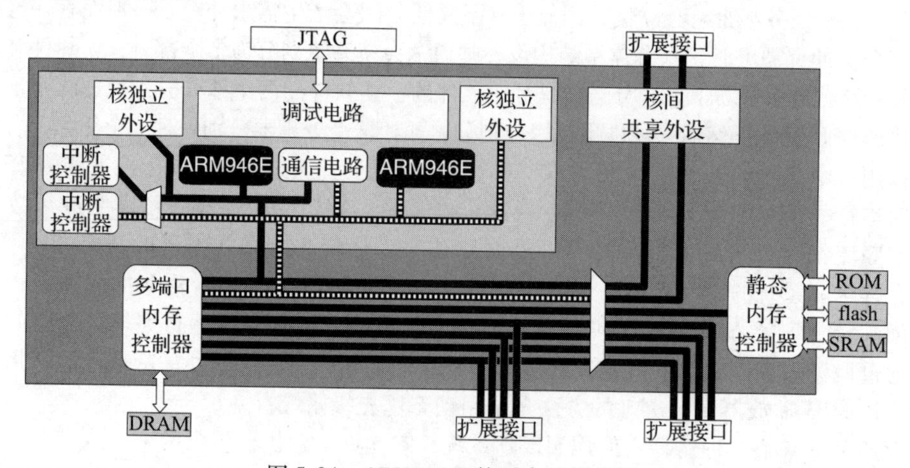

图 5-24　ARM946 双核平台的模块图

这个处理器为广义联合（loosely-coupled）、前集成（pre-integrated）双核结构，它在硬件上支持同步调试和程序跟踪。大部分的软件和固件都支持这个系统，并且支持 ARM9 的操作系统也能在这个处理器上运行。这些软件的支持包含了可以让不同的软件线程（任务）运行在不同的处理器核上，通过硬件通信接口（图中标为“通信电路”）进行仲裁。

虽然这里通过 ARM946 介绍并行计算，但它的本质仍是一个双核处理器而不是一个并行机器。两个处理器核相比多个独立单元更容易进行同步，并且在此例中核独立外设都被设置了两份。

由于这些处理器都是针对嵌入式应用而开发的，一种可能的系统划分为：用户界面代码运行在一个处理器核上，每当有用户调用时就会被触发运行，而媒体处理（有实时性）运行在另外一个处理器核上。或者对于一个基于无线局域网的音频设备，一个核运行 MP3 解码，另一个核运行 Ethernet 处理。

不管面对什么样的应用，这种双核处理器都将逐渐成为主流。它们已经开始占据处理器市场。而在未来，更多的核将被集成在一起来满足不断增长的性能需求。

5.8.2 为提高性能而采用并行

我们已经提到了计算机设计人员为提高性能而面临的压力。虽然摩尔定律已经很好地得到了验证，但是消费者还是希望在他们的性能已经很高的计算机上获得更多的性能提升。 232

或许软件设计人员也已经学会了期待计算机的能力（还有内存大小）逐年增长，而计算机体系结构设计师也总是在抱怨程序员——这种抱怨源于计算机发展史上软件设计人员与计算机设计人员的划分。大部分的计算机设计人员都认为他们可以将软件设计得比程序员实际设计的更好。

不管这样的说法是否成立，不断增长的软件规模（通常被计算机体系结构设计师认为是臃肿的）和不断下降的运行速度，消耗掉了大部分通过体系结构发展、时钟频率提高、智能的流水线技术等所获得的性能提高。2009 年典型的台式计算机的速度[⊖]就比作者 10 年前所用的计算机至少快 50 倍——但是网页的装载速度仍旧很慢，保存和读取文件仍旧很慢，加载操作系统仍旧耗费 10 秒左右的时间。但除了 CPU 本身的因素外，其他的外部因素也在影响着速度，如 Internet 等连接设备以及硬盘等的有限速度。就软件范围来讲，没有什么是当前计算机可以完成而老的计算机是无法完成的，但是一个操作系统却已经由几十个 MB 膨胀到超过 1GB。

这并不是要把责任分摊到软件设计人员，而是因为软件规模和复杂度都已经在逐年增长：在一台 10 年前的计算机上运行当前的大部分软件是难以想象的，并且大部分是不可能的。

当前软件随着计算机速度和处理能力的提高在不断增长，从这样一个角度，我们可以认为，软件本身也是提升计算机性能的一个动力。

不管是什么样的因素和动力，计算机制造商都感觉到了巨大的计算机性能持续提高的压力。这也带来了许多收获，如时钟频率的提高、IPC 的增长等（见 5.5.1 节）。遗憾的是，计算机设计人员已经很难再从这些方面来提高计算机的性能了，他们付出了越来越多的努力，获得的性能提升却越来越少。计算机设计人员因此转而借助并行来提高性能。设计一个相对简单的处理器并在一个集成电路（IC）上放置 16 个会比在一个快 16 倍的 IC 上设计一个处理器并利用所有的资源要容易得多。同时并行使用两个已有的处理器也比开发一个速度是现有处理器两倍的处理器容易得多。

理论上，更多的处理器或执行单元并行运行能提高计算的速度，但这也只有在计算能够并行执行时才会成立。给定 m 个并行任务，每个任务需要 T_m 秒执行，一个单核处理器执行这些任务需要 $m \times T_m$ 秒。

当所拥有的处理单元 n 比待执行的任务多，即 $n > m$ 时，这些任务就可以在 T_m 秒内执行完毕，则所获得的加速比为 $(m \times T_m)/(T_m) = m$，也称为理想加速比。当然，这个等式并没有考虑消息传递的消耗以及操作系统执行并行处理所需要的支持，同时也假设了这些任务之间没有数据相关。 233

总体而言，对于一个串行任务所占比例为 f 的程序，完全串行执行需要 T_p 秒。串行部分的执行时间为 $f \times T_p$ 秒，而并行部分使用串行执行的时间为 $(1-f) \times T_p$ 秒。假设没有其他开销，则使用 m 个执行单元并行执行消耗的总时间降为 $(1-f) \times T_p/m + f \times T_p$，而加速比等于原来的执行时间除以并行的执行时间为：

$$加速比 = n/\{1 + (m-1) \times f\}$$

⊖ 在这里，速度是以一段简单代码的执行速率来衡量的，即在 3.5.2 节中介绍的 Linux bogomips 速率。

当f为0（意味着没有串行部分）时，结果就与之前的理想加速比相同。这个等式即为Amdahl定律，表明了加速比与处理器个数之间的关系，并指出通过并行计算可以获得的潜在性能提高。

5.8.3 其他并行处理

对称多处理（Symmetrical Multi-Processing，SMP）是指有两个或多个相同的处理单元连接到一个共享存储器上。这种技术有很多种变化，包括共享cache、分布cache（使用MESI cache一致性协议，参见4.4.7节）等。另一种选择是非对称多处理（Asymmetrical Multi-Processing），这个称谓并不常用，但协处理器就属于这一类。在写本书时SMP比较常见的例子就是有4个核的Intel Core体系结构。图5-25给出了Core 2 duo的双核处理器结构，它拥有两个同构的处理单元，具有明显的对称性，中间为共享存储器（L2 cache）。

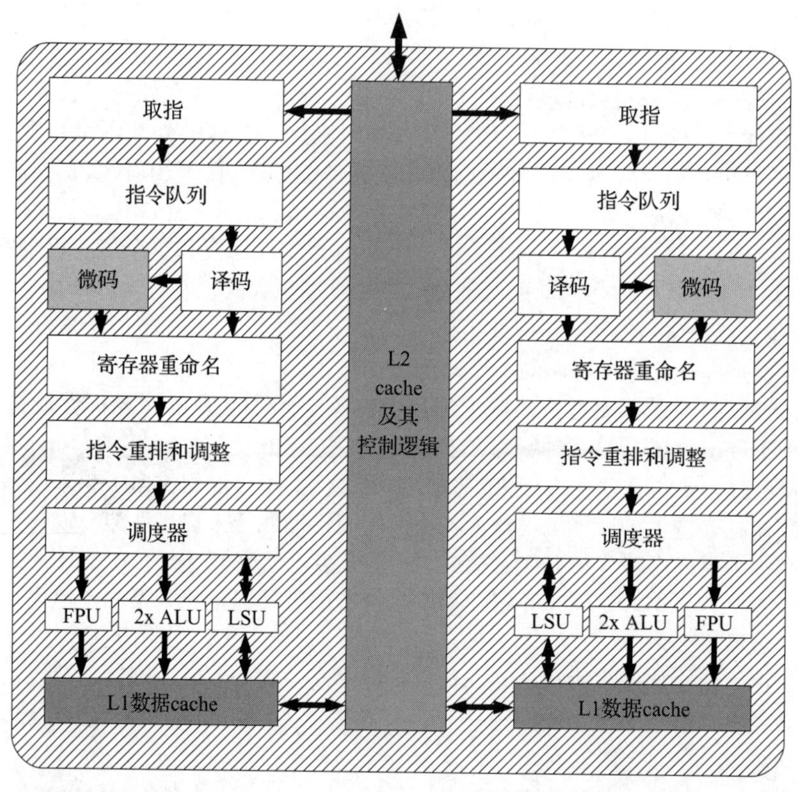

图5-25　Intel双核体系结构内部模块图。该体系结构为一个对称的双核结构，具有两套对等的处理单元（包含完整的超标量流水线、指令处理硬件等），共享一个与外部总线相连的2级cache

多核处理器（multi-core machine）是指在一个集成电路（IC）上包含了两个或更多的处理单元（通常是完整的处理器）。一些双核或四核IC也称为多核，但实际上它们是在一个IC上包含了两块分开的硅片（因而是一个多片模块（multichip module，MCM））。随着IC上的处理器核越来越多，一些处理器被称为众核处理器（many-core machine）。对于设计人员来说，使用FPGA的软核来搭建多核和众核处理器是比较简单的。

同构体系结构是指那些处理器里所有的核都是完全相同的。这种处理器在许多方面都比较容易设计和编程。然而，有些时候异构体系结构会更有优势——异构处理器包含了两个或多个不同类型的核，允许将专门用于不同处理的核包含在一起。

著名的异构多核处理器是来自IBM、Sony和Toshiba的Cell处理器。这个处理器装备在了多个超级计算机和（据说是）数百万台 Sony 的 Playstation III 上，这是一个将多个较为平凡的处理器能力集合在一个卓越的多核处理器上的典范。

Cell（更准确的称谓是 Cell Broadband Engine Architecture，Cell 宽带引擎体系结构）的结构如图 5-26 和图 5-27 所示。它包含了 8 个相同的、相对简单的 SIMD 体系结构处理器，称为 SPE（Synergistic Processing Element，协同处理单元），它们由一个 IBM Power 体系结构的 PPE（Power Processing Element，Power 处理单元）进行调度管理。PPE 与现成的 IBM PowerPC RISC 处理器十分相似。这 8 个 SPE 作为基本数据处理单元由 PPE 控制，而 PPE 运行着一个操作系统。

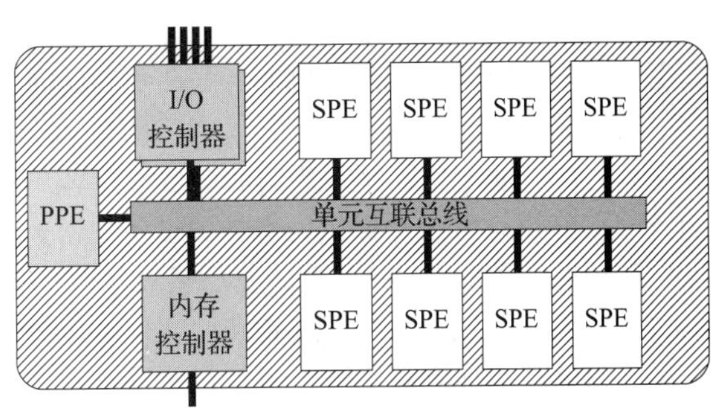

图 5-26 Cell 宽带引擎体系结构模块图。它有 8 个 SPE、1 个单元互联总线（EUB）以及必需的存储器和 I/O 接口，再加上 IBM Power体系结构的 Power 处理单元（PPE）

虽然可以作为计算机体系结构一个重要的代表，但由于面积、功耗、热耗散等原因，Cell 处理器本身并不太适合大多数嵌入式应用，不过它终将是要影响嵌入式领域的。除去物理和电气方面的因素，针对异构 Cell 处理器的软件开发工具也在阻碍着它的发展。据报道，许多运行在 SPE 上的代码需要手工编制，SPE 和 PPE 处理的划分和各个 SPE 之间处理的划分都需要人工操作。只有等到这些工作可以自动完成或有相应的开发工具支持时，Cell 处理器才可能会成为受欢迎的产品。

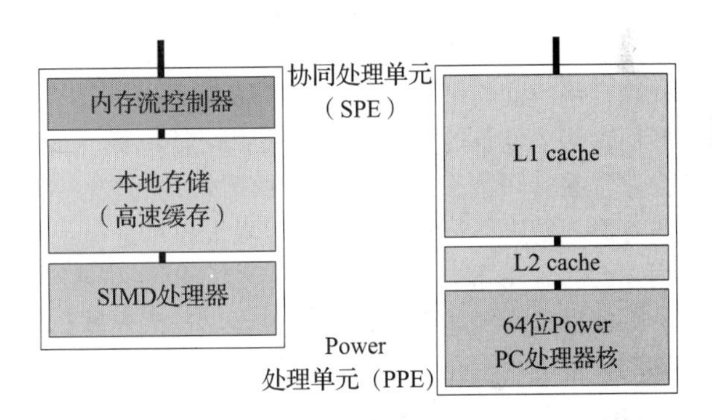

图 5-27 PPE 和 SPE 内部结构，显示了本地存储/cache 在设计中的重要性

234

集群计算机，特别是 Linux Beowulf，都包含了完整的计算机，每台计算机是独立的而不是共享内存的（通常硬盘也是独立的）。集群将会在 12.2 节与类似的网格计算和云计算一起讨论。在写本书的时候，世界上多个最快的超级计算机[⊖]（都是集群）都采用了 IBM 的 Cell 处理器。

*普适计算*的概念是计算机在我们周围无处不在，这个概念被“环境智能”一词扩展，指的是计算机以某种方式协同工作（要求连接性与控制），目的是为人们提供更多服务。近年来，“随处计算”用于描述科技发展带来的即时连接与全天 24 小时的可用性。实际上，我们大多数人身边都遍布计算机——很多是微小的嵌入式设备——但是目前这些设备没有协作的趋势。虽然它们由蓝牙或类似的技术连接，但这种方法并不是即时连接，也远远达不到提供无缝服务的要求。然而，支撑环境智能思想的计算机和网络在很大程度上属于现代设备的范畴，操作系统、管理软件和服务层的控制目前还无法实现。

*云计算*是用于分布式设备相互连接的一种配置，这些设备协作实现处理与存储功能。云计算更加贴近生活，通过部分设备可行性切换，总体的计算服务维持不变。在某些场景中虚拟化科技用在不同的连接设备中，使其在云中表现一致。由于虚拟计算机实例可以轻易在不同硬件

⊖ 世界上最快计算机的最新列表公布在 www.top500.org 上，每 6 个月更新一次。

设备中运行，集群的虚拟设备与控制接口（可能是分布式）就形成了云。这个类比方式与互联网在网络图表中被比作云相似。这种架构类型形式化时，可以称为*网格计算*。这是一种有组织的集群形式，在这种集群中，联网的机器可以分布，甚至可能是其他人桌上的计算机。网格的类比源于电力网，即连接生产者与消费者从而共享资源与平衡负荷。

云计算业务已经非常流行，运营云的公司会以类似 CPU 操作秒的方式出售计算时间。这种交易之所以能产生，是因为其服务成本比客户用自己的计算机运行的成本更低，可行性（如运行时间）更优。一些提供云服务的设备非常大，占据比足球场还大的面积。不过外观并没有 1.4 节图中的集群设备——巴萨罗那超级计算机那么美观。

*嵌入式云*的思想来源于遍布四周且即时连接的普适计算。既然我们有很多随时在线的计算资源，为什么不加以利用呢？与其在便携嵌入式设备（如手机）中设计功耗大的 CPU 来完成越来越多的复杂处理，我们可以使用低功耗相对简单的移动 CPU，并将其和更强大的设备无线连接来完成繁重的工作。

这就是目前用于大多数移动设备中语音识别的思想。在过去的几十年间，自动语音识别（ASR）的性能不断提升，近年甚至超过了人类自己的识别能力（在某个场景中 ASR 系统的理解能力已经超过大部分人类）。而这需要大数据才得以实现，大数据方法使用大规模数据集训练复杂的解码引擎。在某些案例中，许多解码引擎并行计算以提高性能。这种方式产生巨大的计算开销。确切来说，在解决 ASR 问题时 CPU 功耗越大，使用的数据越多，最终的性能越好。然而，移动设备的处理能力有限，功耗也低。如果将 ASR 的处理任务放在移动设备中，性能会非常差（可能只能识别 70% 的语句）。因此 Google 与其他公司倾向于使用移动设备录下一段语音而不是进行识别。这个片段在设备中进行编码，并发送到很远的服务器群。这些服务器使用强大的 ASR 算法来识别内容，然后再将结果回传到移动设备。

235~237

此过程同样适用于视频、游戏、音乐存储、文件转换、光符识别以及大量其他诸如此类的移动设备应用。在强大的远端服务器中进行计算，再将结果通过无线信道发送给移动设备。

在远端卸载复杂处理过程就这样得以实现，很大程度上克服了便携式或嵌入式设备的功率限制（电池技术比处理器功率发展缓慢）。然而要实现这样高效可靠的过程，写入时的无线技术还需要改进。值得注意的是，所有的最优无线链路本来就非常复杂且计算成本高。在某些场景中，需要计算的无线链路自身比卸载的计算量还大。

*移动多处理技术*如今已经得到很好的应用。当前的移动设备包含一系列不同大小的 CPU：除了主（可能是多核）处理引擎，现代智能手机还包含多个独立 CPU 来分别处理功率管理、全球卫星定位追踪（GPS）、音频管理，多个 GPU 内核处理显示，另一个 CPU 管理触屏与触控接口，甚至还有一个 CPU 保证设备安全性（还有许多 CPU）。就 CPU 自身来说，这些主要是多核设备并且过去属于同类（即由相同内核组成的集群，如图 5-24 中的 ARM946 所示）。近年来，向部分同类设备转移带来了功耗优势，一个举世闻名的例子就是 ARMs big. LITTLE 计算架构。

因不断增加的设备，人们采用了 big. LITTLE 架构，将不止一个快速处理内核（big）与多个低速内核（LITTLE）结合起来。这种方案的巧妙之处在于两者都是 ARM 内核，都采用相同的基本 ARM 架构（见 3.2.7 节）、内存接入方法、总线接入等。此设计为两套内核的多核设备（而不是双核设备）提供了便利，其中一半是慢速内核，一半是快速内核。例如，一个拥有 8 个内核的设备，会有 4 个快速内核和 4 个慢速内核。

大型内核（如 Cortex-A72）功能强大，处理速度非常快，在设备开启时全速运行。由于这些内核强大快速，其功耗相对也比较大，因此持续运转会加剧电池损耗。因此，一套 LITTLE 内核（如 Cortex-A53）在设备开启节电模式或执行后台进程时运行，这取决于 big. LITTLE 架构关于共享内存（以及对操作系统中处理交换机的影响）的布置方式。该技术可以支持多个不同操作模式。所有的 big. LITTLE 设备可以在全快或全慢模式下运行，即一套内核运行，另一套关闭。某些设备将处理器内核分为快慢对，每对内核共享内存并得以在快与慢操作间切换。例如，对于8核设备来说，可能有一个大内核与3个小内核同时运行，用于处理后台进程。这就是1:3配置（设备还可以支持0:4、2:2、3:1、4:0等配置）。新型便捷 big. LITTLE 设备可以支持所有内核独立开启或关闭。对于8核设备（4大4小）来说，从“全开”到“全关”的所有配置都能够实现。⊖ 238

5.9 Tomasulo 算法

在结束本章以前，让我们把目光转向40多年前颇具创新性的 IBM System/360。本书通篇都在强调计算机技术的不断发展，历史上也有很多革命性的思想不断出现，Tomasulo 算法就是其中之一，它被应用到了嵌入式系统里（我们将在5.9.3节进行讨论）。

Robert Tomasulo 曾面临过一个性能瓶颈，他为 IBM System/360 所设计的浮点协处理单元在运行程序时会因为指令相关而发生停滞。因此他设计了一种智能的方法，通过有限的乱序执行来打通流水线停滞。这种方法就是著名的 Tomasulo 算法，尽管这更像是一种方法而不是算法。

5.9.1 Tomasulo 算法的原理

在我们正式讨论 Tomasulo 算法如何工作之前，先来看一看为什么需要 Tomasulo 这种类型的算法。这个问题要回溯到5.2.4节中曾讨论过的数据相关性，它表明使用任何指令之前，指令的输出作为其输入都需要等待之前的指令完全执行完毕才能开始执行。简单地说，一条指令必须等待它的所有操作数都可用后才能开始执行。

我们已经讨论过使用一种编译时补偿方法（见5.2.7节）对指令进行重新排序来解决数据相关问题，重排后的指令消除了与其周围指令的数据相关。另一种解决数据相关的方法就是乱序执行，它不需要让 CPU 等待存在数据相关的指令执行完毕，而是提前执行那些没有数据相关的指令，这种 CPU 可以通过执行后边的指令从而保持 CPU 能够一直正常执行。由此，CPU 需要能够取到当前指令往后的指令，而这需要一个强大的分支预测执行部件来支持，否则处理器就不能取到跨越条件分支指令之后的指令，而且重排的指令也往往被限制在分支指令间的局部代码上。

Tomasulo 是这样解决这些问题的，允许指令序列中的指令可以带有未知的操作数发送出去，而不需要等到完全求出这些操作数，这些未知的操作数称为**虚拟操作数**（virtual operand）。这些指令将被送往各自目标功能单元的等候站（Reservation Station，RS），直到它们的操作数完全确定后再进入功能单元进行处理。这意味着指令序列不会被数据冒险所阻塞，当然还是存在一些冒险会阻塞指令发送。 239

可以通过考察医疗系统的改进来说明这个方法。以前病人去医院看病都需要先在一个大房间里候诊，这个过程有可能持续好几个小时。轮到自己看病后，医生通常又会让病人先去做一些额外的检查，如血液检查等。而做完这些检查后病人又要继续在候诊室等待，直到检查结果出来后才能让具体的专科医生给自己看病。如今，这个过程变成所有的病人都到达医院后（指令队列），由护士先把病人按照病种分配到不同的专科诊室（等候站），然后这些病人在这里提前进行血液或尿液等检查，在检查结果出来并且医生空闲后进入诊室（功能单元）看病。

⊖ ARM 在写入时提升了 DynamIQ big. LITTLE 的性能，超越了基本 big. LITTLE 架构。并且通过适应性最强的 big. LITTLE 架构结合了动态电压与频率调整。DynamIQ big. LITTLE 除了允许部分内核关闭同时部分内核开启，还支持部分独立内核按最大速度的比例工作。例如，一个八核系统可以让两个大内核全速工作，一个以最大速度的25%工作，一个关闭，同时4个小内核都以不同速度工作——随着处理要求的改变，速度分配随时灵活可变，保证功率与用户体验之间达到最佳平衡。

5.9.2 Tomasulo 系统的例子

我们将对一个采用 Tomasulo 方法的处理器进行讨论。如图 5-28 所示是一个采用了 Tomasulo 控制的动态调度系统，它拥有公共数据总线。4 个功能单元都有各自的等候站（RS）。这些 RS 与不同的总线和寄存器组（一组寄存器用于保存整数，另一个用于保存浮点数）相连，且指令队列（IQ）向它们发送指令。

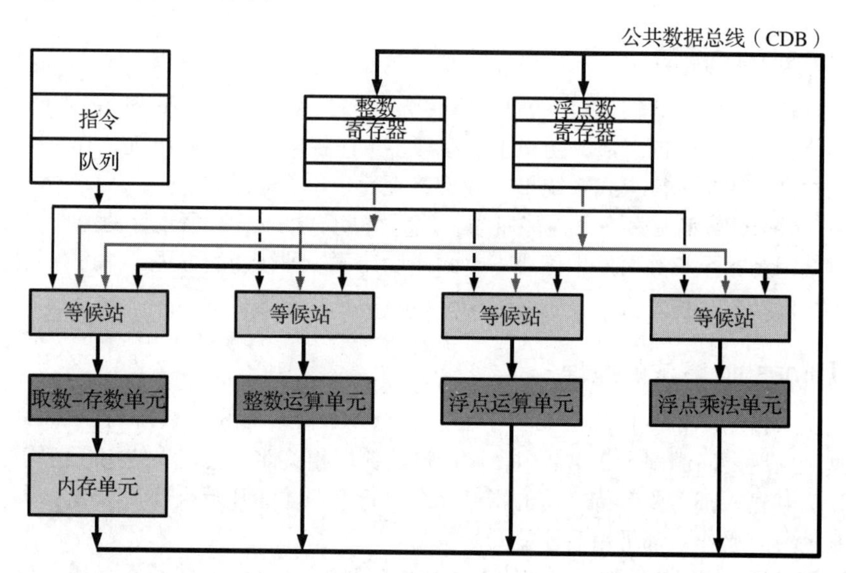

图 5-28　在一个通用处理器上实现 Tomasulo 算法的模块图。左上角的指令队列向 4 个功能单元专属的等候站通过专用总线输送指令。操作数通过公共数据总线（CDB）从两组寄存器被传送到功能单元，功能单元的输出也通过 CDB 传送到寄存器组上

首先，让我们来看一看这个系统是如何工作的。初始时，IQ 包含着一系列指令，正常情况下按照顺序向各个功能单元发送这些指令。每条指令中包含一个操作码以及一个或多个操作数。IQ 将这些指令按顺序发送到正确 RS 的空闲槽里。例如，有一条 ADD. D 指令（双精度加法指令）将由 IQ 发送至浮点运算单元的 RS 里。当正确的目标 RS 满时，IQ 就需要停顿一些周期不发送任何指令。

显然，每个 RS 的大小都是设计这种系统的一个重要参数。理想状况是，保持 RS 有几个空闲的槽，如此 IQ 就可以随时向这些 RS 发送指令。

每当 IQ 发送一条指令（例如一个操作数加一个操作码），都要检查操作数之间的相关性，即检查这条所发送的指令的操作数是否来自之前尚未执行的指令，换句话说，要检查有没有尚未解决的数据相关。如果存在相关性，那么指令就会被发送至 RS，同时赋予一个“虚拟”的操作数来替代尚未得到的操作数。如果不存在相关性，那么发送指令时就赋予它一个真正的（已知的）操作数。

所有的 RS 都是相互独立的。只要指令的操作数全部已知并且功能单元空闲，RS 在每个周期都可以向功能单元发送指令。

一般来说，每个功能单元处理指令的时间长短各不相同，因此 RS 空闲率是不同的。如果一个 RS 内有超过一条指令的所有操作数都是已知的，那么最先进入 RS 的指令将会被先发送。公共数据总线（Common Data Bus，CDB）用于将结果写回寄存器（这是一台取数 - 存数机器），但在每个时钟周期 CDB 只能写回一个结果，所以如果在一个时钟周期里有两条指令同时完成，那么仍旧是最先发送的指令首先被放至 CDB 上。

240

每个 RS 都会不停地“监听”CDB。任何存放了带有虚拟操作数的指令的 RS 都要查看所写回的寄存器是否为那些指令所等待的操作数。一旦是指令所等待的操作数，RS 就会从 CDB 上取出这个操作数给那些指令。这意味着 CDB 不仅要携带结果值本身及目标寄存器，还要携带能够通知 RS 本结果是否为那些指令所等待的操作数的信息（因为一个等待写回 R3 寄存器的结果的指令有可能会“看到”CDB 多次将结果写回 R3——仅有在原始代码中就在该指令之前且目标寄存器为 R3 的指令的结果才是该指令所要的操作数）。

IQ 为每条指令的每一个操作数都提供一个唯一的标签，该标签伴随着操作数通过 RS、功能单元，最后与该指令的结果一起出现在 CDB 上。我们已经知道，那些依赖以前指令结果的指令在发送时会带有虚拟操作数，但是这些虚拟操作数包含两个信息——寄存器名和标签值。存在依赖的指令“监听”CDB，实际上是在“监听”那些写回正确寄存器且带有正确标签的结果。 241

让我们通过一个例子说明这个过程。假定存在一个如图 5-28 所示的 Tomasulo 机器，其时间参数如下：

取数 - 存数单元：5 个周期完成

浮点加法器：2 个周期完成

浮点乘法器：2 个周期完成

整数单元：1 个周期完成

等待站长度：1 条指令

每个周期发送指令数：1

寄存器数：32 个通用寄存器（gpr）+32 个浮点寄存器（fp）

在这台机器上执行以下嵌入式指令：

```
i1  LOAD.D fp2,(gpr7, 20)
i2  LOAD.D fp3, (gpr8, 23)
i3  MUL.D fp4, fp3, fp2
i4  ADD.D fp5, fp4, fp3      ;fp5=fp4+fp3
i5  SAVE.D fp4, (gpr9, 23)  ;将fp4保存在地址(gpr9+23)
i6  ADD gpr5, gpr2, gpr2
i7  SUB gpr6, gpr1, gpr3
```

该程序执行的预约表如表 5-3 所示，它展示了当虚拟操作数确定时指令从指令队列通过等候站进入功能单元的操作。最后结果通过 CDB 写回。

表 5-3　这个预约表给出了一台 Tomasulo 机器执行一段存放于 IQ 中的程序，该机器包含几个等候站（RS），分别为一个取数 - 存数单元（LSU）、一个 ALU、一个浮点 ALU（FALU）和一个浮点乘法单元（FMUL）发送指令。完成执行的指令的结果通过常规数据总线（CDB）被写回寄存器组。在 RS 里等待虚拟操作数确定的指令和在功能单元内多周期执行的指令使用灰色表示

	1	2	3	4	5	6	7	8	9	10	11	12	13	14	15	16	17	18	19	20	21
IQ	i1	i2	i3	i4	i5	i5	i5	i6	i7												
RS:lsu		i1	i2	i2	i2	i2	i2	i5	i5	i5	i5	i5	i5	i5	i5	i5					
LSU			i1	i1	i1	i1	i1	i2	i2	i2	i2	i2					i5	i5	i5	i5	i5
RS:alu									i6	i7											
ALU										i6	i7										
RS:falu					i4	i4	i4	i4	i4	i4	i4	i4	i4	i4	i4	i4					
FALU																	i4	i4			
RS:fmul				i3	i3	i3	i3	i3	i3	i3	i3	i3	i3								
FMUL														i3	i3						
CDB								i1			i6	i7	i2			i3			i4		

注意指令序列i1～i7通过乱序执行的顺序为：i1、i6、i7、i2、i3、i4和i5，但最后并没有都出现在CDB上。有趣的是，如果我们通过手动对这些指令进行重排，使得在一个简单的流水线处理器上执行的时间最小化，那么有可能获得相同的执行顺序。指令i6和i7与其他指令不存在数据相关，可以提前执行以便把存在数据相关的指令分开。

最后一点需要指出的是，在这个执行中最主要的延迟来自存取单元（lord-store unit，LSU）。当然，给出的参数中指出每次存取需要5个周期（这在现代处理器中并不夸张，虽然使用片上cache可以提高速度）。在给定这种参数的条件下，LSU就成为瓶颈了。

一种解决这种瓶颈的方法可以是额外增加一个LSU（既可以拥有自己的RS，也可以与当前的LSU共用RS）。当然，不管有多少个LSU，对取数-存数操作进行重排才是在Tomasulo机器上解决这种瓶颈的主要办法。然而，读者也需要意识到，在访存时也会存在数据相关，而Tomasulo算法并不能解决这种问题。我们通过考虑这样一小段代码来了解这个问题：虽然以下所提到的3个地址看起来并不一样，但它们在实际中也可能是相同的。

```
i1   read from (gpr7, 20)
i2   read from (gpr8, 23)
i5   write to (gpr9, 23)
```

指令i1从地址（gpr7+20）读数据。如果将gpr7的值设为1003，那么这个地址就是1023。类似地，如果gpr8的值为1000，那么i2也将从地址1023读数据，这就引起了一个读后读（read-after-read）冒险：虽然这并不是一个令人困扰的问题，但是如果能提前发现，还是可以优化掉的。

242～243

而更多的关注可能会集中在此：如果gpr8与gpr9相等，那么i2和i5就形成一个WAR冒险（在5.2.4节有描述）。在当前的代码段中只有一个LSU，不能将i5重排放置在i2之前，因此在这种情况下就不会造成什么问题。然而，这也要归功于i5与其他指令存在着寄存器依赖。

让我们通过改变代码和机器来说明这个问题。在此，i5变成了s5：SAVE.D fp1，(gpr9，23)，这样，这条指令就与其余的指令没有寄存器依赖。我们将加入第二个LSU及其RS，如图5-29所示，并运行以下代码：

```
i1   LOAD.D fp2,(gpr7, 20)
i2   LOAD.D fp3, (gpr8, 23)
i3   MUL.D fp4, fp3, fp2
i4   ADD.D fp5, fp4, fp3      ;fp5=fp4+fp3
s5   SAVE.D fp1, (gpr9, 23)   ;将fp1保存在地址(gpr9+23)
i6   ADD gpr5, gpr2, gpr2
i7   SUB gpr6, gpr1, gpr3
```

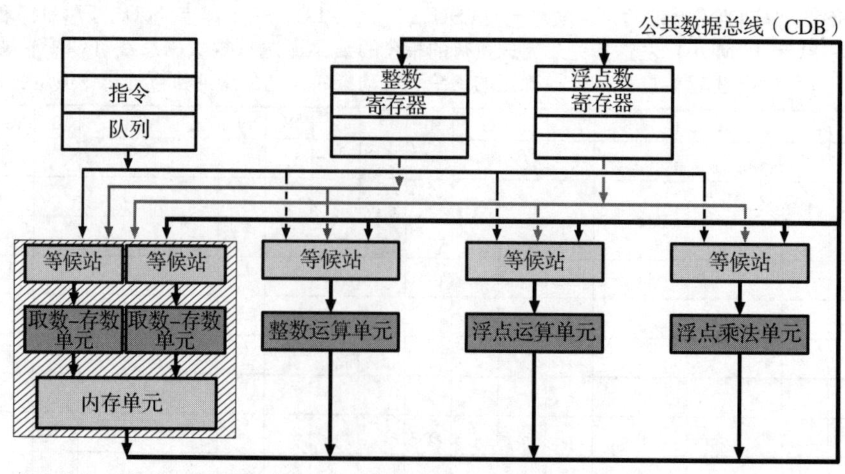

图5-29　对图5-28的基本Tomasulo机器的一个改进。将单取数-存数单元改为双取数-存数单元，同时对应的等候站也改为两个

表5-4 给出了更改后的机器运行这段新代码的预约表。值得注意的是，所加入的第二个LSU 显著提高了程序执行的速度。现在整个程序完成需要15 个周期而不是原来的21 个周期了，并且更加紧凑。

244

表5-4 这是一个与表5.3 类似的Tomasulo 机器的预约表，但它拥有两个LSU 及相应的等候站，所执行的程序被略微修改。在CDB、RS 或是功能单元里等待的“空间”的指令，被标上 * 号，如“i6 * ”在第9 个周期中在ALU 的输出进行等待，因为指令i2 的结果当前正占用着CDB

	1	2	3	4	5	6	7	8	9	10	11	12	13	14	15	
IQ	i1	i2	i3	i4	s5	i6	i7									
RS:lsu1		i1				s5	s5*									
LSU1			i1	i1	i1	i1	i1	s5	s5	s5	s5	s5	s5			
RS:lsu2			i2													
LSU2				i2	i2	i2	i2	i2								
RS:alu							i6	i7	i7*							
ALU								i6	i6*	i7						
RS:falu					i4	i4*	i4*	i4*	i4*	i4*	i4*	i4*				
FALU													i4	i4		
RS:fmul				i3	i3	i3	i3	i3	i3							
FMUL										i3	i3					
CDB								i1	i2	i6	i7	i3	i2	s5	i4	

加速是好事情，但是让我们先来更细致地考察访存。请注意 s5 在第8 个时钟周期进入第一个LSU 并对内存地址（gpr9 +23）进行写操作。同时，i2 仍从地址（gpr8 +23）读数据。显然，当 gpr8 = gpr9 时，读和写操作的目的地址是相同的，即i2 将从这个地址读数据，而同时i5 要对这个地址写数据，那么指令i2 所要读取的数据就会被污染从而造成错误。

造成这种问题是由于没有机制来控制访存的冒险。除了跟踪访存或强制未确定的内存读写按顺序执行之外，没有更简单的方法来解决这种问题。

5.9.3 嵌入式系统中的Tomasulo 算法

正如之前所说的，Tomasulo 算法是为大型机，如IBM System/360，特别是91 模型而设计的。我们在第1 章的图1-5 中给出了这个巨大机器的照片。那么为什么在一本计算机体系结构的书中介绍这种方法时又要强调嵌入式系统？

首先，乱序执行是不能简单实现的，而对于那些用于嵌入式系统的CPU 设计，乱序执行并不是设计人员太愿意考虑的。然而Tomasulo 算法在提高性能时仅需添加硬件（等候站里的额外寄存器）。它也不需要依赖其他一些先进的技术，如分支预测、超标量流水线等，只需要相对简单的处理器设计就能实现乱序执行。

245

其次，Tomasulo 算法可以将指令执行分布在整个系统中。在指令发送单元中并没有实际的瓶颈，它也并不真正受制于时钟速度（实际上，Tomasulo 算法很容易将处理器扩展为多功能单元，只需对结构进行很小的改变）。系统分布的本质很适合FPGA。Tomasulo 算法中最主要的瓶颈来自CDB，它必须延伸至每一个等候站和每一个寄存器组中的每一个寄存器。然而，这种类型的全局总线在FPGA 中早已经布好，对其进行扩展比设计“较短的”并行总线还要方便。

最后，我们在5.9.2 节的例子中也提到了额外的功能单元是如何提高性能的（在这个例子中是第二个LSU），虽然我们也提到这种额外的LSU 还导致了特定的内存地址相关问题。在嵌入式系统中，更倾向于在编译时固定变量和矩阵的地址，并且不需要为其指定相关的基址寄存器，如此就解决了额外LSU 带来的问题。更重要的是，在嵌入式领域一般都可以预知在系统上将会运行什么软件，如此就可以预先为这种软件选择合适的功能单元（以及有多少个功能单元）。

5.10 超长指令架构集

超长指令架构集（VLIW）旨在采用尽可能多的指令集并行（ILP）来加速CPU的执行。关键在于其将大部分高效指令排序与冒险（相关）检查的责任从处理器转移到编译器来实现这一点。

5.10.1 什么是VLIW

传统的RISC架构如图5-30（顶部）所示，试图在每个周期内取单一指令并执行。我们在3.2.6节已经了解到RISC的基本原理是每秒控制很多单一指令。指令大小相同，约束于加载-存储架构，并通常在一个周期内执行中，这种架构带来的简化性、相似性和一致性意味着体系架构保持规律性、低复杂性与高效性。虽然这种方式很好，也会导致内部功能单元大部分时间处于空闲状态，因为每个指令通常只激活一个功能单元，每个周期内只有一个功能单元是有效的。这种方法的效率较低，最好的情况是所有的功能单元一直全速运行。

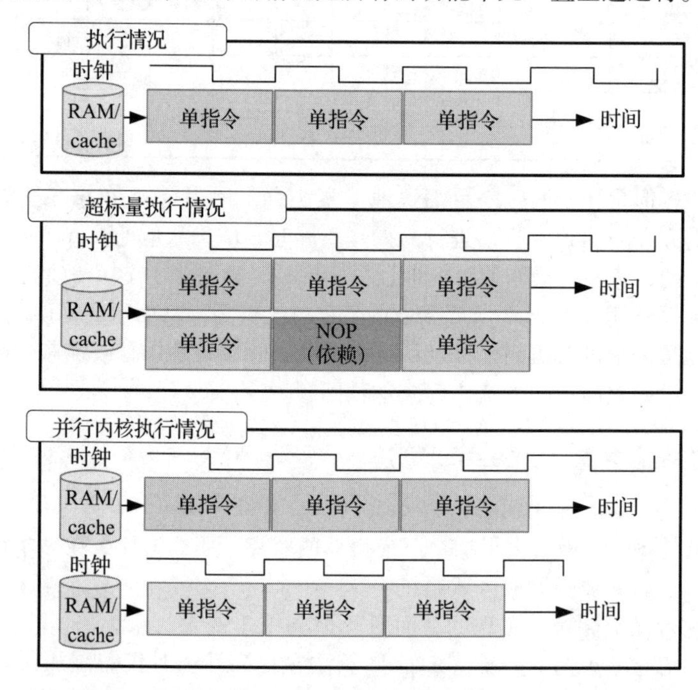

图5-30 前文提到的多个架构的单周期执行情况，有单一RISC处理器（上）、超标量处理器（中）与并行内核（下）

而超标量处理器（如图5-30中间的图所示）每个周期取多个指令，并且允许外部功能单元在条件允许时保持一定独立性。例如外部ALU与MUL在处理两个同时产生的不同指令时可以同时运行。如5.4节中所阐述的，只有当相邻指令的操作数是独立的，且指令需要不同的功能单元时，这种方法才有效。当两个指令有依赖关系时，独立的指令必须等待另一个指令执行完毕（5.2.4节描述过这种数据相关冒险）。类似地，当两个指令都需要同一个功能单元，一个指令必须等待另一个先执行（另一种冒险在第5章介绍过）。超标量处理器的关键特点是相关性（计算出一条指令何时依赖于前一条，或两条指令何时需要访问同一功能单元）在运行时被确定，这是取指单元的工作。这样的相关性明显减少了总体执行速度，甚至检查相关性的进程带来了复杂度与性能限制。

246

找到一种保证相邻指令消除相关性的方法已经是大势所趋。

并行架构（图5-30底部）仅仅复制了单个生产线CPU的整个生产线、取指单元与内存段，并且让其独立运行。现实世界中并行十分常见，并且在原始性能方面非常有效（参见5.8.2节），但是同时也复制了每个单一流水线的缺点。

相比之下，VLIW旨在减少编译的低效工作。提升性能的原理同样是并行执行，不同的是这里的并行是指令级并行。不同于执行两个（或更多）指令，VLIW中每个指令较长，可能包含大量并行的子指令。加速过程的原理与并行传输优于串行总线相同，在单一时钟周期内传送多个相关位，而成本就是较高的指令带宽与额外的硬件资源。 247

5.10.2 VLIW的优势

处理器生产商连续几十年致力于提高时钟速度，也取得了不菲的成果。然而随着研究接近了物理极限，CPU内核速度的增长也已经放缓。VLIW类似于并行处理，保证每个时钟周期的执行操作持续增长，提高了总体性能。VLIW原理如图5-31所示。由于操作（整合为单一指令）的准确排序是由编译器来处理，运行时间的相关性就简单多了（仅仅由条件限制），从而大幅提升了效率。在5.10.3节中将探讨这个做法的缺陷，但此处先概括VLIW的优势。

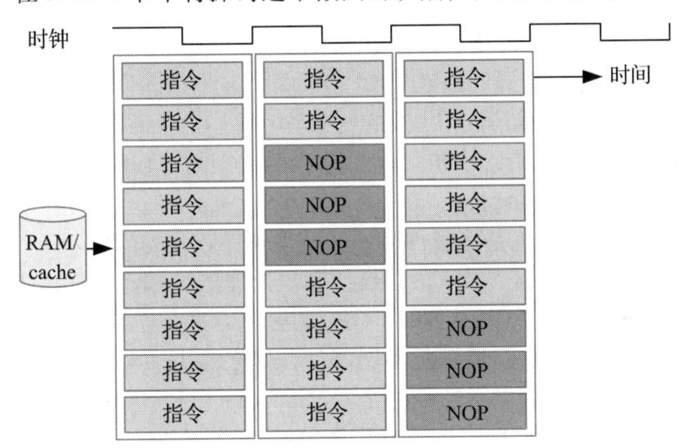

图5-31　不同于图5-30所示的传统架构，基于对相关性的感知与CPU资源，VLIW编译器尽可能多地将子指令整合成一个指令字

VLIW的并行操作并不是新的思想，这个概念萌芽于20世纪80年代末期，德州仪器公司开发了基于多媒体的DSP处理器，并推动了大批如TI、飞利浦以及三菱（最开始开发V30处理器）等公司的高速处理器的发展。

VLIW一直没有成为主流，但是由于它打破了处理器性能与时钟速度矛盾的限制，随着时间的推移，该技术会越发普及。不同于一般的计算，VLIW在媒体处理领域开发了市场，尤其是音频与视频的流处理，而这些内容随着处理系统的发展也持续增长。

VLIW架构有时也称为EPIC（显式并行指令运算），并且被Intel用于开发基于IA-64的处理器，这些处理器是高性能服务器的核心，侧面反映出该技术在高数据吞吐量应用中的优势。 248

VLIW也可以看作RISC理论向并行维度的延伸。它继承了RISC的个体子指令常规简单的特点，并且在一个周期内执行。独立的RISC类子指令被编译器整合为长的指令字后并行处理，主要是由于采用了以下结构：

- 独立的CPU功能单元（如ADSP2181）。
- 多个功能单元的辅助（很多DSP以及后来的Intel奔腾处理器）。
- 形成流水线的功能单元。

VLIW 处理器中用于多媒体任务的编译器的输出实例如下：

	ALU1	ALU2	ALU3	FPU1	负载/存储
指令 1	ADD	ADD	ADD	FMUL	NOP
指令 2	ADD	NOP	NOP	FMUL	STORE
指令 3	NOP	NOP	NOP	NOP	STORE

超标量处理器的方式与之类似，不同的是会发出 8 个顺序指令（忽略 NOP）。这些指令并行的程度取决于硬件与系统执行时的具体情况。

VLIW 指令长度一般为 1024 位，可直接控制多个硬件单元，如 16 个 ALU，4 个 FPU，4 个分支单元。

5.10.3　VLIW 的瓶颈

之前的章节中已经提到过，VLIW 的硬件没有不同寻常之处，比起超标量处理器反而更加精简，但是在编译器中的复杂度大幅增加。

要提升 VLIW 处理器编译的效率，需要考虑分立的数据流——要提高指令吞吐量，需重新对用户程序指令排序，并且需要考量后续指令与之前指令输出的相关性。换句话说，编译器尤其要避免流水线冒险（在 5.2 节提到过）。

VLIW 代码的其他潜在风险如下：

- 代码密度较差——有时要让软件完全并行是不现实的，在这种情况下 VLIW 代码在指令字外包含太多 NOP“填料”。
- 要求复杂编译器——单纯是将硬件瓶颈转换为软件瓶颈的问题。
- 高带宽内存需求——通常 VLIW 处理器比其他处理器（如超标量）需要更多指令带宽，这是由不断产生的额外 NOP 导致的。常规的解决方案是让指令带宽为 64 位、128 位或 256 位。这通常意味着需要更多的存储器片，用来路由总线的 PCB 空间以及处理器电路引脚。

249

- 很难使用汇编语言——使用高级语言几乎是 VLIW 处理器的先决条件。

编译器的复杂度问题是 VLIW 没有普遍用于 PC 架构系统（需要代码兼容性）的原因。如果 VLIW 被采用，编译器会被更智能的版本替代——目标代码会变化，现存的低级工具也要提升。相比之下，超标量技术完全兼容旧代码。虽然其要求更复杂的指令控制硬件，但是对编译器要求较低。

尽管如此，诸如三菱和飞利浦等公司还是设计出完全没有遗留代码问题的新架构，成功采用了 VLIW。

5.10.4　与超标量处理器的比较

思考这样一个问题，既然 VLIW 与超标量架构在处理硬件中都包含多个功能单元与并行操作，那么它们有什么不同呢？最重要的区别是超标量体系的取指单元发布指令的速度一定要比独立执行单元处理指令的速度快，指令可能会等待处理。这是由于超标量处理器在运行时间调度每个指令与处理它们的并行执行单元。相比之下 VLIW 处理器依靠编译器进行调度。是编译器在时刻指挥每个执行单元的操作、数据读取与写入地址。这类复杂的指令排列与调度在编译时间而非运行时间完成，因此不像超标量系统那样需要一个规模庞大、结构复杂的 CPU 控制单元。在 VLIW 中，并行指令以一个固定的速率被发出与执行。处理器的指令处理影响也更简单，因此可能工作速度更快。

5.11 小结

前面几章大多关注的是计算的基础、计算机CPU内的功能单元以及这些设备的操作，而本章开始讨论这些设备的性能——主要原因是性能已经成为当前计算机发展的主要动力。

我们看到了几种类型的加速手段，从传统的提高时钟频率，到现在的已经很成熟的流水线、CISC与RISC、超标量及其他硬件加速器（如零开销循环和专寻地址硬件）。

本章的重点是流水线，即由冒险和分支引起的性能下降问题，以及如何使用延迟分支和分支预测来解决这种问题。

至此，我们已经对CPU的内部结构有所了解（除了将在第12章讨论的一些更隐秘的方法外），接下来，我们将注意力转向如何与CPU进行通信，即向系统输入或从系统输出信息。 250

思考题

5.1 在一些流水线处理器上，条件分支有可能引起流水线阻塞或浪费周期。以下的代码段会阻塞一个三级流水线，为什么？

```
MOV R0,R3          ;R0=R3
ORR R4,R3,R5       ;R4=R3 OR R5
AND R7,R6,R5       ;R6=R4 AND R5
ADDS R0,R1,R2      ;R0=R1+R2，并设置条件标志位
BGT loop           ;当结果大于0时分支
```

注意：后面带有“S”的指令意味着指令的执行结果将会对条件产生影响，而不带“S”的指令执行结果不会对条件代码产生影响。同时假设每条指令都在一个周期内完成。

5.2 对问题5.1的代码进行重排以避免阻塞的发生。

5.3 如果ARM支持延迟分支，那么可以用BGTD来代替上面代码里的BGT。使用BGTD重写问题5.1里的代码。

提示：只需改动一条指令。

5.4 在一个8位RISC处理器上，执行下列ARM指令，初始条件为 R0 = 0x0，R1 = 0x1，R2 = 0xff，确定每条指令完成后的4个标志位的状态。假设指定的指令依次执行：

指令	N	Z	C	V
MOVS R3, #0x7f				
ADDS R4, R3, R1				
ANDS R5, R2, R0				
MOVS R5, R4, R4				
SUBS R5, R4, R1				
ORR R5, R4, R2				

5.5 指出以下包含延迟条件分支的ARM汇编指令中的4种冒险：

```
i1  ADD R1, R2, R3
i2  NOTS R1, R2
i3  BEQD loop
i4  SUBS R4, R3, R2
i5  AND R5, R4, R1
i6  NOT R1, R2
```

5.6 分支指令往往因为数据相关、指令排序以及硬件能力而引起流水线阻塞。延迟分支可以避免这种阻塞。请说出另外两种用于提高分支性能的方法。

5.7 说出三种减少或移除数据冒险带来的影响的方法。

5.8 画出一个能够实现任何数与2或10相乘的硬件框图，使用数据转发实现反馈路径。要求如下： 251

- 最多用两个单位移位器。
- 最多用两个全加器。

忽略所有的控制逻辑和存储寄存器。

5.9 将问题5.8实现的乘法器流水线化，使用一个单位加法器和一个单位移位器，同样忽略所有的控制逻辑和存储寄存器。

5.10 画出以上三级流水乘法器的预约表。

5.11 指出在CPU及其协处理器之间传送数据的主要机制，并指出这与同构双核处理器有什么不同。

5.12 列出5条RISC处理器区别于CISC处理器的典型特性。

5.13 在一个纯RISC处理器上每周期执行指令数（IPC）的范围是多少？它与一个理想的能够同时发送3条指令的超标量处理器有什么区别？

5.14 一个数字信号处理器（DSP）实现了简单的零开销循环硬件，这个硬件带有一个循环计数器、一个起始地址寄存器和一个终点地址寄存器。该硬件会检测程序计数器（PC）在什么时候与终点地址寄存器相等，如果循环计数器非零则会重设PC为起始地址寄存器的值。指出以下几种C代码中哪种适合以上硬件执行。

a.
```
for (loop = 0; loop <99; loop++){
      <有大量计算>
}
```

b.
```
loop=99;
do{
      <有大量计算>
} while (loop-- >0)
```

c.
```
    while(x + y != 23){
      <有大量计算>
}
```

5.15 假设一个程序中包含1224个任务（其中200个需要串行执行，而1024个能够并行执行），在一个理想的16路同构并行机器上执行该程序，每个任务需要2ms的CPU时间来执行。请计算并行执行的加速比。

5.16 参考框5.1的流水线加速比和效率的计算。如果某CPU流水线设计具有68%的效率和3.4的加速比，请确定该流水线的级数。

5.17 为了对一个数字音频进行延时，处理器需要持续读取音频采样，经过延时后再在某个时刻输出它们。对于一个采样率为8kHz的16位音频，延时1008ms需要多少个采样？在一个采用循环缓冲的ADSP2181上实现这个延时，使用以下指令编写伪代码。假设开始时缓冲中为空。

252

```
<reg>=IO(audioport)   将数据读入寄存器
IO(audioport)=<reg>   读出寄存器里的数据
<reg>=DM(I0,M0)       从内存读出数据，地址由指针I0指出，完成后指针增加M0
DM(I0,M1)=<reg>       将寄存器里的数据存入内存，地址由指针I0指出，完成后指针增加M1
I0=buffer_start       将指针I0设置为内存中缓冲的起始位置
L0=buffer_end         设置循环缓冲的上限（当I0=L0时，重置I0）
M0=x                  设置地址改变器M0的值为x
M1=x                  设置地址改变器M1的值为x
B loop                分支至标签为loop的程序段上
```

<reg>可以为AX0、AX1、AY0和AY1里的任意一个。

5.18 指出执行以下ARM条件指令前哪些条件标志位需要设置：

指　令	含　义	N	Z	C	V
BEQ loop	如果等于0则分支				
ADDLT R4, R9, R1	如果小于0则执行加法				
ANDGE R1, R8, R0	如果大于等于0则执行与				
BNE temp	如果不等于0则分支				

5.19 简单阐述在什么情况下需要使用影子寄存器。如果处理器不支持影子寄存器，那么程序员需要采取什么方法？

5.20 在一个拥有12位全局分支预测器的处理器上跟踪以下指令的执行，预测器初始时为“DT”：

```
i1          MOV R8, #6         ；将立即数6加载入寄存器R8
i2          MOV R5, #2         ；将立即数2加载入寄存器R5
i3  lp1:    SUBS R8, R8, R5    ；R8=R8-R5
i4          BLE exit           ；如果结果小于等于0则分支
i5          BGT lp1            ；如果结果大于0则分支
```

253～254

外部总线

前面5章描述了微处理器发展过程中那些相对稳定、没有什么革命性变化的方面，包括设计具有高速处理能力器件的驱动器、RISC的概念，以及体系结构和指令集对于高性能程序设计的支持等。

从本章开始我们结束基本CPU知识的学习，来了解一下核心逻辑与外部世界的相互作用，外部世界是指接口、总线以及一些嵌入式系统中与此相关的特有概念——接近实时处理和实时互操作等。

6.1 总线接口

在当今市场上完全可以买到一个片上计算机，这种计算机拥有一块集成了CPU、计算机外部逻辑甚至内存的集成电路芯片。

这块芯片直接提供了一个计算机系统所要求的所有内部和外部总线。这种芯片还提供了一个计算机要求的所有外部与内部总线。曾经作为外部片下设备实现的计算机部件现在可以在片上集成。这意味着连接功能单元与CPU的总线不再肉眼可见，尽管听起来很神奇，但是仍然实现了。对于所有的计算机来说，总线连接CPU与外设处理器。而在没有集成之前，在CPU和外设之间只有内部总线——现在这部分处于芯片内部而不是芯片外部。这种器件称为片上系统或SoC处理器。

以如图6-1所示的20世纪90年代以来标准个人计算机体系结构为例，它包括一个CPU以及围绕着它的各个器件。以往这个体系结构在一个母板上实现，包括约20个芯片，而近几年，它可以在一个片上系统器件上实现。系统同样采用标准接口，只是全部在一块集成电路中实现，见图6-1中的阴影区域。

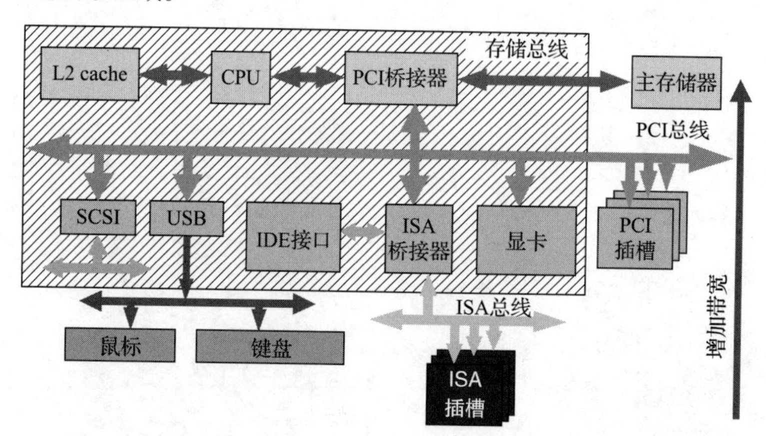

图6-1　20世纪90年代后期标准个人计算机体系结构框图

在基于ARM的系统中一般采用两种标准总线——AHB（ARM Host Bus）和AMBA（Advanced Microcontroller Bus Architecture）。在许多厂家出品的基于ARM的集成电路中可以看到这两种总线，同时，在诸如ARM集成平台这类母板上也可以看到以离散器件实现这两种总线的方案。ARM总线已成为一种业界标准，用于一些非ARM处理器接口，例如基于SPARC的ERC32处理器（用于卫星和空间系统）。这些外部或内部总线标准使外设制造商（即独立集成电路厂商或内部逻辑部件厂商）能够生产出在系统中协同工作的标准单元。 255

虽然读者很可能已经了解并行总线的概念，在此我们还是要简单回顾一下。并行总线最重要的作用是能够支持多个器件共享同一物理资源——数据总线——以传送输入或输出信息。通常 CPU 作为主器件，负责以控制信号实现对并行总线的控制。当两个 CPU 共享总线时就必须有仲裁，这个角色或者由其中的一个 CPU 担当，或者采用一个独立的外部总线仲裁器。

主器件通过总线控制信号告诉其他器件何时从总线读、何时向总线写。总线兼容的器件必须确保不向总线写数据时一定不去驱动总线，即其输出总线处于高阻状态。

6.1.1 总线控制信号

典型的总线控制信号如下所示，其中小写字母“n”表示该信号低电平有效。

- nOE 和 nRD——输出启用/读启用，表示主控制器允许某个器件向总线写数据。存储地址或片选信号决定了被选中的器件。
- nWE 和 nWR——写启用，表示主控制器本身将数据输出到总线上，而另外的一个或多个器件读取该数据。读取数据的具体器件通过 nOE/nRD 指定。
- RD/nWR——读/不写。当该控制线为高时，若任何有效地址或片选信号出现，则完成一个读操作；当该控制线为低时，若任何有效地址或片选信号出现，则完成一个写操作。
- nCS 和 nCE——片选/片启用信号，每个器件有一个该信号，当信号有效时表示相应器件与总线“通话”。以前，由分立的地址译码芯片产生片选/片启用信号，而多数现代嵌入式处理器本身就会产生该信号。 256

在使用 DIP 封装技术的年代，设计者必须最小化集成电路引脚的数量，因此导致了一些奇特的复用、混合并行总线设计，其中包含了一些非常规的总线控制信号。而上面给出的信号是当代嵌入式处理器和外设中最常见的形式。

其他信号还包括 nWAIT 线等，慢速外设使用该信号通知正在存取它们的 CPU 在该慢速设备准备好之前不要利用总线做其他事情。与此相配合的信号还包括总线准备好、总线请求、总线许可等，而后两条控制线用来实现直接存储器存取（DMA）。

6.1.2 直接存储器存取

直接存储器存取允许共享总线的两个器件彼此通信而无须打扰控制 CPU。如果没有 DMA，CPU 要用一条或几条指令先从源外设上读取一个数据，然后再将数据写到目的外设上。对取数 - 存数体系结构机器而言，以上操作还会导致数据传输过程中占用内部寄存器。

DMA 只需要少量的 CPU 介入以启动传输过程，之后的传输操作基本上独立于 CPU 进行。源外设通过外部总线将数据送到目的外设上。除了初始启动过程，在每个字的传输过程中不再需要 CPU 介入，也不需要占用 CPU 内部寄存器。在数据传输的同时，CPU 可以完成任何其他需要的操作。

对于有很多设备共享总线的系统而言，会有一些 DMA 通道，每一个通道被赋予不同的端点和优先级，如果有两个以上的 DMA 通道同时要求操作，那么允许优先级高的通道先使用总线。框 6.1给出了基于 ARM 的处理器中 DMA 系统的工作过程。

框 6.1　一种商用处理器中的 DMA

让我们来看一个实例——基于 ARM9 的 S3C2410，它是三星公司生产的一款片上系统处理器。它有 4 个 DMA 通道，一个控制器位于内部总线和外部总线之间，实现内外总线数据传输的各种组合。

每个通道有 5 种可能的触发源，以一个包括三个状态的有限状态机控制。假设我们已经选定了重复性操作，正确设定了源和目的地址，则具体操作如下所示：

状态1：DMA控制器等待DMA请求，此时，DMA ACK和INT REQ均为不活动状态（0）。如果得到DMA请求，则转到状态2。

257

状态2：DMA ACK置1，设置计数器为重复执行次数（即由该通道传输的数据量），然后转到状态3。

状态3：从源地址读数据，然后写到目的地址上。重复该过程，计数器递减，直至为0，此时，有选择地中断处理器以示传输操作完成，然后返回状态1。

虽然DMA在许多设计中改进了处理器效率，但对于性能关键的系统仍存在进一步改进的空间。事实上，在一些CPU中DMA控制器本身就是一个简单的足够智能的CPU。以基于ARM的Intel IXP425网络处理器为例，它包括一些集成外设，例如USB、高速串口和两个以太网MAC（介质存取控制器：一种以太网接口器件）。主处理器工作频率为533MHz，其他三个从处理器工作频率为100MHz，专门处理系统总线上的输入/输出。这些RISC处理器将主ARM CPU从冗长、低效的总线操作和存储器存取操作中解放出来，而每个从处理器专门用来运行MAC协议，使得IXP425非常适合完成网络操作。

6.2　并行总线规范

基于ARM9的三星S3C2410片上系统器件的总线工作时序如图6-2所示。之所以以此为例，是因为三星清楚地定义了时序与参数，以及时序与为数不多的控制寄存器之间的对应关系。对大多数CPU而言，情况要复杂得多——需要人工完成周期数计算，包含组合和分离参数，以及常见的非常规行为等。

258

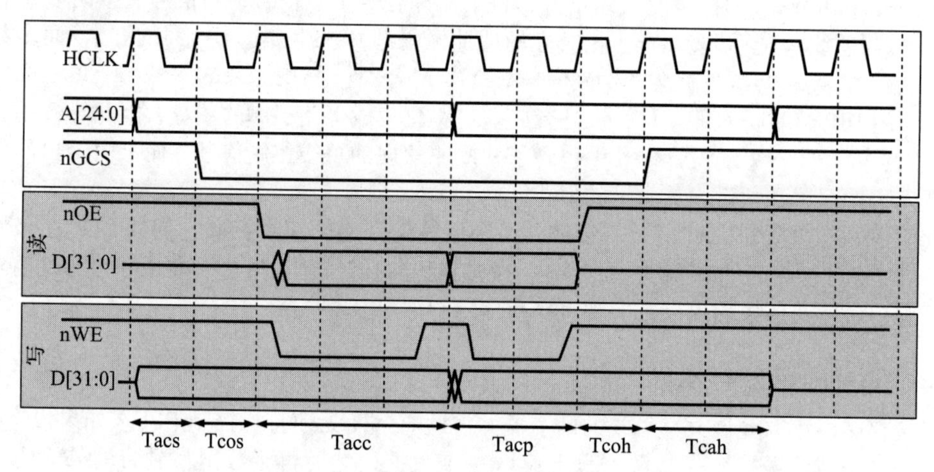

图6-2　三星基于ARM9的片上系统S3C2410的SRAM总线工作时序图。上半部分是时钟和总的控制信号。中部是读操作相关信号（这期间nWE始终保持高电平），底部是写操作相关信号（这期间nOE始终保持无效，即高电平）。注意读写操作不会同时发生，在任何时候最多只有一个操作发生

HCLK时钟是主板时钟之一，用于驱动存储器接口和片上其他器件。其工作频率一般为100MHz，且在片外无效——在此仅作为参考时钟。25位外部地址总线和nGCS片选信号定义了到外部器件的接口，例如ROM或类似的器件（包括使用该接口的大部分外部总线相连器件）。当与任何外部器件互操作时这些信号有效。图6-2底部的阴影部分表示读写信号及其相应行为。

时序图中一些总线为高阻状态，即线的位置非高非低处于中间，表示该线没有被驱动。

该时序适用于读和写操作，通过S3C2410寄存器可以设置通过接口所连接的外部器件的访问方式。由nGCS片选的每个外部器件共享数据、地址、读/写线等，但其时序为独立设置。因此，快速和慢速器件可以共存于同一物理总线上，只是片选信号各自独立。

下表给出了图6-2中所示时序信号的含义以及与该时序图对应的设置。

信号参量	含义	设置
Tacs	先于nGCS有效的地址设置时间（0、1、2或4周期）	1周期
Tcos	先于nOE的片选设置时间（0、1、2或4周期）	1周期
Tacc	存取周期（1、2、3、4、6、8、10或14周期）	3周期
Tacp	页模式下存取周期（2、3、4或6周期）	2周期
Tcoh	在nOE无效后片选保持时间（0、1、2或4周期）	1周期
Tcah	在nGCS无效后地址保持时间（0、1、2或4周期）	2周期

页模式是指一些针对某一器件的重复性操作以快速突发方式完成，不需要存取其他器件。框6.2讨论了一些采用上述总线连接外部器件的例子。注意，一些器件直接利用nWAIT信号准确地告诉CPU Tacc的长度（即外部器件需要CPU等待的时间和一些可能的设置），而有些器件则与上述器件的连接方式大不相同，例如SDRAM类器件。

框6.2 外设连接总线设置

下面是一些外部器件连接示例。假设总线时钟为100MHz（即每周期10ns），我们来看一下如何利用上述信号实现连接。

问：一个慢存储器件需要120ns查找一个内部地址。

答：这意味着读写周期必须大于120ns。相关设置参数是存取周期Tacc，应设置为14个周期，即大于120ns的最小周期数。

259

问：一个外设的片选信号必须在读/写信号之前至少25ns有效。

答：在这种情况下，nGCS必须先于nOE设置为低电平，相关参数为Tacs，应设置为4个周期，即大于25ns的最小设置。

问：一个外设在被读取数据之后，保持12ns对总线驱动状态。

答：在这种情况下，我们需要确保在读该外设之后的12ns时间内总线不被其他设备占用。相关参数为Tcah或Tcoh或两者兼有（多数情况下是Tcoh）。安全起见，我们将二者均设置为1周期，总共为20ns。该时间称为保持期（hold-off period）。

通常，外设手册上都有时序图，由此可以推导出需要的信息。但是，当存在不确定之处时，可以先选择最长或最慢的数值作为起点，然后在保证系统可靠工作的前提下逐步减小它们。另外，为保险起见，应选择稍慢于最快设置的数据——因为可以在实验室环境下工作的最快设置未必能够在寒冷或炎热的实际环境下工作，未必能够在使用若干年后仍正常工作。

6.3 标准接口

现代计算机，无论是嵌入式系统、台式机还是服务器，都倾向于使用有限的几种标准接口。本书只是简单介绍一下比较常见的几种接口及其特性。

这些接口根据数据传输、系统控制、存储器连接等功能进行分类。值得注意的是很多接口被创造性地应用，超出了原设计者的设计考虑。

6.3.1 系统控制接口

系统控制接口用于控制和设置各种低速器件。它们的典型特征是引脚空间有效、相对低速、结构简单。下面是一些系统控制接口的例子。

- SPI(Serial Peripheral Interconnect)，串行多点编址，20MHz。
- IIC(Inter-IC Communications)，串行多点编址，1MHz。
- CAN(Controller(or Car) Area Network)，串行多点编址，若干MHz。

还存在一些变种，例如 Atmel 公司的 TWI(Two Wire Interface)，Dallas 半导体公司的 1-wire 接口等。

6.3.2 系统数据总线

多年来，业内一直致力于引入标准总线和并行总线体系结构。下表给出了在个人计算机体系结构中常见的并行总线。值得一提的是嵌入式系统往往倾向于使用与此不同的总线体系结构。其中有两个典型例子：一是 AMBA，源于 ARM 公司和 GEC Plessey 半导体公司（后成为 Marconi 公司的一部分，最后被 Mitel 半导体公司收购），参见 6.2 节 S3C2410 例子中的相关描述；二是 APB(ARM Peripheral Bus)。在大量的片上系统和嵌入式处理器设计中均可以看到 AMBA 和 APB。这些总线的命运远强于 IBM 于 20 世纪 80 年代后期引入的 MCA(MicroChannel Architecture)，尽管 MCA 被认为是一个良定义的总线系统，但最终被 EISA 淘汰。

260

总线名称	宽度（位）	速度（MHz）	数据速率（MiB/s）
8 位 ISA(Industry Standard Architecture)	8	8	4
16 位 ISA	16	8	8
EISA(扩展 ISA)	32	8.33	33.3
32 位 PCI(Peripheral Component Interconnect)	32	33	132
64 位 PCI	64	33	264
1 x AGP(Advanced Graphic Port)	64	66	266
8 x AGP	64	533	2100
VL-BUS	33	50	132
SCSI-I & II	8	5	40
Fast SCSI-II	8	10	80
Wide SCSI-II	16	10	60
Ultra SCSI-III	16	20	320
PCIexpress——每通道（最多 32 通道）（采用 LVDS①）	1	2500	>500
RAMBUS(184 引脚 DRAM 接口)	32	1066	4200
IDE②/ATA③	16④	66④	133⑤
SATA(串行 ATA)，采用 LVDS	1	1500	150
SATA-600	1	未知	600

①LVDS：Low-Voltage Differential Signaling。
②IDE(Integrated Drive Electronics)：对应于第一个 ATA 实现。
③ATA(Advanced Technology Attachment)：现在重命名为并行 ATA 或 PATA，以区别于 SATA。
④假设 ATA-7 操作。
⑤在 45cm 最大线长上运行时为 133MHz。

虽然有大量的总线系统（这里列出的只是比较常见的），但它们存在着很多的共性，大多数采用了相同的基础通信方式和仲裁策略。有为数不多的几种电压和时序标准供选择。

有时一些电器特性相同的总线在基于它建立的实际通信协议中被赋予了不同的名字和使用方式。OSI 层次参考模型（见 10.4 节）将底层电器参数、硬件和时序参数等定义为物理层的一部分，而将通信协议定义在数据链路层。例如物理层接口 LVDS（低压差分信号）已被越来越多地用作嵌入式计算机系统中的高速串行总线。

261

在进一步探讨在 SATA 和其他方案中作为物理层的 LVDS 之前，我们先来了解一下两种常见的传统总线。

6.3.2.1 ISA 总线及其衍生总线

工业标准体系结构（ISA）总线由 IBM 在 20 世纪 80 年代早期推出，用于个人计算机（特别是 IBM 个人计算机）总线系统。很快，该 8 位总线于 1988 年在 ISA 的扩展版本 EISA 中扩展为16位及32位总线。每个新的扩展版本都与前面的版本兼容。

正如前面所提到的，IBM在此之后试图转到微通道体系结构（MCA），但是由于IBM没有完全授权该总线成为一个完整的总线标准，很自然地其他计算机厂家依然继续使用EISA总线。之后，IBM放弃了MCA，但ISA后来的衍生总线，即外部设备单元互联（PCI）总线和VESA本地总线，确实融合了IBM MCA总线的一些特性。

作为总线，从使用年限的角度看ISA和EISA是很成功的，但它们始终面临着严重的可用性问题（见框6.3）。这些问题伴随着无休止的提速压力，最终导致了用于台式机的PCI总线的定义和采用。

ISA不仅派生出PCI和VESA总线，还有ATA标准，ATA标准又衍生出IDE标准、增强型IDE（EIDE）、PATA和SATA等。事实上，ISA还衍生出了PC卡标准接口。[⊖]尽管ISA作为标准已经经历了30年，但它仍然作为传统总线在当今计算机系统中使用。

框6.3 ISA面临的问题

ISA作为它那个时代的产品，其设计是很合理的：用于Intel 8088的8位总线，时钟频率为4.77MHz，工作在5V电压下。然而，它存在早前的CPU具有的严重的硬件局限性和可用性问题。

硬件局限性

Intel 8086和8088采用40引脚双列直插式封装（DIP），分别包括16位和8位外部数据总线。由于缺少引脚，外部总线被复用，即一些物理引脚完成两个功能。即使如此，最多也只能有20根地址线，即只能支持存取1MB(2^{20}）地址空间。更强的约束来源于8086内部的16位地址寄存器，它意味着只能存取64KB(2^{16}）地址空间。Intel也提供了两种类型的外部总线存取：存储器存取（使用20位地址总线）和I/O存取（使用20位总线中的16位总线）。有趣的是现代许多系统中仍然保留着这种存储器和地址空间划分——这与追求简洁的ARM之类的处理器不同，它们只将存储器空间映射到外部地址空间。

虽然8088的引脚通过缓存和解复用后连接到ISA总线上，但总线仍然受到20位地址约束，且采用分立的I/O存取（为此提供了单独的控制引脚集合）。这样做的优点是ISA总线可以很好地支持4通道DMA（见6.1.2节）。

262

可用性问题

这一点并不单单针对嵌入式计算机系统，还有助于理解ISA被PCI替代的原因。许多个人计算机用户在安装ISA卡（或EISA卡）时碰到了问题。用户不仅需要将总线卡物理地插入系统，还想要安装软件提供多数普通用户不知道的信息，例如总线卡所连接的I/O端口、DMA通道、IRQ（中断请求）线等。当然，相比更早的需要跳线安装卡的设备而言，这种提供配置信息的做法已经是进步了。

一些安装软件可以扫描ISA总线以寻找已安装的卡。有时可以正常工作，有时却会使系统崩溃，其原因是用户输入了错误的信息。一些个人计算机允许在BIOS控制下或在自动引导过程中交换ISA插槽，这意味着总线卡今天能正常工作，而明天未必能。

为此，制造商开始定义称为“即插即用”（plug and play）的标准，简写成PnP。理论上讲，这意味着插入卡后即可工作。但是，这个标准很快就被称为“即插即祷”（plug and pray），由此导致了这种总线在战略上让位。很幸运，PCI替代了ISA/EISA，这预示着一个用户简化的新时代的到来。

6.3.2.2 PC/104

在嵌入式系统中出现最多的ISA总线版本是由PC/104组织[⊜]推出的PC/104总线标准。

PC/104标准对印制电路板小型化提出了强制性要求，即96mm×60mm，这对于许多嵌入式系统而言是很理想的。该电路板的一个边上有一个8位ISA总线连接器。这个2.5mm宽的连

⊖ PC卡以前叫作PCMCIA（Personal Computer Memory Card International Association），不过它还有一个名字“People Can't Memorize Computer Industry Acronyms”（见http://www.sucs.swan.ac.uk/cmckenna/humour/computer/acronyms.html）。

⊜ http://www.pc104.org。

接器上分两排排列了64个引脚。在顶部该连接器表现为一个插槽，而在底部该连接器表现为引脚。这种设计使得电路板可以叠放在一起。通常，一个40引脚的连接器J2/P2与另一个连接器J1/P1叠加在一起可提供一个16位扩展ISA数据总线。

263

表6-1给出了PC/104引脚的定义。列A和列B是原始ISA信号定义，包括与存储器相连的8位数据线（SD0 ~ SD7）和20位地址线（SA0 ~ SA19），I/O读写线（SMEMW*，SMEMR*，IOW*，IOR*），若干IRQ引脚以及DMA信号线（以“D”开头）。连接器提供的电压有+5V、-5V、+12V、-12V和GND。而通常只使用+5V，除非有驱动EISA232等的需求。

表6-1　PC/104连接器引脚定义，包含双列连接器J1/P1和J2/P2，其中低电平有效信号用“*”标记。表中的两个“key”是0.1英寸连接器上孔的位置

引脚号	J1/P1 列 A	J1/P1 列 B	J2/P2 列 C1	J2/P2 列 D1
0	—	—	GND	GND
1	IOCHCHK*	GND	SBHE*	MEMCS16*
2	SD7	RESETDRV	LA23	IOCS16*
3	SD6	+5V	LA22	IRQ10
4	SD5	IRQ9	LA21	IRQ11
5	SD4	-5V	LA20	IRQ12
6	SD3	DRQ2	LA19	IRQ15
7	SD2	-12V	LA18	IRQ14
8	SD1	ENDXFR*	LA17	DACK0*
9	SD0	+12V	MEMR*	DRQ0
10	IOCHRDY	key	MEMW*	DACK5*
11	AEN	SMEMW*	SD8	DRQ5
12	SA19	SMEMR*	SD9	DACK6*
13	SA18	IOW*	SD10	DRQ6
14	SA17	IOR*	SD11	DACK7*
15	SA16	DACK3*	SD12	DRQ7
16	SA15	DRQ3	SD13	+5V
17	SA14	DACK1*	SD14	MASTER*
18	SA13	DRQ1	SD15	GND
19	SA12	REFRESH*	key	GND
20	SA11	SYSCLK		
21	SA10	IRQ7		
22	SA9	IRQ6		
23	SA8	IRQ5		
24	SA7	IRQ4		
25	SA6	IRQ3		
26	SA5	DACK2*		
27	SA4	TC		
28	SA3	BALE		
29	SA2	+5V		
30	SA1	OSC		
31	SA0	GND		
32	GND	GND		

包括列 C1 和列 D1 的第二个连接器提供了更大的地址空间，并把数据总线扩展到 16 位（同时提供了更多 DMA 功能）。这是一个并行总线，以 SYSCLK 实现信号之间的操作同步。

6.3.2.3 PCI

外部设备单元互联（PCI）总线于 20 世纪 90 年代早期发布，全面替代了 ISA/EISA。虽然 USB 近年来也成为那些通过内部插卡形式连接的外部设备的又一种可选接口，但 PCI 恐怕仍然是当代应用最为广泛的 PC 机内部总线。另外，以更加快速的串行连接为基础的 PCI 增强型（PCIe）在最近的系统中正在逐步取代 PCI。

与 ISA 类似，PCI 也是同步总线，工作时钟为 33MHz（或 66MHz）。另外与 EISA 类似，PCI 一般采用 32 位数据总线，在较长的连接器中也可以采用 64 位版本。连接器的电压可以不同，有 3.3V 和 5V 两个版本。不同版本的连接器上有不同的凹槽，以防止插入错误的连接器（一些“通用”卡上有两种凹槽，因而可以插入到两种版本的系统中）。与 ISA 相同，PCI 也提供了 +12V 和 -12V 引脚，但通常不会使用。

PCI 总线复用地址和数据引脚 AD0 ~ AD31（64 位版本中到 AD63），保证了快速数据传输和大的可寻址存取空间。PCI 定义了总线仲裁系统，使得任何与总线相连的设备可以请求总线，而仲裁器对于这些请求给予许可应答。总线上置控制信号的设备为主设备，也称为动作发起方（initiator），而从设备称为动作接收方（target）。这实际意味着驱动总线的电压信号可以来自总线上的任何设备。这一点对 PCI 总线上信号的完整性有很大影响。因而，对于所有总线上的设备而言 PCI 实现了非常严格的信号条件规范。

可能是因为始终没有忘记与 ISA 和 EISA 相关的可用性问题，PCI 器件必须实现通过总线可存取的寄存器以标识器件的种类、生产商、项目编号等。更重要的是，这些寄存器还定义了器件 I/O 地址、中断相关细节以及存储器范围。

6.3.2.4 LVDS

低电压差分信号（LVDS）是一种非常高速的差分串行方案，它利用同步的小范围电压变化来表示数据位。它的宣传词为“以毫瓦获得吉比特”，原因是 LVDS 发出信号速度超过 2Gbit/s。

注意 LVDS 不是像 ISA、PCI 这样的总线协议，它只是一个物理层通信方案。然而，LVDS 已被现存的许多总线标准采纳。下面将要讨论的扩展 PCI 就是其中一个例子。

在 LVDS 中每个信号通过两条线发送。它们是差分信号，两条线上电压的不同组合表示逻辑 0 和逻辑 1。差分发送方案可以排除常见形式噪声的干扰，这种噪声的特点是在两条线上同时出现（例如电力线噪声以及来自附近其他器件的噪声）。事实上，LVDS 能够用于噪声水平超过信号电压的情况。

264 ~ 265

这种抗噪性使得 LVDS 连接可以工作在较低的电压变化范围。因此需要相对较小的功耗，并能够达到较快速度和产生较低的电磁干扰。图 6-3 所示为 LVDS 信号传输的示意图，说明了系统差分信号的性质及其对于共模噪声的抑制。

LVDS 的电压变化范围通常为 0.25 ~ 0.3V。由于信号变换（和传输）速度取决于信号从一个状态变到另一个状态所需的时间，而 LVDS 的电压变化范围非常小，因此信号变换速度很快。传输系统的功耗与电压的平方成正比，因此像 LVDS 这样的低电压通信方案的功耗比 3.3V 或 5V 逻辑系统明显要低。类似地，低电压变换范围还使得 LVDS 产生的电磁干扰很低。

采用差分线传输信号还意味着当一根线上的电压增高时另一根线上的电压降低。如果我们将此与驱动电流相关联，则在任何时刻发送器件必须有驱动电流进入一条线、离开另一条线。当一个系统设计正确时，电流入出可以达到平衡，这与大多数电压变换方案效果不同，那些方案在信号变化的瞬间电流会出现尖峰。供电电流尖峰转换成供电电压波动，因此会影响系统中的其他电路。

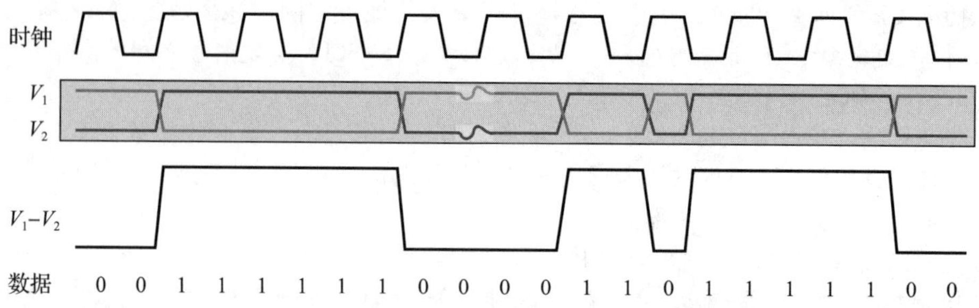

图6-3　低电压差分信号（LVDS）示意图，显示了两个被传输的差分信号。在接收端计算这两个信号的差值（V_1-V_2）并以此确定在每个时钟周期传输的数据（见底部）。虽然在接收端和发射端都需要精确地同步时间信息，但实际上只有两个信号 V_1 和 V_2（灰色阴影部分）被传输。在两个被传输信号中可以看到存在少量噪声，但在接收端取差分后被消除了

LVDS 接收器通常需要从差分数据线中提取时钟信号。时钟恢复处理比较复杂。但是，若要与数据同时但分立地传输时钟信号，通常还需要一对差分信号线。总线 LVDS（BLVDS）是 LVDS 的变型，允许多个器件共享一对物理差分信号线。

前面提到的 PCI 增强型（PCIe）在台式机系统中逐步替代了 PCI。PCIe 通常需要指明有多少通道可用。例如，PCIe 1x 有 1 条通道可用，PCIe 4x 有 4 条通道可用，PCIe 32x 有 32 条通道可用，中间的操作过程相同。每个通道是一对 LVDS 发送器和接收器（即 4 个电连接器，两个在同一个方向上）。每个通道的工作频率为 2.5GHz。

266

PCIe 1x 连接器非常小，由 36 个引脚组成，数据传输率至少为 500Mbit/s（考虑协议产生的开销）。PCIe 16x 连接器的尺寸与并行 PCI 连接器相似，但要快得多。

6.3.3　输入/输出总线

下表列出了典型的输入/输出（I/O）总线，其中一些在个人计算机体系结构中比较常见（USB 不在其中，之后讨论）。

总线名称	类型	速度	备注
EIA232，即 RS232	串行	115200bit/s	-12V 和 0V
EIA422，即 RS422	平衡串行 32 器件多接收端	最高 10Mbit/s	最低速时可传输 1km
EIA485，即 RS485	与 422 相同但多输出端	最高 10Mbit/s	最低速时可传输 1km
DDC，显示数据通道	串行，数据线，时钟线，地线	基于 I^2C 总线	
PS/2，键盘和鼠标	串行，6 引脚的 minDIN	电特性同 AT 接口	
IEEE1284，打印机接口	并行，25 引脚 D	最高 150KB/s	最长 8m

EIA 标准由电子工业联盟（Electronic Industries Alliance）批准，它采用“RS”为前缀表示推荐标准（即尚未批准的建议标准）。例如，EIA232 在没有成为正式标准前称为 RS232。然而，由于它以 RS 前缀的形式应用于几乎所有的家庭和台式计算机中，因此这个名字沿用至今。可见，相对于消费者市场的采纳速度，标准处理速度存在滞后的问题，这对于各标准组织而言也许是一个教训。

6.3.4　外设器件总线

下面给出一些常见的外设总线。近年来该领域一直朝着简单即插即用串行总线方向发展。很多年长的计算机工程师肯定还记得 20 世纪 80 年代将打印机连接到计算机上时的痛苦，当时

串行外设连接经常出错，只有并行总线（即 6.3.3 节中所述的 IEEE1284）才被认为是安全的选择。

- USB1.2，通用串行总线，原来是为键盘和鼠标这类设备设计的一种串行格式，但之后被广泛用于各种外设上。USB1.2 的最长距离约 7m，基本数据传输速率为 12Mbit/s。作为一个串行总线，其带宽由相连的所有器件共享，且每个器件要付出很大的控制代价。采用 USB 的主要原因也许是它可以给所有外设供电，使各个外设不需要分立电源及电源线。

267

- USB2.0，是因为引入了 Firewire（见下面）而出现的。它很大程度上改进了 USB1.2 的速度——提高到 480Mbit/s。在 USB1.2 和 USB2.0 之间，Firewire 在视频市场上获得了很大的份额，成为将视频信息传输到计算机的业界认可方法。
- 在 2008 年提出的 USB3.0 将数据传输速率提升到 5Gbit/s，同时支持真实全双工。所有的 USB 标准允许连接头为外设充电，而 USB3.0 能提供 2 倍于 USB2.0 的传输容量。改进的连接头为 Type-C 的同时，还有许多其他功能得到改善。
- Firewire，由苹果公司开发，也是一种串行格式，被批准为 IEEE1394 标准，传输速率为 400Mbit/s。IEEE1394b 将速率提高一倍，达到 800Mbit/s，但最大线长为 4.5m 左右。与 USB 类似，Firewire 能够给外设供电，但厂商并没有在电压或电流上达成一致标准。
- PCMCIA（个人计算机存储卡国际协会，6.3.2 节中曾简单提及）于 20 世纪 90 年代初基于 ATA 或 IDE 接口开发了插卡接口，它是并行接口，有一些变种，具有很高的速度。它后来演变成紧致闪存（compact flash，CF）接口。
- 多媒体卡（MMC）是一种串行接口，主要用于相机和便携式音频播放器中的闪存卡接口，后演化成安全数字（SD 和 xD）存储卡格式，保持着串行接口性质，但允许多位并行传输。索尼的记忆棒是又一种产品，在规格说明和小尺寸封装方面与 MMC 类似。

6.3.5 与网络设备的接口

近年来，网络无处不在，人们长时间离开网络就会感觉若有所失。片上系统设计师没有忽略掉这一趋势，他们将处理网络连接的硬件模块集成到现代嵌入式处理器中。

典型地，介质存取控制器（MAC）硬件模块被集成到芯片中，而物理层驱动器（PHY）还没有被集成进去，主要原因是以太网物理层接口的模拟驱动和不同的电压要求。但可以买到将 MAC 和 PHY 组合在一起的器件。因此，预计 MAC 和 PHY 有可能完全被集成到一个片上系统中。当前的集成方案与图 6-4 所示的类似。

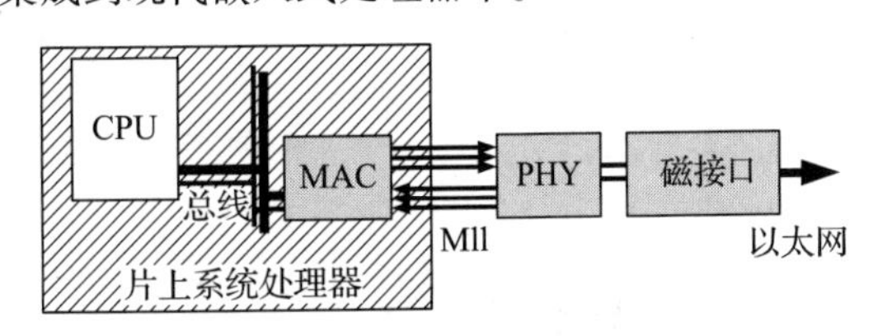

图 6-4　网络（以太网）数据通过 MAC 连接到 CPU 的示意图

假设网络基础设施是以太网，图 6-4 中所示的磁接口与 PHY 相连形成了一个常见的系统方案。MAC 和 PHY 之间的接口是传输介质独立的接口（Media-Independent Interface，MII），表示通信不简单局限于有线以太网。它也可用作符合 MII 标准的光接口，只是可能需要不同的 PHY 器件。无线是另外一种越来越常见的通信方式，它也基于相同的标准处理过程（将于 6.6 节讨论）。

268

6.4 实时性问题

还记得现代计算机的祖先们吗？当时的计算机占满整个房间，完成抽象的数据运算，通过离散开关或穿孔卡片进行编程，需要几分钟甚至几小时才能得出结果。它们与嵌入式系统相差甚远，安装嵌入式系统的小小的器件可以嵌入人体中来调节血液里的化学物质，也可以嵌入家用汽车中控制刹车系统。后者是硬实时系统的典型例子。所谓硬实时是指必须在一定的时间内做出响应，否则后果非常严重。

以前的系统没有实时性要求。它的设计者可能会考虑提高计算速度以便可以早些回家，但不会去设计一个计算机在毫秒级对外部激励做出响应。这意味着传统计算机体系结构和编程语言开发没有考虑到实时响应的需求。

今天，由于嵌入式处理器远多于台式机（而台式机又远多于大型机），计算机越来越多地在实时运行。大量实时地与真实世界相互作用的嵌入式器件就是实时系统，它们或者是硬实时或者是软实时（若错过时限不会造成灾难性后果，则称为软实时）。

6.4.1　外部激励

外部激励可以有多种形式，但通常与一些传感器相关。例如核反应堆的过温度传感器、汽车中由气囊控制的加速度传感器、电机管理系统中的真空开关，以及老式鼠标中的光电门等。这些传感器在任何时候都有可能被触发。

其他外部激励还有以太网上有数据到来，或数据通过并行端口从 PC 机输出到激光打印机上。这两种激励来源于计算机本身，但由于它们到达目标处理器的时间不可预测，因此它们对于目标处理器而言还是实时激励。

6.4.2　中断

到达实时处理器的激励都会被转换成标准形式来触发 CPU。这些中断信号通常是低电平有效，与 CPU 的中断引脚相连（在片上系统中一个片内信号也可以被转换成低电平有效输入与 CPU 相连）。

269

多数处理器能够同时支持多个中断信号。这些信号按优先级排列，当两个或多个中断同时被触发时，首先响应优先级最高的中断。

在6.5 节中将更全面地讨论中断，这里只是需要认识到 CPU 只用很短的时间来发现中断信号，之后要经过一段较长的时间 CPU 才能够处理这个中断，而针对该中断实际完成服务则需要更长的时间。中断服务通过中断服务例程（ISR）完成——在 5.6.3 节中讨论影子寄存器时曾有简单介绍。当设计一个实时系统时，必须确定中断时序并将它们与任务的时间范围相关联（见 6.4.4 节）。

6.4.3　实时性定义

前面提到了软时限和硬时限，它们均是实时性约束，区别在于错过时限导致的后果不同。错过硬时限对系统而言是灾难性的，错过软时限是不幸的但非致命失败。

这些术语也与整个系统有关：*硬实时系统*包括硬时限要求。如果所有时限都是软时限，则这个系统是*软实时系统*。在选择操作系统时，也要考虑硬实时的程度。例如 μC/OS 能够满足硬时限要求，而嵌入式 Linux 通常只能进行软实时响应。而微软的操作系统则非常软实时，因此对于关键任务的实时系统不使用微软。

虽然第 9 章介绍了一般的操作系统，但是没有从实时操作的角度描述，因此本节重点关注这个角度。

一个任务就是一段实现一个或多个功能的程序代码，可能与实时输入或输出相关联。在多*任务实时操作系统*（RTOS）中，会有几个任务并发运行，每一个任务带有一个优先级。多数系统围绕着中断或时钟设计，这样每次发生中断时，都会触发一个相应的任务来处理它。其他一些任务会由时钟到期来触发。任务本身可以是中断服务例程，但多数情况下任务是单独的代码（目的是保持 ISR 尽量短），因此，当 ISR 运行时利用 RTOS 专门的函数启用相应的任务。这些函数包括 semaphores、queues 和 mailboxs，它们是 RTOS 的专用函数，但在标准操作系统中也经常出现，我们将在 9.6 节中再次讨论 semaphores 函数。

许多任务大部分时间处于休眠状态，等待被 ISR 或其他任务唤醒，此时低优先级的后台任务运行完成一些系统相关的功能或日志，其中也包括了调整优先级的工作。

6.4.4 时间范围参数

任务的时间范围（temporal scope）参数是一个用以描述实时需求的五元组。对于有时限约束的多任务实时系统而言这是非常有用的形式化描述。

270

下面是定义时间范围的 5 个参数，除特别说明外，所有的时间起始于触发该任务的事件到来的时刻。

任务开始前最小延时	通常为 0，有时也会特别要求
任务开始前最大延时	原则上讲应该尽快地响应中断，但有时会给出一个硬时限
任务处理的最长时间	从任务开始到结束的总时间
任务占用的 CPU 时间	它也许不同于上面的参数，因为任务有可能被中断，因此推迟一段时间，但这期间不占用 CPU
任务最大完成时间	从事件触发到任务完成的时间

多数时间范围参数可以通过分析系统需求来确定，但占用 CPU 时间只能通过记录任务执行的指令数或通过 OS 提供的测量处理器周期数的方法得到。关于 CPU 时间有一点需要注意，即条件循环根据所处理的数据可长可短。CPU 时间是指所有循环均按照可能的最长时间来计算。这也就是设计紧凑任务代码的原因。

一个任务图如图 6-5 所示。图中列有 3 个有效任务及它们占用 CPU 的时间。竖线表示调度器工作的时间点。如果需要，它可以切换任务。调度器通常被设计为一个系统任务，决定什么时刻选择什么用户任务占用 CPU。根据 RTOS 类型的不同，可以通过两种方式激活调度器——以固定的时间间隔或在任务调度点通过软件本身的调用功能实现。任务调度点一般出现在完成操作系统级任务库函数的时候，例如简单的有 printf()，通常在先进先出（FIFO）、队列、mailbox、信号量操作时刻出现。有时将若干方法组合起来激活调度器。

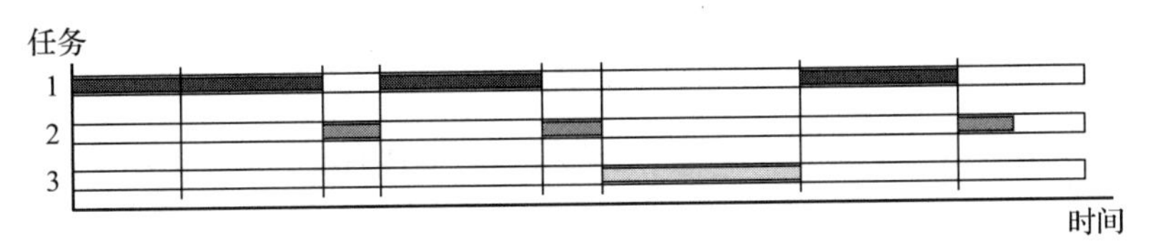

图 6-5　在单 CPU 上执行的 3 个任务的调度图

在图 6-5 的任务图中，调度器第一次被激活时（第一个竖线）任务 1 正在执行。调度器没有进行任务切换，因此任务 1 继续执行，其原因可能是任务 1 在 3 个任务中优先级最高。习惯上也因此将任务 1 放在图的最上边。

271

任务 2 每次出现的长度相同，说明它每次运行时均完成相同的工作。

从上面这个例子也能够稍稍理解调度器的工作方法。首先，任务按优先级排列。最高优先级的是调度器，最低优先级的是系统空闲时才执行的空闲任务（idle task）。在嵌入式系统中，空闲任务可以处理低优先级 I/O，例如打印调试信息或刷新 LED（利用低优先级任务打印调试信息是很常见的，但是当调试一个整体上崩溃的程序时，这样的安排就起不到帮助调试的作用了，因为无法从崩溃的任务那里得到调试信息，而且如果这个任务一直在运行，那么空闲任务就没有机会运行）。

调度器中有一个表用来记录所有任务的状态：运行、等待、休眠。在一个时刻只会有一个运行态任务，可以有多个处于等待状态的任务（即等待运行机会）。休眠任务处于停止状态，可能是临时等待信号量或某个数据以进入队列或 mailbox。框 6.4 列出了一些设置调度优先级的方法。

框 6.4　调度优先级

给定实时系统中的一些任务，设计者面临的一个困难是如何给任务设置优先级以保证它们被正确调度。这一点非常重要——一些选择可能会导致系统不能满足要求的时限（即不可调度），而一些小小的改变就有可能使得系统正常工作。下面是一些常见的形式化优先级设置方法。它们均需要系统中所有任务的时间范围参数。

时限单调调度：最紧时限的任务拥有最高优先级。

频度单调调度：越经常被触发的任务其优先级越高。

最早时限最先调度：这是一个动态调度方法，根据即将出现的时限赋予相应任务高优先级。

其他还有**最重要最优先**、**自组织**、**轮询**和其他一些混合方案（多数都自称比其他的好）。我们将在 9.7 节中再次查看一般操作系统中的调度，并讨论 Linux 调度器的示例。

第 9 章中将会从 Linux 操作系统以及更贴近软件的角度回顾多任务与调度的内容。

6.4.5　硬件体系结构对实时操作系统的支持

这是一本计算机体系结构而不是实时系统的教科书，因此考虑得更多是在处理器上运行实时操作系统对硬件的需求，可不讨论实时性对操作系统的需求。让我们来回顾一下当实时事件发生时经历的过程。

272

1	事件引发对处理器的中断信号
2	处理器发现中断
3	处理器需要一小段时间完成正在进行的工作，转到中断向量，再由此获得与该中断向量关联的 ISR 入口地址
4	处理器从当前执行的程序转到一个中断服务例程
5	ISR 应答中断，释放一个任务处理该事件
6	任何较高优先级的等待态任务优先执行
7	最后，切换到处理该事件的任务上下文
8	该任务处理这个事件

这 8 个步骤（详见 6.5.2 节）中的每一个都会占用一些时间，因此会影响系统的实时响应时间。

硬件中断支持（详见 6.5 节）能够极大地改进响应时间。而服务于任务的 OS 功能，特别是从前一个运行代码切换到 ISR，以及任务之间的切换，是十分耗时的，也可以通过硬件加速。

首先，影子寄存器（详见 5.6.3 节）可以加速从一段代码到另一段代码的切换。ARM 实现了几个影子寄存器集合，其中之一是监控程序（supervisor），专门用于支持 OS 代码，例如调度器，因此，运行调度器不需要进行耗时的上下文存储和恢复过程。

一些 CPU 采用了更进一步的设计，实现了若干组寄存器，给每一组寄存器分配单独的任务，因此，任务之间切换就很容易了。不需要上下文存储和恢复，简单地切换寄存器，然后跳到正确的代码即可。

也可以用硬件 FIFO 和堆栈来高效实现 mailbox 和队列以进行任务之间的通信（否则就要用软件实现数据在不同存储块之间的搬移）。硬件实现方案因为大小固定而缺少灵活性，但速度非常快。

虽然硬件实现的调度器没有被计算机体系结构设计师采纳，但理论上讲这是可行的。也许对于调度过程最高性能的硬件支持是双核（或多核）处理器，它可以支持超线程之类的技术。这样，两个任务就可以同时运行了。Intel 的处理器 Centrino Core 中采用了一种 MIMD 处理结构（见 2.1.1 节）。其他制造商肯定也会紧随其后（MIMD 和双核的有关内容参见 5.8.1 节）。

6.5 中断和中断处理

本节将讨论中断及其开销，并考虑如何提高服务速度。我们在 5.6.3 节已经描述了用于中断服务例程（ISR）的影子寄存器，所以本节不再论述它们对提高性能的作用。 273

6.5.1 中断的重要性

中断及其处理是计算机体系结构和嵌入式软件工程最重要的课题之一。随着计算机与真实世界之间相互作用程度的不断增加以及嵌入式计算机系统的作用越来越关键，中断承担起越来越重要的工作，其中就包括确保处理器能够尽快地响应实时事件。

前面讨论过实时事件，这里还有必要对三个与中断相关的时序特征做一个回顾。

1）中断探测时间——从 CPU 发现事件发生时刻到能够做出响应动作时刻之间的时间。

2）中断响应时间——从 CPU 开始服务一个事件时刻到按最坏情况计算所有动作均完成时刻之间的时间。

3）最小中断区间——从一个中断发生时刻到该中断可以再发生的最早时刻之间的时间。如果中断没有规律性，则考虑所允许的最短时间间隔。

6.5.2 中断过程

明确一个中断线被置有效后会发生什么是非常重要的，因为这些事件对于系统体系结构有巨大影响。下面进一步细化 6.4.5 节给出的表格。

1	外部事件引发对处理器的中断信号
2	处理器发现中断
3	处理器首先完成正在进行的工作，然后转到中断向量，再由此获得与该中断向量关联的 ISR 入口地址
4	处理器从当前执行的程序转到对应的中断服务例程
5	ISR 应答中断，释放所有等待该事件的任务
6	任何较高优先级的等待态任务优先执行
7	最后，切换到处理该事件的任务上下文
8	该任务处理这个事件

下面我们具体看看前 5 步，它们受体系结构的影响非常大。

6.5.2.1 中断事件通知处理器

按照常规，给 CPU 的中断信号是低电平有效，可以是边沿触发也可以是电平触发。当状态发生变化时，边沿触发中断信号通知 CPU。处理器以尽可能快的速度响应边沿触发信号——在这个过程中中断线有可能已经自复位。像按键这类事件有可能产生这种中断（无论键按下的时间有多长，处理器都以同样的方式响应）。 274

电平触发中断在物理上与此类似——但处理器在事先定义的时间采样中处于断线状态，例如每周期一次。一旦中断信号给出，需要在处理器采样前提前一个时间段设定，这个时间段的长度可以设置。例如，应该提前三个采样间隔而不是一个采样间隔，以防止因噪声尖锋带来误判。

中断信号一旦发出，无论物理上的中断线是否停用，内部触发电路都应当保持等待。最终，处理器中的某种编码将会用于服务这个中断。问题是：假如在前面的中断没有被服务之前其他事件又触发了中断线，将会带来怎样的结果呢？同样，其结果依赖于采用什么处理器，但一般情况下忽略第二次中断事件。这是因为内部关于“中断发生”的标识一直保持，直到在ISR中清除中断指令时才能复位。

然而，过去也有一些处理器能够将中断信号排队（特别是响应中断速度较慢的处理器）。将中断信号排队听起来是一个好想法，但使得实时处理变得很复杂，因此当今通常不把它作为一种潜在硬件方案。最好的解决方法是无论什么中断事件发生都以尽可能快的速度处理。

6.5.2.2 CPU完成正在进行的工作

现代处理器不能够在执行一条指令的过程中间被中断——它们必须首先完成正在执行的指令。过去的CISC处理器用许多周期完成一条指令，这导致中断响应时间被延后。例如，据说DEC的VAX计算机需要1ms时间完成一条指令，这对于正在等待服务的中断而言是一个相当长的时间（以音频处理为例，这意味着单个中断可以支持的最高采样率为1kHz，远低于今天MP3播放器的48kHz和44.1kHz）。

人们试图在使用微码的处理器中允许在指令执行过程中中断，但过程十分复杂，因此没有被广泛采纳。实时系统设计者由于RISC处理器（见3.2.6节）的出现得到解脱，其单周期指令的设计非常明智。这意味着完成一条指令的最长时间理论上为一个指令周期，在RISC处理器上一个指令周期通常很短。这还意味着在这样短的时间内就可以完成中断发现以及转到中断向量的过程。

实际上，一些设计者并没有完全坚持RISC的概念。例如ARM，提供多周期寄存器取和寄存器存指令，这些指令对于快速数据搬移或上下文存储和恢复很有用，但完成它们最多需要花费16个周期。因此，中断获得中断向量在最坏情况下的等待时间为16个周期（除非程序员不使用多周期寄存器存取指令）。

还有一件值得注意的事情，就是流水线的作用。在以流水线方式执行指令的体系结构中，虽然每个周期有一条指令进入流水线，但需要花费 n 周期才能够完成一条指令，n 为流水线的长度。若没有复杂的专用硬件支持，则一个影子寄存器系统在跳转到ISR之前需要等待当前指令全部流过流水线并保存好结果。流水线对于提高指令吞吐量是非常有效的，但对于中断而言却降低了中断响应速度。

275

6.5.2.3 转入中断服务例程

处理中断的传统方法是一旦中断发生，就将一个预先设置好的值放到程序计数器中，由此引起CPU跳转到一个特殊的地址，这个特殊地址根据CPU中断的类型而有所不同。这个地址对应的存储单元在主存中称为中断向量。

在ARM中，中断向量开始于主存地址0。地址0对应着*复位向量*（rest vector），即在上电或复位时CPU的入口地址。CPU的每一个事件和中断按顺序排列。向量表中的内容是转移到事件处理程序的分支指令。复位向量中存储着跳转到启动程序的分支指令。在IRQ1中是跳转到处理IRQ1中断的ISR的分支指令（当从C语言转换为汇编程序时，经常使用双下划线表示）。

下面是ARM程序中典型的中断向量表：

```
B       __start
B       _undefined_instruction
B       _software_interrupt
B       _prefetch_abort
B       _data_abort
B       _not_used
B       _irq
B       _fiq
```

图6-6显示了在执行程序的过程中如何利用中断向量表处理中断事件。

可以看到，首先从复位向量开始，执行跳转到起始程序的分支指令（B __start）。程序正常执行（如左边的实线箭头所示），直到在第二条SUB指令执行过程中发生中断。该指令完成后跳转到该中断对应的中断向量，在这个例子中是IRQ。虽然图中没有给出，但我们可以假设在此过程中执行了向影子寄存器组的切换。IRQ的中断向量中包含一条到相应中断服务例程的分支指令，在这里是ISR1。这个程序服务于该中断，一旦完成则返回到原来被中断的程序中的下一条指令。同样，虽然图中没有给出，我们依然可以假设在从中断返回时从影子寄存器组切换回原来的寄存器组。在一些处理器中切换过程自动完成，但在一些处理器中则需要使用不同的返回指令（例如，TMS320C50的RET指令完成从子程序返回，RETI指令完成从中断返回，在返回时RETI自动弹出影子寄存器组）。很显然这种情况下机器使用了影子寄存器组，因为ISR和主程序代码中使用了相同的寄存器名，而没有显式地保存和恢复上下文的操作。

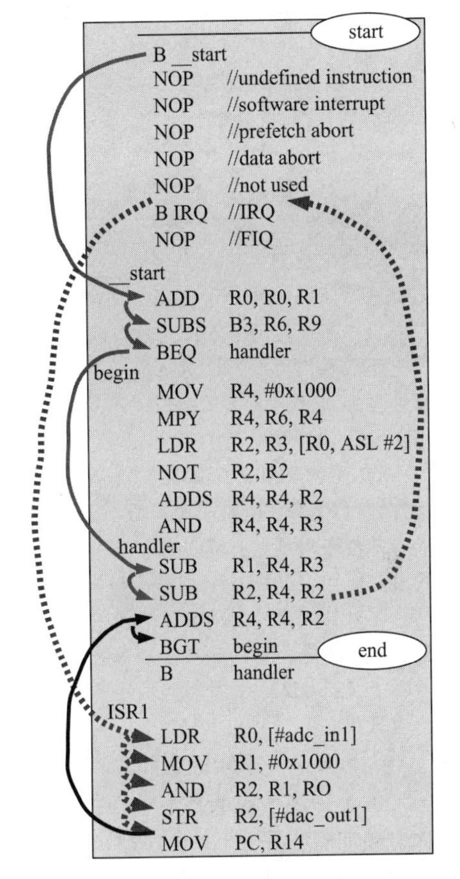

图6-6　通过分支到中断向量表调用中断服务例程。图中从上电开始的执行包括位于__start的初始化分支。在handler子程序的第二个SUB执行过程中中断发生，因此，在ADDS前转入处理该中断的服务程序。实线箭头表示正常操作，虚线箭头表示中断处理过程中的控制流

276

还有一件事值得注意：向量表中没有使用的中断都对应着NOP指令，这意味着如果这类中断发生，则执行NOP指令，然后执行下一条NOP指令，如此下去直到有事情发生。例如，如果data_abort事件发生（由于某种存储器错误），则跳转到中断向量，执行NOP指令，再执行下一个NOP指令，直到最后到达跳转到ISR的分支语句。此时，虽然没有IRQ发生，但ISR1将被执行。因此，对于所有的中断，无论它们有没有被使用，最好都有对应的中断服务例程，可以只是输出错误信息，这样当该中断发生时至少有错误提示。

框6.5给出了ARM中断时序的一个例子。

框6.5　ARM中断时序计算

ARM有两个外部中断源，标准中断（IRQ）和快速中断（FIQ），FIQ有较高优先级。对于FIQ有6个影子寄存器，而对于IRQ只有一个影子寄存器（假设我们需要4个寄存器）。由于指令是32位的，外部总线是16位，因此，从存储器取数到寄存器或从寄存器存数到存储器需要2个周期。

IRQ中断向量位于中断向量表的中部，而FIQ向量在最后（这意味着如果中断程序直接放到这个位置，则不需要FIQ从中断向量表到中断服务例程跳转的分支指令）。

277

ARM7的最长指令是从存储器的连续空间批量取16个数到寄存器，需要20个周期。它占用3个周期来锁存中断。假设分支指令需要2个周期。存在一种优先级高于FIQ和IRQ的操作，即SDRAM刷新操作。假设需要25个周期完成刷新操作，则处理器的工作时钟为66MHz。

我们可以确定要花费多长时间才能开始服务IRQ和FIQ。以周期为单位，下面是当IRQ有效时连续发生的事情。

1）辨识中断需要的时间：3周期。

2）最坏情况下完成当前指令需要的时间：20 周期。

3）若 SDRAM 需要刷新，则需要等待：25 周期。

此时，CPU 可以响应中断。

4）从当前位置跳转到中断向量表以读取其中某行：2 周期。

5）执行向量表中的指令，分支到 ISR：2 周期。

此时进入 ISR。

6）上下文保存 3 个寄存器（我们需要 4 个，另一个是影子寄存器）：2×3=6 周期。

7）执行响应中断的第一条指令：2 周期。

总指令周期数：60 周期。

总时间（66MHz 处理器每周期大约为 15ns）：0.9μs。

就中断响应而言 1μs 是比较快的。的确，中断响应速度快是 ARM 体系结构的优点之一。

下面我们考虑 FIQ 的情况。在这个例子中，主要有两点不同：一点是有更多的寄存器可以通过影子寄存器方式保存上下文；另一点是 FIQ 代码可以直接驻存在中断向量表中，不需要跳转。因此 FIQ 与 IRQ 的不同在于：

5）不需要分支到 ISR：-2 周期。

6）FIQ 有 6 个影子寄存器，因此不需要保存上下文：-6 周期。

总指令周期数：52 周期。

总时间（66MHz 处理器每周期大约为 15ns）：0.78μs。

在时钟频率不变的前提下我们还可以做进一步改进吗？是的，我们可以在程序中避免使用 20 周期的最长时间指令，可以变换存储器技术。避免使用批量取数－存数指令和去掉 SDRAM 刷新周期，能够帮助我们达到 0.2μs 的总时间。注意基于 ARM7 的处理器通常不采用 SDRAM，而基于 ARM9 或以上版本的处理器倾向于使用 SDRAM。

6.5.2.4　中断重定向

关于中断向量表还有一点需要解释。假设存储器的低地址部分映射到 ROM，因为其中包含引导加载程序（bootloader），而高地址部分的存储器映射包括 RAM。如果没有修改中断向量表的机制，就意味着存储在 RAM 中的代码不能利用中断向量，这对 RAM 中想使用中断的代码是很不利的。

278

因此，硬件中通常会有一个机制将中断向量重新映射到存储器的另一个地址空间（框 6.6 给出了一个 ARM 处理器上的例子）。在启动复位时，执行引导加载程序，装载某个程序并开始执行。这个程序导致中断向量表被重新映射到 RAM，映射到一个独占的地址空间，因此可以为所有的中断修改其中断向量。

我们将在 9.5 节讨论更多关于引导与引导加载程序的内容。

框 6.6　引导过程中存储器重新映射

通常需要执行两个分支才能够进入 ISR，一些处理器采用了稍微变化的方法绕过这个问题。例如基于 ARM 的 Intel IXP425 XScale，在上电初始化阶段，将闪存或 ROM 映射到存储器的地址 0 及以上的空间，以便执行引导（boot）程序。通过设置 CPU 内部的一个寄存器还可以将引导程序区映射到存储器的最上段空间，而将 SDRAM 映射到地址 0 及以上空间。

因此，引导加载程序只需要确保包含中断向量的程序被装载到内存，且最低段地址空间对应着 RAM，则引导加载程序可以发出重新映射命令。

可是事情并不这样简单，因为引导加载程序本身从 ROM 地址空间执行，当重新映射发生时，引导加载程序代码就会消失。换句话说，如果程序计数器（PC）位于地址 0x00000104 时执行重新映射指令，则当 PC 递增指向下一条指令地址 0x00000108 时（因为指令长度为 32 位，因此 PC 每次递增 4 字节），那条指令已经不在那里，而是被重新映射到较高地址空间上了。

有一个简单的技巧可以解决该问题。看看你能否在继续往下读之前知道答案。

如果在重新映射之后相同地址上恰好出现原来的代码，我们的问题就解决了。实际上这就意味着将引导加载程序代码复制到 RAM 的较高地址空间，然后再进行重新映射，XScale 的一些引导加载程序版本正是采用了这种方法，如 U-Boot。

279

另一种解决方案是将引导加载程序分成两个部分或两个阶段。第一阶段中将第二阶段执行的代码复制到 RAM 地址空间，然后第一阶段跳转到第二阶段并完成重新映射。9.5 节会介绍更多关于典型嵌入式系统的稳定引导程序的内容。

当使用实时操作系统 RTOS 时，可能会有第二层向量化：所有的中断触发 OS 中同一个 ISR，而 OS 中注册了外部函数与相关事件之间的对应关系。当这样注册的某个事件发生时，中断照常进行，但 OS 中的 ISR 通过分支跳转到注册的中断处理程序。这种机制可以在不支持硬件中断共享的处理器或片上系统中实现中断共享。在这种情况下，OS 负责决定哪一个共享中断发生并跳转到相应的处理程序。硬件中断共享方法将在 6.5.4 节中介绍。

6.5.3 高级中断处理

在标准中断处理过程的基础上，我们再来研究一下提高该过程效率的机制，即预先将中断转移地址取到寄存器中。

设想常规情况：当中断发生时，处理器将跳转到中断向量表中的指定位置。表项中包含一条（有时是两条）指令指示 CPU 转移到相应 ISR 的入口地址。这样，该过程需要两个顺序分支，如 5.2 节所述分支指令在采用流水线机制的机器中效率很低，因此，这种需要两次分支的方案不是个好方案。

可见，CPU 最好知道对应着每个事件中断向量表中存储的分支地址。为此，这个分支地址应当存储在处理器内部，即一些寄存器中，当中断发生时将该地址复制到程序计数器中。若向量地址寄存器可写，就可以对应不同事件填写向量地址。这使得 ISR 首地址可以存放在向量地址寄存器中。当中断发生时，处理器直接跳转到 ISR 首地址而不需要通过中断向量表——这种方法既可以用于共享中断，也可以用于独享中断。

这种方法的代价是需要一组可写寄存器（它比只读寄存器需要更多的硅面积）且中断控制器稍微复杂了一些。

6.5.4 共享中断

今天的很多计算机系统实现了共享中断。其最初原因是只有有限的集成电路引脚用于硬件中断，且在 CPU 内部用于控制中断的寄存器有限，因而导致许多中断共享很少的 CPU 物理上的中断。例如，ARM 有两个分立中断：一个中断请求（IRQ）和一个快速中断（FIQ），而一个基于 ARM 的典型片上系统嵌入式处理器往往会有 32 个中断源，它们共享 IRQ 和 FIQ 线。

当一个被共享的中断发生时，ISR 程序的开始部分就要读一个寄存器以区分这个共享中断是由哪个中断源触发的，之后调用相应的代码来响应中断。中断也可以由 RTOS 或软件中断触发。有些时候，一个很大的 ISR 可以完成服务很多共享中断的工作。

共享中断需要一个中断控制器。中断控制器可以是一个专门用于处理中断的集成电路芯片，也可以是在片上系统嵌入式处理器中集成一个先进中断控制器（Advanced Interrupt Controller，AIC）模块，后一种方案在当今的设计中更常见。图 6-7 是一个例子。

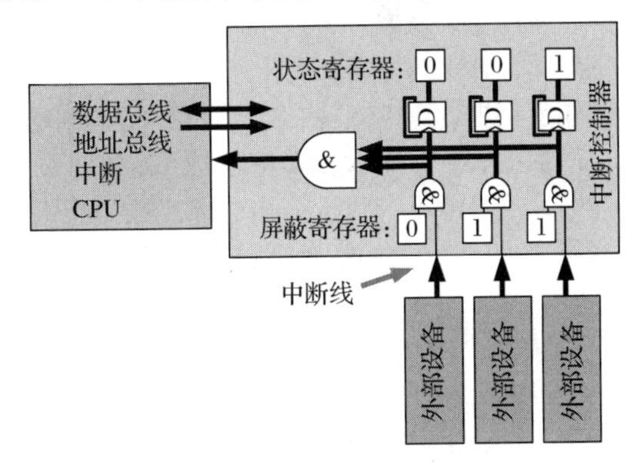

图 6-7 用于片上系统中中断控制模块的中断共享硬件框图

280 从这个例子可见 CPU 本身只有一条由三个外设共享的中断线。中断控制器内部有一个 CPU 可写寄存器，用于屏蔽共享这条中断线的某些中断，而那些没有被屏蔽的中断则会引发 CPU 中断。

当 CPU 中断被触发时，CPU 通过读状态寄存器来确定引发该中断的中断源。通常，读状态寄存器动作同时完成清空寄存器的操作以便接受下一个中断请求（图中的逻辑电路没有包括这一部分）。

6.5.5　可重入代码

尽管中断信号为了保证触发中断响应保持了足够长的有效时间，且又有清除中断机制，但这并不意味着同一个中断可以立即重新触发。虽然具体情况随处理器的不同而不同，但大多数器件在服务某一中断的过程中不允许相同的中断再次被激活（即不允许再入（re-entrant）该中断），直到 ISR 执行完毕。或者在第一个中将断处理过程中将忽略第二个中断，或者在 ISR 完成时立即引发重新中断。

一些更先进的处理器允许高优先级事件中断较低优先级的 ISR，这通常要求硬件为每个 ISR 提供影子寄存器或提供很精心设计的上下文保存和恢复功能。

6.5.6　软件中断

软件中断（SWI）是低级别软件中断高级别代码的一种方法。在 RTOS 中，它通常用于操作系统干预任务级代码处理。在 ARM 处理器中，发出软件中断的代码为：

```
SWI 0x123456
```

它将触发影子寄存器集合的切换。这时处理器将进入系统态（而常规程序工作在用户态）。281 ARM 在系统态下有权修改在用户态下不能修改的设置，系统态结束时跳转到中断向量表的第三项，即地址 8（参见 6.5.2 节中的 ARM 中断向量表）。

软件中断是一种典型的处理器捕获，对程序调试很有用。在软件某一行设置断点的一种方法就是用软件中断代替这条指令。一旦执行到这条指令时处理器就会被中断，跳转到软件中断向量，然后执行软件中断服务例程。

在软件中断服务例程中，调试软件可以存取内存和用户态下的寄存器，然后调试程序等待来自用户的命令。

6.6　嵌入式无线连接

本书主要从嵌入式系统的角度介绍了计算机设备。读者要意识到越来越多的嵌入式计算正在网络化，越来越多嵌入式计算机也在以某种方式连接到互联网。这样做的原因是本书是从嵌入式的角度审视计算机体系结构，而越来越多的嵌入式系统是关于或为了实现无线通信而设计的。

因此，在本节我们简单考察无线技术，由于其与嵌入式计算机系统有关联。当今主要的无线技术会在 6.6 节讨论（由于该主题是更大的网络主题分支，第 11 章中会讨论）。在探索相关问题之前，我们会总结无线技术的主要特点，随后讨论所使用的接口技术。

6.6.1　无线技术

虽然无线工程师根据射频频带（RF）、信道带宽、发射功率、调制方式等将无线技术分为许多类别，但是，嵌入式系统工程师出于其目的将会考虑不同的问题：

- **与 CPU 的连接**——尤其是串行连接还是并行连接。6.6.2 节将详细讨论。
- **数据格式**——数据是以位、字节/字符、字还是包为单位传输。这不仅涉及连接方式，还涉及数据交换的标准，例如USB或IP（网际协议）包。

- **数据速率**——通常以位每秒为度量单位（注意厂家给出的标称值往往未包括额外开销，例如分包、包头、校验码等，因此实际可用数据速率可能会远低于标称值）。当然，数据速率与应用需求相匹配十分重要，但值得注意的是对于实时应用而言数据速率并不一定与处理时间相关联。一个每秒可送出几兆位数据的系统对单个事件的反应时间可能慢于一个每秒只能送出几千位的系统。
- **外形因素**——包括物理尺寸、数量、天线大小等。低频器件往往需要较大的天线。
- **范围**——与发射功率相关。无线电管理法规对此会有约束（根据频带和用途，发射功率通常约束在0.25W，最多不超过1W）。

282

- **功耗因素**——与发射功率、范围和数据速率相关。
- **错误处理**——是需要保证无错误通信，还是不需要考虑错误处理？6.6.3节将详细讨论该问题。
- **CPU开销**——是一个需要考虑的重要因素。

当设计者需要在嵌入式系统中实现无线通信功能时，要考虑上述问题并寻求综合平衡点。

目前存在许多无线标准且适合嵌入式系统。本节重点讨论设计者在分析和评估候选方案时需要考虑的问题。

首先，图6-8给出了一个无线模块到应用处理器模块的连接框图。该应用处理器通常是应用系统中唯一与无线模块相连的CPU。

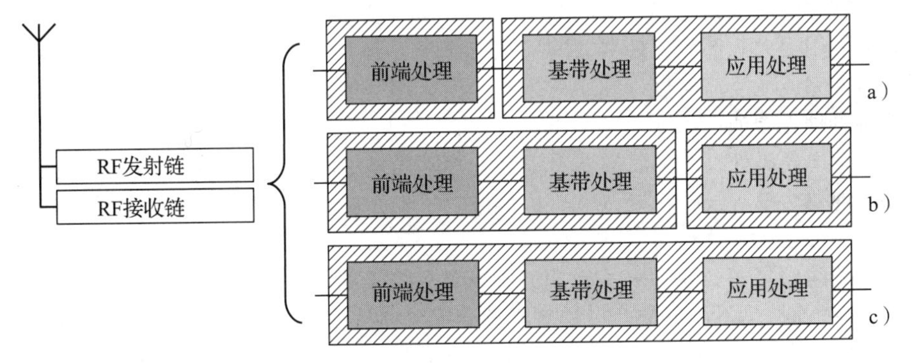

图6-8 用于嵌入式计算机的三个无线通信处理方案框图，其中包括两个计算器件负责无线通信处理和一个嵌入式应用处理。这些器件或者分别处理各个需求，或者a）基带处理与应用处理在一起完成，或者b）一个附加设备提供无线通信功能给应用处理器，或者c）在一个设备上处理无线通信和应用

很清楚，无线通信系统通常需要信号处理，且当今大多数嵌入式系统设计师采用的无线解决方案通常采用数字方法实现数字信号处理。前端处理（可以用模拟方法实现，但逐渐倾向于采用数字方法）是对接收到的或要发送的无线信号在最前端进行调节。要处理的数据速率往往在MHz或GHz量级，是位速率的若干倍。相反，基带处理是较慢的协议层计算，例如包处理、包错误校验、跟踪重试和重发等。

当系统设计者没有选择遵循标准而是定义自己的方案时，基带处理功能会放在应用处理器内完成（如图6-8a所示）。甚至有可能采用一个计算器件完成所有的处理（如图6-8c所示）。这在技术上是可行的，但会给应用处理器带来很大的协议处理开销，或者设计者无法免费获得这部分的源代码形式。因此，基带处理需要单独完成，或者在一个单独的器件中，或者集成到前端处理中（如图6-8b所示）。

283

将无线处理从应用处理器中分离出来的最重要原因可能是不想从头开始。重新设计一个可靠的无线通信系统的确是很困难的。当确实存在可工作的产品时，最合理的选择就是使用它。

6.6.2　无线接口

我们在6.1节中已经将CPU总线分为串行和并行两种，对于无线连接我们也可以应用这种划分方法。虽然数据在空气中传播可以是串行、并行或某种混合方式，但是无线设备与CPU之间一定存在一个接口，或是串行接口或是并行接口。

简单、慢速的无线设备采用串行接口：如果在无线链路的一端送出一个串行数据，就能够在无线链路的另一端接收到这个数据。如果该链路存在误码控制，则可以假设收到的数据（相对而言）是没有错误的。否则，应用程序中就要加入误码校验功能。无线USB标准属于串行接口范畴。

基于网际协议的方案，例如IEEE802.11(WiFi）和IEEE802.16(WiMAX）是基于块的。协议的处理单位是整个数据包。因此，为了提高效率，这类标准的无线模块与CPU的接口通常采用并行总线并通过直接存储器存取方式（见6.1.2节）进行数据传输。事实上这很像标准以太网设备与CPU的接口（见6.3.5节）。

6.6.3　无线相关问题

加入无线模块使得系统又增加了一种连接方式。当然，无线通信明显会影响系统功耗需求。但是，更重要的还有以下问题必须加以考虑。

第一个就是前面提到过的一个问题：CPU开销。显然，当协议处理功能由应用处理器完成时，势必会占用很大一部分处理器时间（最坏情况是每一个接收到的包都有错）。然而，即使采用分离器件完成无线信号处理和协议处理，而应用处理器只是负责输入输出，还是需要许多CPU周期去管理无线通信。

当需要考虑误码处理时，就需要辨识和处理不同类型的误码。当然，以太网也面临同样问题。但以太网要么没有误码，要么整个包都接收不到，而无线连接的误码状况往往处在两个极端之间。

进一步的问题是安全问题——采用有线网络，很容易知道被连接者（只需要顺着线找即可）。但是无线连接是不可见的。设计者必须意识到接收到数据并做出回复的并不一定是正确的接收者。随着嵌入式系统中计算机技术的快速发展，更多的人依赖这样的系统生活和理财，但一些观察者已发现在这个领域里安全方面的进步速度远低于技术创新。

284

最后，无线信号本身渗透到发射天线周围的空间，这些信号时常会返回来，进入产生它的系统，成为系统中的总线和连接线上电噪声的主要来源。这就是*电磁干扰*问题，即EMI。最近的研究发现它是影响系统稳定性的重要因素。

对计算机系统设计者而言有两个主要问题。第一个问题，任何一个电子系统都是一个潜在的EMI源。不同的总线设计会引起不同级别的EMI。例如，ISA总线因其电压变化幅度较大且不平衡的特质，会比LDVS总线产生更大的电磁干扰。不同的存储器技术也会产生差异很大的EMI。计算机系统产生的EMI会影响到它周边的系统（一些读者可能还记得当像ZX Spectrum那样的家用计算机上电时所产生的EMI会使得它旁边的FM收音机停止工作），也会影响到系统中的其他部件。第二个问题，嵌入式系统设计者应当考虑将系统设计成为像ZX Spectrum那样在有干扰的环境下也能够工作。设计这样系统的方法不属于计算机体系结构的范围，因此在本书中不详细讨论。在关于电路设计和PCB布局布线的文章和书籍中会涵盖相关内容。

6.7　小结

对于搭建一个计算机而言，有一个计算能力很强的CPU是很好的开端，但要想成功还取决于给 CPU 提供数据以及向外部输出结果的方法。无用的输入数据将会导致无用的输出数据，这是一条计算的公理。而这条公理不仅适用于数据的质量，也适用于数据的数量和实时性。

本章中我们讨论了计算机接口，尤其是使用内部和外部总线传递信息。所有计算机，无论是占据一个房间的大型机还是嵌入在一个药片中的微型医疗诊断计算机，都要求通过总线完成通信。虽然存在大量标准总线，但还在不断涌现出更多总线（而且没有什么可以阻挡工程师设计他们自己的总线）。

本章我们讨论了与总线相关的两个话题：一是对于当今以人为中心的嵌入式系统非常重要的实时性问题；二是用于嵌入式计算器件的无线技术。

至此，我们已经完成了关于计算机体系结构的讨论。在后续章节中，我们将重点转向实际应用这些技术。

思考题

6.1 一个嵌入式 40MHz 主频的 CISC CPU，最慢的指令（除法）需要 100 个时钟周期完成。最快的指令（分支）只需要 2 个时钟周期。有两个中断引脚分别对应于高优先级中断（HIQ）和低优先级中断（LIQ）。一旦中断引脚有效，需要 4 个时钟周期发现中断并开始进入一个到中断向量表的分支。假设其他中断不启用，且中断必须等待当前指令执行完才能够被服务。 285

a. 计算最坏情况下 HIQ 中断的响应时间，计时从中断引脚有效开始，直到转到包含在中断向量表中的 ISR。

b. HIQ 的 ISR 要求 10ms 完成执行（从 HIQ 引脚有效开始测量的最坏情况）。最坏情况下 LIQ 的响应时间是多少？

6.2 问题 6.1 中的 CPU 包含 16 个通用寄存器。描述可以在 CPU 设计中用来从减少上下文保存和恢复时间的角度改进 ISR 性能的硬件技术。

6.3 从影响中断响应时间的角度评价以下四种技术：

a. 虚拟存储器

b. 基于堆栈的处理器

c. RISC 而不是 CISC 设计

d. 较长的 CPU 流水线

6.4 确定下列系统的实时性要求，确定每个实时输入输出是硬实时还是软实时：

a. 便携式 MP3 播放器

b. 装在家用汽车上的防抱死刹车系统

c. 火灾报警控制和显示控制台

d. 台式个人计算机

6.5 画出一个连接到 100MHz 处理器上的 Flash 存储器件的总线工作图。Flash 存储器说明书给出以下信息：

- 40ns 存取时间
- 20ns 的保持时间
- 20ns 的地址选择时间

6.6 一个实时嵌入式系统监控一个压力容器中的温度。如果温度超过某个值，系统必须以 1Hz 闪烁报警灯并且打开一个减压阀。系统每隔 100ms 从一个串行线上读一次温度，然后用 10ms 左右将从串行线上读取的数据解码成温度值。在最坏情况下，温度可以在 150ms 内达到引起爆炸的温度。

如果三个输入输出信号（串行温度输入，脉冲报警灯输出，减压阀控制）分别由不同的任务处理，确定每一个任务的时间范围并给出它们的硬实时程度。

6.7 考虑表 6-1 给出的 PC104 接口及其引脚定义。在一个实现了整个连接集合的嵌入式系统中，数据总线宽度是多少？当使用扩展连接器 J2/P2 时，系统有一条扩展地址总线。计算所允许的最大寻址空间，以 MiB 为单位。 286

6.8 在LVDS（低电压差分信号）方案中，从表示逻辑0到表示逻辑1的电压摆幅远小于其他信号格式。例如，EIA232（RS232）中逻辑0和逻辑1之间的压差为12V，而许多LVDS驱动器只输出0.25V的压差。这是否意味着在电气噪声较高的系统中EIA232是更可靠的选择？对你的回答给出说明。

6.9 将6.3.5节中关于以太网驱动器的部分与附录B中介绍的OSI层次模型关联起来描述（尽管实际上通常使用以太网的TCP/IP网络系统采用了与OSI模型稍有不同的层次架构）。

6.10 一个简单的抢占式多任务嵌入式计算机执行三个任务——T1、T2、T3，它们按顺序优先（优先级最高者先执行）。任务T1需要1ms的CPU时间，每10ms触发一次，且必须在后一次触发前完成。任务T2需要3ms的CPU时间，每9ms触发一次，且必须在被触发后8ms内完成。任务T3要求1ms的CPU时间，每6ms触发一次且必须在被触发后4ms内完成。

假设所有的任务在时间$t=0$时被触发，画出一个该系统调度图（类似于图6-5），在横轴上以ms标注时间，从时间$t=0$到$t=40$ms。从所示的时间间隔来看，判断是否所有任务能够满足它们的时限。

6.11 重复问题6.10。所不同的是任务采用频度单调调度。就各个任务在第一个$t=40$ms的区间内满足时限的要求而言这种改动带来什么不同吗？

6.12 一种消费电子设备需要一种小尺寸、低功耗、中等速度的CPU控制器。讨论采用并行连接的数据存储器系统还是串行连接的数据存储器系统更适合。

6.13 如果变化一下问题6.12所述的系统要求，使得性能和速度比尺寸和功耗更重要，是否会影响你对总线的选择？

6.14 如图6-9所示为Atmel AT29LV512 Flash存储器（闪存）设备时序图。其中的时间参数来源于Atmel器件手册。

287

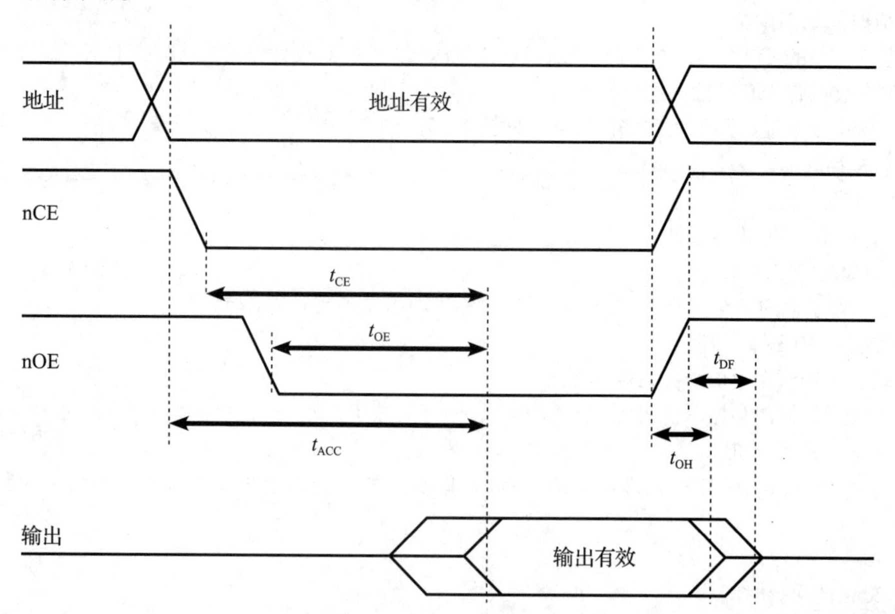

图6-9　Atmel AT29LV512闪存设备的读周期（波形根据Atmel AT29LV512器件手册绘制）

参数	含义	最小值	最大值
t_{ACC}	访问时间（地址有效到输出延迟）	—	120ns
t_{CE}	nCE到输出延迟	—	120ns
t_{OE}	nOE到输出延迟	0ns	50ns
t_{DF}	nCE或nOE①撤销到输出Hi-Z	0ns	30ns
t_{OH}	输出保持地址，nCE或者nOE②	0ns	—

①从其中任何一个被设置为无效时开始。

②当其中任何一个被设置为无效或变化时开始。

假设若某个值没有给定，则该值不重要。该时序图是从某个外部设备（如 CPU）读闪存的角度给出的。它给出了 CPU 为正确地读闪存所必须遵循的时序。

此处的问题是，确定如何设置 S3C2410 并行接口时序寄存器以保证它能够正确存取并行连接其上的 Atmel AT29LV512 器件。这将需要仔细阅读 6.2 节（以及框 6.2）。注意 HCLK 信号（即总线时钟）的工作频率为 100MHz，而 Atmel 芯片启动信号 nCE 连接在 S3C2410 的 nGCS 信号线上。

下表给出了需要确定的设置（注意，此例中我们忽略了页模式存取周期）。

信号	含义	周期数
Tacs	地址建立到 nGCS 有效（0，1，2 或 4 个周期）	
Tcos	芯片选择设置时间到 nOE（0，1，2 或 4 个周期）	
Tacc	访问周期（1，2，3，4，6，8，10 或 14 个周期）	
Tcoh	nOE 无效后片选的保持时间（0，1，2 或 4 个周期）	
Tcah	nGCS 无效后地址的保持时间（0，1，2 或 4 个周期）	

6.15 确定问题 6.14 中读单个字的操作在最坏情况下的时间，同时对一个更为现代的闪存重复该计算，该存储器的存取时间为 55ns，$t_{CE}=55$ns。

288

6.16 Atmel AT25DF041A 是一个 4Mbit 的串行闪存，使用 SPI 接口，最高工作频率为 70MHz。从选定的 AT25DF 器件上读一个字节需要作为控制器的 CPU 首先输出一个读命令（即字节 0x0B），紧接着是一个 24bit 地址，然后跟着一个空字节。这些域均按照时钟串行输出，串行输出引脚的最高频率为 70MHz。假设 CPU 不停止 SPI 时钟，该器件将在随后的 8 个周期里顺序输出存储在该地址上的字节给 CPU。

确定一个读字节的操作总共需要多少时钟周期，并确定从该器件上读一个字节的最小时间长度。简单计算一下问题 6.14 中 AT29LV512 器件上的读操作要快多少倍？

注意： 值得提醒的是这样的比较不是很公平。首先，当读一连串存储单元时两个器件都会更有效，SPI 器件尤其如此。其次，SPI 器件还有更为快速的读命令，而我们没有用到，该命令为 0x03 而不是 0x0B，0x03 命令不需要在地址最后一位输出之后插入空字节，不过该模式只适用于最高工作频率为 33MHz 的情况。

6.17 将下列应用（a ~ e）与适当的总线技术相匹配，主要考虑带宽、延时、功耗、内外计算机通信、连线数、抗噪声干扰、距离等。

a. 一个便于残疾人用户打开和关闭滑动窗户的设备被连接到一个嵌入式计算机上，且在窗户被打开时，会有一个 LED 用于报警。

b. 嵌入式计算机内置有图形输出器件，它完成从 CPU 以 1.8Gbit/s 的速率输出视频数据。

c. 工业自动化计算机需要将位于 500m 外的传感器穿过充满噪声的电气工厂连接到计算机（此处由于干扰无线设备不能工作）。传感器以每秒几十个 Kbit 的速率返回温度数据。

d. 一个 FPGA 协处理器内置在 x86 处理器系统中以尽可能快的速度传输大量数据。

e. 一台小尺寸嵌入式工业 PC 需要一个连接 20 个模数转换器（ADC）的外设卡，总的数据速率为 6MiB/s。

针对这 5 个应用，有 5 个总线技术供选择，一个应用对应一个技术。

- AGP 4x
- USB 1.1
- PC/104(16 位 ISA)
- 16x PCIe(16 通道 PCI 增强版)
- EIA422

6.18 哪 5 个时间参数能够描述实时系统中一个任务的时序特征？

6.19 给出当在嵌入式 CPU 中断发生时一般的操作序列。

6.20 描述像 ARM 这样的只有单个通用中断信号（IRQ）的处理器若要实现中断共享所必需的硬件。注意这可能增加中断服务例程的额外开销。

289 ~ 290

实用嵌入式 CPU

7.1 概述

几十年来计算机体系结构一直作为一门学术研究学科，并被传授给数代工程专业学生。计算机体系结构随着硬件的发展而更新，但它作为课程被教授给学生时往往落后十几年。在大型计算机时代，课程内容滞后十几年并没有什么，而在个人计算机时代如此滞后就带来了一些问题。随后，智能手机成为计算机科技的前沿。

还记得 20 世纪 90 年代早期，我在学校时学习的是 8086、6502 和 Z80，而当时我已使用第一代 ARM 台式机（在那个年代它是非常快的）。奇怪的是，这种课程滞后很多年来依然如故，这表现为准备到嵌入式系统或消费电子领域工作的学生，所接受的教育却是更适合大型计算机领域的。

本书的目的有所不同——对大型机相关技术只是简要概述，而对嵌入式系统工程师感兴趣的技术进行深入介绍，把重点放在实用性上，鼓励读者将学到的知识应用于实际。

截至目前，本书所讲内容还属于基础和理论方面的。而从本章开始，我们进入实践部分，开始探索嵌入式系统的现实世界。我们分析为了使现实中的嵌入式计算机工作需要做什么，因此要跨越嵌入式计算机体系结构的理论和现实之间的鸿沟。

7.2 微处理器不只是核

在家庭和工作场所使用的众多嵌入式系统中，一款十分受欢迎的微处理器就是我们前面提到过的三星生产的 32 位的 S3C2410。让我们来看一下这个小小的 ARM9 设备，了解一下它的特性：

- 1.8V/2.0V 的 ARM9 处理器核，最高工作频率为 200MHz。
- 16KiB 指令缓存和 16KiB 数据缓存。
- 内部 MMU(内存管理单元)。
- 用于外部 SDRAM(同步动态随机存取存储器）的存储控制器。
- 彩色 LCD(液晶显示）控制器。
- 带有外部请求引脚的 4 路 DMA(直接存储器存取）机制。
- 3 路 UART(通用异步收发器)，支持 IrDA1.0，16 字节发送缓存和 16 字节接收缓存。
- 2 路 SPI(串行外部设备接口)。
- 1 路多主 IIC(内置集成电路）总线驱动器和控制器。
- SD(安全数位卡）和 MMC(多媒体卡）接口。
- 双端口 USB(通用串行总线）主机加上单端口 USB 器件（1.1 版本)。
- 4 通道 PWM(脉冲宽度调制）时钟。
- 内部时钟。
- 看门狗定时器。
- 117 位通用 I/O(输入/输出）端口。
- 24 路外部中断源。
- 功耗控制，包括常态、慢速态、空闲态和电源关闭态。
- 8 路 10 位 ADC(模数转换）和触摸屏接口。

- 实时钟表，带有日历功能。
- 片上时钟生成器。

S3C2410是一款功能很丰富的器件，适用于嵌入式系统，因此至今为止一直被工业界开发者使用。正如我们在6.1节所见，这种芯片有时称为片上系统（SoC）[⊖]处理器，其特征是包含许多外设单元。处于系统中心的核是ARM处理器，其他ARM9系统也是如此。

虽然三星没有给出有关S3C2410中各个单元的尺寸以及它们在芯片中的布局等细节，我们还是可以估计出其中缓存所占的芯片面积最大。占据芯片面积仅次于缓存的是CPU核。其他较大的单元是MMU、SDRAM存储控制器和ADC。

在早期集成电路中，CPU是一块单独的芯片，集成了许多以前离散分布的单元。随着时间的推移，越来越多的功能被集成到这样的器件中。对于嵌入式系统而言，半导体厂商已经意识到设计者喜欢尽可能少地使用单独的器件，因此片上系统提供了许多功能。在任何一个嵌入式系统设计中，并不会用到所有的功能，但至少会需要其中一部分。使用这种高集成度的片上系统意味着具有以下设计特点：

292

1）降低芯片门数就会降低面积，因此通常也会降低产品成本。

2）当挑选一款SoC时，设计者首先要列出需要的功能，然后挑选与此尽量匹配的器件。没有包含在该芯片中的功能可以通过外接方法实现。

3）一些硬件功能可以通过软件有效实现，这时设计人员面临的问题是“如何使用片上外设”，而不是“如何用硬件实现这个功能”。

4）有时，有限的片上功能可能会制约产品的功能，而改变外部实现的功能要比改变片内实现简单。

5）设计者现在不得不通读超过1000页的CPU数据手册，而关键细节很有可能藏在第991页的脚注中。

6）一些功能不能共存。例如，功能表中说既提供了IIC也提供了UART支持，但忘记说明在一个时刻只能支持其中一种功能，原因可能是没有足够的引脚，或没有足够的内部串行硬件支持。

主流处理器倾向于将较多的硅面积用于高速缓存而不是CPU常规功能，因为高速缓存被看作改进处理器性能的最好方法。以64位VIA Isaiah体系结构（又叫作VIA Nano）为例，这是一种近来出现的x86兼容处理器，如图7-1所示，其中最大部分的硅面积用于高速缓存，其

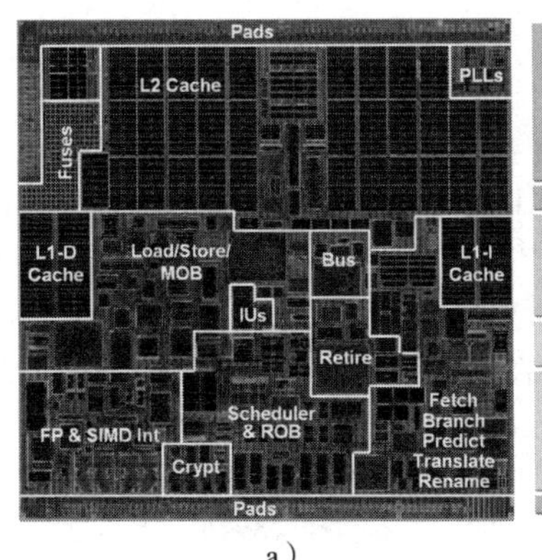

a）

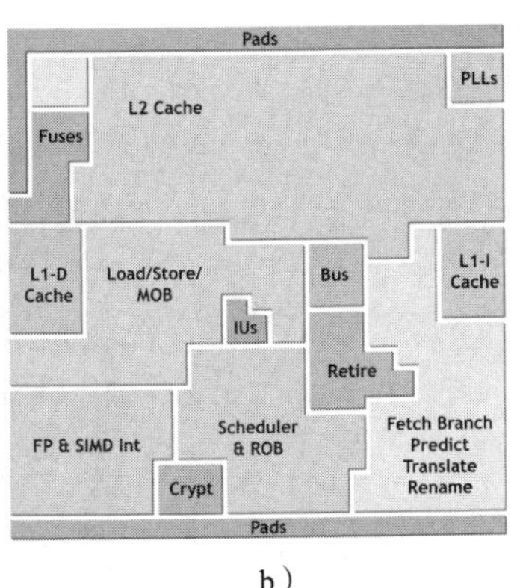

b）

图7-1 VIA Isaiah体系结构，一个低功耗x86型CPU，特别适合笔记本计算机之类的移动计算应用，图中给出了各器件在硅片内部的安排（本照片和结构图由VIA公司提供）。a）芯片照片，显示了功能区域块；b）芯片面积对应的功能区域方框图

293

⊖ 较小的SoC系统有时也称为单片微处理器或单片微控制器。

他部分还包括一些独立模块，分别用于时钟生成（锁相环，PLL）、高速浮点（FP）、SIMD体系结构（该器件支持在4.7.4节讨论过的SSE-3扩展指令，因此它与浮点运算单元FPU并行排列）。其他有趣的模块还包括用于加密处理的模块、用于乱序执行的重排序缓冲器（ROB）、在据说长度为十几级的流水线末端的扩展分支预测与硬件回退（retirement hardware），还包括2个64位整数单元（IU）、3个取数－存数单元以及存储重排序缓冲器（MOB）。顶部和底部Pad用于连接内部电路和集成电路封装焊点。这个采用65nm工艺实现的器件有64KiB一级缓存和1MiB二级缓存，使用了大约9400万个晶体管。对比一下台式计算机/服务器中的CPU，AMD的四核Phenom有4.5亿个晶体管，它还包括2MiB三级缓存，如图7-2所示。

图7-2　AMD Phenom™四核处理器芯片。其中对称的水平和垂直线将芯片分成4个核。器件顶部和底部的非对称条是双速率随机存取存储器接口和2MiB共享三级缓存。中间垂直方向的长方形是用于连接4个核的总线桥接系统，而左右两侧的是物理接口（本照片由AMD公司提供）

294

7.3　功能需求

在许多系统中，有些功能属于有则更好，而有些是必需的。确定一个功能在SoC中属于哪一类取决于它所面向的应用领域。例如，一个系统可能要求串口，而另一个系统则要求SPI。

正因为如此，SoC厂家在定义什么是必需的功能这一点上不能达成一致意见，而由此产生的产品变化对于我们搜寻适合嵌入自己的设计中的器件是一件好事。事实上，这种情形也是消费者驱动的：一个能够卖出几百万产品的公司有能力说服半导体厂家设计他们所需的芯片，而小的独立设计者却很难要求半导体厂家为他们增加特定外设。

然而，有一两种外设被认为是必需的，且在几乎所有的主流SoC处理器中都可以见到。

1）复位电路（见7.11.1节）是必需的，用来确保每一个器件启动后寄存器和状态处于预定值。

2）时钟电路是必需的，用以将全局时钟分配到一个同步设计的各个部分。通常一个锁相环（Phase-Locked Loop，PLL）或延迟锁定环（Delay-Locked Loop，DLL）用于调整外部晶振产生的振荡以及调节频率。

3）I/O驱动器连接外部引脚，提供足够的电流在连接外部器件的线上产生电压翻转，同时协助防止片外源器件对IC内部电路产生静态充电、短路和电压尖峰。许多器件带有通用I/O（GPIO），它在方向、驱动特性、阈值等方面是可编程的，详见框7.1中的讨论。

4）总线连接器也是与外部连接的接口，主要用于连接外部存储器、外设等。它们通常以一组I/O驱动器协同工作的方式实现。

5）存储器本身既可以处于片上也可以处于片外，通常组合使用存储变量和堆栈的易失存储器和存储程序代码的非易失存储器。

6）功耗管理电路用来将电源分派到整个器件，关闭芯片上不工作的部分等。

7）调试电路，例如IEEE1149 JTAG，在多数情况下被认为是非常必需的（详见7.9.3节）。

框7.1 MSP430可配置引脚

类似于许多为嵌入式系统设计的处理器，TI的MSP430系列具有很好的I/O引脚配置能力。下面以该系列中MSP430F1611为例来考察引脚的可配置性。

295

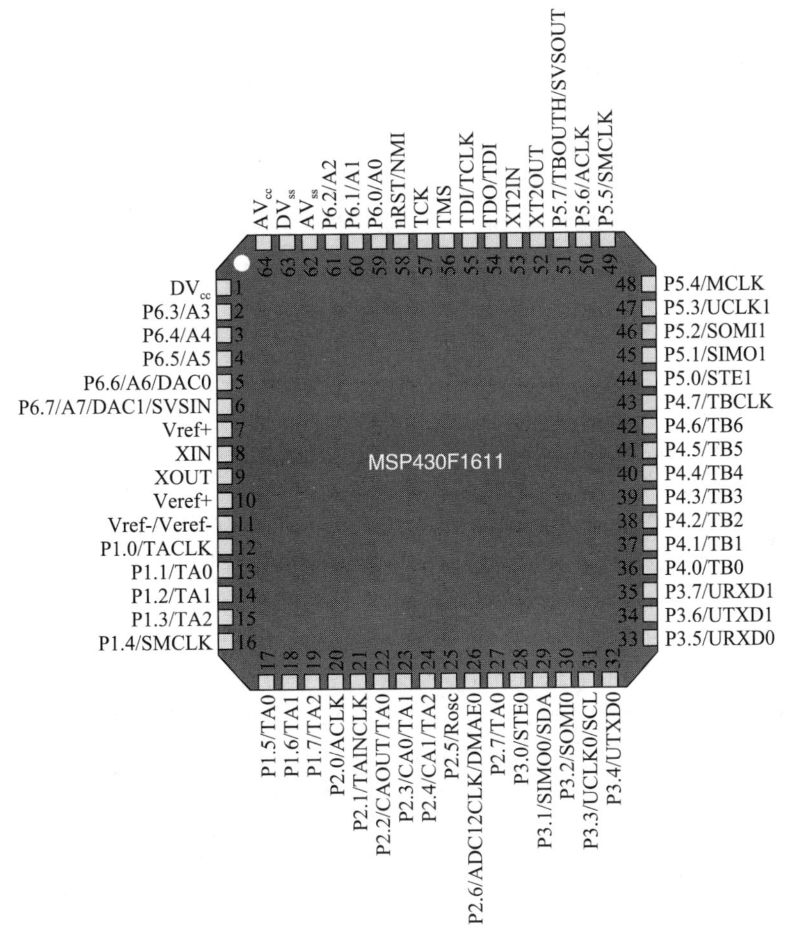

该64引脚封装器件上除了电源、地、参考电压输入、外部晶振连线和两根JTAG引脚外，64个引脚中的51个具有可配置性，每一个复用多个功能。例如，引脚5用作GPIO 6位端口6（P6.6），同时用作12位ADC的输入信道6或12位DAC的输出信道0，取决于器件使用者在软件中的设置。

在框7.2中我们将了解如何配置引脚。

框7.2 MSP430引脚控制

框7.1给出了TI MSP430F1611芯片的引脚布局，由此可见单个引脚可以具有多种配置。事实上，这些引脚配置是在软件中完成的。下面我们来看一下该机制是如何工作的。

296

MSP430有若干引脚控制寄存器，引脚8位一组，例如P1.0～P1.7构成端口1，P2.0～P2.7构成端口2，以此类推。每个端口的8个I/O引脚可以分别配置方向，即读入或写出。在许多情况下，它们还可以用作中断源。让我们来看一下对应端口2的寄存器组。

寄存器 P2DIR 是一个 8 位方向寄存器，寄存器中的一位控制着对应的引脚为输入或输出引脚。将 0 写入某一位导致其对应引脚为输入引脚，而将 1 写入某一位导致其对应引脚为输出引脚。例如将 0x83 写入寄存器使得 P2.7、P2.1 和 P2.0 为输出引脚而其他为输入引脚。

寄存器 P2IN 是一个 8 位寄存器，每一位代表对应引脚上的输入值。因此，如果读该寄存器的返回值为 0x09，则意味着 P2.3 和 P2.0 上的电压为高，其余引脚电压为低。注意，如果我们已将 P2.0 配置为输出引脚、P2.3 配置为输入引脚，则可知 P2.0 上输出逻辑高，且其他器件输入逻辑高电压给 P2.3。

寄存器 P2OUT 是另一个 8 位寄存器，用以确定每一个配置为输出的引脚的输出电压。配置为输入的引脚忽略写入该寄存器的值。

还剩下一项需要确定的配置，即是将这些引脚作为 GPIO 还是将它们用作其他指定功能。为此，寄存器 P2SEL 被用来选通 GPIO 端口寄存器和外设模块。当逻辑低写入 P2SEL 时意味着引脚连接到 GPIO 寄存器，而逻辑高意味着选择外设功能到引脚。例如将 0x81 写入 P2SEL 将实现下列选通：

引脚	20	21	22	23	24	25	26	27
功能	ACLK	P2.1	P2.2	P2.3	P2.4	P2.5	P2.6	TA0

有两件事需要注意。第一，外设确切的功能由外设模块决定，其具体配置方法应在该设备手册中说明。一些引脚有三种定义，其一通常是 GPIO 端口，另外两种是外设模块（引脚选通逻辑不能完成对这两种外设模块之一的选择，需要借助于外设模块本身的配置）。

第二，若引脚被配置成与外设连接，则引脚方向必须通过写 P2DIR 正确设置。一些处理器可以自动完成这种相关设置，但 MSP430 必须通过程序来实现。例如，如果通过写 P2SEL 将某一引脚定义为串口输出，则 P2DIR 的相应位就应当为逻辑 1，否则，将不会有输出产生。

多数器件还包含一个或多个内部 UART（通用异步收发器）或 USART（通用同步/异步收发器），一个内部实时时钟模块（RTC），几个时间计数器，以及内部高速缓存等。

297

比较面向不同市场设计的 CPU 是非常有趣的事，如表 7-1 所示，所列三个广泛用于嵌入式系统的器件分别属于三类处理器。单芯片微处理器——TI 的 MSP430F1612，功耗非常低（在最低用电模式下芯片可以基于两个柠檬产生的电力工作），且内嵌了多种低层次外设，其设计目标是使选择它的设计者可以获得单芯片解决方案，因此它没有外部存储器接口。与此相反，三星 S3C2410 是一种基于 ARM9 的片上系统，具有丰富的功能，足以支持个人数字助手（PDA）、智能手机等应用。它不仅有 SDRAM 接口，在并行总线（参见 6.2 节）上可连接扩展静态随机存取存储器（SRAM）、只读存储器（ROM）和 Flash，还提供了多种外设接口——尤其是通信和内部连接外设。最后一个是 VIA Nano，我们在 7.2 节中介绍过。某种意义上，尽管它为提高功耗效率做了重新设计，且比典型的个人计算机处理器尺寸小，但它还是一种标准个人计算机处理器。对于要求 x86 结构处理器的嵌入式系统，它可作为一个候选。该器件主要关注于计算能力，强调低功耗约束下的高性能。VIA Nano 有很多另外两款处理器没有的外设，当然，那两款处理器也可以通过附加芯片来提供这些外设。

表 7-1　从三类微处理器中选择示例以比较其内置特性：单芯片微控制器、片上系统微处理器和个人计算机 CPU。其中，TI 的 MSP430 系列在写这本书的时候已有 171 个变种，每个都有特殊的性质和能力——系列中器件最高频率可达 25MHz，包含 16KiB RAM 和 256KiB Flash，以及十分多样化的外设配置。相反，三星和 VIA 都只有很少的变种器件

	单芯片微处理器 TI MSP430F1612	SoC CPU 三星 S3C2410	个人计算机 CPU VIA Nano
时钟速度	8MHz	266MHz	1.8GHz
功耗	<1mW	330mW	5 ~ 25W
封装	64 引脚 LQEN/P	272 引脚 FGBA	479 引脚 BGA
内部缓存	无	16KiB I + 16KiB D	128KiB L1 + 1MiB L2

（续）

	单芯片微处理器 TI MSP430F1612	SoC CPU 三星 S3C2410	个人计算机 CPU VIA Nano
内部 RAM	5KiB	无	无
内部 Flash	55KiB	无	无
内部带宽	16 位	32 位	64 位
外部数据总线	无	32 位	64 位
外部地址总线	无	27 位	未知
存储支持	无	ROM 到 SDRAM	DDR-2 RAM
ALU	1	1	2
FPU	否	否	是
SIMD	否	否	SSE-3
乘法器	16 位	32 位	最高 128 位
ADC	12 位	8×10 位	无
DAC	2×12 位	无	无
RTC	否	是	否
PWM	否	4	否
GPIO	48 引脚	117 引脚	无
USART	2	3	否
I^2C	是	是	否
SPI	2	2	否
USB	否	2 主 1 设备	否
看门狗定时器	是	是	否
掉电检测	是	否	否
时钟	2	1	是
JTAG	是	是	未知

下面我们将比较详细地讨论一些 CPU 必须具备的功能，包括时钟、功耗管理和存储器。之后在 7.11 节，我们将了解一下器件复位机制，特别是看门狗定时器、复位监测器和掉电检测器。

7.4 时钟

在 3.2.4 节中我们讨论 CPU 控制时考虑了系统时钟在控制微操作中的重要作用。事实上对于时钟重要性我们强调得还不够。除了非常少见的异步处理器（我们将在 9.4 节中介绍）外，所有处理器、大多数外设、总线和存储设备都是依赖时钟同步信号正确地完成操作。

CPU 功能模块仅包括组合逻辑，例如算术逻辑单元，在它周围时钟尤其重要。如果时钟沿控制 ALU 的输入，则同一个时钟沿不能够用来获取 ALU 的输出，因为 ALU 需要一定的时间完成其功能。必须使用后一个时钟沿，或采用两相位时钟（即两个非对称时钟，它们不相互重叠，且两个沿之间间隔大于时钟系统中的最大组合逻辑延时）。

实际当中通常采用一个时钟，但在时钟波形的不同沿上完成不同功能。图 7-3 给出了一个例子，其中 ALU 工作在不同的时钟沿上。从第一个下降沿开始，首先（ⅰ）驱动来自 R0 的单总线，在第一个上升沿完成（ⅱ）将输入值锁存到第一个 ALU 寄存器且释放总线驱动。之后，（ⅲ）和（ⅳ）重复该过程将 R1 写入 ALU 的第二个寄存器。（ⅴ）接收到稳定输入后 ALU 需

298 要一定时间完成计算。(ⅵ) 之后将结果写入 R0。

图 7-3 在图的底部给出主时钟信号，频率为 $F_{clk}=1/T_{clk}$。时钟上升沿或下降沿有效时刻是时钟信号通过阈值电压的时候（如图中虚线所示）。注意时钟信号沿不是完全垂直的，即有时钟上升时间和下降时间。事实上，在每个周期时钟通过阈值的时刻会有一点差异，其原因来自电噪声、电路电容、电感、温度等的影响。该偏差称为抖动 (jitter)。

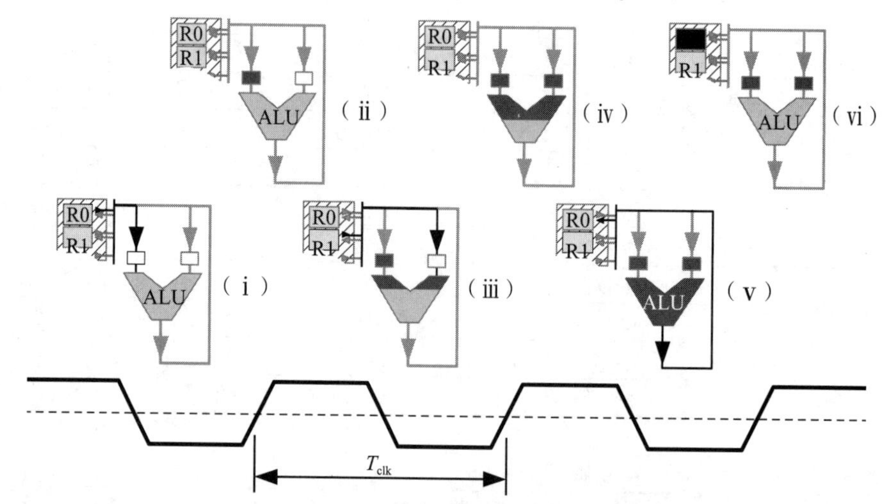

图 7-3　不同的门和锁存器驱动 ALU 与 CPU 时钟单沿同步，类似于图 3-3 的周期级时序图。所完成的操作为 R0 = R0 + R1，分为 6 个顺序阶段完成

抖动也会因为阈值电压的变化而产生（通常阈值电压保持不变，但时钟电压会随时间慢慢变化）。反过来，抖动会导致每个周期的 T_{clk} 值不相等。显然，必须选择能够满足信号有足够时间通过 ALU 的时钟频率，而抖动偶尔会引起时钟周期变短，从而导致 ALU 结果不能按时准备好，以致发生错误行为。

因而，时钟集成十分重要，且大多数系统时钟低于可以达到的最快时钟周期。这意味着如果有非常稳定的时钟和供电电压，系统实际可操作在快于它们标定的时钟频率上（这也是多年来个人计算机中普遍使用 CPU 超频率工作的原因）。

时钟生成

近来，多数 CPU 和 SoC 中的处理器在外部连接的时钟晶振的基础上产生内部时钟频率，最多仅需要两个很小的外部耦合电容。

299 ~ 300 为了产生内部时钟，这些当代流行的器件中必须包含锁相环电路以根据原外部时钟产生内部时钟，通常还包括内部分频器和乘法器硬件。例如，三星 S3C2410 采用 12MHz 外部时钟产生 266MHz 内部时钟（事实上，时钟分频寄存器允许在一个特定外部晶振的基础上产生多个操作频率）。

延迟锁定环技术与此类似，只是灵活性较小且精度较低，但制造简单、成本低廉。注意当频率适当时，也可以将外部晶振信号直接输入 CPU 中使用。

当前一些系统要求实时时钟，一般是通过单独的 32.768kHz 外部晶振（以及独立的 PLL）提供的。32.768kHz 晶振器件很便宜，而且很小。该晶振常用于钟表，因为该信号经分频 2^{15} 次后可以产生 1s 的定时脉冲，用来驱动钟表和日历电路（记作 1pps 或每秒一个脉冲）。

虽然可以使用很多精准晶振，例如用于射频电路的恒温晶振（OCXO），但大多数微处理器使用标准石英晶振或陶瓷谐振器。它们的准确率大约 100ppm（每百万中的份数），等价于

0.0001%，相当于最坏情况下每年小于1h的误差。稍微贵些的晶振很容易就可以达到10ppm精度，而OCXO可以达到的精度在1ppm分之几的范围。

7.5 时钟与功耗

当阅读CPU数据手册时，经常可以发现时钟和功耗控制在同一章介绍的情况，很多情况下，系统控制寄存器也在其中。这样做的原因在于时钟是导致CPU内部功率消耗最直接的因素。

让我们花点时间来回顾一下现代CMOS（Complementary Metal Oxide Semiconductor，互补金属氧化物半导体）中的功耗原理。我们暂时不深入研究半导体理论，先考虑一个简单的门，比如说如图7-4所示的与非门（NAND）结构。CMOS这一名称中的“互补”含义就是因为该结构的输出可以通过晶体管连接到V_{ss}（负极电压）上，也可以连接到V_{dd}（电源电压）上。

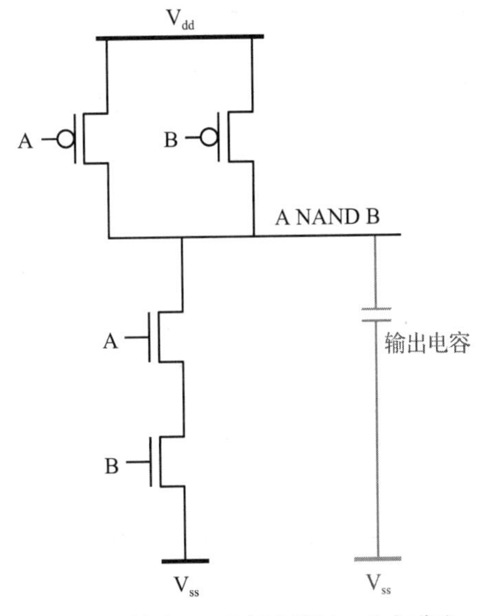

图7-4 利用CMOS门来设计一个与非电路，可以看到MOS晶体管直接与源电压和漏电压相连。灰色的输出电容器用来反映NAND输出的电容负载

在理想情况下，CMOS系统连接到V_{ss}或者V_{dd}上的输出是没有电阻的，但是我们知道在现实世界中0电阻是不存在的，导线上存在电阻，或者存在漏源电阻等。这些电阻所导致的结果就是限制了从V_{ss}或者V_{dd}中流出或流入的电流，因而也要花费些时间来充满输出电容。当门从一个状态跳到另外一个状态，电流就会被激发，也就是要充满输出电容或者释放输出电容。随着充放电流的改变，电容电压也随着升高或者降低。这可以从图7-5中很清晰地看到，其中CMOS门用一个理想开关来替代。最重要的是图底部的逻辑值输出：在一个数字电路中，从一个事件发生（比如说开关位置改变）到输出逻辑值稳定的时间，叫作传输延迟，这个概念我们曾在2.4.2节讨论进位延迟加法器时讨论过。 301

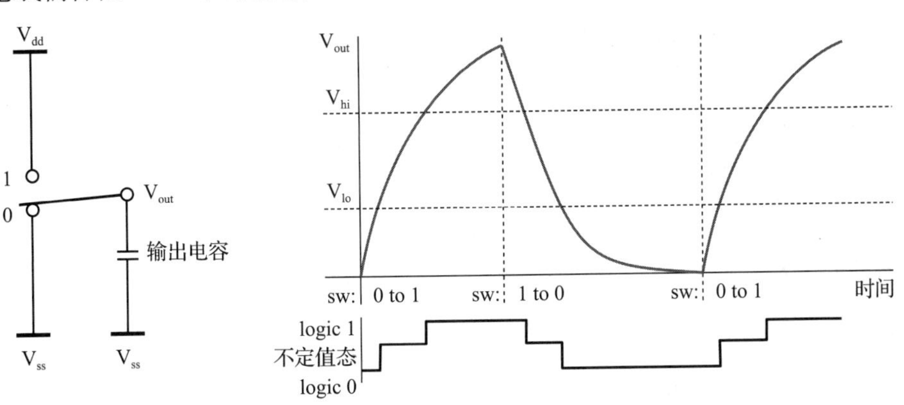

图7-5 左图所示为电容里的切换电压，它需要一定的时间来充电和放电，如右图中曲线所示，电容电压会随着开关位置的改变而发生变化。注意逻辑电压的V_{lo}和V_{hi}阈值，图中的底部折线显示了电容电压的逻辑值随时间的变化

事实情况远比我们所说的复杂，在所有的硅门中均有寄生电容存在，在各种导线及门连接中也有寄生电阻存在，甚至存在寄生电感。这样，就使得我们前面所讨论的负载电容问题更为严重。

理解了系统中电容的基本问题后，我们要注意到两个重要的概念：

- *传输延迟*，是指通过小电阻的导线和导电硅片对电容进行充放电时所花费的时间。
- 门切换所产生的*电流*，是由于在充放电时必须有电流经过电容器。

302

7.5.1 传输延迟

为了降低传输延迟，硅片设计者可以使用多种方法：可以降低电容（通过设计更小的门，因为电容与硅片上门结构的面积成正比）；可以降低阈值电压，这样可以让电压更快地达到阈值，从而提供更多的电流让电容充放电更加迅速。硅片上门的尺寸正在逐年递减，也许很快就会接近其物理极限，但更小的器件尺寸意味着更高的电阻，进而限制了电流，所以要更换材料以设计更低电阻的半导体。降低阈值电压已经被目前的IC厂商所采用，从5V到3.3V、1.8V、1.2V甚至更小。但是，降低阈值会使得硅片更容易受到电子噪声的干扰。

从根本上说，IC设计者会通过各种方法来改进他们的电路系统，比如通过各种可行的办法来仔细平衡取舍从而降低传输延迟。从20世纪50年代到2010年，通过采取这些设计方法，芯片时钟频率逐年增高。然而，提升频率所带来的困难已经迫使大家将重心从高频率转向高并行化，也就是说，如果你的频率不够高，那么可以尝试更多的并行来达到高频率的效果（见5.8.2节）。

许多用于提升处理器性能的技术已经使其芯片内部的电流升高（将在7.5.2节讨论），并且这一现象在芯片特征尺寸逐渐减小的面积有限的硅片上更为明显。由于电流是通过寄生电阻传输，这样会在传输过程中产生热能。所产生的电阻热能耗散和电流的平方乘以电阻的结果成正比（由于电流和电压成正比，因此这也是厂商热衷于降低供电电压的原因，这样可以降低电流，因而可以降低功耗）。不幸的是，电阻与面积成反比，由于特征尺寸降低导致面积减小，所以电阻也会随之升高。这是一个在面积设计上进行折中的重要参考。

总的来说，电阻功耗在增加，另外随着时钟频率提高，门的开关更加频繁，因而带来的功耗也更多，最终会导致更大的功耗损失。这也意味着用于门开关而引起热量耗散的时间变短，致使硅片的温度自然升高。对于实现CPU的硅来讲，125℃甚至更高的温度是很常见的。

在额定电压下，更小的特征尺寸会产生出更多的热量，意味着减小IC封装的尺寸会让散热更加困难。这样，风扇、散热器、导热管等对于CPU来讲就成为必需的设备。

下面，我们不考虑风扇和散热器，我们将关注一些在计算机中减小能量消耗的方法，特别是对于电池能量供给有限的嵌入式系统。

7.5.2 电流相关问题

在CMOS门电路中电阻会消耗一些能量（即便是门处于空闲状态，也会有微弱的电流经过电阻并消耗能量），但是这与门开关过程中所消耗的能量相比相形见绌。

驱动单个MOS晶体管开关的瞬时电流通常是由供电电路通过在印制电路板（PCB）上的一个电源层或者电源线来提供。切换至地面（0电压）的电流通常为PCB上的GND层所吸收。不幸的是，电源线、电源层和GND层均有很小的电阻。当一个由门开关所引起的很短但比较大的电流脉冲经过这些电阻时，就会产生一个补偿压降。

303

实际中，有几十万个门，而且是在同一时刻进行开关转换，所有瞬时电流会累加在一起。一个在差分方式下工作的敏感示波器，只需要把示波器接到设备的电源输出接口和接入引脚上，就可以很容易地直接检测到发生在一个系统时钟过程中的这个压降。好的电路设计实践是：在芯片的电源和地线引脚旁边设计一个旁路电容。这种设计的作用是耦合电源的高频噪声。这种设计还可以用作电源储蓄库，在需要和系统时钟同步时释放一个很短的电流脉冲。

门开关所产生的电流可以非常大，对于一个 x86 结构的设备来说，甚至达到几百安培，但是仅会持续几个纳秒。另外一个问题就是由此所引发的电磁干扰（EMI，6.6.3 节中有简单介绍），任何时候只要有电子移动，便会有由此引发的相应的移动电场，而且事实上，包含电流脉冲的电路也会像一个天线一样同步地辐射噪声，或者接收噪声。

7.5.3 时钟问题解决方法

除非降低开关频率、系统电压或者改变门的设计，否则电流问题是不会从根本上改变的，尽管类似旁路电容和储蓄电容这种技术可以减轻这种问题，详见 7.5.2 节。

然而，我们可以考虑一些方法来解决时钟所引起的 EMI 问题。第一种方法就是引入多个时钟，每个时钟之间有轻微的相位差。如果有 4 个不同相位的时钟，并且将一个电路分为相应的 4 个部分，通过这 4 个不同时钟进行控制，这样电路的峰值电流会降到原来的 1/4。

维持一个稳定的电流可以极大减小电磁干扰，因为电磁辐射跟电压变化有很大关系，也就是说我们如果采用直流电源，那么所有的 EMI 问题都能解决。

另外一种方法就是扩频时钟。本质上讲，这种方法是通过利用一些离散的步骤来周期地或者随机地改变时钟频率，这样能量辐射可以分散到几个不同的时钟频段上。还可以故意引入一些振动的波形信号，来防止时钟上升沿或下降沿过于齐整。

由电源或者信号线所产生的 EMI 还可以通过并行运行的一个等量但电流方向相反的信号线抵消。这被称为均衡电路，并且通常用于 LVDS 中以降低 EMI。

7.5.4 低电压设计

如果一个 CPU 的能量消耗主要和其时钟频率有关，那么一个降低功耗的很好的办法就是让时钟频率慢下来。在嵌入式系统中，这种方法是通过对时钟缩放寄存器写入控制信息来实现的，这种寄存器可以在很多微控制器和 SoC 处理器中见到。在某些的时间段内，处理器可能会满负荷运行，而在其他时间段可能会处于空闲状态。峰值 CPU 时钟速度应该与处理器的峰值工作负载相匹配，不需要在所有的时刻都以峰值速度运行。 304

在实时系统中，一个简单的控制时钟缩放的方法就是在众多的运行任务中指定一个特殊的、运行在后台的任务，该任务拥有最低的优先级。在后台运行该任务会在一个确定的时间段内检测到它自己占用了多少 CPU 时间，如果占用时间超过某个时间段阈值，说明系统在大部分时间内处于空闲状态，因而可以降低时钟频率。而当该后台任务占用的 CPU 时间近乎为 0 时，则说明系统在满负荷运行，这样时钟频率应该升高。

大部分的主流 CPU 生产厂商，甚至 x86 级处理器设计者目前也是采用这种办法，这样可以延长笔记本计算机的电池寿命。

另外一种减少功耗开销的办法更加简单，关掉没有在使用的部分。令人惊奇的是，这个想法并没有立即被 IC 设计者所接受，但是目前大部分嵌入式处理器设计中包含功耗控制寄存器，这样可以用来关掉空闲的电路模块，从而降低功耗。当真正应用这个技术时，大部分程序员可以简单地在程序初始化阶段启用某些模块或者禁止某些模块。不过，更为常见的做法是在运行时动态地控制这些模块。

图 7-6 解释了以上两种方法，其中一个 SoC 处理器的电流消耗被描绘为一个程序执行过程，该程序使用了一些片上外设。在程序执行的开始阶段，静态功耗控制通过关掉不使用的外设来减少电流消耗；而动态功耗控制首先关掉所有的外设，当外设被调用时才开启，且只在使用阶段处于开启状态。在这几种情况中，图下面的面积代表了总共消耗的能量，如果这个系统是在电池供电的情况下工作，那么可以反映出电池电量在 3 种不同情形下的消耗。 305

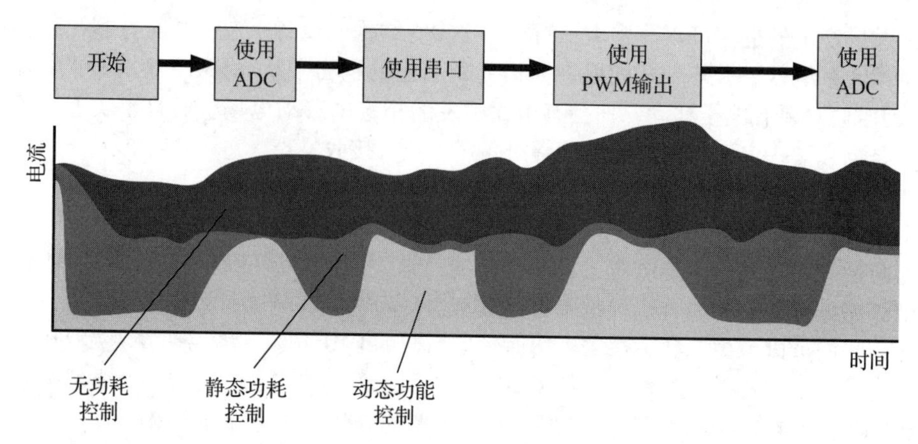

图 7-6　CPU 内的功耗控制示意图：一个简单的程序依次操作几个外设（分别为 ADC、串口、PWM，然后是 ADC），并且外设所消耗的电流量也被记录下来。其中显示了 3 种情况：无功耗控制、静态功耗控制（在开始阶段，所有其他未在使用的外设都被关闭）和动态功耗控制（除了在开始阶段默认关闭外，所有设备只在被使用时才开启）。3 种不同颜色的图形分别表示了 3 种控制模式下的能量消耗

在嵌入式系统中，还有很多其他的有用方法来控制功耗，比如以下这些：

- 没有必要让 LED 一直亮着，因为人眼在其关闭后依旧可以看见残存的固体光，只需每隔 50ms 打开 1ms 即可（只会消耗功率的 1/50），其他显示器也是这样。
- 使用时钟缩放和智能动态功耗控制的组合机制来获取最低功耗开销。
- 当等待一个软件事件时，可以尝试寻找一个休眠方法，这样可以让处理器进入一个非常低功耗的模式，而不是进入一个忙等待循环状态，在这种状态下处理器会进行反复的轮询。
- 即使轮询有必要时，也可以考虑在可能的时候插入一个短暂的睡眠（可以通过时钟中断来退出），此时 CPU 处于空闲状态。
- 定点计算往往比浮点计算更加低功耗。
- 片上存储往往比片外存储更加低功耗，因此，可能的话尽量使用片上存储来存放经常存取的变量。
- 数据移动也会产生功耗，因此，最好最大化在数据结构上的操作，通过将数据引用给操作函数，而不是把整个数据复制过去，以此减少数据移动所产生的功耗。
- 将使用高功耗器件的操作集中在一起。比如，在早期的 iPod 中，磁盘驱动消耗了大部分的电池电量，所以苹果公司设计了一个更大的缓存系统，使得系统可以从硬盘中一次读入一首或者更多歌曲，然后在播放这些歌曲的时候关闭硬盘。然后，几分钟过后，硬盘重新开启为读取下面几首歌做准备。这样，只需要对硬盘间歇供电。

7.6　存储

我们已经在之前的章节里对存储进行过多次讨论，并对其中一些存储器进行了介绍，如 SDRAM、DDR（双倍速率动态随机存取存储器）等。现在再让我们一起对这些存储以及它们与计算机体系结构和嵌入式系统相关的特性进行探讨。在对 ROM 和 RAM 进行探讨前，首先来回顾一下计算机存储发展历史。

7.6.1　早期的计算机存储

值得一提的是，在早期的计算机中有多个存储，特别是极少将程序存储和变量存储混淆在一起并且不会认为它们是同等的。一直到冯・诺依曼机器出现之后，程序和数据才开始共享存储空间。

一般来说，最早期的可编程计算机（正如第1章里提到的）都是通过导线进行硬编程（hard-coded）或通过开关进行编程，并使用真空管或延迟线（delay line）实现位级存储。对这种机器进行重新编程很麻烦，它需要每天不停地重置导线（或开关）来对系统进行编程，这是一件耗时并且容易发生错误的事情。随后穿孔卡片（或磁带）被用来进行程序存储，它在纺织工业里已经使用了200多年。

306

过去的数据存储都会使用到延迟线，有时还伴随使用其他一些有趣的技术（如阴极射线管延迟线、水银延迟线、声波延迟线等）。它们可以在短时间内保持位信息，从而让计算机能够对其他数据进行操作，效果上相当于简单数字计算器中的存储器功能。

之后，磁芯存储器被发明出来，它被用于对数据和程序进行存储。磁盘也被用于数据和程序存储，后来演化为软盘和硬盘两种形式。

和其他领域一样，电路集成到硅片上带来了存储技术的最大发展。在20世纪60年代中期产生了针对变量的可重写存储器和针对程序的只读存储器。然而相比磁芯存储器，硅片存储每位的开销要高得多，其结果是在20世纪80年代硅存储虽然占据了大部分计算机市场，但是对于大数据量的存储，还是使用硬盘驱动器。除了最小型的嵌入式系统，非硬盘式计算机直到最近才被认为是可行的。

然而，今天几乎所有的嵌入式系统都包含了闪存（Flash），并且一些品牌的笔记本计算机也开始使用固态存储：理论上说这些存储器功耗低，不会受物理撞击影响，比硬盘式计算机要可靠。

目前对于程序存储和数据存储不加任何区别，本章后面讨论的存储器都可以用来对程序和数据进行存储。然而，不同的存储器与不同类型数据的访问特征相匹配，这点我们将在稍后进行讨论。

7.6.2 只读存储器

只读存储器（Read-Only Memory，ROM）并不是指一种技术，而是一种存取方式：存储在ROM中的数据只能被计算机读取而不能被改写。这意味着这种数据是稳定不变的，这种特征很适合程序代码，也适合需要保持不变的数据（如MP3播放器中的数字滤波系数和开机画面）。

从最底层上说，半导体ROM是一个在硅片上实现的查找表。给定一个地址输入，它会选择该地址对应的门，然后这个门就会将它的状态输出到对应每一位的数据线上。如图7-7所示，它给出了一个4字节ROM示意图，但目前实际使用的ROM布局会比这个图复杂一些。

一些ROM（尽管还使用这个名字）是可写的。但ROM的命名说明了它们最主要的功能还是读取，写操作或者无法实现或者不方便实现。接下来我们对一些ROM技术的变种进行讨论。

- 一个基本的掩模型ROM芯片包含了地址总线、片选输入、读信号输入以及电源和接地引脚。它能够将当前所选择地址的内容输出到数据总线上。

307

- EPROM——可擦可编程ROM（erasable programmable ROM（PROM）），在其芯片上方有一个硅“窗”，通过它可以看到其内部。通过向该窗口照射10分钟紫外线光，其内部的数据即可被擦除。[⊖]然后通过向所选择的数据引脚施加高电压就可以对其进行编程。这个步骤可以通过EPROM编程器进行，它通常带有一个插座，由此可以方便地对EPROM进行编程。如果一个设备不带有硅窗，那么它就是不可擦除的EPROM（即PROM）。市面上还有一些基于硅熔丝的ROM，它们通过输入高电压对硅片上的熔丝进行熔断来打开或关闭连接。
- 作为EPROM的升级，E^2PROM或EEPROM是电可擦除PROM（electrically erasable PROM），即闪存（flash memory）。这种设备可以通过12V电压对其内容进行擦除和重写。而许多现代

⊖ 日光也可以擦除这种设备上的信息，但需要花更长的时间。因此，工程师如果希望程序能够保持几天或几个星期，需要在窗口上贴上标签以避免日光照射。

设备都可以在其内部将3.3V或5V的供电电压升为12V。根据测试得知，这种设备都有使用寿命，与它们的数据保留时间和擦除次数相关，通常范围为超过10年且在1000～10 000次之间。工程师在选择使用这种设备时都要注意，在其寿命周期内，对其读的次数多而改写次数少，可以延长其寿命。图7-8展示了这种设备中的一种引脚分布，它带有一个地址总线和一个数据总线。nWE引脚（active-low write enable，低电平有效写允许）是一个输出引脚，指出该设备当前可以写入。一个真正的EPROM与其很相似，有相同的引脚定义，只是nWE引脚除外（有设备标为“NC”，即指“没有连接”（no connection））。

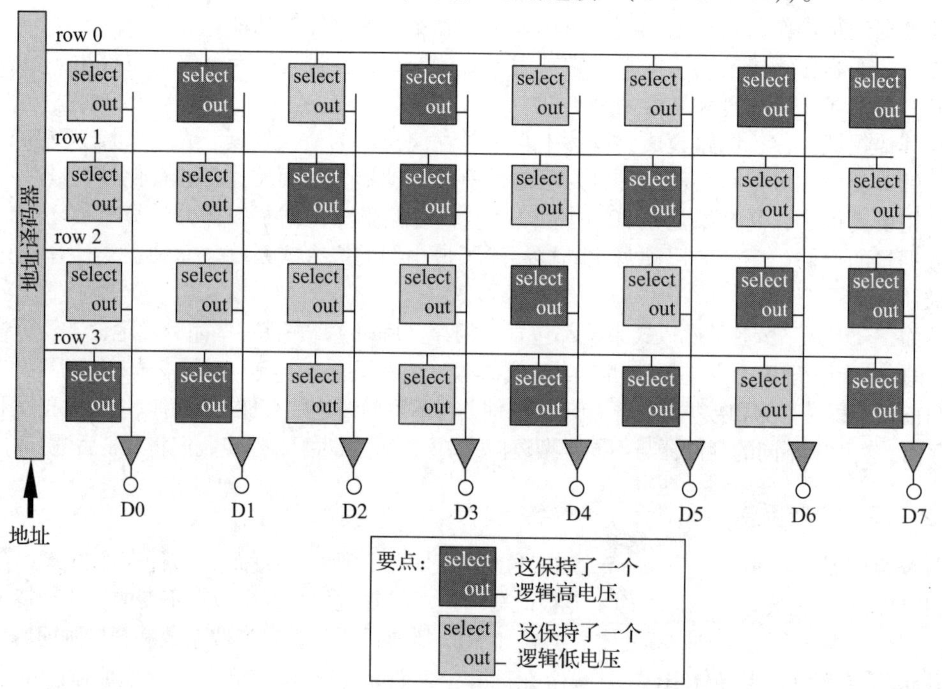

图7-7 一个ROM的简化图。它是一个由逻辑单元组成的阵列，按行寻址，可以输出8位数据。如果定义暗色的单元所包含的值为逻辑1，亮色的单元所包含的值为逻辑0，那么选择第1行将输出二进制值00110100b或十六进制值0x34。正确操作下，每次只有1行被选择

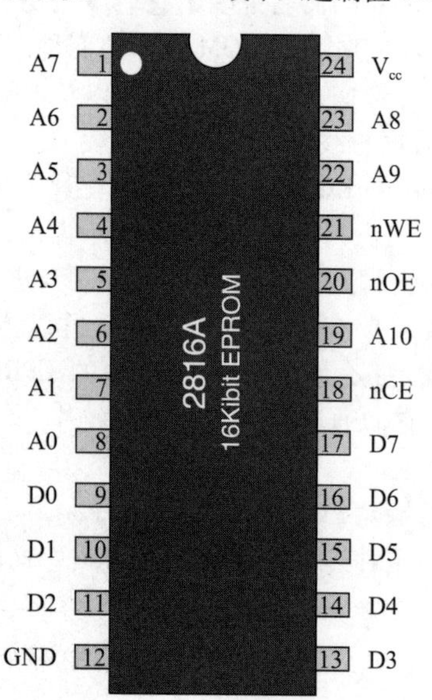

图7-8 一款主流（虽然很老）的电可擦除可编程只读存储器（EEPROM）。它有11个地址引脚，可寻址16Kibit存储空间（即2048字节，字长为8位）。片选（nCE）、写启用（nWE）、读/输出启用（nOE）、GND和V_{cc}都在图上标出。这款2816A可以进行超过10 000次写操作，并可以保持10年

目前有两种闪存技术：NAND闪存和NOR闪存，框7.3里给出了详细介绍。

框7.3 NAND和NOR闪存

目前有两种不同的闪存技术：NAND闪存和NOR闪存。它们都是以其所使用的门结构来命名。NAND闪存是一种基于块、高密度低开销的存储，适合大量数据存储。NAND闪存可以在嵌入式系统中取代硬盘，同时也适合在MP3播放器等设备中进行数据存储。

这两种闪存技术的对比如右表所示：

特征	NOR	NAND
容量	大	更大
接口	与SRAM类似	基于块
存取类型	随机存取	按序存取
擦除周期	超过100 000	超过1 000 000
擦除速度	数秒	数毫秒
写速度	慢	快
读速度	快	快
现场执行	是	否
价格	较高	较低

对于嵌入式应用、代码存储等，我们限定讨论范围为NOR闪存（它最常见，特别是在并行连接设备中）。

串行闪存，如图7-9所示，是采用串行接口而非并行接口的闪存。它带有25MHz的串行总线，命令字、地址字节以及控制信号都要通过串行总线进行传输，这是造成串行闪存速度比并行闪存慢的主要原因。首先要指定读/写地址（这种指定通常需要花费一定时间），然后是任意数量的字节读或写（其速度会快得多），这种寻址机制使得它很适合那种顺序读取的信息存储。但对于随机读取或对单个字节进行写操作，其效率很低。

308~309

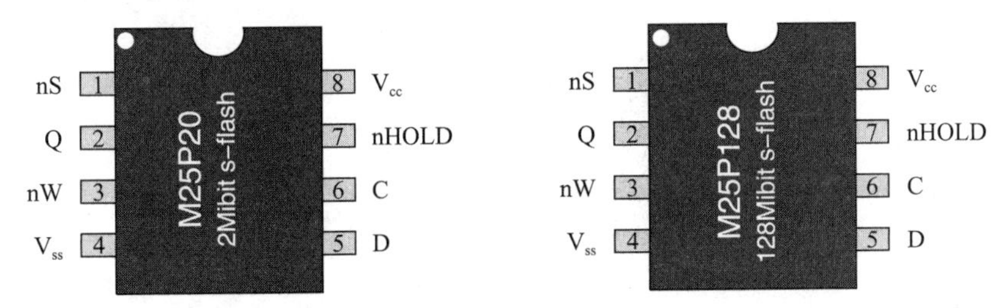

图7-9 串行闪存在同一个接口界面上使用串行接口、多重控制、地址和数据。在存储器阵列的右侧并不需要额外的专用引脚，尽管右侧的数据大小是存储器阵列左侧的64倍。可以看到的是这个设备同样是很微小的，只有6mm×5mm大小

大多数闪存设备，不管是串行存取还是并行存取，在其内部都被布局为多个块或页。这些闪存在最初使用时所有的字节都被初始化为0xff。换句话说，这些闪存的每一位在最初都被初始化为“1”。可以寻址和读取闪存中的每个位置，对每个字节的访问都会返回0xff。

对存储中的任何位置都可以进行编程。当需要对某一位编程为“0”时需要将该位的“1”清为“0”，而需要编程为“1”时则保持不变。

例如，初始时某位置为字节0xff，如果需要将其编程为0xf3，则该字节将变为0xf3。如果再将同一个位置编程为0xa7，则该位置将变为0xf3和0xa7相与的结果，为0xa3（因为1010 0111 AND 1111 0011 = 1010 0011）。显然，如果不断地写某个字节，它最终将变为0x00。所以开发人员在使用闪存时可以看到未被擦除的位置被设置为0xff。

每当闪存被擦除，它上边的每个字节都将被置为0xff。事实上，这种擦除是按块来进行的，所以一旦执行了擦除命令，所选择的一整块都将变为0xff。同时也可以将某一块锁住，禁止对其进行擦除操作。

读闪存与读ROM的方式是一样的，都要遵循6.2节中所述的标准总线传输。本质上，这意味着如果CPU要读取所连接的外设闪存，则需要进行：（ⅰ）在地址总线上设置需要访问的地址；（ⅱ）置片选信号nCE；（ⅲ）置输出启用信号nOE；（ⅳ）允许设备在某个时刻访问到

指定的位置，确定其内容并输出到数据引脚上；（ⅴ）从数据总线上读数据，这个步骤必须在（ⅵ）对所有的信号进行复位前完成。

写操作与读操作类似，只是需要在数据总线上设置要写入的数据以及置写启用信号（nWE）而非 nOE。如果这个过程是在一个 SRAM 芯片（将在接下来的章节中讨论）上进行，它将被写到指定的位置。然而，对于闪存这个过程稍微有点复杂。它需要写入一系列指令以对其进行控制（在指定存储位置被写入前）。下表分别给出了来自 Atmel 和 Intel 的两款闪存设备的写入控制指令序列：

	Atmel AT29xxx		Intel 28F008SA	
	数据	地址	数据	地址
编程	0xaaaa	0x5555	0x10	*<addr>*
	0x5555	0x2aaa	*<data>*	*<addr>*
	0xa0a0	0x5555		
	<data>	*<addr>*		
擦除扇区	0x00aa	0x5555	0x20	*<addr>*
	0x0055	0x2aaa	0xd0	*<addr>*
	0x0080	0x5555		
	0x00aa	0x5555		
	0x0055	0x2aaa		
	0x0050	*<addr>*		
擦除设备	0x00aa	0x5555	不支持	
	0x0055	0x2aaa		
	0x0080	0x5555		
	0x00aa	0x5555		
	0x0055	0x2aaa		
	0x0010	0x5555		

因此，对 Atmel 闪存的地址 0x1001 写入字 0x1234 需要 4 个写周期：

310~311

- 写 0xaaaa 到地址 0x5555。
- 写 0x5555 到地址 0x2aaa。
- 写 0xa0a0 到地址 0x5555。
- 最后，该闪存向地址 0x1001 写入数据 0x1234。

对于 Intel 闪存，指令序列相对短一些：

- 写 0x0010 到地址 0x1001。
- 写 0x1234 到地址 0x1001。

之所以需要如此烦琐的写步骤，是为了避免对闪存的意外重写（这种情况在 CPU 程序错误运行时可能会发生——产生一个随机地将数据写入不同地址的程序并不困难）。闪存上一般还有另一层保护机制，它会检测供电电压，如果电压较低或出现明显波动，将会禁止写入。CPU 还可以对闪存上不同的状态寄存器进行读取（这也需要通过写一系列的指令将设备转入“读取状态寄存器模式”或其他类似模式，之后的一条或两条读指令将返回状态寄存器的内容）。另一条指令可以读出设备的制造商和设备识别信息，因此一个好的程序可以根据所连接的不同设备确定相应的编程算法。

需要注意的是，虽然之前所示的是目前大部分厂商所遵循的两种主要指令控制序列类型（即大部分设备的控制方式与这两种相似），但是不同的制造厂商对自己的闪存是有不同的指令控制序列的。

闪存从本质上是一种基于块的技术——虽然根据需要可以对独立的字进行读或编程，但擦除操作是按块进行的（这一点对于所有基于闪存的技术是一样的，例如紧凑式闪存（compact flash，CF）存储卡、安全数字（secure digital，SD）存储卡、记忆棒（memory stick）等，对于这点，大部分用户可能是不知道的）。对闪存中一个64KiB块改变一个字节通常需要经过以下步骤：

- 将闪存的整个块读入RAM。
- 在RAM上找到需要改变的字节并用新的值进行替换。
- 发送指令序列对闪存上的块进行擦除。
- （等待以上操作完成。）
- 发送指令序列开始进行写操作，将整块写回到闪存上。

块一般都非常大——之前提到64KiB的块并不是太常见的，所以闪存对于存储那些经常要改变的小变量并不是太好的选择。

从一个编程人员的角度，指定不同类型的信息存储在不同的块上是很有用的。在嵌入式系统中，对于引导内存有特别要求（这点将在7.8节进行讨论）。一种简单的方法就是将经常需要重写的内容（如配置信息）放在同一个块内，而将不经常重写的内容放在另一个块内。

随着闪存使用时间的增加，它的速度会逐渐变慢，擦除或编程几个字节都变得十分耗时。显然，我们更希望闪存不会降低所连接的计算机的速度，因此闪存的设计人员提出了一些聪明的方法来解决这种问题。图7-10所示是其中一种方法的模块图，它将一个块大小的RAM加入闪存中。编程人员想要对闪存中的一个块进行写操作时，可以先将数据快速地写入这个基于SRAM的RAM块上，然后发出指令让设备自行将整个RAM的内容复制到目标闪存块上。类似地，当只有一个字节需要改变的时候，闪存块首先被自行复制到这个RAM上，然后编程人员将所需改变的字节写入RAM上，再发出指令擦除目标闪存块并从RAM上复制。 312

如图7-10所示的闪存结构在目前主流的并行闪存设备中被广泛采用。在串行闪存中，nOE、nWE及其他控制信号都是由串行接口控制器发出，而不是直接从并行接口获得。

7.6.3 随机存取存储器

“随机存取存储器”（Random Access Memory，RAM）这个词与ROM一样，描述的是一种存取方式而不是一种技术：它是指存储器中的任何位置都可以根据需要任意存取（包括读出和写入）。这种存取对于今天的计算机来说是很普遍的，与它相对的是串行存取，如在磁带和基于延迟的存储器上，获取数据的顺序与数据被写入的顺序相同。在早期的计算机中，串行数据存取产生的约束问题不是太普遍。

当然，串行存取和随机存取之间还有一个区别——RAM是可以寻址的，因此它需要一个地址指出所要存取数据的位置。对于更为普遍的并行总线存储，这个地址由并行地址总线给出。有时候地址总线与数据总线复用。而串行存储设备则使用串行机制来传输地址（如7.6.2节所讨论的串行闪存设备）。

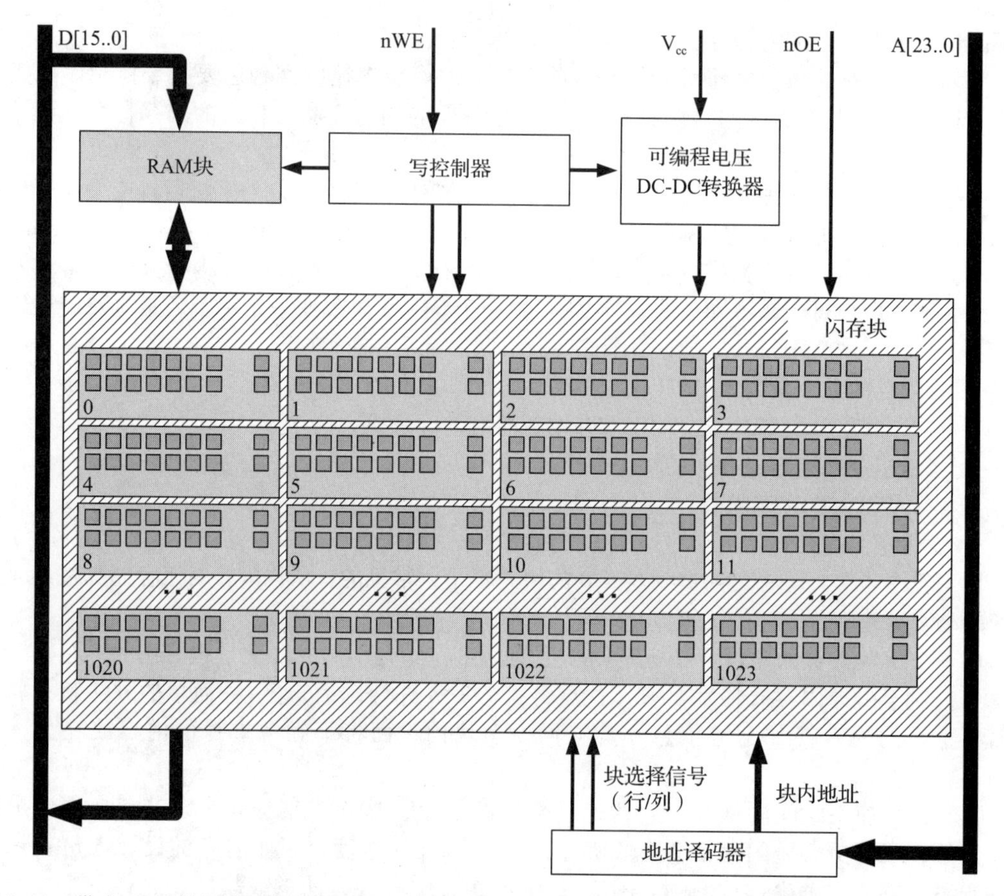

图 7-10 带有 RAM 的闪存内部结构模块图。该 RAM 为块大小，用于存储编程数据。这个闪存阵列包含多个相等的块。这种规整结构使得制造商可以通过增加更多行的块来提高闪存容量（实际中一般都多于 4 列）。箭头所指的方向连接着数据总线

总体而言，目前有两种类型的 RAM 技术：静态 RAM（Static RAM，SRAM）和动态 RAM（Synamic RAM，DRAM）。而 DRAM 又可以细分为几种子类，我们将会在稍后进行简要介绍。右表是 SRAM 和 DRAM 的主要区别。

SRAM	DRAM
每位由 6 个晶体管构成	每位由 1 个晶体管构成
较低密度	较高密度
不需要刷新	需要周期性刷新
大容量存储偏贵	大容量存储便宜
工作时需要较高电压	工作时需要较低电压

7.6.3.1 SRAM

SRAM 虽然被称为“静态”的，但是它仍旧是一个易失性存储器——当失去供电时，所存储的数据就会丢失。之所以被称为“静态”，是因为它的每个存储单元只要保持供电就可以一直保持数据状态，而不需要刷新过程。而我们稍后将提到的 DRAM，就需要进行周期性刷新。

SRAM 速度相对较快，但由于其每个逻辑单元的电路复杂度是 DRAM 的数倍，所以它价格更贵、密度更低并且在读写过程中消耗的能量也更多。但现代 SRAM 在非读写状态时的功耗比 DRAM 低，这是因为 DRAM 不像 SRAM，它在没有访问的时候也需要进行周期性的刷新操作。

SRAM 在使用和连接上与 ROM 很相似。参考图 7-11 中所示的两款 SRAM 引脚分布，与图 7-8的 EEPROM 在数据连接方面有相似之处，只是引脚位置略有不同。图 7-11 中的两款 SRAM 的容量分别为 16Kibit 和 1Mibit。16Kibit 的 SRAM 有 11 个数据总线引脚（因为 2^{11} = 2048 × 8bit = 16 384bit），而 1Mibit 的 SRAM 则有 17 个（A[16..0]，因为 2^{17} = 131 072 × 8bit = 1024Kibit = 1Mibit）。

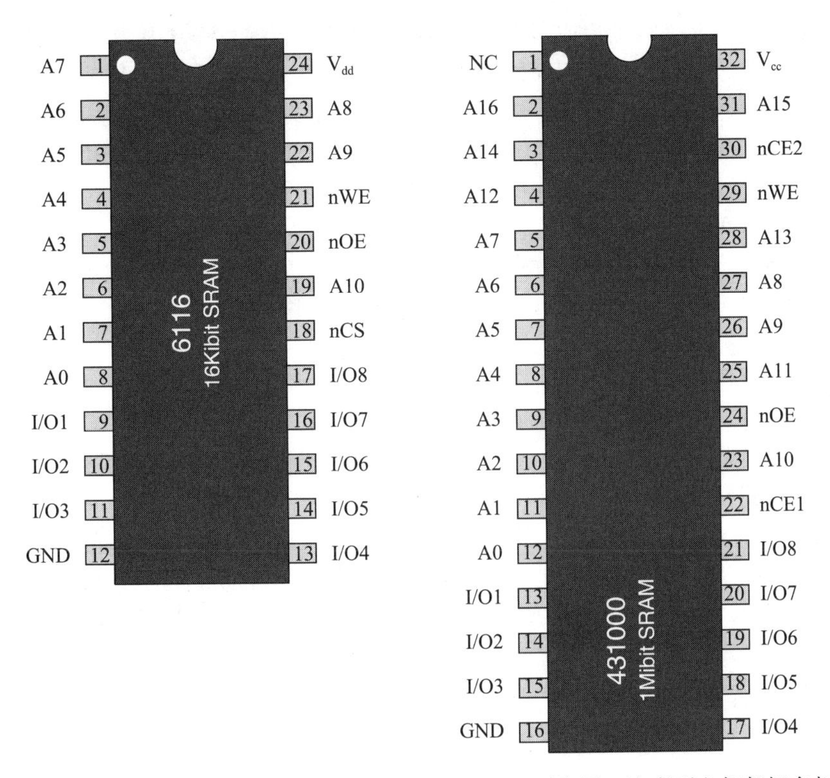

图7-11　两款早期SRAM（16Kibit的6116和1Mibit的431000）引脚图。注意到它们都拥有相同的8位输入/输出端口（通常与数据总线连接）、供电引脚、片选引脚（nCS）和读写引脚。而右边芯片的容量是左边的64倍，因此比左边的多出6个地址引脚（A11～A16）

SRAM与ROM一样拥有规整的内部单元结构。图7-12给出了一个简化的SRAM矩阵图，对这些单元可以并行地进行独立寻址（与图中的8位并行总线相连接），并且在地址被选择的

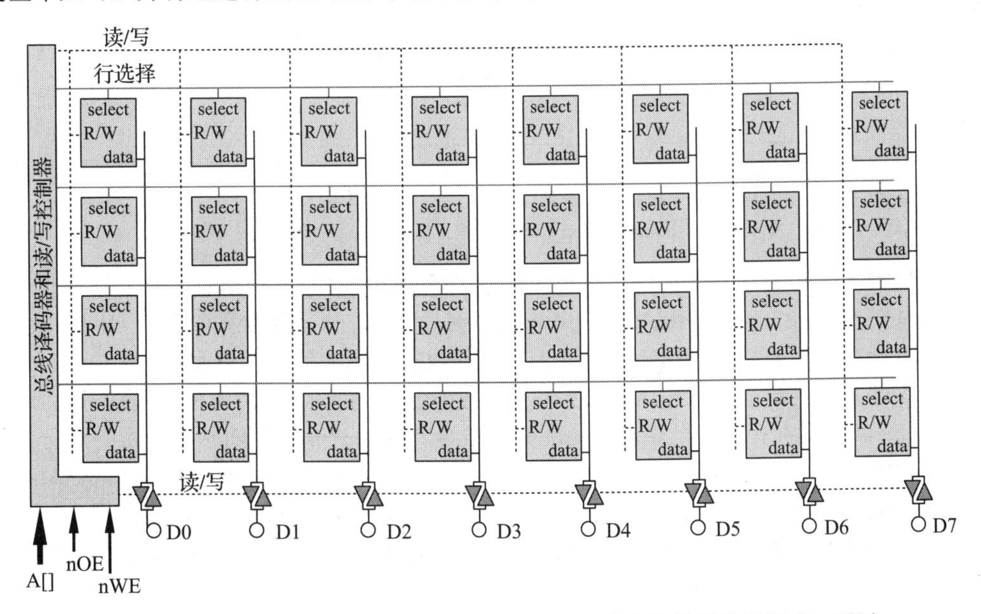

图7-12　简化的SRAM内部结构模块图。它由一个存储单元阵列组成，通过总线译码器和读/写控制器的控制可以对其进行读出和写入

情况下可以对相应单元进行读出或写入。双向缓冲将外部数据总线和内部数据线连接起来，按方向控制，以避免跟其他连接在相同外部数据总线上的单元发生总线竞争。

SRAM 通常在单片计算机上被用作 cache 存储和片上存储。在简单的小型嵌入式微控制器中，SRAM 通常被用作外部存储，其存储容量一般为数十 KiB（因为至少在低密度时 DRAM 和 SRAM 的价格差别不大，且微控制器一般较为简单，从而不支持 DRAM）。

7.6.3.2 DRAM

之前曾提到过，DRAM 之所以被称为“动态”是因为它总是在不断地变化：每个单元所存储的值由与每位对应的单一晶体管相连接的电容确定，由于门是会“漏电”的，因此这些电容会不停地放电。*刷新*的过程是依次读取每个单元，然后对其电容进行适当的充电。任何未被刷新的单元都将在几毫秒内丢失其电荷。

313 ~ 315

写过程是将电荷通过晶体管充入电容（逻辑高）或对电容进行放电（逻辑低）。有趣的是，通过读过程确定单元内的电荷，还会刷新该单元，因此对整个 DRAM 进行周期性的读取也可以对该 DRAM 进行刷新。

现代 DRAM 都是高度集成的，并且大部分与 DRAM 相连接的微处理器（或其他支持 DRAM 的芯片）都会自动进行刷新过程，这只需对几个寄存器进行正确的设置。然而，刷新需要消耗一定的时间，这个时间也许就是 CPU 等待存储就绪的时间，但这对 CPU 性能的影响不大。

DRAM 从 20 世纪 60 年代中期发展到现在经过了一段非常长的时间，在这期间经历了许多发展。表 7-2 列出了一些重要里程碑，包括发布时间、时钟速度以及工作电压。

表 7-2 SDRAM 技术发展史上一些重要的里程碑

名称	年份	时钟频率	电压
基本 DRAM	1966	—	5V
快页模式(Fast Page Mode，FPM)	1990	30MHz	5V
扩展数据输出（Extended Data Out，EDO）	1994	40MHz	5V
同步 DRAM(Synchronous DRAM，SDRAM)	1994①	40MHz	3.3V
rambus DRAM(Rambus DRAM，RDRAM)	1998	400MHz	2.5V
双倍数据速率（Double-Data-Rate，DDR）SDRAM	2000	266MHz	2.5V
DDR2 SDRAM	2003	533MHz	1.8V
DDR3 SDRAM	2007	800MHz	1.5V

①IBM 独立使用同步 DRAM 的时间比这个时间早。

注意：RD 和 DDR RAM 在时钟上升沿和下降沿都传输数据，因此它们工作的频率是时钟频率的两倍。

DRAM 与 SRAM 的最大区别在于它的本质是动态的，需要持续刷新。由于 DRAM 位存储单元比 SRAM 的小很多，所以 DRAM 比 SRAM 要便宜且密度更大。但是 DRAM 比 SRAM 速度慢，并且在没有读写时的功耗比 SRAM 要大（但在有存取时 SRAM 的功耗更大）。

DRAM 的寻址机制也是与 SRAM 的另一个主要区别。参考图 7-13 中给出的两个大小分别为 16Kibit 和 1Mibit 的早期 DRAM 芯片的引脚分布图。首先，可以看到它们都带有几个不常见的信号 nWRITE、nRAS、nCAS、Din 和 Dout，这些我们将在稍后介绍。其次，将 DRAM 的引脚分布与图 7-11 所示的 SRAM 引脚分布相比较，我们发现虽然这两张图给出的都是 16Kibit 和 1Mibit 大小的两个存储芯片，但在 SRAM 的例子中，右边芯片（1Mibit）的地址引脚数比左边芯片（16Kibit）的多 6 个，而在 DRAM 的例子中，右边芯片的地址引脚数只比左边芯片多了 3 个。由于 64 倍容量的差别在地址空间上应扩展为 2^6，所以应该需要 6 个额外地址引脚。由此看来 DRAM 的寻址没有我们目前所看到的那样简单，稍后将进行探讨。

316

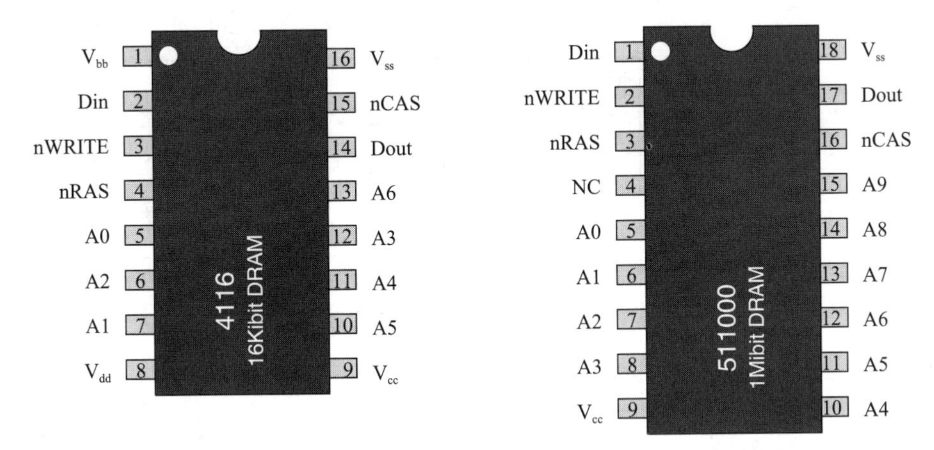

图7-13　两个早期DRAM芯片（16Kibit的4116和1Mibit的511000）的引脚图。这两个芯片都只输出单个位数据（因此当与8位数据总线连接时需要8片并行连接）。注意它们的控制信号都是一样的。虽然右边芯片的容量为左边芯片容量的64倍，但只多出3个地址引脚（A7～A9）。V_{bb}、V_{cc}、V_{dd}和V_{ss}分别是不同的电源引脚

7.6.3.3　DRAM的寻址机制

首先，需要提醒的是，DRAM都是根据行（常称为一页）和列一起寻址的。这点与我们之前讨论的那些只按行寻址的存储结构不一样。事实上，引脚分布与如图7-13所示的引脚图相似的DRAM是1位DRAM——为了构成8位的数据总线，需要8片这样的DRAM并行执行，每片对应一位数据。这些并行芯片的Dout引脚分别依次连接到数据总线的D0、D1、D2、D3等上。

从如图7-14所示的DRAM内部结构中我们可以更清楚地了解这种按行和列一起寻址的机制。图中所有的内部存储单元分布成一个矩形矩阵，每个存储单元内包含一个晶体管和一个用于存储电荷的电容。当行地址开关（nRAS）被激活时，将会把地址总线上的内容装载至行地址锁存器。多路输出选通器根据行地址信号匹配确定哪行（页）将要输出所存储的电荷。列地址开关（nCAS）也被激活，将地址总线上的内容装载至列地址锁存器，然后根据列地址信号确定所选择的行中哪一位将要被选择输出。

317～318

与每一条位线（列）相连的输出放大器负责检测所选择单元电容中的电荷，并将其充满。由此，在选择某一页之后，如果电荷比位线上的某个阈值大，则输出放大器输出一个电压，对这条位线上相连的单元电容进行充电。如果所检测的电压低于阈值，则输出放大器不会输出该电压。

实际上，输出放大器在nRAS选择某一行之后被触发，而这个充电过程也是自动进行的，即DRAM的“刷新”过程不需要牵扯列地址，所需的就是轮流按行进行刷新（正如之前所提到的，大部分支持DRAM或SDRAM的CPU都将自动完成这个过程）。DRAM一般每64ms需要进行一次刷新，因此每一行都需要轮流在此时间内被选择一次。

当然，许多DRAM都不是1位DRAM，而是字节型或字型的。这种情况是将基本的DRAM在一个芯片上复制成多个副本。图7-15所示是一个与8位总线连接的DRAM。它密度很低，只是一个256位的存储器。由于每一位对应的单元都为4行8列，所以行地址为2位，列地址为3位。

一个16Kib的存储（如图7-13所示的4116）有128行128列（128×128=16 384），因此需要7（$2^7=128$）条地址线来对这些单元进行寻址。一个与总线相连的CPU从这种芯片上读取一位的步骤如下（初始时所有信号都为无效的——nRAS、nCAS、nWRITE都是高电平）：

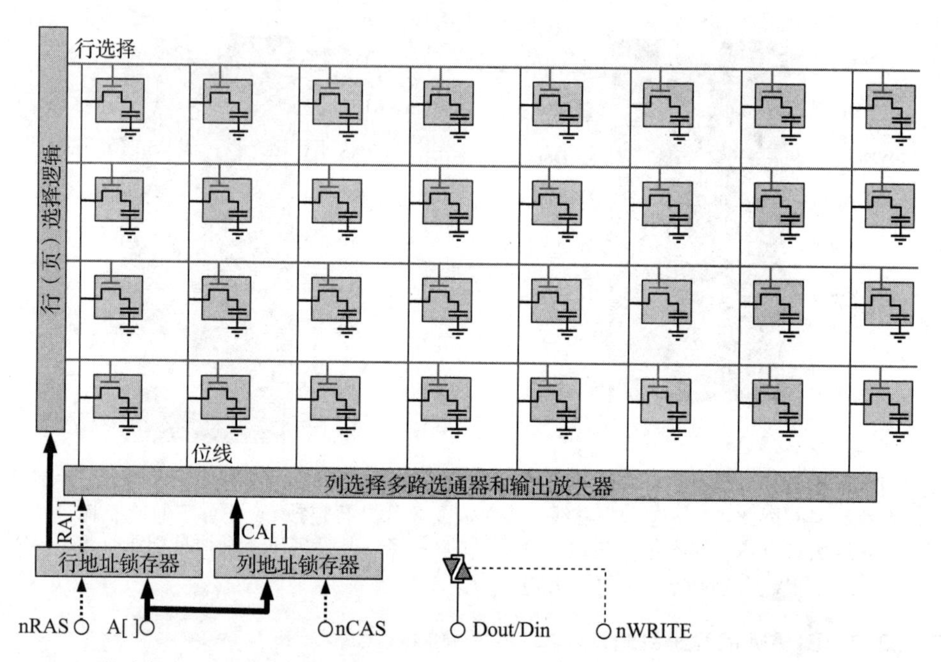

图7-14　DRAM的内部行/列选择机制示意图。其中行地址锁存器和列地址锁存器分别存储行地址和列地址，行地址和列地址都由相同的地址总线传输，分别由行地址开关（nRAS）和列地址开关（nCAS）控制。这个矩阵的输出与数据总线上的一位相连

1）将行地址输出到地址总线上。

2）启用nRAS（将其从逻辑高变为逻辑低，由此使得行地址锁存器能够捕捉到地址总线上的行地址）。

3）将列地址输出到地址总线上。

4）启用nCAS以锁存列地址。

5）存储器将在一定时间后将所选择的存储单元的内容输出到与其相连的数据总线上，这些内容就可以被CPU读取了。

6）撤销nCAS并停止驱动地址总线。

7）撤销nRAS。

通过观察我们知道对DRAM进行读写要遵循一些严格的时序。有一点是明确的，由于每存取一位需要两个地址对其进行寻址，因此DRAM的存取速度没有像SRAM那种只需一个地址就能进行访问的存储器快。但从开销和密度上考虑，这是可以容忍的：如图7-13所示，将16Kibit的DRAM扩展为1Mibit只需额外增加3条地址线，而对于SRAM（图7-11）则需增加6条。对于更大密度的存储，DRAM在引脚数量上的优势则更为明显。

为了避免增加引脚数量，设计人员在行/列寻址机制上找到了更聪明的办法。例如，对同一行连续读就可以避免启用nRAS信号（因为所读取的行相同，其地址也相同），读-写或写-读组合也能对其进行简化。

319

这些技术所带来的优势巨大，我们在表7-2中列举了一些。表中列出的第一项创新是快页模式（fast page mode），它可对某一页的多个位置进行读从而不需要重复启用nRAS。

DRAM也适合用作视频卡，称为视频RAM（Video RAM，VRAM）。它的特征是拥有两个数据端口用于从存储阵列中读取数据。一个端口（与主CPU相连）用于处理器对存储器进行读写访问。另一个端口与视频数模转换器（Digital-to-Analogue Converter，DAC）相连接，是只读的，可以对阵列中的数据进行按位读取并显示在屏幕上。

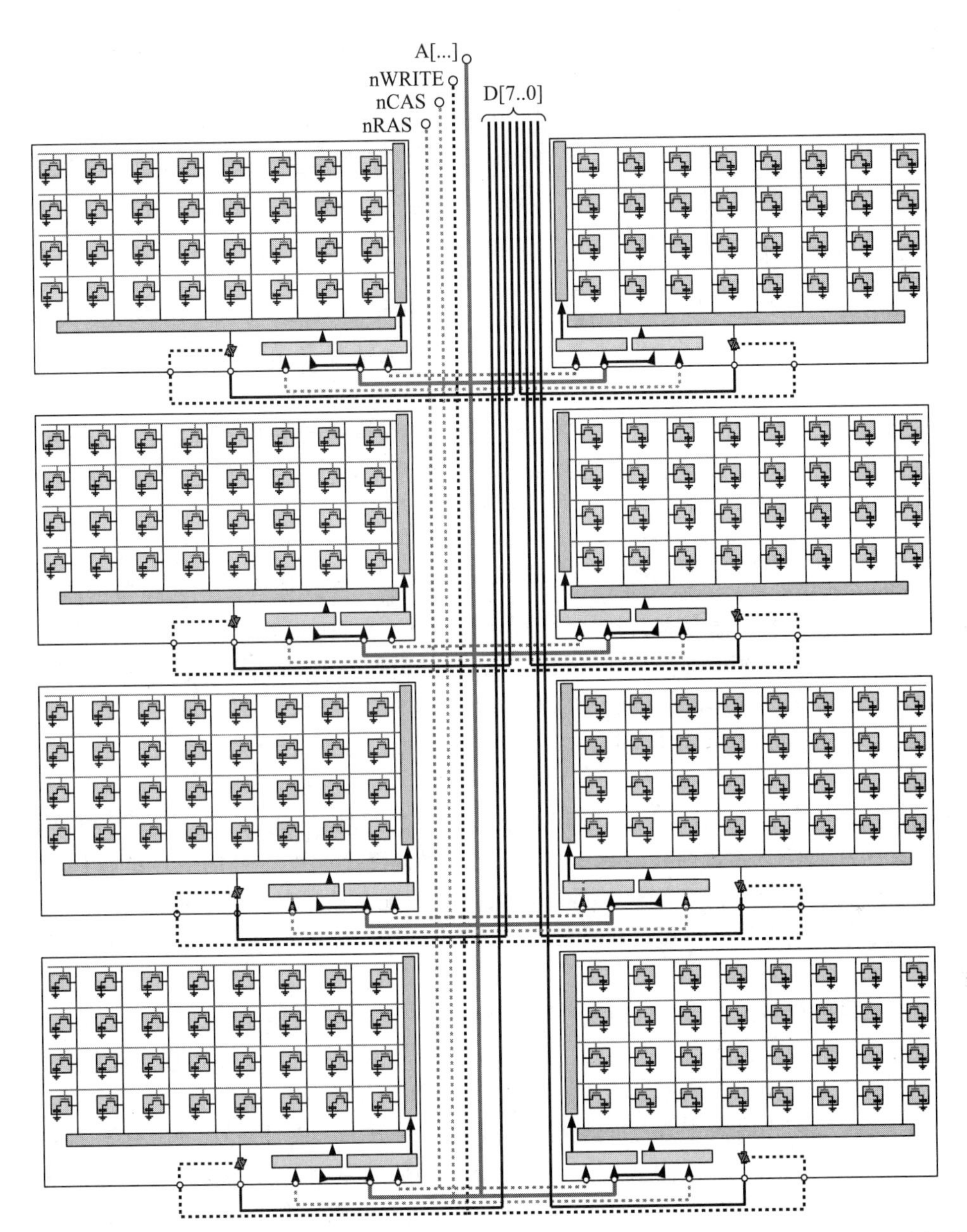

图 7-15 将图 7-14 的 1 位 DRAM 复制 8 个副本构成一个与 8 位总线相连接的 DRAM。对所有内部块而言控制信号和寻址信号都是一样的（实际中所有的块都共享同一个行地址锁存器和同一个列地址锁存器）

回到通用 DRAM，*扩展数据输出*（Extended Data Out，EDO）类型的存储器采用了一个内部锁存器保存该页的数据，如此可以使得 CPU 在开始读取下一页时仍能读取当前页的数据。这实际上是流水线的一种形式，可以通过阻塞多个读操作对其进行优化，如此这些读操作可以一起执行（在 EDO DRAM 的突发模式下最多支持 4 个读操作）。特别是对于多片存储，如果能够良好地对存储块进行交织，则可以交错读取存储块，从而进一步提高存取速度。

至此，之前所提到的各 DRAM 变型虽然都由 CPU 控制，但它们与 CPU 都是异步的，而 CPU 自身是同步的。而事实上很明显，如果需要进一步提高这些存储设备的性能，就需要利用总线时钟，由此同步 DRAM（SDRAM）就被发明出来了。同步使得存储设备能够提前预取数据以便为下一个时钟周期做好准备，从而能够更好地通过交织内部存储访问或使用其他技术来对读写操作进行流水化处理。

SDRAM 性能的最大改善来自提高它们的时钟频率和允许在存储时钟的上升沿和下降沿都进行数据传输（即将每个周期传输一个字变为每周期传输两个字——一个在下降沿传输，另一个在上升沿传输）。这就是所谓的双倍数据速率 SDRAM（DDR SDRAM）。

7.7　分页与重叠

我们在 7.6 节中见识了真正的存储器设备，现在再来回顾一下 4.3 节中介绍的内存管理单元（MMU）。MMU 的配置通常被认为是一个相当复杂的话题（作者有真实经历，在十分紧迫的工程时间约束下使用低级汇编语言实际配置 MMU 是十分困难的）。

在大部分拥有 MMU 的系统中，存储页和外部大容量存储设备进行进出交换，这些大容量存储设备通常都是硬盘。存储器管理系统保存着这些页面信息，在任意时刻知道它们是存放在内部存储器上还是外部硬盘上，并且可以根据 CPU 的指令来进行载入或者保存操作。

MMU 功能是长期创新和逐渐改进的结果，但是现在往回退几代，我们来考察一下在没有 MMU 的情况下如何设计。这并不是一个简单的思想实验，在现代嵌入式处理器中通常都会受到片上存储的限制，设计者经常会耗尽处理器上的 RAM 空间。

320 ~ 321

让我们考虑一种真实情况，软件工程师正在为一部手机中的嵌入式处理器开发控制程序。临近开发末期，他们所编写的代码规模以及所要占用的存储空间分别如下：

- 运行时存储：18KiB 的 RAM
- 程序存储：15KiB 的 ROM

可能发生的情况是处理器只有 16KiB 的内部 RAM，明显不能满足程序执行和存储要求。如果在系统中片上存储或者并行外部 ROM 可用，那么程序就可以直接从这些存储器上执行（但是任何读写代码一般都存放在 RAM 中，大部分情况下所谓的 ROM 可能实际上是闪存）。然而，让我们假设这种情况下可提供的闪存是 1MiB，并连接在一个 25MHz 的 SPI（串行外设接口）串口上。

然而，从这些存储器上执行代码实在是太慢了。

事实上，设计者很关注系统的时间特性。从上电开始，这个处理器在程序开始执行之前，用了将近 5ms 来将程序代码从闪存中读入 RAM($15 \times 1024 \times 8\text{bit}/25 \times 10^6\text{s}$)。

假设不考虑提高代码效率和采用更多 RAM 的解决方案，设计者必须在系统中采用重叠（overlay）技术来适应当前的存储器配置。这个技术的使用原则是所有软件并不都在同一时刻运行，事实上，软件的某些部分是互斥的。例如，无线设备软件允许设备运行在传统模式，设备在上电时可以选择是普通模式或者传统模式，但是不能同时选择两个模式。记住这些，就不难解释为什么这两种模式的软件程序不应该一起存放在 RAM 中，而是在具体的模式被选择时再载入所对应的程序。

设计者因此将所要执行的代码分为两个可执行部分或者重叠部分。一部分是传统模式的，一部分是普通模式的。这种做法看上去不是很高效，因为两个部分共享很少的功能，而且共享的功能可能要提供两次，也就是对两个重叠部分分别提供。另外还需要一个额外的代码初始化选择器来实现两个重叠部分之间的切换（实际上需要选择使用哪一部分，然后在加载后执行）。那么这种做法是一种解决方案吗？

考察下面的情形，代码所需的存储规模如下所示：

- 在普通模式下运行所需要的运行时存储容量：12KiB。
- 在传统模式下运行所需要的运行时存储容量：10KiB。

- 重叠选择器的代码规模：ROM 中的 1KiB。
- 普通模式下的代码规模：ROM 中的 10KiB。
- 传统模式下的代码规模：ROM 中的 9KiB。

所占用的闪存总和为 1 + 10 + 9 = 20KiB（上面的方案需要 15KiB）。然而，这对于 1MiB 的闪存来说并不是问题。

但是开启速度如何呢？一些工程师很关心这种方法是否会让软件的开启速度变慢。从实验结果中可以看到这种方法实际上使得开启速度变快了。

322

在普通模式下只需要 3.6ms 就可以将 11KiB 的数据传送完毕，在此加入了选择代码，它们的执行时间可以忽略不计，因此总的时间为 $11\times1024\times8\text{bit}/25\times10^6\text{s}$。

在传统模式下，开启速度只需要 3.3ms（$10\times1024\times8\text{bit}/25\times10^6\text{s}$）。

总之，在使用重叠技术后，这两种模式下的开启时间及在 RAM 上的运行时间都有所优化，尽管需要更多的软件空间和 ROM 空间。

没有 MMU 对存储器进行管理，对于代码体积大于 RAM 本身的这种情况，其处理方法很直观：编写一个和选择器一样简单的重叠模块载入程序，在两个执行文件间进行切换，或者设计一个更复杂的重叠文件，其自身就包含一部分选择和载入代码，来自行选择和载入下一个重叠模块。

然而，对于现代嵌入式处理器来讲还有另外一个选择——使用一个先进的操作系统，这个系统可以模仿 MMU 的部分功能。一个很著名的例子就是 uCLinux，这是一种针对不含 MMU 的处理器的 Linux，该操作系统中包含很多标准的已编译 Linux 代码，包括闪存文件系统、现场执行（execute-in-place，XIP）驱动器等。

最后一点：这种重叠方法也适用于 FPGA（现场可编程门阵列）技术。这种设备可以通过重新编程完全改变它们的固件功能，顾名思义，它们可以在任何地方（甚至现场）对设备进行编程。我们可以考虑时下比较热门的一个概念——软件定义的无线电（Software Defined Radio，SDR），其含义是指采用通用硬件来实现多种数字无线电处理。这种设计思想允许设备载入多种译码结构中的一个来匹配当前频率下的通信模式。一个前端选择器监控当前的无线信号频率，并且决定哪种调制方法适用于当前频率，之后把相应的固件载入 FPGA 中来解调和译码当前信号。由此看来，在未来几年的移动电话中，重叠技术将会有用武之地。

7.8　嵌入式系统中的存储

大部分计算机体系结构教材都会介绍大型计算机的存储系统，甚至包括共享存储的并行处理机，但是忽略了对嵌入式系统的讨论。

嵌入式系统与台式计算机在存储器使用上有很多不一样的地方。尽管嵌入式系统应用于不同设备，外形大小各异，但现代嵌入式系统中的大规模存储通常使用闪存，而在台式计算机则使用硬盘（如 3.2.2 节的内存金字塔所示）。

在这里，我们来观察一个典型的嵌入式系统，它基于 ARM9 并且运行嵌入式 Linux 操作系统。我们所提供的这种结构在中等规模的嵌入式系统中非常典型。我们也可以设计一个更小规模的系统，其最大 RAM 约为 100Kibit，这种系统能够运行一个单片机实时操作系统（在一个可执行模块中包含一个操作系统、应用程序和引导程序）；我们还可以构建一个类似 PC 的较大系统，其中采用小型 x86 处理器，相当于精简的低功耗 PC。

如图 7-16 所示是一个中等规模的系统（这是现实中存在的，包含一个三星 S3C2410），非易失的程序代码存放在闪存中，易失的运行代码和数据存放在 SDRAM 中。闪存为 16 位宽，SDRAM 则为 32 位（这里使用了两个 16 位宽的 SDRAM）。

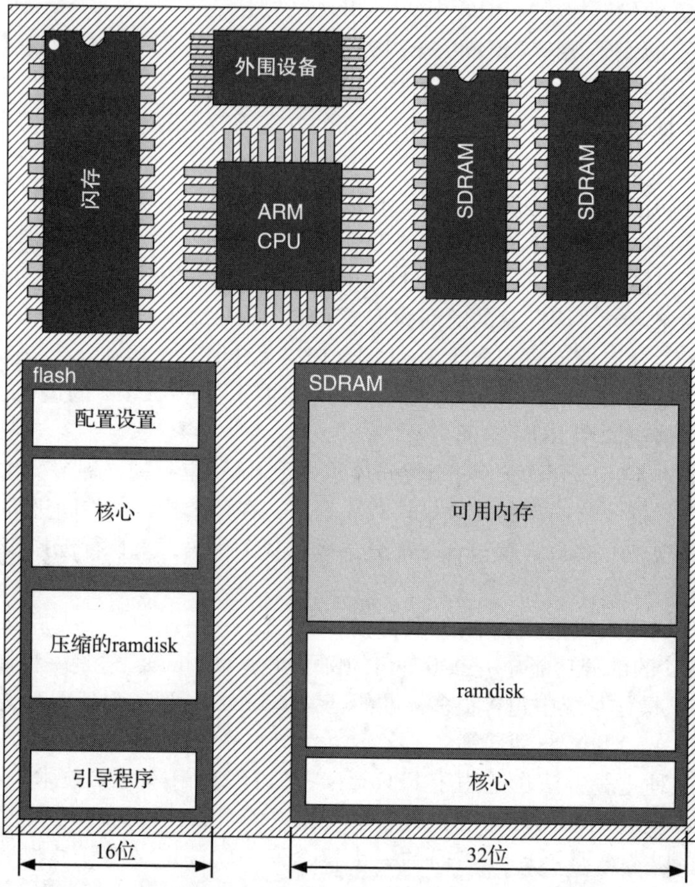

图 7-16　基于 ARM 的嵌入式系统的存储配置示意图，并给出了系统正常操作过程中闪存和 SDRAM 的内容

在图 7-16 的靠下面部分可以看到每个类型的存储器在执行过程中所包含的内容，而我们仅考虑在三个阶段的操作过程中的存储器内容。

323~324

7.8.1　非易失存储器

在处理器断电期间，只有闪存中的内容能够得到保存，SDRAM 基本上是空白的。当 ARM 处理器上电或者复位后，CPU 就开始载入指令，并从 0x0000 0000 地址处执行一段程序。在这种情况下，如大部分嵌入式系统一样，闪存被分配到上面这个起始地址。因此，闪存中的第一条指令将在复位后立即执行。

CPU 将直接从闪存上读取指令和数据。引导加载程序需要完成一些重要任务，例如重新设置处理器状态，关掉看门狗定时器（见 7.11 节），并且复位 SDRAM。这也是大部分嵌入式开发者需要学习一些 SDRAM 知识的原因，我们需要在引导加载程序执行的过程中配置这些存储器。

有很多免费的引导加载程序可以选择，比如流行的 U-boot。设计者也会自己编写为实现特定功能而定制的引导加载程序，这并不少见。引导加载程序可以完成的功能如下：

- 完成上电自检（POST）。
- 设置存储器，特别是 SDRAM。
- 设置 CPU 寄存器，比如用于时钟分频、功耗控制、MMU、cache 等。

- 发出一条信息给串口、LCD 显示屏等。
- 随机等待用户干预（比如说“按任意键进入启动菜单”，或者“等待5秒后继续”等）。
- 将内核或者内存盘（ramdisk）从闪存载入 SDRAM。
- 跳转到起始地址上执行代码（比如内核）。
- 检测内存。
- 擦写闪存上的块。
- 将新的内核或者 RAM 磁盘载入 SDRAM。
- 将 SDRAM 中一个内核或者 RAM 磁盘写入闪存。

在我们所考虑的系统中，有三项需要载入闪存：第一项，在闪存的“底部”，也就是0x00000000 地址处，存放引导加载程序，第二项是经过压缩的 RAM 磁盘；第三项是操作系统内核。

对嵌入式 Linux 操作系统也进行划分，其中 RAM 磁盘（代替台式系统中的硬盘）包含了应用软件和数据，而内核包含了操作系统最基本的执行模块。RAM 磁盘实际上是一个文件系统，包含了各种文件，有些是可执行的，所有这些文件以 gzip 形式进行压缩，一般会在 1MB 或 2MB 这个数量级上。

内核是操作系统的核心部分，包含了所有的系统级功能、内置的驱动、底层的访存程序等。内核程序是不可改变的，即使由于新的应用软件出现而有可能更新 RAM 磁盘。在嵌入式 Linux 中，引导加载程序最先执行内核以开始系统运行，然而，内核和 RAM 磁盘必须放置在正确的存储区域。该过程主要与操作系统密切相关，我们将在第9章进一步讨论（具体参见9.5节）。

325

前述内容主要适用于中型和大型嵌入式系统。对于小型系统，往往可配置性更低，通常直接从操作代码中启动。例如，框7.4中描述了小型嵌入式处理器（德州仪器公司的 MSP430x1）的存储器配置和启动过程。其中不包含外部数据或地址总线，没有 ramdisk 和单独的启动程序和内核，也不需要解压缩，所有过程都在内部发生（与配有复杂启动过程的系统相比，它的启动时间更短）。

框7.4 MSP430 中的存储映射

MSP430 是一个典型的拥有大量内部功能的小型低功耗微控制器，这些功能大部分通过映射到存储空间上的片上集成外设实现。

如下图所示是 MSP430x1xxx 系列处理器的存储映射图，底部为 0 地址。图中的不同部分有不同的宽度，有些是 8 位宽而有些是 16 位宽。因为该器件中存在处理不同宽度数据的外设，因此 TI 就按读写数据宽度划分存储映射空间。例如，设置寄存器和数据寄存器是一个 8 位的外设，位于地址 0x10 和 0xFF 之间。

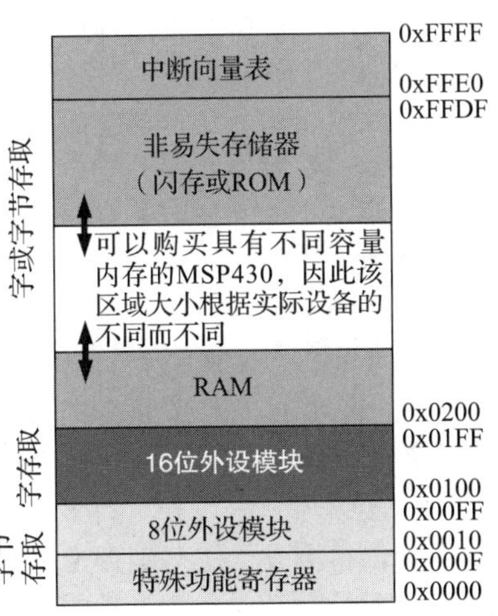

在图的底部是特殊功能寄存器，用于控制整个系统、处理器以及其他部分（如功耗和时钟）。处理器的中断向量表在映射的顶部，这意味着一旦设备重启，将从这部分读取指令开始执行。基于这个原因，326 包含引导程序的非易失存储器一般都会放置在存储映射的顶部。RAM 位于较低位置。

有趣的是，TI 提供了很多种类的 MSP 设备供选择，每个设备都有不同的可选特征、外设以及不同规模的闪存/ROM 和内部 RAM。它们的存储映射相同，RAM 的上边界和 ROM 的下边界除外，它们的位置视各自的具体规模而定。

7.8.2 其他存储器

很多设备都有一个并行接口，使其能够加入 CPU 存储映射中，其中包括一些外置设备，比如存储器、以太网芯片和硬盘接口，也有一些内部设备的接口，比如 SoC 上集成的外设。

然而，还有另外一类常见的实体也可以加入存储映射中，这就是系统和外设控制寄存器。框 7.4 介绍了 MSP430 的存储映射（在存储映射的底部，从特殊功能寄存器开始，接着是外设控制寄存器）。事实上，如果查看框 7.2 中给出的 MSP430 控制引脚描述，可以发现一些我们在这里所讲的寄存器。

所有这些寄存器在 MSP430 数据手册中都有详细说明，它们都可以在存储映射中找到，这也意味着它们将占据具体的处理器存储器地址。对于框 7.2 中提到的特定寄存器来说，这些寄存器可以在右面这些地址中找到。

名称	地址
P2DIR	0x02A
P2IN	0x028
P2OUT	0x029
P2SEL	0x02E

这样，通过对这些地址进行读写就可以控制或者查询这些寄存器。

对于我们查看的这几个寄存器，回顾一下存储映射图，可以发现它们在 8 位外设模块部分，这正是我们所期待的，因为端口（以及相应的控制寄存器）宽度为 8 位。

如果用 C 语言进行编程，那么读写这些寄存器最安全的代码如下：

```
unsigned char read_result;
void *addr;
read_result = *((volatile unsigned char *) addr); //读
*((volatile unsigned char *) addr) = 0xFF;        //写
```

为什么要使用 volatile 关键字？

许多编译器在进行编译时如果发现在一个程序中有对同一个地址进行连续两次写入操作，则会删掉第一个写入以提高程序效率。例如，如果一个程序想要在 X 位置上存储一个值，然后在几个时钟周期后再在相同位置上写入，且两个写入操作之间没有读操作，显然第一个写入操327 作是浪费时间——不管第一次写入了什么内容都会被后面的写操作所覆盖。

对 RAM 进行写入时是这样的。然而，有些情况下，我们需要合法地对同一地址进行重复写入操作，比如在一个闪存上改写算法或者写入地址对应的是一个有存储映射的寄存器。

这里的一个例子就是串口单元的输出数据寄存器。一个程序员想要设置好串口然后连续输出 2 字节的数据，这就需要一个字节接一个字节地写入有存储映射的串口输出寄存器。

这时 volatile 关键字会告诉编译器这个写入是“易失的”，也就是说需要刷新。这样编译器会让这个连续写入完成，不删掉前一个写入。

编译器并不是只能发现连续写操作，也可以发现连续读操作，并且尽可能地优化成一个读操作。

连续读出现在代码中也很正常，事实上，编译器会插入读操作作为泄漏代码的一部分（3.4.4 节）。然而，对于程序设计者而言这部分代码并非设计初衷。

当然，正如上文所述，连续读和连续写一样必要。例如，在串口输入寄存器中读出一组连续的数据，或者轮询串口状态寄存器以检测发送缓存是否为空。以上这些情况，正如连续写入一样，volatile 关键字会告诉编译器这种连续读是故意设计的，不可优化掉。

与上面类似，也可以使用 volatile 定义一个易失性变量类型：

```
volatile unsigned char * pointer;
```

7.9　测试和验证

测试和验证会覆盖所有的章节，旨在解决计算中存在的实际问题，尤其是在嵌入式计算中。引入测试和验证的主要原因是计算性能的提高使得处理器变得越来越复杂和庞大，但这也会让处理器的设计和制造变得更困难。另外，测试和验证会导致需要在设备中加入测试支持和错误控制机制。

7.9.1　集成电路设计和制造问题

在 20 世纪 70 年代，工程师一个人不可能了解和检测一个完整的现代处理器。虽然良好的团队合作和卓越的设计工具大量替代了手工检测，但是在集成电路设计上依然容易出现错误。事实上，我们在处理器第一版发布时不能保证完全找不到硬件设计错误。大部分错误只是小麻烦，它们可以简单地通过软件设置来修复，比如当串口工作时，在模式发生变化后总是需要加入一条 NOP 指令。而其他的错误可能是更严重的。

Intel 80486 处理器的 FDIV 错误是一个比较著名的设计错误，幸亏发现它的时候卖出和安装进计算机的处理器只有几千个而不是上百万个。这虽然只是一个百万分之一的错误，可以保证在几个月中不被检查出来，但是会让公司在经济上和公共关系上付出沉重的代价。

328

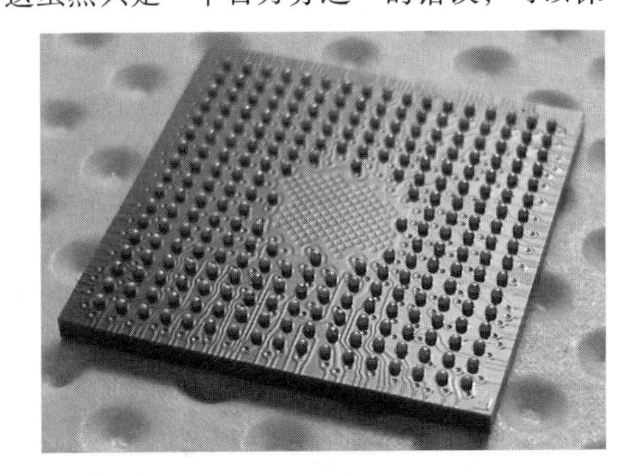

图 7-17　ARM 处理器底面的球栅阵列（器件尺寸为 14mm × 14mm）

制造过程中的错误更为常见。粗略对比一下现在顶级 PC 中的 PCB 板和在 20 世纪 80 年代所设计的同类产品，不仅可以看到在硅片中集成各种分立部件是一个循序渐进、不断整合的过程，还能发现现在的电路板设计带有大量的引脚和球栅阵列。如图 7-17 所示的就是三星 S3C2410 ARM 处理器底面的 BGA（Ball Grid Array，球栅阵列）照片。可以看到当加热焊锡到焊接相对应的 PCB 板表面焊盘时，这些小的焊接锡点就会熔化。

BGA 通过很紧凑有效的方法连接 IC 和 PCB，但这使得调试和修复变得困难了。基于之前几代的 IC 封装技术，可以对在顶部可见的外部成簇连接点进行探测。而 BGA 技术将连接点隐藏在它的底层，几乎只能通过 X 光才能检查已安装在 PCB 上的每一个连接点。图 7-18 展示的就是通过 X 光所看到的一个封装效果，在这里 IC 的内部结构和 IC 下面 PCB 的细节都是可见的。

诸多的设计功能集成在单个硅片设备上，例如在现代个人计算机上的 SuperIO 芯片。因此需要集成原有设备使用的外部接口，例如要连接类似硬盘、光盘、软盘驱动器之类的存储媒介，这也是影响器件大小的主要因素。使用多引脚的设计已经出现大概 30 年了。USB、Firewire 和 SATA（串行 ATA）等现代接口技术使用较少的引脚绝非偶然，这样导致大多数 I/O 连接器支持传统的接口而非支持这种现代接口，因此看起来旧的 ISA、EISA、IDE、SCSI 和软盘等接口会最终消失，从而产生更小的 SuperIO[⊖]芯片。

329

⊖ SuperIO 是一种大的 IC 的名字，这种 IC 通过 PC 母板提供胶连逻辑和系统功能且围绕 CPU 工作，例如，内存驱动器、USB 接口、并口以及串口等。

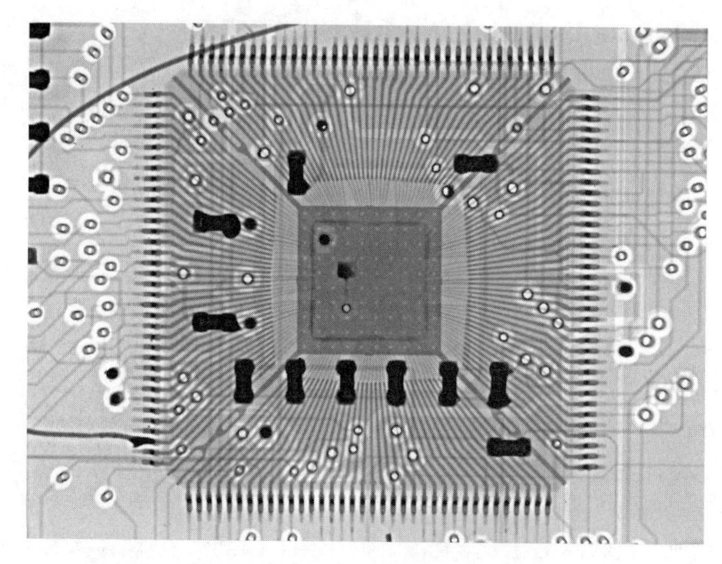

图7-18　IC（方形扁平封装）的X光照片，可以看到IC封装、引线框和内部硅片

现在回过头看测试和验证，具有大量I/O连接的芯片测试主要存在两个问题。

首先，生产IC时一般需要经过测试。有些制造商倾向于只使用批处理测试，而有些对于错误零容忍，会测试每个器件。这些测试需要覆盖两个主要的制造步骤：生产硅芯片和在其上附加引脚/锡球。

其次，还有一小概率事件——每个焊接点是否工作，电路板制造错误率大约与焊接的引脚数成正比。因此拥有大量I/O引脚的设备就会更容易出问题，需要一种验证方法判断这些引脚焊接点是否正确。

为清晰起见，我们将这些技术分为两类，并在下面分小节讨论计算机处理器测试中所用的解决方法。

1）设备制造测试——用于在设备离开半导体制造厂前确保集成电路能正常工作。更多细节参考以下章节：

- 7.9.2节，BIST（Built-In Self-Test，内置自测）
- 7.9.3节，JTAG（Joint Test Action Group，联合测试行动小组）

330

2）运行时测试和管理——这是为了保证最终制造的系统能正常工作（涉及之前的BIST和JTAG技术）。将在以下章节中探讨：

- 7.10节，EDAC（Error Detection and Correction，错误检测与纠正）
- 7.11节，看门狗定时器与复位监测

7.9.2　BIST

BIST是特定于器件的片上硬件资源，主要用于协助测试器件内部功能。举个例子，当硅圆片离开硅蚀刻生产线或者单个IC已经被封装待出售时，测试机器会使用BIST。有时候，允许客户访问内部的BIST单元来验证自己的设计。

BIST单元可以在某种程度上隔离待测试的IC部分，向该部分输入已知值和状态，然后检查这部分输出是否正确。这些可以概略地通过图7-19表示，在测试模式下数据

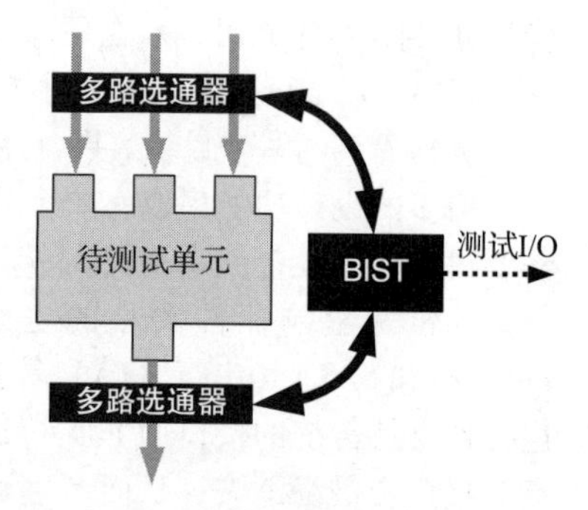

图7-19　内置自测单元可以隔离待测器件的输入/输出，使得在给定输入下验证输出的正确性

通过多路选通器从 BIST 单元出来或者进入 BIST 单元。

BIST 还可以用于 CPU 测试各种外设单元的内部程序。这种情况下往往需要某种方法验证外设单元的功能正确性，例如需要一个回路。BIST 单元可以实现这个功能，如图 7-20 所示，其中在测试模式下多路选通器将模拟输出信号反馈到外设输入端口。

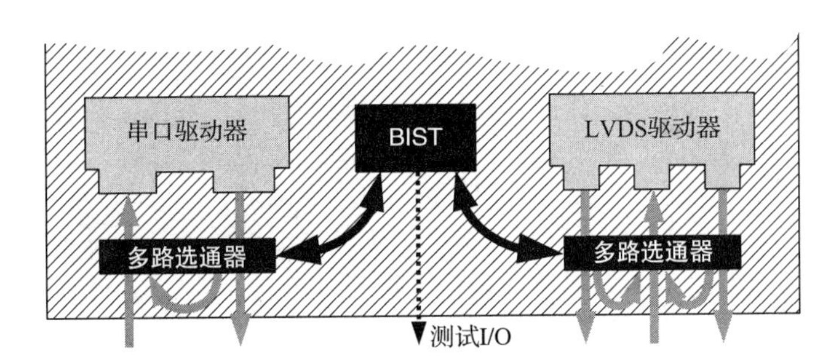

图 7-20　内置自测单元可以用于测试或设置来往于某单元外部引脚及其内部逻辑之间的输入/输出信号

反馈外部信号意味着制造商可以生成一个测试序列，通过模拟输出驱动器（例如 EIA232 串口包括一个负电压信号电平）输出，然后通过模拟输入，从而验证串口硬件、输出驱动或缓冲以及输入检测器。

片上测试方法能简单、方便地测试 IC 上所有逻辑和许多模拟单元，但是这会增加硅片面积和复杂度。这来源于三个部分的开销：

- BIST 单元本身。
- 每个被测单元和 I/O 端口需要多路选通器或类似的开关电路。
- 从 BIST 单元到每个选通器的开关和数据连线。

331

BIST 单元并不是很复杂，容易扩展到更大规模的设计中。对于大多数逻辑实体来说，增加输入和输出选通器并不会明显增加逻辑大小。然而，从 BIST 到每个测试点的数据和开关是一个问题。测试数据通路时可能需要操作在同一个时钟频率上，并需要一组并行线路连接输入和输出总线。这些线路（或者硅片 IC 上的金属/多晶硅通道）必须从芯片的各个部分连接到集中式的 BIST 单元上。这种布线使得 IC 设计非常困难且显著增加了代价。将 BIST 电路化分成许多更小的单元有助于解决该问题，但是，IC 设计复杂性增加并且 BIST 复杂性也同时增加的问题依然存在。

一个解决因规模产生的问题的方法是使用一系列的“扫描通路”，其中多路选通器之间的连接是串行的，而多路选通器本身只是简单的并行/串行的寄存器，如图 7-21 所示。

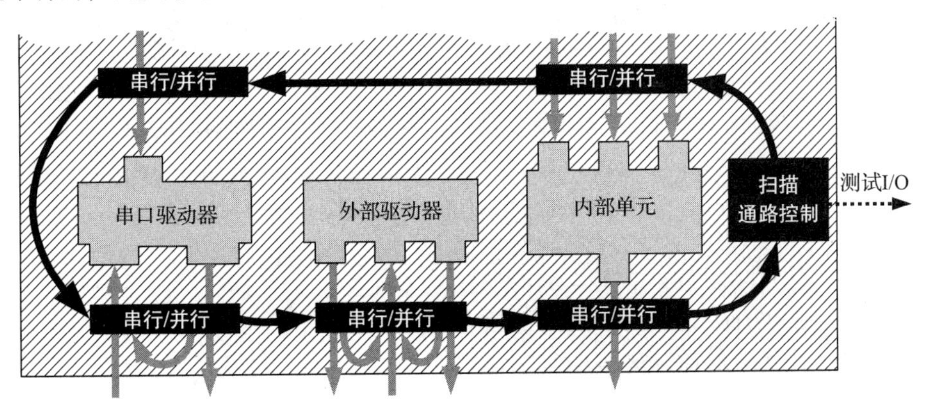

图 7-21　一个待测试的扫描链，利用串 - 并转换逻辑隔离被测部分

可以看到扫描通路控制单元和所有测试点之间通过一条链互联，称为扫描链。其长度取决于该链上所有串行/并行寄存器的位数量。扫描链本质上是一条高速串行总线，包括时钟、数据和控制线。最重要的是，很容易环绕 IC 布线，而 BIST 单元（或扫描通路控制器）可以放置在芯片外围而不是中间。

332

7.9.3 JTAG

JTAG 是 IEEE 的一个工作组，目前已经发展为 IEEE 1149，现已在各种逻辑器件中广泛用于扫描链控制单元。IEEE 1149 最初是用于边界扫描测试，边界扫描测试是扫描路径的一种，用以链接器件的外部输入和输出，而不是用于内部单元的 I/O。

事实上，近些年来遵循 JTAG 的测试单元已经集成了很多实质性的其他功能，并且目前包含了除边界扫描路径之外的各种内部存取功能。在很多场合，JTAG 是硬件调试器存取目标处理器的方法。一些很先进的处理器既有测试用的 JTAG 单元，又有内置仿真器（in-circuit emulator，ICE）用 JTAG 单元，后者通常用于调试。

JTAG 定义了一个标准测试接口，包括以下器件上的外部信号：

- TCK(测试时钟)
- TMS(测试模式选择)
- TDI(测试数据输入)
- TDO(测试数据输出)
- TRST(可选的测试复位)

实现 ICE 功能的 JTAG 单元，通常会再有 4 位或者 8 位的输入/输出信号来组成一个高速总线以快速传送测试数据。

我们再来看最原始的 JTAG，图 7-22 给出了 JTAG 在类 ARM 处理器中的硬件实现。

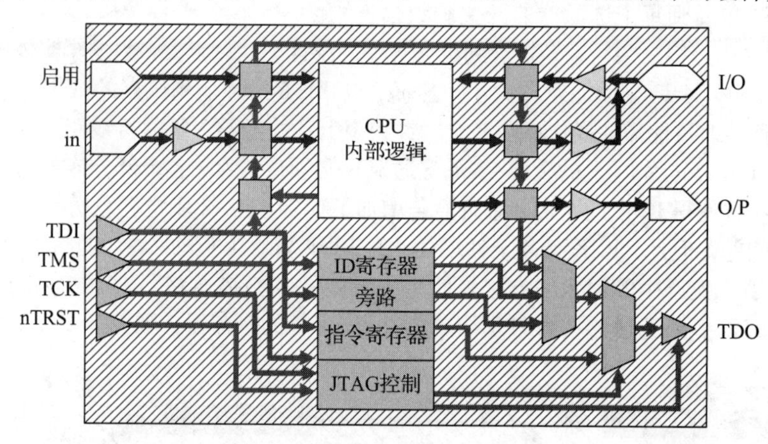

图 7-22　与 JTAG 相关的主要寄存器框图以及 ARM 处理器中串行数据寄存器互连举例

JTAG 电路（并不是完全按照图 7-23 的比例实现）位于图中 CPU 内部逻辑的下面，且作为边界扫描与这个模块的所有输入/输出相连。使用 5 个 JTAG 引脚，所有连接到 CPU 内部逻辑上的输入、输出和双向引脚都可以被查询和根据需要做适当调整。

JTAG 在许多方面都是很有用的，比如跟踪连接和焊接问题（见框 7.5）。另外一个常见应用（这并不是 JTAG 设计者的初始考虑）就是向嵌入式系统的闪存中下载引导程序，见框 7.6。

框 7.5　采用 JTAG 寻找焊接错误

想象一下你拥有一块新出厂的计算机主板，一切看上去都挺好：没有过电流错误，复位和时钟信号良好，但是主板就是不能工作。是焊接错误吗？

使用JTAG连接CPU，测试人员可以对该器件设置给定数据。然后，使用万用表测试PCB周边的信号输出是否正确。测试人员可能设置地址总线为0xAAAA(二进制为1010101010101010)，这样可以测试这些引脚有没有互相短路，之后设置为0x5555(二进制为0101010101010101)，这样每个引脚上的信号都翻转，从而可以发现不能正常驱动高或低电平的引脚。检查引脚的这两个状态是必要的，因为PCB上有些信号不驱动时为高，有些则会为低。 333

而后，测试人员可能在PCB中设置已知值到各测试点上，然后通过JTAG读回CPU上所有输入引脚的状态。之后更换为其他值，比如这些值的反转，并重复这个步骤。

这样，CPU上所有的输入、输出以及双向信号都可以被检测到。如果CPU的某个引脚或者锡球没有焊接上，这样就会看到CPU没有驱动这个信号，或者CPU输入错误。

但这种方法有它的局限性：首先，测试只能告诉我们焊接点是否工作，但并不能说明它们的工作质量（这可以帮我们预知未来可能出现的潜在错误）；其次，有些引脚无法测试，例如电源引脚、模拟电路I/O引脚以及典型的锁相环输入引脚；最后，测试过程太慢了，因为必须按顺序测试每个引脚。

框7.6 使用JTAG引导CPU

大多数基于ARM体系结构的处理器没有内部闪存，一般复位后从0号地址开始执行。这个地址和与外部闪存相连的片选信号0（nCS0表示低电平有效）有关联。

因此外部闪存包含一个引导加载程序，它是CPU在复位或者启动时首先执行的程序。该程序会引导到主应用程序或者操作系统，比如用于个人数字助理的移动Linux或用于指纹读取器的SymbianOS等。

在20世纪90年代之前，引导代码在EPROM（可擦除可编程只读存储器）中。只需简单地插入一个可编程EPROM设备，开启电源，系统就可以工作。由于ROM被认为太昂贵、尺寸较大，因此EPROM已经逐渐被可重复编程的闪存所取代。

每个新设备离开生产线时闪存里面没有数据，因此需要将引导代码写入闪存中。

这可通过基于JTAG的程序完成。这需要一台外部PC连接到CPU JTAG控制器。PC机控制连接到CPU引脚上的闪存，驱动闪存将引导程序写入。对于闪存来说，它不知道是外部PC在对其进行控制，而简单地认为是CPU的一种常规控制。

外部PC通过JTAG到CPU进行工作，控制CPU端口，使用命令让外部闪存擦除它本身，然后按字节将引导程序从地址0写入闪存。

JTAG的控制以简单状态机实现。数据在TCK的下降沿从TDI引脚输入。TMS引脚用来选择和改变模式。有几个模式可供选择，通常都包含BYPASS功能来跳过扫描链，这样可以保证从TDI输入的数据直接从TDO输出。IDCODE输出ID寄存器的内容来标识设备生产商。EX-TEST和INTEST通过扫描链输出数据，分别支持检测外部和内部的链接。

生产商可以在一个器件内实现几种扫描链。一个典型例子就是与CPU位于同一芯片中的闪存有一个单独的扫描链，独立于主CPU的扫描链，但它们共用同一个JTAG接口。 334

典型的扫描链有数百位长。例如三星的S3C2410 ARM9处理器是272引脚的BGA，有扫描链427位，其中每位对应的引脚为：

- 输入引脚
- 输出引脚
- 双向引脚
- 控制引脚
- 保留或者隐藏引脚

通常，输出和双向引脚都相应有一个控制位，以确定输出缓存是关闭还是开启。这些控制位可以是高电平有效或者低电平有效，它们和其他控制JTAG所需的信息都存放在边界扫描数据（BSD或BSDL）文件中，包括扫描链长度、命令寄存器长度、实际命令字和扫描链到引脚或功能的映射关系。

最后，应该注意的是由于JTAG标准以串行连接实现，因此可以使单个JTAG接口服务于扫描链上的不同设备。一个外部测试控制器可以通过 JTAG 接口寻址并测试每一个设备。

JTAG 是一种非常高效的硬件资源，因此在 CPU、FPGA、显卡、网络控制器和配置器件中应用非常广泛。任何还记得 JTAG 出现之前调试数字硬件之困难的人都会同意这一观点，即 JTAG 技术虽然简单，但使得计算机设计者的原型设计能力发生了革命性的变化。

7.10　错误检测和纠正

除了错误的编程以外，数字系统中的错误也可以通过其他途径产生。在糟糕的系统设计中，我们可以看到以下问题：模拟噪声干扰数字线路，电源线上产生电压急降（也称为“掉电”，在 7.11.1 节中将会介绍），时钟抖动（见 7.4 节）会造成在错误的时间采样数字信号，来自其他设备的电磁干扰也会对信号造成影响。

一个很少被提及的错误产生来源是宇宙辐射——所谓的 SEU（Single Event Upset，单粒子翻转）是指在电子设备中由宇宙射线触发的随机位翻转。由于地球的大气层会削弱宇宙辐射和太阳辐射，因此 SEU 会随着海拔的升高而变得明显。家用电子产品在全球定位卫星所处的高度（约 20 000km）上将会完全不可用。然而，在一个较低的地球轨道高度（500km）它们可能每天都会遭受一些 SEU。在高山上，这样的事件每个月会发生一到两次。在地面，可能一年才会发生几次。这个错误源在日常生活中听起来并不值得我们担忧，但是还是会有明显受此因素影响的一些设计，比如，将用在空中交通控制系统、核反应堆控制室或宇航员生命保障系统中的计算机。

幸运的是存在完善的技术来解决以上错误，并且这样的技术在太空科学中是一个活跃的研究领域。常用的技术范围很广，从类似的 NASA 决策到并行运行 5 台单独的计算机，并通过“多数票决”制来决策，更简单的例子是存储总线上的奇偶校验。

随着时代的进步，像 DEC、IBM 这样的著名公司设计的 UNIX 工作站都能与带奇偶校验的存储器互相传输信息。在这样的存储器中，每个字节以 9 位方式存储，或者 32 位数据以 36 位形式存储，每个字节中多出来的一位作为奇偶校验位：

7	6	5	4	3	2	1	0	P
1	0	1	1	0	1	0	1	**1**
1	0	1	0	0	1	0	1	**0**

如果这个字节中“1”的个数是奇数，P 位的值就是 1，否则为 0。如果单个位产生了错误，与字节内容相比较奇偶校验位就会是错误的，因此它有可能检测出是否有单个位的错误（比如由 SEU 引起的）。即使奇偶校验位恰好就是受 SEU 影响的那一位，这个奇偶校验方法同样可以应用。

335～336

然而，单个位的奇偶校验并不能检查出字节中的两位错误。更糟糕的是，尽管我们知道发生了一个错误，但是我们并不知道具体是哪个位产生了错误，所以无法纠正这个错误。

更多的错误检测方法中用到了汉明码和 Reed-Solomon 编码方法。一种近来非常流行并且比较先进的技术是功能强大的 Turbo 码，经常用在卫星通信中。这些方法的细节超出了本书讨论范围，在这里，我们只需知道所有这些方法增加了必须处理的数据量，但提高了修复受损数据的能力。实际上，在设计中需要以下多方面的权衡：

- 编码的复杂度——需要多少 MIPS 编码一个数据流。
- 解码的复杂度——需要多少 MIPS 解码一个数据流。
- 编码开销——需要多少额外的数据位加到数据之中。
- 纠错能力——能纠正多少位错误数据。
- 检错能力——能检测出多少位错误数据。

我们可以考虑每一种设计要素，每个设计都有它独有的特点。而且，要考虑设计所基于的数据单元——可能是单个字节（有重复的编码），也可能是几个 KB，甚至更大（Turbo 码）。我们必须就不同情况做实际考虑：一些设计会在处理几个数据位之后就输出经过纠正的数据，而一些设计会在处理完一个庞大的数据块后再进行解码。

一些例子如下：

- **三重冗余**——有时称为重复编码。在这种编码设计中，数据的每一位重复了三次，所以编码开销是 300%，因此一个错误可以在每 3 位中被纠正。编码和解码极其容易。三重模块冗余（TMR）是其中一个例子，将 3 个或更多个模块的输出由“多数票决”制决定输出，如图 7-23 所示。被决策的信号不是必须为数据位，有可能是字节、字或者更大的数据块。我们可以对单独的每个位或者整个项目的输出数据进行“投票”。其中一个例子是这样的：NASA 的航天飞机上拥有 5 台 IBM 用于航天的计算机，其中 4 台运行相同的代码并且支持多数票决。第 5 台运行和其他机器相同任务的软件，但是被单独开发和编写（这样就不会受和其他计算机相同的软件错误的影响）。 337
- **汉明码**——一个非常流行的代码形式，通常形式为（7，4）编码，即为每 4 位的数据添加 3 位的校验位数据。它可以纠正每个数据块里的单位错误，并且还可以检测出每个数据块中 2 位的数据错误。编码和解码都是相对比较简单的——要求对 1、0 组成的矩阵所代表的数字进行简单的模 2 算术[㊀]。从框 7.7 和框 7.8 中可知（7，4）代码的编码开销是 75%。注意：汉明码存在许多不同的形式，从而有不同的代码开销以及检错和纠错特点。

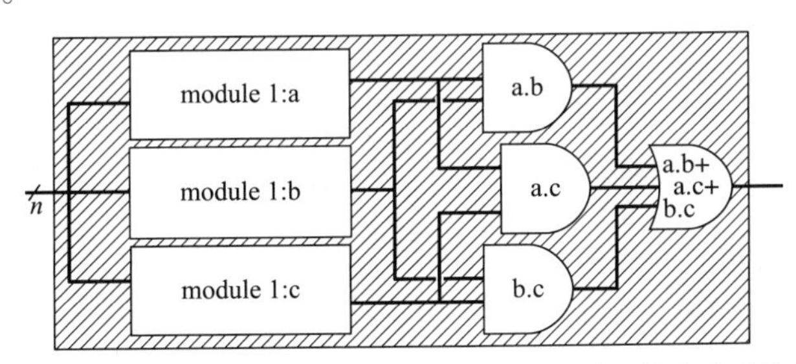

图 7-23　一个 TMR 例子——一个处理模块被重复了 3 次。一个简单的输出电路演示了“多数票决”制。例如，如果三个模块的输出分别是位级别的 0，0，1，那么最后的输出就是 0，我们会认为输出为 1 的模块是错误的。以此类推，如果 3 个模块的输出分别是 1，0，1，那么最后的输出是 1，我们会认为中间输出 0 的模块是错误的。注意：信号不一定必须是位，有可能是更大的数据块

框 7.7　汉明（7，4）编码举例

对于一个将要传输的 4 位数据字，它的各个数据位分别是 b_0、b_1、b_2、b_3。我们利用模 2 算术来定义从 p_0 到 p_3 的 4 个奇偶校验位：

$$p_0 = b_1 + b_2 + b_3$$
$$p_1 = b_0 + b_2 + b_3$$
$$p_2 = b_0 + b_1 + b_3$$
$$p_3 = b_0 + b_1 + b_2$$

实际上我们要传输的 7 位的数据字是由 4 位的初始数据和 3 个奇偶校验位组成的，如下所示：

b_0	b_1	b_2	b_3	p_0	p_1	p_2

㊀ 模 2 算术用 0 和 1 来标记数值。它表示任何大于 1 的数除以 2 的余数。这样，偶数模 2 后用 0 来表示，奇数模 2 后用 1 来表示。例如，3 = 1(mod 2)，26 = 0(mod 2)。以此类推，任何数的模 n 算法就是它们除以 n 后所得的余数。

当接收到这个7位的数据字时，我们很容易重新计算3个奇偶校验位并且检测它们是否正确。它意味着数据或者被正确地接收，或者存在着大于1位的数据错误。如果检测到一个错误，我们可以确切地知道（假设只是单位的数据错误）哪个数据位是错误的。例如，如果检测到 p_1 和 p_2 是错误的，但是 p_0 是正确的，那么数据位 b_0 或 b_3 有可能产生了错误。然而，b_3 是用来计算 p_0 的，而 p_0 又是正确的，因而我们可以确定只有 b_0 位发生了错误。

汉明码（或者其他编码形式）更常用矩阵举例见框7.8。

框7.8　利用矩阵的汉明（7，4）编码实例

实际上，汉明编码、验认和纠错是利用线性代数（矩阵）来实现的。汉明将 $\boldsymbol{G}$ 定义为生成矩阵，$\boldsymbol{H}$ 定义为奇偶校验矩阵：

$$\boldsymbol{G}=\begin{bmatrix}1&1&0&1\\1&0&1&1\\1&0&0&0\\0&1&1&1\\0&1&0&0\\0&0&1&0\\0&0&0&1\end{bmatrix}\qquad \boldsymbol{H}=\begin{bmatrix}1&0&1&0&1&0&1\\0&1&1&0&0&1&1\\0&0&0&1&1&1&1\end{bmatrix}$$

我们用一个4位的数据向量来证明。首先，向量 $\boldsymbol{d}$（1101）与生成矩阵 $\boldsymbol{G}$ 做乘法，从而生成7位要传输的数据字：

$$\boldsymbol{x}=\boldsymbol{Gd}=\begin{bmatrix}1&1&0&1\\1&0&1&1\\1&0&0&0\\0&1&1&1\\0&1&0&0\\0&0&1&0\\0&0&0&1\end{bmatrix}\begin{bmatrix}1\\1\\0\\1\end{bmatrix}=\begin{bmatrix}3\\2\\1\\2\\1\\0\\1\end{bmatrix}\ \text{modulo 2} => \begin{bmatrix}1\\0\\1\\0\\1\\0\\1\end{bmatrix}$$

从而用欲传输的数据1010101代表原始的数据1101。假设存在一个单位数据错误，我们接收到一个不同的数据：$\boldsymbol{y}=1000101$。下面来看一看我们如何用矩阵 $\boldsymbol{H}$ 来检查接收到的数据：

$$\boldsymbol{Hy}=\begin{bmatrix}1&0&1&0&1&0&1\\0&1&1&0&0&1&1\\0&0&0&1&1&1&1\end{bmatrix}\begin{bmatrix}1\\0\\0\\0\\1\\0\\1\end{bmatrix}=\begin{bmatrix}3\\1\\2\end{bmatrix}\ \text{modulo 2} => \begin{bmatrix}1\\1\\0\end{bmatrix}$$

通过查看奇偶校验矩阵 $\boldsymbol{H}$，我们看到［110］位于第3列，那么，我们接收到的 $\boldsymbol{y}$ 的第三个数据位就是错误的。通过比较 $\boldsymbol{x}$ 和 $\boldsymbol{y}$，我们发现确实如此。将第三个数据位翻转过来，由0变为1就纠正了 $\boldsymbol{y}$ 并且重新构造了原始的数据信息。

- Reed-Solomon（RS）——一种基于数据块的代码形式，具有相对较低的编码复杂度和较高的解码复杂度。RS实际上是一种基于数据块大小的代码形式——它的检错和纠错能力是由所处理的数据块的大小设定的。一种常用的代码形式是RS（255，223），用于处理具有255字节的数据块。经过编码后的数据块包含223字节的数据和32字节校验码数据，并且在每个223字节的数据块中，可以纠正16字节的错误数据。注意，这些字节可能有多种多样的错误，所以有时可能会纠正多于16个的单位错误。对于RS（255，223），编码长度的开销是223个字节，需要增加32个字节，即14%。

一些 CPU（例如欧洲太空总署所用的 SPARC 处理器，被称为 ERC32，也可以叫作 Leon 软核）自身就嵌入了 EDAC（错误检测和纠正），其他的一些 CPU 则依赖于外部的 EDAC 单元，如图 7-24 所示。

在图 7-24 中，数据总线上的数据和连接到 CPU 的数据并不受 EDAC 保护，我们需要一个外部 EDAC 设备给每个从 CPU 写出到存储器的数据字添加纠错代码，并且检测每个从存储器读入 CPU 的数据字。一旦检测到一个不可修复的错误，则启动一个中断来通知 CPU。而那些可修复的错误无须 CPU 干预便可自动修复。

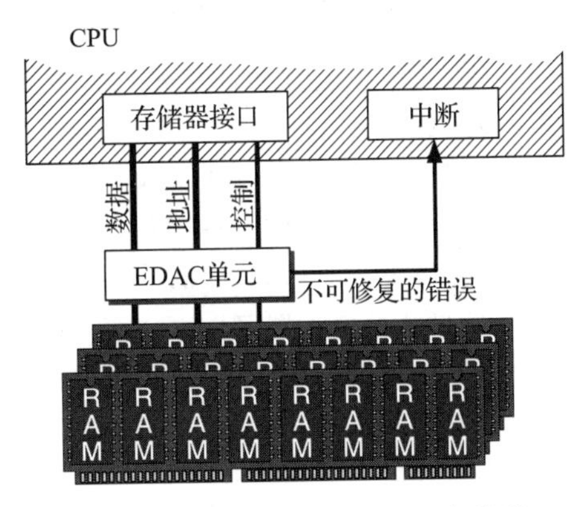

图 7-24 EDAC 单元位于 CPU 存储器接口和外部存储器之间

注意，并不是所有纠错代码都可以迅速地在 CPU 和存储器之间进行操作。例如，Reed-Solomon 编码的数据字需要相对比较长的一段时间来解码，每次检测到错误并且纠正的过程很可能导致 CPU 的暂时停顿。相比之下，汉明码是比较快捷的，经常在系统中被用作错误检测和纠正（见框 7.7 和框 7.8 中汉明编码的例子）。

总之，要求一些计算机系统高度可靠，因而错误检测和纠正单元就是必须具备的，或者是内部嵌入的单元，或者是在容易受噪声影响的外部数据线上。类似地，那些更容易受 SEU 错误影响的高密度存储也需要在 EDAC 单元的保护下才能正常工作。

7.11 看门狗定时器和复位监测

除了直接的奇偶校验，EDAC 在实际的计算机中很少使用，但看门狗定时器和掉电检测器（见 7.11.1 节）却极其常见，它们通常在专用 CPU 集成电路中实现。

338
~
340

一个看门狗定时器对于处理器来说就像是起搏器对于人的心脏一样：它需要不断地重新确定处理器在正确地执行程序。如果一段时间没有进行重新确定，看门狗定时器就可以确定这个处理器已经“挂”了，并且会触发复位键——就像是起搏器给已经停止跳动的心脏传输一次小小的电击一样。

从编程者的角度来看，处理器必须反复在超时时间段内写入或读出看门狗定时器（WDT）。它会不断地写入或读出，但在一段特定的时间内如果读写失败，就会引起复位。

内置的 WDT 会允许编程人员通过写入内部的配置寄存器来设定超时时间，这个配置寄存器通常有存储映射。看门狗的构造是一个倒数计时器，通过输入分频系统时钟具体实现，分频比率在很多情况下也是可以设置的。系统复位时，看门狗计时器的配置寄存器中的值会被载入一个硬件计数器中。系统没有复位的时候，这个计数器会随时钟递减。比较器会监督它何时减为零，此时将触发复位信号。一旦 CPU 读出或写入数据到 WDT 寄存器中，硬件计数器会将看门狗计时器的配置寄存器的数值重新载入。

一个外部的看门狗定时器可以由一个电容、电阻和一个比较器组成。这样的看门狗定时器和外部复位电路（见 7.11.1 节）的工作方式类似，只是 CPU 要定期地向电容“写入”一个逻辑“高”以保持它的充电状态，从而呈现复位状态。

典型的看门狗计时时间是几百毫秒或可能是几秒——如果时间太短将会意味着过多的 CPU 周期浪费在周期性存取 WDT 的代码上。解决这个问题的最好方法就是周期性地执行一些底层代码，比如每 100ms 执行一次的 OS 定时器程序。如果定时器停止，我们就可以断定系统已经崩溃了，结果看门狗会重启处理器。看门狗定时器因此要确保系统时刻处在运行之中，否则，它会重启CPU并且重新执行OS程序。

复位监测器和掉电检测器

计算机行业的许多资深人士也许还记得早期IBM PC上的“大红色开关”和机器上很显眼的复位按钮。这些明显的按钮可能是一种运行在机器上的操作系统（即MS-DOS和Microsoft Windows）的可靠性的体现。幸运的是我们不再用MS-DOS了，但是仍然在用Windows——尽管它一般不会被用于那些可靠性要求很高的“任务至关重要”的应用中。

相比之下，嵌入式系统就不会有大的复位按钮，它经常用“软”开关而不是“硬”开关（即那些处于软件控制之下的“开关”，而不是在硬件上直接控制电源系统的开关）。嵌入式系统经常被认为是更加可靠的，尤其在远程操作方面。例如，在火星探测器上的“大红色开关”是不现实的。

在提高系统可靠性的要求方面，嵌入式系统趋向于广泛地利用看门狗定时器（参见7.11节）。它还有电源和复位监测电路。

复位电路，经常由一个外部的复位输入驱动，对于确保一个设备在已知状态下开始操作是非常重要的。不管是在CPU、SoC、FPGA中，还是在分立的硬件系统中，缺少复位清零信号是许多系统错误的起因。

341

一个外部的复位控制设备，或者监测IC如图7-25所示，一旦系统上电就会“启动”复位信号。一段时间后，复位信号撤销，就会允许设备从一个已知的位置开始运行。一些SoC处理器在内部会包括所有的复位逻辑和时序电路。其他设备可能会允许设计者简单地将复位引脚接到和GND相连的电容上，和一个与V_{cc}相连的电阻上，但是在许多情况下这样做是非常危险的，所以一定要非常注意。[⊖]

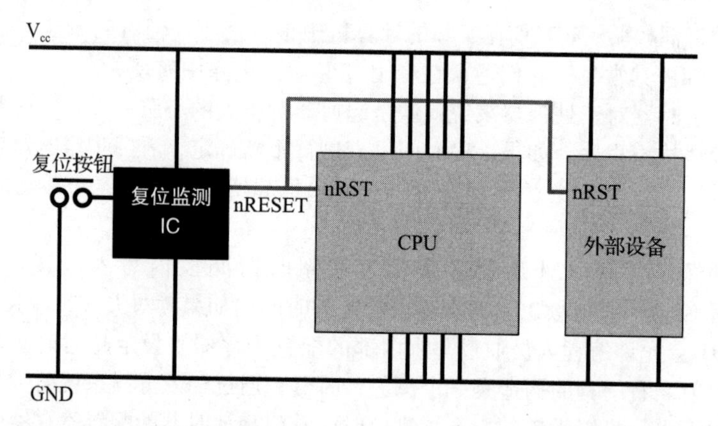

图7-25 位于V_{cc}和地（GND）之间的复位监测IC——用于为CPU和任何需要它的外部设备产生低电平有效的nRESET信号。按照约定，复位信号是低电平有效的，以确保第一次上电时设备处于复位状态。如果设计中要求有复位按钮，那么这也可以作为复位监测器的一个输入

⊖ 这种做法危险的原因在于复位信号被触发的方式。系统一上电，通过电容的电压初始为0，意味着复位引脚为低电平。由于电容通过与V_{cc}相连的电阻慢慢充电，电压会一直上升并达到复位输入引脚的阈值，这时，它会作为逻辑“高”驱动复位输入信号，从而使设备从复位中退出。然而，不幸的是，在任何系统中总会存在电噪声，引起电压小范围波动，使电容电压超过复位引脚阈值，导致设备快速地进入和退出复位，扰乱复位动作。这促使大多数制造商不得不规定一个他们的设备保持在复位状态的最小时间。

掉电是指在电压线[⊖]上的一次电压下降。由于规定 CPU 只可以在很小的电压变动范围内运行，因此当掉电发生时会引起故障。如果完全掉电，外部复位芯片会启动复位状态（即一旦电源恢复，它们会在制造商规定的时间内将 CPU 保持在复位状态）。然而，当供电电压不在规定的电压范围内时，只有拥有掉电检测器的复位芯片才会做同样的事情。 342

另外，一些带掉电检测的复位芯片可以给处理器提供即时的掉电中断，使处理器在完全掉电的几毫秒之前及时处理好该做的事情，然后“干净”地断电。复位监测（reset supervision）和掉电检测的处理如图 7-26 所示，提供给处理器的 V_{cc}电压值随时间的变化在图中绘出。设备的工作电压是 3.3V ±5%，因而复位监测系统被设置为检测任何超出这个范围的 V_{cc}电压偏移。当检测到电压偏移时，系统会触发复位状态。复位状态会在每次发生时保持 10ms（实际上，它经常被设定为超出处理器制造商所规定的时间，规定时间一般远小于 10ms）。这时会像如图 7-25 所示的标准复位监测 IC 一样连接和使用掉电检测设备。

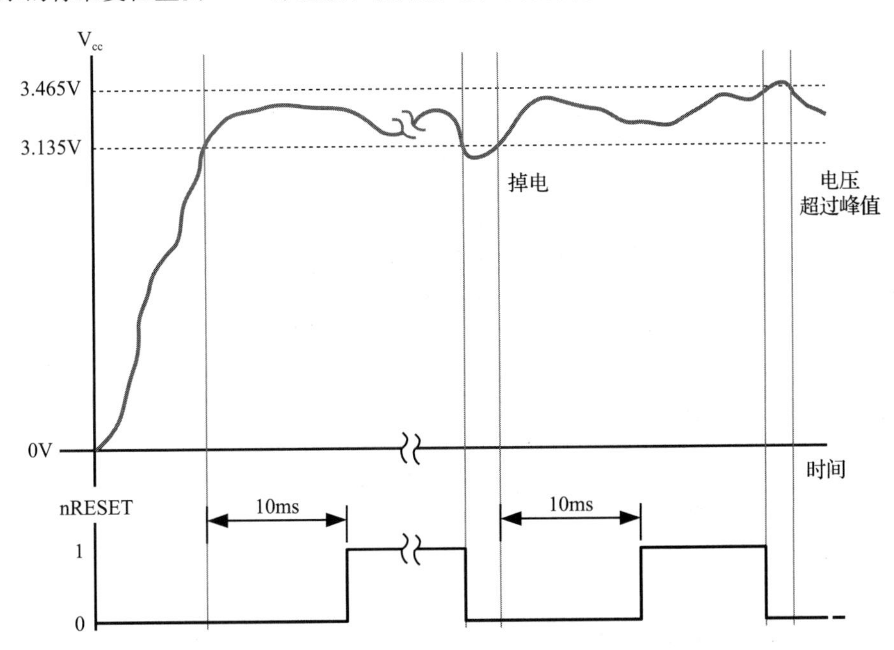

图 7-26 一个复位监测芯片的例子。当提供的电源（上面的轴线）上升到额定的 3.3V 时会引起复位（如处于下面轴线的 nRESET 信号所示）经过一段时间的正常操作，当电压值下降时掉电发生了。监测芯片必然会将处理器干净地复位直到电压又上升到额定电压。稍后，电压值超过峰值的情况开始出现，在这种情况下也会做类似的处理

7.12 逆向工程

随着嵌入式技术的发展，消费者看到了令人满意和惊叹的新产品，但对开发人员来说，这是一个长期、艰巨而昂贵的设计过程。当然，任何新的嵌入式系统的先锋发明者可以期望有时间上的竞争优势，这个时间让他们能够改善其原始设计，企业往往依赖这头几个月在不拥挤的市场上的销售额来收回大量前期设计和制造成本。通常情况下，竞争对手的产品也包含类似的先驱产品投入，因为同样需要类似的开发代价。 343

⊖ “掉电”（brownout）就像是“断电”（blackout），但不如断电严重。也许我们可以依据这种颜色比喻将电源的峰值比作“whiteout”。

然而，当竞争对手对先驱设计进行廉价而快速的逆向工程[1]设计时，经济情况将会发生大幅度变化。他们的开发成本在很大程度上被逆向工程成本取代，如果我们假设这些都大大减少，那么竞争者将很容易削减先驱设备的价格。影响是双重的：首先，先锋公司的市场领先地位被削弱；其次，其市场份额由于竞争对手产品定价较低而减少。逆向工程（Reverse Engineering，RE）过程比完整的原型开发项目更短、更便宜的假设在仿冒产品的商业例子上得到证明。前期开发成本和RE成本的差别越大，先锋公司的风险就越大，而有意仿冒其产品的恶意竞争对手的收益也越大。而在一个真正具有革命性的产品很容易对其实施逆向工程的情况下，这种差别最大。

当然，应该指出的是，了解事物如何工作的逆向工程是一个历史悠久的工程方法。它更是一个有效的研究领域，是许多工程师喜欢从事的工作。然而，通过逆向工程设计仿冒品在嵌入式行业很受关注，从而导致了一些与计算机体系结构相关的挑战和对策，我们将在后面讨论。

但是首先简要观察RE过程本身是有用的，因为这能够抛砖引玉。

7.12.1　逆向工程过程

在本节中，我们将从对未受保护的嵌入式系统进行逆向工程的违规公司的角度来讨论。其目的是研究每一步的困难、专用设备和工作，以测定此过程中的成本结构以及它如何与处于“攻击”之下的体系结构相关联。

RE过程涉及系统的自上而下和自下而上两种分析。图7-27描述了嵌入式系统的层次结构，可以看到系统本身潜在地包含不同的子系统（sub-assembly），每个子配件包含一个或更多印制电路板（PCB）的单个模块或模块组。自上而下意味着从整体系统功能开始，一直向下，把设计计划分成过程块，逐步说明设计功能，直至底层。自下而上通常包括先确定关键设备，然后从它们推断进一步的信息。一个例子就是在一块PCB上找到一个已知的CPU，从而推断出系统内的许多“情报”集中在该模块内。

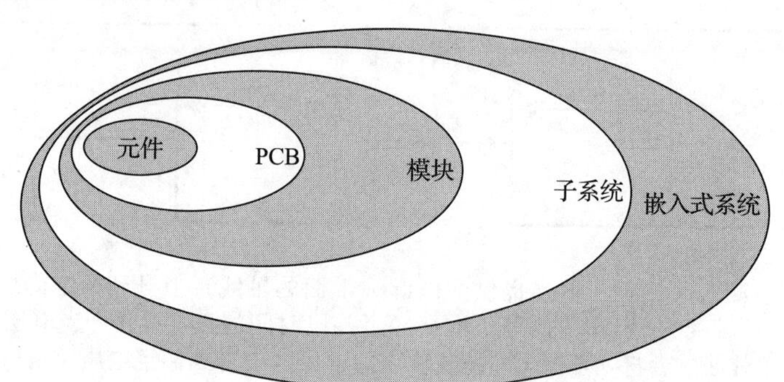

图7-27　对嵌入式系统进行逆向工程时的信息层次示意图。从外向内，把系统作为一个整体分析，包括一个或多个子系统（包括布线）、模块（和它们的固定装置），模块包括一个或多个PCB（包括子板、插卡等），直至安装在PCB上或位于系统内其他地方的单个元件

嵌入式系统的自上而下RE通常包括几个分析步骤。尽管在实践中个别的RE攻击可能不一定涉及每一步，或者按照一个特定的顺序，但RE各阶段的逻辑列表一般如下：

A：系统功能分析——理解系统的功能

B：物理结构分析

- B.1：机电布局
- B.2：外壳设计

344

[1] “逆向工程”通常被定义为一个过程，涉及对设备功能、结构和技术的分析和理解，并用一种使其结构和技术可重用的方式来表现出来。

- B.3：印制电路板布局
- B.4：布线和连接器
- B.5：汇编指令

C：材料清单

- C.1：有源电子元件
- C.2：无源电子元件
- C.3：互连线和连接器
- C.4：机械项目

D：系统架构

- D.1：功能块和它们的接口
- D.2：连通性

E：详细的物理布局

- E.1：单个元件的位置
- E.2：元件之间的电气连接
- E.3：阻抗约束和位置敏感定位

F：电气连接原理图——系统电路图

G：对象/可执行代码

- G.1：代码处理器剥离
- G.2：可重构逻辑固件代码剥离

H：软件分析——目标文件中的软件分析，包括嵌入式代码、引导加载程序、固件及ASIC逆向工程

345

为了突出这个过程，关于未受保护/未硬化的嵌入式系统，我们将用如图7-28所示的非常通用的系统级框图来讨论每个RE阶段。它包含一个大规模集成电路（IC），连接了易失性存储器（在这种情况下是SRAM）、非易失性存储器（闪存）、现场可编程门阵列（FPGA）、某种形式的用户接口、连接器以及一些与外界接口的设备，一般为模数转换器（ADC）和数模转换器（DAC）。特定的系统可能会有所不同，但作为普遍的一类，嵌入式系统通常包括一个从闪存启动的CPU，在SRAM外执行（这两者越来越倾向于要集成到IC内部），连接到离散部件、可编程逻辑（FPGA、可编程逻辑器件等）、专用集成电路（ASIC）、某种形式的用户界面以及与外部模拟世界的接口。更大型的系统往往会使用DRAM、SDRAM甚至硬盘存储。还有一些集成系统倾向于在FPGA或ASIC中集成CPU软核。

现在我们以图7-28中的系统为例讨论RE过程的每个阶段。我们假定系统没有被保护或以任何方式故意硬化。

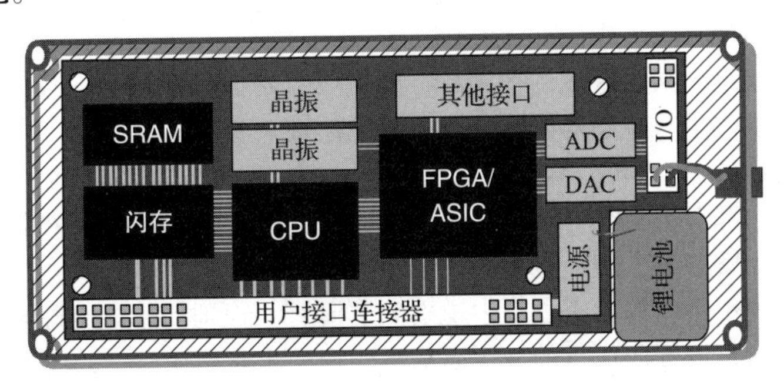

图7-28 待分析的嵌入式系统示例框图。包含两个有源IC（松散定义为CPU和FPGA/ASIC）、两个存储元件（易失性SRAM和非易失性闪存），加上几个连接器、电源电路、晶振和接口设备

7.12.1.1 功能分析

一个RE团队通常会收到一些单元进行逆向工程。这一过程开始于咨询用户文档、维修手册、产品简介等。最低限度，要给出经过仔细检查的功能列表，随后的分析将会显示有足够的硬件和软件来支持每个所确定的功能。

这是相对简单的工作，并可以通过搜索因特网上的新闻组、博客、相关网站等中的信息来增强。了解制造商和任何原始设备制造商（OEM），其电子邮件域的个人记录可以被跟踪和相关联。

7.12.1.2 物理结构分析

拆分可能像卸下几个螺丝来打开一个盒子一样简单，或像进行层层微机械工作一样难。在346许多情况下，一个复杂的拆分过程文档是决定相应的制造装配过程的关键。可能设计者已经投入了大量的时间和精力在可制造性问题上了，因此有可能要了解这些问题的隐含价值。这些信息在服务手册中可能有记载。

拆分部件的顺序和位置应该记录下来，借助照片或录像记录会很容易。理想情况下，团队中的一名成员应专门负责过程的记录工作。执行拆分的任何观察和见解也需要在这个阶段加以注意。虽然复制外壳、内部结构、布线图等的详细机械图纸可从对零件的静态分析中获得，但装备图仍需要通过拆卸和重组得到。物理结构分析不太可能是RE的昂贵部分。然而，不寻常的机械安排和结构背后的原因起初可能不是显而易见的，需要集思广益。

7.12.1.3 材料清单

材料清单（BOM）列出了设计中使用的所有元件，可以简单到计算螺丝、电阻等的数目。但是，可能会发生某些元件难以识别的情况，特别是半定制IC和高度微型化封装的设备（没有为识别标志留出足够的表面积）。如果用简化代码显示，它们可能会遵循JEDEC、JIS或Pro-Electron的标准化格式。可能需要对分立部件进行隔离测试，它们的特性可能与已知设备精确匹配。然而，5%或以上的公差很常见，在进行精确测定前，对许多系统的部件进行隔离和测试是有必要的。

在真正的学术研究领域，尤其是在过时的部件需要重新创建的情况下，某些部件可以被原样复制。一般情况下，物理测量中的实体模型可以与材料分析结合起来以完整地描述许多部件，包括结构项目、附件和无源元件。

PCB丝印标记对于识别微小的无标记部件常常能提供有用的线索（如Z12可能是一个齐纳二极管，而L101可能是一个电感）。标记不寻常或缺失的IC是比较麻烦的，尤其是制造商并不确定的时候。有时，片上系统的处理核厂家相比其他更容易被确定。如果可以识别制造过程，就可以将其与该过程其他已知产品的发布者关联起来。

否则，后续的系统分析（如数据总线、地址总线的位置和大小，控制信号和电源连接）可以帮助确定那些不能立即识别的部件。

大多数嵌入式系统会纳入现成的部件，甚至提供有用的丝印注释，有助于使RE过程变得廉价。最常见的困难似乎与定制的硅器件相关，无论它来源于OEM或大规模集成（LSI）器件的内部开发。然而，虽然OEM硅器件常常无正式文档，但有时可以在线追踪到中文、韩文或日文文档。此外，内部LSI器件可以通过母公司发售，在这种情况下，一个功能列表将被刊登347在某处，但在看到完整的数据表前可能需要有一个保密协议（NDA）。

显然，最好在一个粗略的检查过程中识别出主要IC，但即使不能立即识别，这个过程也不会就此完结。可以执行详细而昂贵的分析以确定确切的输入和输出，并由此推断内部功能。这可能包括研究电压等级（例如CPU核电压）、时钟频率、总线连接、去耦安排等。更具破坏性地，可以打开设备外壳，一层一层地分析硅层。IC逆向工程将在7.12.2.2节中进一步讨论。

7.12.1.4 系统架构

系统架构分析揭示了连接的粗略框图以及负责各个功能项的子系统：这涉及了解系统内模块、电路板和设备之间的分区设计。需要在这个阶段决定的另一个重要方面是确认电源或接地层以及系统的配电区。系统内的总线连接也需要确认。调试端口或 IEEE1149 JTAG（见 7.9.3 节）接口的存在对协助 RE 过程作用显著，因此它的任何迹象都是重要的。线索可能包括 5 个测试点的集合以及靠近 CPU 的上拉电阻。

在大多数系统中，各部件的电路连续性测试和视觉检测以及它们的安排可以相继进行。例如，在嵌入式系统中，相同的 CPU 数据总线可能同时与闪存和 SRAM 相连。通过连续性测试并结合数据手册很容易发现这种安排。这种测试适合球栅阵列这样的现代封装，但依然存在困难。电源引脚的位置往往是事先可预测的，很容易进行测试。对于大多数嵌入式系统，这种类型的分析是简单而廉价的，但是正如我们将在 7.13.1 节看到的那样，它可以被设计师故意弄得很复杂。

尽管对大多数系统进行连续性测试很容易，但是有时只有重新创建和组织原理图时，完整的体系结构才会显现出来。

7.12.2 详细的物理布局

在没有丝印布局注释的地方，元件位置和方向的照片可以揭示所需的两个外层位置信息。接下来，所有的元件将被移开，看出钻孔位置。作为快速检查，可以比较顶层和底层孔的位置：如果它们是相同的，那么就没有盲孔，并且不太可能（虽然并不是不可能）有任何的埋孔。

下一阶段是 PCB 分层（通过逐层剥离），从一个恒定的参考位置对每一层照相。这可以被用来建立一个正确照相的层堆栈。从这一点来说，它是相对简单地复制 PCB，但是还需要铜和每个 PCB 层的组成和厚度信息。在实践中，可以通过研究每层 PCB 都有铜的那部分的截面发现这一点（为此，许多 PCB 有一个附连测试板（test coupon）区域，因为制造过程的变化会特别影响铜的厚度，这反过来又会影响系统性能，从而可能需要进行测试）。

通常情况下，多层区域从 PCB 附连测试板上开孔，将对端（end-on）置于一个冰球形状的模具内，模具用环氧树脂填充。设置时，镜片研磨机可用来准备一个对端截面，用于在显微镜下的测量检查，由此可以简单地读出铜厚度和层厚度。 348

对于大电路板，可能要从 PCB 上的几个区域开孔检查，因为制造过程中的铜蚀刻槽可能存在变化（如靠近蚀刻槽上层角落的 PCB 的边缘跟靠近底层中心区域的蚀刻不同，无论哪种情况，局部的铜覆盖密度同样也会影响蚀刻）。

越来越多的嵌入式系统需要对高速或无线电频率相关信号进行跟踪阻抗控制。在这种情况下，PCB 的确切特征很重要，包括介电常数、预浸编织厚度和树脂类型。总体而言，阻抗可以通过时域反射法或使用网络分析仪来决定。预浸料的类型和特点可以通过显微镜发现，树脂类型可以通过查看整体数据来决定。

表 7-3 给出了再构造电器等效 PCB 所需要的信息的示例，正确照相的层堆栈除外。

表 7-3 四层 PCB 的板层特性

名称	组成	厚度	名称	组成	厚度
L1 信号	1/4oz 铜箔	0.0176mm	L3 信号	1/4oz 铜	0.0177mm
预浸材料	7628 ×2	0.3551mm	预浸材料	7628 ×2	0.3543mm
L2 信号	1/4oz 铜	0.0177mm	L4 信号	1/4zo 铜箔	0.0176mm
层压材料	FR4	0.91mm	总计		1.69mm

X 射线也可能是提取布局信息的一个可行方法，甚至可以提供不明 IC 内部的有用信息。作为一个例子，前文的图 7-19 显示了安装在 PCB 上的 FPGA 器件的低倍率 X 射线，可以清楚

地看到连线、去耦电容（在 PCB 的背面）和安装在板子顶层的 FPGA 内部引线框。实心圆是测试点，而空心圆是连接不同 PCB 层上的通道的通孔。穿过左上角、像头发一样的线是焊接在 IC 的一个引脚上的细导线。

虽然在物理布局分析阶段可能需要一些专门设备（例如测量显微镜和反射仪），但除非涉及阻抗控制，否则复制 PCB 布局和层堆栈既不困难也不昂贵。

7.12.2.1 电气连接原理图

电气连接最常见的表示是网表，它指定了各个节点之间的电气连接，通常也指定连接到这些节点上的设备。网表本身并没有考虑到实际物理定位。它只关注节点间的连接关系，尽管在实际系统中物理定位本身也很重要（也许有保留区以减少干扰，或者是为了在高压环境下保证安全）。这些节点通常是连接元件的衬垫和孔，连接通常是导线或者 PCB 走线。

349

网表可以通过连接性检查生成，可检查 X 射线照片或者分层 PCB 的照片。这非常耗时且容易出错，但用以下方法核实至少比较简单：（i）在原始板上测试预期的连续性；（ii）参阅器件数据手册上的预期连接；（iii）寻找挂起顶点和意想不到的短路，比如两引脚元件只连接了一个引脚，或一个两引脚元件的两个引脚连接在了一起。

一旦发现网表，并且设备在 BOM 中被确认，下一步将是重新建立一个原理图来描绘系统。由网表生成原理图是一个既定的研究领域，已有商业工具可用。然而，现实中大部分 RE 尝试通过已知信息重绘一个完整的原理图。由原理图再生成的网表可以作为参考，与导出的系统网表进行比较以纠错。

还要注意 BOM 和已知的原理图允许使用仿真工具来协助 BOM 和网表准确性验证。

7.12.2.2 存储程序

在使用多个可编程器件（如 CPU 和 FPGA）的地方，最简单的电气安排会让每一个器件有单独的闪存装置（分别为 CPU 和 FPGA 提供并行和串行连接）。然而，基于成本原因，通常系统内所有非易失性程序存储会聚集到一个单一的器件上。在现代嵌入式系统中，这个装置通常是闪存——如果可能的话串行连接，否则并行连接。

非易失性存储器中的存储项目可能包括独立的引导代码、CPU 操作代码、系统配置、FPGA 配置数据或者其他特定于系统的项目。在本小节中，我们考虑决定存储程序的存储器位置的方法，着眼于它们的个体提取方法（在随后的章节中，我们将讨论固件/软件程序本身的逆向工程）。

掩模编程门阵列、非易失性 PLD 和 ASIC 不需要外部的非易失性存储器件，它们内部有存储结构。在某些情况下，可以隔离一个可编程器件，并读出其内部的配置代码。但在不可能读出或设备安全措施有效的情况下，就需要大量的黑盒子分析或内部检查。后者可通过溶解塑料外壳或精心打磨硅层，用电子显微镜或反射的激光读取每个存储位的状态来实现。

毫无疑问，有安全设置的程序存储设备对逆向工程师来说比多数只包含单一非易失性存储块的设计更麻烦和昂贵。这里以普遍设计为例，即 CPU 负责为 FPGA 编程，两者依次从闪存获得自己的代码。

350

7.12.2.3 软件

从内存转储获得的软件很容易原样复制，变化只涉及一些简单的调整，如重写字符串的内容来改变制造商的名字、序列号和版本代码。对可执行代码块也可以小心地剪切和粘贴。

与嵌入式硬件 RE 相反，各种规模的软件 RE 是一个经过充分研究的领域。从好的方面说，软件 RE 是实现面向对象代码重用的有效手段，而从坏的方面来看，它可以用于规避复制保护，从而导致软件遭盗版和偷窃。没有迹象显示这些结论只局限于软件。这也是笔者的经验，在某些地区嵌入式系统的复制和设计偷窃比其他领域更为普遍。这可能是由于这种态度的差异或针对涉及偷窃的法律保护需要变更。

软件在嵌入式系统中扮演着越来越重要的角色，虽然制造商考虑软件 RE 和软件安全是明智的，但是总体而言，它只是软件 RE 和安全保护的一个子集。

然而，嵌入式系统软件逆向工程的一个重要子集还有待讨论。在典型的嵌入式系统中，它包括嵌入式操作系统、引导加载程序和软件的非易失性存储安排。考虑一个典型的嵌入式系统，如先前图 7-28 中讨论的那样。在硬件上运行的通用实时操作系统包含存储在闪存上的引导程序、操作系统和应用程序代码。然而，随着嵌入式系统中逐渐使用嵌入式 Linux，出现了越来越多的差异。这种嵌入式 Linux 系统通常包含如下项目：

- 引导代码
- 操作系统
- 非易失性存储设备上的文件系统
- 系统配置设置
- FPGA 配置数据

通过移开设备并转储其内容（静态分析），或者通过操作时用逻辑分析仪分线总线信号（动态分析），可以很容易地提取非易失性存储器的内容。逻辑分析仪方法可以给出上下文相关的有用线索——例如，检测到内存读信号紧跟着上电可判定是引导代码。然而，这个方法显然只揭示了分析期间访问的内存地址的内容——实际上是目前的执行/访问轨迹，而以这种方式完全决定存储的代码在大部分真实系统中是不可能的。它要求用输入信号的每一种可能的组合和时序，以每一种可能的操作模式来操作系统，以保证 100% 的代码覆盖率。然而，这两种技术的结合是一个功能强大的分析工具。

地址和数据总线通常混杂在密集的 PCB 上以辅助布线（对它的解释见框 7.9）。使用这两种方法时需注意这种布线方式会使分析复杂化。

351

框 7.9　总线引脚交换

对像四运算放大器这样每个封装包含不止一个放大器的 IC，它通常无所谓哪一个放大器使用电路的某个特定部分。因此，在布局过程中，即使原理图把单个放大器与电路不同的部分连接在一起，设计者也可以自由交换它们以改善布线。这是一个行之有效的技术。

事实上，存储设备也同样如此。例如，虽然我们自然会把 CPU 上的 D0、D1、D2 和 D3 跟存储设备上的 D0、D1、D2 和 D3 相连，但我们仍可以自由交换位线。如果需要，也可以自由交换地址引脚（只要 CPU 总是用相同的位宽访问内存——否则只能在字节内交换，而不是在字节间）。例如，考虑 CPU 和存储设备之间的字节连接：

CPU 数据引脚	存储器数据引脚	示例位	CPU 数据引脚	存储器数据引脚	示例位
D0	D6	1	D4	D4	1
D1	D0	1	D5	D3	0
D2	D1	0	D6	D7	0
D3	D5	0	D7	D2	1

似乎这没有意义，那么可以考虑让 CPU 写一个字节 B 到位置 A，并且当从位置 A 读回时接收相同的字节 B，它将正常运作。字节 B 在内存中存储的确切方式是不重要的。当写入 SRAM 中时，地址总线也是如此。

CPU 地址引脚	存储器地址引脚	示例位	CPU 地址引脚	存储器地址引脚	示例位
A0	A3	1	A6	A9	0
A1	A2	0	A7	A8	0
A2	A1	1	A8	A7	1
A3	A6	0	A9	A10	0
A4	A5	1	A10	A0	0
A5	A4	0			

这对 SRAM 没有问题，但使用闪存时会存在一些问题。还记得 7.6.2 节中介绍的编程算法吗？闪存期望接收到特定的字节模式，这意味着在特定引脚上为特定位。如果系统设计者加扰（scramble）数据总线，那么编程人员不得不解扰（descramble）闪存控制字和相应的地址。例如，使用上述加扰方案，如果闪存预期在地址 0x0AA 上收到字节 0x55，那么编程人员需要写字节 0x93 到地址 0x115（如上面的表格所示）。

这里的总线加扰是解决棘手的 PCB 布线问题很常见的一种手段。然而，使用 SDRAM 时要非常小心，一些地址引脚专门用于列地址，一些专门用于行地址（见 7.6.3.3 节）。此外，一些 SDRAM 引脚有其他特殊的含义：特别是对于 SDRAM，它实际上是通过 SDRAM 控制器内的一个写状态机来编程，这与闪存编程算法类似，所不同的是 SDRAM 不由编程人员控制，因此不能用软件进行解扰。

静态闪存分析首先需要确定不同存储区域的范围、界限和特性。在有可擦除闪存的分隔符的地方（即块边界上以 0xFFFF 或 0xFF 结束的长字符串），这个过程是微不足道的。否则，引导代码可能从向量表开始并最可能保留在闪存的最低地址或者一个特定的引导块中。一个 FPGA 编程图大约是 FPGA 数据表中指定的大小，或者用标准算法压缩（zip、gzip 或压缩，将从可搜索到的签名字节开始）。文件系统将通过它的结构识别（在 Linux 台式机上，一旦计算中某些项目被转储用于分析，file 命令可快速地确定这些项目的性质）。Linux 内核以及其他操作系统内核包含了不同的签名码，甚至可能包含可读的字符串（在 Linux 台式机上 strings 命令将会找到并显示它们）。

静态和动态分析相结合功能强大并可以提供重要的存储器内容信息。例如，系统配置数据可以存储在闪存的任何地方，单凭内容很难确定。然而，简单地操作设备和改变单一配置设置将会导致内存内容的变化。这可以通过比较前后的内容来确定，或者用逻辑分析仪跟踪写到闪存地址单元中的内容。

在极端情况下，闪存可被原样复制并在复制品中进行复制。总体而言，对揭示存储程序的非易失性存储器进行逆向工程过程并不难，除非设计者专门采取措施来保护嵌入式系统软件。

7.13　防止逆向工程

由于逆向工程的不可阻止性，这个问题就转化为一个经济问题，即我们如何在最小化自身额外成本的情况下，最大化竞争对手进行逆向工程的成本。为了分析这个问题，我们将会借助 7.12 节中关于嵌入式上下文环境中的逆向工程的描述，并对它们进行分类。首先，会基于实现复杂度、成本，以及逆向工程实施者的经济影响，对抑制方法进行评级。我们将先汇集所有嵌入式系统设计者感兴趣的方法，然后聚焦到其中与计算机体系结构相关的部分。

352 ~ 353

逆向工程抑制方法从技术上可以分为两个大类：专注于设计时期的*被动方法*和在逆向工程攻击发生时予以抵抗的*主动方法*。前者倾向于实施结构性变化，这在实现上比后者要廉价。我们将详细讨论这两种方法。

逆向工程的成本影响因子取决于逆向工程保护措施，主要有三个影响因子：

- 由于逆向工程系统而花费的更多的时间导致劳动成本增加。
- 由于逆向工程对更高层次专业技能的要求而导致的劳动成本增加。
- 由于针对逆向工程过程需要购买特殊的设备而导致的成本增加。

在某些情况下，如果需要额外的组件，则还会增加 BOM 成本。

按照 7.12.1 节中对逆向工程过程的描述，第一个层次的保护可以应用于功能评估：逆向工程阶段 A。在这种情况下，限制服务手册和文档的发布，可以降低逆向工程团队的信息获取度。制造商应该控制、监督，甚至在理想情况下限制员工不经意地提供相关信息，尤其是上传到网上的信息。这无疑将会增加逆向工程所花费的时间和努力。

阶段 B，通过使用防篡改的配件（如 torx）和定制的螺丝形状让人必须购买这些特殊的设备才能进行物理结构的分析，以此稍微增加物理结构的分析难度。单向螺丝和胶接外壳起着相似的作用。全灌封的 PCB 提供了另一层次的保护。在最小成本的情况下，令人不愿使用这些方法的主要诱因是产品的可服务性，这通常是产品必须具备的。

连接线没有使用颜色编码可能会使得制造和服务过程变得复杂，但这会给逆向工程团队造成更大的困难，从而阻碍他们的工作。

不同寻常、定制和匿名的部件会在阶段 C 中使逆向工程的系统材料清单（BOM）变得复杂。然而，无源器件（在阶段 C.2）会很容易被移除并对其做单独的测试。丝印的缺失会给制造和服务造成一定的困难，但是也会相应地在阶段 C.3、E.1、E.2 和 F 减少提供给逆向工程团队的信息。但是，到目前为止最为有效的防止 BOM 被逆向的方法就是使用定制芯片（或者使用逆向工程团队无法购买到的芯片）。在阶段 C.1，逆向工程师面对的是大量无标记的最小化无源器件组成的集成电路，没有丝印，也没有更进一步的信息，这的确会有效地给他们的逆向工程增加困难和花费。确认并复制或者只是确认芯片就会显著增加他们的开销和前期成本，这样高的成本只有在大规模生产时才是经济可行的。

从最佳安全性方面考虑，JTAG（7.9.3 节）和其他的调试端口都应该从半定制的芯片上移除，而且不要从标准部件连接到连接器或者测试板上，更不应该标记 TDI、TDO、TMS、TCK。对于有引脚暴露在外的封装器件，这些还是很容易被访问到。这种情况下，BGA（球栅阵列）器件就是首选。但即使是 BGA 器件，未布线 JTAG 引脚往往仍可以通过从 PCB 的另一面深度钻探而被访问到，这意味着背靠背式的 BGA 布局是最安全的（例如，在 PCB 的一侧放置 BGA CPU，而在其正下方的板对面安装 BGA 闪存设备）。这种做法的劣势在于双面布局会增加制造的成本。双面的 BGA 仅仅是更贵的一步，并不一定能防止逆向工程，因为还是有可能（虽然极其困难）移除 BGA 器件，重新形成焊球，然后改装成一个焊接到 PCB 上的载体的。通过载体的中间信号可以用于分析。 354

背靠背式的 BGA 封装通常需要盲孔或者埋孔，这会使得 PCB 制造成本增加（根据经验是10%），布局过程也变得复杂，从而明显影响硬件调试和所需要的改动。然而，紧凑的 PCB 也成为产品的一个特点。相应地，PCB 的层数也经常需要增加以适应背靠背式的布局，因此也增加了逆向工程中划分层次和逐层分析的成本。对于多层的 PCB 设计，通过使用 X 射线在阶段 E.2 和 E.3 来分析布局的细节是很困难的，并且通过对所有可用空间填补电源平面的方法，可以使得这种分析更加复杂化。电源平面的填充会在 X 射线照片上形成交叉阴影线，掩盖内层的单个器件的信息。

在 E.2 阶段，当器件以非寻常的方式来操作时，如跳跃的地址和数据总线，电气连接就会很难确定。连接没有使用的引脚在不增加制造成本的同时，却给逆向工程增加了困难。

7.13.1 存储程序的被动模糊

对于嵌入式系统中存储的代码，可以找到很多结构化的方法来使之产生模糊，这使得 RE 的 G.1 和 G.2 变得更加复杂。我们不会更多地讨论这个问题，因为这是一个热门的研究领域。然而，这里有另外一些体系结构方面的问题我们可以进行探讨。

首先，如前所述，代码段之间的部分（闪存中非可擦除部分）可以填充随机数字或者冗余代码，致使对于分离内存区域的监测没有意义。与初始引导代码不同，如果不需要从闪存执行代码，闪存的其他部分同样可以被加密。这将使对于闪存内容的分析变得困难。然而，对于未被加密的引导代码，则很容易追踪和分解，并从中发现系统未加密的入口点，致使这种加密策略的安全性受到质疑。

在闪存范围内分散代码、数据和配置内容将会带来一些编程上的困难，但是却是应对存储程序分析的主要保护手段。如果一个 FPGA 图像被存储在闪存中，那么一种简单的模糊方法是对其每个数据字节与闪存其他区域中的数据字节做异或运算，并存储成一种定制的压缩 FPGA 图像（不是 gzip、zip 或者相似的有可识别签名的方式）。

这里所讨论的几种防止 RE 的方法在表 7-4 中汇总给出。其中，增加的 RE 成本和所付出的设计成本以及对制造的影响以一种 5 点评分法来标注。[355]

表 7-4　增加硬件逆向工程成本的被动方法评定指标，5 = 增加得最多，0 = 增加得最少

	设计成本	逆向工程成本	制造影响		设计成本	逆向工程成本	制造影响
防篡改螺钉	2	0	1	盲孔或埋孔	2	2	4
胶接外壳	1	1	1	总线信号跳跃	1	1	0
灌封	1	1	2	ASIC 信号路由	5	3	2
无丝印	1	1	1	FPGA 信号路由	2	2	2
擦除元件标识符	1	1	2	无调试端口	1	1	2
使用 BGA 封装	1	3	3	随机填充未使用的内存	2	2	0
只有内层布线	2	2	3				

7.13.2 可编程逻辑家族

基于 SRAM 的 FPGA 通常需要一种配置比特流。这种比特流由外部器件提供，例如串行闪存配置器，或者像示例系统那样由微处理器提供。因为物理上这种比特流可以通过很小的代价获得，所以经常会通过读出和复制的方式拷贝这种固件。

基于 EEPROM 的可编程逻辑器件（PLD）（代替了 EPROM 版本）和新型的基于闪存的产品更为安全，因为配置程序存储在内部，无须在复位时传递到设备中。注意一些带有闪存的设备实际上包含两个硅片，一个存储芯片和一个逻辑芯片，因此使安全性降低，因为一旦外封装被拆除就可以读取到配置比特流。通常来讲，那些在复位之后需要马上配置的设备通常包含分布在硅片周围的非易失内存单元，在复位后需要几毫秒进行配置，其间配置比特流可以被获取。在任何一种情况下，包括从 Altera 到 Xilinx 在内的大多数设备都会提供安全设置以阻止从正在配置的设备中读取比特流。在此强烈建议使用这种特性。

在通常的单元结构设备中，包括掩模编程门阵列（MPGA），内存配置单元的位置是已知的，根据设备制造商的设备分类可以确定。通过使用 7.12.2.2 节介绍的方法，配置数据和原始程序就可以被获取，虽然这也需要复杂的技术支持。

通过逐层分析硅片（类似于 PCB 划分，但需要对硅层进行细致的研磨），一个全定制 ASIC 也可以被逆向工程化。[356] 但是可以通过一些策略使之复杂化，例如加入网状覆盖层。反熔丝（antifuse）FPGA 通常被看作一种最安全的标准可编程逻辑设备，因为其熔丝位置在较深的硅布线层之下，而不是暴露于表面。

在 RE 系统中包括 ASIC 和反熔丝 FPGA 并非不可能，但需要高水平的专家，使用昂贵的专门设备，耗费大量的时间。

7.13.3 主动 RE 防范

在 7.13.1 节中提供的被动 RE 防范方法也有主动版本。可以通过使用处理器多余的输入和输出引脚路由那些时间上不关键但功能关键的信号，从而达到模糊电气连接的目的。

跳跃地址和数据总线对于 RE 来说已经很困难了，而动态跳跃总线将会使 RE 更加困难，但同时也增加了为防范 RE 所付出的代价，因为主动设备必须增加跳跃/解跳跃总线的功能。

ASIC 有可能是防范 RE 企图的最终方法，但看似平常的 FPGA 方法也会相当高效。在这两种情况中，在逻辑电路中实现的IP核心不容易辨识和分离出来，且可以通过各种方法存取外部存储程序——可以线性地、非线性地存取，或者使用置换或加密方法。一个完全定制且没有任何公开文档的CPU内核可以通过保护指令集体系结构细节进一步增加安全性。进而，在每个版本的产品实现中对指令集可以稍加变化从而防止对核心程序反复RE。这是一个不昂贵的软件/固件保护措施。

7.13.4 主动RE防范分类

RE防范（RE mitigation）的基本形式可以从两个方向上细分：一是主动模糊方法，即隐藏；二是达到主动模糊目的的时间或空间方法。任何现实系统都可以通过结合这些方法达到最大化的效果。

信息隐藏（information hiding）利用现有资源通过各种方法对攻击者隐藏信息。通常采用的方法是组合代码与数据，将软件隐藏在像启动引导映像这样的数组中，或以不明显的方式读数据来实现信息共享，还包括在边界电压上运行设备，依靠非常规握手和数据处理策略等。

模糊主要作为一种被动方法（例如在程序中交换标签名和功能名，或者搞乱PCB丝印注释），也可以用于主动防范，例如改变总线连接和设备引脚使用方式（如多路选通中断输入引脚和信号输出引脚）。这是又一种利用已有资源进行专门的设计，误导RE团队使RE过程复杂化的方法。

还可以增加一些资源刻意误导或扰乱RE团队。其中可能包括大量的伪随机数据传输、乱序代码读取等。也可以在传输信号上叠加上随机调制的电压信号，或采用有某种意义的信号驱动冗余信号线。动态地看，这或许包括一些基于篡改监测的模式变化或相应的极端反应。

357

空间方法作用于布局和联通层，例如，根据存储器地址打乱总线顺序，以不明显的方式开关信号路径路由设备。

时间方法通过修改事件序列或时间来实现模糊。例如，引导加载程序只执行所取入指令的一个子集。又如，一个能够从存储器中预取代码页的存储管理器件以非线性方式存取，尤其是与执行顺序不一致时。

这些分类组合如表7-5所示，其中标出了相关强度级别。

表7-5　主动防范方法的相关强度，5——最高，0——最低

	静态方法	动态方法		静态方法	动态方法
信息隐藏	0	2	刻意扰乱	4	5
模糊	1	3			

从开销上说，与静态方法相比，动态方法用于开发、调试和测试的开销会更多，同时还会增加制造和服务成本。信息隐藏和模糊方法的开发成本类似，主要是增加了NRE。而刻意扰乱方法与前两种方法相比无疑会带来更多的开发成本，且会提高制造成本。

很显然用户定制芯片通过实现主动模糊和保护措施可以提供最大程度的保护。在出于安全目的构建全定制ASIC时，如果开发者比较在乎成本，可以考虑开发一些通用全定制安全ASIC，以适用于一系列产品。对于RE而言，若设计采用了主动保护方法，特别是动态时间方法，则意味着需要有技术更加高超的工程师队伍，他们需要使用一些专门设备。例如，若要分析以最低限度工作的时序信号，则需要使用带有非常低电容有源探测器的高速数字示波器，甚至使用超导量子干涉设备（SQUID）。对于非常规握手机制的分析则需要多信道向量分析仪，这种设备非常昂贵。

7.14 软核处理器

软核（或软核处理器）是一种用逻辑语言编写的 CPU 设计，逻辑语言允许在可编程逻辑器件中合成。通常使用的是 Verilog 或 VHDL ㊀这类高级语言，最终在现场可编程门阵列（FPGA）合成。

358

这与大多数处理器制造商的立场不同，后者更倾向于创建针对其半导体制造合作伙伴的半导体制造工艺的底层设计。这主要是因为需要从正在处理的硅中挤出最佳性能。有时软核与半导体制造工艺的底层设计都是需要的，软核设计主要针对特定的处理器（例如 AMR）。在这种情况下，软核设计通常在使用位置上更加灵活，但相应的性能也会较差（速度较慢，功耗较高）。

可用的软核处理器非常多，而它们大多数是免费的㊁。尽管它们在 FPGA 上执行时，效率、速度或成本方面几乎都不能与专用的维处理器相提并论。

还可以使用商用核（主要的 FPGA 供应商都有这样的软核）或者自己设计软核。接下来将会对软核进行剖析，然后考虑上述三种获得软核的方法的可能性。

7.14.1 微处理器不仅仅是核心

FPGA 上的软核处理器实际上是一个可作为 CPU 运行的逻辑块。最简单的情况是，这个逻辑块在复位和接受时钟反馈时，将加载数据并按程序中指定的步骤处理。该程序可置于 FPGA 内部，也可以置于外部存储器（RAM 或闪存）中，就像大多数嵌入式系统一样。

这种布局很合理，然而微处理器不仅仅是核心。参阅 7.2 节中讨论的流形的基于 AMR 的三星 S3C2410 处理器提供的特性，它提供了一长串的内部功能和外设，包括以下主要特性：

- 16KiB 指令、16KiB 数据缓存及内部 MMU。
- 外部 SDRAM 的内存控制器。
- 彩色 LCD 控制器。
- 大量串行端口，UART，SPI，IrDA，USB，IIC 等。
- 数字安全（Secure Digital，SD）及多媒体记忆卡（Multimedia Card，MMC）接口。
- 一个 8 通道 10 位模数转换器（Analog-to-Digital Converter，ADC）及触摸屏接口。
- 带日历功能的实时时钟。

显然处理器核心自身（这在三星自己的文档中并没有列出）只构成了名为 S3C2410 的 IC 的一小部分，它被买进并包含在嵌入式系统中。

进一步地，如果工程师以某种方式获得了用高级 HDL 编写的 ARM 处理器核心，并将其加载到 FPGA 中，这是无法获得一个功能齐全的微处理器的。此外，这也不太可能在 FPGA 中以接近 S3C2410 的 200MHz 的频率运行（即使宣称在 FPGA 中支持 1GHz 时钟速度）。

359

而在 FPGA 上实现所有其他外设和接口所需的额外工作量过多了，最终结果将是整体比现成的 ARM 更慢、更耗电并且更昂贵。

鉴于这些缺点，为什么还有人考虑使用软核呢？

7.14.2 软核处理器的优点

全球大概有数亿个由软核驱动的系统，虽然这无法与已经构建了数千亿个的 AMR 设备相比较，但这提供足够好的理由来选择软核。接下来将会在注重性能、可用性和效率等方面介绍一些软核的优点。

㊀ VHDL 代表“VHSIC 硬件描述语言”，其中 VHSIC 指的是“非常高速的集成电路”。

㊁ 有关免费处理器和其他“IP”内核，请参阅 www. opencores. org 上的项目集，其中 IP 指的是“知识产权”。

7.14.2.1 性能

毫无疑问标准处理器的性能是更好的，之前也提及过软核通常会比专用设备更慢。虽然这是个事实，但需要记住有些性能问题比时钟速度更为重要。

- 并行系统允许多个处理器或处理器核心并行运行。在单个 CPU 中包含几个甚至多个软核使搭建并行系统非常容易。当然，学习如何有效地使用这些多核也是一项不容忽视的任务。
- CISC 方法以创建程序员所需的自定义指令闻名。相对地，RISC 消除了复杂或不常用的指令，只专注于使最常见的指令更快（这样复杂的 CISC 指令就可以由多个简单的 RISC 指令执行）。然而在嵌入式系统中，代码通常是小且不变的，这很可能会选择执行一组不同的指令集。例如，在执行许多除法计算而没有逻辑运算的系统中，最佳 RISC 处理器也许就会具有除法器，但只有很少的逻辑指令。在代码已知并固定的情况下，为了快速执行该代码，确实需要专门设计的指令集。
- 即使不修改指令集以适应特定代码段，也总是可以在专用功能单元或协处理器上添加到 FPGA 内的给定内核。在上述例子中，我们可以选择添加一个除法单元到标准核里。虽然有些部件具有外部协处理器接口，但不能以这种方式修改现成的部分。
- 以 VHDL 或 Verilog 提供的软核通常不包含复杂的总线，并且没有内存（有时甚至没有缓存）。因此，在 FPGA 中使用它们的设计者必须在它们周围构建总线和存储器。虽然这看起来像是一个缺点，但通过创建与应用程序匹配的专用总线可将这化为优势。相对地，现成的标准部件选择实现的总线方案与应用程序就没那么匹配。

360

7.14.2.2 可用性

可用性在软核的背景下有两个含义。第一个涉及获取和使用设备的便捷性，第二个涉及确保处理器在需要时正常工作。我们将阐述这两个含义：

- 产品设计人员（作者有相关工作经历）需要在硬件设计中标准化 CPU，努力实现产品发布，然后从发布开始后几天收到 CPU 供应商的通知，得知他们现在正在使用的设备已经到期（生命终结）。这时需要对软件和硬件进行非常基础的重新设计。虽然大众市场产品的设计师不太可能出现这种情况，但对于中小型嵌入式系统公司来说，这种情况十分常见。考虑到这一点，拥有自己的 CPU 设计十分重要：可以永远保留，并且永远不会被削减成本的半导体供应商所摒弃。可以根据需要在任何设计方案中对此进行编程，重用代码、硬件，进行扩展和修改。虽然它是在 FPGA 中合成的，并且特定的 FPGA 可能会进入 EOL，但是只要切换到另一个 FPGA，使用相同的代码与处理器，就有可能加快运行速度。
- 欧洲和北美以外的国家的设计师也会遇到类似的问题。新的 CPU 上市需要时间，而且积累库存通常很慢且难以使用。同样，对于希望购买数万台设备的公司来说，这通常不是问题，但对于中小型嵌入式公司来说，就会有些困难。例如，在新加坡，我几乎不可能购买少于 100 台的设备，这实际上阻碍了原型制作。值得庆幸的是，FPGA 供应商对小型公司和个人考虑更加周全。
- 电子系统的可用性指确保系统正常工作，并在需要时正常工作。良好的设计是确保可靠性的关键，但有时，为了确保 CPU 正常工作以及确保它的可用性，有必要对其进行复制。因此，两个 CPU 提供的性能可能比一个好。事实上，三个比两个好，依次类推。软核可以根据需要进行复制和并行化，在开启时仅消耗 FPGA 资源和功率。复制的专用处理器需要两倍的集成电路规模以及两倍的成本。

7.14.2.3 效率

效率可以根据功率、成本、空间等因素来衡量。事实证明，每个软核的这些因素都存在不平衡，这些与以下原因有关：

- 7.14.1节中令人印象深刻的S3C2410功能列表让设计人员很难在自定义软核设计中进行复制。但是，这些功能真的有必要全部复制吗？在设计一个适合所有人使用的解决方案时，答案是肯定的，但是在个别情况下，这些功能中只有一小部分可能是必需的，因此答案可能是“不”。软核往往只包括那些绝对必要的功能、接口和外设。它们不会像标准部件那样在未使用的功能上浪费硅空间（或FPGA单元），而且这样做有时会比它们的标准同类产品更有效。
- 胶连逻辑是指连接微处理器和其他部分的设备，包括逆变器、AND门等项目。有时，使用小型FPGA可以满足对胶连逻辑的大量需求。鉴于胶连逻辑无处不在，用FPGA实现的软核取代标准微处理器也可以让设计人员将所有胶连逻辑整合到同一个FPGA中。有时，结果将是减少PCB空间、降低制造成本等，优于专用CPU设计。

7.14.2.4 人为因素

工程师和计算机科学家经常忽视人为因素，然而，考虑人为因素与技术考量同等重要。人们可以看到一些工程师在小组设计会议中发现想法被否决时会有多么沮丧和无法理解。考虑软核的一些人为因素可能包括以下内容：

- 开发自己的计算机很有趣。精力充沛的设计工程师既高效又勤奋。做有趣的事情能让人精力充沛，而大多数工程师认为构建定制的软核妙趣横生，但管理者可能都没有意识到这一点。
- 设计的所有权虽然存在上述非理性行为的风险，却是工程师的另一个动力，并有助于实现完美的设计。
- 在着手一个新的嵌入式设计项目时，通常需要考虑哪个嵌入式处理器应该为新项目提供动力。一般根据设计要求确定各种设备的“适合度”，并且至少在理论上进行最佳选择（当各方推动他们自己的议程时，这个过程可能会引发更多的非理性行为）。然而，然而，在实际执行中很少考虑到重新培训工程师使用新微处理器所需的“学习曲线”。有设计人员需要数月熟悉新设备，或者可能会因初学者的意外错误而延长设计过程。使用团队熟悉的设备通常更会节省时间，但不太合适。使用软核有助于实现这一点，一旦团队熟悉该软核，就可以在接下来的许多设计中使用。可以对基于FPGA的外设、功能单元和协处理器进行微小的更改，以确保内核仍然是新项目的最佳选择，而不需要让团队参与冗长的再培训活动。

7.15 硬件软件协同设计

硬件软件协同设计是指同时包含硬件和软件的系统设计过程，由于嵌入式系统通常需要定制硬件和软件，因此与硬件软件协同设计密切相关。

在台式机系统中，通常通过诊断软件来测试硬件功能。在设计新的PC时，可以将在上一代PC上运行无误的诊断软件在新的硬件上运行以检查功能是否正常。

在嵌入式系统中硬件和软件通常一起开发，单凭其中任何一方都无法证明没有错误，这将导致两者无法分开测试，因此在硬件和软件领域（甚至跨领域）的调试和开发系统都变得更加困难[⊖]。

假定设计一个包含FPGA和CPU的系统，如图7-29所示。嵌入式系统的设计人员在了解需求后决定如何实现这些需求。其中一部分将在软件中实现，一部分将在硬件中实现，还有许

⊖ 硬件工程师在功能无法正常发挥作用时可能会责怪软件工程师，而软件工程师在程序崩溃时责怪硬件工程师，从管理角度来看这将影响开发效率。

多需要同时兼顾软件和硬件。通常软件实现更加灵活，容易进行调试、更改和添加功能，硬件实现则具有高性能和低功耗的特点。

363

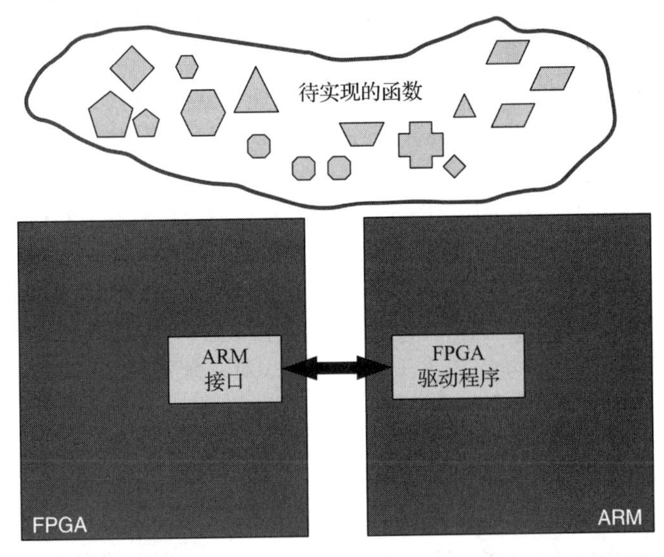

图 7-29　一个包含 CPU 和 FPGA 的嵌入式系统的设计过程，包括分析任务需求和根据需求对两个部分进行任务分配，CPU 和 FPGA 之间通过接口连接

有些任务适合 FPGA 实现（例如，位操作、串行或并行处理），有些任务适合 CPU 上的高级软件实现（例如，控制软件、高级协议、文本操作等）。了解 FPGA 的大小以及处理器中的 MIPS/内存的约束将有助于设计人员更好地进行分区。除此之外还有一些其他的问题需要权衡，例如，编程任务的分配、程序的可维护性和系统的升级需求。

另一个需要关注的问题是 FPGA 和 CPU 之间的连接。该连接将同时受到带宽和延迟的限制，由于只能支持一定量的数据流，因此将存在消息传递延迟（这是实时系统中需要考虑的重要因素）。此外，通常一个设备（通常是 CPU）作为主设备，另一个设备是从设备，消息和数据是由主设备发出，两个方向的消息延迟可能会有所不同，带宽也可能不同，而两个设备的时钟可能也不是同步的，因此两个设备端的流式数据可能都需要缓冲，进一步增加了数据传输延迟。

当 FPGA 包含软核处理器时情况会更加复杂，这意味着需要进一步决定是在 CPU 中实现任务，还是在作为逻辑功能/状态机的 FPGA 中或在由核心处理器执行的 FPGA 中实现任务。

经过重重困难，最终分区设计会达成一致，如图 7-30 所示。接下来将制定系统规范（包括接口规范），最后分别交给软件团队和硬件团队进行具体系统的实施。

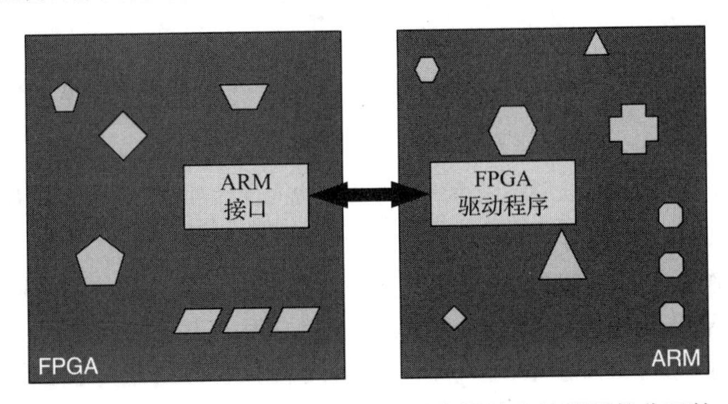

图 7-30　把任务分配给 CPU 或 FPGA 是嵌入式系统设计中软件硬件分区的一个步骤

集成是指将硬件和软件设计融合在一起的过程，两个团队通过协调和交流解决系统中存在的问题。

通常即使最后系统正常工作，由于设计过程中存在大量的主观判断，结果往往不是最佳的解决方案。

364

为了解决系统中硬件和软件设计的这些问题，出现了硬件软件协同设计。为了简化设计过程（节省时间、成本，减少错误），协同设计通过 CAD 中的工具实现，对硬件和软件的任务划分进行优化并简化集成过程。

假设我们的目标是设计一个混合 FPGA/CPU 系统，硬件软件协同设计包括以下步骤：

1）建模——以机器可读的方式为系统创建一些规范。这可能是一种形式化的语言，通常是由 C 或 MATLAB 等正式语言编写的简单程序，通过模拟系统的输入输出来验证新系统是否正常工作。

2）分区——如前文所述，最好以人工辅助的方式对系统进行描述，将系统分成不同的模块，但可能会出现一些困难，需要对原始模型进行轻微的修改。

3）协同合成——使用 CAD 工具创建三个部分的模型：FPGA 程序、C 程序以及两者之间的接口。FPGA 程序在 FPGA 设计工具中合成，C 程序在编译后加载到处理器的仿真器中，两者之间的接口通常是基于文件的。

4）协同仿真——在设计工具中将这三个部分同时运行。理想情况下是实时运行的，但通常比真实硬件慢很多，实际硬件实现中精确度是比特级的。

5）验证——将系统与原始模型进行协同仿真，经比较后对准确性进行判断。

在这个过程中可能会有多次迭代：当发现错误（或更好的优化策略）时，将对分区和设计进行细微的调整。图 7-31 显示了这些阶段的流程图，在图 7-31 中，通过设计过程中每个阶段的验证过程，可以清楚地看出模型的重要性。

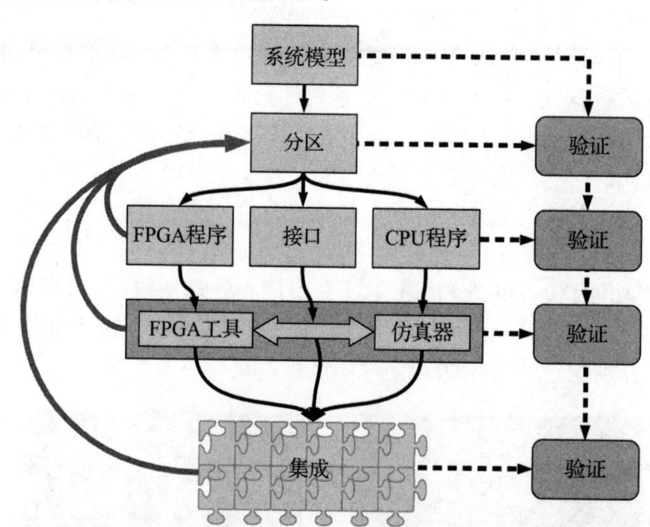

图 7-31　按开发顺序展示的硬件软件协同设计过程，每个步骤都需要进行验证，并在检测到错误时迭代回先前的步骤

事实上，所有的东西都是模拟的：硬件（通常是 FPGA）、软件和它们之间的接口可以通过设计工具进行开发，然后在模拟中进行全面测试，以便尽快发现并解决问题。当系统模型运行无误后，将在硬件中进行构建和测试。在这一点上，我们希望硬件可以完美地工作，减轻软硬件开发人员的负担。

7.16 商业处理器内核

在本章前面的部分，我们介绍了很多可以在FPGA内使用的处理器内核，除此之外也可以使用来自供应商的商业处理器内核，尤其是FPGA制造商，这些产品在编写本书时已经存在，如下所示：

365

- Altera Nios II是针对Altera FPGA进行优化的32位RISC处理器。它建立在原始Nios内核的基础上，并在许多方面被看作针对广泛使用的ARM处理器的设计。Nios II可以在700个逻辑元件（LE）以上的多种配置中执行单指令集，它有着非常强大的配置，包括6级管道、独立的数据和指令缓存、专用的乘法器、分支预测器，甚至配有可选的除法器和MMU，非常强大。从嵌入式计算机架构师的角度来看，内核允许多达256条定制指令访问专用的定制逻辑块，并在管道中配有专用的硬件加速。Nios II支持包括嵌入式Linux在内的多种操作系统。
- Xilinx MicroBlaze也是一款可在Xilinx器件中使用的32位RISC处理器，它可以有3级或5级流水线，并且在总线、功能单元及MMU等方面有多个可配置选项。MicroBlaze具有可配置缓存大小的Harvard架构，可进行硬件除法和快速乘法，并兼容IEEE754的FPU。和Nios II一样，MicroBlaze也支持包括嵌入式Linux在内的多个操作系统。
- Actel加入稍晚，但最终与ARM达成了一项重要协议，推出了一款基于ARM7的软核，它为ARM7提供了广泛的支持和现有程序库，Actel比Altera或Xilinx小得多，且针对FPGA市场的不同部分。因此，虽然ARM在现成的微处理器中是明显的赢家，但只有时间才能证明这是否也能在FPGA的软核市场中获得成功。

366

- Lattice是这个市场上的最终竞争者，它也发布了一款32位软核RISC处理器。Lattice-Mico32在一个Lattice FPGA中使用不到2000个查找表（LUT），尽管不如Xilinx和Altera产品的可配置性高，也不如它们那么强大，但是它体积小、速度快，且各种外围设备（如UART和总线接口）都是可配置的。除此之外，它是完全开放的，可以随时使用和修改，在使用和销售时也不需要授权。

除了这些内核之外，还有一些专门从事IP-内核市场的公司，它们销售用于任何FPGA的内核。甚至ARM也发布了一款小型软核ARM Cortex器件。这个领域十分活跃，且对嵌入式系统的重要性日益增加。

最后需要注意，这些内核不是孤立存在的，它们需要与FPGA、外部总线、外设（如内存）、时钟信号及其他结合才能运行，同时它们还需要程序。

软件开发是确保软核处理器正确运行不可或缺的部分，因此需要解决工具链（用于开发软件）是否可用、操作系统是否兼容该处理器以及调试工具类型可用性等重要问题。

标准的嵌入式工具链（例如GNU工具链）包含C（和C++）编译器、汇编器和链接器（例如gcc），通常需要库管理工具、目标文件工具、剥离器（从目标文件中删除调试注释以减小其大小）以及分析工具等。调试器（如GDB）具有执行、单步、断点、监视点和监视运行程序等功能，因此非常推荐使用调试器进行调试。GNU工具链还包含对运行程序进行监测的软件（例如，计算每个函数的CPU耗时、跟踪程序和记录执行次数）。

在许多开发中经常需要用到操作系统，尤其是实时操作系统（RTOS），但是将操作系统写入或移植到新处理器时难度较高，这是人们选择已经被优秀嵌入式操作系统，如Linux支持的内核的主要依据之一。尽管如此，当程序量较小时还是需要自定义设计一个软核，比如手工编写的汇编语言。

7.17 小结

本章讨论了计算领域的一些实际问题，比如存储技术、片上外设、时钟策略和复位信号部署等。嵌入式系统通常会受到内存短缺的困扰，这可以通过使用内存分页和重叠技术缓解。我们还以广泛使用的嵌入式 Linux 操作系统为例分析了典型嵌入式系统的存储结构。

看门狗定时器是一种确保实时嵌入式系统可靠性的有效手段。针对可靠性问题，我们还讨论了错误检测和纠正。

367

因为 CPU 速度越来越快且越来越复杂，所以增加了制造和开发难度，因此需要测试和验证。该问题我们从三个方面进行了讨论：IC 制造、系统制造和运行过程。

最后讨论了逆向工程相关问题。这是一个与嵌入式系统休戚相关的问题，尤其是那些消费类设备。我们讨论了恶意逆向工程的执行过程，并介绍了几种防范逆向工程的方法。

我们研究了使用商业 CPU、片上系统和软核定制解决方案之间的权衡。虽然 ARM 等 CPU 因其在效率、灵活性和易用性方面的特点在嵌入式系统中占据了主导地位，但在某些情况下定制软核有着独特优势。

思考题

7.1 确定在嵌入式系统中可以使用片上系统（SoC）处理器的 4 个因素。

7.2 根据下列所需功能，列出在微控制器上实现可编程 I/O 引脚的最少控制寄存器设置：

(1) 可以配置通用输入/输出（GPIO），或者一个内置的外部设备的专用输出（如 UART）。

(2) 当在 GPIO 模式时，可以配置为输入或是输出。

(3) 每个引脚都可以单独读取和写入。

7.3 你是否会期望一个单芯片微控制器或四核高速服务器处理器在内存方面投入更大比例的硅片面积。通过在这两种类型机器上的应用来证明你的回答。

7.4 列举几种在过去二三十年中，半导体设计者为减少 CPU 传输延迟而采用的方法。

7.5 对于计算机系统的时钟策略（或时钟本身）进行怎样的变化可减少系统产生的电磁干扰（EMI）？

7.6 在靠近 CPU 的电源引脚处放置什么样的外部器件可以减少 EMI 的产生，为什么？

7.7 在下面列出的应用中，指明最合适的存储技术。

a. MP3 播放器需要以 350Kbit/s 的速率从 8GB 存储器中访问音频数据。即使电源关闭，数据（你的歌曲）也应该保留在存储器中。

368

b. 一个简单的很小的嵌入式系统的程序存储器，只执行一个任务。制造商会制造几百万个这种器件，不需要提供可再次编程功能。

c. 在个人数字助理中，256MB 系统存储内置于 ARM9 嵌入式系统中，在 PDA 上运行先进的嵌入式操作系统，如嵌入式 Linux。

d. 在上述系统中已包含一个 16MB 的非易失程序存储器，用于存放操作系统的例程，且程序直接从该存储器中执行。

e. 在一个小的嵌入式系统中，4KB 运行时存储连接到一个中等大小的微控制器。

可选存储技术（一个应用选择一种存储技术）如下：

- 串行闪存
- 并行闪存
- SDRAM
- SRAM
- RAM

7.8 说出 7 个在嵌入式系统中引导加载程序（例如 u-Boot）的常用功能。

7.9 一个 BGA 封装的典型嵌入式系统 CPU 安装在原型嵌入式系统的 PCB 上。设计师怀疑有焊接故障致使系统不能正确运行。列出两种识别潜在问题的方法。

7.10 一个字节 0xF3 通过两个半字节的方式在有噪声的无线信道中传输，每半字节都使用汉明(7，4)码进行编码。请参阅框 7.7 的方法，以十六进制的形式写出这两个 7 位编码。

7.11 重复问题 7.10 的汉明编码问题，这次使用框 7.8 的方法传输字节 0xB7。

7.12 为什么必须在嵌入式系统中加入逆向工程保护，但会稍微减少制造商的利润？请确定 3 个主要的原因。

7.13 在嵌入式系统中，为了确定以下几个方面，逆向工程团队如何利用 JTAG 到 CPU 的连接？

a. 识别 CPU。

b. 电路连接和系统原理图。

c. 安装在系统中的非易失性存储器（闪存）的内容。

369

7.14 为什么这么多的 SoC 微处理器使用 32.768kHz 晶振？

7.15 什么是时钟抖动？它如何影响处理器的最快时钟速度？

7.16 如果将字节 0xA7 编程到并行闪存的一个位置，其后又将字节 0x9A 编程到同样的位置（在两次操作之间没有擦除），之后闪存的这个位置包含的是什么值？

7.17 EPROM 存储设备有一个小玻璃窗口，它可以用来接收紫外线以擦除存储器阵列。闪存（以及 EEPROM）存储器内容电可擦除。说明闪存技术与 EPROM 相比的两个优势。

7.18 想象一下，你在领导一个小型设计团队设计新的嵌入式产品：硬件已经准备好了，软件工程师基本完成了系统代码。系统中有大量的串行闪存，但是只有少量的 SRAM 可用。距离推出产品的时间只有几个星期了，软件开发团队发现无法在 SRAM 中运行代码，也没有办法减小代码规模。在不改变硬件的情况下，提出一种存储解决方案来解决该问题。

7.19 一个 JTAG 扫描链可能有几百位长。这条串行链可以向 CPU 的扫描路径中输入以改变其行为，也可以从 CPU 中输出以读取其状态。举例说明一些位的含义（即它们能改变什么行为，它们能确定什么状态）？

7.20 如何利用三重模块冗余确定正确的计算输出？假设 3 个相同的块在一个故障系统各自的输出为 0xB9、0x33 和 0x2B，基于此阐述你的答案。如果这些输出接到一个按多数位选取的选举器上，系统的最后输出字节应该是什么？

370

编　　程

计算机的本质是一种处理和运算大量数值的单元。“处理”这个词可以用来概括计算机做的每一件工作，包括接收操作数、移动操作数和改变操作数。这些操作数可能代表着一幅图片中不同颜色的像素，一盘音像磁带中的音频采样，或是气象图中的风速、股票的价格、因特网协议的地址、网页上的字符、电子邮件中的文本，或是数字世界中的其他量化信息。编程是指通过这些数值“命令计算机去做你想让它做的”。

之前已经详细地介绍过计算机的工作原理，认识了内存映射、控制单元、算术逻辑单元，还介绍了按下电源后的计算机是怎样进行引导的。然而，现在很多人对计算机的使用经验和认识与本书中介绍过的差异很大。当这些人打开他们的笔记本电脑或者是智能手机后，呈现的图形用户界面（GUI）可以运行浏览器、听音乐、通过 Skype 进行社交、更新电子表格，或是编辑图片。

在第 9 章中，我们将会认识到上述很多功能得以实现都要归功于操作系统。引导是启动 CPU 并让其运行软件的过程，这个内容在 7.8.1 节中有过简要的叙述，在 9.5 节将进行更加彻底的讨论。处理的过程可以被简述为：上电后，计算机执行内存中特定地址中的软件——在 ARM 处理器中，引导向量的地址通常是 0x0000 0000——并且这个软件通常是一个引导加载程序（bootloader。对于更复杂的计算机，这个软件是 BIOS）。然后，一连串的程序便开始运行，最终，计算机中的操作系统得以启动。在很多设备上，OS 启动后会运行窗口管理器或者是 GUI。在这两者被运行后，用户便可以选择去启动一些用户程序——例如，通过点击程序的图标，或是通过命令窗口输入特定的程序名称，或是仅仅输入一条命令。

在第 9 章，我们将会看到操作系统并不是一台计算机所必需的（很多小型的嵌入式系统并没有任何操作系统）。这些计算机上电后会直接运行嵌入式开发者所开发的程序，通常这样的单一程序便可以处理所有的任务。为使程序正常运行，嵌入式开发者必须确保所开发的程序的起始地址位于启动向量中[⊖]。

371

在这一章中，首先关注程序是如何写入的，从程序是怎样运行开始，探究在这个过程中计算机内部发生了什么。

在这里，我们不关注程序设计中的细节，如实现方法、编程过程、程序结构、调试、验证以及确认，这些属于软件工程或软件开发教科书中的主题。我们将关注的是编译型和解释型语言，以及 UNIX 程序的设计模型和强大的 UNIX shell。

8.1　运行一个程序

一个编译和链接后的可执行文件是一段随时可以运行的代码。在拥有 OS 的计算机上，可执行程序通常驻留在像硬盘这种稳定的存储介质上。当可执行程序需要被运行时，例如当用户点击了代表该程序的图标，或者是通过命令行输入了该程序的名称，可执行的代码块将会被移动到 RAM，并在其中运行。

⊖ 实际上这个过程可能会比上文叙述的更加复杂：用户的代码需要满足可重定位的条件，并且不能依赖于任何操作系统的功能或者是库文件，因此不同于由操作系统启动的程序。

由于嵌入式系统没有 OS，此时代码块通常会在引导过程中被移动到 RAM 中，然后被引导加载程序运行。然而，在最小、最节约空间的嵌入式系统中，代码有时可以存储在闪存中，并且可以直接在闪存中执行（称为“即刻执行”）。事实上，这正是上电后第一段引导加载程序的本质。当 CPU 上电后，一小块位于非易失性存储器（在引导向量中）的代码被执行。第一段引导加载程序要做的第一件事情通常是从非易失性存储器中将第二段引导加载程序复制到 RAM 中，然后执行它。

8.1.1　执行的含义

从第 3 章的讨论中我们已经知道 CPU 怎样执行代码：CPU 会在当前的程序计数器（PC）地址中获取位于存储器中的机器码指令，随之按照这些指令执行相应的操作（即 CPU 执行指令）。除非当前的指令有其他特别的声明，否则 CPU 将会自增 PC 以指向存储器中的下一条指令。接下来，CPU 获取到下一条指令，并且执行它。计算机程序就是这样被设计成一步一步地执行的。另外，一些指令会使 PC 的状态改变——包括分支指令、调用指令或者是跳转指令（这些指令在不同的处理器上有不同的命名）。而它们所做的是给 PC 设置一些不同的值，使得 CPU 不会去执行“获取下一条指令”这个默认操作。

图 8-1 展示了这些指令是如何工作，以及它们是如何让我们可以在计算机上执行不同的程序的，下面解释这张图中包含的众多信息。虽然与通常表示 ARM 内存映射的方式不同，但是该图从本质上展示了 ARM 内存映射的一部分。在图中，地址 0 在顶端（通常的映射图中，地址 0 是在底端）。为清晰起见，图中使用了 ARM 指令来说明，而实际上许多现代的 ARM 处理器的行为与图中相比略有差异。图中展示了一块范围为 0x0000 0000 至 0x0002 012c 的存储空间（为了简明，我们跳过了中间的一大部分），左边表示的是地址，右边表示的是 32 位的指令。由于每个指令的大小都是 32 位，因此内存中的地址以 32 位递增，即 0x0000 0000、0x0000 0004、0x0000 0008，然后是 0x0000 000c。 372

在图 8-1 所示的汇编语言部分中，第一列为标签，第二列为指令，最后一列是一些说明和注释。注释是以“//”开头，到该行结尾的解释性文本。该图没有提及它是什么类型的存储器，但由于它覆盖了引导向量地址，因此很可能是非易失性存储器或某种闪存。

8.1.1.1　引导

当 CPU 首次上电时，程序计数器由硬件自动复位为 0。通常，CPU 从 PC 指向的地址获取其第一条指令。如图 8-1 中的映射所示，我们可以得知地址 0x0000 0000 处的指令是 B_start，这意味着它是一条无条件分支并指向标签_start。由注释可知，因为标签_start 位于地址 0x0000 0020，所以该指令实际上是 B 0x0000 0020。这将导致 PC 的值更改为 0x0000 0020。

8.1.1.2　运行

CPU 获取 PC 指向的指令，即本例中的 `ADD R0,R0,R1`，意思是两个寄存器相加（在本例中，只需要检查分支指令，即 B，BEQ 和 BGT）。一旦执行了该指令，PC 将自动从 0x0000 0020 递增到 0x0000 0024 并准备好获取下一条指令（减法指令，SUBS）。执行此操作后，程序计数器将递增到 0x0000 0028 并获取 BEQ 指令。这是一个条件分支，地址为 0x0002 0100。

由于它以 EQ 或“如果等于零的分支”为条件，所以只有在先前的条件代码指令运行后得到的结果为零时，才会进入该分支（这里不需要检查条件代码，整体如框 3.3 所示）。

如果条件代码寄存器（CCR）显示其当前的状态不满足条件，则 PC 将正常递增并且取出下一条指令，即 MOV 指令。但是，如果 CCR 显示其当前状态满足条件（即 CPU 运行 SUBS 指令后的结果为零），则 CPU 将采用分支中的指令。

8.1.1.3　进入分支

进入分支意味着 PC 将被设置为分支指令中的指定值。在本例中，它意味着 PC = 0x0002 0100

(应该提醒读者 ARM 处理器使用相对分支，因此它实际上并没有将 PC 设置为一个 32 位的值，仅仅是向 PC 添加一个偏移量以使得它获取正确的位置——这在 3.3.2.3 节中已经介绍了)。一旦设置了 PC，一切都将按照以下方式正常进行：CPU 取出 PC 指向的任何指令，然后执行该指令。至此，CPU 得以执行位于内存中完全无关的不同部分中的代码。

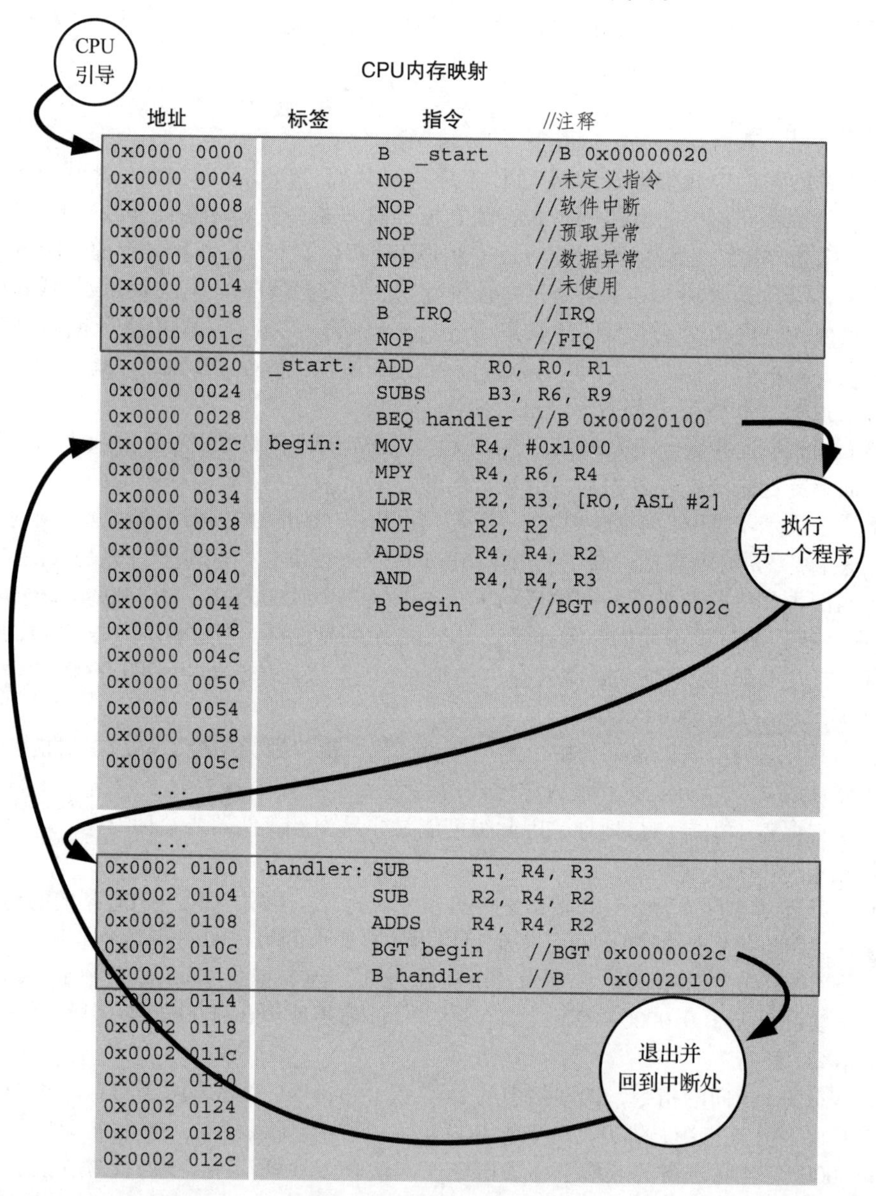

图 8-1 ARM 处理器首次通电时如何运行引导代码以及如何执行内存中其他位置的代码

8.1.1.4 运行程序

现在我们来了解如何运行一个新程序：

1）将所需程序加载到内存中的某个位置。

2）将 PC 设置为程序的起始地址。

接下来获取并执行的指令将是新程序的第一条指令，然后 PC 将逐行运行新的程序代码，直到遇到另一个分支指令为止。

8.1.1.5 程序结束

程序结束时，只需将 PC 重置为该程序之外的其他值即可。在图 8-1 中，地址 0x0002 010c 处的指令结束了单独的代码块。这是另一个条件分支。如果条件满足，分支将 PC“送”回地址 0x0000 002c，这恰好是跳转执行该代码块指令的下一条指令。

373~374

8.1.2 注意事项

以上描述略微简化了实际过程，仍值得注意的是：

- 在执行另一个程序之前，调用进程需要保存现有状态，然后在程序终止时恢复该状态，否则被调用的程序将以不可预测的方式改变寄存器和机器的状态，可能会对调用进程造成严重影响。保存的状态包括存有指针的寄存器、条件代码寄存器等，这些都需要先存储在 RAM 的软件堆栈中。堆栈由指针定义（在 ARM 中它是堆栈指针 SP，即 R13），并且可以弹出和压入可存储的寄存器，从而使堆栈内存根据需要增长或收缩。因此，在调用程序之前，当前一组重要寄存器的内容通常会被压入堆栈。当该程序终止并且控制传回（即 PC 跳回）到调用进程时，通过将它们从堆栈中弹出来恢复寄存器内容。
- 当正在执行的程序结束时，PC 需要跳回到调用进程。在 ARM 中，这可以通过链接寄存器 LR 完成，LR 是寄存器 R14。为了实现这个功能，我们使用“分支和链接”指令，BL 代替“分支”指令 B。BL 指令使 CPU 自动复制并存储返回给寄存器 R14 的地址及其分支。由于 PC 在每次取指令后自动递增，因此当执行 BL 指令时，CPU 已经计算了返回地址（即 PC +4），这个返回地址存储在 R14 中。通过前述操作，程序可以通过将 PC 更改为 R14 中的值，从而返回调用它的地方，也就是指令 `MOV PC,R14`（可以写成 `MOV PC,LR`，或用指令 `BX LR` 实现）。
- 我们想要执行的一些程序在运行之前需要传递参数，该参数可以通过两种方式提供给程序。第一种是在调用程序之前将信息存储在寄存器中，例如寄存器 R0。为了使其工作，程序已被编写为假设 R0 包含所需参数信息，并且调用进程事先将该信息放入 R0。但在一些情况下，所需参数可能因为数据太大或有多个数据项而不适合 32 位寄存器 R0，在这种情况下，调用进程则在调用程序之前将信息放入一个内存块，即堆栈。为此，程序将编写为假设堆栈包含所需信息。按照这一思路，你会发现需要两个不同的程序，编写不同的假设。为了防止这种混淆，大多数计算机和 OS 都使用某些标准。这些标准明确地定义了调用进程需要的信息，包含使用堆栈或是寄存器、调用和返回，同时还包含各个程序在执行时必须做出的假设。

375

- 在 ARM 处理器中，ARM 进程调用标准（APCS）已经被使用了很长时间，用于列出这些假设和要求。[⊖]

因为确保编译代码在系统中正常运行并符合所有标准是编译器的工作，设置链接寄存器、保存状态和遵循过程调用并不会直接影响大多数程序员。唯一的例外是当程序员在没有操作系统的情况下编写独立代码，例如，编写引导程序，需要亲自编写要从程序中调用的汇编语言函数，但只有极少部分程序员会承担这些工作。

从现在开始，我们将站在更高的层次去考虑如何编写和执行程序。本章将先介绍编译器的

⊖ 原始 APCS 的功能已被 ARM 体系结构过程调用标准（AAPCS）取代，该标准包含 ARM 和 Thumb 模式标准。这是一个称为应用程序二进制接口（ABI）的新规范，它规定了如何编写代码以在给定的操作系统中运行。ABI 的嵌入式版本，即 EABI，用于没有操作系统的地方——例如引导加载程序或没有操作系统的独立嵌入式系统。

使用，然后简要概述解释语言。

8.2 编写程序

在可编程计算的早期阶段，设计和构建计算机的工程师通常也是编写程序的人。由于他们对硬件有深入了解，因此程序与硬件紧密相关。那些早期的计算机通常用机器代码编程，后来用汇编语言编写——编写起来更方便，更易于阅读，并包含许多可以协助程序员的方法。名为汇编器的程序将汇编语言程序转换为机器代码。图8-1通过汇编语言来说明程序如何运行以及分支是如何工作的。但由于汇编语言是机器代码的易读版本，实际存储在内存中的信息将是等效的机器代码。因此，实际的内存映射看起来更像下面所展示的，其中地址显示在左侧，32位指令按顺序显示在右侧：

376

```
0x00000000 | 0xea000006  0xeafffffe  0xeafffffe  0xeafffffe
0x00000020 | 0xeafffffe  0xeafffffe  0xe51fff20  0xeafffffe
0x00000040 | 0xe3a01981  0xe3c11003  0xe1a0d001  0xeb0000bc
0x00000060 | 0xe3a00981  0xe321f0d3  0xe1a0d000  0xe2400010
0x00000100 | 0xe321f0d2  0xe1a0d000  0xe2400010  0xe321f0d1
```

随着计算机编程变得越来越专业化，并最终成为一门学科（即计算机科学），编程方法和语言也已经发生了革命性的变化。

8.2.1 编译型语言

编译型语言的编写方式比汇编语言更易读，为编写者提供了更多的便利，包括使用变量名称、函数和函数名称、指针、算术、循环、条件以及许多其他的结构和功能。

以C语言为例，在现代计算机上，程序员通常使用编辑器将程序输入计算机。代码保存为“.c”文件，然后由C编译器（和内置链接器）编译以生成可执行文件——一种可以直接执行的程序。这在图8-2中进行了说明，其中包含基于Linux的编译和使用gcc（GNU编译器集合）编译器在命令行中执行名为prog.c的程序的示例。新编写的程序很少立即编译通过而不报错，在出错的情况下编译时编译器会指明程序中的语法错误，然后程序员可以在重新编译程序之前纠正这些错误。

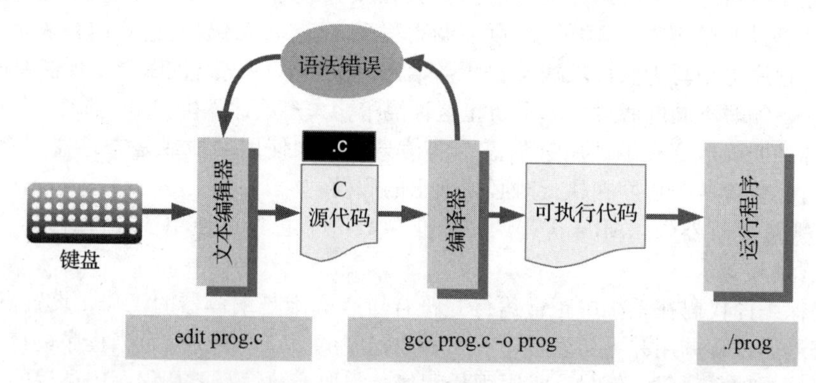

图8-2 在计算机上输入、编译和执行C语言程序的图示。在典型的Linux下执行此操作的相应命令显示在下面的灰色框中

8.2.1.1 编译和链接

实际上，上面讨论的是编译的简化流程，并没有考虑大多数程序使用的库函数。

库包括许多程序可能会用到的标准函数或操作，因此库与操作系统一起集中提供给任何需要这些功能的程序（而不是在这些程序中完全重写这些库）。函数集合被集成到动态库中，其中包含输入和输出函数、数学函数、字符串处理函数、加密函数以及数百种包含其他功能函数的库。

图 8-3 给出了一个编译程序的更完整示例，该程序包含对库函数的引用（该图具有比图 8-2 更多的细节，但是功能相同）。该程序是基于 C 语言的，但大多数编译语言都遵循类似的顺序。 377

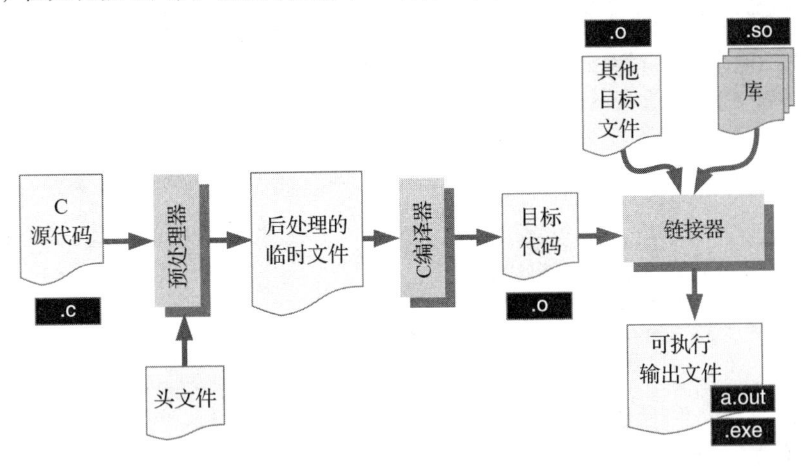

图 8-3 使用了库函数的 C 语言程序图示，预处理器根据库的头文件检查这些函数并确保函数调用代码的正确，编译器为未被链接的机器代码创建目标文件，然后链接器会将此代码与库函数代码组合在一起（或组合能够调用正确库函数的方法）

图 8-3 展示了一个使用库函数的程序——来自标准输入/输出库（stdio）的 printf() 函数，或数学（math）库的 sqrt() 函数。为了在代码中使用库函数，程序员需要在其程序中包含对相应库的头文件的引用（例如，stdio. h 或 math. h）。它们包含的函数原型就像大纲函数一样，有助于确保程序员正确地调用函数（具体而言，即函数收到和返回正确的信息类型）。

如果程序员已在其代码中使用了这些库函数，那么编译的第一步是 C 预处理器根据头文件中的原型检查这些函数，在匹配的情况下，编译器会创建一个临时文件，用其他代码代替所编写的程序中的库函数代码。然后，编译器将更改的程序编译成目标代码（通常是以“. o”结尾的文件）。目标代码是一个可以被执行的机器代码块，但其不包含内存引用（比如分支、跳转和调用之类）。为使代码保持灵活状态，目标代码以特殊方式编码，直到它被链接器“链接”。链接器将程序代码块与其他块（包括库中的代码块）以及内存映射相结合，该内存映射会指定所有内容在内存中的位置。链接器的输出是可执行程序；可以直接运行（执行）的代码。

需要注意的是，库通常向链接器提供“. so”文件或共享对象文件。一般来说，有两种方法可以链接到此。第一种方法是将库函数关联的库对象代码复制到程序代码中（因此被编译后的程序会变得更大）。第二种方法是链接一小段代码，程序在执行时会跳转到共享对象代码块的对应部分，并从那里执行函数代码，结束后再跳回到程序中。当许多程序使用相同的代码时，后一种方法的空间效率要高得多，但由于代码跳转，所以运行速度略慢。 378

假设编写需要使用 printf() 库函数的程序。包含 printf() 函数代码的库的大小可能超过 1MB。但是如果在没有共享库的情况下使用这个函数，对于 1000 个程序则需要将该函数复制 1000 次，并将其链接到每个程序（即 1000MB 的相同代码）。但是使用第二种链接方法，仅会有一小段代码——可能只有几十个字节——将指示每个程序如何在运行时调用共享对象文件中的 printf() 函数。对于这种情况，不是将 1MB 的库复制 1000 次，而是只存在一个库，并且每个程序在需要时都会调用该库。在调用代码时，即使重复 1000 次调用，程序的大小可能只有

0.1MB，即空间效率更高。

现在如果对数百个库函数和共享对象库都采用第二种链接方法，共享对象库效率高的原因就显而易见了。

我们之前所简化的编译和链接的最后一种情况是多个程序由多个源文件组成的情况。当程序很大，需要由多人协作处理时，最好将代码拆分成多个源文件，拆分的方法可以是拆分成可重用和不可重用的部分，或按主要功能拆分。在编译期间，每个单独的“.c”程序被编译为“.o”目标代码，然后与所有其他“.o”对象和库对象组合在一起，以创建可执行文件。[⊖]如图8-4所示。

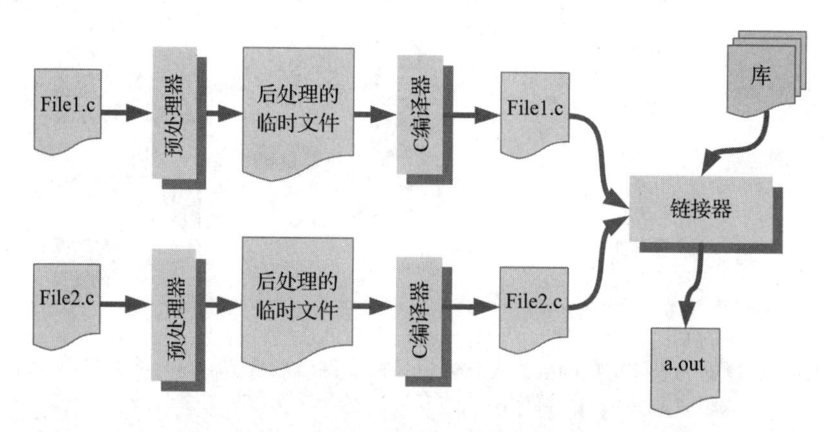

图8-4　大多数程序由多个源文件组成，图中所示为链接器将这些源文件组合成一个名为a.out的可执行文件

8.2.1.2　交叉编译

由于是编译器创建可执行代码，因此它们基于特定的处理器和机器。这意味着ARM处理器的编译器将输出ARM机器代码，而x86编译器将输出x86机器代码。

379

特别是对于嵌入式系统开发，很多ARM代码都是程序员在x86硬件上通过台式机和笔记本电脑编写的，这些设备拥有各种操作系统（例如，MacOS-X、Ubuntu、Microsoft Windows等）。正在编写代码的系统可能和目标系统具有不同的操作系统（或没有操作系统），或是具有不同的处理器、不同的存储器映射以及与程序员正在使用的机器不同的外围设备。

交叉编译是指在一台计算机上构建软件，并在另一台不同的机器上执行的过程。交叉编译中的两个重要术语是：

- 目标：正在构建软件将要运行的系统。
- 主机：软件开发过程所在的系统。

目标和主机通常根据处理器和硬件系统以及它们的操作系统来识别。例如，可能正在使用的是x86-linux主机为arm-linux目标编写代码。

在x86主机上运行的典型交叉编译器被称为arm-linux-gcc。这是一个在x86机器上运行的程序，但是其为ARM体系结构计算机输出已编译的机器代码。ARM可执行文件在x86主机上生成，然后需要下载或复制到ARM目标以进行测试。根据ARM系统的确切功能，可以通过JTAG连接、串行端口、USB、网络或直接编程到板载闪存中来对交叉编译的代码进行测试。

8.2.1.3　硬件仿真

还可以使用仿真器在一个计算机的体系结构上执行为一个计算机体系结构编写的代码。仿

⊖　在实践中，许多程序员使用一个名为make的实用程序来控制编译和链接过程。make能够确保所有文件保持最新的状态，编译后与正确的关联“.o”文件组合，并以正确的顺序链接。

真技术（将在9.3.6.1节中简要讨论）允许一种类型的计算机上的可执行文件在不同类型的计算机上运行。这本身就是一个重要的研究领域，而且它与交叉编译相结合后的应用非常实用。例如，如果在x86主机上交叉编译arm-linux程序，则可以通过ARM仿真器直接在x86架构计算机上执行ARM体系结构的程序。

这是一种非常方便的测试编译代码的方法——它比通过串行链接将可执行文件下载到目标硬件，或将其编程到闪存后重新启动目标硬件进行测试的方法更加快捷。

8.2.1.4　编程型语言的特性

在已开发的数百种不同类型的编译型编程语言中，只有少数几种语言被广泛采用并编写了当今的绝大多数代码。这些语言包括C（以及C++和其他变体），以及最近的Java。令人惊讶的是，少数领域仍存在用FORTRAN（用于数值计算）和COBOL（用于商业应用程序）编写的旧的应用程序。

各种编程语言在编码的简易性、调试的容易程度、稳健性、内存效率、速度、安全性、灵活性以及错误倾向等方面存在很大的差异。不同的语言在不同领域具有特别的优势。比如C用于嵌入式系统，Java用于图形用户界面，Ada用于实时和可靠系统，C++用于游戏和快速图形编程，还有其他各种专用语言用于不同的应用领域。

380

目前所讨论的是编译语言，程序用源代码编写后编译成机器代码以便执行。与编译型语言对应的是解释型语言，源代码先在解释器中一步一步地直接执行。

在学习解释型语言的更多细节之前，应该注意到某些语言是处于“中间”位置的。Java就是一个例子，源代码被编译为一组紧凑的指令Bytecode，它可以直接在专用的Java处理器（例如，4.8节的ARMs Jazelle）上执行，或者在解释器上执行（例如JVM，即Java虚拟机，或JRE，即Java运行环境）。

8.2.2　解释型语言

与编译型语言一样，针对不同的应用情形有不同的解释型语言。其范围包括文本处理、编译器设计、数学计算、系统引导、图形用户界面、数据库处理以及shell处理（即操作系统的命令和控制）等。虽然种类繁多，但解释型语言通常比编译型语言更快捷和简单，除某些特殊情况外，通常它们使用起来更方便，并且执行速度较慢。使用解释型编程语言编写的程序风格和结构以及使用方式差异很大。在不同类型的语言之间进行选择时，应考虑它们在以下因素下所具备的不同的优势：

- 运作效率。
- 代码紧凑性。
- 速度、吞吐量或响应时间。
- 易于编写（或易于调试）。
- 开发成本、时间或专业知识。
- 平台独立性（语言能够操作的硬件范围）。
- 支持的可用性（和成本）。

8.2.2.1　解释器

如图8-5所示，解释型语言使用文本编辑器编写，保存为源文件后在解释器中运行。解释器本身是在计算机上运行的可执行程序（与直接执行的编译型程序不同）。因此，当编译后的程序被编译成可以执行的机器代码程序时，被解释的程序以源代码形式保存，然后在解释器中运行。在解释器中，程序被从文件中加载，然后逐步运行，依次执行每个命令、循环、分支和函数，并根据需要调用共享库。

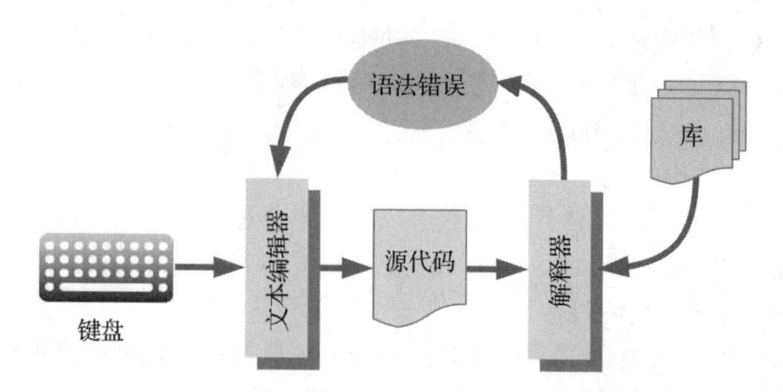

图 8-5　解释型语言中的程序使用文本编辑器编写，保存为源代码后在解释器中执行

实际上，解释器的理念和微码背后的理念之间存在很多共性（参见 3.2.5 节）。微码由硬件解释器有效地执行，其中硬件解释器将每个语言指令（令牌）处理成多个机器指令。计算机执行单个解释型语言的指令时，通常需要产生数百甚至数千个机器指令。这使得解释型语言更加 381 “紧凑”，因为相较于编译型语言，在源代码长度相近时，解释型语言能够实现更多的逻辑。

当然，无论是对解释型语言还是编译型语言，我们都提到了库函数。现代计算机中的大部分复杂操作都由这些库函数处理，这些操作包括许多图形用户界面、加密、文档处理和打印、网络和通信操作、数学函数、文本处理、视频、图形和声音。由于共享库提供了丰富的功能，一些程序只需要对库函数进行调用和组合。

当解释型程序主要由调用的库函数组成时，它们可能与使用相同函数的编译型程序一样高效，但更容易编写和修改（因为不需要编译链接步骤）。然而，编译型语言中的一系列操作通常比解释型程序中的相同操作更快且更有效。类似地，汇编语言的执行速度更快（但通常不会这么写），因此汇编语言是“非常低级”的语言，编译型语言通常是低级语言，解释型语言是高级语言。最高级别的语言通常被认为是人类的自然语言。有一种观点认为，有一天可以通过人类语言在计算机上“编程”，但这远远超出了本书的范围。

8.2.2.2　集成开发环境

如今，许多程序员应用集成开发环境（IDE）来编写、执行、调试和测试他们的代码。IDE 可以用于编译型语言和解释型语言，并且在某些意义上，IDE 模糊了两种语言之间的区别。

程序员使用内置文本编辑器直接在 IDE 中编写代码，然后在 IDE 中编译、执行或解释它们（取决于是使用编译型语言还是解释型语言）。执行/解释步骤也可以在 IDE 外部完成，但是大多数 IDE 提供了广泛的调试功能，所以程序员没有什么动力去这么做，但是，最终的代码在完成后几乎总是需要运行在 IDE 之外。

IDE 是一个在计算机上运行的大型应用程序——可能是图形密集型的，具有内置的帮助功 382 能，并显著提高新手用户编程的速度和便利性。虽然这些都是出色的功能，但它们也可能隐藏程序员眼中的一系列低级操作。因此，尽管程序员眼中的 IDE 图形丰富并可顺利集成一些功能，用户仍需要了解前面（8.2.1 节和 8.2.2 节）描述的 IDE 背后的原理。

8.2.2.3　其他解释型语言

随着越来越多基于 Web 的交互出现，基于 Web 的解释型语言的使用也大量增长。例如，Web 浏览器访问网站和基于云计算的连接。超文本标记语言（HTML）、JavaScript、PHP（超文本预处理器）以及各种其他解释型语言已经设计为在客户端和服务器之间的链接上运行（参见第 10 章）。

根据指定的语言，在客户端的 Web 浏览器或 Web 服务器上进行解释（即执行），并最终显示在客户端的浏览器窗口中。例如，当 Web 浏览器连接到远程 Web 服务器以访问网页时，该操作可以触发在该 Web 服务器上运行的一组 PHP 代码，继而该 Web 服务器会生成包含HTML

和 JavaScript 的网页。在 Web 服务器上解释的 PHP 程序旨在创建输出“文档”，因此 Web 服务器也是 PHP 代码的解释器的一部分。

包含 HTML 和 JavaScript 的输出文档将被发送到客户端 Web 浏览器。该 Web 浏览器的作用是解释 HTML 和 JavaScript 代码并显示结果。因此，Web 浏览器也是一个解释器，浏览器窗口中的最终显示包含 HTML 和 JavaScript 程序执行后生成的文本和图形。

这只是每天发生的数百万次网络交互中的一个例子。解释型语言在许多其他领域也得到了广泛应用，包括数据库访问、智能手机上的图形用户界面显示、人机交互、计算机启动脚本、卫星运行调度、控制系统（跨越工业自动化到家庭温度控制等众多领域），以及越来越多的其他领域。

8.3 UNIX 编程模型

基于 UNIX 的操作系统假设整个操作系统由控制台控制。在过去，这个控制台的角色可能是超级用户或系统操作员所在的计算机终端，但现在它是系统启动和管理的控制输入。操作系统启动并运行内核后，自动脚本将启动图形用户界面、Web 服务器以及其他需要自动启动的操作软件。这些启动脚本也可以由操作员手动输入，如果是这样，则需要在控制台输入命令。

在现代操作系统中，控制台通过用户运行终端程序来访问（Ubuntu Linux 和 Mac OS-X 都称为终端程序）。对于嵌入式系统，可能需要通过串行端口或使用 USB 来连接外部终端（通常更实用的是模拟终端的外部计算机）。对于接入网络的嵌入式系统，在外部网络计算机上运行的称为远程登录程序（Telnet）的程序通常能够连接到嵌入式系统并打开终端会话。在远程登录时，应用安全套接字层（SSL）的 slogin 程序是更安全的方案。

383

对于希望以这种方式连接到嵌入式系统的 Microsoft Windows 用户，名为 putty 的第三方程序可以为他们提供许多功能。Microsoft Windows 本身并不需要终端，但其也有类似于终端的功能，通常称为“DOS 提示符”或“命令窗口”。与 UNIX 控制台一样，它是一种命令行界面。

8.3.1 shell

在窗口管理器和图形用户界面开始流行（或发明）之前，命令行界面、终端、控制台等是计算机的主要人机界面。因此，它们的运作方式对于计算机而言应是有意义的，并且人类可读。这需要使用解释器——一种将人类可读的命令解释为计算机可操作命令的软件。在早期的家用计算机中，终端直接启动到 BASIC 等语言的解释器，但科学和商业计算机通常启动到命令 shell（或 DOS 提示符）。

shell 旨在为操作员（用户）提供处于较低层面上的直接控制操作系统的能力，因此它可以是一个非常强大的接口。有经验的 shell 用户也可以比那些使用鼠标和图形用户界面的用户更快地控制他们的计算机。

尽管不同的计算机使用不同的软件（具有不同的命令名称和语法）来实现它们的 shell 命令，但这些 shell 都拥有功能强大、简单方便和快速上手的特性。过去一些 shell 程序被移植到不同的操作系统，现在它们已经被普遍使用。以下 shell 几乎可用于任何现代计算机（包括嵌入式 Linux 和 Android 系统，iOS 和 MacOS）：

- bash——Bourne again shell
- kshell——Korn Shell
- zsh——Z shell
- csh——C-shell
- sh——最基础和常用的 shell

尽管有些系统使用 csh 或其他替代方案，大多数现代基于 UNIX 的系统都将 bash 作为默认 shell。嵌入式 Linux 计算机通常使用称为 ash 或 lash 的 shell，它们是 bash 的轻量级版本，并且内置于 Busybox 中（参见9.5.3 节）。实际上，UNIX 系统还包括基本 shell，即/bin/sh 作为系统的备份 shell。在 UNIX 的世界里，用户可以自己选择 shell——同时为系统的不同用户提供不同的 shell 是一件很容易的事情。两个甚至数百个 shell 同时运行，并向 OS 提供命令输入也是可实现的。

shell 脚本是用 shell 语言编写并被保存到硬盘（HDD）里的程序。这些 shell 脚本通常会使用其他的在系统路径里面的工具和实用程序（即，命令行工具）。shell 脚本非常强大，并且可以毫不夸张地说，是 shell 脚本将 Internet 连接在一起。

384

shell 的类型有很多（远远超过上面所列出的），因为任何人都可以根据自己的意愿编写 shell，而编写 shell 时使用的语言风格不同。除此之外，shell 类型众多的原因还包括用户友好性或者针对特定用户定制。

经验丰富的 UNIX 程序员经常使用 shell 语言编写程序，然后进行编译、链接、执行和调试，最后使程序自动化。无论是通过用户还是通过图形用户接口启动，最终程序在正常工作时都需要从 shell 启动。

需要说明的是，在基于 UNIX 的计算机中，程序最终通过加载成为内核的一部分，或者通过 shell 执行（程序通过从 shell 来执行或通过从 shell 执行的某些程序来执行）。

通过 shell 执行的程序允许更改优先级（多任务的情况下）、暂停、搁置在后台（不是以图形的方式，而是在"幕后"执行）或随意终止。除此之外，还允许程序从各种位置、文件或程序接收输入，并将输出发送到其他文件、程序和位置——特别是通过对重定向的使用。

8.3.2　重定向和数据流

在基于 UNIX 的操作系统中运行的所有可执行程序都可以接收输入并生成输出，如图 8-6 所示。它们收到的输入和它们输出的内容取决于最初执行的方式和位置。

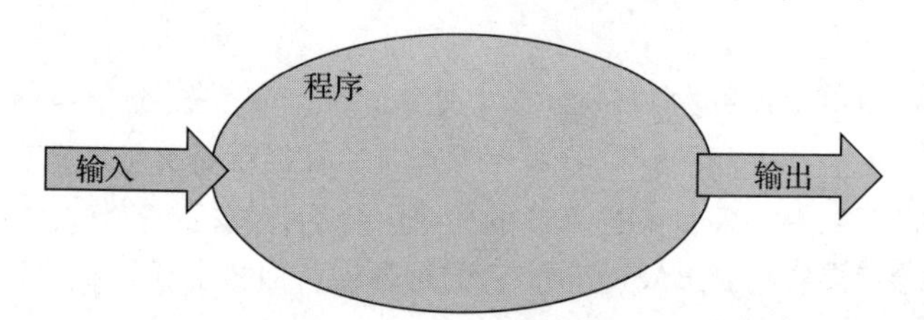

图 8-6　默认情况下，一个被执行的程序具有输入和输出数据流

一个在终端（或终端窗口）手动执行的程序运行一个 shell 命令（假设它不是后台任务），键盘输入结果将由操作系统传递给 shell，再由 shell 传递给该程序，该程序将接收这些按键结果作为其输入。如果程序在屏幕上打印或显示文本消息，则该文本将从程序传递到 shell，并由 shell 传递给操作系统以显示在终端（或终端窗口）中。这些都是在 shell 中运行程序的正常行为，这两个数据流分别称为标准输入和标准输出。

在 UNIX 中，默认情况下编译的可执行文件可能生成另一个输出文本流，即标准错误，并且 UNIX 允许将打印的错误消息与正常的打印输出区分开。通常，对于在 shell 命令中行执行的程序，两种类型的消息都将在 shell（在终端窗口中）打印，但是如果需要，shell 程序员可以很容易地解开消息流。图 8-7 显示了三个默认流，通常它们会被编号，在 UNIX 下，分别为 0，1，2。

385

不同语言编写的程序有不同的处理文件的方法，但 UNIX 流是最常见的。

以上讨论的标准输入、输出和错误接口是默认数据流的示例，但是程序员可以选择打开从文件系统上读取或写入文件的其他数据流（并按顺序编号，例如3，4，5等）。

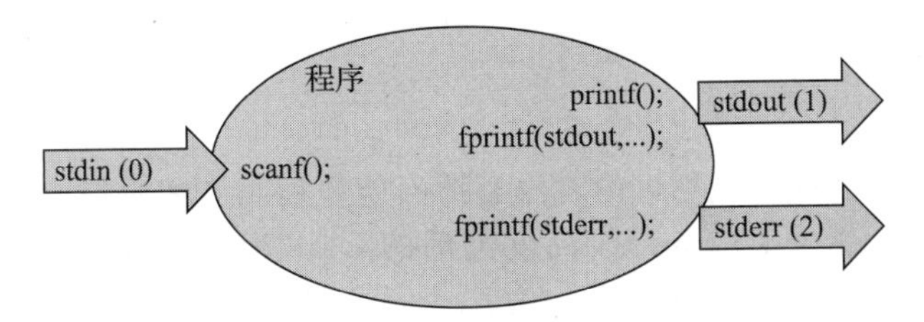

图 8-7　执行程序。输入在流0上，标准输出在流1上，错误消息在流2上输出

UNIX shell 最强大的功能之一是能够重定向在 shell 中启动的三个默认程序流，命令也相对简单。例如，编译的程序通常这样执行：

```
./prog
```

那么以下四个 bash shell 命令将分别重定向其输出、输入、错误日志，以及同时重定向输入和输出：

```
./prog > output_file
./prog < input_file
./prog 2> error_log
./prog < input_file > output_file 2> error_log
```

如果程序在相应的流上产生任何输出（即如果它打印了任何文本或错误消息），则将创建称为 output_file 和 error_log 的两个文本文件。如果当前目录中有这些名称的文件，它们将会被覆盖。当运行第二个和最后一个命令时，需要当前目录中存在文本文件 input_file，否则将产生错误（例如，“没有这样的文件或目录”）。图 8-8 以图形方式说明了最终的命令重定向示例。

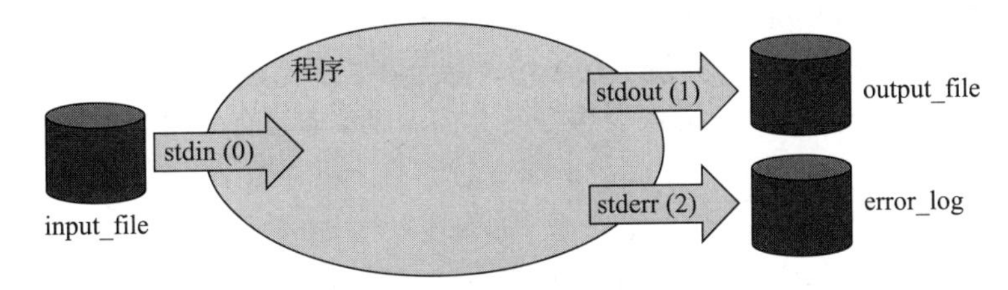

图 8-8　UNIX shell 的强大功能可以很容易地将流重定向到文件或从文件重定向

386

事实上，像 bash 这样的 shell 足够强大，可以将多种可能性结合在一起，其中包括将信息从一个程序传输到另一个程序的能力。程序之间的流传输可以采用管道字符（|）的方式，如图 8-9 所示的命令：

```
./prog1  < inF  2> erL  |  ./prog2 2>> erL
```

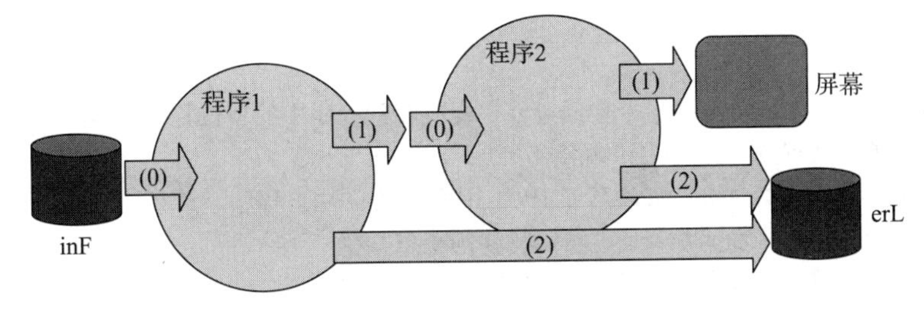

图 8-9　执行程序的过程，该程序有一个输入和一个输出数据流

shell 脚本是一个非常丰富的系统控制和自动化工具。在本节中，我们仅涉及其功能的一小部分——包括循环类型、条件评估、文件处理、错误控制、shell 多任务处理、数学计算和文本处理等。

8.3.3　实用软件

前文在对 UNIX 编程模型进行讨论时没有给出能使程序员和用户的工作更便利的实例，但是讨论了 GNU 编译器集合（gcc）、高度灵活的 make 程序以及 GNU 调试器 gdb（参见 7.16 节），这些都是杰出的 UNIX 工具。有三个基于 shell 的工具程序在 shell 脚本中非常常用：

- grep——GNU 正则表达式解析器（尽管原始 grep 不是 GNU 版本）可以使用模板匹配快速、方便地搜索基于字符的数据。正则表达式是描述模式的标准方式，也是许多 UNIX 文件处理和文本处理程序都能理解的方式。例如，`grep ^ z.{4}`可用于搜索字典文件，以查找以字母“z”开头的五个字母的单词。
- sed——GNU 串行编辑器可以基于正则表达式快速、方便地修改数据流。它可以轻松地修改或删除文件中一个或多个指定的短语或单词集。例如 `sed s / me / you / g` 会在文件或数据流中将所有的“me”都更改为“you”。
- awk——通常被认为是“awkward”这个词的缩写，这个实用程序实际上是以其发明者 A. Aho、P. Weinberger 和 Brian Kernighan 命名的。它是多列、多行字符数据的非常好的文本分析工具。

387

awk 有一种非常强大的编程语言来控制它（同样也支持正则表达式）。举个简单的例子：

```
ls -l | awk '{ size=size+$5; print size}'
```

以上代码将打印当前目录中所有文件的总大小（打印出当前目录中所有文件的详细信息，并将文件大小在输出文本的第五列显示）。

软件程序和资源在任何 UNIX 系统上均可用，甚至在大多数嵌入式 Linux 和 Android 设备上也可用。这些软件程序非常强大，并配有很好的文档，通常非常有效和可靠。

8.4　小结

本章开始于重新介绍程序在计算机上的执行方式（特别是计算机内部发生的事情），概述了如何编写程序。但我们没有描述程序设计、实现或编程，因为它们属于软件开发而不是计算机系统的主题。我们讨论了编译型语言和解释型语言的不同特征和优势，并以讨论 UNIX 编程模型和强大的 UNIX shell 作为结尾。

在下一章中，将讨论操作系统以及大多数计算机上的用户代码与底层硬件之间的标准软件层。很多程序员喜欢编写软件而不太关心执行代码的计算机的细节和复杂性，而这应归功于操作系统。

思考题

8.1　程序一般逐行执行，但是某些指令会通过使执行跳转到程序中的新位置来更改这一顺序。更改哪个 CPU 寄存器才可使程序“跟随跳转或分支”？

8.2　对于位于非易失性存储介质（如硬盘或 DVD-ROM）上的用户程序，是直接从其存储介质执行还是先将它们移动到其他位置？如果是，它们将移到哪里？

8.3　用于将汇编语言程序转换为机器代码的程序名称是什么？

8.4　用于将大多数 C 语言程序转换为机器代码的程序名称是什么？

8.5 使用安装在 MacBook 计算机上的集成开发环境软件编写程序并为 Android 智能手机交叉编译时，哪个设备是目标，哪个是主机？

388

8.6 以下哪些语言是编译型语言，哪些是解释型语言：Python、XML、FORTH、C++、Ada、Perl、Lisp？

8.7 用一句话描述嵌入式 ARM 计算机上引导加载程序的功能和位置。

8.8 如果用编译型语言编写程序，如 C，该程序包含许多不同的源文件，那么将源文件中的代码连接到最终可执行程序的程序名称是什么？

8.9 语法错误是程序代码编写方式的错误，而运行时错误是程序执行期间出现的问题。在编译 C 之类的语言时会捕获哪种类型的错误？

8.10 在台式计算机上运行的 Web 浏览器连接到远程 Web 服务器以请求 HTML 页面，然后显示在屏幕上。此事务涉及三个主要程序——Web 浏览器软件、下载的 HTML 代码和 Web 服务器软件。其中每个程序是编译型软件还是解释型软件？

389
~
390

第9章

Computer Systems：An Embedded Approach

操作系统

第8章探讨了计算机的编程，并指出这样做的目的是使计算机完成人们想要它做的事情。这意味着编程是一种从硬件中获取价值的方法。没有程序，计算机只是一块硅、金属和塑料的聚合体，但是如果有一个足够好的程序，它就可以执行各种任务，如保持起搏器运行、驾驶货船、通过小行星带绘制航线、运行虚拟现实游戏、在音乐会上提供音乐，或教宝宝说话等。令人惊讶的是，相同的硬件可以在程序员手中完成许多不同的事情。

但是，大多数人都知道程序和“金属”之间存在着某种东西，那就是操作系统。与硬件本身一样，即使不同程序允许整个系统执行不同的操作，操作系统仍然保持不变。

9.1 操作系统的含义

操作系统是位于硬件和用户程序之间的低级软件，但是这一定义并不能让人们真正理解什么是操作系统。实际上有两种完全不同的方式来认识操作系统。第一种是从最早的操作系统开始，看看它是如何成为现在的样子的；第二种是仅仅看现在的操作系统。在第1章中使用了同样的方法来看待CPU，首先简要介绍了计算机的发展，然后开始考虑什么是现代计算机。这两种方法都有其价值。发展过程中的每一步都是对所产生的问题的回应，每一个新想法都有其原因。有些想法在它们被发明的时候是好的，但后来因为其他问题而被抛弃，其中也有很多经得起时间的考验，现在仍在使用。了解这些想法及其产生的原因，可以更深入地了解它们的工作原理。另外，剖析一个现代设备对以后的研究大有裨益。

本章同时使用了以上两种方法。首先对现代操作系统及其特征进行详尽的描述，然后展开描述，并在有价值的地方深入研究特征背后的历史原因。

391

9.2 为什么需要操作系统

实际上只要程序的编写方式使其能够取代低级操作系统功能，任何计算机都可以在没有操作系统的情况下运行程序。但是绝大多数的计算机都使用操作系统，因为在一个编写良好的操作系统的支持下，让计算机做你想做的事情将变得更加简单。

现代操作系统几乎都具有以下特征：

- 它们将硬件进行“抽象”表示（程序员不需要准确理解硬件包含的内容，且当硬件发生微小变化时不需要重写程序）。
- 它们提供一致的软件接口来控制硬件功能，并允许各种形式的I/O。
- 它们允许每个程序认为自己是计算机上唯一运行的程序，而实际上许多程序可能正在共享计算机。
- 它们使得开发（和移植）代码更快。
- 通常它们会在调试时提供很多帮助。
- 它们可以强制执行来确保系统安全。
- 它们可以为用户或程序员提供访问和控制计算机的一致方法。

有一点需要说明的是，当用户与台式计算机或笔记本电脑进行交互时，实际上与用户交流的不是GUI，也不是Android智能手机上的欢迎屏幕或iPad上的显示屏，而是人们看不到的操作系统。

很多人都认为计算机的显示界面（GUI 或窗口、图标、鼠标和指针（WIMP）接口）是操作系统，但其实并不是。这种界面通常被称为“窗口管理器”，并且大多数计算机的操作系统支持具有不同特征的窗口管理器。窗口管理器允许用户选择界面类型，同时不影响系统的基础操作、安全性和功能。

虽然许多操作系统允许选择窗口管理器，但有些操作系统与固定 GUI 相关联。此类限制的常见示例包括 iOS、Microsoft Windows 和 Android，虽然它们有外观配置设置，但都具有固定的窗口管理器。真正的多用户操作系统更加灵活，如 Linux 和 FreeBSD。它们不仅允许选择窗口管理器，而且可以轻松地同时运行多个不同的窗口管理器。此功能允许 Linux（以及类似的基于 UNIX 的系统）在单个机器上支持多个用户，甚至允许每个用户通过自己选择的完全不同的窗口管理器与系统交互。 392

9.2.1 操作系统的特征

常见的操作系统包括 Android（在撰写本书时用于大多数智能手机）、Linux（用于大多数 Internet 服务器、大型集群计算机，也构成了 Android 的核心）、FreeBSD、MacOS、Microsoft Windows（大多数台式计算机上仍然使用，特别是新手用户）、μC/OS 和 VxWorks（通常用于小型嵌入式系统或高可靠性系统）。

一些操作系统适用于小型和低功率 CPU，一些适用于中型 CPU，另一些则适用于大型 CPU。这通常取决于它们的功能、支持和设计重点，也取决于市场压力和开发人员的熟悉程度。所有操作系统的特征都不同，特别是以下方面：

- 响应能力——操作系统对外部事件的反应速度。
- 有效性——操作系统占用的 CPU 时间。
- 灵活性——操作系统可以做什么，以及可以在什么样的 CPU 上运行（到目前为止，在这方面最灵活的操作系统是 Linux，它几乎可以在所有 CPU 上运行）。
- 安全性——即使不运行特殊安全软件，某些操作系统本质上也比其他操作系统更安全。
- 可靠性——崩溃、重启或其他错误出现的频率。

下表中针对 9 种常见操作系统（数百个可能的示例中）探讨了这些特征中前的四个特征，其中给出了关于操作系统提供所需特征的能力的判定。这被视为近似指标，并没有具体的数值分析。

	响应能力	有效性	灵活性	安全性
Android	中	中	好	中
Linux	中	好	好	好
FreeBSD	中	好	好	好
MacOS	中	中	好	好
MS-DOS	中	中	中	差
MS Windows	差	差	中	中
μC/OS	好	好	好	中
VxWorks	好	好	中	中

可靠性

在可靠性方面，大多数人可能将 μC/OS 和 VxWorks 评为最可靠，其次是 Linux、FreeBSD 和 MacOS，然后是 MS-DOS，最后是 Microsoft Windows。可靠性是安全性的一个不同方面（将在下面介绍），并且通常以发生故障前的平均时间（MTBF）来衡量。由于故障有不同的方面（例如灾难性故障，或者相反，这是无关紧要的故障），且并非所有故障都是相同的，因此即使对于

393 非常高可靠性的系统，我们也需要考虑当故障发生时会发生什么，以及系统是否“不再安全”。

因此，软件工程师倾向于考虑一个软件的稳定性或可依赖性。这包括是否在需要时可用，是否正确运转，是否有副作用（可能导致信息泄露）。可靠性涵盖了可用性、稳定性、安全性和防护性，有时可靠性可能比这个系统的基本功能更重要，尤其是当故障成本超过系统成本时。

可用性是指系统在需要时正常工作的概率。稳定性是指系统在给定时间段内按照用户的预期继续正确提供服务的概率。安全性是指判断系统对人员或环境造成危险的可能性。防护性是指对系统能够抵抗故意攻击或意外泄露信息的判断。

核电站的控制计算机可能将安全性和稳定性作为最重要的方面，而网上银行软件可能将安全性作为其第一属性（与别人的随便访问相比，无法访问自己的银行账户并不那么要紧，因此安全性比可用性更重要）。大多数大型软件系统都需要考虑这些属性，操作系统也是如此。

9.2.2 操作系统的类型

可以根据使用的系统大小（物理、内存或复杂性等）对操作系统进行分类，但无法对 Linux 进行这种分类。Linux 目前是服务器市场或超级计算机等超大规模系统中最重要的操作系统，也是最小的可穿戴设备和移动设备中使用的系统。Linux 的应用范围跨度较大，但是并未能在传统 PC 和笔记本电脑中占据主导地位，传统 PC 和笔记本电脑通常以 MacOS 和 Microsoft Windows 为主，但是基于 UNIX 的操作系统具有较好的可扩展性。

除此之外，也可以根据单用户系统和多用户系统对操作系统进行分类，单用户系统仅提供一个虚拟机（VM），其中包括在 PC 上运行的 MS-DOS（也许你能在计算机历史博物馆中找到它）。但是也有部分单用户系统支持多个 VM，它们允许同一用户的多个任务同时运行。例如，Microsoft Windows（95、98、ME、NT、2000、XP、Vista、7、8 和 10）和较小的嵌入式系统（如 μC/OS 和 VxWorks）。

相反，多用户系统为多个用户提供多个 VM，每个用户可以具有多个并发任务，例如，Linux、MacOS-X 和 FreeBSD，以及其他 UNIX 版本。这些都比单用户系统具有更复杂的安全机制和保护机制。它们是自下而上设计的，以满足多个用户和并发任务的需要，因此创建时考虑了多用户安全性。394

近年来报道的安全故障多来自连接到因特网（或更广泛的网络）的单用户系统，不同的用户可能会尝试获取访问权限，这可能造成严重的后果。

9.2.2.1 嵌入式设备

用于控制特定过程或单件设备的嵌入式系统是单用户计算机系统，例如，洗衣机、简单的 TV/卫星接收器、引擎管理单元、安全警报等。它们使用相对简单且固定的设备，CPU 只需要处理单个任务。

但这种情况正在改变。嵌入式系统越来越多地连入了因特网，其中一些设备已具有多用户、多任务处理功能。在撰写本书时，这些设备已经越来越多地应用到了厨房用具中，如水壶、冰箱、微波炉和咖啡机，日常用具连接网络在未来是一种趋势。令人困惑的是，大家会主动让陌生人访问（也可能窃取）他们的微波炉信息，这也是互联网连通性的一个弊端，但日常用品的相互连接是不可避免的。

连接网络的设备往往配有更安全的操作系统，如 Linux、iOS 或 Android 的嵌入式版本（所有这些都是基于 UNIX 的），但也有冰箱包含的是基于 Microsoft Windows 的 PC。基于 UNIX 的操作系统目前拥有超过 90% 的嵌入式市场份额。由于 Android 和 Apple 的 iOS 都是基于 UNIX 的，而 Android 是建立在 Linux 内核之上的，因此全球嵌入式系统设计人员选择的操作系统几乎完全由基于 UNIX 的系统主导。

9.2.2.2 集群

用于云计算和大规模信息系统的基础架构集群需要支持多处理操作。这些集群需要操作系统级支持以实现跨多个 CPU 运行程序，并且必须具有最高级别的多用户安全性，因此几乎选用的都是各种版本的 UNIX。

世界上最大的集群计算机每 6 个月进行一次调查，并在名为 www. top500. org 的网站上进行跟踪。该网站提供了 500 个最快的超级计算机的排名列表，包括操作系统、国家/地区、应用程序区域、处理器技术等详细信息。我们将在第 12 章框 12.1 中展示部分示例，通过这些示例可以看出：

- Linux 为 488 个系统提供支持。
- 其他 UNIX 为 10 个系统提供支持。
- Microsoft Windows 为 1 个系统提供支持。

还有 1 个未知。但很明显，在地球上 500 个最强大和最昂贵的计算机系统中，以性能作为最重要的评价指标时，设计师选择了基于 UNIX 的操作系统。

395

9.3 操作系统的作用

现代操作系统实际上处理了许多计算方面的任务，但两个最重要的传统功能是：

- 资源管理器控制硬件和外围设备，允许它们在不同的程序和用户之间共享。
- 虚拟机让程序在执行时认为只有该程序在该硬件上运行。

9.3.1 资源管理

在程序和用户之间共享的资源可能是内部的也可能是外部的，并可能会动态变化。内部资源包括 CPU（参见 9.3.3 节）、寄存器、存储器、堆栈、网络访问、中断、存储（例如，硬盘或固态驱动器）以及 FPU 或 GPU 等执行单元。外部资源包括显示器（可能有多个）、声音输入/输出、键盘、按钮、鼠标、触摸板或触摸屏，以及连接外围设备端口的设备（如 USB）。

如果每个程序都试图在没有协调的情况下使用它们，则将导致混乱。例如，如果两个程序同时等待键盘输入，那么当用户按下某个键时，用户如何知道信息进入了哪个程序？因此操作系统需要一次仅给一个程序访问键盘的权限，并告知用户。

在具有 GUI 的系统中，显示器最前端的窗口程序（即拥有“焦点”的程序）将接受键盘的输入信息。用户希望的是拥有“焦点”程序接收自己的输入而其他程序处于等待状态，同样在命令行中，当前在前台运行的程序将接收键盘输入，而其他程序将在后台等待。虽然通常不是 UNIX 系统中操作系统本身来处理这个问题（而是操作系统允许称为 shell 或窗口管理器的程序处理），但这是一个为什么需要资源管理的例子，资源管理器将对每个共享资源（包括显示、声音、鼠标等）进行管理。

9.3.2 虚拟机

当程序员编写软件时，并不关心在计算机上同时正在运行的其他程序，也不关心正在使用什么样的硬件，他们只是想编写执行任务所需的软件而不会浪费时间关注硬件。

事实上，程序员希望让正在设计的程序如同是在一台完全标准、空间充足、有足够内存的计算机上执行的唯一程序，程序可以自由的使用内存、读写文件和占用 CPU 时间，而不受当前正在运行的其他程序或当前用户使用的特殊硬件的影响。

396

幸运的是，对于现代的程序员来说，他们除了设计程序外确实不再需要关注其他的事情。现代操作系统使用虚拟机概念来为每个新程序提供一个可以运行的虚拟计算机。每个程序都有自己的程序虚拟机。程序运行时仅认为自己是唯一运行的程序，并有大量未使用的内存和不间断的 CPU 时间。程序并不知道，操作系统在幕后进行管理，以便可以执行多个程序。

我们将在接下来的几节中探讨操作系统的工作原理并介绍现代操作系统的其他几个属性。

9.3.3 CPU 时间

在虚拟机中，程序可以看似没有中断地启动和运行，直到程序完成。然而，操作系统在幕后进行了大量的管理。首先操作系统创建一个类似于空容器的虚拟机，然后将程序加载到其中。该容器包含 CPU 时间、内存区域、外围设备访问权限、安全权限和优先级（将在后面讨论）属性。容器由操作系统加载到主存储器中，并分配一些 CPU 时间，然后程序开始执行。在 UNIX 术语中，这个容器称为进程（将在 9.6 节中详细介绍）。在具有多进程的单个 CPU 机器上，每个进程都分配了小的“时间片”，在经过几微秒到几毫秒的时间之后，操作系统将暂时暂停进程，保存其状态（包括内存、寄存器、堆栈、当前操作），另一个进程将使用小部分的 CPU 时间。

从程序的角度来看，它并不知道暂停操作。在某些时间它在操作过程中被冻结。然后操作系统再次给该程序分配一些时间，此时它将恢复执行，好像在此期间没有发生任何事情。但很快它将再次暂停，然后重复这个过程。

即使是执行短程序，也可能暂时暂停了数百、数千甚至数百万次。它的执行过程中可能散布着数百或数千个其他进程，所有进程都是独立的，并且没有任何一个进程相互干扰。如图 9-1 所示，其中三个程序共享一个 CPU。操作系统在三个程序之间切换，以便每个程序都可以分配 CPU 时间。重点是操作系统负责管理，以便所有程序都不必与其他程序交互。这种操作系统更适合称为多任务操作系统。㊀

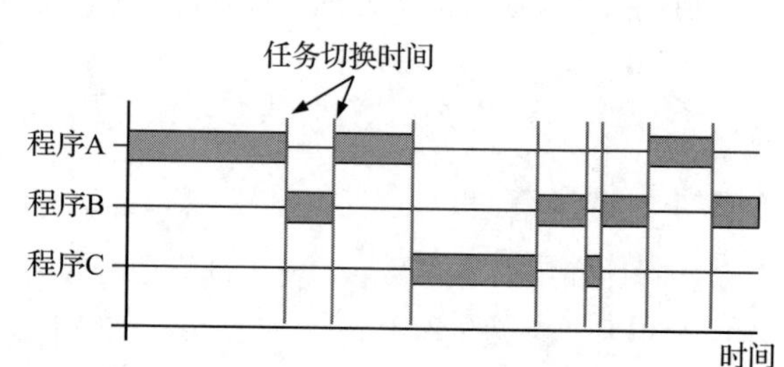

图 9-1　操作系统在三个独立程序之间切换的示例，系统公平地为每个程序分配 CPU 时间

接下来要介绍的是操作系统如何进行切换，如何决定在每个切换点执行哪个进程，以及当前未执行的进程发生了什么。

397

需要注意的是，实际上被切换的是任务而不是程序，因为多任务程序可以分成多个任务，更多细节将在 9.6 节介绍。

切换操作本身同样需要时间，这将带来额外的操作系统开销，并可能导致低效率。频繁的切换让计算机有更好的响应能力，但也会带来更大的开销。而不频繁的切换效率更高，但响应性更低。因此，大多数多任务操作系统允许根据当前应用程序配置任务切换。例如，在 Linux 中，这可以在逐个任务的基础上完成，也可以通过调整整个任务调度程序来完成。㊁

在基于 UNIX 的操作系统上测量 CPU 执行时间并不困难（例如，使用名为 time 的系统命令或查看 ps 实用程序报告的数据，这将在稍后讨论），并将报告以下信息：首先，经过的时间就像一个秒表，它在程序首次执行时启动，并在程序完成时停止。其次，是 CPU 时间，它是程

㊀ 有几种任务切换操作系统（包括协同多任务），其中程序必须放弃控制而不是操作系统决定何时切换，但大多数多任务操作系统如上所述。

㊁ 在基于 UNIX 的系统上，通常将每个程序或任务都看作一个单独的过程，因此倾向于使用进程切换等而不是任务切换，使用进程管理而不是任务管理。在本章中，任务和进程可互换使用，除非另有说明，否则可视为等同。

序在 CPU 上实际执行的所有微小持续时间的总和。经过时间和 CPU 时间之间的差异告诉我们暂停进程多长时间。UNIX 计时实用程序还将显示执行期间消耗的系统时间，这是该进程的任务切换时间的总和，以此衡量操作系统占用的开销。

9.3.4 内存管理

除了为不同的程序（或任务）提供 CPU 时间外，操作系统还负责为程序提供内存。通常，程序在首次运行时被授予一定量的内存，并且操作系统为程序员提供了一种方法来请求更多的内存块（并在完成后释放内存块）。

每台机器只有一定数量的可用内存，但虚拟内存技术（参见 4.3.1 节）允许程序的可用内存空间大于计算机中的物理内存量。使用虚拟内存方法，操作系统可以为每个虚拟机提供足够的内存，也可以为虚拟机提供比真实机器更多的内存，使大型程序可以在小型机器上运行，而不考虑计算机的实际物理限制。

如果没有虚拟机概念，每个程序都必须管理自己的内存，并与当时正在运行的其他程序合作。这需要是动态的，因为只要执行新程序或停止正在运行的程序，内存映射就会改变。

图 9-2 显示了计算机中实际物理内存的视图，其中四个虚拟机各自具有整洁且唯一的连续虚拟内存空间，但实际上这些虚拟机分散在操作系统的物理内存中。从物理内存到虚拟内存的实际映射必须非常快，因为内存访问是影响程序执行速度的最重要因素之一，因此映射是在硬件中完成的。从硬件角度看，这属于内存管理单元的工作，参见 4.3 节。

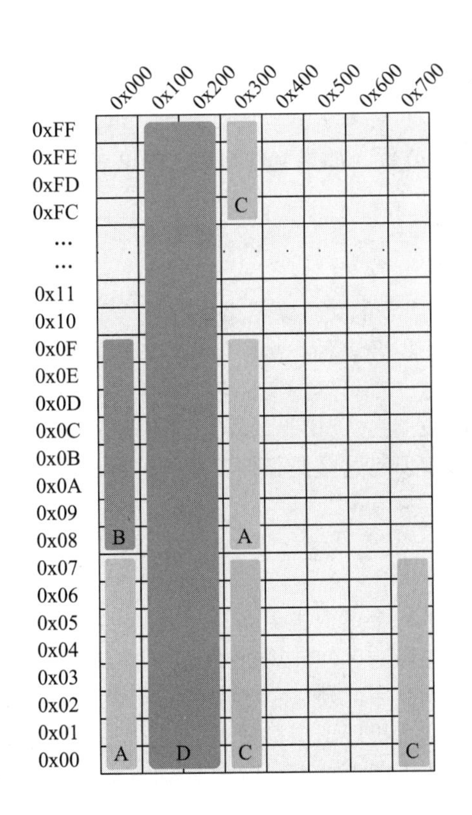

物理存储映射中包含了每个虚拟机的块

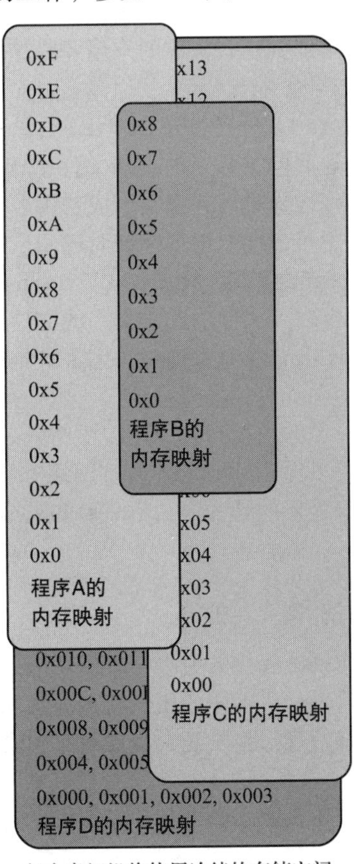

每个虚拟机将使用连续的存储空间

图 9-2 每个虚拟机接收连续整洁的块，这些块由操作系统通过物理内存分发

9.3.5　存储和归档

现代操作系统的另一个功能是提供持久的信息存储。如果想存储某一信息，那么这一信息可以顺利地存储，并在以后进行无错误检索。

虽然存储介质具有不同的物理属性，但通常程序员并不想学习如何指定存储信息在硬盘上的确切位置，也并不想了解固态驱动器中闪存硬件的工作方式，他们希望能够简单地将信息传递给操作系统并有效地告诉系统“存储它”。

将信息保存到文件时，程序会指定要保存的数据和人类可读的文件名和路径（路径是操作系统的位置，即设备名称和目录/文件夹）。然后，操作系统执行保存信息操作，包括“与存储设备通信”。有时程序员会指定文件的名称和位置，但用户可以进行修改。

类似地，当读取文件时，程序员只是要求操作系统从命名设备或位置检索信息文件。选择所需文件后，操作系统与设备“对话”并读入文件。这种方式比在硬盘上指定物理位置、磁头、扇区和柱面，然后必须确定存储协议和测试错误更加容易。

操作系统和文件系统可以为此提供便利性，该系统将结构和组织强加到硬盘之类的存储介质上。几乎每个操作系统都提供了一组用于文件处理的函数或应用程序编程接口（API）[⊖]。

如下所示：

- `int open(char * path,int flags)`：指定要打开的文件名和路径（取决于 flags），用于读取、写入或读取并写入。写入时，将创建由名称和路径指定的新文件，或者打开该名称和路径（如果当前存在）的文件。在这种情况下，flags 决定了写入操作会将信息附加到现有文件的末尾还是覆盖原文件。如果函数失败，则返回一个整数文件描述符 fd 或 -1。

398~400

- `int read(int fd,void * data,int nbytes)`：当给定文件描述符（例如上面的 open() 函数返回的结果）时，从文件中读取接下来 n 字节，从头开始，将信息放入名为 data 的内存地址中。它将返回成功读取的字节数（如果文件结束，则可能小于 n 字节），当数据不足或读取出现错误时返回 -1。
- `int write(int fd,void * data,int nbytes)`：将指定数量的字节从内存中的数据缓冲区写入文件描述符指定的文件。
- `close(int fd)`：通过关闭文件描述符指定的文件来结束进程。

以上四个功能是各类编程语言、操作系统，以及多种类型硬件和规模的机器所共有的标准功能。从程序员的角度来看，所需要的只是指定一个可读的文件名，并跟踪文件描述符。在程序中，这些可以保存到硬盘，通过网络存储到云端、USB 驱动器、固态驱动器（SSD）、穿孔带或闪存。最重要的是程序员不需要知道或理解所有这些是如何工作的，操作系统负责处理这一切。

9.3.6　保护和错误处理

现代操作系统提供的另一个有用功能是保护每个虚拟机免受其他虚拟机中错误的影响。在计算的早期阶段，机器中的错误将造成灾难性的影响，使计算机中运行的所有内容完全停止并可能丢失大量信息。由于复杂程序总是包含错误，因此硬件和操作系统设计人员尽力减少灾难性错误的影响。解决这个问题的一个重要的方法是扩展虚拟机的概念，实现一个虚拟机中的错误仅影响该虚拟机而不影响其他虚拟机。这意味着虚拟机可以有效地相互保护，同时在一个虚

⊖ API（即应用程序编程接口）为用户代码提供了一种方法，通过调用已定义的函数名称并提供所需的信息来运行预编写的软件库函数。API 是一个规范，其中包含了函数的调用方式和使用方法。

拟机中运行的恶意程序（理论上）不影响其他虚拟机。

仿真技术

除了上面讨论的要点之外，虚拟机还有许多其他重要方面。该技术在极端的情况下允许不同类型的机器在不同类型的硬件上运行。这衍生出了在第8章中涉及的硬件仿真。例如，我们可以在MacOS-X设备上开发原型和执行Android代码。虽然生成的虚拟机很可能执行较慢，但是当程序员喜欢在Mac或PC设备上而不是直接在微型嵌入式系统上编写代码时，这一技术将提供极大的便利。另一个极端的例子是云计算中常用的虚拟化技术，其中PC“实体”可以作为云服务器上的虚拟机供用户远程访问。用户不知道运行机器的底层硬件当前的具体位置（实际上设备可能会从一个更改为另一个），但是当访问云时，可以同时与同一个虚拟机进行交互。在某些情况下，甚至可以选择并行运行同一台机器的多个副本，从而提供可扩展且具有容错性的计算资源。 401

9.4 操作系统的结构

计算机的设计者和程序员可不像是那种在设计系统时会循规蹈矩的人，因此多年来有着多种操作系统不足为奇。幸运的是，这些设计还是能被分成三种基本结构：

- *单片机*，其中操作系统和操作代码组合成一个大型程序。这种结构在大型系统中并不常见，但常用在内存有限的单用途的嵌入式系统中。尽管这种设计往往难以维护和升级，但因为定制程度高，也很难进行逆向工程和黑客入侵，所以也非常安全。
- *分层*操作系统将其功能划分为在用户程序和底层硬件之间分层的模块。
- *客户端－服务器*操作系统由具有大致相同状态的模块组成，通过发送消息和请求进行通信。客户端－服务器操作系统也被认为是一种微内核方法（微内核是一种非常小和紧凑的操作系统代码项，在需要时调用，类似于客户机－服务器布局）。

尽管可以对操作系统进行这种整洁的分类，但大多数现代操作系统很注重实际，基本是不同功能的混合结构。

对于操作系统的结构，大多数可以分为两到三个主要部分。第一部分是称为*内核*的核心基本代码，第二部分是操作系统所需的相关程序，用于维护、控制和与之通信。第三部分是设备驱动程序或模块，它们通常由单独的代码块提供（例如并不是核心操作系统内核的一部分）。关于内核的进一步解释可见框9.1。

框9.1 关于内核的扩展内容

分层系统中的核心层或单片机系统的主要部分即为内核，其中包含了绝大部分关键代码。因为该部分代码的任何错误基本都会使系统崩溃，所以应该尽可能简短可靠，同时还需要验证任意请求、连接或输入，以防止外部进程导致崩溃。

通常，操作系统内核提供了：

- 过程切换和控制。
- 通信与同步机制。
- 与实际硬件的交互（例如驱动）。

在实践中，为了方便或可靠性，还需要某些其他功能，但主要考虑的是大小和可靠性。一些操作系统将内核分为“顶”层和“底”层两个部分。顶层部分会保持不变并为代码和用户程序提供一致的接口，而底层部分则会在不同的硬件上发生变化。在Windows以及一些如VxWorks的其他操作系统上，底层部分被认为是硬件抽象层（Hardware Abstraction Layer，HAL）。 402

在Linux操作系统里，底层部分的功能主要由设备驱动或内核模块提供。

基本的内核包括三个主要部分，一阶中断处理器（First-Level Interrupt Handler，FLIH）、底层调度程序和通信原语。对于模块化系统，任何其他的东西都是可选的，可以根据需要添加，典型的情况即Linux

内核。将如连接、内存管理等任意处理“硬件”的其他功能归类为内核的一部分的做法同样十分常见（特别在程序员中），多年来这种理念已经发展为将“凌乱”的硬件抽象出来以尽可能远离程序员的工作范畴。

一阶中断处理器是一段在任意一个中断发生时执行的代码。中断或异常使处理器在相应的中断向量上执行代码，该中断向量通常是分支指令，这在6.5节中有着更全面的阐述。运行时，这个分支会直接跳转到FLIH，其首先会保存机器当前的状态（上下文），随后使得中断被服务。然后这会使中断服务程序可运行，此时中断服务程序会被赋予非常高的优先级，最后调用调度程序。

底层调度执行进程启动和切换，用于分配、初始化并更新进程控制块（Process Control Block，PCB），进程控制块描述了每个进程并实现切换。有关进程控制的内容将会在9.6节中进一步阐述，而关于调度将会在9.7节中进一步讨论。

9.4.1　分层操作系统

分层操作系统最典型的例子是Linux和Android（其本身就是在Linux内核上分层的）。图9-3所示为操作系统如何在用户程序（顶部）和硬件（底部）之间分层构建系统内核。以一个EIA232串口设备为例子。硬件是底部中“控制台，串口”区块的一部分。这由内核中的硬件驱动程序提供服务，这是一个“字符设备”。打算使用串口的用户程序（在图中顶部）只需要连接到一个名为“设备控制”的区块。实际上，用户程序将使用9.3.5节的标准open()函数打开一个特殊的文件，然后使用read()或write()函数读取以正常方式写入的数据。在Linux中，与硬件接口相关的文件系统中存在几个特殊的字符设备文件节点。在典型的Linux系统中，文件名为/dev/ttys0的文件（和许多其他文件一样在/dev文件夹下）用于连接硬件设备。因此，在拥有足够的安全权限的前提下，用户程序将会打开文件/dev/ttys0，写入几个字节的数据然后关闭文件，随后这将使得串行接口输出那几个字节的信息。

事件的确切顺序从用户程序调用open()函数开始。这是一个操作系统的调用，它会提示操作系统首先确定是否允许用户程序打开这样的文件（例如其是否有足够的安全权限）。为了达到这个目的，其将查看文件系统以检查该文件的安全标志——Linux文件系统中的每个文件都具有的安全标志或访问该文件的权限。同时它还会查看文件的类型。在这种情况下，文件是403一种名为“字符”文件的特殊类型。一个字符文件有着两个与其相关的数字，分别称为主要数字和次要数字，它们将共同指定哪个设备驱动处理该种文件，以及什么与之相关（例如存在几个串口时，用哪一个串口）。

至此，读者就知道了用户程序需要打开一个特定的文件，它有着足够的权限打开这个文件，并且知道了需要哪个设备驱动来处理这个文件，内核便将打开的请求传递给设备驱动来处理。

每个设备驱动都会有函数来处理打开、关闭、读写这些功能（而且往往还有更多）。内核只需要简单地把用户文件要求传递给相应的设备驱动函数。每个设备驱动都有一部分功能用以处理用户程序需求，以及一部分功能处理底层硬件控制。因此内核横跨图9-3中的中间层。

虽然这种功能可能看上去不重要，但这种允许任何用户能够打开、读/写和关闭文件，控制硬件的能力是很有用的。确切的串口品牌、复杂的内部工作和时间都由操作系统负责。同时这种架构使得设备驱动的代码非常规范——设备驱动间的代码书写往往都很相似。

最后，Linux中的设备驱动往往写作可加载的内核模块。它们通常不在内核中，当需要时，它们再加载插入内核中。有时在完成任务后将会自动从内核卸载。这有利于保持内核中的主要部分的简洁高效，同时使得功能可以随着需求扩展或缩减。

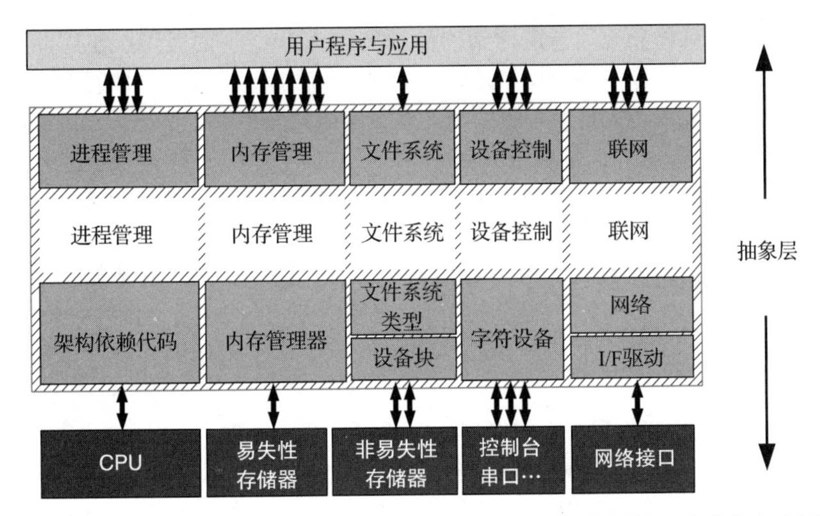

图 9-3 Linux 操作系统的分层特性，顶部为用户代码，底部为硬件。灵感来自 O'Reilly 出版社出版的 Alessandro Rubini 的著作 *Linux Device Drivers* 中的一张相似图表

9.4.2 客户端－服务器操作系统

在客户端－服务器操作系统中，基本的内核很小，而且仅提供包括模块间通信在内的基本服务。大部分功能包含在模块中，每一个都对应处理系统功能的一个特定方面。 404

图 9-4 所示为微核（底层）如何允许用户程序和模块间的通信。这种水平通信过程与 Linux 操作系统的垂直通信过程很像，其优点为规范了通信信道，缺点是共享通信信道会带来安全隐患。

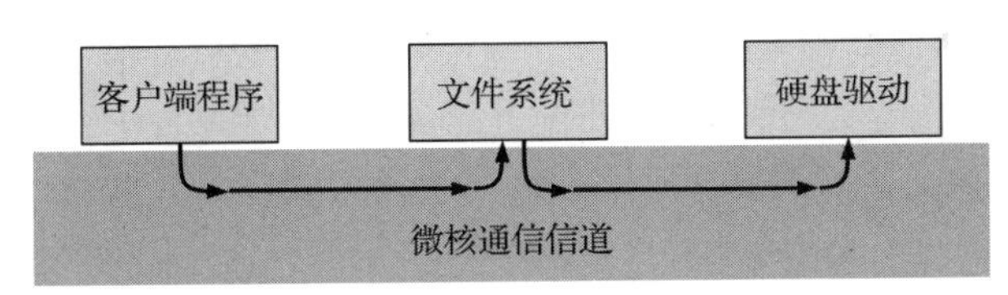

图 9-4 微核操作系统图所示为通过文件系统连接客户端程序（用户代码）和设备驱动的微核通信信道

Windows NT/2000/XP/Vista/7/8/10 有一部分面向对象的模块，但实际上是客户端－服务器操作系统。与 Linux 不同，程序员并不提倡钻研 Windows 操作系统的核心，因此它们关于内部内核结构的信息公开程度不同。尽管方法、架构和开放程度都不相同，Windows 依然提供了与类 UNIX 操作系统基本相同的打开、读/写、关闭的功能。

9.5 启动

严格来说，启动并不属于操作系统的一个功能，但在为计算机供电和准备执行程序之间，操作系统与事件顺序之间存在密切关系。无论什么尺寸的计算机，都包含了非易失性存储器（例如闪存或 HDD）和易失性存储器（某种形式的 RAM）。断电时，易失性存储器中是没有内容的，因此为计算机供电时需要运行在非易失性存储器中的代码来启动各种功能。从加电到系统完全运行的过程称为启动。7.8.1 节已经说明了在示例的 ARM 系统中启动或复位向量中的代码如何在加电时自动执行。这概述了在特定嵌入式系统中需要发生的精确事件序列，用于启动引导加载程序代码。同一节内容中还说明了此系统中引导加载程序的作用。

然而计算机之间的差异很大，遵循精确的顺序取决于CPU的类型、使用的引导介质，运行哪一个引导加载程序以及使用的操作系统（如果可行的话）。这不仅是因为系统间的巨大差异，而且由于许多系统有着大量的配置选项。本节将会从相对典型的嵌入式Linux系统的软件角度考虑问题。在此将分别研究系统如何从两个不同的引导介质——硬盘驱动（Hard Disc Drive，HDD）和并行闪存（非易失性存储器，通常是NOR-flash存储器的一种）启动。从软件的角度来看，固态硬盘（solid-state disc）的工作模式与HDD是类似的，即使它内部由闪存构成（尽管往往是更高密度的NAND-flash存储器）。因此可以把HDD与SSD放在一起考虑而单独考虑并行闪存。

405

从软件的角度看，任意的嵌入式Linux系统启动时，无论是使用哪种引导介质，事件顺序都有以下明确的步骤：

- 执行引导加载程序，配置系统以准备内核和虚拟内存盘（ramdisk）。
- 执行内核，自解压缩（如果被压缩了）并随后设置系统内存和硬件。
- 内核查找硬盘图像，其中包含了根文件系统。找到后，挂载它并执行其中的初始化代码。

引导加载程序是一个非常底层且基础的系统功能，其查找并启动内核前配置硬件。7.8.1节介绍了一种常见的引导加载程序，并讲述了其通常的特征和功能。那一节里的ARM通过并行闪存启动，内核和虚拟内存盘都是被压缩的。

Linux内核是一个名为vmlinux、bzimage、zimage或类似的可执行文件，通常主要使用gzip（GNU zip）、bzip2或xz程序进行压缩。内核中仅有开始的一小段代码没有被压缩，其中就包含了一个小解压器。内核开始被执行时，这一小段代码把内核剩余的部分解压到RAM中，然后计算循环冗余校验（Cyclic Redundancy Check，CRC），这是一种确保内核解压缩时没有出错的校验。如果解压内核时检测到错误，内核会简单输出CRC Error到控制台并立即在该点中断。如果没有检测到错误，代码就会立即跳转到新的压缩的内核代码并继续执行解压代码。

接着，内核会查找内存或HDD(取决于配置以及命令行参数）中特定位置的硬盘图像，它可以挂载为根文件系统。尽管有众多选项，还是可以大致区分为从并行闪存启动和从HDD/SSD启动两种系统。

9.5.3节中会测试启动后发生的状况，而在此之前，9.5.1节和9.5.2节将会分析这两种系统启动时不同的机制。在这两种情况下，系统都会首先关闭以清空主存储器（RAM的某种类型）。随后本书会对这两种情况在挂载虚拟内存盘和开始执行用户代码之前的过程进行分析。

9.5.1　从并行闪存启动

从并行闪存启动是嵌入式Linux系统最常用的启动方法，这也是7.8.1节中描述的方法。为了更详细地概括这一过程，可以参考图9-5，下列事件顺序发生：

1）系统关闭，RAM清空，闪存包含引导加载程序、压缩的内核以及压缩的虚拟内存盘。

2）接通电源，CPU在启动向量处开始执行（通常在ARM上的地址为0x0000 0000，这可以是跳转到引导加载程序，也可以是引导加载程序的起始位置）。

406

3）系统执行引导加载程序以设置硬件并配置系统内存（尤其是SDRAM，需要遵循初始化过程）。通常系统会为程序员提供一些访问配置选项的方式。

4）引导加载程序查找闪存中的压缩内核并复制到RAM。

5）执行压缩内核，内核自解压（在进程中内核会移动到RAM中别的位置）。

6）内核完成系统设置并查找闪存中的压缩的虚拟内存盘，将其解压到RAM中。

7）虚拟内存盘挂载为根文件系统，Linux的init进程开始执行。

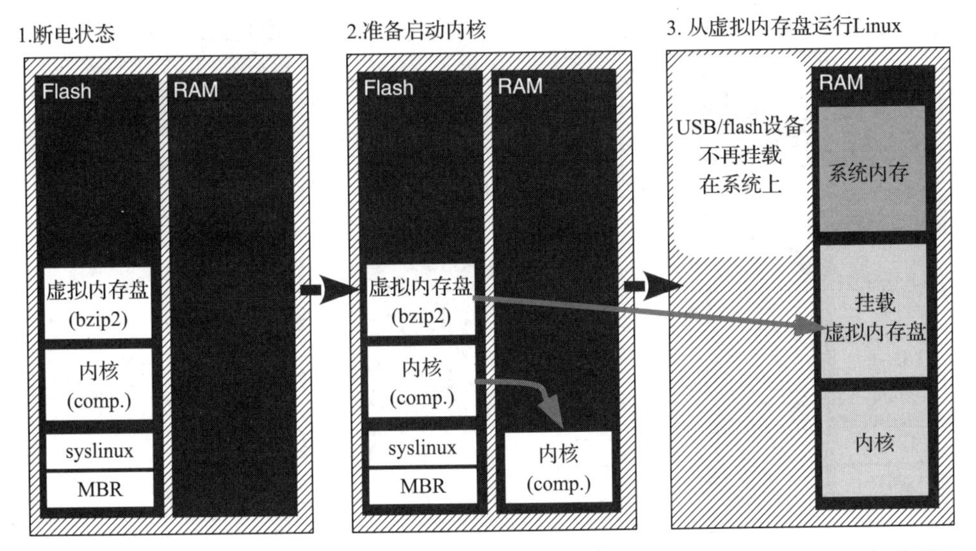

图 9-5 从并行闪存启动嵌入式 Linux 系统的三个阶段。图 9-6 所示为从 HDD/SSD 启动系统

如图 9-5 所示的最后一个阶段是所有操作都从 RAM 中进行。根文件系统是一个在 RAM 中的虚拟内存盘，内核从 RAM 运行，运行代码的系统内存同样在 RAM 中。系统启动并运行时，通常不使用内存。

尽管这种做法看起来会很浪费资源，但其实非常实用。内核和虚拟内存盘压缩存储，需要解压来执行（解压需要读写存储系统，而唯一足够大的空间就在 RAM）。Linux 上的根文件系统同样需要读写，内核也一样（例如支持可加载的内核模块）。尽管有这些要求，仍然有许多替代选项，包括把文件系统分为读 - 写和只读部分以及存储一个未压缩的内核并直接执行（对于 Linux 可能比较难，但对一些更小的嵌入式操作系统会很简单）。 407

9.5.2 从 HDD/SSD 启动

对于更大的 Linux 系统，从 HDD 启动是更常见的方法，这源自标准的个人计算机。下面介绍了一个基于 Intel Atom 的嵌入式系统的启动过程，在现代台式机上运行 Linux 的过程基本是一样的。实际上从 SSD 甚至 USB 连接的闪存（假设 BIOS 支持）启动都有着与之相同的过程。如图 9-6 所示为启动过程，该过程将在 RAM 中执行内核时的以硬盘图像作为根文件目录视为结束标志。

1）系统关闭，RAM 清空，HDD 包含引导加载程序、压缩的内核以及硬盘图像，这可能在一个单独的硬盘分区。

2）接通电源，CPU 在包含（或重定向到）基本输入输出系统（Basic Input Output System, BIOS）的启动向量处开始执行。

3）系统执行 BIOS，它可以设置硬件、配置系统内存而且通常还会给用户提供一些方式访问配置选项。BIOS 还会配置存储介质，这可以是硬盘（或者固态硬盘）、USB 连接的闪存，甚至通过网络启动。典型的情况是从 HDD 启动，因此首先需要设置硬盘控制。

4）BIOS 在选择的存储介质上查找主引导记录（MBR）。这是光盘的一个特别组织的部分，它指示 BIOS 从硬盘运行哪个程序。

5）从这一点开始，系统可以运行任何程序，但通常会执行引导加载程序，例如 GRUB、LILO 或 syslinux。这些小程序和之前提及的更小的嵌入式系统的引导加载程序很相似，但就它们支持的介质而言通常具有更强大的功能。 408

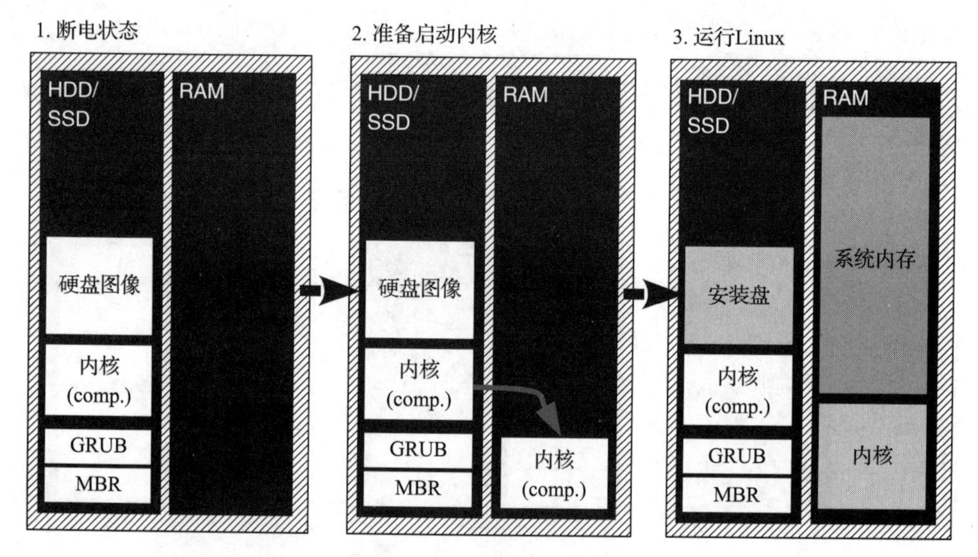

图9-6 从HDD、SSD甚至USB连接的闪存启动嵌入式Linux系统的三个阶段。图9-5所示为从并行闪存启动系统

6）执行引导加载程序，查找HDD上压缩的内核，复制到RAM中。

7）执行压缩的内核，内核自解压（在进程中内核会移动到RAM中别的位置）。

8）内核完成系统设置并查找根文件系统（Root File System，RFS），通常位于HDD的单独部分。

9）挂载根文件系统，Linux的init进程开始执行。

引导系统是可配置的，可以实现很多功能，此处只是介绍最常见的一种。有趣的是，在RFS里通常（但不是总是）能找到压缩内核，所以在步骤6中，引导加载程序在被挂载前就会从RFS被读取。

9.5.3 启动之后

启动之后，内核（加上所有必需的内核模块和进程）已启动并将正常运行。对于Linux来说，根目录系统必须存在（9.8.3.2节将有对根目录重要性更深入的阐述）。更大型的操作系统通常也会要求具有文件系统，但一些像VxWorks和μC/OS这种小的操作系统更可能会把所有功能和操作软件打包放进一个单一的整体可执行文件。尽管这会占用内核的空间，但不需要单独的RFS会使得在开发新的嵌入式系统时更方便使用。相应地这也会导致即使有一点操作代码需要改动，整个操作系统就需要重建并重新加载，严重影响了操作系统的灵活性（Linux内核建立后一旦开始工作，当RFS中的代码被修改和开发时内核将保持不变）。

回顾一下，对于嵌入式Linux，启动后的情况为：

- 内核加载，解压缩到RAM中并运行。
- 解压的虚拟内存盘或HDD部分挂载为根目录系统（给出根（/）目录和其下面的所有文件）。

接着内核查找init进程以执行。在大多数嵌入式系统中，init是Busybox的一部分。Busybox是一个神奇的可执行文件，包含所有UNIX工具程序、实用程序和底层助手应用程序。Busybox开发者把它称为“操作系统的瑞士军刀”，这并没有夸张。在桌面和更大的系统上，init是一个独立的程序。无论在哪种启动方式下，它只有一个任务，就是读取可以启动别的程序的配置脚本。此时在用户空间系统还不是多任务的；在init开始执行它的配置脚本后，系统才开始运行用户代码。

因为 init 非常重要，内核设置了当无法找到 init 程序在文件系统中正确的位置时内置的备份策略。这包括查找不同的位置以及最终备用方法，启动默认的系统 shell（/bin/sh）。尽管新手嵌入式系统开发人员可能会破坏 init 或其配置脚本（有些开发者还破坏了不止一次），此时还是假设一切工作依然顺利进行。

启动配置脚本的文件名和位置通常为/etc/inittab（之后可以看到许多 Linux 的配置材料都位于/etc 目录），这是一个人类可读的文本文件。

409

init 找到/etc/inittab 文件后便会开始执行文件中指定位操作。虽然具体的/etc/inittab 文件里的内容取决于具体在使用的 init 程序，不同的台式机和嵌入式系统之间是不一样的，但嵌入式系统 Busybox 运行的典型 inittab 文件如下所示：

```
::sysinit:/etc/init.d/rcS
#
# Put a getty on the serial line (for a terminal)
::respawn:/sbin/getty -L ttyS0 115200 vt100
#
# Set up a main console
::askfirst:/bin/sh
#
# Restarting the init process when needed
::restart:/sbin/init
#
# Before rebooting, run this
::ctrlaltdel:/sbin/reboot
```

在此并不需要详细解释文件内容，此列表显示了系统初始化的单独部分（第一行）以及重新引导时要执行的操作（最后一行）。以#开头的行是注释。该脚本指定了在第一个串口/dev/ttyS0 上运行的串行接口（称为电传终端或 TTY）、主要的控制台以及必要时重新启动 init 进程的操作（例如崩溃时）。串行线路的 respawn 命令意味着如果进程终止或崩溃，则重新启动进程，另外只有当用户通过按键“请求” respawn 命令时，主控制台的 askfirst 命令才会启动它。在这些情况下，该脚本调用其他程序例如/sbin/getty、/sbin/reboot/、/bin/sh，但主要任务是运行系统启动代码/etc/init. d/rcS。

/etc/init. d/rcS 是标准的 shell 脚本，以系统的 shell 语言写入，开发者可以编辑它来改变系统的启动行为。通常，软件开发者不会被允许直接编辑或改变/etc/inittab，但可以修改/etc/init. d/rcS 来更改启动后的序列和任务。这些任务包括打印欢迎信息、设置网络以及启动主要的系统程序。

在台式机上，系统首先开始连接到因特网，并运行必要的代码以允许不同的用户“登录”系统，这是最终启动 GUI 的地方。从软件层面来说，这是“用户空间”的起点，至此一切都是从“内核空间运行的”。

9.6 进程

运行的操作系统可以看作一组竞争 CPU 时间的活动。其中一些活动代表系统工作，以管理和维护自己，其他活动则为系统用户工作。大部分（但并非总是如此）系统活动是内核的一部分，而其他活动通常称为进程。从 9.3.3 节可以知道，进程可以被认为是一种运行程序（或者更准确地说，是运行“任务”，因为有些程序是编写的，所以它们分成单独的独立任务）的容器。对于对进程感兴趣的用户，大多数进程是“可见”的，并且可以在计算机系统上查看，如框 9.2 所示。

410

框9.2　了解进程

大多数操作系统都提供了观察不同进程活动的方法，包括桌面系统以及运行在Android和iOS上的移动系统。

在Windows计算机上，工作时，用户可以按下Ctrl + Alt + Del并选择“进程”来查看当前运行的进程。任意基于UINX的系统，例如Linux、FreeBSD及MacOS-X可通过ps命令（还有几个其他的方法，包括通过GUI或者在Linux中检查/proc目录）查看类似的信息。

在终端执行ps ax命令可以列出所有进程，2015 Apple laptop（运行着10.12.4版本的macOS Sierra）给出了大约370行当前运行的进程。前20行（ps ax | head -20）如下所示（有几行很长的信息截断为“...”；另外，出于安全考虑，有两行信息被删除了）：

```
PID  TT  STAT      TIME COMMAND
  1  ??  Ss    65:00.11 /sbin/launchd
 54  ??  Ss     5:38.85 /usr/libexec/UserEventAgent (System)
 55  ??  Ss     2:10.75 /usr/sbin/syslogd
 57  ??  Ss     0:49.64 /System/Library/PrivateFrameworks/...
 58  ??  Ss     3:27.56 /usr/libexec/kextd
 59  ??  Ss     9:11.41 /System/Library/Frameworks/...
 61  ??  Ss     1:13.64 /opt/cisco/anyconnect/bin/vpnagentd ...
 62  ??  Ss     1:26.20 /System/Library/PrivateFrameworks/...
 66  ??  Ss     0:10.86 /System/Library/CoreServices/...
 67  ??  Ss     4:44.88 /usr/libexec/configd
 68  ??  Ss     2:15.04 /System/Library/CoreServices/...
 69  ??  Ss     0:22.23 /usr/libexec/mobileassetd
 76  ??  Ss    51:48.19 /usr/libexec/logd
 80  ??  Ss    42:34.00 /usr/libexec/airportd
 82  ??  SNs    0:07.67 /usr/libexec/warmd
 83  ??  Ss    22:28.61 /System/Library/Frameworks/...
 88  ??  Ss     0:02.55 /System/Library/CoreServices/...
```

在基于Linux的系统中，列表中的第一行会是init，但其他行的格式很相似——正在执行许多系统和库代码。

进程、处理器和并发

任何计算机系统都会包含一个或多个进程运行的处理器。CPU是最典型的处理器，而且它们很可能不止一个。

411

一个多核机器可能有多个CPU，每个CPU又包括几个处理器核心（每个核心是一个单独的处理器，5.8.1节中有更详细的介绍）。其他处理器包括内置的GPU和专用的加速硬件（第5章中有相关阐述）。从iPhone到PlayStation 4，这些设备实际上都是多处理器机器。

对于N个进程，如果机器最多有N个处理器，则这些进程可以随时同时运行（虽然实际上还有很多进程处于可运行状态，等待着它们的执行）。

简单来说，并发是指多个进程同时处于活动状态。然而在单CPU机器上，这只是操作系统产生的一种错觉。进程“认为”它们是在连续运行，但实际上它们是在快速地打开和关闭，这在9.3.3节中进行了探讨。在现代操作系统中，这种切换是自然的和不可预测的。程序无法预测自己什么时候在运行，什么时候在等待。在多核机器中，因为有多个处理器，程序才能经历真正的并发（而不仅是错觉），但进程还是不断在打开和关闭，且进程对此并没有意识。图9-7所示为一组任务在单核和双核系统上执行的情况。两种情况下任务都在同一个时间变为可运行状态，并且占用的CPU时间也相近。但与预期一样，双核系统更轻易地完成了任务——可能是由于更少的任务切换操作。尽管任务切换的速度非常快，但仍然占用了有价值的CPU时间，所以减少切换所花费的时间是一个很好的提升效率的方法。

为了解决并行问题，进程和处理器需要通过某种方法来通信以达到同步的效果（例如共享

412

数据)，因此这些活动需要成为任意操作系统的核心。

从计算机科学的角度来看，探讨并发性还需要注意两个问题。

1. 互斥

当超过一个进程竞争一个共有但不共享的资源（例如更新一个文件，用打印机打印一页或者单独一个 CPU)，这些进程就会互斥（mutual exclusion，通常会简写为 mutex）访问。互斥意味着这些进程中只有一个可以访问该资源。

想象一下当两个进程都试图用打印机打印一页内容时没有互斥——这会得到半页从一个程序打印出来的内容，半页从另一个程序打印出来的内容。如果操作系统可以强制互斥，那么它可以授予第一个程序独占访问权限，直到该程序完成打印，然后才允许第二个程序访问并进行打印。

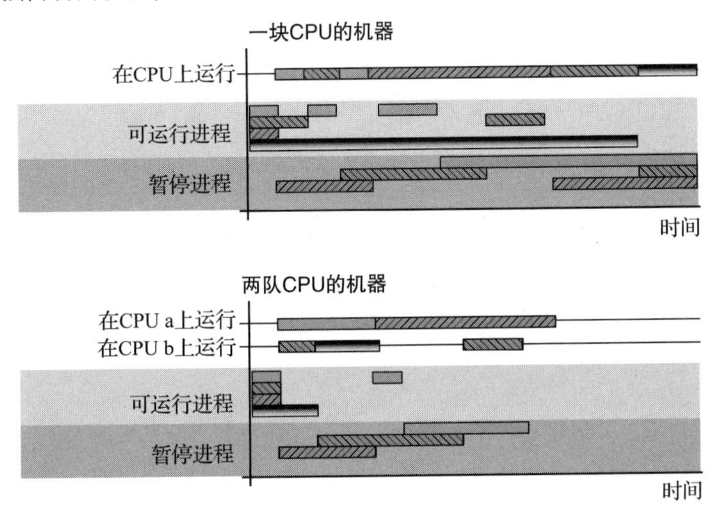

图 9-7 单核和双核计算机上执行两个任务的概况。对于前者，任务在可运行状态（等待执行）花费了更多时间。在两种情况下两个任务的实际 CPU 占用时间是相似的，但从首次变成可运行状态到任务结束所经过的时间差别就很大了

互斥是一种可以由内核在外部任务上强制执行的禁止（实际上也可以在内核内部对外部任务执行共享资源)。

2. 同步

互斥需要任务间通信实现同步，而同步通常由操作系统提供。除了互斥的情况，合作任务也需要确保进程的顺序。进程同步是一种进程在执行时要求另一个进程到达特定的点的行为。它是一个进程活动，为另一个进程提供工作，或者一个进程为另一个进程设置某个进程并等到完成后再继续。

同步任务的方法非常多，包括信号量（信号）传输和邮箱。信号量是由 Edsger Dijkstra 开发的（因此最常见的形式称为 Dijkstra 信号量)。信号量非常简单，但事实上却能完成非常复杂的功能。

9.7 调度

绝大多数现代操作系统是多任务或多进程运行的，这需要一个方法决定哪个任务在特定的时间在 CPU 上运行。所以需要一个方法告诉 CPU 要执行哪个任务以及执行完后要执行的下一个任务。9.3.3 节虽然介绍了任务切换的内容，但还未考虑操作系统要如何决定在特定的时间执行哪个任务。框 9.2 解释了一个进程列表，显示了有关每个进程的各种信息，但没有把这些与任务（进程）切换联系在一起。同时框 9.1 关注了操作系统，提及了调度的最重要的功能。

413 这包括底层的调度，但目前还没详细分析操作。

调度作为操作系统的一部分控制着任务切换，常被比喻为操作系统跳动的心脏。

调度程序

底层调度控制着进程的启动、切换以及终止，其遵循着复杂的决策过程来决定在哪个时间运行哪一个进程。6.4.4节中有很清晰的阐述，进程有三种状态：运行、可运行和休眠。休眠的进程并未准备好执行，它们等待着一些事件的触发或者一些资源空出来——通常它们等待别的进程的信号量或信号。可运行进程是那些已经准备好CPU时间并且一旦允许就可以被立即执行的进程。运行中的进程是当前被分配到CPU时间并因此正在被积极执行的进程。机器中的运行进程不会超过CPU或内核的数目。

通过测试进程的启动可以了解调度程序的作用，它可以被视为一种特殊的切换情况。

1. 进程启动

启动新的进程时，调度程序首先分配一个数据结构用来保持追踪进程并进行管理。这种数据结构以进程控制块（Process Control Block，PCB）的形式被调度程序创建，创建时它是空的并在之后初始化，随后将用于调度以及提供进程列表中显示的原始信息，如框9.2中的信息所示。

一个PCB有时也会被认为是一个进程描述符，维持每个进程的生命周期，其包含的信息包括：

- 保存硬件寄存器（寄存状态）的上下文。
- 所属者信息。
- 进程名字和编码。
- 特权（可能有几组）。
- 当前状态（停止/运行/可运行）。
- CPU时间，占用的时间。
- 资源占用率（例如内存、打开的文件）。
- 资源限制。
- 静态优先级和动态优先级。

进程自身并不能访问到PCB，事实上在用户空间根本无法直接访问，这仅在内核中使用。调度程序读取这个模块，使用其中的信息来做出决策，并负责更新它。在进程开始时，调度程序还需要为新进程授予一个专用的内存空间来运行（这里面其实包含了几个方面，包括代码和工作变量），并且执行在其分配的内存区域内定位进程代码所需要的内存副本。

一旦进程设置完毕，调度程序添加更新的初始化PCB到可运行进程列表，并且更新其他414 系统表来占用新的进程和其所需的资源。

2. 进程切换——切换时机

在单CPU的机器上，如果CPU上正在执行某些进程，这时是无法运行别的代码的（机器中只有CPU可以执行代码）。如果调度程序自身没有在执行，它就不能终止或影响当前的进程。因此除非某些事件介入或发生，当前的进程会一直在CPU上执行——如果代码包含无限循环，则该进程会一直运行。

上述的“事件介入或发生”是指当前的代码调用一个系统级的函数，例如write()或者malloc()，又或者系统中的硬件定时器产生的中断。系统级的函数由内核处理，它的中断服务也由内核提供。两个事件中，某些内核代码在执行时，在返回到发起调用的进程前，内核会试图执行调度程序函数。调度程序通常首先会处理中断，之后处理系统级函数或内置内核函数，最终允许其中一个可运行进程的执行。

在计算机的常用操作中，似乎会有多个程序（进程）在同时运行，其中调度程序会比其他代码执行频率高很多。调度程序在任何中断出现的时候都会运行，包括定时器中断（例如微秒定时器在每微秒都会发出一次中断）时以及系统级函数运行时——其中包含系统任何形式的输入输出、任意文件的处理以及网络操作。

一些早期的多任务操作系统使用时间分片的方法，由时间来触发中断。Microsoft Windows 早期的多任务版本每 100ms 就会中断一次来运行调度程序。这个时间是可设置的，100ms 接近于人类可感知的最短延时的同时并不会对操作造成困扰。例如按下一个按键需要 100ms 获得反应比需要 200ms 获得反应会更舒适，然而人类几乎无法区分 10ms 的延迟和 50ms 的延迟。据推测，这是为了改善人机交互体验。不幸的是，实际上这种延迟太长了，以至于计算机无法获得实时操作能力，而延迟太短的话无法提高效率。这些系统因低效而著称，并且很快就被更快的定时器和如系统级函数调用这种事件触发结合的系统取代。

3. 进程切换——切换方法

进程切换最重要的部分大概就是决定处理器接下来要处理哪一个进程（在多核或多 CPU 系统中可能不止一个进程）。进程切换不会一直触发，有时当前的进程有足够高的权限连续运行，在这种情况下，进程可以从中断处恢复。当进程切换时，调度程序首先选择运行的下一个进程，随后把当前进程的上下文（状态）保存到 PCB 中。接着在将控制权传递给当前进程以允许它执行之前，调度程序加载选择的程序的上下文（状态），使其成为当前进程。

4. 进程切换——选择下一个进程

不同的操作系统有着不同的方式选择下一个要运行的进程。这涉及实时操作系统的调度理论（详见 6.4.4 节以及框 6.4），但在通用计算机中往往更实际。在大多数情况下，除了简单的循环调度，下一进程的选择取决于可运行进程中的相对优先度。 415

优先级由以下几个因素组成：

- 基本优先级（重要）。
- 紧迫性（时间标准）。
- 之前的资源使用情况。
- 性能。
- 正在使用的资源。

在 Linux 中，调度程序运行时，它会根据当前的调度策略的动态优先度从一组可运行任务中选择将要运行的程序。

Linux 的函数 sched_setscheduler() 为指定的程序定义了调度策略和参数（通过其进程标识符或 PID 指定）。任何用户（具有 root 访问权限）可以在自己的程序里调用这个函数来改变调度方式。虽然更多的 Linux 嵌入式版本和其他变种定义了各种替代方案，但标准的 Linux 中三种基本的调度策略如下：

- SCHED_OTHER 是默认的分时抢占式调度程序。它使用静态进程 nice 级别和计数器来确定每个进程等待的时间，以定义动态优先级（这样动态优先级就增加了进程等待的时间）。
- SCHED_FIFO 是先进先出的非抢占非时间调度程序，它将首先运行高优先级的进程，然后再允许新的可运行进程抢占低优先级进程。
- SCHED_RR 和上述的 SCHED_FIFO 类似，但其包含了循环功能，因此高优先级的进程不会直接运行完毕，而是时分地让其他进程可同时运行。

5. 改变进程优先级

在如 Linux、FreeBSD 以及 MacOS-X 等基于 UNIX 的操作系统中，系统用户可以使用名为 nice

的命令行工具。当在 shell 提示符下使用时，它可以运行程序并将其基本优先级设置为 -20 ~ 19 的 40 个级别之一。例如：

```
nice ./myprog -5
```

名为 renice 的程序与上述的 nice 类似，在当前用户拥有足够的安全权限改变所选进程的优先级的前提下，通过在程序的 PID 中指定优先级，可以改变运行进程的优先级。需要注意，nice 程序并不会为自身保留所有 CPU 时间，因此可以降低 PID 232 的 niceness：

```
renice -9 232
```

然后它的优先级实际上会增加，因为它已经没那么“友好”，将被分配更多 CPU 时间。相反，416 如果把 niceness 增加到 +19，它就会变成一个非常“友好”的程序，从而与其他程序分享更多 CPU 时间，也就运行得更慢。实际上，更“友好”的进程比起不那么“友好”的进程更愿意分享 CPU 时间。

如果读者热衷于在自己的计算机上试验调度过程和优先级，sched_setscheduler() 手册页会及时发出如下警告：

“As a non-blocking endless loop in a process scheduled under SCHED_FIFO or SCHED_RR will block all processes with lower priority forever, a software developer should always keep available on the console a shell scheduled under a higher static priority than the tested application.

This will allow an emergency kill of tested real-time applications that do not block or terminate as expect.”

（作为在 SCHED_FIFO 或 SCHED_RR 下调度的进程中的非阻塞无限循环将永远阻止具有较低优先级的所有进程，软件开发人员应始终在控制台上保持在比测试的应用程序更高的静态优先级下调度的 shell。

这将允许紧急杀死未按预期阻止或终止的经过测试的实时应用程序。）

9.8 存储与文件系统

就常用的计算机架构而言，快速而易失的主存是考虑内存时的经典方法。这是用于工作堆栈的主内存，同时也用于运行程序存储变量。二级存储会比较慢，但更大并提供半永久性记忆。cache 存储器有时候会被认为是第三类存储器（可参见 4.4 节），它较为快速，通常也比较昂贵，存储空间较小，用于减少较大、较慢内存的平均访问时间。使用 cache 可以加速较慢但较大缓存的平均访问时间，而较大的 cache 本身可以加快较慢内存存储的平均访问时间。实际应用中 cache 总是由易失性储存器构成。

非易失性存储器在断电时能够保存上下文。这可以是可编程非易失性存储器（例如闪存、EEPROM、EPROM），或者是固定非可编程存储器（例如 ROM 和掩膜可编程 ROM）。最早的计算机则使用电线、插头或穿孔卡作为非易失性存储器。

相反，只要电源关闭，易失性存储器就会被擦除。这类存储器包括 SRAM 和 DRAM（含 SDRAM、DDR 等）。

7.6 节也讨论了存储器的相关内容，包括上面提到的这些技术。

9.8.1 二级存储

此前本书已经讨论了存储器，并证明了对易失性和非易失性（Non-Volatile，NV）设备的需求，本节开始关注非易失性存储器。大多数嵌入式系统使用闪存作为程序代码以及数据的 NV 存储器（有时称为大容量存储），但就 PC 而言，现在一般是使用硬盘驱动器或固态硬盘。

大容量存储设备可以通过多种方式表征：

- 每兆字节的成本。
- 耗电量（保持每兆字节的数据存储）。
- 耗电量（访问每兆字节时——通常写操作耗电量会高于读操作）。 417
- 数据密度（每立方厘米的兆字节）。
- 接口类型（USB、ATA、火线等）。
- 存储设备的大小、重量或细长程度。
- 其他物理方面的因素，例如使用或存储时是否容易损坏。
- 电源要求（通常是 12.5V 或者 3.3V）。
- 访问时间（通常读会比写更快）。
- 数据保留时间（例如 10 年）。
- 写/擦除周期（例如 10 000、100 000 甚至更多）。

写入非常大量的数据存储时（几十太字节），磁带仍然是可选的最佳介质。对于半个到几个太字节的数据，HDD 为最佳选择。对于更少的数据，闪存则是最佳选择。闪存的领域近年来变得越来越大，还有其他正在开发的技术可以保证未来能够实现容量更大、访问速度更快或功率更低的存储。

9.8.1.1 不同规模的存储

像台式机和笔记本电脑这种更大的系统通常依靠 HDD 进行二级存储，因此操作系统对其支持是极完善的。SSD“看起来”像是操作系统和程序员的 HHD，它们具有相同的接口（有时甚至在物理上看起来也是一样的），但 SSD 内置闪存。因此 SSD 可与 HDD 互换使用。对于最小的嵌入式系统，尺寸和功耗是关键因素，因此会使用并行 NAND 闪存或串行 NOR 闪存。

中型的智能系统则处于一个过渡领域，开发人员可能更追求 HDD 的便利性和容量，但也希望有闪存的紧凑型和稳健性。

撰写文本时，SSD 正变得比 HDD 更受欢迎，特别是在笔记本电脑中。虽然对于程序员来说很相似，但它们确实具有不同的特征。下面简明地比较一下 HDD、SSD 以及单独的闪存。

- HDD——非常长久的数据保留时间，最大的容量，有着标准的接口（通常为 SATA），访问时间较慢，但内置 cache 可加快平均访问时间。使用时往往易损而笨重。
- SSD——比 HDD 容量小，价格贵很多，但体积更小，功耗更低。通常同样有着相同的 SATA 接口，SSD 通常在写入大区块数据时速度比 HDD 慢，但读取数据的速度更快。撰写本书时，SSD 的数据保留时间大约为 10 年，但具体取决于它的使用频率。
- 闪存——单独使用或在简单阵列中使用可以具有与 SSD 相似的容量，但闪存更小，更便宜且更低功耗。在读取小区块数据时速度与 SSD 相似，除非使用单独的内存缓存，而写入数据会比 SSD 较慢（因为 SSD 有内置缓存）。独立闪存的主要缺点是不同制造商的闪存的串行接口和并行接口的种类差别非常大。 418

9.8.1.2 更多关于 HDD 的详细资料

尽管嵌入式系统通常都是由 SSD 支持而很少使用 HDD，在其他很多领域，大部分文件系统设计用于 HDD 或类似的旋转存储设备。甚至在嵌入式系统中，文件系统也需要保留其历史记录中的术语，因而在此花费一定篇幅了解相关技术是值得的。

参考图 9-8，HDD 包含了几片称为盘片的“盘”，上面涂有磁性材料。盘片的每一面都有专用的“头”，它们可以在共同的主轴上旋转，以在盘的表面上的任何地方读取或写入磁信息。磁头在每一面接触的轨道称为柱面，这些环被分成存储数据的多个扇区。因此存储在盘上的任何信息项的位置可由磁头、柱面和扇区决定。地址可简写为 C、H 以及 S“坐标”。

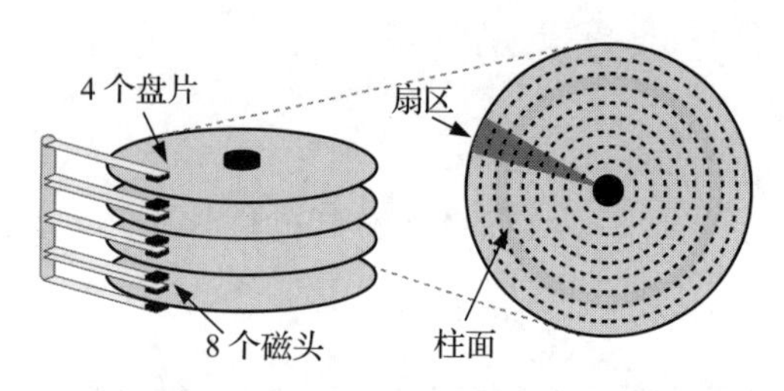

图9-8　以硬盘驱动器的形式旋转存储器，有着4个盘片，每个盘片表面具有单独的读/写磁头，并说明扇区和柱面（也称为轨道）如图所示布置在每个盘片的表面上。实际存储器可能会有数十个带有数百个柱面和数千个扇区的盘片

当台式机或者笔记本电脑的BIOS初次启动时，会“请求”HDD（或者是磁盘控制器。HDD内置的小CPU）提供其内部容量的相关信息。HDD应返回柱面总数C、磁头总数H以及每个柱面的扇区数S。

这很简洁明了，但也有一些早期的BIOS制造商写入BIOS软件时限制了其支持的柱面最大数。当HDD制造商开始制造更大容量的硬盘时，它们就不得不通过报告假的几何数据来瞒过BIOS。只要总容量C×H×S是正确的，通常就不会出现问题。

为了解决这个问题，标准的C/H/S几何在十多年前被逻辑块寻址（Logical Block Addressing，LBA）取代了，逻辑块寻址简单地从编号0到数十亿的扇区。然而直到今天，当我们使用基于闪存的SSD或插入基于闪存的USB存储设备时，它们还是会向操作系统以C/H/S的形式返回几何信息报告。而这些设备并没有真正包含任何H（磁头），C（柱面）或者S（扇区），但遗留的寻址系统至今仍在继续使用。

任何HDD（以及大多数其他类型的二级存储介质）都需要格式化才能使用。通过文件系统（详见9.8.2节），格式化可以将硬盘上的数据结构组织成逻辑排列。通常，HDD以及其他二级存储介质在使用前会分区。分区意味着可以将空间划分为更小的区域。分区之后，每个区间可以单独地使用文件系统（例如每个区间的分区格式不同）。

419

分区可以作为组织盘的手段来执行，例如，具有用于正常文件存储和备份数据的单独区域，或具有来自用户数据的两个单独的操作系统代码。也可能是因为系统内需要不同的特性，又例如，只读用户只可以访问一些区间，而读写用户可以访问一些区间。或者，某些用户可能想要一个可以快速存储大量数据的分区，而其他用户可能需要一个具有最高可靠性的分区（这通常意味着速度会比较慢）。

9.8.1.3　更多关于启动的详细资料

9.5.2节介绍了系统如何从HDD或SSD中启动。通过查看主引导记录（Master Boot Record，MBR）可以详细知道BIOS如何从引导介质读取引导加载程序。当用户可以插入不同的软盘来启动计算机时，整个布局就开始了。首次启动后，计算机并不“知道”在什么位置查到引导加载程序，因此开发了一个标准。在指定为可引导（例如能够从中引导，最好包含有效的引导加载程序）的磁盘（无论是软盘还是硬盘）上，磁盘（HDD、软盘、SSD以及现今的USB连接的闪存设备）的前几个扇区应包含主引导记录。通常，MRB会位于C=0，H=0，S=1的位置。这个扇区的数据首先包含了主分区表，然后是小区块引导代码。

主分区表列出了设备的四个基本分区。每个分区都分配了一个类型，可以设置为“活动”或“可启动（意味着BIOS可以从这启动）”。主引导代码是BIOS加载并执行以开始引导进程的软件。其中可能包含了引导加载程序自身，但一般只会简单包含一个小型加载器，用于从光盘上的其他位置定位并运行实际的引导加载程序。

可选用的分区类型有几百种，但当今使用的主要类型及其数字ID如下：

ID	Type	ID	Type
0x0	Empty	0x82	Linux swap
0x1	FAT12	0x83	Linux
0x4	FAT16 <32M	0x85	Linux extended
0x5	Extended（CHS addressing）	0x8e	Linux LVM
0x6	FAT16		
0x7	HPFS/NTFS/extended FAT		
0xb	W95 FAT32		
0xc	W95 FAT32（LBA）		
0xe	W95 FAT16（LBA）		
0xf	W95 Ext'd（LBA）		

在 Linux 系统中，fdisk 程序可以提供完整的清单，它比上面列出的短短几行长得多。

双启动计算机意味着在启动计算机时选择两个（或者更多）操作系统之一。例如，可以让 MacBook 启动，进入自带的 MacOS-X，也可以选择进入 Linux。三重启动示例将改善运行 Windows 的 PC，以便可以将其启动到 Linux 或 FreeBSD。这通常（但不是唯一方法）通过让每个操作系统都有单独的分区来实现。每个分区根据相应操作系统的本机文件系统进行格式化。

420

在这种情况下，MBR 启动一个选择器，允许用户指定要引导的操作系统。如果选择了 Linux，引导进程通过执行分配给 Linux 分区的开头部分的引导记录以继续进程。如果选择了 FreeBSD，引导进程则通过执行 FreeBSD 区间的启动代码来继续进程。一旦启动，系统（特别是 Linux 和 FreeBSD）可以轻易访问其他分区的数据，但它们各自在光盘上以自己的分区形式拥有自己的“本地”空间。

9.8.1.4　附加分区

上文提及了 MBR 中四个分区的限制。虽然最初的开发者认为这样设计可以满足所有人，但这种限制最终成为一个瓶颈。作为对应方法，一个特殊的主分区类型号被预留了出来，表示该分区内部包含更多分区。

因此，分区 ID 0x5 意味着“额外”。这个分区有着自己的分区表，进一步细分了分区。图 9-9所示的例子中，这个双启动计算机有着 DOS 或 Windows 分区和几个原生 Linux 分区（ext2 和 ext3）和一个 Linux 的 swap 空间，其可以在运行内核时用作临时数据存储。

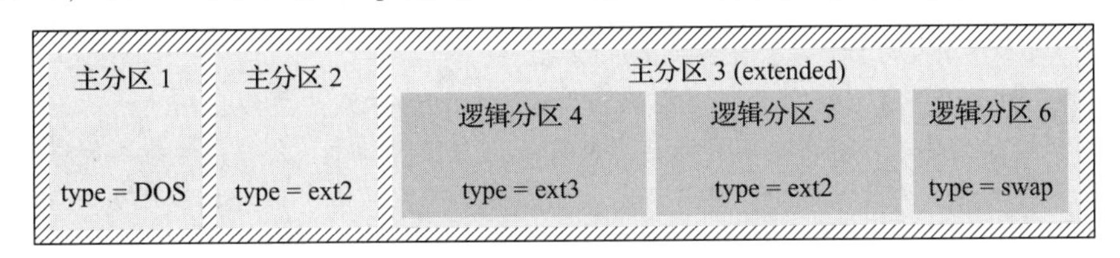

图 9-9　一个包含三个主分区的分区表的例子，第三个分区包含三个逻辑分区

此前的内容有提及，每个分区都以自己的引导记录作为开头。这种称为卷引导记录（Volum Boot Record，VBR），它的操作与 MBR 很像，只不过 VBR 只记录了分区而不是整个磁盘的上下文。额外分区的引导记录有一个特殊的名字，称为扩展引导记录（Extended Boot Record，EBR）。MBR、VBR 和 EBR 基本上相同并且执行几乎相同的功能，它们定义了磁盘的大小以及在其内部可以找到的内容。

9.8.2　文件系统的作用

文件系统（File System，FS）的作用是在存储设备上分配空间单元并组织文件和目录。FS

需要追踪介质中的哪一部分被分配到了哪个文件，哪一部分当前没有使用。FS 还能写入数据到文件并且随后能定位并读取它。

任何包含程序或数据的分区首先需要使用某种文件系统进行格式化，而其中有数百种选择。UNIX 标准将文件排列在单个树结构中，Linux、FreeBSD、MacOS-X 以及其他现代操作系统都采用了这个标准。整个结构的原点称为根，在 UNIX 系统中用符号“/”表示，9.8.3.2 节将会再介绍其相关内容。

421

最常见的 Linux 文件系统用于所有规模的系统，从可以吞下的微型嵌入式医疗诊断计算机到地球上最大的超级计算机，都属于 ext（扩展）文件系统的范围。

这些与 UNIX 和 Linux 的历史交织在一起的 FS 将在框 9.3 中进行了更多的探讨，但简而言之，第二个扩展文件系统——ext2 通常被认为是 Linux 默认的。ext2 高效而快速，但并不如添加了日志支持的 ext3 可靠（9.8.3.3 节中将会讨论日志相关内容，日志化往往会增加写入期间电源故障等事件的可靠性，但代价是写入数据时速度较慢）。ext4 引入了一些非常显著的速度和可扩展性改进，这也是高度可配置的（参见框 9.4）。

框 9.3 分区文件系统——ext4

尽管原始的 ext2 仍然被广泛地使用（特别是在嵌入式系统中），但正在逐渐被添加了日志支持的 ext3 代替。在大多数情况下，HDD 上 ext2 和 ext3 是可交换的，但设计者可能会选择 ext2 作为不可变的只读磁盘分区（在此中日志并不重要），ext3 分区则是关键数据写入的地方。

使用 ext3 的主要成本是速度和功率。因此最新的选择 ext4 已被设计得更快、更有效率，下面介绍几个新的特性：

- 支持非常大的分区（ext4 是 64 位的 FS）。
- 如果知道需要多大的空间，则允许程序员为文件预分配空间。
- 将 ext3 中每个目录的最大文件个数（3200）翻倍。
- 检测文件系统时更快。
- 时间戳文件的纳秒级（而不是秒）分辨率。

另外下面解释三个附加功能：

- 支持延迟分配。
- 执行日志校验。
- 使用“范围”而不是区块的方式映射。

部分改进仅适用于大型系统，但 ext4 是高度可配置的，对于资源受限的嵌入式系统可以配置得更精简（可在框 9.4 中查看关于其可配置性的概述）。

延时分配——只是意味着文件系统会在确认文件大小之后才给该文件分配使用的区块（这个想法是，如果知道了文件的确切大小就可以选择刚好合适的空间，而不是做出最终可能错误的猜测）。这以略微降低写入速度为代价减少了整体碎片。对预先分配空间的支持（如果可能）旨在减轻部分成本。

422

日志校验——意味着只需要更少的时间来验证日志是否正确。检查时，它计算日志内存区域的校验和，然后将计算的校验和与磁盘上存储的校验和进行比较。

范围——在早期的 ext 文件系统实现中替代区块映射。范围是指向起始区块的指针，加上一个长度字段表示使用了多少个区块。所以这并不存储每个区块的指针（老系统会这么做），ext4 索引节点包含最多 4 个范围。

屏障——用于文件系统强制规定数据写入顺序，以确认日志中的序列。需要这么做是因为有内置缓存的硬盘（现在的硬盘都有）将物理数据写入光盘表面的顺序通常与操作系统将其传递给 HDD 的顺序不同。屏障强制了顺序写入，所以日志会保持正确，但这需要付出性能略微下降的代价。文件系统不做任何更改，但如果存储设备没有重新排序写入，则可以用 `mount o barrier=0` 无屏障地挂载，在这种情况下写入速度会稍微快一点。

对系统设计者的一些建议

只读取而不写入（例如嵌入式系统的启动代码）的文件系统可以安全地选择 ext2。但是任何频繁写入操作的文件系统都会被破坏，需要定期检查。日志会使得这更高效，因此选择 ext3 或 ext4。

最后需要注意的是，以下情况可能根本不需要使用文件系统：(i) 自己管理数据块；(ii) 假设写入的数据大小固定；(iii) 不要求存储器与其他系统兼容。

框 9.4 文件系统配置——ext4

ext4 有许多可配置选项，它们可以在创建时（即使用 mke2fs 程序格式化分区/磁盘时）设置，也可以在创建后，当 mke2fs 程序可以调整文件系统时（只要其当前没有挂载）设置。主要选项包括：

- **没有日志**——允许关闭日志支持。对只读分区很实用，尽管只读时也可以使用 ext2。
- **索引节点大小**——ext3 默认是 128 字节。相反，ext4 需要至少 256 字节，这可以扩展，在系统要存储大量文件时很实用。
- **默认提交时间**——早期版本的 ext 也支持，默认情况下数据会在 5s 后写入，但延时分配时会增加到 30s。
- **区块大小**——使用闪存时，区块大小应与原始清除区块一致或者是它的倍数。

423

- **每个节点的字节**——这应该是区块字节的倍数。定义可以存储给定分区大小的文件数。
- **日志位置**——日志可以存储在不同的位置，包括单独的设备。
- **校验频率**——该选项指定文件系统需要校验的频率，按挂载次数或经过的时间计算。该选项还支持极端的选择，每一次都校验或者从不校验。

另外，文件/etc/mke2fs. conf 指定了建立新的 ext4（或者其他 ext）文件系统的默认配置并对不同大小的系统给出一些提示。

校验文件系统是通过使用 e2fsck 工具完成的，因此需要通过编辑文件/etc/e2fsck. conf 来配置指定：(i) 出现不可恢复的文件系统错误时，系统应该执行什么操作；(ii) 系统应该把什么归类为“不可恢复”的错误；(iii) e2fscf 应该自动修复什么类型的错误（尽可能多）。

其他有趣的文件系统有 JFS——IBM 的 Journaled FS，设计得快速且稳定，还有 ReiserFS，是在千禧年之际由一个神秘人开发并命名的。ReiserFS 在当时十分超前，许多后来所谓的更现代的文件系统新改进都是从 ReiserFS 引入的。

除了用于 HDD 的大量文件系统之外，在用于底层直接访问时（不是通过使设备看起来像 HDD 来隐藏介质的闪存性质的 SSD），还有一些专门设计用于闪存的文件系统。YAFFS（Yet Another Flash Filing System，另一个闪存归档系统）是为 NAND 闪存设计的鲁棒的文件系统，以敏感的方式处理闪存块，包括监测每个区块的最大擦除/写入周期数。JFFS2 是日志闪存归档系统，其结合了 YAFFS 的耐用性能和 JFS 或 ext3 的日志。UBIFS（Unsorted Block Image FS，无序区块镜像文件系统）是另一个试图保留 ext3 这一类文件系统的优点但又保持损耗均衡并能应对闪存限制的文件系统。

9.8.3 什么是文件系统

文件系统包括用户数据（例如文件和程序）以及元数据（结构信息、索引以及属性）。结构信息和属性包括名称、文件大小、时间、创建日期、创建的用户，以及用户权限（用于 UNIX 风格的系统安全设置）。

在 ext 文件系统中，元数据以称为超级区块的地方开始。这包含文件系统类型的信息、整体大小、当前状态，以及如何找到其他磁盘上的元数据结构。

超级区块非常重要——缺失这个信息，所有文件都可能丢失——因此超级区块总有一个副本。在 Linux 中，使用 `dumpe2fs` 命令可以轻易确定有多少副本以及它们在什么位置。

424

以下示例检查名为 sda6 的分区，它是第一个 SATA HDD(在 sda 中用“a”表示）上的第七个分区（0…6）：

```
$ sudo dumpe2fs /dev/sda6 | grep -i superblock
dumpe2fs 1.42 (29-Nov-2011)
  Primary superblock at 0, Group descriptors at 1-19
  Backup superblock at 32768, Group descriptors at 32769-32787
  Backup superblock at 98304, Group descriptors at 98305-98323
  Backup superblock at 163840, Group descriptors at 163841-163859
  Backup superblock at 229376, Group descriptors at 229377-229395
  Backup superblock at 294912, Group descriptors at 294913-294931
  Backup superblock at 819200, Group descriptors at 819201-819219
```

超级区块应为1024字节长并且起始点始终是从分区起点偏移1024字节处（这在上述例子中为区块0）。

文件系统被分成区块，而这些区块在ext2中还会被排列成区块群组。每个文件通常分布在几个区块上，但它们通常都位于同一个区块群组中。

一些区块群组包含超级区块的副本，也包含描述了表、区块位图、索引节点表，当然还有实际数据的超级区块。位图是一种用来加快检索磁盘速度的结构，索引节点包含了所有数据和元数据（之后会说明）。最近的ext2系统中，超级区块存储在区块0和1以及3，5和7的平方中，但这在设备首次格式化时可以配置。

格式化时，固定大小的块组将放置在设备上，从而形成图9-10所示的结构，其中，磁盘上有多个块组，并放大了三个块组，其中一些块组包含超级区块的副本。

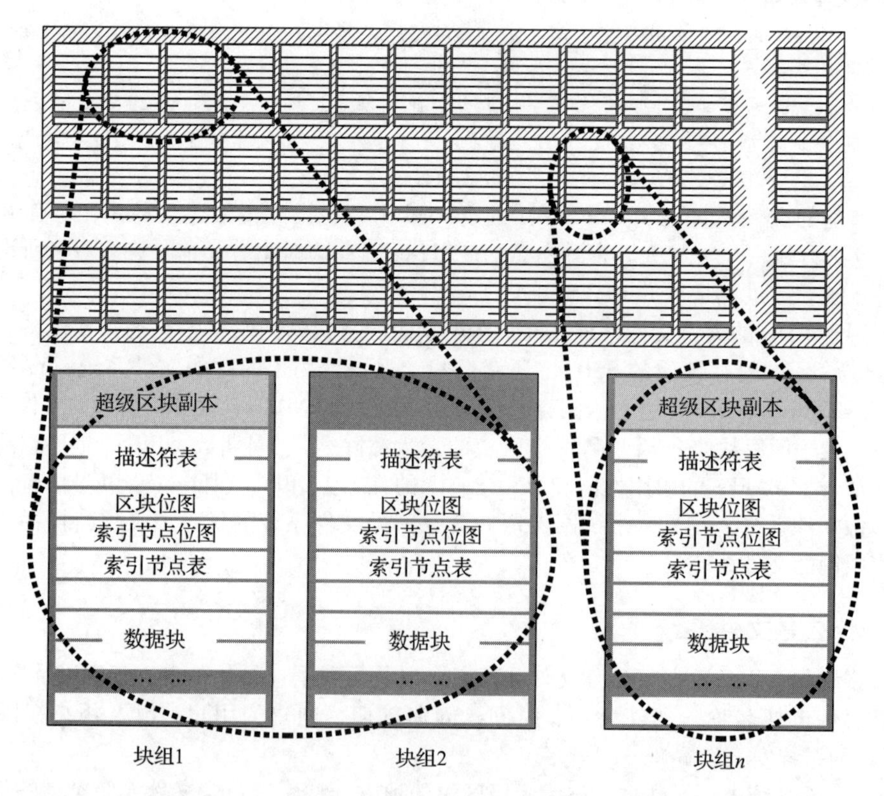

图9-10　排列的介质上的块组总览图在顶部，底部为三个块组的放大结构图。其中两个组块包含了超级区块的副本，但都包含通常的描述符表

为了更仔细地了解其工作原理，表9-1给出了一个使用ext2格式化，块大小为1KB的20MB大小的HDD结构（该表的原始数据摘自www. nongnu. org）。

表 9-1　使用 1KB 大小区块的 ext2 格式化的 20MB 的 HDD 的区块结构例子

地址	长度	描述符
0	512 字节	引导记录
512	512 字节	附加引导记录
块组 0（区块 1 到 8192）		
1024	1024 字节	超级区块
区块 2	1 个区块	BG 描述符表
区块 3	1 个区块	区块位图
区块 4	1 个区块	索引节点位图
区块 5	214 个区块	索引节点表
区块 219	7974 个区块	数据块
块组 1（区块 8193 到 16 384）		
区块 8193	1 个区块	超级区块备份
区块 8194	1 个区块	BG 描述符表 b/up
区块 8195	1 个区块	区块位图
区块 8196	1 个区块	索引节点位图
区块 8197	214 个区块	索引节点表
区块 8411	7974 个区块	数据块
块组 2（区块 16 385 到 24 576）		
区块 16 385	1 个区块	区块位图
区块 16 386	1 个区块	索引节点位图
区块 16 387	214 个区块	索引节点表
区块 16 601	7976 区块	数据块
块组 3（区块 24 577 到……）		

需要注意的是，如果区块尺寸大于 1KB，第一个超级区块会位于区块 0 而不是区块 1（因为它位于距起始位置 1024B 的固定位置，并且无论配置的块大小如何，该偏移都不会改变）。

9.8.3.1　索引节点

在 UNIX 风格的文件系统（例如 ext2）中，索引节点是一个基本数据结构。这是文件系统所包含的数据“容器”，包含存储在磁盘上的所有内容。除了以文件形式存储的实际用户数据之外，索引节点还包含有关每个文件（或关于每个文件系统对象）的信息，包括它们的类型（例如，可执行、字符或特殊块）、与文件相关的权限（例如，读取、写入、可执行或特殊部分，标记为 R、W、X 或 S）、所有者的用户 ID、文件所属组的组 ID、文件大小、文件访问/更改/修改/创建/删除的时间、链接（软或硬），以及其他几个更复杂的信息。奇怪的是节点信息却不包含文件名（随后将说明）。需要着重注意在 Linux 上，每个文件只有一个索引节点，访问索引节点十分容易。

以下是两种方法，一种只显示索引节点编号（11535538），另一种则会显示更多信息：

```
$ ls -i /etc/passwd
11535538 /etc/passwd

$ stat /etc/passwd
File: '/etc/passwd'
Size:    1878         Blocks: 8    IO Block: 4096   regular file
Device: 806h/2054d  Inode:   11535538        Links: 1
Access: (0644/-rw-r--r--)  Uid: (0/root)    Gid: (0/root)
Access: 2012-11-21 15:53:22.359678777 +0800
Modify: 2012-09-21 13:25:36.939097771 +0800
Change: 2012-09-21 13:25:36.995097774 +0800
 Birth: -
```

图 9-11 所示的节点索引容器包含了数据或者数据的相关信息。在程序中，一个“容器”通常会被称为“结构”，这正是索引节点。这是存储在磁盘上的信息结构。文件会以一个区块上的索引节点开始，但最后可能会分布在几个区块上。

425 ~ 426

索引节点结构为一组指向区块的指针。遵循索引节点，指向直接定义的前 12 个块实际上包含文件数据，但文件通常比这个大（例如 1KB 的区块，文件可以为 12KB）。在这种情况下，第 13 个块包含指向间接区块的指针。间接区块本身包含一组指针，这些指针本身直接指向其他数据块。倘若这仍然不够大，之后的第 14 个指针会指向一个双重间接区块。双重间接区块包含一组指针指向一组间接区块，其中的指针才会直接指向实际数据块。

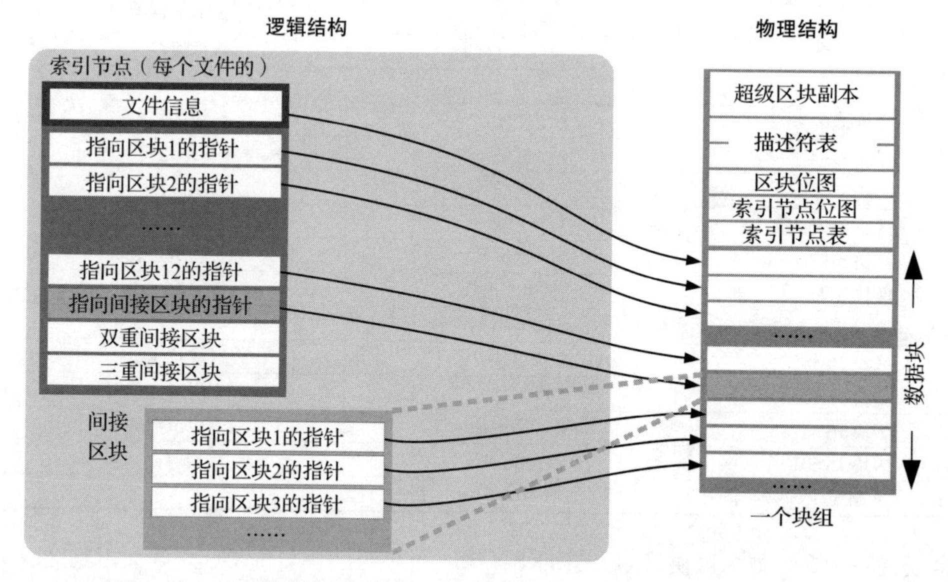

图 9-11 逻辑索引节点结构（左）表示了如何通过直接指向数据块或指向数据块的间接块与磁盘（右）上的数据关联

如果仍然无法达到文件所需大小，第 15 个指针还会指向一个三重间接区块。这指向另一组双重间接区块，同样双重间接区块还会指向间接区块，间接区块内的指针直接指向实际数据块。这个过程会持续到整个文件被存储，如图 9-12 中的三个图表所示。

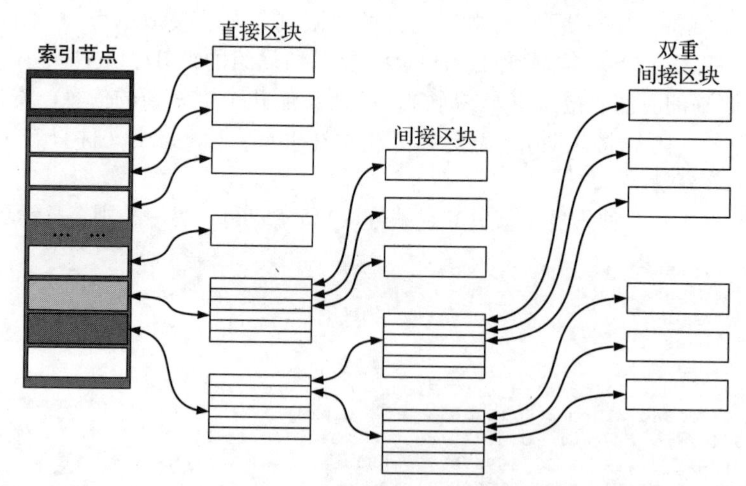

图 9-12 直接指向数据块（所示的三个）、间接数区块以及双重间接区块的索引节点结构（左）。双重间接区块指向一组间接区块，同时所有直接区块都直接指向数据块

9.8.3.2 目录和根文件系统

目录（有时也称为文件夹）对于用户来说，是基于 GUI 的计算机放置文件的区域。用户可将文件放入文件夹，将其重命名、删除或者移动到其他文件夹。大量的文件可能让读者产生错觉：文件都存储于一个硬盘中，分散于文件编排系统，并使用之前章节提到的索引节点存储，而不是根据独立的文件夹进行存储。文件夹与文件在硬盘的存储位置没有任何相关性。文件夹的作用是方便用户将海量文件进行分类。

简而言之，目录只是一个包含一列文件（或链接）的数据结构。每个文件夹有一个数据结构，其中的每个文件包含一个条目。由于其让文件便于搜索，因此被称为目录。

为每个文件存储的目录信息只是其索引节点序号（注意每个文件只有一个详细索引节点），文件名的长度（如文件名中的字符数），以及文件名本身。由于 UNIX 系统允许极长的文件名，若每个文件都分配空间用来存储最大文件名长度，效率会降低，因此合适的文件名很重要。

读者不难发现，目录数据结构本身就是另一个索引节点目标。对于 ext2，根目录总是与索引节点 2 绑定：

```
$ sudo stat /
  File: '/'
  Size: 4096    Blocks: 8    IO Block: 4096   directory
Device: 806h/2054d    Inode: 2         Links: 24
Access: (0755/drwxr-xr-x)  Uid: (0/root)   Gid: (0/root)
Access: 2012-11-22 12:46:26.405056381 +0800
Modify: 2012-10-02 15:21:11.571237232 +0800
Change: 2012-10-02 15:21:11.571237232 +0800
 Birth: -
```

当操作系统读取文件系统时，如搜索文件，总是由固定位置（如根目录）开始。

在根目录中，操作系统可以找到文件名以及每个子目录和文件的索引节点。在子目录中搜寻内容很容易——找到子目录的索引节点并读取数据。这个索引节点数据本身是一个目录数据结构，包含一列项目名称以及相应的索引节点。

只要操作系统知道起始位置，仅通过扫描子目录的检索节点链接就可以找到机器中的所有文件及目录。所有文件最终和根目录联系。

如图 9-13 所示为 UNIX 部分目录树，为清楚起见，目录中显示一个文件，名为Lecture01. pdf，以及系统中的一部分分支。文件的完整路径（即目录位置）为

```
/home/asian/docs/teaching/Lecture01.pdf
```

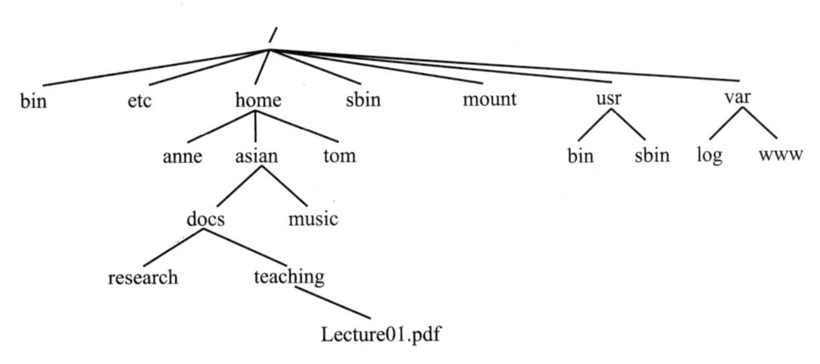

图 9-13 Linux 系统的一个简单 ext2 目录结构，在这里只列出一些重要的分支

计算机中每个可访问的文件会在树中显示。文件也可能出现两次。UNIX 同时支持“软”和“硬”符号链接。硬符号链接允许同一个检索节点列入两个或多个目录数据结构中，然而

软符号链接在目录数据结构排列方式不同，为另一个目录的目录结构链接。硬链接允许直接访问文件，而软链接导入另一个目录的列表。

427~429

当另一个存储设备连接到Linux系统，如在计算机插入一个USB存储设备，就会“嵌入”目录树。在台式或笔记本计算机中嵌入过程自动发生，但是在嵌入式系统中，需要一个命令才能实现，该命令通常由超级用户（具有系统中所有许可的用户，如root权限）发出。在两种类型的系统中，在拔出设备前应将其卸载，以防止数据丢失。图9-14所示为嵌入了两个外设的Linux根目录树。第一个设备是DVD-ROM设备，嵌入在/media/dvd中，第二个嵌入在/home/tom_in_nz中，其实是对另一台计算机上的共享文件夹进行网络嵌入。

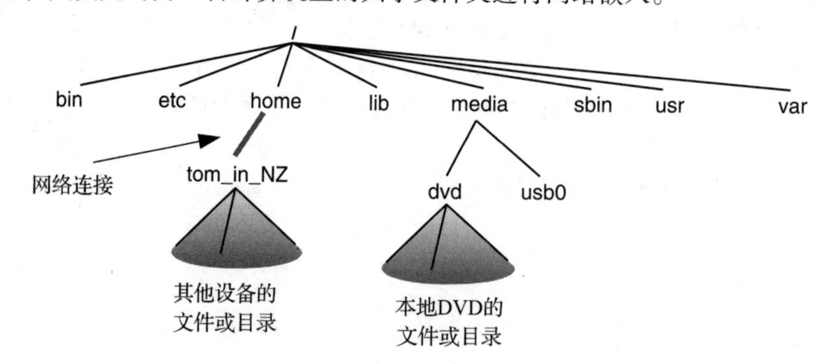

图9-14　Linux系统的单一UNIX树，展示了一个ext2 HDD、一个嵌入的DVD-ROM设备和一个网络嵌入的目录（本例中物理地址在新西兰，但是在本地计算机中作为部分目录树出现）

最后，读者需要注意，Windows与MS-DOS系统没有单独的目录树，而是为每个设备创建独立目录树。如图9-15中两个命名为C:和D:的HDD所示。

430

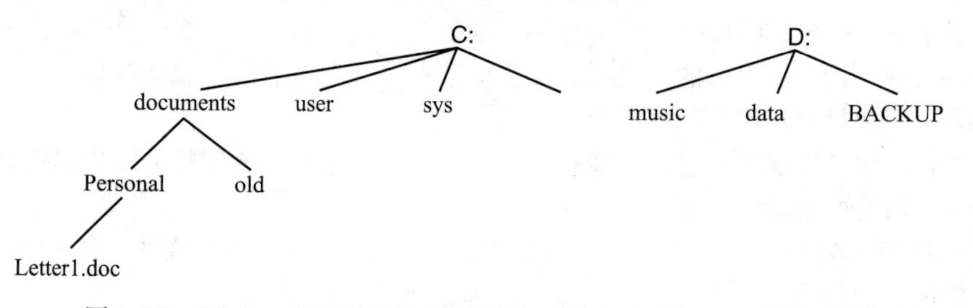

图9-15　Windows和MS-DOS目录结构，展示了两个HDD的独立树

9.8.3.3　日志

日志是很简单的概念——如果文件系统保留所有已办事项和代办事项的记录，文件系统就永远不会在不确定（或不可恢复）状态了。在断电恢复后，无论系统是否和记录一致，都可以通过记录恢复。

日志的主要作用是恢复损坏的文件系统。通常在数据写入过程中，系统崩溃或供电中断往往会导致文件系统损坏。实际上所有的文件系统最终都会出错，因此需要定期检查并维护，以防止出现更严重的问题。对于使用更久的文件系统，可能还需要定期进行磁盘碎片清理。

日志是用来减少由部分写入造成的额外维护的一种方法，以此减少维护需求并简化维护过程。日志还简化并加速文件系统检查过程（所有系统中运行的必要程序）。

创建的日志包含一个文件系统中按时间标记的操作列表。日志本身是一个通常位于固定数据段的文件。每当文件变化发生时其被写入，并可以由文件系统恢复和检查工具读取。如图9-16所示为一个日志的写入操作。此过程中，当文件系统需要将一块数据写入硬盘中时，先将一个记录写入日志声明写入的内容，随后进行真实写入操作，最终日志记录写入完成。

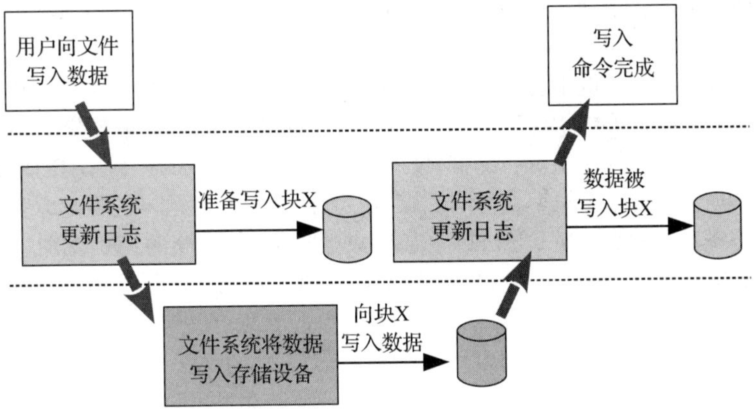

图 9-16　数据写入过程的日志描述

在写入过程中若发生问题，可以通过检查日志来确定写入是否成功并修复问题。此外，例行日志的常规磁盘检查程序可以检查文件系统。

9.8.4　备份

由于软件漏洞或硬件失灵，计算机中的数据很容易丢失。设备损坏时 HDD 中存储的数据甚至十分脆弱。因此，考虑到数据的重要性，备份系统是计算机系统必不可少的一部分。 431

对备份系统的要求和其他第二存储系统相同——将文件系统的部分或全部内容恢复到之前的某个时间节点，包括：

- 目录结构。
- 文件名。
- 文件内容。
- 文件元数据（时间戳、大小、权限等）。

理想的恢复操作要求速度、便捷性，并允许全部或可选恢复（恢复所有文件还是仅恢复单一文件），同时节省空间（复制所有文件不总是最佳方案）。

完整的备份指所有文件都被复制并存放在某处，这个方法占用大量存储空间并且速度很慢，但是易于部分或全部恢复。对于商业或其他重要数据，备份最好离线存储（并经过加密保护，因为安全性较低），并且最好在文件发生重大变动前备份。

完整可靠的备份完成后，之后的备份只需要存储自上次备份后变动的文件，这样可以节省时间与存储空间。这个过程叫作增量备份。由于需存储的数据减少，此方法比完整存储更快速，但是原始完整备份损坏或丢失时无法单独通过增量备份恢复所有文件。

差分备份仅存储上次备份与目前不同的数据，在某些系统中，如果一个文件存在时间很久，仅需要备份与之前相比增加的部分。此方法适用于数据库——相比重新存储整个数据库大幅提升效率。 432

以上提到的所有备份方法都要求：

- 完整且正确。
- 可靠。
- 可存储。
- 安全（如防止数据被读取或修改）。

有时以额外数据的形式适当在备份中加入冗余会更有效，这些额外数据可以帮助系统重构或恢复由于错误丢失的数据。

对于很多用户来说，活动文件系统在使用过程中运行备份程序十分便捷，也就是说备份或恢复数据不会停止工作进程。

备份不一定自动进行，也不要求复杂昂贵的软件。备份基于 UNIX 的系统甚至可以通过从命令行使用如 scp 或 rsync 的实用程序完美实现，并且不需要专门用于备份的硬盘存储器，因为备份可以通过云存储、移动硬盘、磁带机、USB 存储、CD-ROM 或 DVD-ROM 轻松实现。

在备份存储时，除了考虑频率、时间、媒质、验证方面的问题，还要考虑备份数据的物理安全性（包括防盗）、对物理伤害的防御（如着火、浸水）、媒介的使用寿命、购买存储的成本、循环使用程度，甚至要考虑备份数据在不久后是否会被淘汰。很多用户仍然保存着备份软盘，然而目前已经没有可以读取软盘的硬件了。

9.9 小结

本章叙述的内容很多，从无软件的裸机开始（如 3～6 章所述），到软件的写入方式（如第 8 章所述），填补了读者对软件如何在计算机操作系统中运行并服务用户方面的知识空白。

可以看出操作系统定义了我们使用计算机的大多数特性，同时 GUI 与 OS 不能一概而论。许多 OS 允许用户在几种 GUI 中进行选择，而有些操作系统禁止此操作，有些甚至没有 GUI。类似地，可以发现部分计算机——尤其是体积小、功能单一、可靠性高的——可以脱离 OS 实现。然而 OS 可以为程序员提供很多便利。

除了介绍 OS 的角色和结构，本章讲述了系统引导，包括从闪存引导的嵌入式系统以及从硬盘驱动引导的系统，还介绍了进程初始化、交换、优先处理以及检查的方法。

最后，本章阐述了存储媒体中组织数据的重要性，即文件系统的作用，并实现低级信息写入磁盘盘片或闪存单元到文件系统、文件夹以及高级基于树的文件组织的跨度。本章以备份结尾，以提醒读者及时备份自己的重要文件。

433

思考题

9.1 以下的某些系统在无操作系统的情况下可能表现更优。不必要安装操作系统的情况有以下几项。

（1）电池容量较低，具有多用户性能，内置无线网络的智能手表。

（2）放入制作面包的原料后，可选择有多个烹饪程序的吐司机，在不按下“停止”按钮的情况下，机器会将吐司制作完。无网络连接。

（3）一个大规模快速 CPU 聚合某个从处理器，功能为读取存储，主处理器用于处理 DMA 和网络数据包。

（4）家用平板电脑，每个成员可以远程用自己的账户登录并查看邮箱和私密文件。

9.2 在 9.2.1 节提到的操作系统中，选出以下应用适合的最佳选项，并陈述原因：

（1）用于控制核电站控制室中排气阀的系统。排气阀要求配备时延 100ms 的高温传感器以防止融化。传感器和排气阀驱动装置连接至 CPU。

（2）公司中的网络附加存储器设备。要求能安全地保存一些工作团队的重要文档。

9.3 对于多任务操作系统中的新建进程，说出五种会自动存储于 PCB 的信息。

9.4 调度器选择问题 9.3 中的新进程在 CPU 中运行一段时间，随后切换至另一进程，说出新进程从“运行中”移动到“可运行进程”列表时调度程序会在 PCB 中更新的项目。

9.5 作为程序员，假设读者写一个当前多任务操作系统中运行于用户空间的程序。由于程序中的错误，部分程序将数据写入一个用于其他程序的存储块。说明可能发生的情况，其中的一个程序会损坏或崩溃吗？

9.6 一个嵌入式 CPU 有固定的引导向量地址 0x0000000。此地址链接两种内存——NAND 闪存和 SDRAM，且无易失存储。哪种类型的存储会位于存储图（如从地址 0 开始）的下部区域，哪种会位于上部区域？说明原因。

434

9.7 init 程序在嵌入式 Linux 系统中崩溃了。当内核发现无法启动 init 时，会立刻因错误停止还是尝试另一种启动方法？

9.8 对于有两个四核 CPU 的计算机，可以同时处理的最大数量进程是多少？

9.9 当 Linux 调度器正在运行默认调度程序，下一步会选择哪一个可运行任务执行？会一直选择静态优先级最高的任务吗？陈述原因。

9.10 使用读取共享 UNIX 大型主机的用户遇到这样的问题：系统软件大部分运行缓慢。发现有许多用户在同一个计算机上运行系统软件后，试图用 `renice +20 101` 修改软件优先级。假设他们的软件 PID 是 101，这个命令可以改善状况并加速程序运行吗？

9.11 为下列应用选出最合适的存储媒质（磁带、HDD、SSD、并行闪存）：

(1) 便携式的笔记本电脑，要求开机时间短并且省电。

(2) 未来会用到的 TB 级的视频档案。

(3) 在大学校园中供多用户在线收看的最新好莱坞电影，存放于网络附加存储设备。

(4) 智能腕表设备中的非易失性文件存储。

(5) 每秒存储 1000 个小文件，每个文件保存 1 分钟后删除的系统。

9.12 主引导记录通常会在 HDD 中存储于哪一个地址（C，H 与 S）？

9.13 阐述对于扩展文件系统中索引节点识别文件至少需要的 5 种信息。

9.14 使用 ext3 文件系统的计算机正在将一个文件写入 HDD 时，系统供电中断。当供电恢复时，ext3 文件系统的什么特性会提高文件恢复的概率？

9.15 数据中心为计算机每天进行日常增量备份。每天结束时，自动脚本寻找每台计算机新建或改动的文件，并保证其备份于独立的 DVD-ROM 中。在此基础上不做任何其他备份措施。一年后，某计算机发生灾难性崩溃。虽然 DVD-ROM 中的备份都可用，但恢复该计算机的文件十分困难。解释出现此现象的原因并提出未来改进备份策略的方法。

435 ~ 436

连　接　性

当今社会网络已经遍布全球，计算机之间互联互通，人们已习惯即时通信，与远方朋友沟通的方式也不再仅仅是语音、电话、邮政服务。大多数人对互联互通习以为常，几乎无人对此产生思考，尤其是互联的原因。

自计算机问世以来，工程师已经设计出许多可以独自高效计算的计算机。除了某些极少研究室的实验，计算机历史中大多数设备都独自运行。

在万维网问世后，人们会认为将计算机通过网络与世界相连或连入企业内部十分容易。几乎没人会购买无法上网的台式或笔记本式计算机，更不会有人会买智能手机后不连接至移动电话网络来打电话、发信息、使用数据。在当今社会人们如果想处于不联网的环境，可能需要主动断开网络连接。

本章将会介绍网络世界从仅有少数独立的计算机发展到普遍高度连接的计算机网络的原因及方法。本章不会介绍网络科技（第11章会涉及），而是先介绍连接性的概念。这些概念看上去很普遍且和使用的科技无关。例如用于以太网和IEEE 802.11与无线城域网和蓝牙的概念相同。读者可能会将此概念延伸到计算机硬件和软件的其他领域，甚至经营商业。

10.1　连接的原因与方法

当独立的计算机最初在研究室用于计算时，存在某研究小组需要和其他小组分享数据的情况。这些数据可能是实验结果或需要证实的计算。

当时，发送一个“大”数据块（大约1KB）的常用方法是将其存储于打孔卡片或磁带与光盘，即某种物理存储媒介。随后发送者会将媒介通过速递或邮政服务发送给接收方。

437

接收方随后将存储媒介加载于磁带机、光盘机或打孔卡片机从而读取数据，并通过电线连接计算机转换数据。有时工程师会想到用足够长的电线将两端的计算机相连并直接传输数据。

问题是用高低电平表示“0”和“1”的数据信号在如此长的距离下性能较差，工程师此时需要考虑的是将数据编码，使其在长距离中鲁棒性高，并且加快通信速度。数据编码包括数据压缩与错误检测，随后变成一个重要研究领域且引起了许多重大发现，巩固了现代电子通信的基础。

10.1.1　一对一通信

编码后，数据可以通过电线稳定地从一个计算机发送至另一个，然而需要在时间与距离之间权衡（虽然时间和距离限制如今已经得到很多改善）。这就实现了两个计算机通过专用电线相连。图10-1展示了这个简单连接的方法，包括两个计算机和一根电线。在此基础上会介绍更多复杂连接模型。

图10-1的链路没有箭头（往后几页相同），由于本书中假定为双向连接链路。这种双向连接也叫双工，下表展示了更多可能性。

类型	描述
单工	数据单向传输
半双工	数据可以在任意方向传输，但是无法同时进行
全双工	数据可以同时双向传输

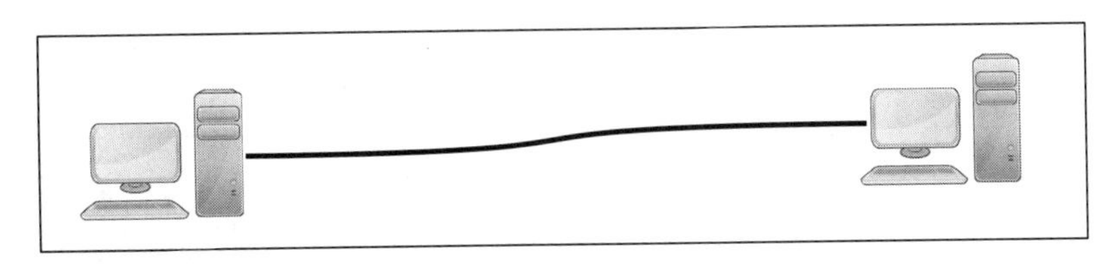

图 10-1　两个计算机一对一连接

半双工系统要求一种决定当前输出数据方向（无法停止传输）的机制。以语音通信为例，CB 广播和对讲机即遵循此原理。对话在单一信道进行，一方说话时必须在结尾用词“结束”，表明其处理信道来让对方使用。对话双方轮流讲话，一方结束时交换，并以“通话结束”终止对话。当计算机通过一条电线（或信道）共享半双工链路时便采取此种机制，类似的系统不计其数。 438

10.1.2　一对多通信

计算机工程师无法长期满足于一对一链路，不久便希望使用更多线路连接其他计算机。事实上，用于连接计算机的都是专用电线。随着计算机数量的增加，电线的需求也大幅上涨。如图 10-2 所示为 5 台计算机彼此相连的情况。每个计算机管理员要维护 4 条独立链路，图片同时说明即使一个系统中的计算机数量很少，也需要有许多电线，看上去比较杂乱。

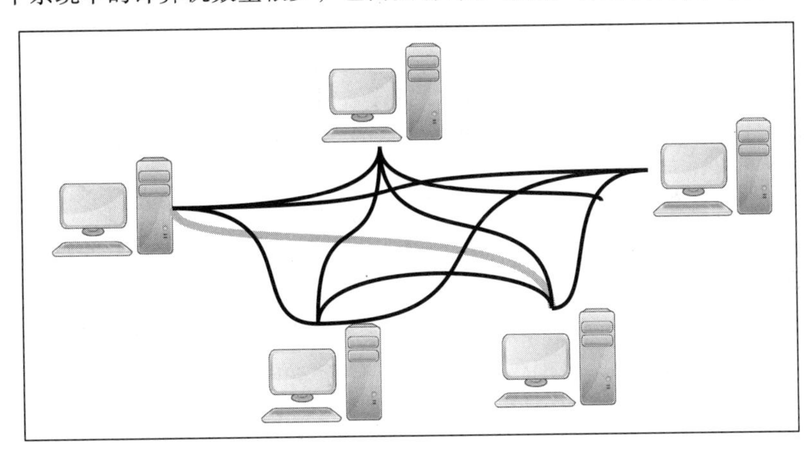

图 10-2　多台计算机相互连接，每台计算机间有直接链路

当数据编码技术发展到一定阶段，可以使用调制解调器通过电话线发送信号。此方法让通信更加便捷，这得益于用交换机路由数据链路，如图 10-3 所示。

电话网络是电路交换的，意味着每台计算机本来有一条电线连接到最近的交换机，交换机间有大量电线。要进行一个通话（或数据连接），呼叫者到交换机的电线要与交换机间的电线相连，最后长距离交换机间的电线连接至被呼叫者。由于通话两端由专用电线相连，此类通信被称为电路交换，且此电路在通话（通信链路）中固定不变。

读者可能在纪录片或博物馆中见到早期的电话交换机，并发现接线员需要在接线总机不断插拔电线。这就是通过连接通话双方的电线开启通话的过程。由于此过程为人工操作，早期电话没有拨号功能与号码盘，用户只需要要求操作员进行连接即可。拨号功能与 0 ~ 9 和#、* 按钮在很久以后出现，这个方法可以让拨号者通过一组数字使用自动交换机进行连接，避免了人工介入。 439

长距离电话通信由以下几段组成——从拨号者到当地交换机的电话线，当地交换机到其他交换机的电话线，以及其他地方到接收方的电话线。三段连接到交换机的电话线组成了一段通话的单一链路。当代计算机网络中也有类似的场景，虽然连接了成千上万的计算机，实际上也是由大量更小的一对一链路组成，主要的区别是此网络可以共享电线。

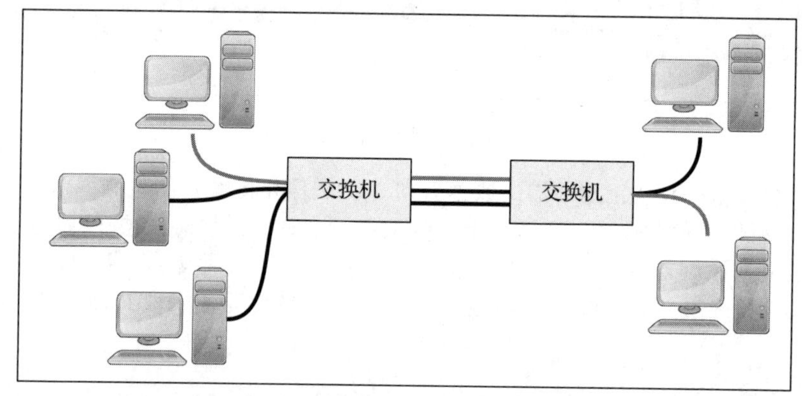

图 10-3　两个位置的计算机通过交换机通信，每台计算机连接到一个交换机，交换机彼此相连。实时通话（灰色线路）占用了每部分的整条物理线路

10.1.3　包交换

虽然可以通过电话线通信，但除了在信息简短的情况下，这种方法的便捷性和效率都非常低。尽管复杂的编码技术仍在发展，数据传输速度依然严重受限。计算机之间通信的链路仍然采用固定的专用电线，本质上还是一对一链路，唯一的区别是用户可以选择一对一通信的对象。

即使对发达国家来说，考虑到铜的价格、铺设、维护和修复连接到每家每户的电线的费用，电话线都是十分昂贵的，因此产生了使用更有效、更便宜的链路的需求，在此基础上出现了许多共享电线的方式。

最重要的共享机制，也是当今社会大多数通信和网络系统使用的机制，应该就是包交换了。一个用于通信的数据块先封装入小的数据包，再通过发送端和接收端间的链路传输，最后接收端将数据解封装。

如图 10-4 所示为简单的基本原理，但是这种架构包含许多隐藏的复杂问题，每个问题都需要由大量独创性的方法解决。最重要的一点是一根电线可以从不同的发送端向不同的接收端发送数据。数据包可能要轮流等待传送，由于这个过程很快发生，给用户的感觉是通信从不间断且完全双工。

440

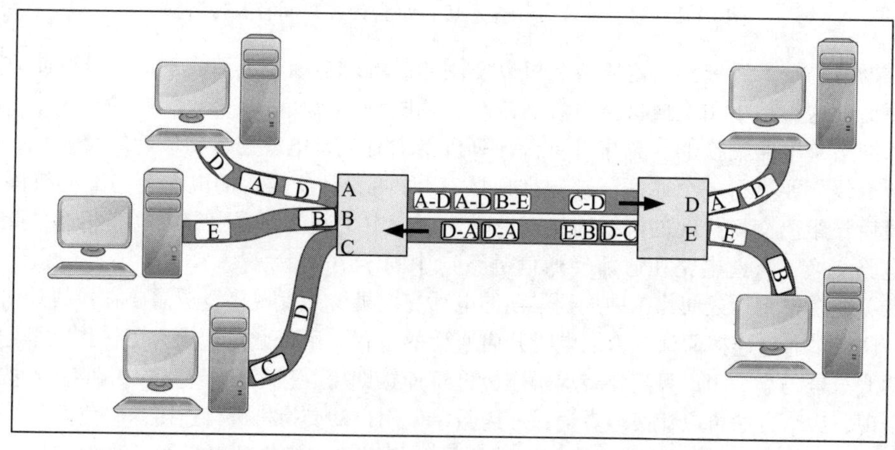

图 10-4　包交换允许多个计算机共享同一个链路，每台计算机产生并传输数据包，随后数据包被路由至正确目的地

今天我们见到的所有数字通信系统几乎都是数据包分组化的，包括移动电话通信、WiFi、WiMax、以太网、电缆调制解调系统、数字电视、数字广播标准以及大多数陆地电话网。第 11 章将会介绍数据包的通用标准，称为 TCP/IP（传输控制协议/因特网协议），但是商业应用中还有很多其他理论。

10.1.4 简单通信拓扑

通信拓扑指的是同一个网络中不同计算机连接的方式，也叫网络架构，10.5 节会详细介绍此部分。系统的拓扑或架构会对性能产生重要影响，也是网络系统设计的主要组成部分。例如，图 10-5 所示为将 5 台计算机连接的 2 个可选方案。每种方案使用的电线数量相同，但是 2 个方案有以下主要区别。

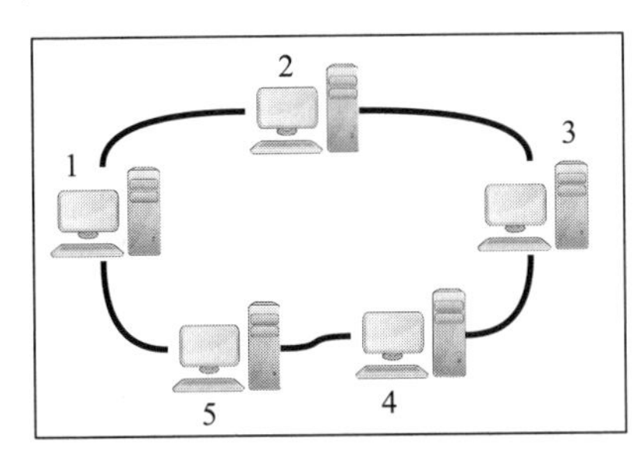

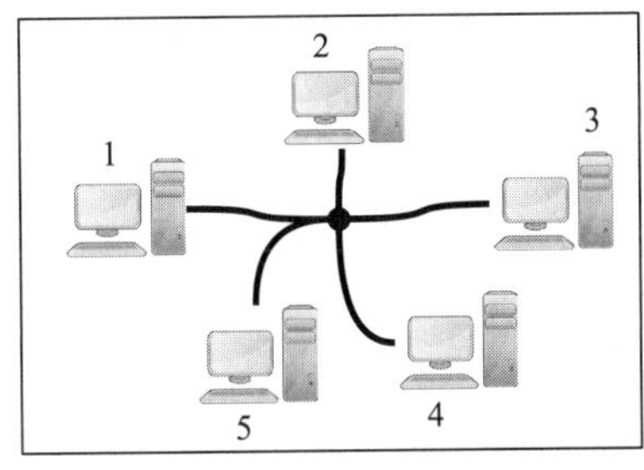

图 10-5　5 台计算机的环状拓扑（左图）和星状连接（右图）。两个场景中每台计算机只有一条单一线路

- 路线选择。如果环状网络要从计算机 1 向计算机 3 发送数据 3，可以先发给计算机 2（即链路为 1－2－3），但是还有一个可能的路线，即 1－5－4－3。第二个路线有更多“跳数”，但是当网络某个节点故障时，数据包还有其他路径传输。星状网络就没有这种功能，这种拓扑中没有其他可选路径，当网络任意部分故障时没有备选方案。
- 数据包延迟/跳数。在 5 个计算机的系统中，完全环状网络中任意两个计算机的路线不会超过两跳，星状网络也是如此。然而当网络规模增加时，星状网络仍然可以在两跳内完成路由，环状网络则无此功能。例如，在一个有 100 台计算机的网络中，环状网络中由计算机 1 到计算机 50 需要 50 跳，更多跳数会花费多余的时间。由于数据包每通过一跳都需要少量时间，50 跳意味着速度较慢的通信链路。 441
- 路由是数据包从一个网络传输到另一个网络的过程。在图 10-5 中，星状网络在网络中心进行路由，但是其他计算机仅需要路由与自己相关的数据包（假设数据包发送正确）。相比之下，环状网络的每个计算机都需要参与路由，无论是与自己有关或是经过自己。如果计算机 4 发送大量数据给计算机 3，会让计算机 3 发生拥塞。
- 带宽的单位通常为位每秒（在现代网络为 GB/s），是描述网络中数据包运用组件的特性。链路（物理线路加上接收端）有额定最大带宽，每个计算机与网络的接口也是如此。在星状网络中，中心节点带宽有限，成为大型网络的主要瓶颈。每个数据包都需要通过一个节点，决定了网络中每条数据的最大传输速度和延迟。
- 星状网络的中心路由器实际上是另一个计算机。因为在大多数网络中控制数据包是一个在软件控制下的任务。如图 10-5 所示，该计算机需要 5 个网络接口，是一个很大的数目（虽然易于实现）。然而，网络规模增长时，网络接口的数量成比例增长并且会超过大多数计算机的自身物理能力。环状网络中的每台计算机只需要两个接口，每台计算机花费充足的时间处理其他计算机的数据包，这是星状网络无法实现的。 442

以上的简短总结强调了两个完全不同的网络拓扑中存在的问题。当计算机数量增多时，星状网络可以保证更少跳数（因此平均通信速度更快），然而其性能的瓶颈为低容错率，并且仅依靠一个中心计算机作为路由器来处理大量数据包。环状网络中的计算机有两倍于星状网络的接口，并且只能进行简单的数据包处理，对某个故障或错误容忍度高，但是在网络规模增大时效率降低。

无论星状和环状网络孰好孰坏，除某些特殊系统外，现代网络部署都没有采用其中任何一个。然而其他拓扑都或多或少结合星状或环状网络的特点，并具有它们的许多优缺点。10.5节会深入探讨。

10.2 系统要求

如今存在各式各样的计算机通信理论，其中许多已经发展为解决在两个计算机间传输信息问题的独到方案。有些方案专门用于某种拓扑或媒质，并且仅依赖于以下介绍的网络技术。有些方案几乎在所有网络中都普遍使用。下面单独探索每个技术，同时参考如图10-6所示的一般通信场景。在这个场景中，发送端和接收端的信道偶尔会遇到错误，这是现实生活中经常发生的问题，因此通信中需要用到以下方法处理问题。

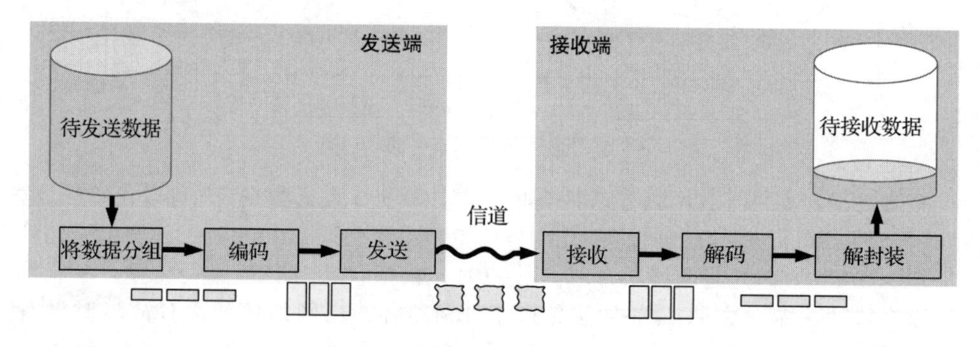

图10-6 一对通用接收/发送器通过信道发送数据，左侧为发送端，右侧为接收端

10.2.1 分组化

分组化是将大的数据块分割为尺寸相同的更小数据包的过程。此过程由发送端准备发送数据时完成，也称为*分割技术*，与接收端相应的反向匹配过程称为*解封装*。

443

由于发送端和接收端会出现错误，因此将数据分成包非常重要。误码率通常指接收端收到1bit数据出错的概率，这个数据跨度从噪声很多链路的10^{-2}（每一百个包有一个出错，或0.01）到高质量连接线路的10^{-12}（10^{12}数据包有1个错误或0.000 000 000 001）。

在所有计算机的可执行文件的数据中，只要1bit有错，整个文件就会崩溃。假如一个文件从一个地方发送到另一个地方，只要有一个错误发生，整个文件都要重传，除非错误被检测并修正。对于大文件来说，重传费时费力。因此分组化用于将文件（数据块）分成小的数据包。每个数据包有一个纠错码，从而在接收时进行检测，以确定包中的哪一位发生了错误。当错误被检测到，不用重传整个文件，而仅需要重传崩溃的数据包。

一般来说，信道的误码率越高，包的尺寸应该越小。因为接收过程中出错的概率更高。无线通信系统的包尺寸比有线系统更小（因为信道噪声更大，所以具有更高的误码率）。

分组化的另一成果是在每个包中加入多余信息——一个纠错码，以及序列数（序列数的作用是在错误发生时，接收端用它来确定重传的数据包）。这些多余信息会占用带宽。这些信息大小为几位，但不是用户数据，即不是正在传输的文件。由于在每个数据包中加入了固定数量的信息，发送文件时用更少的数据包会提高效率。下表总结了开销和容错率的权衡。

包大小	错误行为	开销
小数据包	检测到错误后需要重传的数据少，因此适合噪声更大的信道	开销更大，因为有更多额外数据要发送（例如序列号和错误检测码）
大数据包	检测到错误后需要重传的数据多	开销更小，因为总体的数据包更少，在可靠的通信信道中效率更高

现在回顾 10.2.5 节的错误控制过程，通过错误行为来解释分组化的重要性。

分组化的另一个重要作用体现在实时通信，如果计算机每次必须发送整个文件，视频流和音频流包括语音和视频通话会不复存在。这些应用中，一帧的视频（或一个时间片的音频）被编码并迅速发送，接收程序才能接收并播放。将整个视频作为一个文件发送并在接受后被播放，这在多种应用中还没能实现。

444

10.2.2 编码与解码

在分组化后，待发送的数据为二进制数，可能从 64bit 到 2048B 不等，但是无论数据怎样传输，都是由一个二进制数序列组成的。

计算机只能理解数字信息中的 1 和 0，因为这类数据才能被计算机有效处理，但是真实世界的数据是模拟数据。数据的载体是变动的，如电压、电流或不同频率变量的组合。

编码就是将二进制的数据包变形为适合在特定媒介中传输的符号。许多编码方法采用一个符号代表 1bit 数据，也有一些将 1024、2048 或更多位变为一个符号的方法。有时整个二进制数据包仅仅为一个待发送的符号（这种方法比较少见，通常一个数据包可以变为符号序列）。编码技术可以根据距离、比特率，以及控制方式和媒质类型调整，因此低强度的 WiFi 链路速度一般比高强度链路慢，郊区的用户连接速度也比市区慢。

解码是编码的相反过程，用于接收数据，指将接收到的符号变回二进制数据的过程。

10.2.3 传输

无论有线或无线，待发送的符号序列一次向传输介质输出一个符号。在许多系统中，包括以太网或 WiFi，发送端需要保证没有其他系统在占用信道（或电线）。因此传输前要感知信道状态，在传输开始后也会等待一段时间（考虑到两个设备同时开始传输的情况）。在 11.3 节，将会介绍以太网技术的更多细节，包括发送端暂停或在冲突发生时“回退”进程。

发送端是将计算机数字世界与现实模拟世界相连的设备。需要将电压、电流或调频等需要通过媒介传输的信息变为符号。

10.2.4 接收

接收端是发送端的反向设备。接收数据指识别来自传输媒介的符号并将其变为计算机中的数字形式。许多接收器也需要感知信道并测量链路质量，通信软件可以完成此操作并进行调整。

接收端并不总是接收传输的内容，传输中的噪声和错误会干扰接收过程，甚至造成接收内容为错误的甚至冗余的虚假信号。其他发送端也会产生干扰，有时数据包会重叠，适时移位或者丢失某位数据（造成所有的位序列错位，甚至崩溃）。

445

在无线网络中符号错误十分常见，但是在有线网络中出错的原因一般是拔出网络电缆，即有线网络的一般状态是“完全正常”或“完全断开”。相比之下，无线系统误码率高低不一。

无线通信因其自身特点，是一个重大的研究领域，甚至比计算机架构更重要。近年来许多新发现推动了数字通信的发展，无论是计算机网络还是语音通信都受到影响，因此现代世界已经完全变为数字化通信。

10.2.5 错误控制

错误检测方案可以检测到数据包中的一些错误。在发送端末尾的算法形成数据包内容中的校验和并加入数据包，如图 10-7 所示。在接收端，同样的算法从接收到的数据包形成第二个校验和，将两者进行对比，如果两者相同，则收到的数据包准确无误。数据包里任一位出错都会造成第二个校验和与第一个不同。

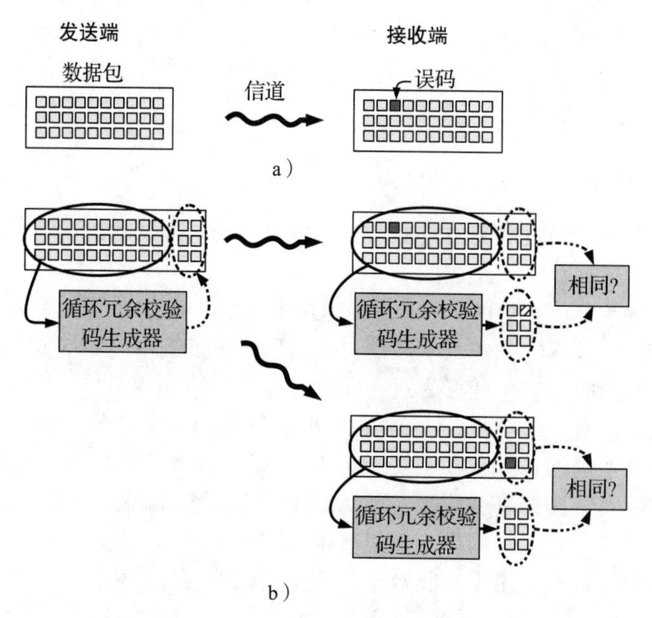

图 10-7　在噪声较大的链路中发送数据包可能会发生误码。a）不加冗余信息时，接收端不能检测到误码。b）在包中加入循环冗余校验位可以让接收端检测到错误，可能发生在数据位或校验位

通过在数据包加入多余信息，就可以在接收到的数据包中检测甚至校正位错误。图 10-7 所示的理论非常简单，循环冗余校验（CRC）复杂度低且在硬件中运行速度快。然而对于噪声链路来说这种措施依然不够，如果在数据包和校验位中都有 1 位错误（即图 10-7b 中的两种错误同时发生），接收端的 CRC 算法就会在错误数据包运行，并且产生的校验和会和接受的错误校验和匹配，因此系统不会检测到任何错误。

446

在 7.10 节中曾经简短介绍过卫星存储的错误校正方法。该原则对通信链路也同样适用。一般来说，可以使用更复杂（功耗大且费时）的算法或在每个数据包加入额外信息来检测重大错误。虽然简单的 CRC 只能检测出 1 位错误，但更复杂的 CRC 或加入更多校验和可以同时检测出更多错误。

对数据包中的简单错误检测带来的复杂度和额外带宽的成本很小，几乎所有的通信系统都会使用，部分方法会采取更多措施。

检测到错误后，系统主要会做出三类响应：第一类是忽略错误（比读者预期的更为常见，参考框 10.1），第二类是请求重传错误数据，第三类就是找到校正错误的方法。因为每种主动的响应措施都很重要，随后会讨论关于错误校正和重传的内容。

10.2.5.1 纠错码

纠错码（ECC）使用复杂的算法和多余的校检位完成错误校正，并且对多位错误鲁棒性都很高。在这些系统中，接收端不仅能检测错误，还能校正错误。正如 CRC 一样，可以通过更复杂的算法（速度更慢且功耗更高）与更多的校检位来校正更多错误。

在数据包中加入多少纠错码是一个开放性问题。系统设计师可以选择不加入任何错误检测，也可以选择加入许多纠错码来校正大量错误，但是需要消耗计算和带宽效率，增加有效的纠错码对计算量要求更大，因此速度较慢且效率低，同时还需要多余的校验位，意味着发送的信息有更大开销。这种方法并不会作用于待发送的“用户数据”。实际上，系统设计师在实际应用中要考虑以下因素：

- 预期的误码率范围。
- 发送额外纠错码可用的带宽。
- 传输速率（高复杂度算法在高速率系统中不适用）。
- 发送端和接收端都有足够计算资源来完成纠错。有些系统是非对称的，在发送端和接收端要求更多处理过程。
- 数据重要性，是否一定需要纠错。

447

框 10.1 常见错误

我们日常生活中使用的每个通信信道都存在很多误码。有些误码极易发生，有些则比较少见。计算机通常在我们未意识到的情况下处理无线或有线网络中发生的误码——读者可能会发现连接速度降低。然而。许多读者虽然对误码不了解，但可能了解误码导致的结果。这些可见错误通常发生在未修正的通信信道。例如，第 11 章会介绍用户数据报协议（UDP）误码如何发生并停止发送。UDP 在实时通信（如视频、音频、语音）的数据流中十分常见。

在音频通话中或在线听音乐时，误码表现为声音中的杂音。当新闻广播的发送区域距接收者很远时可能就会出现这些现象。对于视频和图片来说，未纠正的误码同样明显。下图为新西兰库克山的例子，从中可以看出，相比右图有两个不同位置产生误码，左图经过重新处理后纠正了误码。每个误码使 152KB 的 JPEG 图片（0.001% 出错）里 32 位的值崩溃，加上 JPEG 使用的编码，误码造成的后果更加明显——中间图片的色带和亮度都有变化，右边图片的一部分发生移位。

注：知识共享授权的新西兰南部岛屿的库克山图片，在此感谢 https://pixabay.com 提供免费下载权限。损坏的版本由作者通过十六进制编辑器生成。

448

一个误码造成如此巨大的影响，是由于 JPEG 图片压缩后的数据块从左上角开始逐行编码，然后从左到右沿直线向下进行处理，直到进程到达图片右下角。逐行解码则会导致一块错误蔓延至其他数据块。在中间这张图中，错误一直蔓延到图片最下端。DVD 和蓝光系统的数字视频也是一帧一帧地编码。对于动态图片来说，顺序解码不只是停在当前帧，有时还会蔓延至其他帧。这就是 DVD 的误码有时会导致接下来几秒，画面出现崩溃、蓝屏、大面积马赛克等情况的原因，有时还会导致画面抖动或闪烁。

在 11 章中比较 UDP 和 TCP 时会回顾这些内容。

10.2.5.2 ACK/NACK 协议

当数据包较小时，双向通信开销较低，误码率不高，所以设计一个重传出错数据包的系统比纠错更好。这就需要进行错误检测，相比错误校正更加简单、快速，更节省带宽（回顾之前章节）。

重传协议不适用于链路开销高或速度慢（如卫星通信）的系统，以及非对称和共享通信（如广播服务），也不适用于高误码率系统，因为重新发送的数据包仍然会崩溃，最终导致系统大部分带宽被无休止的重传消耗。

虽然存在许多重传协议，但是最主要的两类肯定与否定确认机制分别为 ACK 与 NACK。

在如图 10-8 所示的 ACK 协议中，发送端需要持续记录正确发送的内容。通过在发送前加入 CRC 或其他错误校验位，协议要求接收端在收到正确数据包时回传一个确认标志。对已发送的数据有记录的发送端可以将其与接收端收到的数据进行比较。一段时间后（考虑到已发送的数据包延迟），接收端未收到的数据包会被重传。

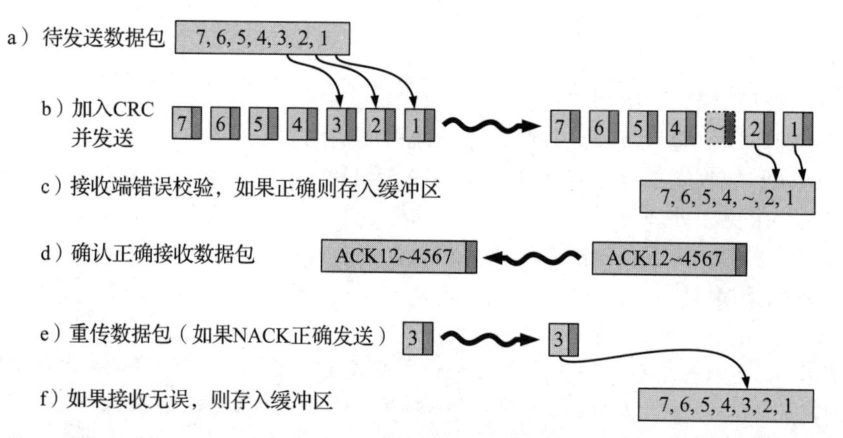

图 10-8 一个确认协议示范，其中发送端在数据包被正确接收后会收到通知，而在数据包损坏或未能接收的情况下需要重传。另外一种否定应答机制会在图 10-9 中示范

如图 10-9 所示的 NACK 协议，对接收端的要求更严格。接收端需要记录正确接收的数据包，并最终通过发送 NACK 符号提醒发送端数据包未收到，随后发送端重传请求的数据包。

449

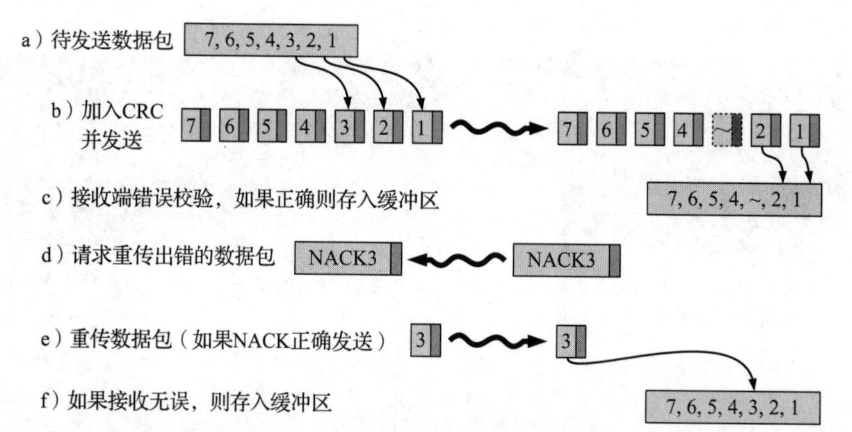

图 10-9 否定应答机制中，数据接收错误或未能接收时，发送端会收到通知。发送端必须重传要求的数据包。另外一种主动确认接收机制在图 10-8 中示范

两种方法都要求加入错误校验码，并且都需要一些识别数据包的方法。实际上大多数通信系统都使用序列号。将数据包顺序标号为 0，1，2，3，4 等。这种方法适用于 NACK 机制，否则接收端会不知道是否有数据包丢失（或者用于 ACK 协议来识别正确接收的数据包），也适用于处理接收顺序有错的数据包。实际网络系统（如因特网）中经常存在数据包接收顺序错乱的情况（第 11 章会详细讨论）。

ACK 和 NACK 机制的部分特性如下表所示：

特性	ACK	NACK
已发送数据	用户数据包、序列号与错误校验码	用户数据包、序列号与错误校验码
纠错码	在发送端加入，接收端读取	在发送端加入，接收端读取
数据包错误或丢失	接收端不做出反应	接收端发送 NACK
数据包接收正确	接收端发送 ACK	接收端不做出反应
重传	发送端发现数据包未接收	接收端发出请求

接下来重点分析 ACK 与 NACK 机制，两者都需要错误检测以及确定数据包的序列号，还需要一个记录正确接收数据包的列表。对于 ACK 来说，列表在发送端，而 NACK 的列表在接收端。在大多数网络系统中，接收端和发送端都有数据包缓冲区，在发送端存放待发送的数据包，直到发送端收到 ACK 或未收到 NACK。在接收端按序列号顺序存放数据包。

450

假设正确接收的数据包比损坏的多，则 ACK 比 NACK 多。然而现实系统只用 1 位代表一个数据包（即 256 位的确认数据包可以表示 256 个已接收的数据包，如用 1 表示成功接收，0 表示未接收）。这样的方法中单独的 ACK 或 NACK 就不是用来表示每个数据包的接收状态了，而是包含过去发送的许多数据包接收信息，这样可以大幅提升效率。

最后还要注意一点，每种机制都存在以下可能现象：反向信道（从接收端回传发送端的信息）和前向信道一样可能出错。因此，无论是 ACK 还是 NACK 机制，都需要处理 ACK 或 NACK 信息丢失或损坏的问题。

现实系统会发送很多 ACK 或 NACK 回复，并且具有超时限制，即在一段时间后系统重试，以及多次重试后（非无休止）最终放弃无效数据包。很多人都有如下经历，当从网站中加载不能正确打开的网页（已经出错）时，浏览器会持续加载网页，并最终放弃，在屏幕显示错误信息。重试加载网页的时间取决于网络系统内部的超时设置。

10.2.6 连接管理

NACK 与 ACK 机制都建立在全局控制的基础上。控制系统使用如 ACK、NACK、序列号等的信息来决定发送的数据包和时间，但在许多网络系统中，控制系统需要更多功能。

10.2.6.1 仲裁

仲裁指在多个选择中确定更高优先级，在网络中常用于有多个设备的链路情景，如 10.1.1 节中的一对一单工链路。链路可能是有线的，也可能是无线的，然而大多数情况下，链路一次只能被一个设备使用，但当有多个设备可供传输时，就需要仲裁。仲裁决定发送设备使用链路的特定时间。仲裁和资源控制是一个非常复杂的话题，后文中会深入讨论。但是一定要注意，在单工链路的情况下，仲裁通常指“待发送的设备”，而当错误发生时，仲裁控制数据包重传的方式。在之前提到的 NACK 和 ACK 例子中，由接收端和发送端分别仲裁。在有多个接收端和发送端的复杂情景中，可能由一个中心机关或分布式决策制定进程做出决定。后者在许多现实网络系统（如以太网、WiFi 等）中更为常见，并且在出错时速度更快，鲁棒性更高，尽管此方法要求系统协作性。

451

城市交通是一个形象的模拟场景。大多数司机可以控制开车时间、车速（受限）以及行车路线。本书中的交通系统在交通灯和速度限制方面进行控制。在其他情况下要求驾驶员在路上自主协调。驾驶员的另一个可选方案是在出行前将行车计划发送给城市流量控制中心，决策者为其规划路线，制定速度、开始时间和驾驶规范。

如果所有人遵从城市流量控制中心制订的交通计划，行程错误会控制到最少，同时效率最高。然而系统可调整性极差，如启动延迟、不可预计事件会造成大规模混乱。驾驶员还需要一个方法来提交交通计划，或接收（遵从）出行方向，这些问题在行程中都需要更新。由于控制开销过大，整个方法都有些不切实际。大多数网络中都存在这个问题。实际上为协作规定一些鲁棒的规则相较详细但不可调整的规则会更加实用。

10.2.6.2　控制包

了解了网络需要一些控制规则后，读者还需要学习实行办法。假设一个环境中有发送端和接收端，并且已经存在两个方向同时发送数据包的通信机制。最常见的控制类通信是在系统中将部分包做成“控制”包，部分包做成“数据”包。控制包指示系统工作方法，数据包通过链路传输用户数据。分组化数据的链路总会产生不同类型的数据包，有些数据包只用于控制链路。

控制包可能会传达 ACK 与 NACK 以及网络带宽和拥塞的信息。如果收发端存在多条可选路径（多跳），这些信息可以告诉网络中的计算机（节点）如何路由。

在现代网络中，控制包提供高效控制功能，还能提供监测功能，包括检查错误、拥塞并且分析网络结构，例如定位某个用户。

在以太网和 WiFi 中，这类控制协议自动连续运行。大多数用户都意识不到它的存在。

10.2.6.3　寻址

本节最后一部分内容是寻址。到目前为止，本书已经介绍过一对一链路，然而还有许多备选拓扑用于连接多个计算机。例如图 10-5 中的环状拓扑网络，将数据包从计算机 1 发送到计算机 3 需要经过计算机 2。计算机 2 要确定数据包是否需要转发。

解决方法就是让每个计算机在网络中都有一个独立地址。当目的地为某计算机的信息时，452会向该计算机寻址。当计算机收到数据包时，会先检查目的地址，再决定向其他节点转发数据包或忽略。

第 11 章中讨论实际有线和无线网络时，会深入研究硬件和 IP 地址。硬件地址对于特定网络上的每个计算机接口都是唯一的，它是根据以太网数据包设计的。每个数据包编址到一个特定接口或一大片地址（广播数据包有所有地址）。

10.3　可扩展性、效率与重复利用

本章开始先介绍计算机之间发送数据的需要，随后不断增加需求来让通信变得灵活通用。

虽然现在仍然存在将一串二进制数通过固定电线发送给计算机的通信系统，但大多数通信系统使用编码和分组化通信，并且因特网协议已经占据了中心地位。

正如之前介绍的，分组化灵活、方便且容错率高。然而分组化有一定开销，甚至包括加入数据包用于错误控制的多余信息（bit），数据包的控制指示信息，以及数据包目标的地址。可以附加到数据包中的信息有很多，包括以下常用信息：

- 指定接收端的地址。
- 发送端地址。
- 数据包类型。
- 数据包的用户数据（有时称为载荷）。
- 用于控制包的控制信息。
- 序列号。
- 纠错（或校验）位。

其他的常见信息包括时间戳（生存时间）、路由和网络状况的详细信息、数据长度区域，理想情况下还包括防止篡改的安全信息。

这些信息对通用灵活的系统拓扑和方法都至关重要，同时还增加了开销。每KB待发送的用户信息都要额外加入几字节（可能更多），这就减少了链路的可用带宽。当为固定高性能链路（如连接两个超级计算机的有线链路）设计特定网络方案时，需要削减信息以提高效率，并且会降低灵活性。其他设备无法连接到“网络”，但是会提升速度。 453

10.4 OSI分层

国际标准化组织在20世纪70年代末批准了开放系统互联模型（也叫参照系统），用以统一分类并管理网络连接。

这个模型一共有七层，如图10-10所示。从最底层开始，模型包括从位级的信令到使用信令的应用的所有事物（例如从以太网电缆电压转换到因特网银行系统的跨度）。要记住每层的名字有些困难，所以大多数人用一句话辅助记忆：“Please Do Not Throw Sausage Pizza Away”（即不要扔掉香肠比萨，包含从底层开始的名称首字母）。

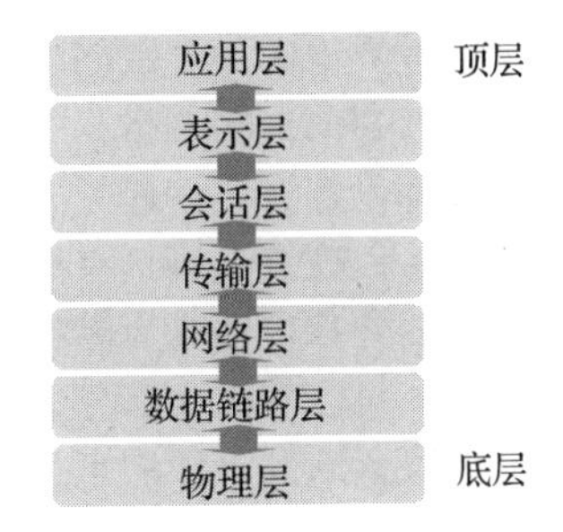

图10-10 网络通信的开放系统互联七层模型

模型的核心是每层只与栈中上一层和下一层进行通信，并且这个规则被严格执行。因此某一层的开发者只需要了解邻居层的通信。这样划分考虑到通信中的更多规律，以及理论上更高的可靠性。

接下来从最底层开始依次进行介绍。

- *物理层*——控制通信媒介的单元电路连接性以传输数字信号。例如，数据总线中的电线、时序以及电压，或者无线连接中的信号频率与相位。物理层负责保证单元可以与传输介质“交流”，同时负责建立与媒介的连接，以参与共享媒介的计划（适时）以及转化逻辑数位与特定硬件的物理符号。
- *数据链路层*——位被封装成用于传输的块并形成了流（包括向正确的目的地进行传输），数据链路层（DLL）在由物理层控制的物理通信上建立了一个（多）点到（多）点的结构。在许多系统中要求数据链路层控制物理层的错误以确保和网络层交互的框架接口无误。
- *网络层*——数据块通过网络层路由。网络层由个体数据链路组成，并可能混合多种物理媒介。其核心思想是实现从发送端到接收端的端到端通信，依靠底层来控制任何类型的信号。网络层不考虑通信的跳数，也不考虑用于通信的科技类型。 454
- *传输层*——确保所有的数据在用于正确应用前按正确顺序到达接收端。
- *会话层、表示层、应用层*——这三个软件层作用于应用程序网络通信的不同方面。

这7层是理论工作者提出网络工作的基础，然而现实中我们依赖的网络是由计算机工程师设计的。工程师求真务实，因此创造了一个很实用的系统，但是这个系统只要求有5层。OSI发明者可能不会赞同这一方案。11.2节会介绍5层的TCP/IP模型。

10.5 拓扑与架构

本书的前几章探索了计算机的内部架构，例如，第4章概述了功能单元如何通过不同类型的总线架构连接。读者可以发现指令如何将数据项目从内存移动到功能单元来处理，随后到第二功能单元，最终将结果移回内存。

通过这个视角，现在想象功能单元移动到计算机外成为外设。概念基本是类似的，除了向外设传输数据的速度比在内部功能单元传输慢（内部总线总是比外设总线运行速度快，因为越短越快，至少在计算机中是这样）。

现在想象将包含功能单元的外设移动到更远，主机和长距离的功能单元之间的接口需要延伸和变化，但是向单元发送数据和接收转变后的数据过程保持不变。

在某些程度上可以将网络在功能和服务层面视为一组向其他单元发送待转变信息的单元，这些转变后的信息会发送到别处。

10.5.1　分层网络

现实世界中的大多数网络都有分层拓扑，如图10-11所示。包括大多数的公司内网（仅在组织内部存在的封闭网络），顶层的计算机通常是公司与外部因特网联通的网关。网络中的计算机一般都是连接在一起的，同时部分服务器连接到两三个不同计算机上（在大学或学校中，这种链路可以连接数百个有线或无线设备）。

上层的计算机通常为因特网、邮件、打印机以及其他应用的服务器，底层计算机则一般为455用户主机。可以看出大部分通信都发生在上层和底层之间（一个相对高效的链路）而非两个底层计算机之间（效率较低，跳数可能是上层与底层通信的两倍）。

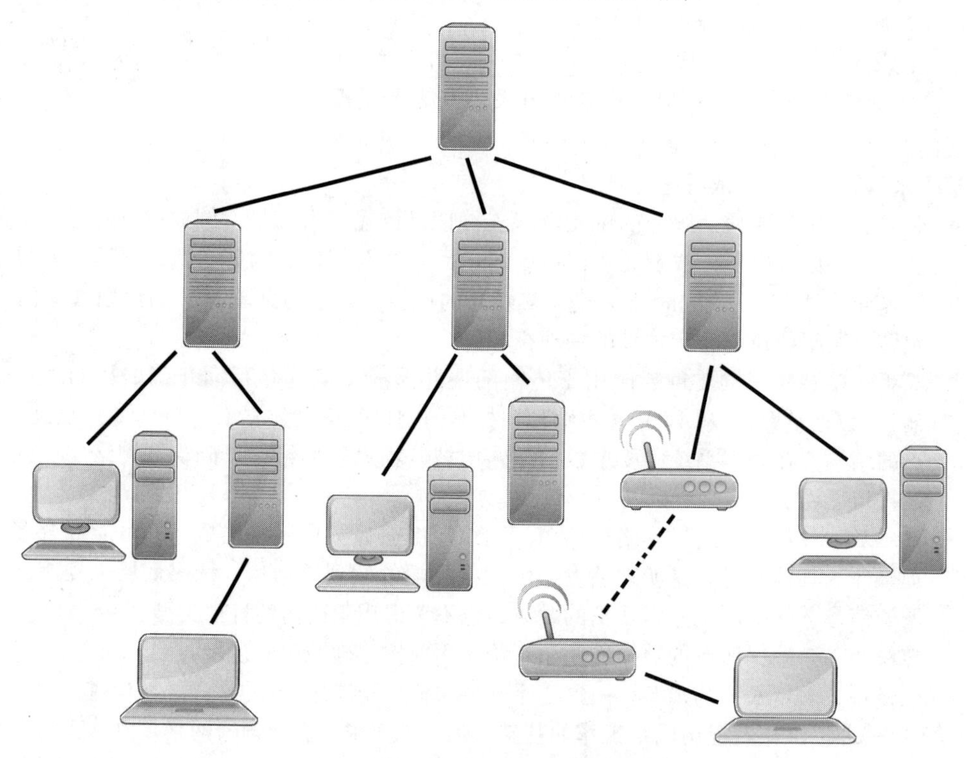

图10-11　分层网络的示范，展示了计算机的不同分层

10.5.2　主从架构

主从架构是一种排布方式，其中某些计算机被指定为服务器，用于提供功能，并连接到一个更大的网络，如因特网（或局域网）。此架构利用了网络的功能来支持计算机间的数据连接。当网络中的某个点需要特定服务，例如打印一个文档时，该计算机连接到打印服务器并将打印工作交给服务器。其他的计算机可以同时连接并上传打印任务。单个的打印任务随后会被服务器按顺序执行。图10-12中的例子为4个客户端可以用因特网（或局域网）接入不同服务器，以实现特定任务。

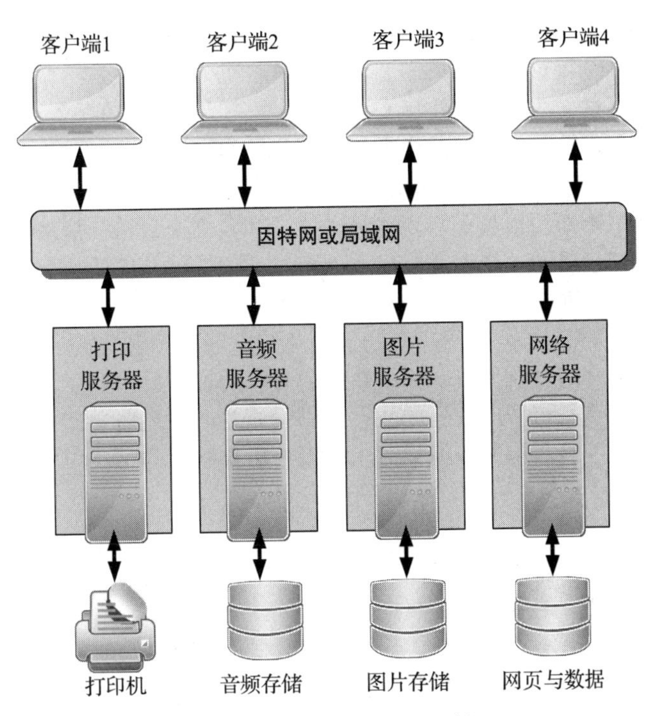

图 10-12 主从架构的示例

10.5.3 对等架构

对等架构确切来说不算一种拓扑，只要两个或两个以上的计算机能够无差别共享任务和信息的网络，就称为对等系统。与主从架构不同的是，对等架构中不会有某个计算机被指定为其他计算机的服务器。

456

对等系统比其他系统效率更高，因为其不涉及第三方计算机。对于大量用户来说，服务器可能会成为瓶颈（或拒绝服务攻击软件目标），然而对等链路除了会用到网络基本功能外，不需要共享其他资源。

10.5.4 点对点连接

本书目前介绍过的网络，大多数都是被精心规划设计的。这是网络架构师或系统规划师的目标——有一个良好、整齐的图形来代表他们设计的网络。然而实际情况大多是这些图形是杂乱无章的。完全计划网络的另一个极端是完全点对点网络。其中任意设备可以在任何时间、任何位置连接到网络。我们使用的基于 TCP/IP 的以太网的一大好处就是其良好的兼容计划连接和点对点连接。

无线自组网的一大特色是可以通过无线网络形成连接到附近其他节点的分散设备（节点）组。在这样的系统中，从一个节点到另一个远距离节点的信息可能会遍历无限数量的路径。很多网络管理算法用于根据系统目标（例如最快消息投递、最短物理距离、最低功耗路径等）合理引导信息，研究人员已经为点对点网络设计出许多路由算法，这些算法有不同特性，并且是当今一个热门研究领域。

457

10.5.5 移动性与切换

本节是关于移动网络的简短讨论。对于大多数读者来说，移动网络意味着在路上或车上

（驾驶员不要打电话）使用手提设备时可以连接因特网。移动网络是基于蜂窝的，每个小区内在手机信号塔附近有一个接近六边形的覆盖区域。这样的六边形在发达城市密集排布，因此只是步行几分钟就可能穿过了很多相邻小区。

当进行通话或数据连接时，通信是由最近的手机信号塔（严格定义上是信号最强的，一般是物理距离最近）实现的。从该小区移动到另一个小区触发的进程称为切换，即第一个手机信号塔将通信工作转交给第二个信号塔。现代移动语音和数据通信系统都是基于包的，因此切换发生在两个邻接传输的包之间。根据实际应用的技术，切换可能包括频率切换或时隙切换。在某些系统中，旧链路损坏前会生成新链路（所谓的软切换），然而在硬切换系统中，旧链路终结与新链路生成是同步进行的。

就本书已经介绍的网络系统而言，如果数据包有源地址和目的地址，只要有线网络和手机信号塔保持连接，每个手机信号塔收到的数据包都会抵达目的地址（路由）。序列号也可以保证在目的节点收到多个重复版本的数据包时，可以忽略复制版本。

10.6 小结

本章介绍了远距离的计算机之间连接的概念和要求。在此基础上，探讨了连接多个计算机的方法，包括拓扑的定义，随后讨论了数据包形式传输的概念。

在数据分组化后，通信增添了许多趣味。因为数据包具有自己的生命周期，包括寻址、路由、错误检测、纠错、重传、确认，甚至具有生存时间。肯定与否定确认机制是两种不同的错误控制方法，结合运用这两种方法可以有效完成链路控制和管理。

作为建立通信规则的尝试，OSI 模型（由 ISO 首次开发）将计算机间的通信进程分为 7 个连通的子层。然而在实际系统中 5 层就可以完成所有需求。在第 11 章中，将会深入探索网络的 5 层模型，包括 IP、TCP/IP、WiFi 以及宏大的万维网。

458

思考题

10.1 鉴别下列通信类型是单工，半双工，还是全双工。
- 和朋友一对一聊天。
- 与其他国家的笔友书信来往。
- 观看电视直播节目。

10.2 假设美国和英国有几亿可联网的计算机，其中大部分计算机每天都要工作很长时间。试解释为什么横跨大西洋的通信无法以电路交换为基础。

10.3 两个计算机间数据包的大小可以根据通信情况调整。说明数据包大小在链路误码率升高时减小的原因。

10.4 在一个包交换的网络中，几个计算机共享一个长距离链路（如图 10-4 所示），列举每个数据包包含的 4 类信息（除了需要传输的用户数据）。

10.5 详细说明基于包的网络通信中错误检测和纠错的区别。

10.6 既然 ECC 如此有效，为什么不在网络中传输的所有数据包加入 ECC 数据呢？请给出两个理由。

10.7 列举占线的网络中控制包可能包含的三类信息。

10.8 在 OSI 模型中，网络设备中连接电子线路的是哪个层？

10.9 在一个典型的家用的通过电缆调制解调器访问的因特网连接中，写出本地网络层级的最高层的设备名称。

10.10 在办公室网络中，一个计算机永久性连接到办公室打印机，主从式架构和点对点架构哪个更适合用来管理打印机？

10.11 假设你的朋友每天在从家到工作单位往返的路上（距离大概几英里[⊖]）用智能手机看 YouTube 视

⊖ 1 英里≈1.61 千米。——编辑注频。虽然他将手机设置为保持因特网连接，但在路程中的某个点视频总是会中断。他发现在往返的两个方向上，该位置都存在此问题。分析他的网络连接中导致中断的原因。

10.12 假设具有详细地址的数据包，这个数据包被网络节点引导到正确的网络路径，最终到达预期的目的节点，此过程名称是什么？

10.13 为什么个在许多基于数据包的传输系统中每个已发送的数据包头部信息包含序列号？给出两个原因。

10.14 在一个数据包传输系统中，可靠性是关键，确保数据包到达目的节点比效率和传输速度更重要，星状拓扑和环状拓扑哪个更适用于此系统？

10.15 在400Mbit/s 的 WiFi 链路（接入点距离100m）中下载文件为什么比在22Mbit/s 的 WiFi 链路（接入点在室内）中下载耗时更久？两个 WiFi 设备都与同一个骨干网连接，两个系统中都没有其他用户在同时使用链路。

459~460

第 11 章

Computer Systems: An Embedded Approach

网络系统

计算机间的连接最初是两台设备相连，而后演变成了多个。这种将计算机连接在一起的想法在第 10 章中已经研究过了，接下来会讨论由连接所引发的问题与机遇。其中有两个主要思想：打包数据以便在信道中传输；使用分层模型进行网络通信。之前已经介绍了著名的七层 OSI 模型（物理层、数据链路层、网络层、传输层、会话层、表示层），而这里提到的因特网模型实际上只用了五层。

在建立更深的理解之前，本章将集中讨论因特网协议（IP）以及封装的概念。事实上，这一章将建立一个相当长的路：从数据包开始，随后将讨论传输机制、会话概念、寻址方式、各种网络协议、应用协议，以及域、万维网和电子邮件的相关知识，并简要介绍网络安全的重要问题。

计算机网络本身的主题是非常有层次的，因为对网络任何方面的讨论都取决于较低层和较高层的特征。这意味着逐层理解非常重要，对一个层的误解可能会影响理解其他的层。

在本书中（与许多其他讨论网络一样），“更高”指的是更接近应用程序和用户，而“更低”指的是更接近实际硬件（电压、信号、频率等）。因此，从低级到高级的进展，意味着从物理通信机制转向日常生活中的应用。

11.1 因特网

虽然因特网是人们经常讨论的话题，但花一点时间来定义因特网是有必要的。实际上，因特网是一个特定连接协议的名称。该协议能使信息在一个或多个物理链路上传输，进而实现计算机间的通信。这些网络分为单跳和多跳，但通常是多跳网络，并且可以应用于不同类型的物理链路。

因特网允许数据和资源在不同的计算机间共享，从而奠定不同地域之间、用户之间和计算机之间通信的基础。人们每天使用的许多计算机应用程序是通过因特网来进行通信的：访问网站的浏览器，Skype、WhatsApp、Facebook、SnapChat、Instagram、YouTube 等应用，都是依靠因特网来进行通信服务的。

461

因特网有如下四个优点：

1）**灵活性**——可以在不同类型的链路上运行，无论这个链路是快速还是慢速，是高带宽还是低带宽，是否容易出错，以及这链路是否拥挤或是否有变化。

2）**可靠性**——即使面对网络错误和快速变化，也可以继续可靠地运行。

3）**冗余**——这在计算中通常是一件好事（虽然在实际工作中并非如此），因为它意味着有不同的方法来完成任务。例如，有两条、三条或一百条路径可以使计算机 A 从计算机 B 中获取分组。冗余是使因特网在面对单节点或链路故障时依然可靠的原因之一。

4）**标准性**——这意味着来自不同供应商的不同硬件可以一起工作以形成网络，允许使用不同类型的物理链路，并传达不同类型的数据。

所有这些特征意味着智能手机通过无线链路访问世界另一端的服务器时，不需要关心所使用的网络、硬件类型、连接质量，或者确切链路。这也意味着当计算机通过物理方式加入某个网络或者连接到 WiFi 时，（通常）就可以正常上网了。

11.1.1 因特网的历史

今天的因特网主要归功于20世纪70年代由美国国防高级研究计划局（DARPA，但现在称为ARPA）资助的研究。该研究用于军事，旨在创建具有卓越可靠性和冗余的网络——即使在多个系统出现故障后仍可继续运行。该网络称为ARPANET。

事实上，同时发展的还有其他的网络，包括剑桥环（剑桥大学网络），它可能是世界上第一个广域网（WAN），但这些网络并没有标准的方式来让不同的计算机通过不同的物理链路进行通信。其他网络的可靠性和灵活性也远低于因特网，并且在使用时往往需要用到大量的知识和技能。

包括因特网在内的第一批网络与基于UNIX的操作系统密切相关，而其他操作系统（如Microsoft Windows）经过了很长时间才被采用。即使在今天，对于网络的使用基于UNIX的计算机往往也比基于Microsoft Windows的计算机更有效，因此大多数后端服务器、网络运营基础设施、网站服务器、域名服务器等几乎都是基于UNIX的。全球网络专家选择类UNIX系统主要是因为其可靠性与安全性，但也与UNIX根深蒂固的网络功能有关。

11.1.2 因特网治理

在早期，新生的DARPA网络逐渐扩展到各个大学，首先是在美国，然后是全球，后来进一步扩展到商业和娱乐行业……自DARPA问世以来，因特网的基本设计实际上变化很小，这也是IP地址耗尽的一个原因（至少对于IP 4来说是这样的）。 462

今天，因特网的发展由一个名为互联网架构委员会（IAB）㊀的独立机构进行监督，这个机构负责监督一些较小但极为重要的组织，其中包括：

- 互联网工程专责小组（IETF）㊁
- 互联网研究工作组（IRTF）㊂

这些是规划因特网演变及其未来发展的技术组织，但没有一个机构或国家经营因特网，所以它现在由委员会规划也就不难理解了。

尽管由委员会进行规划，但构成因特网和万维网的许多标准都起源于实验室而非董事会。从这个开创性想法的产生到被全球采用，这个过程的第一步是RFC的发布。框11.1中将解释更多内容。

框11.1 RFC

今天依赖的许多所谓的因特网“标准”是由（相对）普通的计算机工程师定义的。他们记录了自己的想法、实验或发现，并将这些上传到社区进行评论、研讨和改进。

如果这些想法看起来很好，人们便开始使用它们，并且随着时间的推移，最好的那些成为实际上的标准。很快，这些发布的想法开始被称为RFC（Request For Comment）。为方便起见，每个RFC都由一个数字标识，目前有超过8000个，而且这个数字一直在增长。有些是非常技术性的，有些是实用的，有些是持续对话的记录，而有些是相当奇怪的。

大多数RFC涵盖单一的想法或协议，这些都是公开的，任何人都可以在http://www.rfc-editor.org上查看（或是提出自己的意见）。下面是一些较为著名的RFC：

RFC 1关于“主机软件”的RFC 1于1969年4月发布。

RFC 20定义了用于信息交换的美国标准代码（ASCII）。

RFC 527是一首名为ARPAWOCKY的诗。

㊀ IAB：http://www.iab.org。

㊁ IETF：http://www.ietf.org。

㊂ IRTF：http://www.irtf.org。

463

RFC 822 是第一个定义电子邮件消息格式的文件（后被 RFC 5322 所取代）。

RFC 958 讨论了调试技术以及新网络投入运行时出现的问题，但是它被写成了一首诗。

RFC 1149 描述了一种不寻常的传输数据包方式，非常值得一看。

RFC 1939 描述了用于电子邮件检索的邮局协议版本 3（POP3），而 RFC 3501 描述了另外一种方法，称为因特网邮件访问协议（IMAP），这两者都是今天常用的邮件协议。

RFC 2068 中可以找到超文本传输协议（HTTP）。

尽管这个列表看起来像一个历史索引，但 RFC 仍然存在并且表现得很好。它们仍在发行，也在被积极地使用。RFC 作为一种好的，并且可能被采用的方法，是无与伦比的。

11.2 TCP/IP 和 IP 层模型

因特网层模型如图 11-1 所示，其中左边是较大的 OSI 模型，这在 10.4 节中介绍过。与 OSI 模型一样，IP 模型也是每层仅与上面和下面的层相连接，并且负责特定的工作。IP 模型偶尔被描述为四层结构——在这种情况下，物理层和数据链路层组合在一起，形成一个网络接口层。但是这里所使用的是五层 IP 结构，下面将探讨每个层的角色和职责：

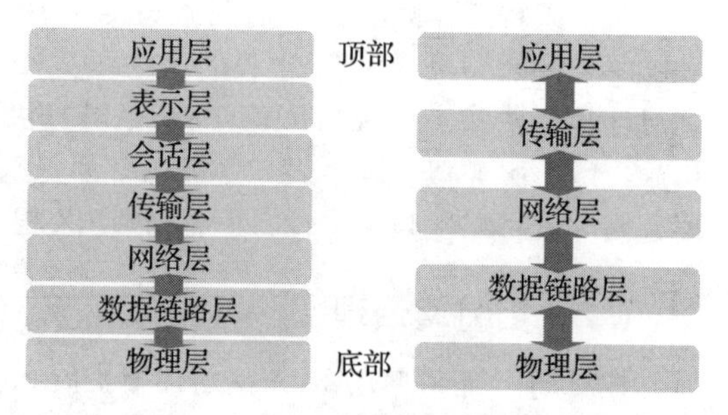

图 11-1 OSI 七层模型（左边）与 IP 五层模型（右边）的比较

- **物理层**——最低层，这一层确保数据位能够通过媒介在节点之间进行通信。与 OSI 物理层一样，它处理电气连接、信号传递、定时功能、媒体共享，以及逻辑位和符号间的转换等问题。在网络方面，处理物理层的硬件设备通常被形象地称为 PHY。

464

- **数据链路层**——该层将位收集到更大的单元（数据包），然后进行传输，并隐藏上层不同物理媒介之间的差异，它负责 MAC 层以及逻辑链路控制（LLC）。通常 MAC 接口连接到较低层的 PHY，而 LLC 接口连接到较高层。MAC 层将要发送的数据转变为数据帧，而在接收时验证收到的数据帧，并且当多个单元共享传输媒体时，还提供诸如仲裁和流量控制的服务。相比之下，LLC 在更高层处理错误和控制流量。在一些计算机中，一个叫作 MACPHY 的硬件设备将物理层与 MAC 子层整合到一起，让 LLC 在软件中执行。
- **网络层**——该层使用 IP 来确保数据包的端到端传输（但不保证它们到达或被确认）。
- **传输层**——该层处理要传输到另一台设备（或从另一台设备接收）的数据包，从传输层传输的数据包由接收设备处的传输层重新组装。根据发送的信息类型和所需的通信特性，传输层会使用多种协议进行传输（参见 11.5 节）。
- **应用层**——该层使用更高的层协议，比如基于网络文件系统（NFS）的文件分享协议或者 NetBIOS 协议，文件传输协议（FTP），简单邮件传输协议（SMTP），邮局协议版本 3（POP3）等。

之后会从下往上更仔细地探究其中的一些层。在这个过程中，将看到像万维网这种凭借小而可靠灵活的链接模块搭建的通信结构是如何遍布全世界的（实际上归功于 NASA，其使用已经不止局限在地球）。但首先，需要解释在实际网络中使用的一种更重要的技术——封装。

封装

广义上讲，封装是指一件东西被另一件东西包裹。它是编程语言中的一个重要概念，能隐藏内部细节，使之不受外部干扰。在网络中，封装的作用不仅是隐藏信息，更重要的是将网络中不同层的角色和职责分开。

图 11-2 显示了五层 IP 堆栈和每层的名称，并列举了各层之间传递数据的示例。当从上到下逐层传递时，数据块被依次封装在一系列对象中。每个对象都有特定的任务从而实现相应层的功能。之后将探究这个堆栈是如何传输数据的。

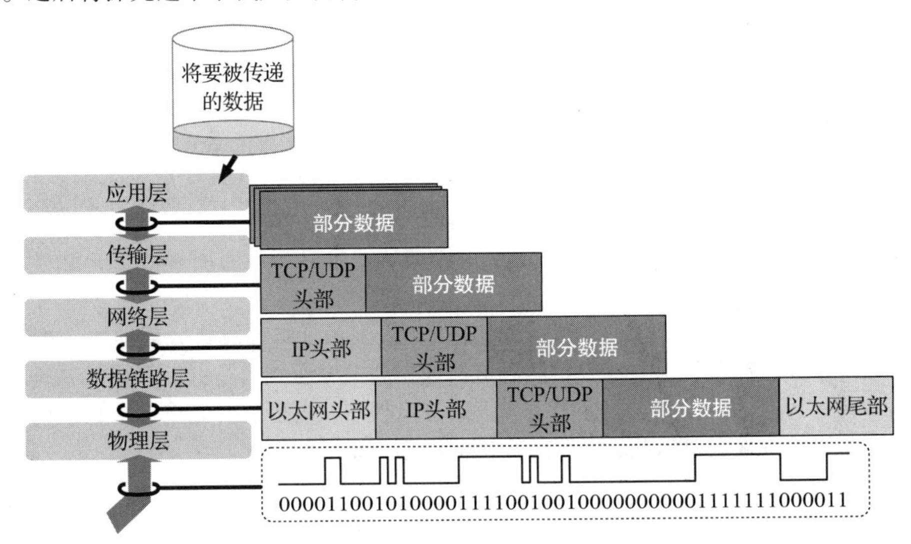

图 11-2　封装的原则是要让数据能装入一种结构中，同时这个结构本身又能被后续的另一种结构封装，而“后续“的结构有其不同特征和责任

1. 应用层

从顶部开始，想象将数据文件从一台计算机上的应用程序传输到另一台计算机上的应用程序中。这些数据需要被分成若干块或数据包（通常是固定大小的分组，在 10.2.1 节中已经讨论过），每个块或数据包将独立传输，然后在所接收数据的尾部重新组装成一个文件。每个数据块依次从应用层传递到传输层。

465

2. 传输层

从传输层传递过来的数据块会进入一个包中（比如 TCP 或者 UDP，这两个有不同的传输特性，尤其在处理错误方面，这个接下来会在 11.5 节进行解释）。在形成 TCP 或者 UDP 包时，需要将必要的头部信息插入数据块的起始位置。一旦这个包形成，整个包就会被传递到网络层。

3. 网络层

每一个从传输层送来的包会被捆绑送入 IP 报文中并再一次在起始位置插入头部信息。之后会仔细研究在每一层都有哪些信息加入，但是现在，这个数据报（即一个 IP 头捆绑一个 TCP 包，或者一个 IP 头捆绑一个 UDP 包）将传入数据链路层，进而准备在物理连接上的传递。网络层并不“知道”将会用什么样的物理连接，它只“相信”网络层会把 IP 数据报送到它该去的位置。

4. 数据链路层和物理层

IP 数据报之后会准备通过物理网络的传输。在图 11-2 中，网络类型是以太网，这个网络类型被广泛运用于有线计算机网络中。以太网传输的是一种帧格式的数据，这种数据格式开始于头部，结束于尾部。数据链路层创造了头部和尾部，并且分别将它们加在了 IP 数据报的起始位置和终止位置，之后传递给物理层去进行实际的传输。在图 11-2 的底部显示了将要通过

466

以太网线路传递的二进制数据。

5. 封装的重要性

封装在确保网络独立性方面也很重要。这意味着几乎任何类型的底层都能够传输从更高层发送过来的数据包和数据，前提是对数据进行了合适的封装并以预期的格式传递到下一层。例如，TCP/IP 可以封装在 IP 数据报中，通过以太网发送，也可以通过 WiFi(IEEE 802.11) 链路发送。后者的封装方式类似于以太网（实际上更恰当的说法应该是 IEEE 802.3），但具有不同的硬件，因此具有不同的物理层。

除了传输 TCP/IP 外，以太网帧也可以封装很多不同类型的数据，包括音频（适用于通话或者语音会议）、视频甚至适用于 ATA（高技术配置）硬盘接口的数据。封装的优点表现在，以太网帧既不会因为数据的不同而变化，也不会因为数据链路层的处理方式而改变。当数据包通过以太网、WiFi、USB 或其他类型的链路传输时，它也不会发生变化。

这样做的结果是，一个在 IP 堆栈中正常工作的层，可以和任何底层协议一起使用，只要底层“遵从”对数据的处理（即它应该做什么）。

图 11-3 中对各层应该做什么做了最好的总结。它显示了被计算机分成块的数据逐渐封装到以太网帧中，最后被送到了物理层。然后这些数据会被发送到另一台计算机的物理层——堆栈层底部。在另一台计算机中，数据由下向上通过堆栈层，逐层拨开数据包、帧结构和数据报信息，最后将原始的数据块送到另一台计算机的应用层。

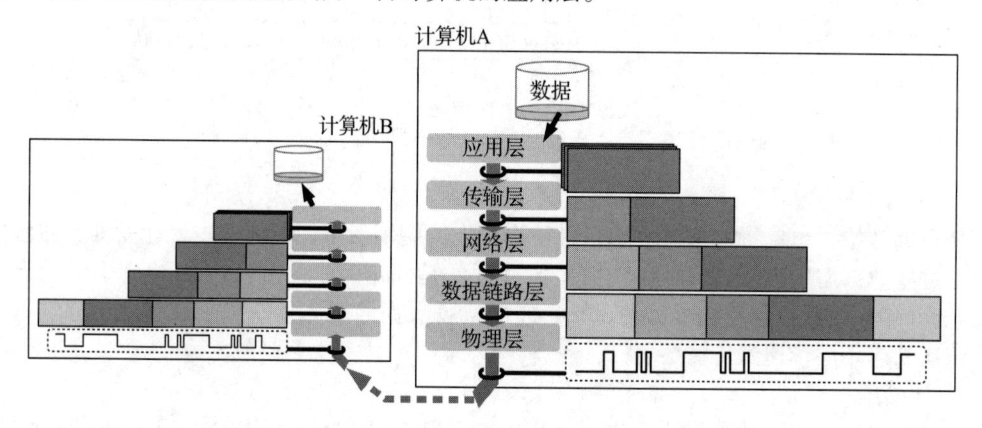

图 11-3　从一台计算机到另一台计算机的数据传输示意图。在发送端（计算机 A）上逐层封装，在接收端（计算机 B）上对应解封装

467

对于以太网的讨论参见 11.3.2 节。

6. 层接口

图 11-4 显示了从一个层传递到另一个层的对象，并给出了层的实现位置。其中，计算机 A 使用 TCP/IP 连接到计算机 B。两台计算机中的应用层都是用户使用软件的一部分，如 Web 浏览器或电子邮件程序。传输层、网络层和数据链路层通常在操作系统中实现，而物理层通常实现于网络接口硬件中（称为网卡，或 NIC，这是在个人计算机电路板中的物理插件上实现的）。

图 11-4 不仅显示了数据在层之间的传递，还说明了每层的数据是什么。如果通信链路建立并且传输数据没有错误，那么计算机 A 任何层的输出（数据会向下传递到下一层）片刻后将成为计算机 B 中相同层的输入（数据会向上传递到对应位置的层）。

例如，在计算机 A 中，数据链路层形成的特定网络的数据帧通常会经过 A 的物理层到达 B 的物理层。但是如果这些数据帧能绕过物理层并且直接传到 B 的数据链路层，那么这一层就能对这些数据帧进行识别并直接解码。这些数据帧中的数据会被向上传递到计算机 B 中的网络层。类似地，从计算机 A 传输层中过来的传输协议包会被计算机 B 的传输层识别——无论这些协议包是否在 A 中向下传输，通过连接，再在 B 中向上传输，也无论它们是否直接传给 B 的传输层。图 11-5 中描述了包含在以太网帧中的 IP 数据是如何被传递出去的。 468

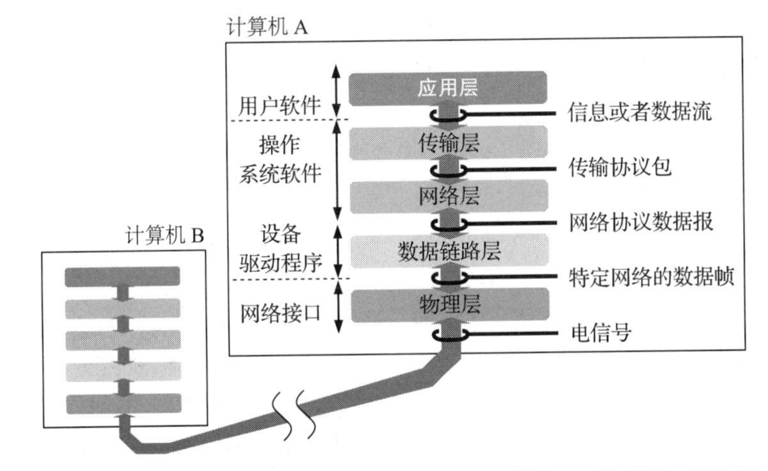

图 11-4　显示了计算机 A 使用 TCP/IP 连接到计算机 B 的过程，指出了层之间传递的数据类型，以及每一层通常是在哪里实现的

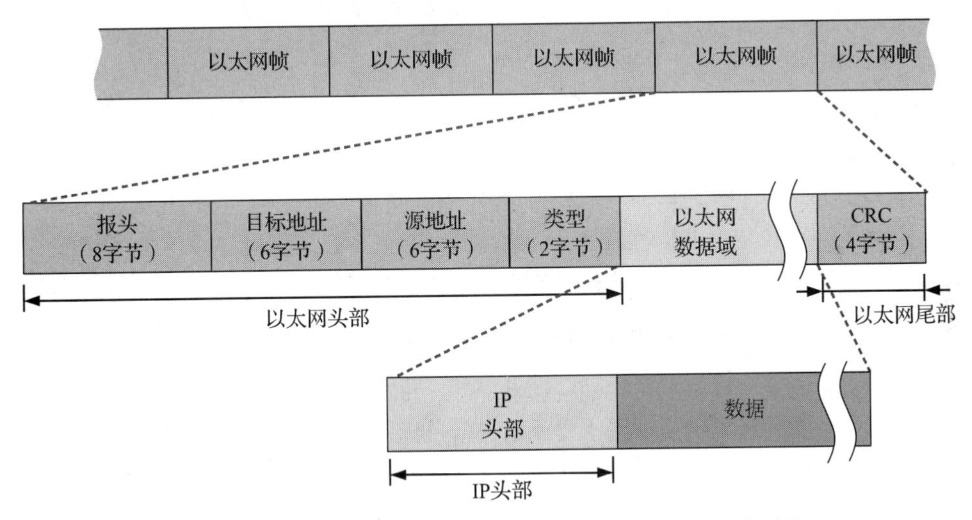

图 11-5　上部为来自以太网连接的检查信息，中部是包含其他协议报头的数据帧，其中有要传输的因特网报文

以上内容对每一层的基本责任做了简单概括。这样做是为了确保传给它的对象（数据/包/帧或其他对象）能够送到接收计算机的对应层。

11.3　以太网概述

目前用于网络的最常见硬件格式可能是有线以太网和 WiFi。这两个都是由 IEEE 标准（分别为 802.2 和 802.11）定义的，它们有许多相似之处。我们把 WiFi 留到后面（参见 11.7.1 节）介绍，接下来将研究开创性的以太网协议。

以太网最初作为一种网络标准，使用同轴电缆（看起来像老式有线电视天线电缆）进行传输。最终，它在电话式连接器（RJ45 连接器）的双绞线/光纤上得到了更普遍的实现，这两种方式在实践中都比同轴链路更可靠。另一种名为令牌环的有线网络技术共享了以太网的许多概念，但现在基本已经过时了。现在以太网不仅用于连接办公室的台式计算机，还为许多办公室提供电话连接。

有线以太网根据使用的电缆类型以不同的速度运行：

同轴线高达10Mb/s（兆比特每秒，通常写成Mbps或Mbit/s）。

五类双绞线最高可达100Mb/s。

469

六类双绞线最高可达1Gbit/s，也称为千兆以太网。

光纤可超过100Gbit/s。

11.3.1　以太网数据格式

以太网帧携带了46～1500个字节[⊖]的数据，这些数据会通过以太网进行传输。

图11-6显示了以太网帧格式，即数据的有效负载在以太网头部和尾部之间。数据链路层收到从网络层传递过来的IP数据报，并被要求将这个报文从A的接口层传输到B的接口层（通过接口地址传输，至于是硬件还是MAC地址，后面会看到）。但对以太网而言，它只是在传递一个名为IP数据报的数据块而已，因为它也可以传递其他类型的数据。数据链路层之后会形成一个数据帧并且在数据块的前面加入三项信息，在数据块的后面添加计算的校验和。这三项信息分别是目标地址、源地址和数据类型。当这些信息传递到物理接口时，会在前面加上一个固定信息的报头。这样做的目的是唤醒连接到以太网电缆上的设备，并且通知设备即将传输一个以太网帧。

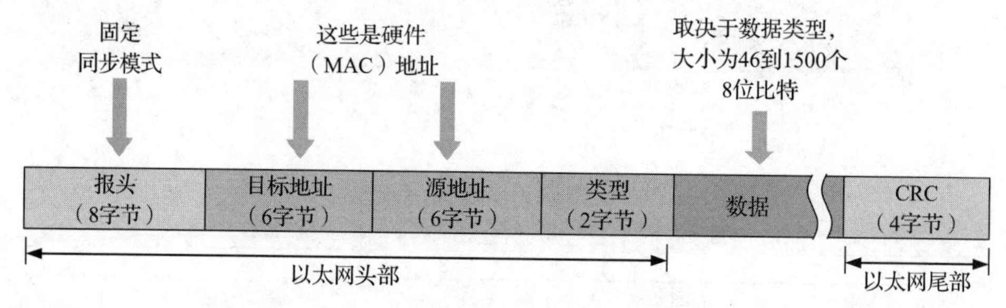

图11-6　以太网帧的内部细节，头部和尾部将含有IP数据报的有效负载封装了起来

这个称为循环冗余校验（CRC）的校验和是一个32位的数字，这个数字是通过对以太网帧中主要元素的计算而得到的。这些主要元素包括目标地址、源地址、数据类型，还有最重要的数据有效负载本身。校验和的目的是让接收设备能够快速且容易地判断收到的以太网帧是否有错误。

接收端要对接收到的以太网帧进行同样的计算，然后将计算结果与数据包中的CRC进行对比，如果不一致，则说明存在错误。

在这个运行过程中，以太网帧像是一个电子邮递员，将信息从发送端送到接收端，在发送端明确了目标地址（要发给谁）和它自己的地址（让接收端知道是谁发的），也明确了“信”里装了什么（类型）。发送以太网帧与发送信件的最主要区别在于，每个连接到以太网的接口都收到了同样的帧，但是，不是目标地址的接口会忽略掉这些帧。

470

与信件一样，以太网帧在传递途中有时也会丢失、延迟、损坏，或者遭遇数据丢失——可能会有其他人阅读信件内容，甚至改变内容。

有趣的是，出于测试目的，可以将网络接口设置为混杂模式，允许它读取每个数据包，而不仅仅是那些发送给它的数据包。

⊖　在网络术语中，“字节”通常被称为“八位比特”，但这里使用更为普遍的计算机术语“字节”。

11.3.2 以太网封装

封装用于数据包、IP 数据报和以太网帧中的数据传输，以便 TCP/IP 可以通过以太网传输。在 11.2 节中讨论 TCP/IP 模型中的层时，简要地介绍了这一点。图 11-7 更详细地解释了这个概念，它显示了一个有效负载含 IP 数据报的以太网帧，而 IP 数据报本身携带一个 UDP 包，UDP 包反过来又传递一个数据块。所有这些封装设计的目的只有一个，就是将数据块从一个应用程序发送到另一个应用程序。

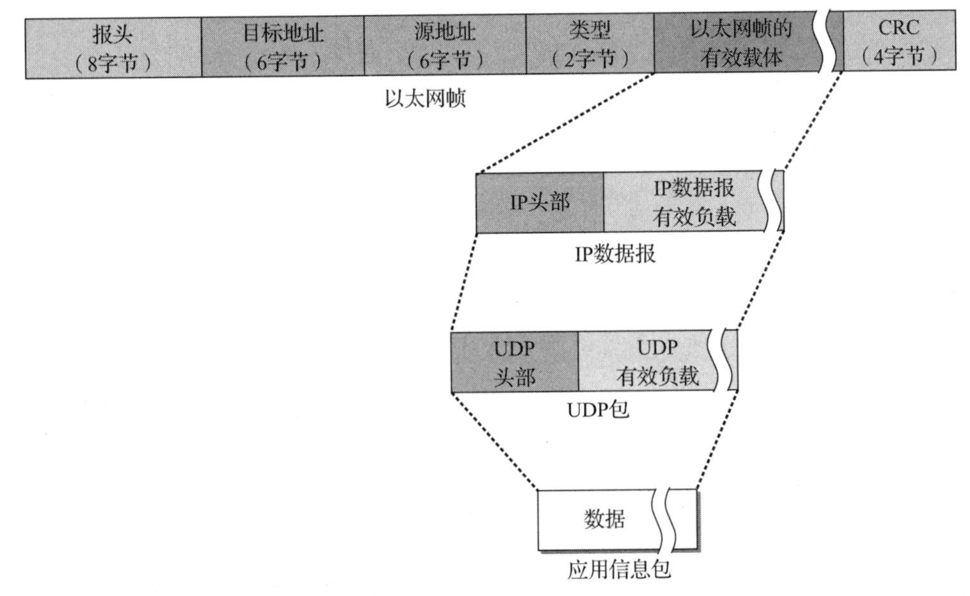

图 11-7　以太网帧如何携带 IP 报文。IP 报文本身又携带应用程序数据的 TCP 数据包

非常重要的一点是，以太网帧将它含有的内容从一个硬件接口传输到同一网络上的另一个硬件接口。它们通常是连接到相同以太网的两台机器或具有 WiFi 接口的两台设备。但是当人们向另一个网络上的机器发送数据包时会发生什么呢？这种工作方式将利用网关接口。将 IP 数据报发送到另一个网络意味着它通过一个网络上的以太网传输到网关接口。图 11-8 描述了通过不同网络将计算机 A 中的数据传递到计算机 B 的过程。图 11-8 中的两个网关通过两台网关设备（路由器）连接到一起。在这种情况下，当一个从计算机 A 发出的 WiFi 数据帧（与以太网帧相似，但是它是无线的）被网关路由器收到时，IP 数据报会从 WiFi 数据帧中解封，然后传递到网络层。之后会将数据报传递到一个连接着目标路由器的不同网络接口处。第二个接口会将 IP 数据报再一次封装，然后通过下一个链路把它发送出去。因为下一个链路可能会用不同的技术连接到本地网络，所以它要封装到一个适合那个网络的数据帧中。当目标路由器收到这个数据帧后，会对其再一次解封并且重复之前的过程。在图 11-8 中，最后一个链路为以太网。从这里可以看到封装工作原理，将数据打包到传输包中，接着封装到 IP 数据报中，然后再使用各种数据帧，IP 数据报最终到达计算机 B，在那里它被一层一层地解包以将数据交付给应用程序。有趣的是，对于两台计算机的应用程序来说，中间的传输过程是看不见的——它们就像在同一台计算机上进行通信的（实际上也可以这样做）。传输层也类似，它从不关注从一台计算机到另一台计算机所涉及的各个跃点。

471

关于这个过程的最后一个注意事项是，有很多方法可以完成同样的事情，并且在网络中涉及很多细节，需要一整本教科书来解释。但是，简要地阐明网络路由器、网络交换机和网络集线器之间的区别也是很有帮助的。参考图11-8所示的路由器将两个网络在网络层进行连接。它们检查IP数据报，并寻求源路由器和目标路由器之间的最佳路径。

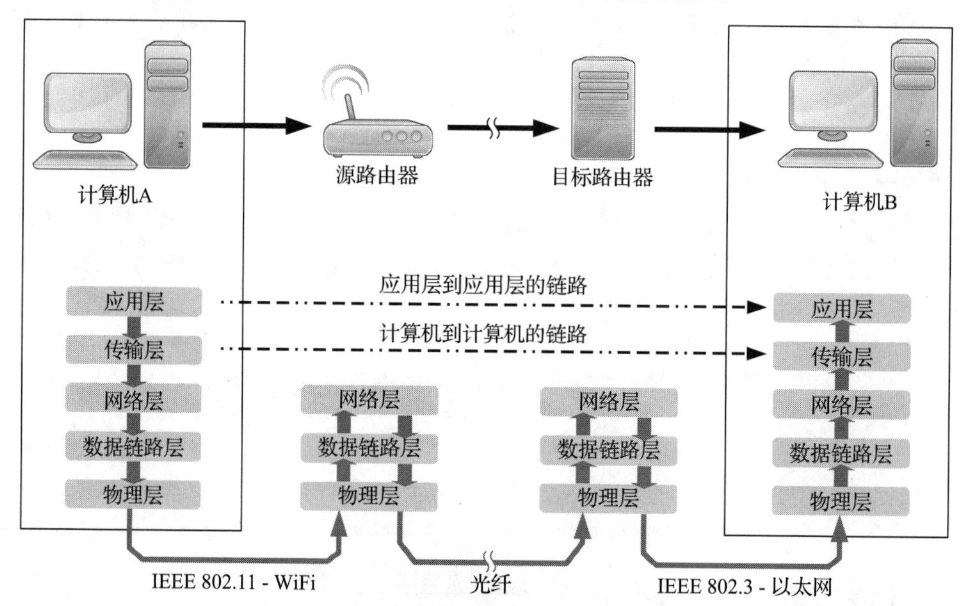

图11-8　一台计算机上的应用程序通过充当网关接口的两台路由器将数据发送到另一个网络上的另一台计算机

472

相比之下，以太网交换机不涉及网络层。交换机通常在数据链路层进行操作，从而知道连接到该网络设备的硬件地址。交换机将多个网络段连接在一起。这些网络段通常是办公室或学校以太网系统中的16、32、64个或更多的子网。交换机智能地将以太网帧从一个子网传输到另一个子网，方法是检查以太网帧的硬连接地址，并将这些地址与它知道的连接到每个段的机器匹配。

以太网集线器的工作层甚至比交换机更低。集线器是具有多个以太网端口的纯物理层设备。它将在一个端口接收到的每个数据包复制到所有其他端口。从技术上讲，连接到该集线器的所有机器都在同一网络段上（区别于将不同网络段连接在一起的交换机）。而在流量过大的时候，它们的效率往往比交换机低得多，所以集线器使用得越来越少了。

11.3.3　以太网载波侦听

以太网、WiFi和许多其他网络本质上是共享总线系统。这意味着所有连接的机器都需要共享对相同传输介质的访问。即使每台计算机都连接一条物理电缆（如以太网中的五类双绞线），连接到该网络段的所有计算机（包括通过集线器通信的计算机）也必须共享通信信道。

以太网帧是物理广播的，因此所有连接的设备都可以“看到”每一帧。在正常的操作中，所有的接口都将接收到每一帧，它们对每一帧进行解码，解码到足以看见目标MAC地址。如果这是针对某一接口的，或者是针对所有机器的（例如，广播数据包），那么该接口将开始对数据包进行合适的处理。交换机还将处理它们所负责的分组，例如那些要寻址到另一网络段上的机器的分组。

硬件交付（物理层）尽最大努力尝试有效负载上数据报的传递，但并不能保证任何事情。硬件层不检查数据帧是否被任何机器接收，或者它们是否被正确接收。TCP/IP模型中的较高层负责此类检查或确保传输工作顺利进行。

网络上没有一个单独的站点“控制”以太网链路，如果两台机器必须同时传输数据，那么谁先传输呢？为了解决这个问题，以太网的设计者指定所有连接到共享链路（称之为信道）

的机器（即工作站）必须使用一种称为带有冲突检测的载波侦听多路存取（CSMA/CD）策略来传输数据：

- **载波侦听（CS）**——监听另一个台设备是否在使用信道，如果是，则等待信道空闲（即等待间隙）。一旦信道空闲，它将开始传输数据。对于以太网（见图 11-7），要传输的第一部分是报头，它开始于一个固定序列，这个序列由 56 个交替出现的 1 和 0（10101010...10）组成。
- **多路存取（MA）**——意味着其他站点也可能在同一信道上等待空闲时间。
- **冲突检测（CD）**——如果信道繁忙且有很多站点，很有可能两个站点同时开始传输，或者几乎同时开始传输。所以当站点开始发送时，它要"监听"信道。如果该站点在信道上没有正确地"听到"自己的序言，它将注意到自己的传输正在发生冲突。这通常是因为另一个站点也开始发送信号。所以一旦一个站点注意到这一点，就会发送一个停发信号，以确保其他站点也会注意到冲突。然后它停止传输并等待一段随机的时间（称为回退时间）。之后它再试一次。与此同时，另一个发送站点也停下来等待，但很可能等待了不同的时间。

473

CSMA/CD 在实践中非常有效，但是当网络变得拥挤并且有很多用户和大量的流量时，电台往往会花更多时间在等待回退时间上，而在不是发送上。因此，将网络划分为不同的段是很常见的。站点在自己的网络段中共享物理通道，但不和其他网络段上的设备共享通道。正如在 11.3.2 节中看到的，网络可以使用交换机划分为不同的网络段。

大多数 WiFi 版本也使用某种 CSMA/CD 来管理传输通道的共享（它主要是一种叫作 CSMA/CA 的变体，可以改变冲突检测从而避免碰撞，但大致的方法是一样的）。尽管分段可以很容易地解决总线以太网系统的效率问题，但是在无线网络中，很棘手的一点是信号并不局限于物理电缆。正是基于这个原因，更快的无线网络标准使用了许多不同频率的多个子信道，并在繁忙的位置使用低功耗的小区间。

11.4 网络层

网络层使用因特网协议（IP）让主机与主机进行通信，主机可以在世界的两端，或者在隔壁，或者是同一台计算机。

主机由不同的 IP 地址区分。最初的想法是，每个主机都有一个唯一的 IP 地址，但是可用的地址（使用原始的 IP 标准）早就耗尽了，因此开发了一些机制来重用 IP 地址，或者允许不同的机器有相同的 IP 地址，使同样的 IP 地址共存[⊖]。

11.4.1 IP 地址

在撰写本文时，大多数人仍然使用 IPv4 来识别整个家庭和办公室的设备，但 IPv6 也越来越多地被使用。IP 地址是一个软件值（不是像物理 MAC 地址那样内置在硬件上），可以由操作系统进行更改，甚至可以通过一些协议进行远程操作。

474

IPv4 地址是 32 位的，并且表示方法为将 4 个 8 位整数转换为十进制（不是十六进制），比如 192.168.12.9。

网络上的每台可见的计算机都应该有一个唯一的 IP 地址（而稍后讲到的任播，会是一个例外）。然而，私有（或孤立的）网络可以使用任何地址。IP 地址中每个整数都是 8 位的，在 0～255 之间，所以有 2^{32}=430 001 000 000 个可能的地址。这看起来可能很丰富，但许多地址和

⊖ 从技术上讲，具有 IP 地址的是网络接口，因此具有多个网络接口的计算机可能具有多个 IP 地址。

地址范围都是保留的，而一些其他的地址只用于表示特殊的操作，因此这些一般都无法使用。

在框 11.2 中将进一步研究 IPv4 地址的结构。

框 11.2 IPv4 地址分配

IP 地址分配

在历史上，IP 地址范围根据头字节（也就是 IP 地址 AAA. bbb. ccc. ddd 中的“AAA”）被分配给不同的顶级组织。在早期因特网中，许多大型组织迅速采取行动，保留自己的 IP 地址空间。例如，从 017 开始的所有 IP 地址都分配给了苹果公司，所有从 056 开始的地址均为美国邮政服务。

后来，随着 IPv4 地址在世界范围内被逐渐用尽，大部分早期的分配方式被放弃，取而代之的是将地址分配到 5 个区域组织（区域互联网注册中心），比如 APNIC(亚太网络信息中心)，来负责所在地区的管理。

更多关于 IP 地址的内容

进一步检查一个 IP 地址，例如 192.168.1.234。第一位数（在左边）指定网络，最后一位数（在右边）标识连接到该网络的主机接口。通常，主机信息可以识别哪些计算机是连接的。由于有不同大小的网络，有不同数量的计算机，所以网络和主机接口部分之间的分割标识几乎可以出现在这串数字的任何地方。

对于上面给定的例子，192.168.1 可能是网络，234 可能是 0～255 之间的一台设备（这个范围内，包括 0 和 255 在内的一些数字是保留的）。然而，在一个拥有超过 255 台计算机的网络中，可以以不同的方式划分这个范围。例如，192.168 可以指定网络，而机器是 1.234。这将允许在网络上有近 65 000 台不同的计算机。分割线可以在任何地方，所以用二进制来表示它可能会更容易。这里有一种分割方式，地址的最后一个字节指定了主机接口（粗体文本所示），即 11000000 10101000 00000001 **11101010**，而另一种，最后两个字节指定了主机接口，即 11000000 10101000 **00000001 11101010**。

475

分割不需要在字节边界上，所以如果想要保留最后的 10 位来指定主机接口，可以做如下分割：11000000 10101000 000000**01 11101010**。这意味着可以根据所使用的网络体系结构对相同的 IP 地址进行不同的解释。

如果一台计算机（主机）有多个连接到因特网的网络接口，那么每个接口都可以有一个不同的 IP 地址。但是，如果两个接口连接到同一个网络，那么 IP 地址必须是不同的。

IPv6

人们将使用 128 位地址的 IP 版本（IPv6）。为方便起见，这些通常写成 8 组，每组为 4 个十六进制数的形式，如 210F:6154:0017:9FBB:0000:0000:0000。

这是一组相当长的数字（太长以至于不能用二进制来编写），IPv6 地址中往往包含长串的 0。在实践中，任何长字符串地址中的 0 都可以被“::”代替。该标准还允许在每个部分中省略前导零（例如，00ab 可以写成 ab）。因此，把上面的 IPv6 地址写为 210F:6154:17:9FBB::就大大减少了输入字符的数量。

使用 128 位地址范围的 IPv6 可以支持大量的主机地址。事实上，有多达 2^{128} 个不同的地址（尽管包含一些特殊的或保留的地址）。如此多的地址数量，不太可能在短时间内耗尽。

11.4.2 网络数据包格式

就像携带 IP 数据报（见图 11-7）的以太网帧一样，IP 数据报本身也有一个清晰的结构。除了它自己的有效负载（通常是 TCP 或 UDP 数据包）之外，还有一个包含多个信息项的头部。

最重要的头部信息是源和目标的 IP 地址以及一个协议类型（也就是它携带了什么）。以太网帧也有源和目标地址的字段，但是这些是硬件（MAC）地址，因为它们在物理层或数据链路层上运行。网络层使用 IP 数据报来指定发送信息的主机接口（即设备）以及接收这个信息的目标主机接口。由于这来自网络层，所以地址被指定为 IP 地址。

可见的 IP 地址在网络中是唯一的，因此发送设备可以通过给出目标的 IP 地址来指定信息要发送到哪里。接收主机接口同样只能“看到”一个主机接口。有了这个 IP 地址，就知道它是从哪里发出的。

在一个 IP 地址可见的小网络上，IP 数据报能从一个主机发送到另一个主机，并且可以被另一台在这个网络上的主机接收。然而，考虑到全球互联网，你的家用计算机无法知道所有其他计算机的位置——在一个地方有太多计算机可供选择——因此，将数据包发送到未知目的地的机制是存在的。这是路由的功能（参见 11.3 节）。

在讨论信息包的路由之前，应该注意到，IP 数据报头也携带信息字段，包括指定所承载数据的长度、生存时间（TTL）、一些警告拥塞的标志、数据包处理的标志以及头部的校验和（接收机器用于确定接收包的头没有被损坏）。 476

11.4.3 路由

路由是确保 IP 数据报能被传递到正确的网络和目的地的过程。如果目标地址的网络部分与当前网络相同，那么路由意味着将数据报传递到该网络上的另一台主机上。在这种情况下，必须咨询路由表，以找出数据报发送的路径。

在一个通过互联网服务提供商（ISP）连接到因特网的小型家庭网络中，路由表可能会向 ISP 发送所有外部流量，并将其交给它们处理。

在更大的网络中，路由表可以根据目标 IP 地址的网络部分，指定发送哪个数据报到哪台机器的接口。要实现该功能的设备应该连接到正确的网络（或者应该知道通向正确网络的路径）以及当前的网络。这种进行路由的主机称为路由器。它连接到至少两个网络并且将 IP 数据报从一个网络传递到另一个网络。

一般的方法是，如果路由表知道如何完成 IP 数据报的交付，那么就可直接传递，否则，它将被发送到一个默认路由器。如果一个本地网络连接到一个大的网络，当这个大的网络连接到一个更大的网络时，路由机器通常被称为网关机器。

每个主机、路由器和网关都包含一个内部路由表。这个表通常包含多个行。每一行指定一个 IP 地址或一个范围的 IP 地址。里面的条目确定应该使用哪个网络接口将 IP 数据报发送到不同的地址，而且几乎总是有一个默认路由（它将处理发送到未知地址的数据报）。

当第一次向远程计算机发送一个 IP 数据报时，发送机器可能不知道在哪里找到那台计算机。目的 IP 地址将不会在路由表中找到，因此数据报被转发到默认的路由器——可能是一个网关路由器，它将数据包传递给它连接到的另一个网络。如果该网络不包含目标机器，那么这个过程将在路由器上重复，并将其发送到第二个网络的网关路由器。这个过程不断重复，直到 IP 数据报到达一个“知道”哪个主机有那个 IP 地址的网络或路由器。这个路由过程确保不需要设备知道如何到达目的地的所有细节，它只需要知道在自身不能识别地址的情况下把数据包发送到哪里，这就像邮政员工在全球范围内投递信件一样。当地邮局不承认目的地地址，所以把信交给地区办公室，然后把它交给一个更大地区的办事处，再后面是一个国家办事处。最后，这封信被传递到了相应的国家，在那里，它会先被送到行政地区，然后是更小的区域，接着是当地的办公室，然后交给一个确切知道该送到哪所房子的邮政工人。

在一个包成功地从源地址路由到目的地之后，机器和机器之间通过缓存路由信息来学习路由。下一次，当再有一个信息包被发送到那个地址时，这些机器将简单地重复相同的路由路径（假设没有错误、延迟或拥塞）。 477

11.4.4 单播与多播

IP 数据报通常被发送到一个 IP 地址，这个 IP 地址意味着一台机器上的一个主机接口。这些普通的 IP 地址被称为单播地址。

相比之下，多播地址允许该网络上的任何“感兴趣的主机”接收到发送的消息。从 224、

239或其他任何内容开始的数据报，包含了控制消息和其他特定的或保留的消息。这些多播消息通常会被网络上所有的主机接口进行接收和解码。例如，地址为224.0.1.1的IP数据报包含了网络时间协议（NTP）的广播消息，这将允许网络上的任何计算机使用网络附加计时器来同步其内部软件时钟。

非网络部分为二进制的地址（例如，x.y.255.255或x.y.z.255）是一个广播地址，它会发送到该网络上的所有主机。

11.4.5 任播

任播，意味着将单个消息发送到一组服务器，这些服务器可以在地理上分散开来。尽管已经注意到可见的IP地址应该是唯一的，但是任播作为一种相对较新的技术打破了这一规则。

在任播方式下，IP数据报都是沿着最短路径路由发送的，并交付给具有相同IP地址组中的一个成员，也就是说交付给网络中最近的成员（这意味着具有最低延迟时间的成员——最短交付时间）。

通过给多个主机相同的IP地址，从而提供多个与一个IP地址相关联的冗余实例是它的实现方式。这对于DNS服务器是最有效的。关于DNS服务器的内容将在11.4.6和11.4.7节介绍。

11.4.6 命名

因为在访问网站、发送电子邮件和连接服务器时，要记住IP地址是非常不方便的，所以因特网有一个命名服务，这样IP地址就可以有一个或多个与之关联的名称。所有的主机都必须有IP地址，但并不是所有的主机都需要有名称（当然，如果没有IP地址，就不能有名称）。

就像IP地址一样，在可见的网络上，名称也必须是唯一的。例如，www.kent.ac.uk映射到为129.12.10.249的IP地址。在Web浏览器中输入http://129.12.10.249作为URL将显示肯特大学的网站，但大多数人会发现，记住www.kent.ac.uk比记住完整的IP地址要容易得多。

因为名字是按等级顺序排列的，所以记忆起来简单。例如，可以猜测，library.kent.ac.uk将把浏览者带到英国肯特大学的图书馆网站。同样，library.canterbury.ac.uk将把浏览者带到新西兰的坎特伯雷大学。

就像分析邮政地址那样，下面我们具体（右到左）分析library.canterbury.ac.uk：

- uk——国家或顶级组织。每个国家的当局负责分配名称。在英国，这是一个叫作Nominet的组织。

478

- ac——指定一个子空间，单独管理。在这里，指英国学术界[㊀]。
- kent——标明了一个控制自己名称空间的组织（在本例中，肯特大学“拥有”以kent.ac.uk结尾的名称空间）。
- library——一个由组织（肯特大学）指定的名称，用来指示特定的服务或主机接口。

处理名称空间的责任被委托给不同的国家和组织，因此，除了处理国家和组织名称之外，并不需要单一的全局目录。基于历史原因，美国一些非常突出的非国家顶级域名（包括.com，.edu和.org）能够被有效地管理，就好像这些顶级域名是.us国家代码中的一部分一样（在实际中.us没有多少人使用）。

如上所述，顶级域（国家）的名称在全球范围内被分配，但是在一个国家内部，对名称空间的处理方式非常不同。只要允许注册，任何人都可以在任何国家顶级域名中使用名称，并没有类似主机接口、计算机或组织需要驻留在这个国家内的这种技术上的要求。这为一些国家

㊀ 有几个基本一致的子空间名称。例如，代表学术的.ac和代表教育的.edu在世界范围内都被用于指定大学，不同的国家选择其中的一种。同样，.com和.co大致相当于公司域，在不同的国家使用。

带来了很大的经济支持。例如，图瓦卢被授予的以国家代码结尾的子域名.tv，大部分已经卖给了全球的电视台而不是图瓦卢国内的公司。

11.4.7 域名服务器

域名服务器（DNS）是实际执行域命名服务的机器。它们处理一个因特网名称到一个IP地址的映射。顶级域名服务器处理国家代码或顶级域名的映射，但是在许多领域有数十亿台机器，一台机器不可能维护其域中每个主机接口的列表。基于这个原因，以及想要避免交通瓶颈或单点故障的目的，命名是由一组分布式机器完成的。

每台机器都维护一个条目的数据库，例如：

```
library.kent.ac.uk     129.12.10.251
```

分布式数据库是在大量的DNS设备上实现的，每个机器都处理名称空间的一部分。然而，几乎所有的域名服务器都有备份，以防失败。

DNS查询是由使用UDP或TCP的机器完成的，通常在端口53上（11.5.1节中将介绍端口号）。客户端（例如你的计算机）中用于与DNS联系以获得名称解析的软件称为解析器。

479

在大多数操作系统中，解析器有许多方法将名称解析为IP地址。其中包括保留一个本地的固定主机名列表，保留缓存中的主机和它们的IP地址（之前被请求的主机将存储在缓存中），以及一个DNS的固定IP地址。因为如果客户端试图使用主机名而不是IP地址访问DNS，这显然是行不通的（请考虑为什么这是不可行的）。

本地缓存或先前解析的地址有一个时间限制，它指定缓存中每个条目的时效性。如果时间已经过期，通常在几个小时之后，DNS就会忘记缓存中的名称（也就是说，它会删除该条目）。

11.4.7.1 名称查询示例

这里有一个关于域mcloughlin. eu的例子。这个场景是一个位于美国的家庭计算机用户第一次想要访问位于欧洲的URL为mcloughlin. eu的网站。首先，该用户将URL输入Web浏览器中并按Enter键。这台计算机就应该将一个HTTP（超文本传输协议）信息发送到域名为mcloughlin. eu的机器上，要求网页“定位”在那里。然而，要发送任何消息，正如在介绍网络层时讲到的那样，发送计算机首先需要知道它正在通信的主机接口（网页服务器）的IP地址。接下来将会发生什么如下所述，并在图11-9中加以说明：

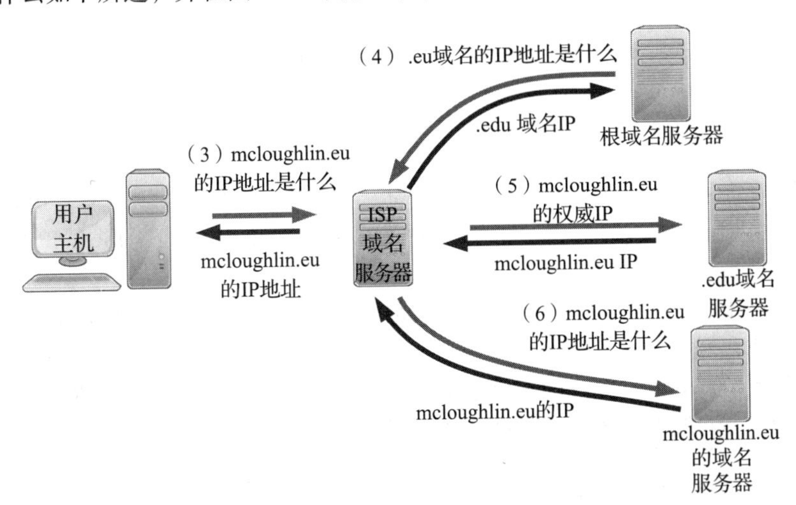

图11-9 用户设备、ISP和各种DNS服务器之间的消息序列，用来解析域mcloughlin. eu。其步骤编号与本节中的序列相对应

1）浏览器向操作系统发送一个请求来查找主机 IP 地址（在 Linux 中，这可能是调用 gethostbyname() 函数）。

2）内置的操作系统解析器基于本地的解析方法。通常它会保存主机名与 IP 的数据对，其中包括最近访问的机器以及本地主机文件中的内容。由于这个网站以前没有访问过这个机器，所以解析器不会在本地找到 IP 地址。

480

3）解析器将一个请求传递给本地 DNS，这是由它们的互联网服务提供商（ISP）维护的机器。ISP DNS 服务器可能不会识别这个名称（如果它是一个非常不受欢迎的网站）。

4）ISP DNS 服务器将请求传递给根域名服务器，以找出顶层 . edu 域名被存储的位置。根域名服务器返回一个 . edu 域名服务器的 IP 地址。

5）ISP DNS 服务器向该服务器发送一个请求，询问哪个是 mcloughlin. eu 的权威域服务器。该回复将包含另一个 DNS 的 IP 地址，这个 DNS 肯定会识别 mcloughlin. eu。

6）查询是对权威 DNS 服务器进行的，以查找 mcloughlin. edu 服务器的实际 IP 地址。该回复将确定在所有网络设备中，哪个主机接口是该 URL 的服务器。这个回复最终被传送回原始的请求计算机。

7）然后，美国的家用计算机间就会生成一个 HTTP 信息，发送给 mcloughlin. eu 的 80 端口（默认的 HTTP 端口），请求从该 URL 获得的网页。

11.4.7.2　反向 DNS 查找

当主机需要查找与特定 IP 地址相关联的名称时，有时还需要进行反向查找。为了做到这一点，主机操作系统会组合并广播一个以特殊名称编码的查询 IP 地址。这个名称包含了一个 IP 地址，不过它的数字序列颠倒了，并且以“in-addr. arpa”的形式结束。例如，查询 IP 地址 129. 12. 10. 249，它将发送请求 249. 10. 12. 129. in-addr. arpa。

如果这个 IP 地址确实与一个名称相关联，那么最近的 DNS 服务器将以名称 kent. ac. uk 应答。DNS 服务器可以这样做，因为通常在它们的表中保存了关于每个 IP 地址的几种不同类型的信息，例如：

记录	功　能
A	将名称映射到一个地址
PTR	将地址映射到一个名称
CNAME	给另一个地址取别名
SOA	启动权限，这表明哪个名称服务器对记录中保存的信息负有最终责任。它还指定了记录的有效时间
TXT	在这里有多种额外的信息
MX	指定哪个主机将处理该域的邮件。通常至少有两个 MX 记录，目的是提供备份，以防一个邮件服务器宕机

根域名服务器保存了顶级域名，以前有 13 个，来自不同的硬件制造商，运行着不同的操作系统，分布在世界各地。后来，通过使用任播（参见 11.4.5 节）将 13 个 IP 地址映射到 13 组 DNS 设备。

481

这使得许多机器可以提供查询，每台机器都共享一个 IP 地址。尽管在观察者看来，只有 13 台服务器存在，但实际上有很多[⊖]。

今天，Google 在 IPv4 中运行两个公共 DNS 服务，分别是 8. 8. 8. 8 和 8. 8. 4. 4（在 IPv6 中，它们对应在 2001:4860:4860::8888 和 2001:4860:4860::8844）。

⊖　对于根服务器的最新映射，请参阅 http://www. root-servers. org。

11.5 传输层

传输层使用不同种类的协议在网络上传输各种类型的数据。在传输层有许多协议，但是软件开发人员主要使用的是如下两种：

- 传输控制协议（TCP）——它保证端到端的全双工[1]通信，确保数据包通过会话[2]以正确的顺序传递到应用程序层。在没有错误的情况下，TCP 是可靠的，但是比 UDP 的效率低，但是当出现错误或拥塞时，它可能会延迟。
- 用户数据报协议（UDP）——是一种尽最大努力传输的、无会话的、不提供报文到达确认信息的流传输方式，不能保证包会到达，也不能保证它们会以正确的顺序传递到应用程序层。然而，与 TCP 相比，UDP 的传输速度要快得多，而且当网络拥塞时，它的通信量也会大大提高。

考虑到传输机制的选择，软件开发人员将根据评估网络、数据类型和消息的重要性来决定想要使用的协议。在介绍完端口号的概念后，会依次探讨这个问题。

11.5.1 端口号

无论使用何种传输协议，任务都是从一个应用程序与另一个应用程序通信（通常是这样，但不一定是在不同的计算机上）。可能会有许多应用程序在每台计算机上运行，它们自己也会进行通信，可能还会与其他几台计算机进行通信。

因此，当多个信息包在一组不同的计算机上传输时，需要有一种方法来指定数据包属于哪个应用程序。这是通过使用一个 16 位的端口号来完成的，就像 IP 数据报同时指定源和目标 IP 地址一样，每个 TCP 和 UDP 数据包也都指定源和目标端口。

运行在计算机上的应用程序可以请求操作系统允许它们“侦听”到达特定端口的数据包，这意味着它们将接收到送到端口的任何消息（UDP）或者连接（TCP）。应用程序还可以使用操作系统将数据发送到一台计算机上的具体端口，这个计算机是由其 IP 地址指定的。图 11-10 中给出了这个过程的一个说明，其中两个计算机上的几个应用程序能够通过不同的端口通信，但是共享一个网络。 482

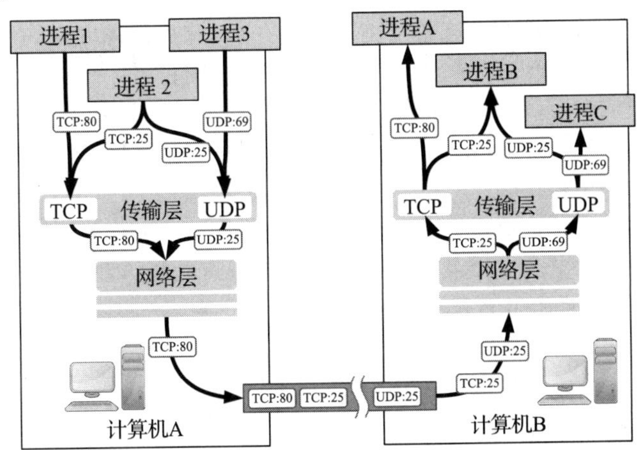

图 11-10 在一台计算机上的一组应用程序与在另一台计算机上的一组应用程序进行通信的过程。发送的各种 TCP 和 UDP 数据包将根据它们的端口号传递给正确的应用程序

---

[1] 全双工，指数据在两个方向流动。

[2] 会话，意思是在传输开始之前建立一个逻辑连接，在传输期间维护，然后在传输结束时关闭。

11.5.2 UDP

UDP 提供了数据包从源地址到目的地的最佳传输。最大的努力意味着网络（从网络层向下）将尝试传递数据包，但是 UDP 本身并不能保证传输，并且不检查数据包是否被正确接收。

在应用程序级别上，程序员可能希望添加这样的功能——从发送者送到接收者，并检查通信是否成功——但这不是由 UDP 自动完成的。相比之下，TCP 确实检查了错误，并可以重新传输丢失的数据包，以确保传递整个消息。

UDP 缺少“整个消息”的概念，因此它是无连接的。这意味着每个包都是独立传输的，并且不认为传输的是一个大块的一部分。通过指定接收方的 IP 地址和端口号，UDP 包从一台机器发送到了另一台机器。

在 11.5.4 节中将进一步对比 TCP 和 UDP。

11.5.3 TCP

TCP 使用发送方与接收方的连接来传输字节流。数据是分块传输的，但是应用程序并不知道。对于应用程序来讲，只是一个数据块（无论大小）简单地从发送机器转移到了接收机器。

483

TCP 本质上是可靠的，不像 UDP，甚至 IP。这并不意味着 TCP 更好，只是说 TCP 默认有检查传输是否成功的责任。也可能应用程序不需要确认或检查的功能。

为了确保传输的可靠性，TCP 有两种主要的机制来检查数据包是否丢失或错误，然后重新发送丢失或错误的数据包。

TCP 链接首先在两个端点之间建立，这些端点由端口号和 IP 地址指定。一旦建立，TCP 链接就是双向的。TCP 允许同一端口（和 IP 地址）同时被多个连接使用（例如，多个电子邮件客户端连接到一个电子邮件服务器）。

当传输一个数据块时，数据块被分割成连续的片段，然后被封装到 IP 数据报中，并以流的方式发送给接收者。片段（粗略地将它们称为 TCP 包）由一个标题和一个数据有效负载组成。

标题指定了源端口、目标端口、序列号以及包括校验和在内的很多其他信息。数据有效负载包含了数据流的一部分，而整个流通过使用连续的片段来以块的方式进行传递。对于特定的段，数据有效负载可能是被传输数据的下一部分，或者它可能是一个重新传输的块。块被重新传输可能是因为接收方没有收到，也可能是收到了，但是包含了错误（通过校验和可以发现错误）。在某些片段丢失或接收错误的情况下，序列号有助于保持正确的顺序，并允许接收方通知发送器哪些部分需要重新传输。

任何基于包的通信系统，重新传输未接收到的数据包，或者接收到错误的数据包，都需要一种方式让接收方通知发送方要重新发送数据包。一般有两种方法，分别是 ACK（确认）和 NACK（负应答），这在 10.2.2 节中讨论过。在 ACK 中，接收方明确地告诉发射机哪些信息包已被正确地使用。然后，发送者必须重新发送未接收到的数据包。而 NACK 需要接收方确切地通知发送方要发送哪些数据包。TCP 使用 ACK 机制（具体来说，它是一个基于块的选择性 ACK 机制），这涉及接收方确认收到的每个数据包。

当一个包丢失时，将会产生一个延迟，在接收方完成一组数据包的接收并向发送器发送一个数据块的确认信息后，会再次形成一个延迟。确认信息发送后，发射机接收并解码确认信息，然后对丢失的数据包进行组合和重新发送，这会再次形成一个延迟。所有这一切都意味着，可靠性的代价是在确保包被交付过程中所产生的时间延迟，以及重新发送数据包时所涉及的额外网络流量。

图 11-11 展示了 TCP 报头，包括源端口号和目的端口号，以及序列号、ACK 信息和校验和。而其他字段与当前对协议的解释无关。

11.5.4 UDP 与 TCP 对比

由于 UDP 和 TCP 的特性不同，因此两个最常用的传输协议在许多应用程序中有不同的用途。当流媒体直播视频或音频时，时间延迟和交通效率是最重要的（当然比几毫秒的数据丢失更重要），UDP 往往是不错的选择。这种情况还包括视频会议和网络电话。当每个数据包都很重要时，准确接收数据要比快速接收数据更重要，那么 TCP 就会被采用。这意味着，像财务记录或银行事务数据等很可能会使用 TCP 包发送。

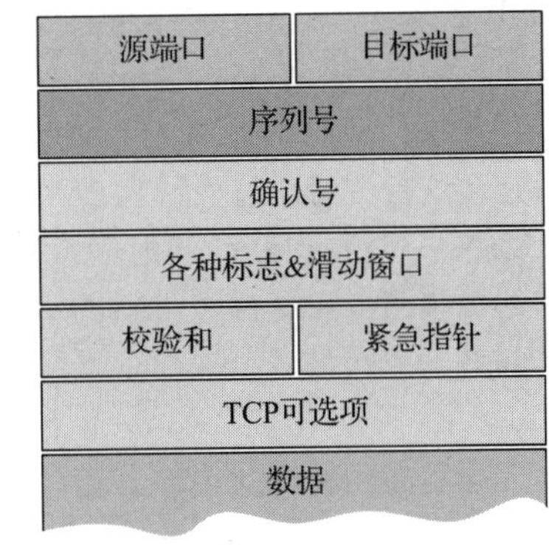

图 11-11　一个 TCP 包的内部结构；报文是 32 位宽的，顶层为头部，底层显示了数据有效负载

484

TCP	UDP
可靠	最大努力
端到端的连接	无连接
花费时间建立连接	无连接——简单地发送数据包
来自数据流的数据包	每个数据包是独立的
数据包以正确的顺序传递到应用层	当被接收时，数据包才传递到应用层（某些包可能不会按顺序传递）

通过诸如网络归档系统（NFS）这样的协议来进行文件传输可以使用 UDP（更快）或 TCP（更可靠），但是 TCP 是默认的。现在电子邮件通常使用 TCP，大多数网络流量也是如此。

11.6 其他信息

11.6.1 地址解析协议

正如这里看到的，当一个应用程序希望与另一个应用程序通信时，它指定了一个到操作系统的 IP 地址（或者指定了一个名称，然后解析为 11.4.6 节中描述的 IP 地址）。然后它向传输层提供数据，而传输层又向网络层提供 TCP 或 UDP 数据包。网络层将数据封装到一个 IP 数据报中，该数据报指定源和目标 IP 地址。后面会传递到数据链路层，再然后是物理层。假设是以太网或 WiFi 连接，IP 数据报最终被封装到以太网或 WiFi 框架中，以便在物理介质上传输。这个数据帧指定了接收计算机的物理 MAC 地址。IP 数据报将在从源到目的地的多条链接上跳跃。如图 11-8 所示，从源计算机 A 到目的地计算机 B 的路由进行了许多次跳跃，每一跳都是一个单独的物理链接。从以太网的讨论中，可以知道物理的跳跃式通信使用的是 MAC 地址而不是 IP 地址，那么 IP 地址是如何映射到 MAC 地址的呢？这是由地址解析协议（ARP）完成的。

485

例如，计算机 A 希望与计算机 B 通信，并知道它的 IP 地址。计算机 A 中的路由表告诉它计算机 B 是否在同一物理网络上，或者它是否是外部的。如果是在同一个网络中，计算机 A 将尝试直接与它进行通信。如果是外部的，计算机 A 会首先将数据包发送到网关路由器。

在每一种情况下，操作系统都会发送一个特殊的数据包（ARP 消息），与 IP 数据报在“相同”的级别（也就是说，它被直接打包到一个物理框架中）。这个 ARP 消息是小而有效的，并且指定了以下内容：被请求MAC地址的IP地址、发送者的IP地址以及发送者的MAC地址。所请求的IP要么是计算机B的（如果是在同一个网络上），要么是网关路由器的（如果计算机B是外部的）。

ARP消息被广播到本地网络上的所有主机，除了具有指定IP地址的主机之外，所有机器都将忽略它，这台主机通过发回物理MAC地址来进行响应。

ARP结果（IP/物理地址映射）会被缓存（为了以后的使用），以避免持续的ARP查询。时间限制的机制使得在需要进行新的ARP查询之前，信息的生命周期有限。当计算机从一个网络转移到另一个网络时，这种时间限制是有必要的——在移动计算时代，这是一个越来越普遍的现象。

ARP完全是在因特网层内部处理的，它的任务之一就是让本地网络和整个因特网保持平稳运行。

11.6.2　控制信息

不同主机上的网络层也需要相互通信来请求和报告状态，这包括关于错误条件和网络拥塞等问题的信息，这些消息使用Internet控制报文协议（ICMP）。通过ICMP，这些消息被封装在IP数据报中（这意味着它们像UDP数据包一样被处理）。

一个最常见的控制消息方法是ICMP回显，它更广为人知的名字是“ping”。它是一条从一个主机发送到另一个主机询问“你是否在工作”的消息，对于诊断网络连接问题以及监视特定主机是否崩溃或失败是非常有用的。

11.7　无线连通性

在撰写本文时，越来越多的人通过移动设备连接到因特网，这是通过无线连接实现的。

无线技术对于嵌入式系统也特别重要，因为这些系统越来越需要移动连接。下面将介绍一些与无线通信相关的主要标准——除了移动通信（GSM）、通用分组无线服务技术（GPRS）、高速分组访问（HSPA）等基于全球系统的移动电话和数据标准，这些都超出了本书的范围。

486

11.7.1　WiFi

作为最著名的无线网络标准，在1999年年底，WiFi作为IEEE 802.11b标准化工作的一部分得到了IEEE的批准。在那之后不久，IEEE 802.11a标准被批准。它使用了新的编码模式——正交频分复用（OFDM），从而实现更高的数据速率和无线信道的可用性。之后，IEEE 802.11n被引入，利用多个输入、多个输出（MIMO）技术来提高峰值数据速率，达到最高的600Mbit/s。据说，它保证了最小为100Mbit/s的吞吐量（这是在减去协议管理后实现的，协议管理中包括了前置、帧间间隔、确认和其他管理开销）。

IEEE 802.11a通常比IEEE 802.11b快得多，在5GHz频率中，它的最大数据速率为54Mbit/s，而IEEE 802.11b在2.45GHz频率下速率为11Mbit/s。IEEE 802.11n的速度更快——总是假设硬件被多个天线使用，并且环境支持多路传输（拥挤的城市地区和办公室倾向于这样做，而像沙漠社区和绿地这样广阔的开放空间可能不会）。

像IEEE 802.11g这样的标准峰值速率听上去很厉害，据说可以提供54Mbit/s的数据速率，然而，其可用带宽的近一半是被传输占用的。换句话说，用户可能不能体验到所宣称的峰值速度，而随着距离的增加（也就是信号减弱）或干扰的增加，峰值速度要低得多。一个WiFi设备的最大覆盖范围是50~100m。

在过去的十年中，IEEE 802.11b、IEEE 802.11a、IEEE 802.11g 和 IEEE 802.11n 组成了 IEEE 802.11 的子标准。每一个都有不同的特点和优势，应用在不同的领域。与以太网一样，IEEE 802.11 接口有一个内置的硬件 MAC 地址。这可以用来识别连接到网络的设备（理论上，每个接口的属性是不可更改的）。

标准	数据速率
IEEE 802 11b	11Mbit/s
IEEE 802.11g	54Mbit/s
IEEE 802 11af	569Mbit/s
IEEE 802 11ay	100Gbit/s

11.7.2 WiMax

IEEE 802.16，也称为 WiMAX（全球互通微波访问），是一种无线宽带技术，支持多点（PMP）无线接入。IEEE 802.16 于 2002 年公布，作为一种基于视距（LOS）技术的固定无线标准，它的目标是，提供高速主干互联服务，特别是在那些很难布设物理纤维或铜基础线路的地方。

IEEE 802.16 最初是针对商业用户的，在 10GHz ~ 66GHz 范围内的授权频段上运行，通道宽度包括 20MHz、25MHz 或者 28MHz（也就是说，用户必须购买他们想要使用的频段）。它需要在基站和用户之间进行视距传播（LOS）。其数据速率可以高达 134Mbit/s，但仅限于在基站周围 2 ~ 5km 的范围内。该技术还有其他几种变体，分别具有不同的操作参数、频带、数据速率、范围等。

487

11.7.3 蓝牙

蓝牙[⊖]技术最初由爱立信公司开发，现在是一种被纳入国际标准的短距通信技术，旨在取代连接便携式设备或固定设备的电缆，同时保持较高的安全性。支持蓝牙的设备可以通过短距离的点对点模式网络进行无线连接和通信。这种网络称为微微网或者个人局域网（PAN）。

在一个微微网中的每台设备使用基于分组的协议可以同时与多达 7 台的其他设备进行通信，此外，每台设备还可以同时属于几个微微网。网络可以动态建立，就像蓝牙设备进入和离开连接区域一样。2004 年 11 月，蓝牙增强数据速率（EDR）2.0 + 版本发布，其数据速率为 3Mbit/s，但版本 5(2016 年 6 月）将速率显著地增加到了 50Mbit/s。版本 5 还包括一个长距离变量，据说可以在 200m 以上的距离上工作。

蓝牙技术在 2.4GHz ~ 2.485GHz 范围内的公共 ISM 频带上运行，并基于传输功率（以及相应的范围）分为几类：

- 4 类无线电的范围为 50cm，最大发射功率仅为 500μW。
- 3 类无线电的范围为 1m，最大发射功率为 1mW。
- 2 级无线电通常应用在移动设备中，其范围为 10m，最大发射功率为 2.5mW。
- 1 类无线电主要用于工业，范围为 100m，最大的发射功率为 100mW。

每台蓝牙设备都有两个参数，这些参数涉及蓝牙通信的各个方面。第一个是在制造时分配给每个蓝牙无线电的 48 位地址，这个地址唯一且不能被修改。第二个参数是一个自由运行的

⊖ 蓝牙的名字来源于传说中 10 世纪挪威的一个国王，他把遥远的斯堪的纳维亚部落统一成一个王国。

28 位时钟，它每 312.5μs 滴答响一次。而 312.5μs 相当于 1600 或 800hops/s 无线电停留时间的一半。

11.7.4 ZigBee

被正式称为 IEEE802.15.4 无线个人区域网络（PAN）标准的 ZigBee 在 2004 年被批准，并主要用于嵌入式应用程序。ZigBee 实际上是在 IEEE802.15.4 的基础上构建的，并可采用网状网络。它是一种实用的标准，因其具有安全性和可被应用程序控制等特性。在 ZigBee 下，低功耗、高密度的网络节点以及简易和低成本的网络得以实现。

488

在原始标准中指定了三种设备类型，即网络协调器、全功能设备（FFD）和精减功能设备（RFD）。只有 FFD 定义了完整的 ZigBee 功能，并且可以成为网络协调器。RFD 资源有限，并且不允许一些高级功能（如路由），因为它是一个低成本的端点解决方案，每个 ZigBee 网络都有一个作为网络协调器的特定 FFD。

协调器充当管理员，并负责网络的组织，趋向于主从配置。ZigBee 支持多达 65535 个独立网络，其中包括星形、点对点和网状网络。当一个 ZigBee 设备被断电时（意味着所有的电路都与 32kHz 的时钟断开了），它可以在 15ms 中唤醒并传输一个数据包，这种异常低的延迟可以让系统在一个消耗极低电量的任务周期中实现唤醒、传输和睡眠。

ZigBee 的定义通道编号为 0(868MHz)、1～10(915MHz) 和 11～26(2.4GHz)。每一个频段的最高数据速率固定在 250Kbit/s(在全球范围内的 928MHz～2480MHz 频段)，40Kbit/s(在美洲的 902MHz～2405MHz 频段)，20Kbit/s(在欧洲的 868.3MHz 频段)。与往常一样，所报的速率是理论上的原始数据速率，而不是可实现的速率，由于受到干扰和协议管理开销的影响，这一比率将会降低。ZigBee 是一个被打包的标准，有 127 个字节的数据包，包括头、16 位校验和以及一个高达 104 字节的有效负载。无线电的最大输出功率通常为 1mW，范围可达 75m。

ZigBee 支持对称加密和认证，并拥有密钥处理和帧保护机制。在连接到控制 CPU 时，ZigBee 的协议栈大小大约需要 32KiB，但是可以将其限制到一个为 4KiB 的变体中（这是一个规模非常小的代码，却是一个和 ZigBee 有同样能力的标准）。

11.7.5 近场通信

近场通信（NFC）是当今最常用的无线网络标准之一，提供专用的短程连接，是大多数智能卡接口的基础技术，包括公共交通卡、“tap & go”支付卡、电子护照、Apple Pay、Android Pay 等。最初的 NFC 技术是由索尼和 NXP 共同开发的，它为电子设备提供了直观、简单、安全的通信，范围超过了 4cm。它在 2003 年被批准为 ISO 标准，现在有非常广泛的产业应用。

NFC 工作在 13.56MHz，数据速率高达 424Kbit/s，与一些非接触式的方法兼容，如 ISO 14443A 和 ISO 14443B(使用索尼的 FeliCa 技术)。两者与 NFC 一样，都在 13.56MHz 频率上运行。还有一些其他的 NFC 变种可能不是完全兼容的，它们工作在不同的频率范围内，但数据速率也很高。

一个 NFC 通信接口可以以不同的模式运行，这将决定一台设备是否会产生自己的射频（RF）场，或者一台设备是否能从另一台设备产生的射频场中获取能量。如果设备产生了自己的场，就称为*主动设备*，否则称为*被动设备*。

489

11.8 网络量表

网络跨越了令人印象深刻的范围，从几毫米到几十千米不等。虽然有一系列令人眼花缭乱的缩略词来概括网络的类型，但以下是最常见的用法：

标准	数据速率	标准	数据速率
BAN	人体局域网	WLAN	无线局域网
PAN	个人局域网	WAN	广域网
CAN	控制器局域网	MAN	城域网
LAN	局域网		

因特网是 WAN 的一种类型，一些参考资料认为是全球区域网络（GAN），但这通常是指在非常广的无线连接。列表中不包括用于本地存储的存储区域网络（SAN）和星际网络（目前还不存在）。

11.9 小结

这一章重点讲解了网络，介绍了五层 IP 协议栈，并强调它们与第 10 章的 7 层 OSI 模型的不同。讨论了封装的重要概念，然后在该基础上向上构建。从物理包开始，研究了传输机制、会话、寻址、路由、网络种类、应用程序协议、域、万维网和电子邮件。以线路上的比特流为基础，构建了全球因特网、域名服务器和典型应用程序。最后以通用无线网络标准结束了这一章——在数据计算的世界中包含了比教材中更多的标准。这些标准可以是实际的，甚至也可以是形式化的。

思考题

11.1 列举因特网广泛采用和流行的三个网络特征。

11.2 当数据通过 TCP/IP 从一个应用程序发送到另一个应用程序时，传输层会将数据封装到什么地方？

11.3 当问题 11.2 中的传输层的信息被下面的层封装起来时，会被封装在什么地方？ 490

11.4 接收网络信息时，哪层将接收到以太网帧，并把它作为输入？

11.5 在一个操作系统中，通常使用哪三层 IP 协议栈？

11.6 在封装一个以太网帧时，哪四类信息会添加到有效负载数据中？

11.7 列出组成 TCP 报头的三部分信息。

11.8 在 20 世纪 90 年代早期，剑桥大学计算机科学系创建了第一个网络摄像头，专门用来监控他们的咖啡壶的状态（比如它是满的还是空的）。如果网络摄像头被一个简单的传感器取代，它每毫秒测量咖啡壶的重量，并将重量值传输到一个网络服务器上，以便在网页上显示，那么 UDP 和 TCP 中哪个会成为首选协议？

11.9 在任何情况下，两个具有相同 IP 地址的计算机都应该连接到同一个网络吗？也就是说，它们彼此可见吗？

11.10 在扫描网络流量时，会发现一个内容为 101. 2. 1. 155. in-addr. arpa 的包，请问哪种类型的计算机可能会响应这个数据包，在响应中会提供什么信息？

11.11 当一个应用程序将 IP 数据传输到一个给定的端口时，数据包是否会总是从远程服务器上的固定端口发送，还是从一个不同的端口发送？

11.12 如果 www. kent. ac. uk 网站的 IP 地址是 129. 12. 10. 249，那么拥有 129. 67. 242. 155 这个 IP 地址的大学，会位于加拿大、新加坡还是英国呢？

11.13 在网络诊断学中，ICMP 的一个通常被称为“ping”的典型功能是什么？ 491~492

11.14 按范围从小到大的顺序排列以下类型的网络：PAN、CAN、WLAN、MAN、GAN。

第12章

Computer Systems：An Embedded Approach

未　　来

这一章节相比于前几章更多地关注计算机及其架构的后续发展，计算机的未来很可能是嵌入式的。然而，随着摩尔定律所设定的性能目标的不断增长，制造商们已经转向并行计算。这不仅包括像谷歌和亚马逊这样的大型服务器运营公司，还包括并行计算的移动便携设备商。转向并行的趋势可能会继续下去，所以我们正在讨论的也许是嵌入式并行的未来。其他新兴的话题，如智能环境和普适计算（我们身边的计算机一起合作提供服务）、量子计算机、生物计算机等都值得去思考。

在试图描绘与主流计算不同的未来时，本章的某些内容在之前已经介绍了，这里再次提及，是为了表明它在未来日益增长的重要性和不断扩大的影响。未来的一些计算技术是那些之前曾经被尝试且被遗忘的技术，但是现在这些技术正在被重新审视。其他计算机技术，比如量子计算，和出现在计算机结构教科书中的量子计算机相比，在科幻小说中出现的听上去更为神奇，实际上，人们将会进一步研究科幻小说的内容，在许多情况下，科幻小说中的内容在未来将变成现实。

无论未来如何，计算很可能仍将是一个有着很大进化空间的学科，而在过去几十年的进化中，即使偶尔一个小小的进步也会使其活跃起来。尽管当今的大多数计算机（比如存在于无数日常设备中的微小的嵌入式系统）看起来并不像21世纪初的笔记本电脑、20世纪80年代的米黄色盒子（beige box），或者20世纪70年代的大型机，即使已经高度小型化了，但它们的大部分CPU原理都是非常相似的。同样，当今最大和最小的计算机系统所选择的操作系统都是基于UNIX的。较新的系统可能会是高度先进的、流线型的、安全的，而且性能非常强，但是如果观察Android智能手机的"底层"，将会显示出与20世纪70年代的AT&T UNIX系统几乎相同的目录结构，和20世纪80年代IBM的AIX系统相似的系统文件，以及和20世纪90年代的原始Linux一样的设备驱动界面。与此同时，今天的连接（主要是无线的连接）可能与过去的有线连接和拨号连接不太一样，但它们依赖于相同的标准。如果有一位来自20世纪90年代的计算机工程师检查那些通过现代WiFi网络发送的IP数据报甚至数据帧，将看到他非常熟悉的通信量。

这并不是说今天的技术已经过时了，简单来说，随着技术的进步，开发人员保留了最好的技术，并且替换了那些可以改进的技术。前文所提到的技术都是非常优秀的。这也保证了本书所述的对计算机系统状态的理解在未来几年也会具有重大意义。

493

12.1　单比特结构

在4.2.2节中，我们设计了一个由单独的1比特的ALU。这种方法很常见（例如，ARM内核就曾使用过），并且经常被称作位切片。实际上，因为ALU的总线是并行的，所以每一个比特都是独立且并行处理的。此外，ALU可以以串行方式接受位信息并处理它们，然后串行地输出结果。实际上，串行CPU已经被开发出来多年了，它们使用比特－串行结构进行所有处理。

串行方式的处理意味着更高的芯片时钟速度，但是在芯片上的总线连接更少，所以接口硬件被简化了。处理硬件也更简单，因为它每次通常只需要处理一个比特。然而，CPU内部的其余部分并不总是被简化的，因为需要一个串行控制器来发送CPU周围的所有串行操作数，这意味着在实际操作中需要一些复杂的计时电路。然而，位串行方法有一个很大的优势，那就是相同的 CPU 和 ALU 硬件可以通过改变操作的时长来处理不同的字长。接下来将看到一个例子。

对于某些串行操作，当串行数据被输入 ALU 中并进行计算时，可以按照以一比特接一比特的方式进行计算处理。然而，有些操作要求在处理开始之前将所有位元输入（显然速度较慢，并且需要存储整个字）。因此，仔细设计位串行计算方法以最大限度地提高效率是很重要的。

12.1.1 比特 - 串行加法

假设一个例子，考虑添加两个比特 - 串数字。这就是先把最低加权位（LSB）赋给加法器并且按位添加，其中来自特定加法的进位被反馈以备后续添加。

如图 12-1 中所示，其中有两个 16 位字中的 4 位已经被添加，因此已经产生了一个 4 位结果。这个加法器中的逻辑不需要很复杂，实际上它可能类似于图 12-2 中的框图。

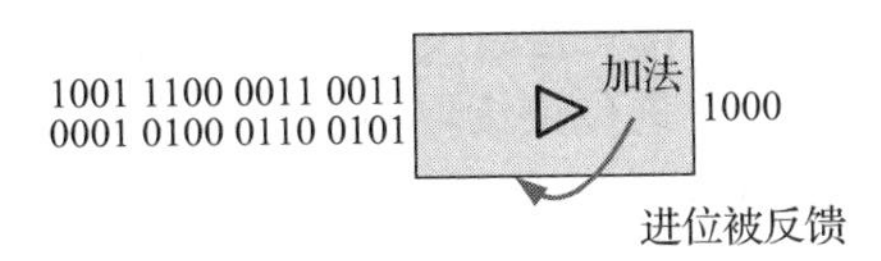

图 12-1 这是两个二进制数字串行流的例子，按位进行逐位加法，每次按位加法的进位是它低一位计算所反馈的进位输出

494

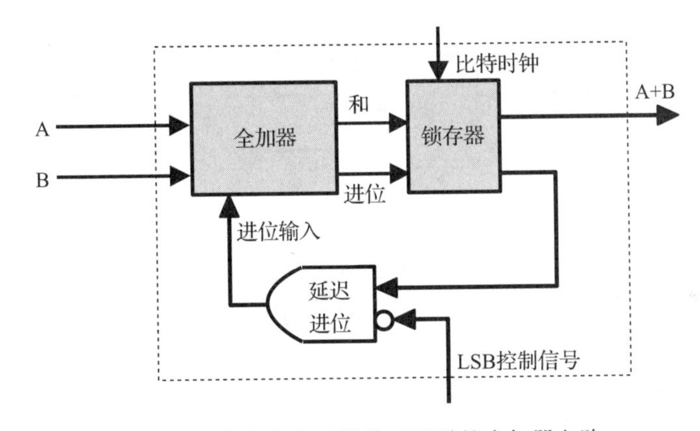

图 12-2 位串行加法器单元所需的全加器电路

在图 12-2 中，这两比特数据流被传递到 A 和 B 中，它们与进位反馈相加得到一个总和和一个进位。LSB 控制信号用于抑制任何反馈，因此不会有进位放入最低加权位的位置（正如预期的那样）。锁存器将加法器的输出延迟与位时钟同步，并延迟进位以准备好添加下一位数据。

利用这种方案，只要 LSB 控制信号阻止任何来自从一个和到下一个和之间的进位，就没必要在一系列比特输入和下一个比特输入之间留下间隙。这种方案的巧妙之处在于，只要 LSB 控制信号的时序在输入字之间划分，任何字长的数据都可以被相同的硬件添加，如图 12-3 所示。

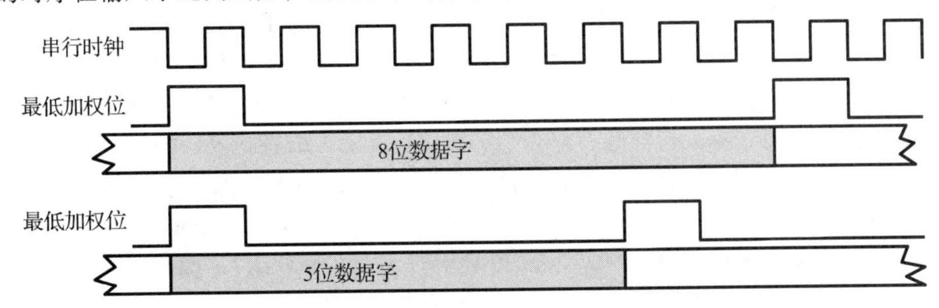

图 12-3 比特位时钟的定时波形，LSB 位置标志和数据字

实现一个累加器也是同样简单的，这留给读者自己练习。

12.1.2　比特 - 串行减法

研究一下 12.1.1 节的加法器，可以看到任何进位都是从开头自然传递到结尾。既然减法涉及借位而不是进位，那么仍然可能是一个类似的过程。一个简单的技巧可以使这个过程变得更容易。

495

从第 2 章中可以了解到，改变两个补码的符号相对容易（尽管不及像改变一个符号量级的数字那么容易）。为了改变符号，有必要将所有字符 1 换为字符 0，将字符 0 换为字符 1，然后在最末位上加上 1。然后使用 B - A 等价于 B + （ - A）的原理，只需要用操作数的补码来执行加法。

反转比特 - 串输入数据中的每一位和在输入信号上放置非门一样简单。将 1 添加到最低有效位也是非常简单的，只需要第一个进位被读取而不是被清除（即 LSB 控制信号需要生成进位功能而不是清除功能）。执行这种比特 - 串行减法所需的逻辑如图 12-4 所示。把它和图 12-2 中的硬件相比较，可以非常清楚地得知，创建一个使用外部控制信号在 SUB 和 AND 功能之间切换的比特 - 串算术逻辑单元是非常容易的。

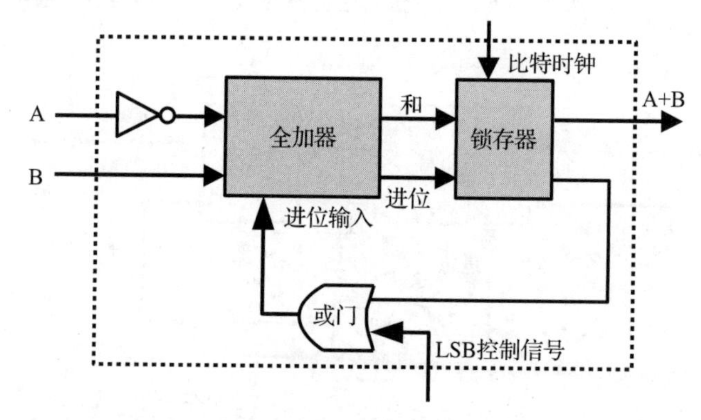

图 12-4　这是位串行加法器单元所需的减法电路。它与图 12-2 的加法器之间的主要区别在于输入 A 处插入的反相器（非门），以及底部 LSB 控制门的变化

12.1.3　比特 - 串行逻辑和处理

考虑到可以使用主要由单个全加器和锁存器组成的硬件来增加或减少任意长度的字（word），因此比特 - 串行逻辑的硬件效率非常高。它也可以高速计时（因为时钟锁存器之间的逻辑传播延迟很小），但比特 - 串行逻辑的缺点是，尽管它的时钟速度很快，对长度为 n 位的每个算术运算都需要用（$n+1$）个时钟周期来完成。

由于位串行逻辑硬件允许很多处理流同时发生，它在许多 FPGA（现场可编程门阵列）逻辑设计中找到了归宿。它还与 FPGA 的硬件架构相匹配，其中逻辑可以在器件的单个单元中实现。这样的单元可以被称为逻辑元件（LE）、逻辑单元（LC）或来自不同制造商的其他类似名称，但重要的是每个单元包含具有作为全加器执行的能力的查找表，能与一个触发器（可以实现锁存）结合，或者有时同两个结合。这些单元之间的互连是较慢的，连接速度与单元之间的地理距离成反比。

496

一般来说，对于并行计算（例如，实现 ALU 的“正常”方法），随着所输入的数据的宽度增加，在 FPGA 中的互连延迟基本上会变得接近瘫痪的程度。

这与进位传递问题加在一起，就意味着一旦将 256 位以上的数字相加，就很难以很高的计算速度去处理数据。此外，当前这一代的中型设备甚至可能都不包含足够的路由互连来实现这种加法功能（顺便说一下，这不是一个模糊的要求，而是许多加密算法中的常见功能）。在这种情况下，能够执行比特 - 串行逻辑的单个逻辑元件变得十分有吸引力。

12.2 多并行机器

随着越来越小的 CPU 或内核的使用变得可实现，以及通过诸如以太网之类的方法能实现简单方便的互连，现在把计算机集中在一起以便使它们合作变得更加容易。但为这样的系统编写高效的软件是另外的问题，从硬件的角度来看，简单地将几个现成的 PC 用快速连接方式连接在一起就能构成一个集群计算机。

在 5.8 节中已经概述了可以在计算机中找到的许多层次的并行性，并且谈到了松散和紧耦合系统之间的区别。在这里，将集中讨论计算机的最高层次的并行性，即机器并行性。

对于有着许多松散耦合的任务（例如执行困难和复杂的代码函数组，函数组彼此之间不能以相对低的带宽进行通信）的计算问题，将每个函数放到单独的任务中并行执行可以加快完成时间。由于 CPU 之间的通信瓶颈，具有彼此之间非常频繁或高带宽通信的任务的系统可能无法在并行执行时运行得更快。但是，在过去十年，充足的可以并行化的工作推动了并行处理的进程。

在大规模并行处理系统中，任务通常在物理上独立的 CPU 上执行，这就是将来所要考虑的：一组独立的 CPU 或 PC 能组成机架式或刀片式服务器。这个论点甚至可以扩展到集群，但这超出了本书所探讨的范围，相关内容可参考专门介绍高级并行和分布式计算的教科书。

12.2.1 小型 CPU 集群

十年前，在一句话中同时提到“并行计算”和“嵌入式系统”几乎是不可想象的。并行系统是大型集群或者大型机（“重金属”），嵌入式系统都是由单一的，通常是简单的、低功耗的 CPU 组成。然而，现在的情况却截然不同。几乎所有的移动计算设备，无论是智能手机、平板电脑还是可穿戴设备，其主 CPU 都采用多核架构。许多此类系统都使用多核 GPU 并将一组更专业的 CPU 核心用于诸如 GPS 导航和电源管理的其他任务。

尽管移动设备的内部计算能力有所提高，但在第 5 章中已经了解到，移动设备减轻复杂处理能力的趋势越来越明显。减轻自身复杂处理意味着将复杂的任务发送到云端或大型服务器，而这些服务器本身就是大型并行处理集群。

497

无线网络连接可用性的逐渐增长，带宽和连接速度的提高，意味着移动设备自身硬件要求的降低。但在延迟（即，对某事物的即时响应）非常大的地方，或者在连接性差的位置对于自身硬件的要求并没有降低。

第二种情况是作者在 2002 年初面临的一个问题，当时要求为新研发的卫星设计一种计算机。这种计算机需要有极高的自动化水平，能连接上每天只能可靠地运行两次的无线链路（一次链路传输速度非常慢，只有几万比特每秒，另一次链路传输速度更快，但一次只能使用几十秒，同时它会耗尽电量），这意味着需要强大的机载处理能力。但是，处理能力强大的 CPU 往往在物理空间上是不可实现的，因此唯一的选择是构建一个更简单的 CPU 集群。这种设计是由在所谓的贝奥武夫集群配置下运行 Linux 系统的 ARM 处理器所组成的并行集群，并于 2009 年在 X-Sat 卫星上运行，成为太空中第一台并行集群计算机。

并行处理单元

并行处理单元（PPU）被设计成能在微卫星（即重量在 10 ~ 100kg 之间的卫星）中提供高可靠性的计算机服务。该卫星被设计成能从 500km 高的轨道中捕捉地面图像，在卫星上处理这些图像，然后将它们传送到地面中心。

从7.10节可以了解到，太空环境中有宇宙辐射，能使得电子设备失效，因此大多数卫星设计人员选择使用能抗辐射或耐辐射的CPU来进行设计。遗憾的是，由于设计涉及制造、测试和质量鉴定过程，这些抗辐射设备往往非常昂贵，难以采购，根本无法全功效工作，甚至十分慢。大多数微卫星包含8086时代的处理器，它们很少有超过10 MIPS的运行速度。即便如此，卫星计算机设计人员也是一群保守派（虽然有充分的理由 - 由于机载计算机设计不佳，很少有人愿意浪费一百万美元一次的发射去测试星载计算机），并且为了能以制造商设定的最大时钟速度的一半去运行，他们通常会降低处理器的性能。

因为这种微弱能力的机载计算机存在，所以卫星不会自己进行处理信息。在大多数情况下，卫星只需捕获信息，然后将信息下载到地面计算机进行处理。这里不讨论这些方法的优缺点，关注的是虽然是小规模但是持续增长的使用商用现货（COTS）CPU来提高卫星机载计算机能力的趋势。

PPU是按照Intel Strong ARM设备设计的，通过四个耐辐射现场可编程门阵列（FPGA）进行判决。在先前的设计稿中，最初的设计只使用了两个FPGA，但是在最终的结构中，使用了四个FPGA设备进行判决。由于任何COTS设备都不太可能在空间中存活很长时间，因此PPU中提供了20个独立的CPU，旨在适应CPU随预期时间的推移而逐渐失效的问题。根据已公布的辐射容限信息，PPU的设计使得它在启动初期将有20个正常工作的CPU，其寿命为3年，在其可用年限末尾，大多数CPU将会失效，但PPU将仍然有足够的CPU运行以维持它的任务继续执行。PPU最重要的一个特征就在于它通过给20个CPU中的每个CPU提供单独的电源来保证即使单个设备失效也不会损害系统其他部分。

如果有必要，通过使用这些开关控制，故障设备甚至可以被远程操控断电。在图12-5中PPU以框图形式显示。如图所示，四个FPGA（Actel AX1000器件）各自容纳五个处理节点（PN）。每个PN通过专用并行总线连接到FPGA，稍后将对此进行说明。在FPGA中，我发明了一种通信系统，称为“时隙全背板”（TGB）。TGB总线像令牌环系统一样运行，在节点地址之间发送消息和数据。每个PN都有自己的专用TGB节点（和地址）作为外部连接，内部可配置处理模块（PM）和状态寄存器（SR）。外部连接是固态记录器、大型闪存存储器、控制器局域网（CAN）总线以及C515C判决控制器。CAN总线从卫星主计算机向PPU传送控制信息。其中两个FPGA使用LVDS（详见6.3.2节）连接在一起，TGB正常通过LVDS，LVDS也用于与固态记录器的快速数据连接（也用于相机模块和卫星上的高速无线电数据下载模块）。

498~499

PN的操作代码存储在闪存中，并且三个相同的代码副本以三重冗余方式连接到每个FPGA（详见7.10节）。整个设计展示了“通过冗余实现可靠性”的概念，从上至下建立了可靠性。下面谈一下这些可靠性的特征：

- **大量的PN**——由于具有如此多的PN，即使少数PN发生故障也是可以承受的，系统仍将继续工作。
- **独立的总线**——如果所有的PN共用一个公共总线，则宇宙射线所引起的错误很可能导致其中一个地址或数据总线驱动器电路发生故障，使其卡在高电平或低电平。这对共享公共总线的影响是会阻碍任何连接在公共总线上的设备的正常通信。因此，在每个PN和FPGA之间都会设置单独的并行总线。当一个PN“死掉”时，不会影响其他PN。
- **分布式存储器**——类似地，共享存储器发生故障会影响它所连接的所有处理器，因此除了固态记录器之外，该系统不会使用任何共享存储器。
- **三重冗余操作代码**——每个FPGA都有三个闪存块，这允许FPGA对操作代码的每个字执行按位多数表决。

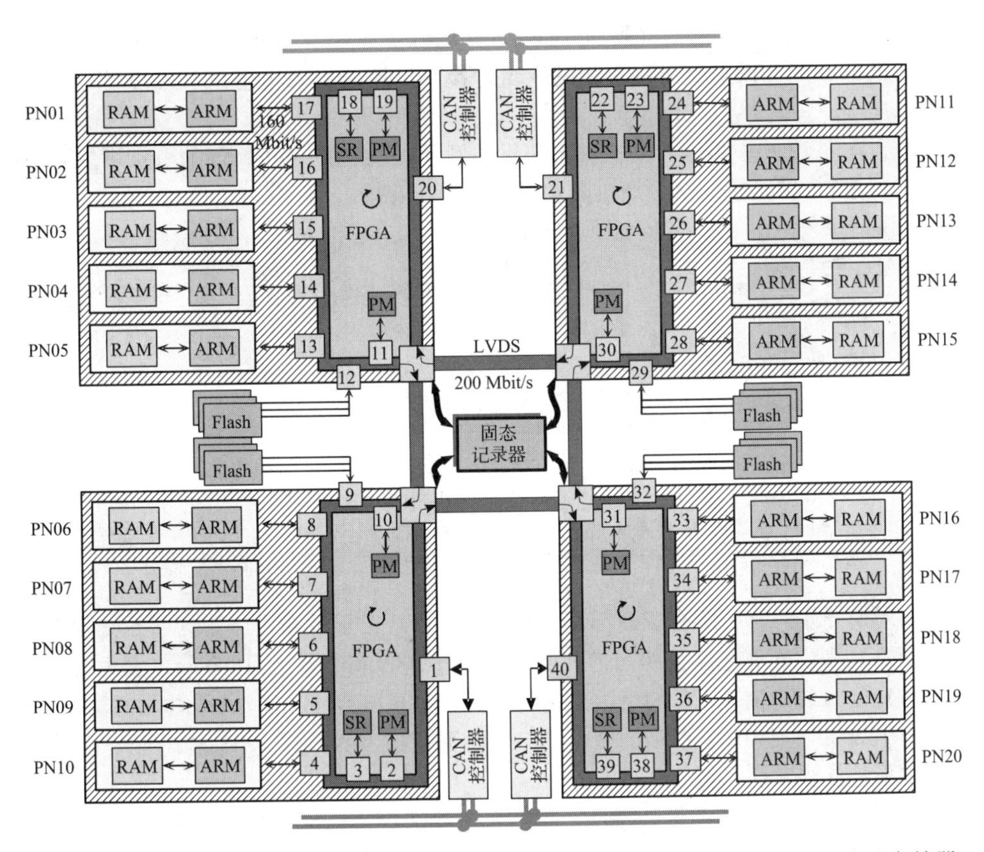

图 12-5 PPU 的框图，显示了 20 个 PN，每个处理节点包含一个 SA1110 CPU 和 64MB 本地存储器，使用专用总线连接到本地 Actel AX1000 FPGA。四个 FPGA 中每个主管 5 个 PN，且连接到一个固态记录器和一个控制器局域网（CAN）总线。FPGA 使用双向 LVDS 连接进行互连。时隙全局背板总线在 PN、外部链路、内部 PM 和内部 SR 之间传送数据

- **FPGA 之间有两个链路**——如果其中一个双向 LVDS 链路发生故障，另一个仍然可以运行。
- **固态记录器之间有多个链路**——类似地，如果一个 LVDS 链路出现故障，另一个仍然可以运行。
- **多个 CAN 总线链路**——每个 FPGA 的两个链路会在一个链路发生故障时，由另一个再次提供冗余。
- **TCB 总线节点**——这些节点是非常简单的容错单元，可用于跟踪检测它们所连接的设备是否仍然可以运行。无论这些设备是否出现故障，都不会阻止 TGB 上的传输通信。
- **TCB 数据包**——数据包在源：目标地址和数据字段中受奇偶校验保护。
- **TCB 总线电路**——通常 TGB 周围循环有 32 个节点，在 FPGA 之间平均分配。在单个节点发生故障的情况下，总线不会受到影响；然而，在 FPGA 之间断开连接的情况下，每侧的 TGB 总线会检测到断开，并“修复”缺口，在各自连接的区域内不受影响，继续运行。
- **四个 FPGA**——如果某一个 FGPA 出现故障，PPU 仍然会运行。由于耐辐射 FPGA 在存储空间方面比 SA1110 处理器更加可靠，因此在设计寿命期内，确保正常运行所需要的 FGPA 数量会更少。

虽然 PPU 具有容错能力，但它也是传统意义上的并行处理器。每个 PN 可以独立运行，并

500 且可以与其周围的节点进行通信（通过 TGB）。计算机内部有一种机制允许将物理节点号（0，1，2，最多到31）重新映射到各种类型的逻辑连接，包括接下来将会在12.2.3节中遇到的任何一种逻辑连接。

实际上，在图12-6中可以看到这种重映射的例子。“启动”任何 PN 的节点可以限制该 PN 与其自身或其他 PN 的连接，从而产生非常灵活的操作安排。

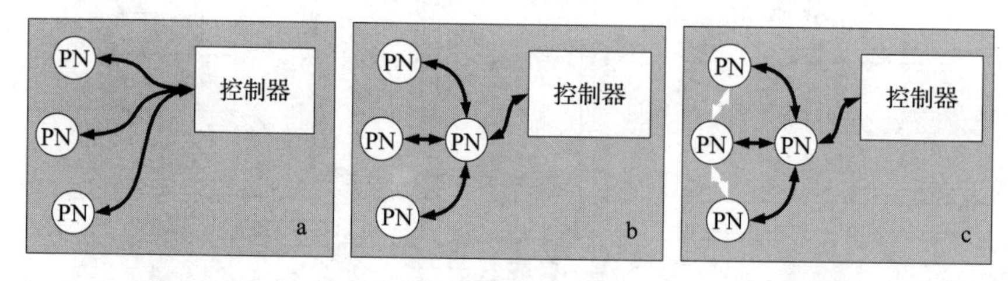

图12-6 在 PPU 内重新映射 PN 以及在 PN 之间建立的连接可以采用几种替代的互连策略。在这种情况下，图12-6a 展示了三个 PN 独立运行，可能由外部控制器控制作为三方多数选投票判决。图12-6b表明，多数表决过程本身已经从控制器卸载下放到 PN 上，而 PN 又要求其与他三个 PN 合作。图12-6c 显示了四个完全互连的 PN，其中一个负责与控制器的交互

在启动周期开始时，当所有资源都正常运行时，PPU 对于嵌入式计算机（尤其是十多年前设计的计算机）来说处理速度是相当可观的，大约有1000 MIPS，在1800cm^2（大小与小型笔记本电脑相同）的封装中消耗6W的电力。传统的微型卫星机载计算机消耗相同的电力，处理速度却为 PPU 1/200，但体积是 PPU 的两倍或三倍，而且成本大约是 PPU 的10倍，尽管在卫星设计中成本不是首要考虑因素。

虽然 PPU 还有一些有趣的设计特性，包括一个特别的为了达到最佳数据传输速度的17位并行数据总线配置，但本节的重点仍然是讨论并行性。考虑到这一点，请看图12-7，其中绘制了处理器数量与加速度之间的比例关系。在5.8.2节中的加速度表示系统定义了并行计算处理性能的优劣。完美的加速度（如图12-7中的对角线所示）意味着一个作业在 n 个处理器上运行的处理速度会比在一个处理器上的运行速度快 n 倍。在 PPU 上运行的示例算法虽然无法达到完美的加速度，但是很明显算法处理速度会得益于 PPU 并行性的增长。

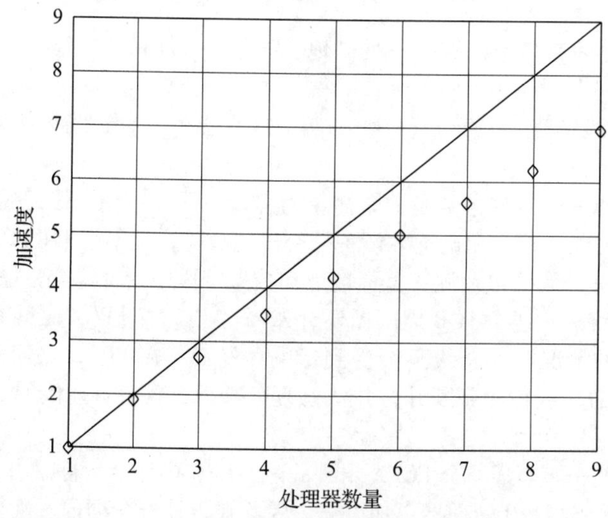

图12-7 可以通过在多达九个 PN 之间共享图像处理作业来实现在 PPU 内具有符合对角线般的完美加速。很明显，PPU 没有达到完美的加速度，但显然会得益于平行处理。这个结论是由 PPU 的共同发明人 Timo Bretschneider 博士和他的学生从分析涉及无监督图像分类任务的处理中得来的

12.2.2 并行和集群处理注意事项

并行处理系统设计问题可能包括：

- 需要多少个处理器？
- 它们应该互连吗？
- 每个处理器应具备哪些功能？
- 系统应该是同构的还是异构的（即所有 CPU 类型应该是相同的，还是应该混合使用）？

如果正在使用 n 个处理器，则正如之前所了解的那样，完成时间可能不等于单个处理器所花费的时间的 n 倍，即使在同类系统中也是如此。实际花费的时间可能比 n 倍更多，或者甚至小于单个处理器所花费的时间的 n 倍。这都取决于一开始使用的是单线程处理还是并行处理。

一些计算问题可以容易地划分成多个子任务，这些子任务之间的数据传输量很小。因此，可以将每个子任务分配给不同的处理单元。在其他系统中，这个过程可能不是那么简单。

由于子任务的复杂程度不同，系统可以受益于异构结构——一种由不同能力的处理器组成，并且处理器之间的互连可以满足所要求的计算能力的结构。这就是说，异构互连也是可行的。然而，当想要动态地完成任务分割，并且把任务分给本身是就动态选择的不同类型的处理器时，对这种系统的控制会变得更加复杂。

12.2.3 互连策略

考虑一个更普遍的具有相同（同类型）处理器的系统，可以将其称为节点。如果这些节点以常规方式链接，则系统设计的两个主要问题是节点所使用的互连类型以及互连的数量或排列方式。

节点互连类型将会确定链路传输的数据的带宽是 Mbit/s 还是 Gbit/s，也会确定传递的消息的延迟（即在链路的一端发出的消息所花费的时间）是多少。一些典型的互连类型是以太网、ATM（异步传输模式）、光互连、无限带宽等。这些互连类型的差异在于带宽和成本不同。

501 ~ 502

此外，分布式并行处理系统有两种范例，它们在共享内存和消息传递之间有许多不同。消息在节点之间的传递使用结构化方法进行，例如消息传递接口（MPI），它非常适合那些只需要低带宽数据互连的松散耦合任务。当独立的处理器处理相同源的数据或需要中到高带宽通信时，内存共享是十分有用。在 4.4.7 节讨论 MESI 高速缓存一致性协议时谈到了共享内存系统。共享内存并行计算在概念上和共享内存系统类似，但它规模要大得多。

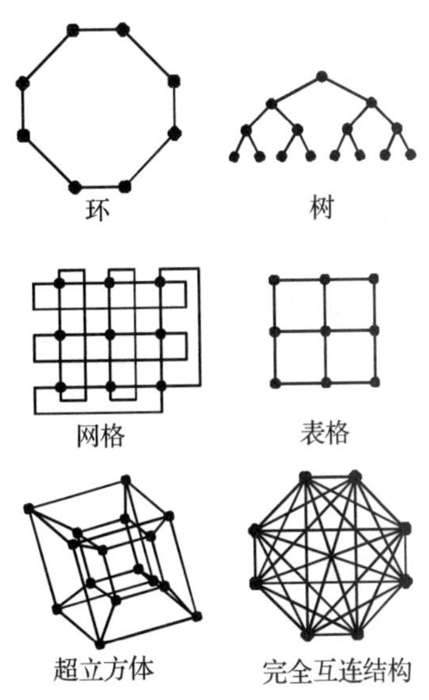

图 12-8　图示展示了六种不同的互连结构

通常，每个节点自身所拥有的互连点的数量限制了它可以连接的其他节点的数量。一种极端的情况是节点本身存在它自身完全连满其他节点的可能性。在处理器之间的连接速度相对较慢的前提下，因为每次传输是一跳，完全链接的系统将数据传输持续时间最小化了。另一个极端情况是环形结构，其中每个节点连接到另外两个节点，这些结构以及其他几种常见的互连结构如图 12-8 所示。

- **环**：每个元素点需要能支持两个连接，而且它是可扩展的、没有变化的。两个目标节点之间可能存在许多数据跳跃点。这是一种常规排列，易于设置、管理和可视化。

- **树**：每个元素（除了树的顶层和底层）都需要能支持三个连接。它易于扩展，软件数据路径得到简化，但当节点的数量变得很大时，某些数据传输可能需要很多次跳跃。
- **网格**：每个元素需要能支持四个连接。它很容易扩展，但有些节点需要跳跃很多次才能到达其他节点。表格结构与网格类似，但不同之处在于表格不提供环绕边缘连接（即左右和上下）。这两种结构都非常常规，易于设置和运行，也易于扩展，
- **超立方体**：每个元素只需要以四面体方式支持四个连接，同时数据传输路径所需跳跃点也是最小化的。在许多情况下，超立方体结构常常是被选择的架构：有时仅仅因为它在新闻稿中显得更具技术性，但实际上选择它是在链接数量和延迟（跳跃）之间权衡的结果。

503

- **完全互连结构**：每个元素都能支持与其他任意一个元素的连接，这使得它难以扩展，因为每添加一个节点意味着需要新增加与现有节点数量相同的连接数。大量的连接意味着每个节点需要有大量的端口以及需要大量的物理互连。这些都表明，对于大型装置来说，最好避免这种排列方式，然而，因为节点和任何其他节点之间只需要一次跳跃，它具有最低的延迟时间。

当然，在很多情况采用了混合方案，例如，一个网格结构中的环，环的每个“节点”所连接的一系列机器也可以组成网格，更常见的例子可能是超立方体网格。这些集群计算机布置成网格状，其中网格内的每个顶点又包括多处理器构成的超立方体。

节点粒度程度的大小表明了并行程度的大小。在细粒度控制访问的机器中，实际的机器指令是并行发布的（例如矢量机器或 VLIW 处理器），而粗粒度访问控制的机器可以并行运行大型软件程序或单独的软件项目。5.8 节讨论了并行的不同形式。

使用诸如 MPI 之类的抽象方法，颗粒粒度并行算法可以在不同的程序实例中执行，无论这些是在一个 CPU 上运行还是在多个 CPU 上运行都是不重要的。类似地，这些 CPU 是位于单个盒子中，还是位于单个数据中心中的多个盒子中，或是位于云或网格计算系统内的多个不同的地理位置中，也无关紧要。

粗粒度机器往往是松散耦合，而细粒度机器往往是紧密耦合。元素之间的数据传输指定它们之间数据传输的速度，而数据遍历所需的跳跃次数则与带宽和延迟都有关系（即如果内部处理器的数据必须遍历两个跳跃点时，则每次跳跃时长必须能达到带宽的两倍）。对数据传输的要求也会影响存储器体系结构，例如每个处理元件是应该使用本地存储器还是共享存储器。本地存储器可能具有分布式存储器结构或者可能简单地使用高速缓存的多个副本。框 12.1 显示了一些大规模系统的例子。

框 12.1　大型集群计算机的若干实例

观察目前世界上最快的超级计算机的 Top500 列表（www.top500.org），能看到各种有趣的计算机系统。

神威太湖之光是在写这本书时运行最快的超级计算机。它位于中国无锡的国家超级计算中心，由 10 649 600个 Sunway SW26010 多核处理器内核组成，每个内核的时钟频率为 1.45GHz。处理器机架由高效直流（DC）电源供电，并采用水冷系统来保持其温度。该系统中的处理器用的不是更常见的 Intel 设备，而是由上海高性能集成电路设计中心定制设计的设备。它使用的软件似乎是名为 Sunway RaiseOS 的专为 Linux 操作系统定制的版本。峰值性能为 125 436TFlop/s，但该机器消耗的电力超过 15MW，与西欧中型城镇耗电量大致相同。系统效率为 6.05 GFlop/W。

504

目前欧洲最快的系统 **Piz Daint** 位于瑞士卢加诺的瑞士国家超级计算中心，是一台与众不同的机器。它混合了 Cray XC50/XC.40，使用了多代 Intel Xeon 内核，每个内核运行速度在 2.1 ~ 2.3GHz 之间，且每个内核至少有 64GB 的本地 RAM。其中 12 个配备了具有 16GB 内存的 NVIDIA Tesla P100 GPU。它所有的 206 720 个核心数量约是太湖之光的 1/50，但能达到非常可观的性能峰值，约为 15 988TFlop/s(是太湖之光的 1/8)。然而，Piz Daint 的优势在于它的功耗是 1.3MW，相当于 7.45GFlop/W，这使其成为当今世界

上功效最高的大型集群计算机之一。与所有其他极速机器一样，它运行在基于 Linux 的操作系统之上。

Green500 列表是 Top500 列表里面数据的不同排序。Green500 列表按功效排列。之前已经了解到了功效第二的系统，但现在需要了解目前的功效第三的系统：

Shoubu 是日本 RIKEN 高级计算与通信中心的 Zettascaler-1.6 系统，是一台有趣的异构机器。它包含 1 313 280 个处理器内核，这些内核是由 2.3GHz Xeon E5 处理器和 PEZY-SC 加速器组成。PEZY-SC 设备本身就是一个非常有趣的异构架构，由两个 0.7GHz ARIU9 内核和 1024 个 RISC 处理器元件组成。它以地理分层的方式排列，从四个核心的“村庄”出发，到这四个村庄的上一级“城市”，再到 16 个城市的上一级“省”。这种排列是十分节省能耗的，这就允许 PEZY-SC 加速系统占据 Green500 列表的多个位置。Shoubu 本身消耗的功率小于 0.15kW，它的峰值性能为 1533TFlop/s。这大约是 Piz Daint 功耗的 1/10，即使它是一个较旧的架构，以这 1/10 的功耗也能略微提高它运行的效率。目前，一些制造商正致力于开发基于现代 ARM 或 Cortex 架构的超级计算机加速器（基于 ARMv8），这可能使 ARM 架构设备能够进一步进入 Green500 和 Top500 榜单。在操作系统方面，Shoubu 也是运行在 Linux 系统上。

显然，由谷歌和亚马逊等公司运营的大型服务器没有位列在这些榜单上，它们很可能是可以排在世界上最强大的计算机列表上的，然而，谷歌、亚马逊或其主要商业竞争对手所公开的相关信息都很少。

12.3 异步处理器

所有常见的 CPU 在操作中是同步的，这意味着它们由一个或多个全局时钟（和时域）计时，例如处理器时钟、存储器时钟、系统时钟、指令时钟、总线时钟等。

在特定的时钟域内，片上物理区域受到相同的时钟触发器和基于触发器构建的单元作用，将同步运作。特定域的时钟速度由其中最慢的单个元素所限制。通常，这意味着许多独立的元素可以更快地运行，但是会被最慢的元素所限制。　505

例如，ALU 从两个保持寄存器获取其输入，在一个时钟周期之后将结果锁存到输出寄存器中。如果执行 ADD，则操作也许准时完成，实际操作比结果可能提前 0.01 个时钟周期就准备好了。但是，如果操作更简单，例如没有进位的 AND 算法，那么操作可能已经提前很久就准备好了，比如可能提前 0.9 个时钟周期。因此，这取决于 ALU 正在做什么算法，它要么几乎被完全占用，要么就在等待收集最后的结果。无论如何，控制它的固定处理器时钟将被设置为比最慢的操作稍慢。

对 ALU 操作进行分析可能会发现，在相当长的时间内，该单元会处于空闲状态。这表明它使用效率低。人们已经学到了几种技术来克服这种效率限制问题，包括允许并行操作（即几个事件同时发生而不是顺序发生）和流水线操作（请记住，流水线操作将是各个步骤分解为更小、更快的步骤，然后每个步骤执行期间会重叠。本书的观点是，由于现在每个单独的元素都更快，因此整体的时钟速度可以大幅提高）。

一种非常不常见的技术是允许异步操作。异步处理器允许每个操作全速执行而不会浪费时钟周期。实际上，异步操作可能根本不需要时钟，因为每个单独的元件可以以最大速度操作，在操作完成时通知控制硬件。图 12-9 展示了一个示例，其中 ALU 先执行 ADD 后执行 AND，其中先前的 ALU 输出（来自 ADD）是一个操作数。从上到下审视这个图，任务中的子步骤显示在顶部，后面是显示处理器活动的条形图，然后是同步时钟，最后是功率图。时间变化方向在此图中按从左向右移动增加。

对于同步情况，活动栏显示在 ALU 完成操作时有大量空闲时间，并在继续操作下一步之前会等待下一个时钟周期。功率曲线在高功率和低功率周期之间快速振荡（从电源设计角度或从 CPU 温度波动角度来看都是不好的）。相比之下，异步 CPU 将每个操作安排得更加紧密，时钟信号的运行速度与每个子操作所需的一样快。尽管使用的总能量（功率图下的阴影区域）在两种情况下都是相同的，但异步 CPU 功率曲线更平滑。显然，由于异步设备可以节省更多的空闲时间，因此可以更快地完成整个任务。　506

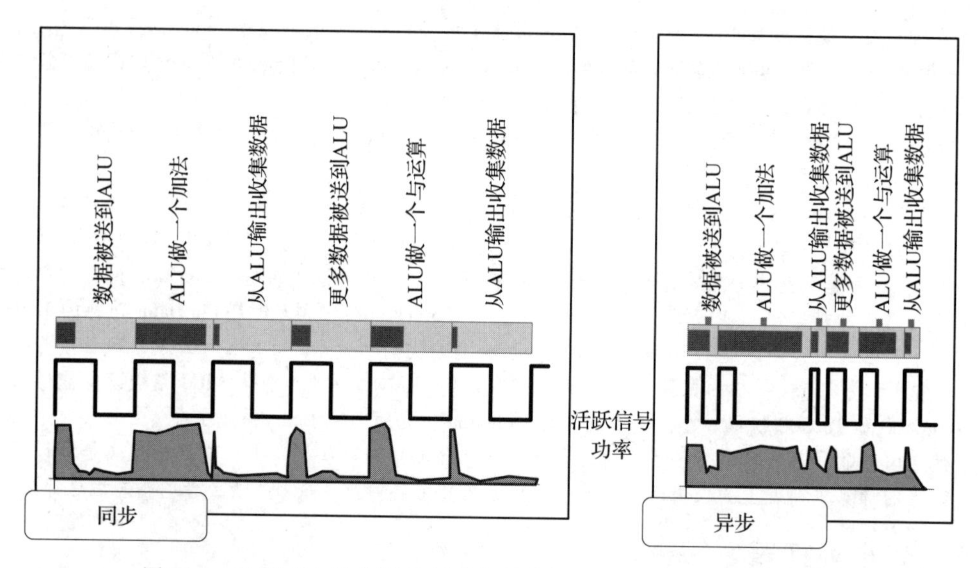

图 12-9　比较两个操作序列在同步和异步 RISC 处理器上执行的方式

同步方法的优点：

- 设计更简单，有更多关于同步方法的设计经验。
- 几乎所有的（不是全部）CPU 设计工具都采用时钟设计。
- 同步设计消除了竞争情况。
- 延迟是可以预测的。

同步方法的缺点：

- 在更高的运行速度下，时钟偏差或抖动可能成为一个问题。
- 几乎所有的锁存器和门都随时钟周期的变化而切换（无论是否有新的数据需要处理），并且 CMOS 发生功耗主要是由切换导致的，因此会导致相对较高的功耗。
- 低于理论上的最大性能（以最慢元件的速度运行而浪费的时钟周期部分）。
- 需要用大面积的硅芯片来设计时钟生成和分配部分。

转向异步方法是有意义的，尽管每个异步元素仍然必须与其相邻元素建立接口——这种接口可能需要某种形式的同步，而这种形式的同步可能相对简单。但是对于许多元素来说，在 IC 上的复制将导致额外的逻辑。

从理论上讲，异步处理器应该比等效的同步处理器以更低的功率和更高的速度运行。但是，设计师必须非常小心地注意发生竞争条件的可能性。如果能避免这些可能，实际上会使异步处理器略优于同步处理器。

AMULET 是异步处理器（事实上它可能是世界上唯一的商业异步架构处理器）的一个例子。这是由英国曼彻斯特大学基于非常流行的 ARM 处理器设计的。在 AMULET 的设计中，必须克服一些问题。接下来将会介绍一些设计者为解决这些问题所采用的方法。

12.3.1　数据流控制

如果处理器内没有参考时钟，那么如何控制从一个单元到另一个单元的数据流？AMULET 使用了一种称为请求 - 确认握手的技术，该技术遵循单向并行总线的以下事件序列：

1）发送者把它的数据传送到公共总线上。

2）发送者发出请求事件。

507

3）准备好后，接收器从总线读取数据。

4）接收器接收数据后发出确认事件。

5）发送者可以从总线中移除数据。

请求和确认信号是两条相互独立的线，与标准总线一起运行。图12-10所示的图表说明了这些边缘敏感（过渡编码）信号的使用情况。

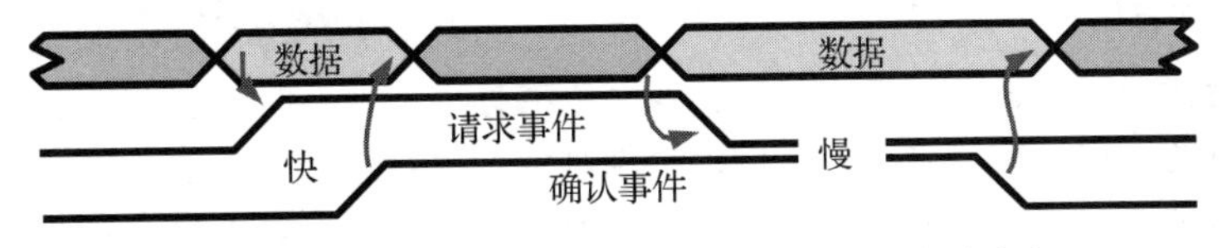

图12-10 请求－响应异步总线通信的总线传输事务

使用请求－确认信令允许每个元素自定时。每个AMULET管道元件都以不同（最佳）速度运行，具体取决于正在执行的实际指令。换句话说，执行简单操作的单元将会快速地完成操作，而执行更复杂操作的单元将花费更长时间。在最坏的情况下，管道的速度与同步时钟的速度相同（这意味着它的时钟频率是作为最慢的元素，所以它执行连续的最慢指令）。但是，在任何实际应用程序中，管道的运行速度都比完全同步版本的速度要快。

12.3.2 避免管道冒险

如果指令在不同的、可能未知的时间内完成，那么如何在管道内避免内存冒险？

由于处理器与其父级ARM共享加载存储架构，所以几乎所有CPU操作数都是存入寄存器里的。因此，如果需要将输入内容作为中间操作的输入，那么需要一种方法来防止寄存器里的内容被所求得的结果覆盖。

一种解决寄存器锁定的方案是基于寄存器锁定FIFO。当发出需要写入特定寄存器的指令时，它会锁定FIFO，然后在写入结果时将其清除。读取寄存器时，将检查FIFC以查找与该寄存器相关的锁定。如果存在锁定，则暂停读取寄存器直到该寄存器清零。

图12-11中给出了一个例子，它显示了前8个寄存器锁定FIFO，并且对应于管道位置的锁定从顶部进入，且随对应数据流通过管道一起向下移动。在正在运行的程序中，第一条指令的结果进入r1(然后锁定被删除)。第二条指令的结果进入r3(然后清除该锁定)。第三条指令的结果转到r8(然后清除该锁定)。在当前时间，对r1、r3或r8的写操作将暂停，直到清除当前流水线中的指令。

虽然寄存器锁定解决了潜在的危险，但已经证明它会频繁地导致流水线停顿，因此最近的AMULET处理器开发利用了适用于异步使用的寄存器转发技术。

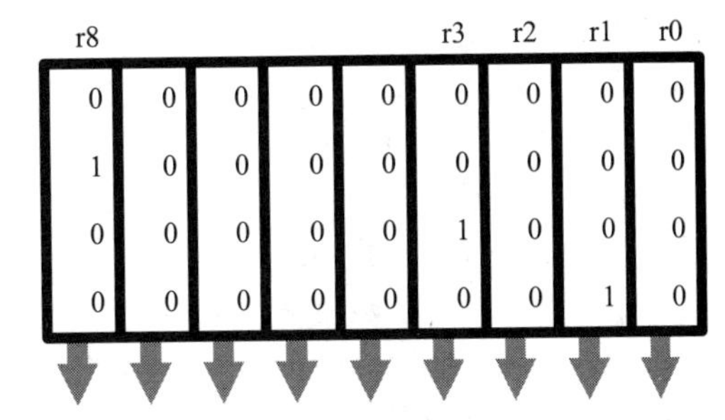

图12-11 AMULET处理器中的寄存器锁定硬件有助于防止管道冒险

508

12.4 替代数字格式系统

纵观当今的计算机界和CPU界，可以看到存在大量二进制逻辑器件，其中逻辑1由高压电平表示，逻辑0由低电压电平表示。二进制字由几个这样的位组成，通常为4，8，16，24，32或64。无论使用二进制补码还是无符号数，二进制字中每一位的加权都表示为2的幂次方。浮点数进一步扩展了数概念，可分别表示尾数和指数，但这些也是二进制字，权重也是基于2的幂次方。

模拟计算机是一种令人耳目一新的替代方案，但随着数字计算机变得速度更快、价格更便宜、体积更小和计算更准确，这些模拟计算机在20世纪80年代逐步被淘汰。似乎全世界都已经适应了用数字二进制系统来满足其计算需求。

然而，有一些细化应用的研究方案，在未来可能很快成为主流。这些将在下面进行探讨。

12.4.1 多值逻辑

采用越来越快的时钟速度已成为计算行业多年的标准，但是时钟速度仍有局限性存在。的确，这些局限可能会逐渐被打破，但它们仍会限制计算机行业进度。正如在第6章以及本章前面所述，如果时钟速率受到限制，可以通过并联更多线路从而将更多数据向下移动到总线。或者通过在时钟沿的两个边沿上都计数（称为双倍数据速率或DDR）。

除此之外，还有另一种选择，这是为了让每根电线同时能传递更多信息。正常二进制数使用高电压和低电压来表示1和0。例如，在5V系统中，二进制1可以是高于2.5V的任何电压，而二进制0是低于该值的任何电压。

多值逻辑允许中间电压值传达更多信息。将上面的5V示例扩展到四级多值逻辑，每条线可以同时传输2位信息，而不是单个信息：

00 0.0V

01 1.7V

10 3.3V

11 5.0V

这与电子设备中常用的CMOS电压电平有很大不同，并且需要更复杂的驱动器和检测电路，但是在单根线上表示的数据量能翻倍。然而，与使用两个（二进制）电压电平的系统相比，它确实减少了数据的抗干扰度。使用这种逻辑的CPU需要仔细考虑模拟设计和数字设计问题。由于降低了对噪声的抗扰度，多值逻辑设备对噪声和干扰尖峰的容忍度也会降低，但作为交换的是它可以更快地传输更多数据。

509

尽管作者没有见到任何当前使用多值逻辑的商用CPU，但该技术确实已经在存储器存储中成了一个小众应用。闪存的供应商不断承受着需要提供“更大”存储设备的压力，这意味着设备可以在给定的卷中存储更多的内存。制造商通常依靠减小的硅的特征尺寸来设计更小的晶体管，这些晶体管可以更密集地封装到IC中。然而，英特尔在十多年前引入了一种革新的设计，它允许使用多值逻辑方法将2位或4位数据存储在单晶体管单元中。这项研究产生的商用NOR闪存设备作为lntel StrataFlash @ 销售，并且已经在尺寸受限的设备，如智能手机、音乐播放器和其他高级嵌入式系统中得到广泛应用。

请注意，多值的数量从1位增加到2位，意味着将电压阈值减半（但能表示的数据量会加倍）。从2位移动到3位意味着再次将电压阈值减半，但是能表示的数据量只能增加50%。收益的递减加上噪声灵敏度的增加，往往将多值逻辑技术限制在每个单元/晶体管/线最多设置在2位或3位。

最后提到的一点是在7.10节中简要提到的宇宙射线辐照的影响，在那一节讨论了单事件干扰（SEU）的发生。照射在硅栅极上的宇宙射线引起存储电荷的变化，这表现为电压波动。正如所讨论的那样，多值逻辑器件对电压噪声的抗干扰性会降低。诸如闪存条之类的电荷存储设备具有类似的降低电荷波动的免疫力。这一切都说明用于高海拔地区的系统中最好避免使用多值逻辑和存储设备。

12.4.2 有符号数字表示

有符号数字（SD）的表示是二进制表示的扩展，这使得存储的数字存在冗余（即存在多于一种表示每个数字的方式）。通过在二进制字中引入数字的符号的可能性来实现冗余。引入符号，就意味着有符号数字中的每一位可以存1、0或-1。实际位位置权重与任何标准二进制数格式是相同的。

仅考虑二进制中的第一、第二和第三位位置。从右到左“向后”阅读，这些位置在任何二进制系统中都具有1，2和4的权重。标准二进制可以使用这三个位置来分别存储一个零或者一个单位（1），零或者一个2以及零或者一个4。这意味着二进制数001b的值为1(十进制)(写入1d)，二进制数101b的值为1+4=5d。但在SD中，每个位的位置也可以存储-1，因此可能会看到一个SD二进制数，如10-1b，其值为-1+4=3d。另一个例子是-1-10b，其值为-2-4=-6d。位权重如图12-12所示，其中比较了二进制、十进制和SD二进制表示。

510

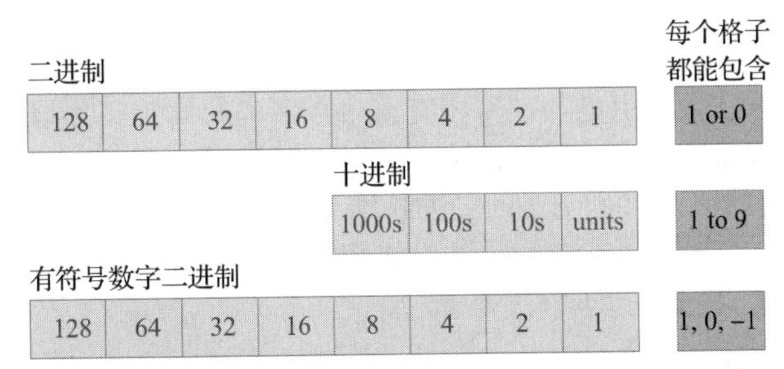

图12-12　与标准二进制（顶部）或十进制表示（中间）不同，有符号数字允许个别数字为负数和正数。有符号数字二进制（底部）允许每个单独的数字可以为0，+1或-1

有符号数字表示的另一个特别的方面是存在与表示相关联的自由度，因为通常存在多种写入单个整数的方式（假设数字不是因为太大而导致不能用所选择的位数表示）。这与标准二进制恰恰相反，标准二进制中一个二进制数字组合只表示一个特定值，即每个二进制数字都有一个唯一值，每个十进制数字都有且只有一个对应的二进制数值。十进制的23用有符号数表示的多样性如图12-13所示。

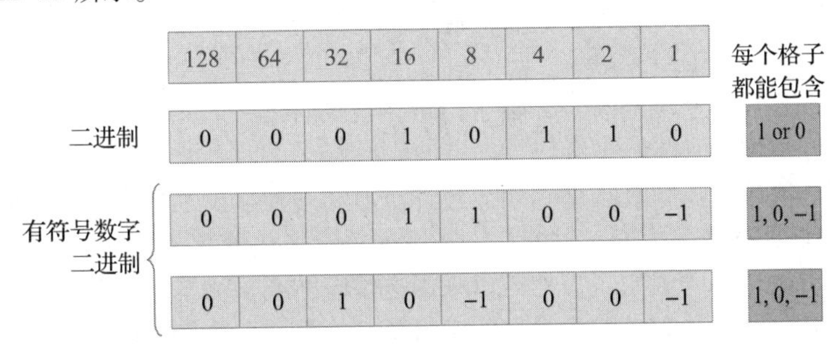

图12-13　标准二进制只有一种表示方式，诸如十进制数23d之类的，而有符号数字通常具有多种表示相同值的方式。此示例显示以二进制（顶部）表示的十进制数字23，以及下面的两个不同的有符号数字二进制表示

根据在第2章和第3章中对二进制的介绍，可以立即发现使用有符号数字表示所存在的问题——一个处理有符号数算法的ALU或加法器必须能够处理位于任何位置的负数。相比之下，无符号二进制根本没有负数，甚至二进制补码只在最高有效位位置具有负权重。但在这两种情况下，一个位上要么是0要么是1，所以为了支持SD，任何ALU都需要具有能够处理-1的能力。事实证明，尽管这是一个比较复杂的问题，并且在设计ALU时需要考虑这个问题，但在设计它时不需要太多额外的硬件，因此不会降低ALU的效率。

更进一步的有符号数二进制示例如下所示，其中列出了可以写入等效于十进制值3的数字的一些替代方法：

有符号数	值	密度
(0 0 0 0 1 1)	2 + 1 = 3	2
(0 0 0 1 0 −1)	4 − 1 = 3	2
(0 0 1 −1 0 −1)	8 − 4 − 1 = 3	3
(0 1 −1 −1 0 −1)	16 − 8 − 4 − 1 = 3	4
(1 −1 −1 −1 0 −1)	32 − 16 − 8 − 4 − 1 = 3	5
(0 0 1 −1 −1 1)	8 − 4 − 2 + 1 = 3	4
(0 1 −1 −1 −1 1)	16 − 8 − 4 − 2 + 1 = 3	5
(1 −1 −1 −1 −1 1)	32 − 16 − 8 − 4 − 2 + 1 = 3	6

稍后将会看到，选择具有更多零位的替代方案，在实现加法器时需要更少的操作数（门），尤其是在实现乘法器时更是如此。将有符号数字的密度定义为该数字所有位上非零数字的总和。当然密度越低越好，因为它能更快地得到倍乘结果。

511

可以使用以下算法将任何基数为2的二进制数（即标准二进制数）转换为SD表示：

令 a_{-1}，a_{-2}，$\cdots a_b$，表示二进制数，并且将想得到的有符号数表示为 c_{-1}，c_{-2}，…，c_b。SD表示中的每个比特可以通过以下方法来确定：

$c_{-1} = a_{-i-1} - a_{-1}$，其中 $i = b$，$b-1$，…，1，其中 $a_{-b-1} = 0$。

为了更好地利用有符号数表示中涉及的冗余，当它用于逻辑设备（如FPGA或类似系统）时，最好确保在数字的表示中使用尽可能少的非零数字，这是可以通过使用最小的有符号数字向量来实现的。这是具有最低密度的备选方案中的一种（或多种）SD表示。

前面所示表格中的所有示例都表示相同的数字（3），表格中的第一个和第二个行的数的最小密度都是2，因此是十进制值3d的最小的有符号数字向量。可以注意到的是第二行的（0 0 0 1 0 −1），它是最小有符号数字向量。另外可以看到，在两个非零数字之间有一个零数。事实上，可以证明的是，对于每个数字，都存在用有符号数表示的替代方案，这些相邻的替代方案中的数字不存在非零数。在这种情况下，有时会存在多个替代方案。这些方案的数字称为规范有符号数字（CSD）。

因此，CSD数是最小密度的有符号数字向量，这些向量必须能满足任何两个非零数字之间具有至少一个零。

除了由于在计算中数据存在许多零而导致计算所需硬件减少之外，还有另一个更好的理由来说明CSD数字是具有吸引力的。这与2.4.2节的并行加法器有关，2.4.2节中提到加法的最大速度受到向上进位传播的限制。当然可以采用进位超前或预测技术来避免限制，但当操作数字中的位数变大时，这两种方法需要大量的逻辑量。然而，如果能够保证对于非零数字，下一个最高有效数字始终为零，则可以从该点开始就不会有进位因为没有进位传递引起的延迟，所以确保了使用CSD执行加法的速度总是很快。

512

一种产生这样一个数字的方法（由Kai Hwang在1979年出版的 *Computer Arithmetic*：*Principles*, *Architecture and Design* 中给出）如下所示：

从矢量 $B = b_n b_{n-1} \cdots b_1 b_0$ 表示的（$n+1$）位二进制数开始，其中 $b_n = 0$，每个元素 $b_i \in \{0, 1\}$，其中 $0 \leqslant i \leqslant n-1$。由此希望找到（$n+1$）数字规范有符号数字（CSD）向量 $D = d_n d_{n-1} \cdots d_1 d_0$ 且 $d_n = 0$ 以及 $d_i \in \{1, 0, -1\}$。在它们自己的表示格式中，B 和 D 都应代表相同的值。

请记住，在确定数字（比如任何有符号数字向量，包括SD、CSD等）的值时，二进制的正常规则适用于每一位的位置加权值：

$$\alpha = \sum_{i=0}^{n} b_i \times 2^i = \sum_{i=0}^{n} d_i \times 2^i$$

下面所阐述的这个有启发性的方法是基于 Hwang 所提出的简单但又合逻辑的获得二进制有符号数表示方法：

步骤 1	从 B 的最低有效位开始，并设置成 $i=0$，$c_0=0$
步骤 2	从 B，b_{i+1} 和 b_i 以及进位 c_i 中取两个相邻位，并使用它们生成下一个进位 c_{i+1}。进位的产生方式与全加器相同：因此，如果 $\{b_{i+1}, b+i, c_i\}$ 中当且仅当有两个或三个 1，则 $c_{i+1}=1$
步骤 3	从 $d_i=b_i+c_i-2c_{i+1}$ 计算 CSD 字中的当前数
步骤 4	递增 i 并跳到步骤 2，直到当 $i=n$ 时终止程序

请注意，在开始计算之前，原始二进制数的最高有效位固定为 0（从而数字的位数有效地延长了 1 位），因此，用 CSD 表示的数可能比标准二进制多了一个额外的比特位。详见框 12.2 中对 CSD 编号的进一步示例。

框 12.2　示例 CSD 编号

例如，考虑一个 8 位二进制数：

(0 1 0 1 0 1 1 1)，其十进制值为 87d。

应用 Hwang 的方法，其 CSD 表示变为（0 1 0 −1 0 −1 0 0 −1），值为 128 − 32 − 8 − 1 = 87。

在第二个示例中，由于它是规范的，因此数字中不存在两个相邻的非零数，并且所得到的 CSD 数的密度是 4。

513

12.5　光学计算

高级研究人员已经尝试了一些新技术来改善 CPU 的性能。本节将会介绍基于光学处理的两个有趣的想法。光信号是非常有趣的，因为它们能以光速传播，也就是说，它们被认为是传播速度最快的信号。如果知道硅中的电子传播速度有限会限制计算机性能，就能够理解能极快传播的光学信号为什么有如此大的吸引力。

任何数字计算机都需要依赖于交换机。因此，在过去二十年左右的时间里，大量人们对光交换技术进行了大量研究。在大多数情况下，微型全光开关仍然难以在实验室被创造出来，但集成光学是光学技术的一个分支，它试图使用类似于电子 IC 的制造技术在硅基片上构建光学电路（有时在同一基板上会与电子器件混合）。当前能列举的集成光学装置的例子包括多路复用器、滤波器和激光二极管发射器等。

虽然全光学计算机是未来主要的研究目标，但近年来已经发现了几个应用混合电光系统的计算机的例子。这些设备背后的驱动因素是所有光信号都以光速传播，而且几个信号可以在同一物理位置共存而不会相互干扰（即交叉光束不会出现与交叉电线相同的问题）。光干涉也比电干扰更容易受到控制和限制。

12.5.1　电 − 光全加器

还记得 2.4.2 节中全加器中的进位传播延迟吗？这个过程中的问题是当进位从最低位到最高位传播之前输出是不可用。这种向上传播延迟成为限制加法器速度的主要因素。

电 − 光全加器的工作原理是使进位以光速运行。图 12-14 所展示的进位电路就是在实现这一目标。需要注意的重要事项是线路 x 和 y 作为电信号输入，而进位和执行是光学信号（光束）。其中画有对角线十字的盒子是进行电子控制的光学开关，用于选择阻挡或不阻挡下面的光束。光路从左到右传播，在某些点被分成两路，在图中两个地方光束合并在一起（这是一个逻辑或）。

$$C_{out} = x.y + x.C_{in} + y.C_{in}$$

对于布置为并行加法器的这种结构，C_{in} 将由下一个较低有效位的 C_{out} 光束馈送。每位有两个开关元件，只要有输入提交，这些开关就会切换。换句话说，所有开关在用于所有位计算时可以同时打开。光携带的信号以光速传播并通过整个结构。其他的电路（未标出）用于计算每个比特位置的输出结果（结果取决于输入位和刚刚定义的 C_{in}）。

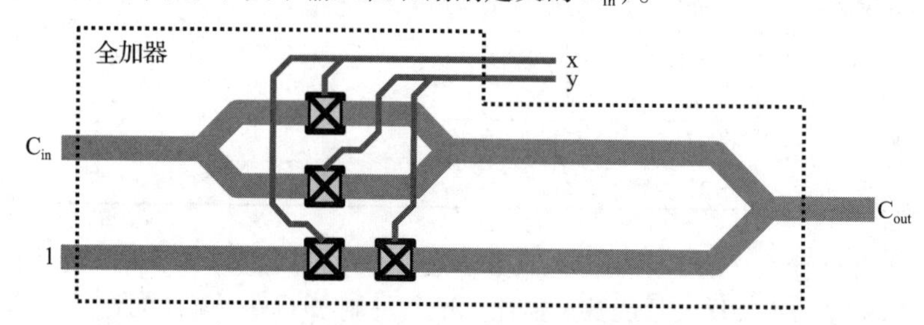

图 12-14 电 - 光全加器结合了电子开关和光路，创建了一个非常快速的加法器，且不受逻辑门层的传播速度的限制

514

将这种光速传播延迟与标准 n 位全加器的传播延迟进行比较，该延迟是单个加法元件延迟的 n 倍（其本身是几个 AND 和 OR 门的传播延迟）。这仅仅展示了许多光学辅助元件中的一种技术，这些元件技术包含当前计算机体系结构中的研究课题，在未来可能会在高性能 CPU 中找到这些元件。

将电 - 光全加器器件组合成完整的 4 位加法器的示例如图 12-15 所示。四个器件被排列组合以达到能完成一个 4 位加法计算。传统的加法器用于输入实际添加的带有进位信号的输入（以来自电光加法器的光速进行计算。其他组合的加法器也是可能的，但这说明了电 - 光加法器背后的消除传播延迟的主要原理——这意味着使用这种技术所构建的巨大的 4096 位加法器可以像 8 位传统加法器一样快速地计算出结果。

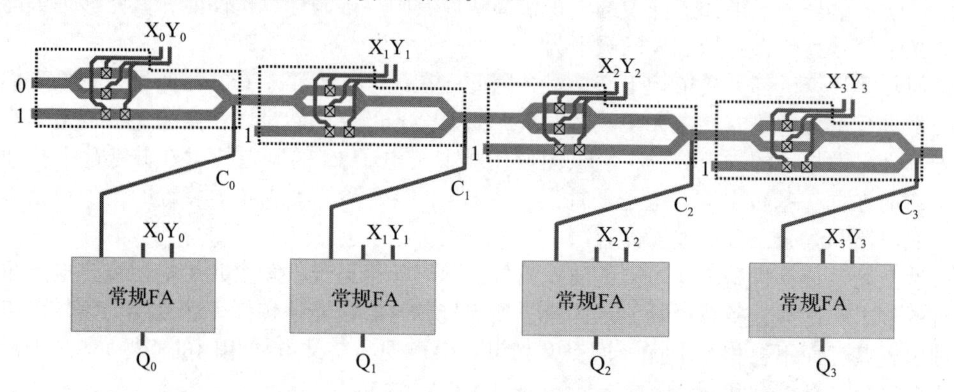

图 12-15 这是一个示例，图 12-14 的电 - 光加法器被用于制造一个没有电子传播延迟的 4 位电光混合并行加法器

12.5.2 电 - 光底板

计算机内部包含模块或者卡，随着总线变宽（数据和地址线均为 64 位或者更多），需要在这些计算机内的模块和模块之间，以及在插件模块或者卡之间连接大量信号。同时，计算机和模块的时钟速度也变得越来越快，从而导致计算机更多地且更容易地受到电磁干扰（EMI）的影响。这种问题使得设计总线的工作变得更加复杂，而 12 或 16 层印刷电路板（PCB）对于嵌入式计算机设计来说并不罕见。特别是当大型公共总线需要相互交叉时，设计 PCB 板可能会变得很困难。最困难的是设计并排的长距离并行总线（从 EMI 角度来看）。这两个方面使得将并行总线从一个 PCB 连接到另一个 PCB 时，需要用到大型连接器。

515

虽然设备和子系统的小型化已经大大减少了对任意类型插入式板卡的需求（由于快速且可靠的串行总线技术的发明），但是在很多情况下，例如超高性能计算机、航空电子系统（飞机上的计算机）和电信系统等，都需要插入式板卡。后两种情况往往需要插卡才能快速更换掉损坏或落后的子系统。

机械插卡的使用依靠边缘连接器的电连接，而边缘连接器可能因重复插入、灰尘、腐蚀或机械对不准而退化。因此，机械插卡可能在机械、电气、可靠性和抗干扰方面存在问题，同时会限制卡的性能（主要是信号速度）。解决这些问题的其中一个方案涉及电－光技术。在这种情况下，光学信号的最大优点是光束相互交叉或者靠近时不会引起相互干扰：不同的光束可以不出问题地同时占据相同的物理空间。光学互连所固有的这些优点已在光学底板的使用中得到了证明，光学底板的每个输出信号都使用单独的激光二极管，并且每个输入的信号使用的是单独的光电二极管。如图 12-16 所示，传输全息图可以用来把信号传送到接收阵列。

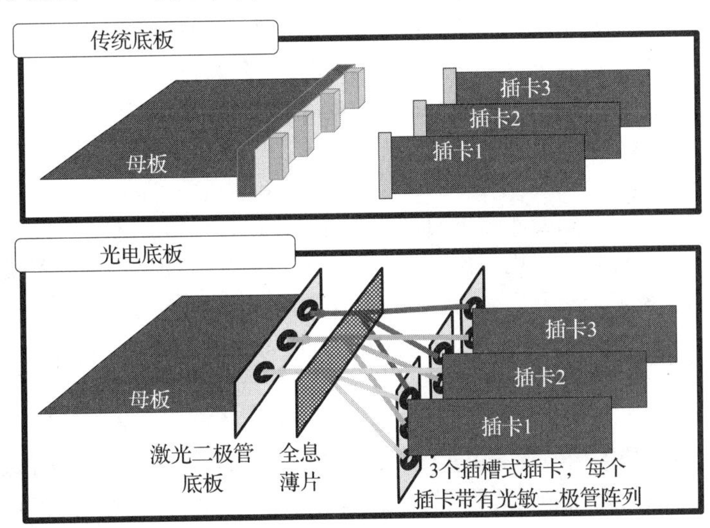

图 12-16　电光底板（底部图）使用全息薄片将自由空间中的光信号光束从激光二极管（或 LED）发射器分离到多个接收器阵列，这些接收器阵列位于物理上独立的插卡的边缘（主板和卡都是电气印刷电路板）。对于传统的底板（顶部图），每个卡都配有电气边缘连接器，需要在每个元件之间进行物理和机械连接

光学底板没有最大时钟速度，时钟速度仅受激光二极管调制以及光电二极管带宽限制，这使得时钟速度可以非常快，至少在几 GHz 范围内。它们还允许热插拔（很多卡可以不必先插入，可以在系统运行时插入卡槽而不会导致底板信号发生变化）。

516

相比之下，快速电气总线需要终端随负载变化而变化，因此快速总线通常不支持热插拔。更重要的是，光学底板不存在电触点老化，所以它具有非常高的可靠性。

然而，在插卡时要求将卡非常仔细地对准插槽（使得信号光束仅传输到正确的光电二极管），并且它们比无源（电）底板要昂贵得多。在这里还假设光束通过自由空间传播（因此光沿着卡片边缘传播可能会引发问题），完全有可能在其他光学透明介质，例如硅酸盐中使用相同的技术，这种技术可以用来安全地包裹电路。

12.6　是科幻小说还是未来的现实

任何地方的计算机系统、计算机工程、计算机原理和计算机结构课程的核心课程都不太可能会讲本节介绍的内容。本节的内容甚至可能无法被验证，只有事后才能知道它们是否可实现。然而，科幻是有趣的、不寻常的和不断创新的。读到这里时，你可以将本节作为一种奖励：你能一瞥（甚至超越）在计算研究领域形成的一些狂野和奇妙的想法。

有时，研究人员确实会从科幻小说中找寻灵感（同时作为一种放松）。通常来说，科幻小说是当前科技趋势的逻辑延伸，但偶尔会产生一些对于当时来说显得非常奇怪的想法。来看看一些例子：

触摸屏计算机	由 A. C. Stanley Kubrick 执导的电影《2001：太空漫游》展示了一台可以播放视频的触摸屏计算机。
因特网	马克·吐温在 1904 年为《伦敦时报》撰写了一篇文章，描绘了一个叫作“电视镜”的东西，它预测了因特网连接功能和特点（尽管它所描述的东西更像是如今的谷歌地球）。
计算器	Jules Verne 于 1983 年预测了计算器、高速列车、全球通信网络（以及未来的登陆月球）的存在。
闭路电视	曾出现在乔治·奥威尔写于 1949 年的著作《1984》。
手持科学分析仪	1966 年的《星际迷航：原初系列》配备了一个似乎包含一个小屏幕的手持式数据分析仪。这种神奇的医疗和工程设备的变体是十分有用的。虽然一些研究人员声称已经建立了现代化的手持科学分析仪，但是 2014 年首次发布的 Tricorder X-Prize 推动了“建设优于或等于认证医师检测结果的移动检测病人方案”的发展。

517

从上面的例子可以看到计算机、视频技术和手机在成为实物之前就已经被预言会出现了。考虑到这一点，或许最好看一下当前的科幻小说中对未来的预测。

12.6.1　分布式计算

正如前言中提到的一样，计算机的世界正变得越来越嵌入式了。有趣的是这种变化趋势与另一种向无线连接转变的趋势相一致。随着技术的进步，未来将会出现数千个无线网络互连的小型化处理单元。尽管大多数处理器名义上都专用于特定功能（例如微波处理器、电话处理器或中央供暖/空调处理器），但很可能在一些特定时间上它们中的大多数都不会用到这些名义上的功能。

简单地允许空闲处理器进行通信和协作，将使得计算总能力比台式 PC 中可用的计算能力高出几个数量级。随着人机交互的新形式出现以及软件的进步，每个人都希望能够与自己的专用计算机进行个性化交互。这种交互将依托于不断进化的基本处理器集实现，但这些处理器会为用户提供统一的界面。未来它将是一个分布式计算机程序，可被远程访问，并作为自己的私人助理而存在。

这听起来很科幻吗？今天存在许多基本技术。此外，亚马逊的 Alexa，三星的 Bixby，谷歌的 Home 和苹果的 HomePod 等产品近期都会上市出售，所有这些产品都将语音系统用于人机交互界面，这一预测在现在看来越来越有可能在未来实现。

12.6.2　湿件

这可能会进一步深入科幻小说领域，但如果目前的遗传学和生物计算机的进步仍在继续，可以看到在未来十年左右，在生物机器上也能进行可行的计算。当人们在脑海中想到当今最复杂和最强大的计算机时，这种超前的概念可能看起来并不是那么不可实现。医学分析技术的进步不断揭示人类和哺乳动物大脑运作的越来越多的细节，人们对这些系统的理解也在不断改进。

现在谈到硬件是指计算机内部的电子系统，固件是计算机中的低级重编程行为，软件是在硬件上运行的程序，那么什么是湿件（Wetware）？

湿件具有额外的生物学或生物学界面能力，目前已在科幻小说中出现过。然而，人们已经进行了数十年的使用电子传感器和刺激器与大脑和神经系统的直接连接的实验。例如盲人的视力系统（自20世纪70年代以来开始研究），以及听力受损者的耳蜗植入物（20世纪90年代出现）。它不需要大量的想象力来设计一种以“协处理器”的方式连接计算机单元和大脑的接口。

尽管有了数十年的努力，人类还没有聪明到能发明一种可以接近人类大脑计算能力的计算机，当然在已经设定了任务的快速计算的单一领域，或者在固定且简单的任务中进行计算的情况除外，例如下棋。 518

在几乎所有竞争领域，当然还有灵活性领域，人类大脑最终都会获胜。由于人自然而然就拥有如此惊人的计算机器，研究人员长期以来一直试图在硅或者生物处理器中模仿或复制大脑的这些能力。

研究人员已经证明了能使用生物和化学以及生物或化学构建模块来进行计算。一种可能基于人类大脑的结构的类似人工生物计算机的东西，在人工生物神经元上进行信息处理，它并不超出现有科学的范畴。生物晶体管的概念（受控开关）已经在实验室中得到证明，因此可以得知现代计算的二进制逻辑基础，在生物系统中是可能实现的，但是，新结构可能更适合于生物计算，而不是简单地将与硅一起使用的方法复制到生物学构造中。

就个人而言，作者对自己的大脑非常满意，但随着未来的自然发展，可能会出现为包括学习障碍或记忆丧失的残疾人开发的人工神经辅助设备。这种辅助设备可以采取多种形式，可能包括含有更高带宽的计算机，适用于逼真的游戏，有记忆存储和回忆单元，以及包含超出视觉、听觉、嗅觉、触觉和味觉的这五种自然感官的新感官。一旦解决了大脑兼容界面的基本问题，制造这种设备的可能性是非常大的，但真正的先进之处在于可以使用人工的全生物的计算机来增强人们的大脑（这至少意味着不必随身携带电池）。

12.7　小结

本章试图探索计算机未来的发展深度。从一些相当安全的部分开始——单比特架构，并行和异步系统（是安全的，尽管大多数技术都主要局限于一个或两个小众应用，但它们都是被证实了的）。并行处理显然是计算行业未来的发展进程：随着双核、四核和八核处理器的广泛应用，不难以想象这种趋势将会朝着更大的并行性迈进。大规模并行计算也是一个安全的选择，因为我们大多数人都享受着并行计算带给世界的好处，例如谷歌、亚马逊等公司使用并行计算所提供的服务，越来越融入我们的日常生活。

本章还概述了替代数字格式，以及显著渗透到小众计算领域的另一类技术，它也有可能影响未来的主流计算。除此之外，还谈到了电光混合的技术，尽管它在技术上已经可行，但尚未对计算机世界产生重大影响。

最后，关于科幻小说，坦白地说，科幻小说是导致许多学者从事科学和工程研究的第一步。无论是《神秘博士》的音速起子和TARDIS，《星际迷航》企业号的相量阵列和传输器，还是星球大战中的机器人和光剑，大多数科学家和工程师都受到科幻小说技术的强烈冲击。让我们尝试并保留这种“酷”的技术元素，并激励后代。 519

而今，通过将我数十年的工作经验、教育学识和研究写到纸上，是我该递交接力棒的时候了。经过了一年的笔耕，当我坐下来放松时，期待着你来创造嵌入式、普适、并行和高级计算系统的未来。

尽管你可以而且肯定会在未来几年中在计算系统领域取得巨大的进步，但不要忘记偶尔阅读具有天才想象力的科幻小说，以激发起你的灵感，研发出真正意义上的具有革命性的技术。

未来即将开启。 520

标准内存大小表示方法

大多数人在学校里学的是国际单位制（System International，SI），以 10 的幂次方来表示单位的量级。例如，1 毫米是 10^{-3}米，1 厘米是 10^{-2}米，1 千米是 10^3米。以下是一些普遍使用的量级：

量级名称	量级字母	乘子
exa	E	10^{18}
peta	P	10^{15}
tera	T	10^{12}
giga	G	10^{9}
mega	M	10^{6}
kilo	k	10^{3}
milli	m	10^{-3}
micro	μ	10^{-6}
nano	n	10^{-9}
pico	p	10^{-12}

但是当以 2，4，8，16，32，64 的规律设计计算机存储器的大小时，SI 的表示方法将变得不方便和混乱。

实际上，2^{10}等于 1024，在流行的用法中，1KB 实际上是 1024B，而不是 SI 中定义的 1000。虽然这种差异在日常生活中带来的影响并不明显，但在许多情况下必须表示得更加精确。

因此，国际电工委员会（IEC）为计算机数据的存储引入了一组新的、无歧义的术语，新的术语和 SI 类似，但是与 SI 并不相同。在计算机适用的大小范围内，这些量级如下所示：

量级名称	量级字母	乘子
exbi	Ei	2^{60}
pebi	Pi	2^{50}
tebi	Ti	2^{40}
gibi	Gi	2^{30}
mebi	Mi	2^{20}
kibi	Ki	2^{10}

一个容量为 1 Tibyte（tebibyte）的计算机硬盘实际上包含 1 099 511 627 776 字节，比一个容量为 1 Tbyte（terabyte）的硬盘容量（1 000 000 000 000 000 字节）多约 10%。

本书中的 IEC 也已被 IEEE 和其他机构批准，可在适当的地方使用。

示例：

128 Kibyte

128 KiB
128 kibibyte
均表示 $128 \times 2^{10} = 131\ 072$ byte

20 Mibyte
20 MiB
20 mebibyte
均表示 $20 \times 2^{20} = 20\ 971\ 520$ byte

500 Pibyte
500 PiB
500 pebibyte
均表示 $500 \times 2^{50} = 562.96 \times 10^{15}$ byte

522

标准逻辑门

数字逻辑中使用的标准门及其真值表（X 表示输出，A 和 B 为输入）如下所示，其中异或门可以缩写为 EOR 或 XOR。

逻辑门	图例	A	B	X
AND	A, B → X	0	0	0
		0	1	0
		1	0	0
		1	1	1
OR	A, B → X	0	0	0
		0	1	1
		1	0	1
		1	1	1
EOR/XOR	A, B → X	0	0	0
		0	1	1
		1	0	1
		1	1	0
NOT	A → X	0		1
		1		0

非门（NOT）可以与任何其他逻辑门组合，例如下面的 NAND 和 NOR 门分别是对 AND 和 OR 取非值。

逻辑门	图例	A	B	X
NAND	A, B → X	0	0	1
		0	1	1
		1	0	1
		1	1	0
NOR	A, B → X	0	0	1
		0	1	0
		1	0	0
		1	1	0

索　　引

注意：页码后跟 f、t 或 n 分别代表数字、表格或脚注。索引中的页码为英文原版书的页码，与书中页边标注的页码一致。

A

B

D

G

H

J

K

L

M

N

O

S

T

W

X

Y

Z

推荐阅读

云计算与分布式系统：从并行处理到物联网

作者：（美）Kai Hwang 等 ISBN：978-7-111-41065-2 定价：85.00元

嵌入式系统导论：CPS方法

作者：（美）Edward Ashford Lee 等 ISBN：978-7-111-36021-6 定价：55.00元

云计算：概念、技术与架构

作者：（美）homas Erl 等 ISBN：978-7-111-46134-0 定价：69.00元

多处理器编程的艺术（修订版）

作者：（美）Maurice Herlihy 等 ISBN：978-7-111-41858-0 定价：69.00元

推荐阅读

信号、系统及推理

作者：(美) Alan V. Oppenheim　George C.Verghese 译者：李玉柏 等

中文版 ISBN：978-7-111-57390-6 英文版 ISBN：978-7-111-57082-0 定价：99.00元

本书是美国麻省理工学院著名教授奥本海姆的最新力作，详细阐述了确定性信号与系统的性质和表示形式，包括群延迟和状态空间模型的结构与行为；引入了相关函数和功率谱密度来描述和处理随机信号。本书涉及的应用实例包括脉冲幅度调制，基于观测器的反馈控制，最小均方误差估计下的最佳线性滤波器，以及匹配滤波；强调了基于模型的推理方法，特别是针对状态估计、信号估计和信号检测的应用。本书融合并扩展了信号与系统时频域分析的基本素材，以及与此相关且重要的概率论知识，这些都是许多工程和应用科学领域的分析基础，如信号处理、控制、通信、金融工程、生物医学等领域。

离散时间信号处理（原书第3版·精编版）

作者：(美) Alan V. Oppenheim　Ronald W. Schafer 译者：李玉柏　潘晔 等

ISBN：978-7-111-55959-7 定价：119.00元

本书是我国数字信号处理相关课程使用的最经典的教材之一，为了更好地适应国内数字信号处理相关课程开设的具体情况，本书对英文原书《离散时间信号处理（第3版）》进行缩编。英文原书第3版是美国麻省理工学院Alan V. Oppenheim教授等经过十年的教学实践，对2009年出版的《离散时间信号处理（第2版）》进行的修订，第3版注重揭示一个学科的基础知识、基本理论、基本方法，内容更加丰富，将滤波器参数设计法、倒谱分析又重新引入到教材中。同时增加了信号的参数模型方法和谱分析，以及新的量化噪声仿真的例子和基于样条推导内插滤波器的讨论。特别是例题和习题的设计十分丰富，增加了130多道精选的例题和习题，习题总数达到700多道，分为基础题、深入题和提高题，可提升学生和工程师们解决问题的能力。

数字视频和高清：算法和接口（原书第2版）

作者：(加) Charles Poynton 译者：刘开华 褚晶辉 等ISBN：978-7-111-56650-2 定价：99.00元

本书精辟阐述了数字视频系统工程理论，涵盖了标准清晰度电视（SDTV）、高清晰度电视（HDTV）和压缩系统，并包含了大量的插图。内容主要包括了：基本概念的数字化、采样、量化和过滤，图像采集与显示，SDTV和HDTV编码，彩色视频编码，模拟NTSC和PAL，压缩技术。本书第2版涵盖新兴的压缩系统，包括NTSC、PAL、H.264和VP8 / WebM，增强JPEG，详细的信息编码及MPEG-2系统、数字视频处理中的元数据。适合作为高等院校电子与信息工程、通信工程、计算机、数字媒体等相关专业高年级本科生和研究生的“数字视频技术”课程教材或教学参考书，也可供从事视频开发的工程技师参考。